Martin Vömel | Dieter Zastrow

Aufgabensammlung Elektrotechnik 1

Gleichstrom, Netzwerke und elektrisches Feld.
Mit strukturiertem Kernwissen, Lösungsstrategien und -methoden

5., verbesserte Auflage

Mit 548 Abbildungen

STUDIUM

VIEWEG+
TEUBNER

Bibliografische Information der Deutschen Nationalbibliothek
Die Deutsche Nationalbibliothek verzeichnet diese Publikation in der Deutschen Nationalbibliografie; detaillierte bibliografische Daten sind im Internet über <http://dnb.d-nb.de> abrufbar.

1. Auflage 1994
2., verbesserte Auflage 2001
3., verbesserte Auflage 2005
4., vollständig überarbeitete und aktualisierte Auflage 2006
5., verbesserte Auflage 2009

Lektorat: Reinhard Dapper | Walburga Himmel

Vieweg+Teubner ist Teil der Fachverlagsgruppe Springer Science+Business Media.
www.viewegteubner.de

Umschlaggestaltung: KünkelLopka Medienentwicklung, Heidelberg
Technische Redaktion: FROMM MediaDesign, Selters/Ts.
Druck und buchbinderische Verarbeitung: MercedesDruck, Berlin
Gedruckt auf säurefreiem und chlorfrei gebleichtem Papier.
Printed in Germany

ISBN 978-3-8348-0559-1

Vorwort

In der jetzt erschienenen überarbeiteten fünften Auflage der Aufgabensammlung Elektrotechnik 1 wurden viele Bilder neu gestaltet und die Schreibweise der Indizes für Quellenspannungen und Quellenströme vereinheitlicht.

Die erfreuliche Akzeptanz dieser Aufgabensammlung bestärkt uns in der Auffassung, dass eine hinreichende Beherrschung der Grundlagen der Elektrotechnik ohne die Bearbeitung und die Lösung einer Mindestzahl von Aufgaben nicht erreichbar ist. Das vorliegende Buch bietet dazu ein Übungsangebot für Studierende an Berufsakademien. Fachhochschulen, Technische Hochschulen entsprechender Studiengänge an und ist auch für Schüler von Fachschulen (Technikerschulen) und Berufskollegs geeignet.

Die drei Hauptkapitel, „Gleichstromkreise", „Netzwerke" und „Elektrisches Feld", sind thematisch in weitere Kapitel untergliedert und einer sinnvollen Stoffreihenfolge angepasst.

Jedem Kapitel ist auf grau hinterlegten Seiten eine Lehrstoffübersicht vorangestellt, die als „Wissensbasis" in strukturierter Form kurz und knapp aufgabenrelevante Kenntnisse vermittelt. Damit ist sichergestellt, dass ein zur Aufgabenlösung erforderliches Grundwissen straff gefasst und in übersichtlicher Weise zur Verfügung steht. Desweiteren werden grundsätzliche Lösungsstrategien und -methoden gezeigt und erläutert, so dass der Leser die für den jeweiligen Aufgabentyp relevante Lösungsmethode schnell und sicher erkennen, erlernen und anwenden kann.

Da es bei einem gezielten Aufgabenlösungstraining zweckmäßig ist, von einfachen zu schwierigen Aufgaben fortzuschreiten, sind zur schnelleren Orientierung drei Schwierigkeitsstufen angegeben.

Die leichteren Aufgaben, gekennzeichnet mit ❶, sind zum Kennenlernen der Inhalte der Wissensbasis gedacht. Neben dem Erfassen elektrotechnischer Grundlagen an vorgegebenen Schaltungen und einfachen Texten kann die Anwendung des Formelapparates und die Benutzung einfacher Lösungsmethoden geübt werden.

Mit den mittelschweren Aufgaben ❷ kann trainiert werden, Lösungsansätze durch Rückgriff auf grundlegende Gesetze und Regeln zu finden.

Die anspruchsvolleren Aufgaben ❸ beziehen ihren Schwierigkeitsgrad meist aus dem nicht offen erkennbaren Lösungsweg, einer fachübergreifenden Aufgabenstellung oder aus dem zugrunde liegenden komplexeren mathematischen Zusammenhang. Daher wurden auch die knapp gefassten mathematischen Grundlagen im Anhang beibehalten.

In jedem Kapitel schließen sich an die Aufgabenstellungen direkt die zugehörigen Lösungen an, so dass längeres Herumblättern entfällt. Alle Lösungen sind ausführlich ausgeführt und bieten neben Lösungsvarianten oft auch Ausblicke auf benachbarte Wissensgebiete.

Bei der Auswahl der Aufgaben wurde besonderer Wert darauf gelegt, neben den typischen und klassischen Aufgaben auch moderne und praxisgerechte Problemstellungen aufzunehmen.

Zum Schluss möchten wir uns herzlich beim Vieweg+Teubner Verlag für die gute Zusammenarbeit bei der Herausgabe dieses Buches bedanken. Über Anregungen und Hinweise aus dem Leserkreis sind wir jeder Zeit dankbar.

Frankfurt, Mannheim, 2009

Martin Vömel
Dieter Zastrow

Inhaltsverzeichnis

■ Netzwerke

■ Elektrisches Feld

Gleichstromkreise

1 Elektrischer Stromkreis

- Definition und Richtungsfestlegungen von Stromkreisgrößen
- Grundgesetze im Stromkreis

Definition elektrischer Grundgrößen

$$\text{Stromstärke} = \frac{\text{Ladungsmenge}}{\text{Zeit}}$$

$$\boxed{I = \frac{Q}{t}} \quad \text{in Ampere: } \frac{1\,\text{C}}{1\,\text{s}} = 1\,\text{A}$$

$$I = \frac{\Delta Q}{\Delta t} \qquad i = \frac{\mathrm{d}q}{\mathrm{d}t}$$

$$1\,\text{mA} = 10^{-3}\,\text{A}$$
$$1\,\mu\text{A} = 10^{-6}\,\text{A}$$

Mit dem Begriff der Stromstärke wird der Transport von Ladungen durch einen Leiterquerschnitt ausgedrückt: Ladungsmenge pro Zeit (nicht aber als Geschwindigkeit der Ladungsträger).

Hinweis: Im „Internationalen Einheitensystem (SI)“ ist die Stromstärke eine Basisgröße.

$$\text{Potenzial} = \frac{\text{potenzielle Energie der Ladungsträger}}{\text{Ladungsmenge}}$$

$$\boxed{\varphi = \frac{W}{Q} \quad \text{gegenüber Erde, Masse}}$$

Jeder Punkt im Stromkreis kann mit seinem Potenzial gekennzeichnet werden. Das Potenzial ist die potenzielle Energie, die eine positive Ladung am betreffenden Punkt gegenüber dem Bezugspunkt hat. Der Bezugspunkt hat das Potenzial 0 V.

Potenzialdifferenz = Spannung

$$\boxed{U_{12} = \varphi_1 - \varphi_2} \quad \text{in Volt}$$

Das Potenzial eines Punktes wird als seine Spannung gegen Erde (Masse) gemessen. Der Potenzialunterschied zwischen zwei beliebigen Schaltungspunkten wird als Spannung zwischen diesen Punkten bezeichnet.

$$\text{Spannung} = \frac{\text{elektrische Arbeit}}{\text{Ladungsmenge}}$$

$$\boxed{U_{12} = \frac{W_{12}}{Q}} \quad \text{in Volt: } \frac{1\,\text{Ws}}{1\,\text{C}} = 1\,\text{V}$$

$$1\,\text{mV} = 10^{-3}\,\text{V}$$
$$1\,\text{kV} = 10^{+3}\,\text{V}$$

Unter Spannung versteht man, dass für einen Transport der Ladung von Punkt 1 nach Punkt 2 im Stromkreis ein Energiebetrag erforderlich ist, den man elektrische Arbeit nennt.

$$\text{Widerstand} = \frac{\text{Spannung}}{\text{Stromstärke}}$$

$$\boxed{R = \frac{U}{I}} \quad \text{in Ohm: } \frac{1\,\text{V}}{1\,\text{A}} = 1\,\Omega$$

$$1\,\text{k}\Omega = 10^{3}\,\Omega$$
$$1\,\text{M}\Omega = 10^{6}\,\Omega$$

Widerstand ist der Quotient aus Spannung und Strom bei einem beliebigen Zweipol.

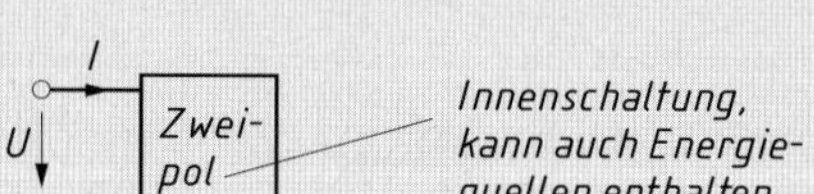

Richtungsfestlegungen

Die Größen Strom und Spannung sind keine Vektoren, sondern vorzeichenbehaftete skalare Größen, für die man einen Richtungssinn im Stromkreis durch einen Pfeil angeben muss.

Stromrichtung:

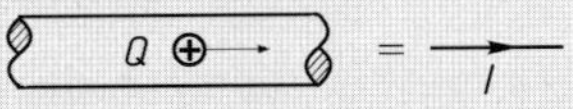

Ein Strom ist positiv, wenn sein gewählter Richtungspfeil mit der Fließrichtung der positiven Ladungen übereinstimmt. Diese fließen im Verbraucher vom höheren zum tieferen Potenzial.

Spannungsrichtung:

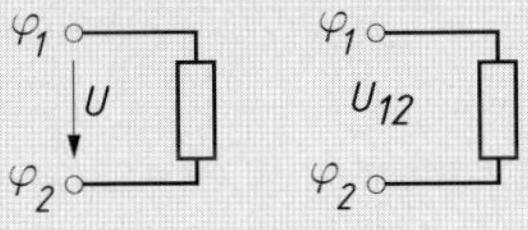

Eine Spannung ist positiv, wenn ihr gewählter Richtungspfeil vom höheren zum tieferen Potenzial zeigt. Anstelle eines Pfeiles kann auch ein Doppelindex verwendet werden.

Messen von Strom und Spannung

Strom: Betrag und Richtung

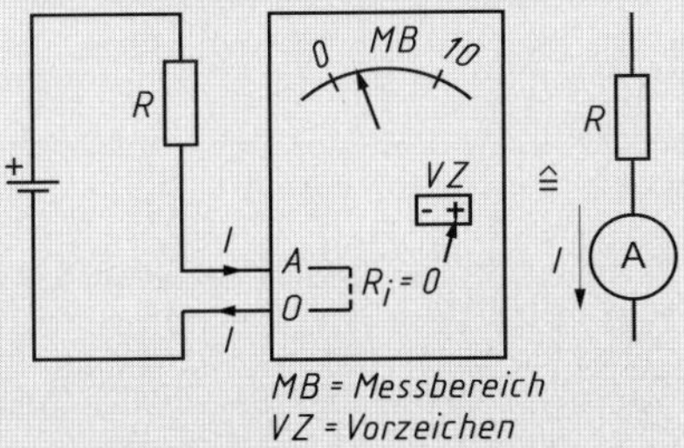

Auftrennen des Stromkreises und Einfügen des Strommessers.
VZ = +, wenn Strom in Buchse A hineinfließt.
VZ = –, wenn Strom in Buchse 0 hineinfließt.
Der Innenwiderstand idealer Strommesser ist null.

Spannung: Betrag und Richtung

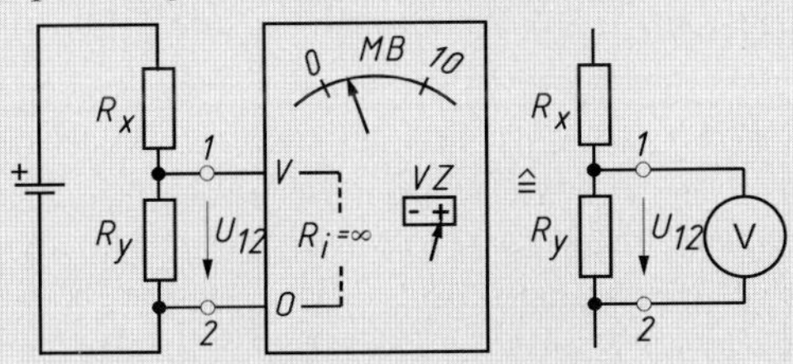

Spannungsmesser parallel zur Spannungsquelle oder Verbraucher schalten.
VZ = +, wenn höheres Potenzial an Buchse V
VZ = –, wenn tieferes Potenzial an Buchse V
Der Innenwiderstand idealer Spannungsmesser ist unendlich.

Grundgesetze im Stromkreis

Stromkreis = Schaltung mit Energiequelle und Verbraucher.

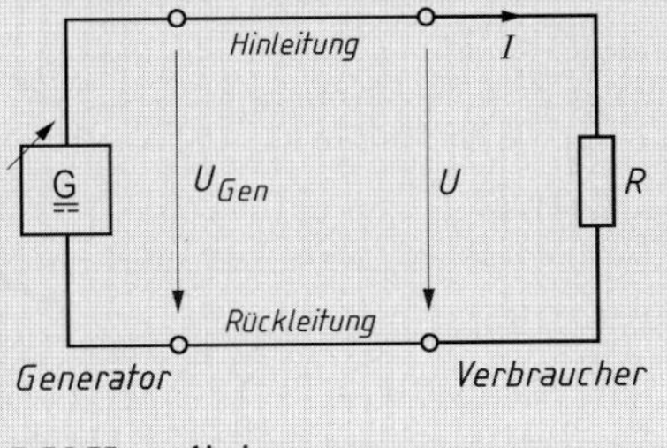

Bei Verbrauchern mit konstantem Widerstand R gilt:
$I \sim U$ bei Spannungseinprägung
$U \sim I$ bei Stromeinprägung

Ohm'sches Gesetz: $$R = \frac{U}{I} = \text{konst}$$

I-*U*-Kennlinie:

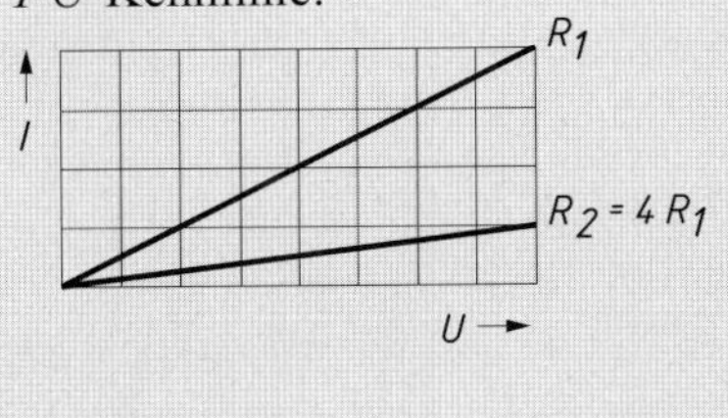

Kirchhoff'sche Sätze:

$\sum I = 0$	für jeden Knotenpunkt	im Stromkreis
$\sum U = 0$	für jeden beliebigen Umlauf	

1.1 Aufgaben

❶ **1.1** Wiederaufladbare Nickel-Cadmium-Kleinakkumulatoren werden in den gleichen Größen wie herkömmliche Alkali/Zink-Kohle-Batterien angeboten:
- Als Batterietyp: Block 9V,
- als Zellentyp: Lady, Micro, Mignon, Baby und Mono.

Technische Angaben	Kapazität	Nennspannung	Ladestrom
Block 9V	0,11 Ah	8,40 V	11 mA
Lady	0,15 Ah	1,25 V	15 mA
Micro	0,18 Ah	1,25 V	18 mA
Mignon	0,50 Ah	1,25 V	50 mA
Baby	2,20 Ah	1,25 V	220 mA
Mono	4,00 Ah	1,25 V	400 mA

Die Nickel-Cadmium-Kleinakkus enthalten bei Lieferung lediglich eine Restladung und müssen vor Benutzung mit dem angegebenen Dauerstrom aufgeladen werden. Alle Zellen besitzen einen sehr geringen Innenwiderstand und müssen mit Konstantstrom (Gleichstrom unveränderlicher Stärke) aufgeladen werden. Hierfür stehen spezielle Akkuladegeräte zur Verfügung.

a) Wie groß ist die theoretische Aufladezeit für alle Kleinakkutypen gemäß Tabelle?

b) Welche Ladungsmenge in Coulomb (1 C = 1 A · 1 s) hat ein Block 9 V gespeichert, der voll aufgeladen ist?

c) Wie lange könnte eine wiederaufladbare Monozelle einen Entladestrom von 0,1 A liefern, wenn sie sich dabei um 10 % ihrer Kapazität entlädt?

d) Wie viel elektrische Arbeit in Wattsekunden (1 Ws = 1 V · 1 C) könnte eine voll aufgeladene Mignonzelle verrichten, wenn sie ihre gesamte gespeicherte Energie abgeben würde?

e) Wie groß wäre die Wärmeenergie in Joule (1 J = 1 Ws), die eine Babyzelle durch 50 %ige Entladung erzeugen könnte?

❶ **1.2** Drei Nickel-Cadmium-Kleinakkus mit der Nennspannung von 1,25 V je Zelle sind hintereinander geschaltet. In der Schaltung sollen Potenziale und Spannungen gemessen werden.

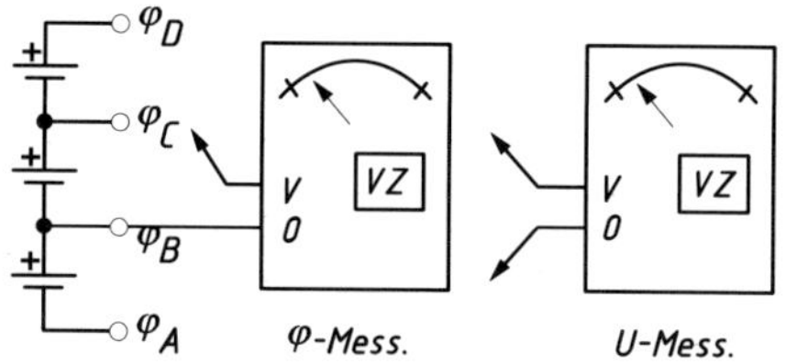

a) Wie groß sind die gemessenen Potenziale φ_A, φ_B, φ_C und φ_D ? (siehe Bild)

b) Wie groß wären die Potenziale φ_A, φ_B, φ_C und φ_D, wenn Punkt A Bezugspunkt wäre? Was fällt beim Vergleich mit den Potenzialwerten von Aufgabe a) auf?

c) Welchen Betrag und welches Vorzeichen zeigt der Spannungsmesser, wenn Punkt D mit Buchse V verbunden ist und Punkt A mit Buchse 0?

d) Wie wurde der Spannungsmesser bei der Messung $U_{AD} = -3{,}75$ V angeschlossen?

❶ **1.3** In der angegebenen Schaltung sind drei Kleinakkuzellen mit der Nennspannung 1,25 V und vernachlässigbar kleinem Innenwiderstand in Reihe geschaltet. Mit Schalter S kann der Stromkreis umgeschaltet werden.

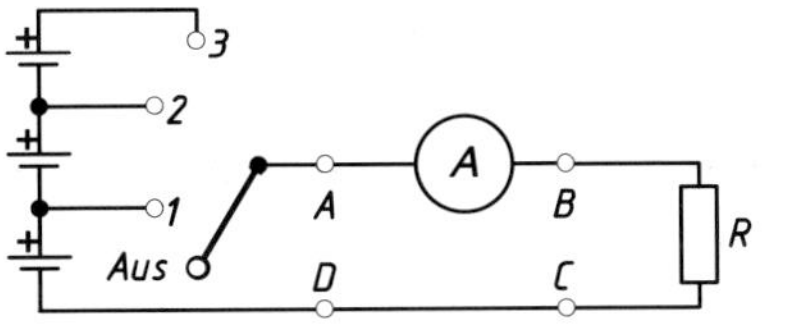

a) In der Schalterstellung „Aus" zeigt der Strommesser null. Wie groß ist der Widerstand des Schalters in dieser Schalterstellung?

b) Wie groß ist die Stromstärke in den Leitungsabschnitten A–B und C–D bei Schalterstellung 1, wenn der Verbraucher einen Widerstand $R = 250\ \Omega$ hat?

c) Berechnen Sie die Stromstärke für die Schalterstellungen 2 und 3.

d) Zeichnen Sie mit den Ergebnissen aus b) und c) die I-U-Kennlinie des Widerstandes R.

❶ **1.4** Der Widerstand eines Bügeleisens ist bei der höchsten Temperaturstufe 50 Ω = konstant, d.h. temperaturunabhängig. Wie groß ist die Stromstärke bei Netzspannung 230 V?

❶ **1.5** Ein Widerstand 470 Ω liegt zwischen den Anschlussstellen 1 und 2 und wird von einem Strom 12 mA durchflossen.

a) Wie groß ist der Spannungsabfall am Widerstand?

b) Wie groß ist das Potenzial φ_2, wenn das höhere Potenzial $\varphi_1 = +\ 18$ V ist?

❶ **1.6** Bei einem Schichtwiderstand sind die Farbringe zur Widerstandangabe nicht mehr deutlich erkennbar. Wie gehen Sie vor, um den Widerstandswert festzustellen?

❶ **1.7** Das Liniendiagramm zeigt den Ladungsverlauf wie er beim Aufladen eines Nickel-Cadmium-Kleinakkus auftrat.

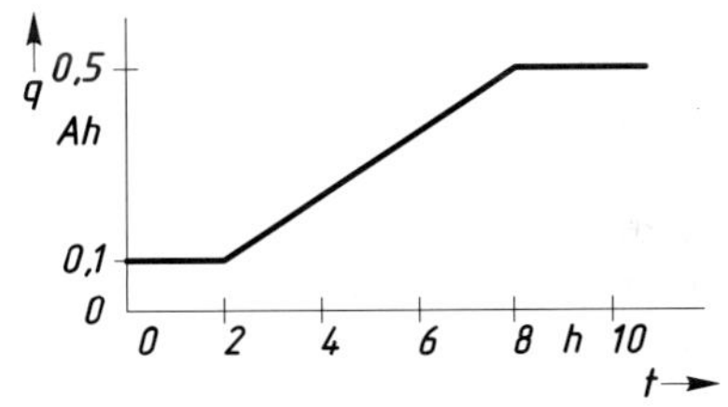

a) Man zeichne den zeitlichen Verlauf der Stromstärke I.

b) Berechnen Sie die Ladestromstärke I im Zeitbereich 2 … 8 h.

❶ ❷ **1.8** Woher „weiß" in der gegebenen Schaltung der Strom I wie groß er zu werden hat, wenn der Schalter S geschlossen wird? Beschreiben Sie das Zusammenspiel von Ohm'schen Gesetz am Widerstand und dem 2. Kirchhoff'schen Satz für den Stromkreis.

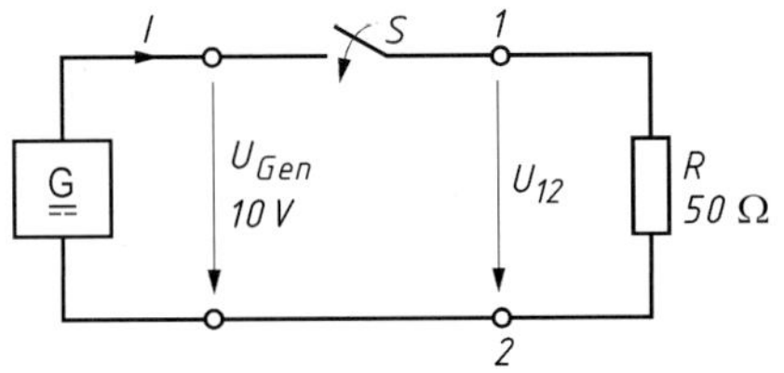

❶ ❷ **1.9** In der gegebenen Schaltung wird am Widerstand R_2 die Spannung U_2 gemessen. Der Spannungsmesser sei ideal: Innenwiderstand $R_i \to \infty$.

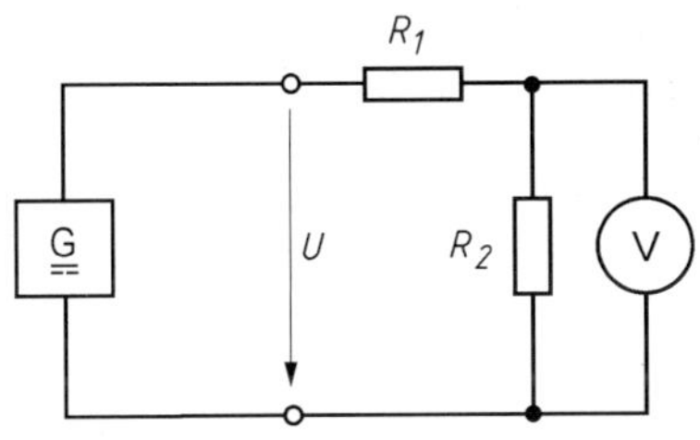

a) In welchem Schaltungsteil fließt Strom?

b) Wie groß ist die Stromstärke, wenn der Spannungsmesser 3V anzeigt und die Widerstände $R_1 = 4$ kΩ und $R_2 = 2$ kΩ sind?

c) Wie groß ist die Gesamtspannung U?

❶ **1.10** In einer Transistorschaltung sind die Potenziale φ_B, φ_C und φ_E durch Messung bekannt.

a) Wie groß sind die Ströme I_C, I_v und I_q in den Widerständen R_C, R_v und R_q?
b) Wie groß ist der Basisstrom I_B?
c) Wie groß ist der Emitterwiderstand R_E, wenn in ihm der Emitterstrom $I_E = I_C + I_B$ fließt?
d) Wie groß sind die Spannungen U_{CE} und U_{BE} am Transistor?
e) Bestimmen Sie Betrag und Richtung des Batteriestromes I_{Bat}.

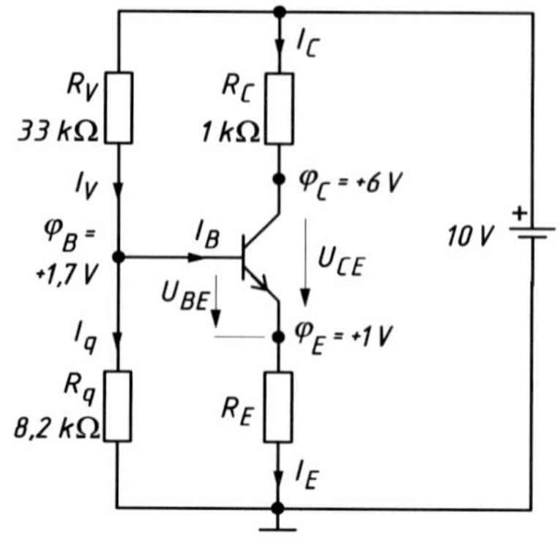

❶ ❷ **1.11** Der zeitliche Verlauf eines Ladungstransportes, wie er beim Aufladen eines Kondensators vorkommen kann, ist im nachfolgenden Bild dargestellt.
Die Funktionsgleichung für den Ladungstransport in Abhängigkeit von der Zeit t lautet:

$q = 1\,\text{mC}\,(1 - e^{-t/1\text{s}})$

a) Wie sieht der zugeordnete zeitliche Verlauf des Stromes $i = f(t)$ aus (Skizze)?
b) Wie groß ist der Momentanwert der Stromstärke zum Zeitpunkt $t = 5$ s?
c) Wie groß ist der Momentanwert der Stromstärke zum Zeitpunkt $t = 1$ s?
d) Wie groß ist die Anfangsstromstärke im Zeitpunkt $t = 0$?

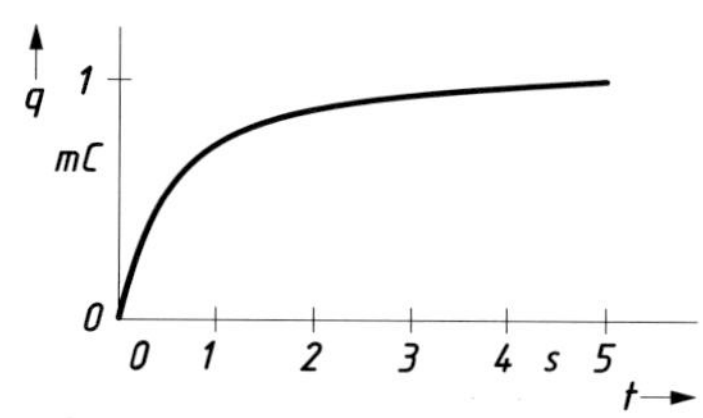

❷ **1.12** Zur „Strommessung" mit dem Oszilloskop wird ein kleiner Messwiderstand $R_{Mess} = 10\ \Omega$ in Reihe zum Verbraucher R geschaltet und der an ihm entstehende Spannungsabfall mit dem hochohmigen Oszilloskop gemessen.

a) Wie groß ist die Stromstärke im Verbraucher R, wenn die Strahlauslenkung 2,5 div (Einheiten) bei einem vertikalen Ablenkkoeffizienten von 0,5 V/div beträgt?
b) Wie groß ist der Messfehler aufgrund des Messverfahrens, wenn der Verbraucherwiderstand $R = 500\ \Omega$ ist?

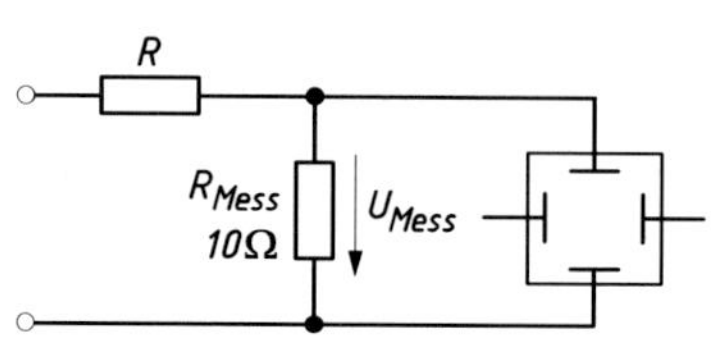

❸ **1.13** Man berechne für die gezeigte Schaltung die Teilströme I_1 bis I_8 sowie die Teilspannungen U_{AB}, U_{BC} und U_{CD}.

Lösungshinweis: Sie verwenden dabei mehrfach das Ohm'sche Gesetz, den 1. Kirchhoff'schen Satz und berechnen Spannungen aus vorgegebenen Potenzialdifferenzen.

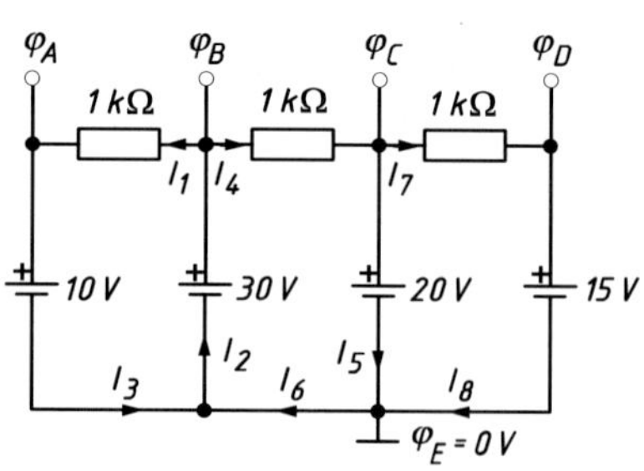

❸ **1.14** Die Schaltung aus Aufgabe 1.13 wurde um zwei weitere Stromzweige erweitert.

a) Bestimmen Sie die Ströme und Spannungsabfälle, die unverändert bleiben.

b) Berechnen Sie die restlichen Teilströme und Teilspannungen über die Stromverteilung in den Knotenpunkten bzw. aus den Potenzialdifferenzen.

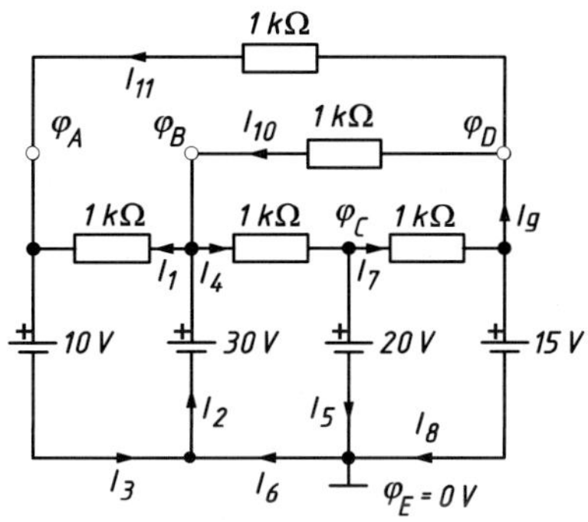

❸ **1.15** Ströme und Spannungen in Stromkreisen haben nicht nur einen energiemäßigen Bezug sondern können auch Träger von Bedeutungen (Informationen) sein. Man spricht dann von Strom- und Spannungssignalen. So kann z.B. für einen Füllstand L = 0 … 100 % von einem Messumformer ein proportionales Stromsignal I = 0 … 20 mA erzeugt werden. Dieses Stromsignal gelangt vom Ort des technischen Prozesses über Leitungen zur Messwarte. Dort kann das Stromsignal mit Hilfe eines Widerstandes R in ein proportionales Spannungssignal umgesetzt und dem Automatisierungsgerät AG zur Verfügung gestellt werden. Das Automatisierungsgerät kann mit seinem Stellsignal ggf. die Förderpumpe ein- bzw. ausschalten.

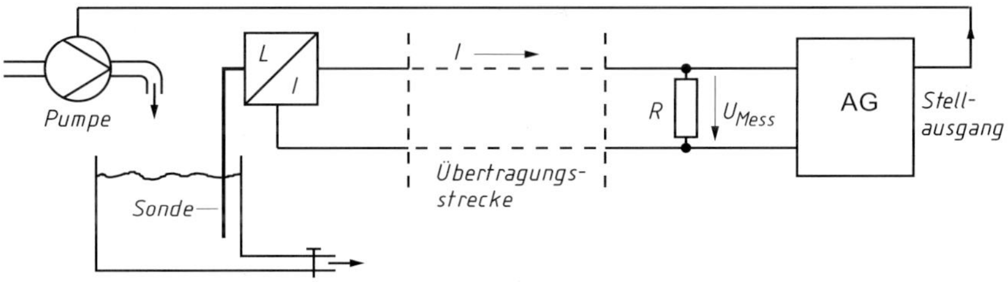

a) Wie groß muss der erforderliche Abschlusswiderstand R sein, wenn er Stromsignale des Bereiches 0 … 20 mA in proportionale Spannungssignale 0 … 500 mV umsetzen soll? Der Messeingang des Automatisierungsgerätes ist hochohmig.

b) Wie groß ist der Messstrom I, wenn das Automatisierungsgerät für ihn einen Zahlenwert Z = 512 ermittelt hat und nachfolgende Eichung zugrunde liegt?

$$I = 0\text{ mA} \quad \Rightarrow \quad U_{\text{Mess}} = 0\text{ mV} \quad \Rightarrow \quad Z = 0$$

$$I = 20\text{ mA} \quad \Rightarrow \quad U_{\text{Mess}} = 500\text{ mV} \quad \Rightarrow \quad Z = 2048$$

c) Ein anderer Messumformer liefert für den Füllstand L = 0 … 100 % ein proportionales Strom-Einheitssignal von I = 4 … 20 mA.
Welchen Widerstandswert müsste jetzt der Abschlusswiderstand R haben, wenn im Automatisierungsgerät nachfolgende Eichung zugrunde gelegt wird?

$$I = 4\text{ mA} \quad \Rightarrow \quad U_{\text{Mess}} = 125\text{ mV} \quad \Rightarrow \quad Z = 512$$

$$I = 20\text{ mA} \quad \Rightarrow \quad U_{\text{Mess}} = 625\text{ mV} \quad \Rightarrow \quad Z = 2560$$

d) Hat der Leitungswiderstand der Übertragungsstrecke einen Einfluss auf das Stromsignal im Stromkreis?

1.2 Lösungen

1.1

a) $t = \frac{Q}{I} = \frac{0{,}11\,\text{Ah}}{11\,\text{mA}} = \cdots = \frac{4{,}0\,\text{Ah}}{0{,}4\,\text{A}} = 10\,\text{h}$

(Die übliche Ladezeit beträgt 14 h)

b) $Q = 0{,}11\,\text{Ah} = 0{,}11\,\text{A} \cdot 3600\,\text{s} = 396\,\text{C}$

c) $\Delta Q = 0{,}1 Q = 0{,}4\,\text{Ah}$

$$\Delta t = \frac{Q}{\Delta I} = \frac{0{,}4\,\text{Ah}}{0{,}1\,\text{A}} = 4\,\text{h}$$

d) $W = U \cdot Q = 1{,}25\,\text{V} \cdot 0{,}5\,\text{Ah} = 0{,}625\,\text{Wh}$

$W = 0{,}625\,\text{W} \cdot 3600\,\text{s} = 2250\,\text{Ws}$

e) $\Delta W = 0{,}5 \cdot 2{,}2\,\text{Ah} \cdot 1{,}25\,\text{V}$

$\Delta W = 1{,}375\,\text{Wh} = 4950\,\text{Ws} = 4950\,\text{J}$

1.2

a) $\varphi_B = 0\,\text{V}$ (Bezugspunkt)

$\varphi_C = \varphi_B + U = +1{,}25\,\text{V}$

$\varphi_D = \varphi_B + 2U = +2{,}5\,\text{V}$

$\varphi_A = \varphi_B - U = -1{,}25\,\text{V}$

b) $\varphi_A = 0\,\text{V}$ (Bezugspunkt)

$\varphi_B = \varphi_A + U = +1{,}25\,\text{V}$

$\varphi_C = \varphi_A + 2U = +2{,}5\,\text{V}$

$\varphi_D = \varphi_A + 3U = +3{,}75\,\text{V}$

Alle Potenziale haben andere Werte, die Potenzialdifferenzen, d.h. die Spannungen, sind unverändert.

c) Bei $\varphi_B = 0\,\text{V}$ (Bezugspunkt):

$U_{DA} = \varphi_D - \varphi_A$

$U_{DA} = +2{,}5\,\text{V} - (-1{,}25\,\text{V}) = +3{,}75\,\text{V}$

Bei $\varphi_A = 0\,\text{V}$ (Bezugspunkt):

$U_{DA} = \varphi_D - \varphi_A$

$U_{DA} = +3{,}75\,\text{V} - (0\,\text{V}) = +3{,}75\,\text{V}$

d) Buchse V an Punkt A
Buchse 0 an Punkt D

1.3

a) $I = 0 \Rightarrow R_{Sch} = \infty$

b) $I_1 = \frac{U}{R} = \frac{1{,}25\,\text{V}}{250\,\Omega} = 5\,\text{mA}$

$$I_2 = \frac{2U}{R} = \frac{2{,}5\,\text{V}}{250\,\Omega} = 10\,\text{mA}$$

$$I_3 = \frac{3U}{R} = \frac{3{,}75\,\text{V}}{250\,\Omega} = 15\,\text{mA}$$

d)

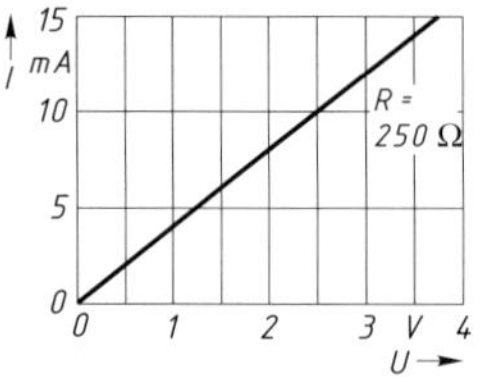

1.4

$$I = \frac{U}{R} = \frac{230\,\text{V}}{50\,\Omega} = 4{,}6\,\text{A}$$

1.5

a) $U_{12} = I \cdot R = 12\,\text{mA} \cdot 470\,\Omega = 5{,}64\,\text{V}$

b) $\varphi_2 = \varphi_1 - U_{12} = +18\,\text{V} - 5{,}64\,\text{V} = +12{,}36\,\text{V}$

1.6

Widerstandsbestimmung über das Ohm'sche Gesetz durch Strom-Spannungsmessung oder Widerstandsmessung mit dem Ohmmeter.

1.7

a)

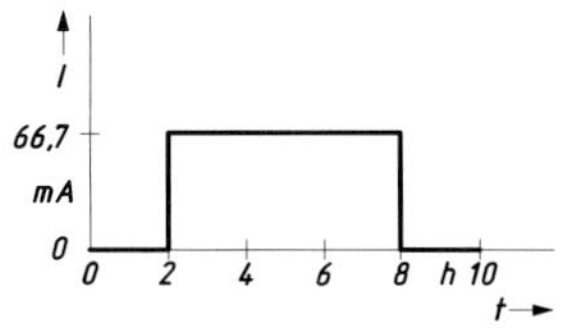

b) $I = \frac{\Delta Q}{\Delta t} = \frac{0{,}5\,\text{Ah} - 0{,}1\,\text{Ah}}{8\,\text{h} - 2\,\text{h}} = 66{,}7\,\text{mA}$

1.8

Der Strom I steigt auf den Wert an, bei dem der Spannungsabfall $I \cdot R = U_{12}$ gleich groß ist wie die eingeprägte Generatorspannung U_{Gen} (Erfüllung des 2. Kirchhoff'schen Satzes).

1.9

a) Es fließt Strom im Stromkreis Generator, Widerstand R_1, Widerstand R_2, nicht jedoch in den Zuleitungen zum Spannungsmesser, da $R_i \to \infty$.

b) $I = \frac{U_2}{R_2} = \frac{3\,\text{V}}{2\,\text{k}\Omega} = 1{,}5\,\text{mA}$

c) $U_1 = I \cdot R_1 = 1{,}5\,\text{mA} \cdot 4\,\text{k}\Omega = 6\,\text{V}$

$\Sigma U = 0 \Rightarrow (+U) + (-U_1) + (-U_2) = 0$

$U = 6\,\text{V} + 3\,\text{V} = 9\,\text{V}$

1.10

a) Man führt am Minuspol der Spannungsquelle das Potenzial $\varphi_0 = 0\,\text{V}$ (Masse) ein. Dann hat der Pluspol der Quelle das Potenzial $\varphi_{Bat} = +10\,\text{V}$

$$I_C = \frac{\varphi_{Bat} - \varphi_C}{R_C} = \frac{(+10\,\text{V}) - (+6\,\text{V})}{1\,\text{k}\Omega} = 4\,\text{mA}$$

$$I_V = \frac{\varphi_{Bat} - \varphi_B}{R_V} = \frac{10\,\text{V} - 1{,}7\,\text{V}}{33\,\text{k}\Omega} = 251{,}5\,\mu\text{A}$$

$$I_q = \frac{\varphi_B - \varphi_0}{R_q} = \frac{1{,}7\,\text{V}}{8{,}2\,\text{k}\Omega} = 207{,}3\,\mu\text{A}$$

b) $I_B = I_V - I_q = 44{,}2\,\mu\text{A}$

c) $R_E = \frac{\varphi_E - \varphi_0}{I_E} = \frac{1\,\text{V} - 0\,\text{V}}{4\,\text{mA} + 44{,}2\,\mu\text{A}} = 247{,}3\,\Omega$

d) $U_{CE} = \varphi_C - \varphi_E = (+6\ V) - (+1\ V) = +5\ V$
$U_{BE} = \varphi_B - \varphi_E = (+1{,}7\ V) - (+1\ V) = +0{,}7\ V$

e) $I_{Bat} = I_C + I_V$
$I_{Bat} = 4\ mA + 251{,}5\ \mu A = 4{,}25\ mA$

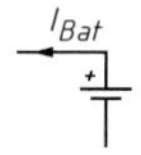

1.11

a)

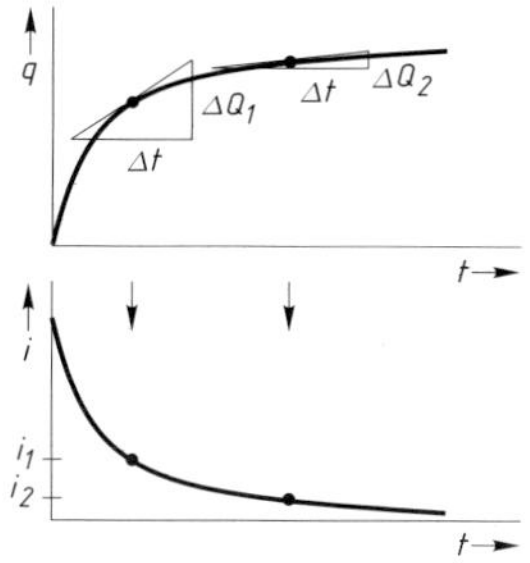

b) Im Zeitpunkt $t = 5$ s nimmt die Ladungsmenge q nicht mehr zu:

$$i = \frac{dq}{dt} \Rightarrow 0$$

c) Der Momentanwert der Stromstärke ist $i = \frac{dq}{dt}$.

Es muss also die 1. Ableitung der gegebenen Ladungsfunktion $q = 1\ mC\ (1 - e^{-t/1s})$ bzw.
$q = 1\ mC - 1\ mC \cdot e^{-t/1s}$ berechnet werden.
Allgemeine Lösung gemäß Liste der Differenziale
$y = a \quad \Rightarrow y' = 0$
$y = e^{-ax} \quad \Rightarrow y' = -a \cdot e^{-ax}$
Somit lautet die gesuchte Funktion:

$$q' = 0 - 1\ mC\left(-\frac{1}{1\ s}\right) \cdot e^{-t/1\ s}$$

Für $t = 1$ s gilt:

$$q' = \frac{dq}{dt} = i = \frac{1\ mC}{1\ s} \cdot e^{-\frac{1\ s}{1\ s}} = 0{,}368\ mA$$

d) Für $t = 0$ s gilt:

$$i = \frac{1\ mC}{1\ s} \cdot e^{-\frac{0\ s}{1\ s}} = 1\ mA$$

1.12

a) $$U_{Mess} = 2{,}5\ div \cdot 0{,}5 \frac{V}{div} = 1{,}25\ V$$

$$I = \frac{U_{Mess}}{R_{Mess}} = \frac{1{,}25\ V}{10\ \Omega} = 125\ mA$$

b) Der Messwiderstand verfälscht durch seine Anwesenheit den eigentlichen Strom I:

$$\frac{U}{500\ \Omega} \mathrel{\hat{=}} 100\%; \quad \frac{U}{510\ \Omega} \mathrel{\hat{=}} 98\%\ (\text{Fehler} = -2\%)$$

1.13

$$I_1 = \frac{\varphi_B - \varphi_A}{R} = \frac{(+30\ V) - (+10\ V)}{1\ k\Omega} = 20\ mA$$

$I_3 = I_1 = 20\ mA$

$$I_4 = \frac{\varphi_B - \varphi_C}{R} = \frac{(+30\ V) - (+20\ V)}{1\ k\Omega} = 10\ mA$$

$I_2 = I_1 + I_4 = 30\ mA$
$I_6 = I_2 - I_3 = 10\ mA$

$$I_7 = \frac{\varphi_C - \varphi_D}{R} = \frac{(+20\ V) - (+15\ V)}{1\ k\Omega} = 5\ mA$$

$I_5 = I_4 - I_7 = 5\ mA$
$I_8 = I_7 = 5\ mA$
$U_{AB} = \varphi_A - \varphi_B = (+10\ V) - (+30\ V) = -20\ V$
$U_{BC} = \varphi_B - \varphi_C = (+30\ V) - (+20\ V) = +10\ V$
$U_{CD} = \varphi_C - \varphi_D = (+20\ V) - (+15\ V) = +5\ V$

1.14

a) I_1, I_4, I_5, I_7 sind unverändert (s. Lösung 1.13)
U_{AB}, U_{BC}, U_{CD} sind unverändert (s. Lösung 1.13)

b) $$I_{11} = \frac{\varphi_D - \varphi_A}{R} = \frac{(+15\ V) - (+10\ V)}{1\ k\Omega} = 5\ mA$$

$$I_{10} = \frac{\varphi_D - \varphi_B}{R} = \frac{(+15\ V) - (+30\ V)}{1\ k\Omega} = -15\ mA$$

$I_9 = I_{10} + I_{11} = -15\ mA + 5\ mA = -10\ mA$
$I_3 = I_1 + I_{11} = 20\ mA + 5\ mA = 25\ mA$
$I_2 = I_1 + I_4 - I_{10} = 20\ mA + 10\ mA - (-15\ mA) = 45\ mA$
$I_6 = I_2 - I_3 = 45\ mA - 25\ mA = 20\ mA$
$I_8 = I_6 - I_5 = 20\ mA - 5\ mA = 15\ mA$
Negative Vorzeichen bei den Strömen bedeuten, dass die Ströme entgegen der eingetragenen Pfeilrichtung fließen.
$U_{AD} = \varphi_A - \varphi_D = (+10\ V) - (+15\ V) = -5\ V$
$U_{BD} = \varphi_B - \varphi_D = (+30\ V) - (+15\ V) = +15\ V$

1.15

a) $$R = \frac{U}{I} = \frac{500\ mV}{20\ mA} = 25\ \Omega$$

b) $$\frac{512}{2048} = \frac{1}{4} \Rightarrow I = \frac{1}{4} \cdot 20\ mA = 5\ mA$$

c) $$R = \frac{U}{I} = \frac{625\ mV}{20\ mA} = \frac{125\ mV}{4\ mA} = 31{,}25\ \Omega$$

d) Nein. Der Messumformer prägt ein zum Füllstand L proportionales Stromsignal I in den Stromkreis ein. An einem eventuell erhöhten Leitungswiderstand der Übertragungsstrecke würde lediglich ein etwas erhöhter Spannungsabfall entstehen.

2 Leiterwiderstand, Isolationswiderstand

- Berechnung von Widerständen aus Werkstoffangaben
- Ohm'sches Gesetz, Stromdichte

Lösungsmethodik 1 Für Aufgaben, die vom Drahtwiderstand ausgehen.

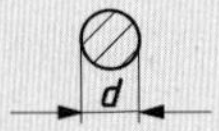

$$A = \frac{d^2 \cdot \pi}{4}$$

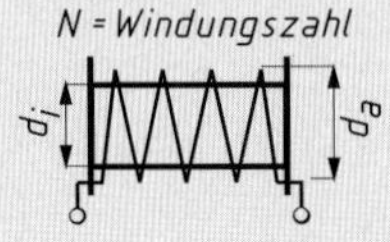

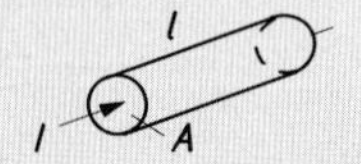

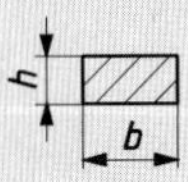

$$A = h \cdot b$$

$$d_m = \frac{d_a + d_i}{2}$$

$$l = N \cdot \pi \cdot d_m$$

$$\varrho_{20} = \frac{1}{\varkappa_{20}{}^{1)}}$$

1) Nach Norm jetzt γ anstelle von $\varkappa$

Stoff	$\varkappa_{20}$ 1) $\left(\frac{\text{m}}{\Omega\text{mm}^2}\right)$	ϱ_{20} $\left(\frac{\Omega\text{mm}^2}{\text{m}}\right)$
Al	36	≈ 0,0278
Cu	56	≈ 0,0178
WM50	2,0	0,5

Drahtquerschnitt → Drahtwiderstand
Drahtlänge → Drahtwiderstand
spezifischer Widerstand → Drahtwiderstand

Formel gilt im Prinzip auch für Isolationswiderstände, deren spezifischer Widerstand jedoch in Ωcm angegeben wird. ⇐

$$R_{20} = \frac{\varrho_{20} \cdot l}{A}$$

bei Temperatur $T = 20°$ C

↓

Ohm'sches Gesetz

$$U = I \cdot R_{20}$$

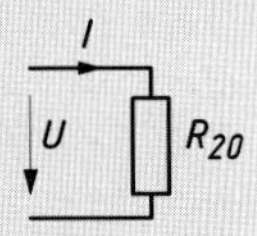

Stromdichte

$$S = \frac{I}{A}$$

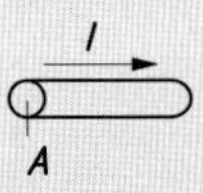

Lösungsmethodik 2 Für Aufgaben, die eine Herleitung der Widerstandsbeziehung aus Geometrie- und Werkstoffangaben verlangen

Annahme eines Stromes I

1. Schritt → Stromdichte $S = \frac{I}{A}$

2. Schritt → Feldstärke * $\vec{E} = \varrho_{20} \cdot \vec{S}$

3. Schritt → Spannung $U = \int \vec{E} \cdot d\vec{s}$

4. Schritt → Widerstand $R = \frac{U}{I} = f(\text{Parameter})$

Bei der Quotientenbildung fällt der anfangs angenommene unbekannte Strom wieder heraus.

* Erfahrungsgemäß gilt bei elektrischen Leitern: Stromdichte $S \sim$ Feldstärke E

$$\vec{S} = \varkappa_{20} \cdot \vec{E}$$

2.1 Aufgaben

❶ **2.1** Welchen Widerstand hat ein Kupferdraht von 100 m Länge und einem Durchmesser von 1,38 mm bei 20° C?

❶ **2.2** Wie viel Meter Konstantandraht (WM50) mit dem Durchmesser 0,5 mm sind zur Herstellung eines Laborwiderstandes von 26 Ω erforderlich?

❶ **2.3** Wie groß ist der Querschnitt einer rechteckigen Aluminiumsammelschiene der Länge 20 m bei einem Widerstand von 20 mΩ?

❶ **2.4** Bei der Qualitätskontrolle wird bei einem 10 m langen Kupferdraht mit dem Durchmesser 1,38 mm ein Widerstand von 0,119 Ω ermittelt.

a) Wie groß ist die elektrische Leitfähigkeit des Kupfers?
b) Wie viel Prozent beträgt die Abweichung vom Bezugswert für Elektrolytkupfer E-Cu58?

❶ **2.5** Bei einem Netztransformator mit M85-Kern ist die zulässige Stromdichte für die
- Primärwicklung (innen) 2,9 A/mm^2,
- Sekundärwicklung (außen) 3,3 A/mm^2.

Berechnen Sie die mindestens erforderlichen Drahtdurchmesser der Kupferlackdrähte für einen Primärstrom von 90 mA und einen Sekundärstrom von 1,45 A.

❶ **2.6** Wie groß ist der Isolationswiderstand einer Kunstoffplatte von 100 mm × 100 mm Querschnittsfläche und 1 mm Dicke? Der spezifische Widerstand des Isolierstoffs beträgt laut Datenblatt 10^{+10} Ω m.

❶ **2.7** Die Anschlussleitung zwischen einer Sprechstelle und dem Vermittlungsamt hat eine Kabellänge von 2,5 km. Der Drahtdurchmesser einer Kupferader beträgt 1 mm.
a) Wie groß ist der Leitungswiderstand der Doppelleitung, d.h. von Hin- und Rückleitung?
b) Wie groß ist der Spannungsabfall auf der Leitung bei einem Speisestrom von 40 mA?

❶ **2.8** Ein Kranmotor wird durch eine 210 m lange einadrige Fahrleitung aus Kupfer mit Span-
❷ nung versorgt. Als Rückleitung dient die Stahl-Laufschiene, deren Querschnitt 100 cm^2 beträgt. Die elektrische Leitfähigkeit von Stahl sei:

$$\varkappa_{Fe} = 10 \frac{\text{m}}{\Omega\ \text{mm}^2}$$

Wie groß ist der gesamte Spannungsverlust auf der Leitung bei einer Stromstärke von 75 A, wenn der Drahtdurchmesser der Fahrleitung 10 mm beträgt?

❶ **2.9** In welchem Verhältnis stehen
❷ a) die Querschnitte gleich langer und widerstandsgleicher Aluminium- und Kupferleiter,
b) die Widerstände gleich langer Kupferleiter, deren Durchmesserverhältnis 2 : 1 ist?

❶ **2.10** Die Stromdichte einer 35 μm dicken Leiterbahn aus Kupfer soll 50 A/mm^2 nicht über-
❷ steigen. Die auf einer Kunststoff-Trägerfolie aufgebrachte Leiterbahn muss für eine Stromstärke von 20 A ausgelegt sein.

a) Wie groß ist die erforderliche Breite der Leiterbahn?
b) Wie groß ist der Spannungsabfall je 10 cm Leiterbahn bei 20 A?

❶ ❷ **2.11** Ein Kohleschicht-Trimmpotenziometer mit 1 kΩ/ 0,15 W hat die angegebenen Maße.

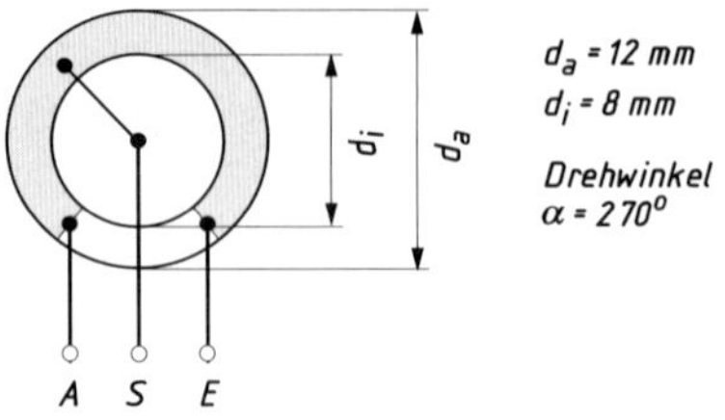

a) Wie groß ist die Schichtdicke der Kohleschicht, wenn deren spezifischer Widerstand 65 Ω mm^2/m beträgt?

b) Wie groß kann die Stromdichte bei höchstzulässiger Stromstärke werden?

❶ ❷ **2.12** Ein Schrittmotor besitzt 2 Statorspulen mit Mittelanzapfung, die mit dem Pluspol der Spannungsversorgung verbunden sind. Die Stromrichtung in den Statorspulen ist abhängig von der Stellung der Steuerschalter. Die Betriebsspannung betrage 12 V. Der Motor soll mit sehr kleiner Schrittfrequenz laufen.

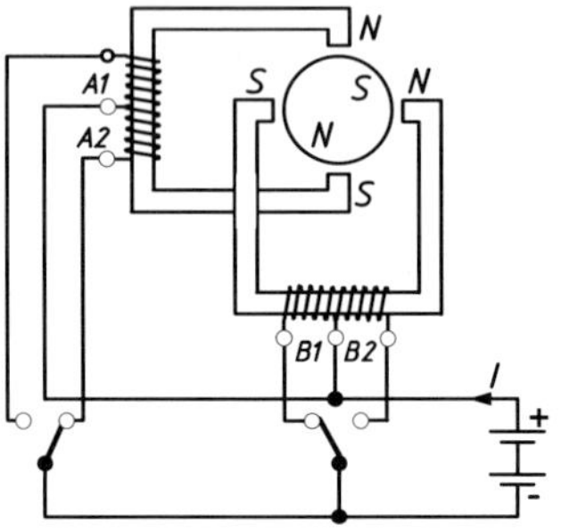

a) Wie groß ist der von der Stromversorgung ausgehende Strom I bei beliebiger Schalterstellung, wenn jede Teilspule einen Wicklungswiderstand von 96 Ω hat?

b) Wie groß ist die Gesamtwindungszahl N aller vier Teilspulen bei 0,2 mm Durchmesser der Kupferdrähte und einem mittleren Windungsdurchmesser d_m = 3 cm?

❷ **2.13** Die Wicklung eines 12 V-Relais soll berechnet werden. Drahtlänge und Drahtdurchmesser sind unbekannt. Im Datenbuch sind lediglich die Windungszahl mit N = 2750 und der Wicklungswiderstand der Kupferspule mit 74 Ω angegeben.

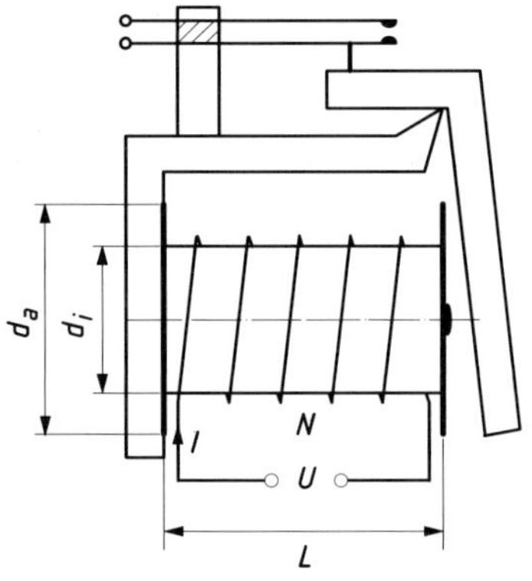

a) Berechnen Sie die Drahtlänge l und den Drahtdurchmeser d für einen Spulenkörper mit den Abmessungen:
d_i = 10 mm; d_a = 20 mm, und L = 40 mm.

b) Kontrollieren Sie, ob der von Ihnen berechnete Draht auch auf dem Spulenkörper Platz hat. Der Kupferfüllfaktor als Verhältnis von Kupfergesamtquerschnitt zur verfügbaren Wickelfläche muss kleiner als 0,5 sein.

❷ **2.14** Ein Kupferdraht habe die Querschnittsfläche A = 2 mm^2 und die Länge l = 100 m. Der Leiter liege an der Spannung U, dabei fließe ein Strom von I = 6,75 A.

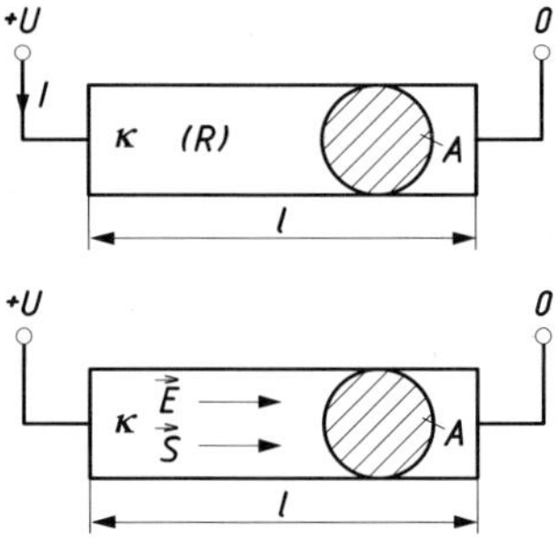

a) Man berechne die Spannung U über den Rechenweg „Widerstand des Drahtes".

b) Man berechne die Spannung U über den Rechenweg „Feldgrößen des Strömungsfeldes" (siehe Lösungsmethodik 2).

c) Bei welchen Aufgabenstellungen ist man gezwungen, über den Rechenweg „Feldgrößen" zu rechnen?

❷ **2.15** Leiten Sie die bekannte Formel $R = \varrho_{20} \cdot l / A$ für den Drahtwiderstand über den Rechenweg „Feldgrößen" ab (siehe Lösungsmethodik 2 im Übersichtsblatt).
Der Draht habe über die ganze Länge l an jeder Stelle den gleichen Querschnitt A.

❸ **2.16** Es sei ein Isolationsrohr mit den Geometriegrößen d_a, d_i und l wie abgebildet gegeben.

a) Zur Bestimmung des Isolationswiderstandes zwischen der Außen- und Innenfläche führe man eine Näherungsrechnung durch, bei der man sich das Isolierrohr in Längsrichtung aufgeschnitten und abgewickelt vorstellt. Wie lautet die Näherungsformel?

b) Leiten Sie über die Lösungsmethodik 2 eine allgemein gültige Formel zur Berechnung des Isolationswiderstandes her.

c) Vergleichen Sie die Ergebnisse einer Widerstandsberechnung mit den beiden Formeln.
Werte: $d_a = 20$ mm, $d_i = 16$ mm, $l = 50$ cm
$\varrho_{iso} = 10^{+10}\ \Omega\text{m}$

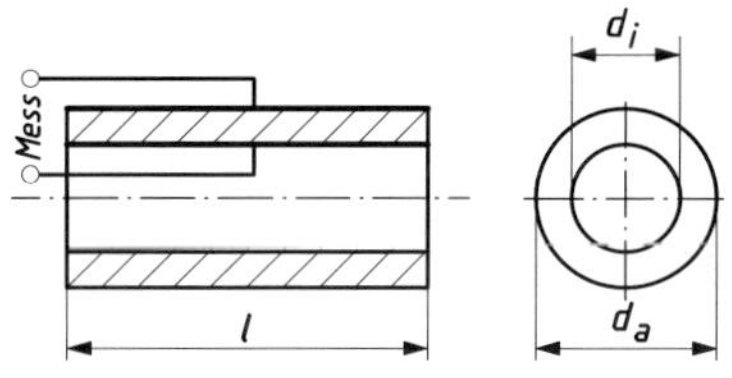

❸ **2.17** Im Bild ist das Prinzip der Erdungswiderstandsmessung nach dem Strom-Spannungsverfahren dargestellt.
Um den Erdungswiderstand zu bestimmen, betätigt man den Taster T. Dadurch fließt ein Strom I_E über den Prüfwiderstand 1000 Ω in den Anlagenerder und verteilt sich dort im Erdreich. Der Strom fließt zur Betriebserdungsstelle zurück. Mit einem hochohmigen Spannungsmesser wird der vom Erdstrom verursachte Spannungsabfall U_E zwischen der Anlagenerdung und einer weit entfernten Messsonde (Abstand 100 m) gemessen.

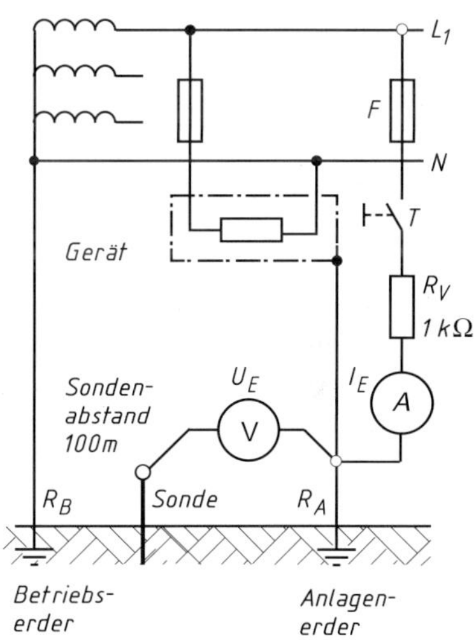

a) Man berechne den Erdungswiderstand R_A der Anlage aus den Messwerten, wenn die Messgeräte $I_E = 0{,}5$ A und $U_E = 25$ V anzeigen.

b) Leiten Sie eine Formel für den Erdungswiderstand her, wobei zur Vereinfachung angenommen wird, dass der Anlagenerder aus einer metallischen Halbkugel mit dem Durchmesser $d = 60$ cm besteht und die Gegenelektrode (Betriebserder) eine konzentrische Halbkugelelektrode mit großem Radius sei. Die Leitfähigkeit des Erdreiches wird mit $\varkappa_E = 10^{-2}\ (\Omega\,\text{m})^{-1}$ angegeben.

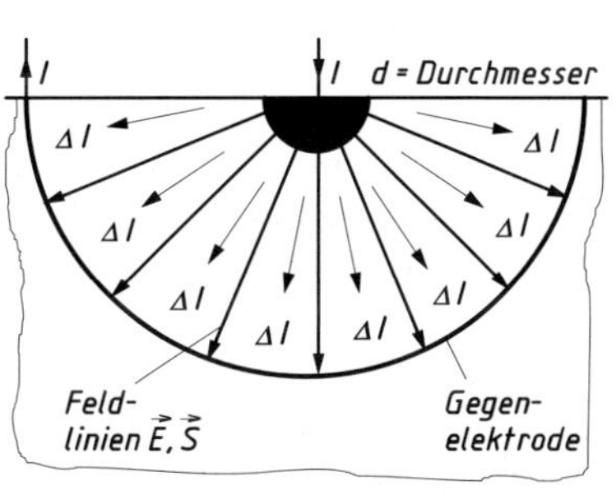

Lösungshinweis:

$U = \int \vec{E} \cdot d\vec{s} = \int E \cdot ds$, wenn $\vec{E}$ und $\vec{s}$ gleichorientiert.

2.2 Lösungen

2.1

$$A = \frac{d^2 \cdot \pi}{4} = \frac{(1{,}38\ \text{mm})^2 \cdot \pi}{4} = 1{,}5\ \text{mm}^2$$

$$R = \frac{l \cdot \varrho}{\text{A}} = \frac{100\ \text{m} \cdot 0{,}0178\ \Omega\text{mm}^2}{1{,}5\ \text{mm}^2 \cdot \text{m}} = 1{,}19\ \Omega$$

2.2

$$A = \frac{d^2 \cdot \pi}{4} = \frac{(0{,}5\ \text{mm})^2 \cdot \pi}{4} = 0{,}2\ \text{mm}^2$$

$$l = \frac{R \cdot A}{\varrho} = \frac{26\ \Omega \cdot 0{,}2\ \text{mm}^2}{0{,}5\ \frac{\Omega\text{mm}^2}{\text{m}}} = 10{,}4\ \text{m}$$

2.3

$$A = \frac{l \cdot \varrho}{R} = \frac{20\ \text{m} \cdot 0{,}0278\ \Omega\text{mm}^2}{20 \cdot 10^{-3}\ \Omega\ \ \text{m}} = 27{,}8\ \text{mm}^2$$

2.4

a) $A = \frac{d^2 \cdot \pi}{4} = \frac{(1{,}38\ \text{mm})^2 \cdot \pi}{4} = 1{,}5\ \text{mm}^2$

$$\varkappa_{\text{Cu}} = \frac{l}{A \cdot R} = \frac{10\ \text{m}}{1{,}5\ \text{mm}^2 \cdot 0{,}119\ \Omega} = 56\ \frac{\text{m}}{\Omega\text{mm}^2}$$

b) $\varkappa_{\text{Cu58}} \mathrel{\hat{=}} 100\%$

Abweichung: $-\frac{2}{58} \cdot 100\,\% = -3{,}45\,\%$

2.5

$$A_\text{p} = \frac{I_\text{p}}{S_\text{p}} = \frac{0{,}090\ \text{A}}{2{,}9\ \frac{\text{A}}{\text{mm}^2}} = 0{,}031\ \text{mm}^2$$

$$d_\text{p} = \sqrt{\frac{4 \cdot A_\text{p}}{\pi}} = \sqrt{\frac{4 \cdot 0{,}031\ \text{mm}^2}{\pi}} = 0{,}2\ \text{mm}$$

$$A_\text{s} = \frac{I_\text{s}}{S_\text{s}} = \frac{1{,}45\ \text{A}}{3{,}3\ \frac{\text{A}}{\text{mm}^2}} = 0{,}44\ \text{mm}^2$$

$$d_\text{s} = \sqrt{\frac{4 \cdot A_\text{s}}{\pi}} = \sqrt{\frac{4 \cdot 0{,}44\ \text{mm}^2}{\pi}} = 0{,}75\ \text{mm}$$

2.6

$$R_\text{iso} = \frac{\varrho \cdot d}{A} = \frac{1 \cdot 10^{+10}\ \Omega\text{m} \cdot 1 \cdot 10^{-3}\ \text{m}}{10000 \cdot 10^{-6}\ \text{m}^2} = 1000\ \text{M}\Omega$$

2.7

a) $R = 2 \cdot \frac{l \cdot \varrho}{A} = 2 \cdot \frac{2500\ \text{m} \cdot 0{,}0178\ \Omega\text{mm}^2}{0{,}785\ \text{mm}^2\ \text{m}} = 113{,}4\ \Omega$

b) $U = I \cdot R = 40\ \text{mA} \cdot 113{,}4\ \Omega = 4{,}5\ \text{V}$

2.8

Querschnitt der Fahrleitung:

$$A = \frac{d^2 \cdot \pi}{4} = \frac{(10\ \text{mm})^2 \cdot \pi}{4} = 78{,}5\ \text{mm}^2$$

Widerstand der Fahrleitung:

$$R_\text{Ltg} = \frac{l}{A \cdot \varkappa} = \frac{210\ \text{m}\ \Omega\text{mm}^2}{78{,}5\ \text{mm}^2 \cdot 56\ \text{m}} = 47{,}8\ \text{m}\Omega$$

Die Länge der Rückleitung (Fahrschiene) ist je nach Position des Krans verschieden. Eine Widerstandsabschätzung ergibt jedoch, dass der Widerstand der Fahrschiene gegenüber dem Leitungswiderstand vernachlässigbar klein ist:

$$R_\text{Fe} = \frac{l_\text{max}}{A_\text{Fe} \cdot \varkappa_\text{Fe}} = \frac{210\ \text{m}\ \ \Omega\ \text{mm}^2}{100 \cdot 10^2\ \text{mm}^2 \cdot 10\ \text{m}}$$

$R_\text{Fe} = 2{,}1\ \text{m}\Omega\ (< 4{,}4\%\ \text{von}\ R_\text{Ltg})$

Spannungsabfall:

$U = I \cdot R_\text{Ltg} \approx 75\ \text{A} \cdot 50\ \text{m}\Omega \approx 3{,}75\ \text{V}$

2.9

a)
$$A_\text{Al} = \frac{l \cdot \varrho_\text{Al}}{R_\text{Al}}$$

$$A_\text{Cu} = \frac{l \cdot \varrho_\text{Cu}}{R_\text{Cu}}$$

$$\frac{A_\text{Al}}{A_\text{Cu}} = \frac{\varrho_\text{Al}}{\varrho_\text{Cu}} = \frac{0{,}0278\ \frac{\Omega\text{mm}^2}{\text{m}}}{0{,}0178\ \frac{\Omega\text{mm}^2}{\text{m}}} = \frac{1{,}6}{1}$$

b)
$$R_1 = \frac{l \cdot \varrho}{\frac{d_1^2 \cdot \pi}{4}} = \frac{\text{konst}}{d_1^2}$$

$$R_2 = \frac{l \cdot \varrho}{\frac{d_2^2 \cdot \pi}{4}} = \frac{\text{konst}}{d_2^2}$$

Bedingung $d_1 = 2d_2$ ergibt:

$$\frac{R_1}{R_2} = \frac{\frac{\text{konst}}{(2d_2)^2}}{\frac{\text{konst}}{d_2^2}}$$

$$R_1 = \frac{1}{4} R_2$$

Der Leiter mit dem doppelten Drahtdurchmesser hat nur ein Viertel des Widerstandes

2.10

a) Leiterbahnquerschnitt:

$$A = \frac{I}{S} = \frac{20\ \text{A}}{50\ \frac{\text{A}}{\text{mm}^2}} = 0{,}4\ \text{mm}^2$$

Leiterbahnbreite:

$$b = \frac{A}{h} = \frac{0{,}4\ \text{mm}^2}{35 \cdot 10^{-3}\ \text{mm}} = 11{,}43\ \text{mm}$$

b) Leiterbahnwiderstand:

$$R_{20} = \frac{l \cdot \varrho}{A} = \frac{0{,}1\ \text{m} \cdot 0{,}0178\ \Omega\,\text{mm}^2}{0{,}4\ \text{mm}^2 \quad \text{m}}$$

$R_{20} = 4{,}45\ \text{m}\Omega$ (je 10 cm)

Spannungsabfall je 10 cm:

$U = I \cdot R_{20} = 20\ \text{A} \cdot 4{,}45\ \text{m}\Omega = 89\ \text{mV}$

2.11

a) Mittlere Länge der Widerstandsschicht:

$$l = \frac{\alpha}{360°} \cdot \pi \cdot d_{\text{m}} \qquad \text{mit } d_{\text{m}} = \frac{d_{\text{a}} + d_{\text{i}}}{2}$$

$$l = \frac{3}{4} \cdot \pi \cdot 10\ \text{mm} = 23{,}6\ \text{mm}$$

Querschnittsfläche der Widerstandsschicht:

$$A = \frac{l \cdot \varrho}{R} = \frac{23{,}6 \cdot 10^{-3}\ \text{m} \cdot 65\ \Omega\,\text{mm}^2}{1000\ \Omega \quad \text{m}} = 1{,}53 \cdot 10^{-3}\ \text{mm}^2$$

Schichtdicke:

$$d = \frac{A}{\frac{d_{\text{a}} - d_{\text{i}}}{2}} = \frac{1{,}53 \cdot 10^{-3}\ \text{mm}^2}{2\ \text{mm}} = 0{,}77 \cdot 10^{-3}\ \text{mm}$$

b) Höchstzulässige Stromstärke:

$$P = U \cdot I \quad \text{mit } I = \frac{U}{R}$$

ergibt:

$P = I^2 \cdot R$

Aus dieser Beziehung kann die Stromstärke berechnet werden:

$$I = \sqrt{\frac{P}{R}} = \sqrt{\frac{0{,}15\ \text{W}}{1000\ \Omega}} = 12{,}2\ \text{mA}$$

Stromdichte (Maximalwert)

$$S = \frac{I}{A} = \frac{12{,}2\ \text{mA}}{1{,}53 \cdot 10^{-3}\ \text{mm}^2}$$

$$S = 8 \frac{A}{\text{mm}^2}$$

2.12

a) Stromstärke

$$I = 2 \cdot \frac{U}{R} = 2 \cdot \frac{12\ \text{V}}{96\ \Omega}$$

$I = 0{,}25\ \text{A}$

b) Querschnittsfläche der Wicklungsdrähte:

$$A = \frac{d^2 \cdot \pi}{4} = \frac{(0{,}2\ \text{mm})^2 \cdot \pi}{4} = 0{,}0314\ \text{mm}^2$$

Drahtlänge einer Teilspule:

$$l = \frac{R \cdot A}{\varrho} = \frac{96\ \Omega \cdot 0{,}0314\ \text{mm}^2}{0{,}0178 \frac{\Omega\,\text{mm}^2}{\text{m}}} = 170\ \text{m}$$

Windungszahl:

$$\text{N} = \frac{l}{\pi \cdot d_{\text{m}}} = \frac{170\ \text{m}}{\pi \cdot 0{,}03\ \text{m}} \approx 1800$$

$\text{N}_{\text{ges}} = 4 \cdot \text{N} = 7200$ Windungen

2.13

a) Mittlerer Durchmesser:

$$d_{\text{m}} = \frac{d_{\text{a}} + d_{\text{i}}}{2} = \frac{20\ \text{mm} + 10\ \text{mm}}{2} = 15\ \text{mm}$$

Drahtlänge:

$l = d_{\text{m}} \cdot \pi \cdot \text{N} = 15 \cdot 10^{-3}\text{m} \cdot \pi \cdot 2750 = 129{,}6\ \text{m}$

Drahtwiderstand:

$$R = \frac{l \cdot \varrho_{\text{Cu}}}{A} = \frac{l \cdot \varrho_{\text{Cu}}}{\frac{d^2 \cdot \pi}{4}}$$

$$d = \sqrt{\frac{4 \cdot l \cdot \varrho_{\text{Cu}}}{\pi \cdot R}} = \sqrt{\frac{4 \cdot 129{,}6\ \text{m} \cdot 0{,}0178\ \Omega\,\text{mm}^2}{\pi \cdot 74\ \Omega \quad \text{m}}}$$

$d = 0{,}2\ \text{mm}$

b) Wickelraum:

$$Q = \left(\frac{d_{\text{a}} - d_{\text{i}}}{2}\right) L = \frac{20\ \text{mm} - 10\ \text{mm}}{2} \cdot 40\ \text{mm}$$

$Q = 200\ \text{mm}^2$

Kupferquerschnitt (gesamt):

$$Q_{\text{Cu}} = \frac{d^2 \cdot \pi}{4} \cdot \text{N} = \frac{(0{,}2\ \text{mm})^2 \cdot \pi}{4} \cdot 2750$$

$Q_{\text{Cu}} = 86{,}4\ \text{mm}^2$

Kontrolle Kupfer-Füllfaktor:

$$\text{Cu}_{\%} = \frac{86{,}4\ \text{mm}^2}{200\ \text{mm}^2} = 0{,}43$$

(reicht aus)

2.14

a) Drahtwiderstand:

$$R = \frac{l \cdot \rho}{A} = \frac{100\ \text{m} \cdot 0{,}0178\ \Omega\,\text{mm}^2}{2\ \text{mm}^2 \quad \text{m}} = 0{,}89\ \Omega$$

Spannung:

$U = I \cdot R = 6{,}75\ \text{A} \cdot 0{,}89\ \Omega = 6\ \text{V}$

b) Im Leiterquerschnitt 2 mm² soll der Strom 6,75 A fließen. Damit Stromdichte:

$$S = \frac{I}{\text{A}} = \frac{6{,}75\ \text{A}}{2\ \text{mm}^2} = 3{,}375 \frac{\text{A}}{\text{mm}^2}$$

Gemäß Strömungsfeldvorstellung wird die örtliche Stromdichte S von der örtlichen Feldstärke E verursacht:

$$E = \varrho \cdot S = 0{,}0178 \frac{\Omega\,\text{mm}^2}{\text{m}} \cdot 3{,}375 \frac{\text{A}}{\text{mm}^2}$$

$$E = 0{,}06 \frac{\text{V}}{\text{m}}$$

Die Feldstärke E wird durch eine anzulegende Spannung U aufrecht erhalten:

$$U = \quad \vec{E} \cdot \text{d}\vec{s}$$

Bei homogenen Leitern mit großer Länge l gegenüber dem überall gleichen Querschnitt A kann die obige Definitionsgleichung übergeführt werden in:

$U = E \cdot l$ mit l = Drahtlänge

$$U = 0{,}06 \frac{\text{V}}{\text{m}} \cdot 100\ \text{m} = 6\ \text{V}$$

(übereinstimmendes Ergebnis)

c) Im Allgemeinen immer dann, wenn nicht gerade der Spezialfall des gestreckten Leiters mit der Länge $l \gg d$ vorliegt. Dabei ist d der über die Drahtlänge gleichbleibende Durchmesser. Da dieser Spezialfall in Form von Drähten überwiegend vorkommt, hat man die Rechengröße Drahtwiderstand R eingeführt. In dieser Rechengröße sind alle bei der Feldberechnung vorkommenden Geometrie- und Werkstoffgrößen zusammengefasst: Siehe auch nachfolgende Aufgaben zur Herleitung der Formel des Drahtwiderstandes und Erdungswiderstandes.

2.15

Annahme eines Stromes I, der den Draht durchfließt.

1. Schritt:
Die Stromdichte ist eine Funktion des Drahtquerschnitts

$$S = \frac{I}{A}$$

2. Schritt:
Die elektrische Feldstärke ist durch eine Materialkonstante mit der Stromdichte verknüpft:
Feldstärke E (Ursache) $\Rightarrow$ Stromdichte S (Wirkung)

$$\vec{E} = \varrho_{20} \cdot \vec{S} = \varrho_{20} \cdot \frac{I}{A}$$

3. Schritt:
Berechnung der Spannung längs des Leiters aus der Feldstärke

$$U = \int \vec{E} \cdot \mathrm{d}\vec{s}$$

Da ein homogenes elektrische Feld im Leiter mit der Länge l vorliegt, gilt:

$$U = E \cdot l = \varrho_{20} \cdot \frac{I}{A} \cdot l$$

4. Schritt:
Ermittlung des Drahtwiderstands durch den Ansatz der allgemeinen Widerstandsdefinition:

$$R_{20} = \frac{U}{I} = \frac{\varrho_{20} \cdot \frac{I}{A} \cdot l}{I}$$

$$R_{20} = \frac{\varrho_{20} \cdot l}{A}$$

2.16

a) Das in Längsrichtung aufgeschnittene und abgewickelte Rohr stellt eine Isolierplatte dar.

$$\text{Dicke} = \frac{d_a - d_i}{2}$$

$$\text{Fläche} = \left(\frac{d_a + d_i}{2}\right) \cdot \pi \cdot l$$

Einsetzen dieser Beziehungen in die Widerstandsformel

$R = \frac{l \cdot \varrho}{A}$ ergibt sinngemäß:

$$R_{iso} = \frac{\frac{d_a - d_i}{2} \cdot \varrho_{iso}}{\frac{d_a + d_i}{2} \cdot \pi \cdot l} = \frac{\varrho_{iso}}{\pi \cdot l} \cdot \frac{d_a - d_i}{d_a + d_i}$$

Mit $d = 2r$ (r = Radius)

$$R_{iso} = \frac{\varrho_{iso}}{\pi \cdot l} \cdot \frac{r_a - r_i}{r_a + r_i}$$

b) Annahme eines Stromes I, der vom Innenleiter zum Außenleiter durch den Isolierstoff fließt.

1. Schritt:
Oberfläche des Zylindermantels:
$A = 2\pi \cdot l \cdot r$ (r = Radius)
Stromdichte:

$$S = \frac{I}{A} = \frac{I}{2\pi \cdot l \cdot r}$$

2. Schritt:
Die elektrische Feldstärke ist durch eine Materialkonstante mit der Stromdichte verknüpft:

$$\vec{E} = \varrho_{iso} \cdot \vec{S} = \varrho_{iso} \cdot \frac{I}{2\pi \cdot l \cdot r}$$

3. Schritt:
Berechnung der Spannung im nichthomogenen elektrischen Feld:

$U = \int \vec{E} \cdot \mathrm{d}\vec{s} = \int E \cdot \mathrm{d}s$, da $\vec{E}, \vec{s}$ gleichorientiert

Das Wegstück ds wird durch dr ersetzt und als Untergrenze der Radius r_i gesetzt. Als Obergrenze wird der Radius r_a des Außenleiters eingesetzt.

$$U = \int_{r=r_i}^{r=r_a} E \cdot \mathrm{d}r = \frac{\varrho_{iso} \cdot I}{2\pi \cdot l} \int \frac{\mathrm{d}r}{r}$$

Die allgemeine Lösung gemäß der Integraltafel:

$$x^{-1}\,\mathrm{d}x = \ln x + C$$

$$U = \frac{\varrho_{iso} \cdot I}{2\pi \cdot l} \cdot [\ln r]_{r=r_i}^{r=r_a}$$

$$U = \frac{\varrho_{iso} \cdot I}{2\pi \cdot l} \cdot \ln\left(\frac{r_a}{r_i}\right)$$

4. Schritt:
Ermittlung des Isolationswiderstands durch Ansatz der allgemeinen Widerstandsdefinition:

$$R_{iso} = \frac{U}{I} = \frac{\frac{\varrho_{iso} \cdot I}{2\pi \cdot l} \cdot \ln \frac{r_a}{r_i}}{I}$$

$$R_{iso} = \frac{\varrho_{iso}}{2\pi \cdot l} \cdot \ln\left(\frac{r_a}{r_i}\right)$$

c) Isolationswiderstand über Näherungsformel:

$$R_{iso} = \frac{\varrho_{iso}}{\pi \cdot l} \cdot \frac{r_a - r_i}{r_a + r_i}$$

$$R_{iso} = \frac{10^{10}\ \Omega\text{m}}{\pi \cdot 0{,}5\text{m}} \cdot \left(\frac{10\text{ mm} - 8\text{ mm}}{10\text{ mm} + 8\text{ mm}}\right) = 707\ \text{M}\Omega$$

Isolationswiderstand aus Exaktformel:

$$R_{iso} = \frac{\varrho_{iso}}{2\pi \cdot l} \cdot \ln\left(\frac{r_a}{r_i}\right)$$

$$R_{iso} = \frac{10^{10}\ \Omega\text{m}}{2\pi \cdot 0{,}5\text{m}} \cdot \ln\left(\frac{10\text{ mm}}{8\text{ mm}}\right) = 710\ \text{M}\Omega$$

Der Unterschied wird umso größer, je stärker die Radien differieren.

2.17

a) $R_A = \frac{U_E}{I_E} = \frac{25\,\text{V}}{0{,}5\,\text{A}} = 50\,\Omega$

b) Annahme eines Stromes I, der in den Erder hineinfließt.

1. Schritt:
Die Oberfläche einer Halbkugelschale mit dem Radius r ist:

$$A = 2\pi \cdot r^2$$

Diese Oberfläche ist der Querschnitt, den der Erdstrom durchdringt. Damit erhält man die Stromdichte S in Abhängigkeit vom Radius r (Abstand):

$$S = \frac{I}{2\pi \cdot r^2}$$

2. Schritt:
Die elektrische Feldstärke E im Erdboden ist die Ursache für die örtliche Stromdichte:

$$\vec{E} = \varrho_E \cdot \vec{S} = \varrho_E \cdot \frac{I}{2\pi \cdot r^2}$$

3. Schritt:
Berechnung der Spannung im nichthomogenen elektrischen Feld:

$$U = \int \vec{E} \cdot d\vec{s} = \int E \cdot ds \text{, da } \vec{E}, \vec{s} \text{ gleichorientiert}$$

Das Wegstück ds wird durch dr ersetzt und als Untergrenze der halben Durchmesser der metallischen Halbkugel genommen. Als Obergrenze wird zur Vereinfachung ∞ angenommen, da die Gegenelektrode weit entfernt sein soll.

$$U = \int_{r=d/2}^{r=\infty} E \cdot dr = \frac{\varrho_E \cdot I}{2\pi} \int_{r=d/2}^{r=\infty} \frac{dr}{r^2}$$

Die allgemeine Lösung gemäß der Integraltafel:

$$x^n \cdot dx = \frac{x^{n+1}}{n+1} + C \quad \text{hierbei } n \neq -1$$

$$U = \frac{\varrho_E \cdot I}{2\pi}\left[-\frac{1}{r}\right]_{r=d/2}^{r=\infty}$$

$$U = \frac{\varrho_E \cdot I}{2\pi \cdot \frac{d}{2}}$$

4. Schritt:
Ermittlung des Erdungswiderstands durch Ansatz der allgemeinen Widerstandsdefinition:

$$R_E = \frac{U}{I} = \frac{\frac{\varrho_E \cdot I}{2\pi \cdot \frac{d}{2}}}{I}$$

$$R_E = \frac{\varrho_E}{\pi \cdot d}$$

$$\boxed{R_E = \frac{1}{\pi \cdot \varkappa_E \cdot d}}$$

$$R_E = \frac{1}{\pi \cdot 10^{-2}\,\frac{1}{\Omega\text{m}} \cdot 0{,}6\,\text{m}} = 53\,\Omega$$

3 Widerstandsschaltungen

- Ersatzwiderstand von Schaltungen
- Hilfssätze zur Schaltungsberechnung

Reihenschaltung

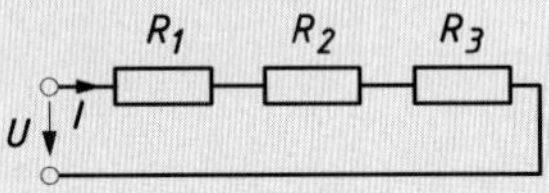

Kennzeichen: Alle Widerstände werden von demselben Strom durchflossen

Parallelschaltung

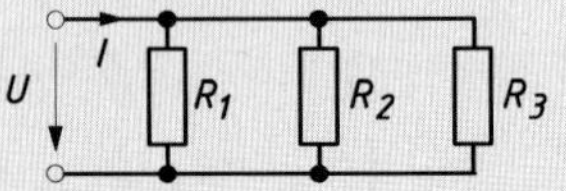

Kennzeichen: Alle Widerstände liegen an derselben Spannung

Ersatzwiderstand

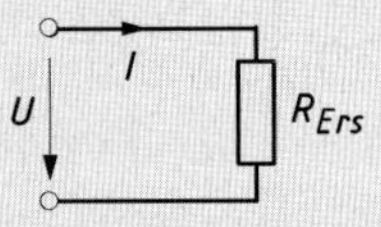

Kennzeichen: R_{Ers} entnimmt einer Spannungsquelle die gleiche Strömstärke wie die Originalschaltung

$$\Rightarrow \boxed{I = \frac{U}{R_{\text{Ers}}}}$$

Ohm'sches Gesetz

Ersatzwiderstand der Reihenschaltung

allgemein: $R_{\text{Ers}} = \sum_{\nu=1}^{n} R_\nu$

gebräuchlich: $\boxed{R_{\text{Ers}} = R_1 + R_2 + R_3 + \ldots}$

In der Reihenschaltung ist der Gesamtwiderstand (Ersatzwiderstand) größer als der größte Einzelwiderstand.

Definition: Leitwert

$$\text{Leitwert} = \frac{1}{\text{Widerstand}}$$

$\boxed{G = \frac{1}{R}}$ in Siemens: $\frac{1}{\Omega} = 1\,\text{S}$

Ersatzwiderstand der Parallelschaltung:

allgemein: $G_{\text{Ers}} = \sum_{\nu=1}^{n} G_\nu$

gebräuchlich: $\boxed{G_{\text{Ers}} = G_1 + G_2 + G_3 + \ldots}$

anschließend $\boxed{R_{\text{Ers}} = \frac{1}{G_{\text{Ers}}}}$

speziell für zwei Widerstände:

$$\boxed{R_{\text{Ers}} = \frac{R_1 \cdot R_2}{R_1 + R_2}} \quad \frac{\text{Produkt}}{\text{Summe}}$$

andere Schreibweise

$$R_{\text{Ers}} = R_1 \parallel R_2 \mathrel{\hat{=}} \frac{R_1 \cdot R_2}{R_1 + R_2}$$

In der Parallelschaltung ist der Gesamtwiderstand (Ersatzwiderstand) kleiner als der kleinste Einzelwiderstand.

Gemischte Schaltungen

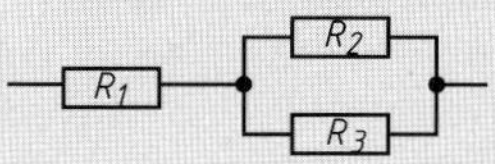

Reihenschaltung mit einer Teilstruktur Parallelschaltung

$R_{\text{Ers}} = R_1 + [R_2 \parallel R_3]$

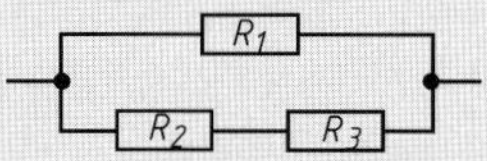

Parallelschaltung mit einer Teilstruktur Reihenschaltung

$R_{\text{Ers}} = R_1 \parallel [R_2 + R_3]$

Lösungsmethodik 1: Ermittlung des Ersatzwiderstandes durch schrittweises Zusammenfassen von Widerständen, die eindeutig in Reihe oder parallel liegen.

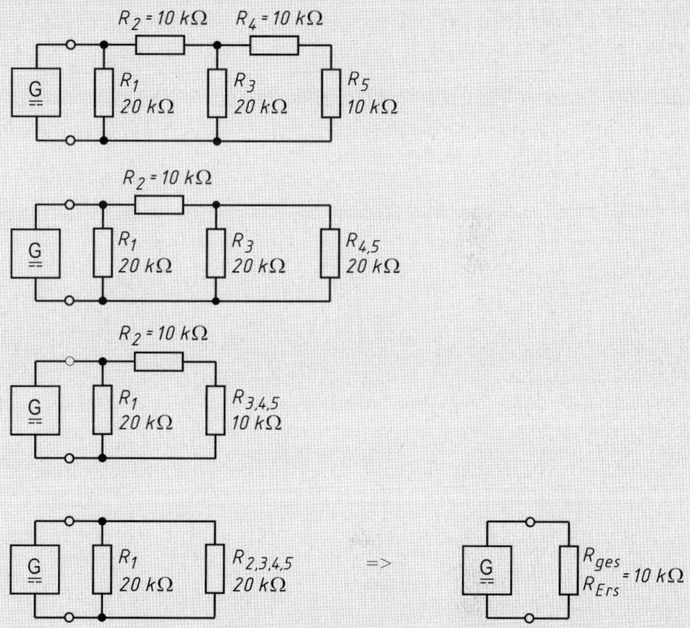

Lösungsmethodik 2: Ermittlung des Ersatzwiderstandes komplizierter aber symmetrischer Schaltungen durch Schaltungsvereinfachung mit 2 Hilfssätzen.

Hilfssatz 1:
Haben zwei Punkte A, B gleiches Potenzial und sind sie durch einen beliebigen Widerstand *R* verbunden, so kann dieser weggelassen werden.

Hilfssatz 2:
Haben Punkte A, B gleiches Potenzial und sind sie durch einen beliebigen Widerstand *R* verbunden, so können sie auch direkt verbunden werden.

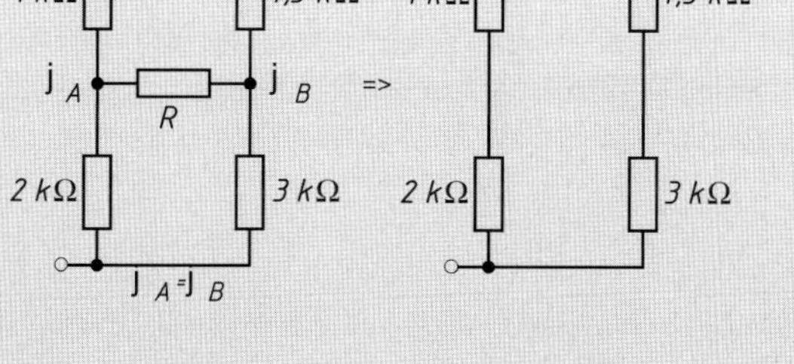

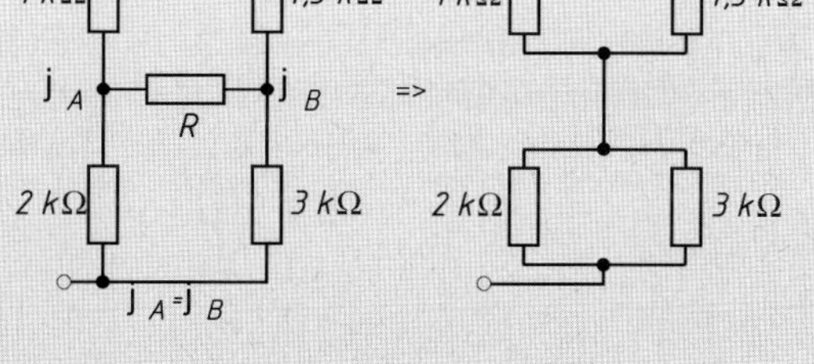

3.1 Aufgaben

❶ **3.1** In einer Schaltung mit den Widerständen R_1 = 1,5 kΩ, R_2 = 680 Ω, R_3 = 2,7 kΩ und R_4 = 820 Ω fließt an der angegebenen Stelle der Strom I = 30 mA.

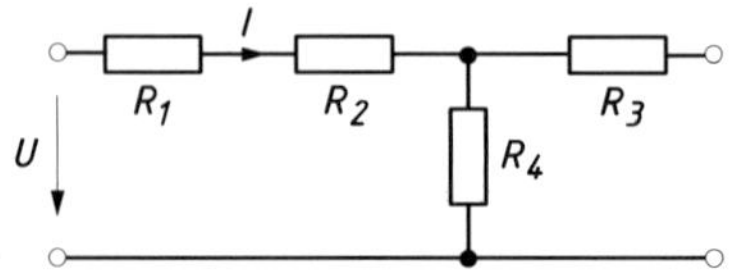

Wie groß ist die angelegte Spannung U?

❶ **3.2** Eine Reihenschaltung von drei Widerständen liegt an der Betriebsspannung U = 10 V. Wie groß sind die Widerstände $R_2 = R_3$, wenn im Widerstand R_1 = 39 Ω ein Strom von I = 75,2 mA fließt?

❶ **3.3** Innerhalb welcher Grenzen ist die Stromstärke I durch Einstellen von Widerstand R_2 veränderbar?

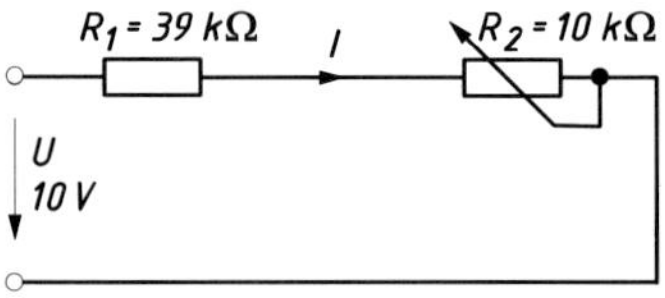

❶ **3.4** Die Widerstände der Normreihe E 12 sind in folgender Weise gestuft: 1 – 1,2 – 1,5 – 1,8 – 2,2 – 2,7 – 3,3 – 3,9 – 4,7 – 6,8 – 8,2. Für die Lösung der folgenden Aufgaben steht ein vollständiger Satz Widerstände im Bereich 10 Ω bis 1 MΩ mit jeweils zwei Widerständen für jeden Wert zur Verfügung.

Bei einer Versuchsschaltung werden die Widerstandswerte 5 kΩ und 31 kΩ benötigt. Bilden Sie mit maximal drei Widerständen

a) 5 kΩ durch Reihenschaltung,
b) 5 kΩ durch Parallelschaltung,
c) 31 kΩ durch Reihenschaltung,
d) 31 kΩ durch Parallelschaltung.

❶ **3.5** Die Widerstände $R_1 = 500\,\Omega$, $R_2 = 1\,\text{k}\Omega$ und $R_3 = 250\,\Omega$ sind parallel geschaltet. Man berechne den Gesamtwiderstand

a) über die Leitwerte,
b) mit der Spezialformel für 2 parallele Widerstände.

❶ **3.6** Die Parallelschaltung dreier Heizwiderstände nimmt an der Spannung 230 V einen Strom von 1,25 A auf.

Wie groß ist Widerstand R_2, wenn $R_1 = 1000\,\Omega$ und $R_3 = 680\,\Omega$ betragen?

❶ **3.7** Durch Parallelschalten eines zweiten Widerstandes zum Widerstand $R_1 = 100\,\Omega$ soll sich die Gesamtstromstärke um 25 % verändern.

Welchen Wert muss Widerstand R_2 haben?

❶ ❷ **3.8** Das Schaltbild zeigt ein sogenanntes R-$2R$-Netzwerk, wie es bei Digital-Analog-Umsetzern verwendet wird. Man berechne den Ersatzwiderstand des R-$2R$-Netzwerkes für

$R_2 = R_4 = R_6 = 10\ \text{k}\Omega$
$R_1 = R_3 = R_5 = R_7 = R_8 = 20\ \text{k}\Omega$

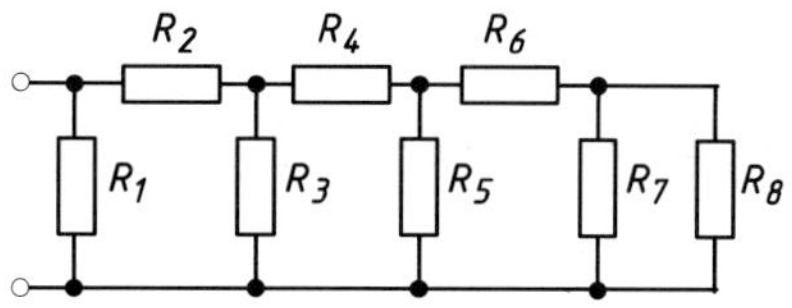

❶ ❷ **3.9** Vereinfachen Sie die gegebene Schaltung durch schrittweises Zusammenfassen von eindeutig in Reihe oder parallel liegenden Widerständen; alle $R = 1\ \text{k}\Omega$.
Zeichnen Sie die Ersatzschaltung, und berechnen Sie die darin auftretenden Widerstandswerte.

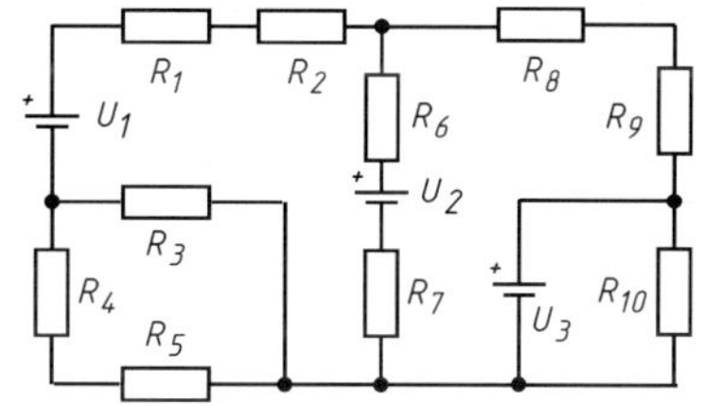

❶ ❷ **3.10** Wie groß ist der Ersatzwiderstand zwischen den Klemmen 1–2, wenn die Stecke 3–4
a) offen,
b) kurzgeschlossen ist?

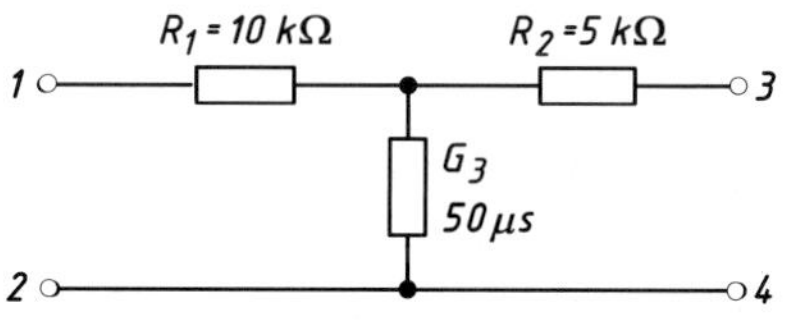

❷ **3.11** Wie groß ist der Gesamtwiderstand der Schaltung zwischen den Klemmen 1–2 bei verschiedenen Schalterstellungen von S1 und S2?
Hinweis:
Alle mit ⊥ (Masse) gekennzeichneten Schaltungspunkte sind miteinander verbunden.

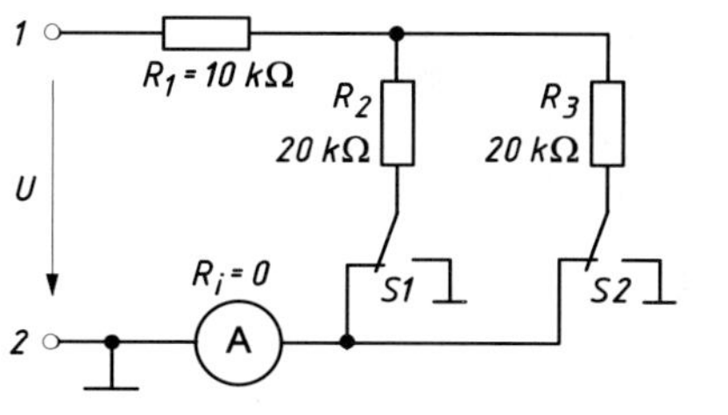

❷ **3.12** Wie groß ist der Gesamtwiderstand der Schaltung zwischen den Klemmen 1–2, wenn an den Klemmen 3–4
a) ein idealer Spannungsmesser,
b) ein idealer Strommesser angeschlossen wird?
Man führe die Rechnung jeweils aus für die beiden Fälle $R_2 = 3\ \text{k}\Omega$ und $R_2 = 11\ \text{k}\Omega$.

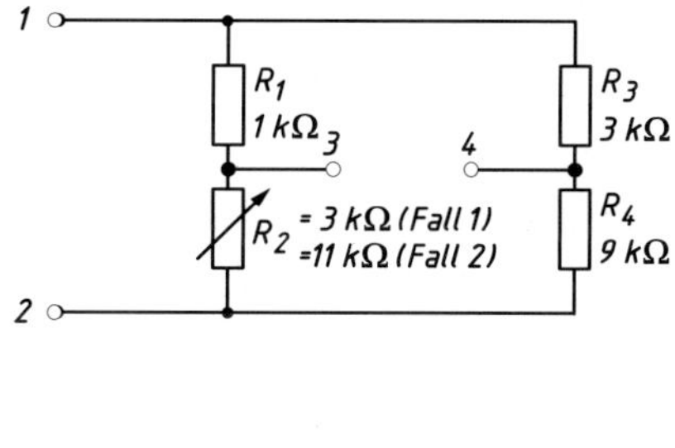

❷ **3.13** Berechnen Sie den Ersatzwiderstand der gegebenen Schaltung zwischen den Klemmen b–c, wenn alle Einzelwiderstände den Widerstandswert 1 kΩ haben. Die jeweils nicht erwähnten Klemmenpaare sind offen:

a) Klemmen b–f gebrückt,
b) Klemmen b–e gebrückt,
c) Klemmen a–d gebrückt,
d) Klemmen a–c gebrückt,
e) Klemmen b–e und a–c gebrückt.

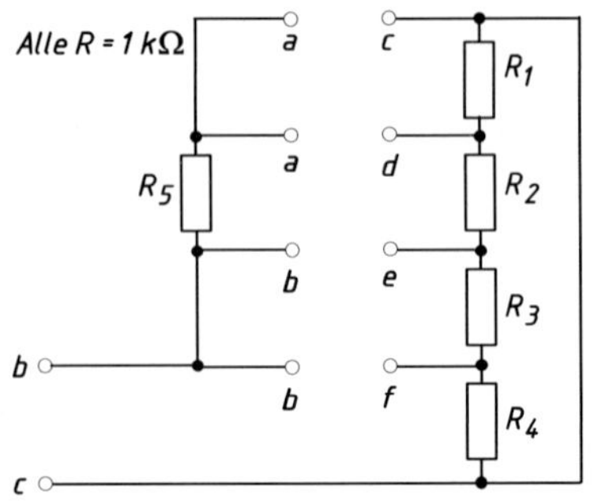

❷ ❸ **3.14** Das Schaltbild zeigt eine symmetrische Widerstandsschaltung.

a) Welche Aussagen kann man über die Potenziale φ_3 und φ_4 machen?
b) Berechnen Sie die Stromstärke I.

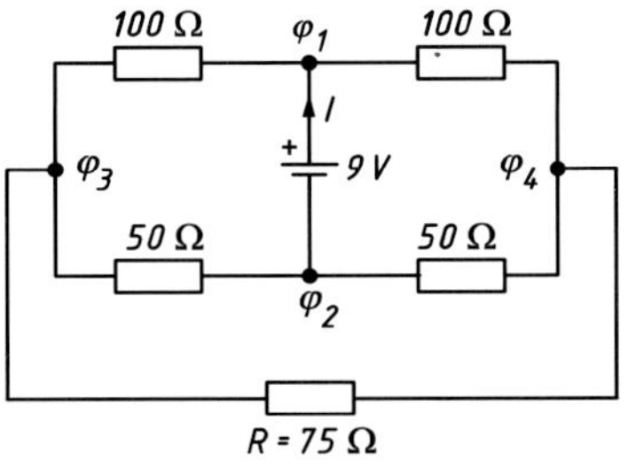

❷ ❸ **3.15** Es liegt eine symmetrisch aufgebaute Widerstandsschaltung vor.

a) Man finde eine berechenbare Ersatzschaltung.
b) Wie groß ist der Gesamtwiderstand der abgebildeten Schaltung?

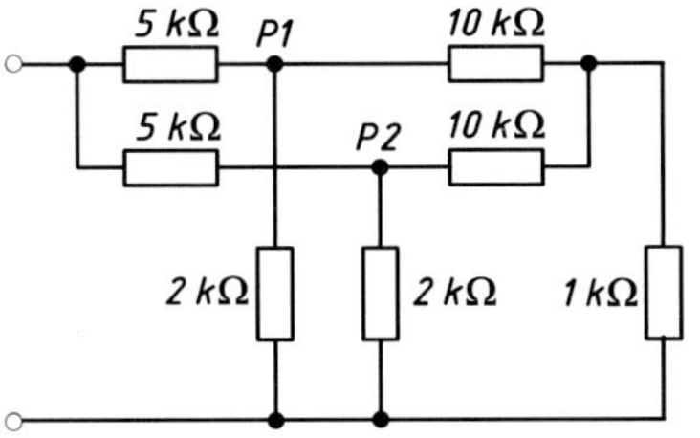

❸ **3.16** Für den abgebildeten Widerstandswürfel sind die folgenden Ersatzwiderstände gesucht:

a) R_{AF} zwischen den Anschlussklemmen A–F,
b) R_{AD} zwischen den Anschlussklemmen A–D,
c) R_{AG} zwischen den Anschlussklemmen A–G.

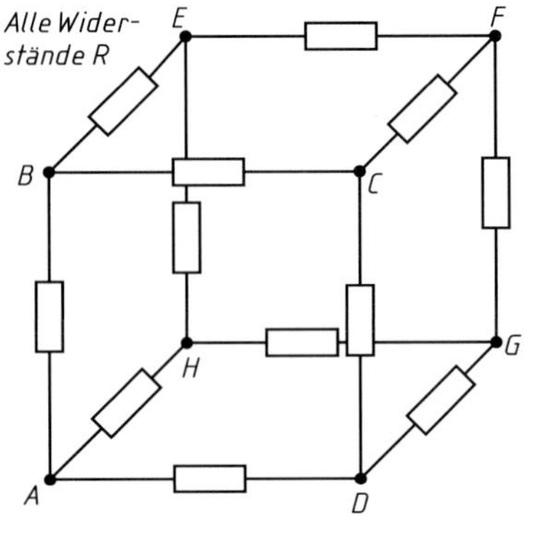

❸ **3.17** Das Schaltbild zeigt die übliche Schaltung zur Messbereichserweiterung von Drehspul-Strommessgeräten. Der Schalter hat hier 4 Schaltstellungen für 4 wählbare Strommessbereiche. Um den Gesamtwiderstand der Schaltung zwischen den Messbuchsen *I*–0 berechnen zu können, müsste man je nach Schalterstellung das Schaltbild umzeichnen.

Für Rechenzwecke ist daher eine Ersatzschaltung ohne Schalter, dafür aber mit schalterstellungsabhängigen Ersatzwiderständen in beiden parallelen Stromzweigen entwickelt worden.

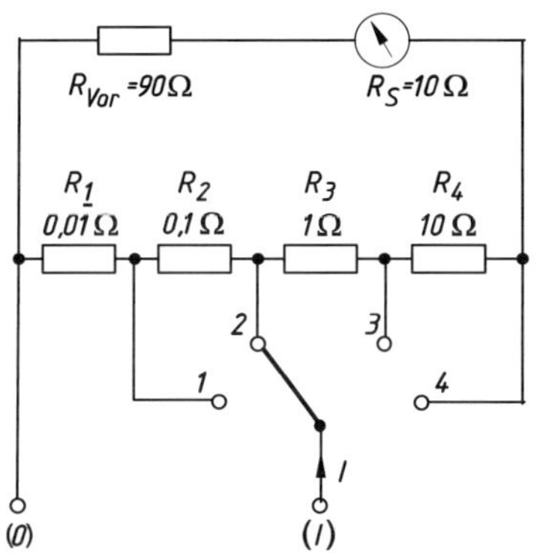

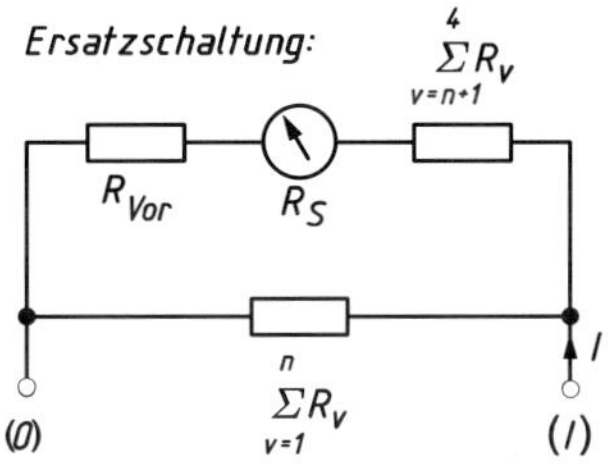

Widerstand des Messwerkzweiges in Abhängigkeit von der Schalterstellung n:

$$R_{\text{Vor}} + R_{\text{S}} + \sum_{v=n+1}^{4} R_{\text{v}}$$

Widerstand des Parallelzweiges in Abhängigkeit von der Schalterstellung n:

$$\sum_{v=1}^{n} R_{\text{v}}$$

In den Widerstandstermen sind die Schalterstellung durch den Laufindex „n" angegeben. Mit dem Laufindex „v" werden die Widerstände R_1 bis R_4 erfasst.

Berechnen Sie den Ersatzwiderstand für den gesamten Drehspul-Strommesser (= Widerstand zwischen den Anschlussklemmen) für

a) Schalterstellung n = 1,

b) Schalterstellung n = 2,

c) Schalterstellung n = 3,

d) Schalterstellung n = 4.

Der Übergangswiderstand des Schalters sei null.

3.2 Lösungen

3.1

Strom fließt durch die Widerstände R_1, R_2, R_4.

$R_{ges} = R_{Ers} = R_1 + R_2 + R_4$

$R_{ges} = 1{,}5\ k\Omega + 0{,}68\ k\Omega + 0{,}82\ k\Omega = 3 k\Omega$

$U = I \cdot R_{ges} = 30\ mA \cdot 3\ k\Omega = 90\ V$

3.2

$$R_{ges} = R_{Ers} = \frac{U}{I} = \frac{10\ V}{75{,}2\ mA} = 133\ \Omega$$

$R_2 + R_3 = R_{ges} - R_1 = 133\ \Omega - 39\ \Omega = 94\ \Omega$

$R_2 = R_3 = 47\ \Omega$

3.3

$$I_{max} = \frac{U}{R_{ges}} = \frac{10\ V}{39\ k\Omega + 0} = 256\ \mu A$$

$$I_{min} = \frac{10\ V}{39\ k\Omega + 10\ k\Omega} = 204\ \mu A$$

3.4

a) $1\ k\Omega + 1{,}8\ k\Omega + 2{,}2\ k\Omega = 5\ k\Omega$

b) $10\ k\Omega \,||\, 10\ k\Omega = 5\ k\Omega$

c) $27\ k\Omega + 1{,}8\ k\Omega + 2{,}2\ k\Omega = 31\ k\Omega$

d) $100\ k\Omega \,||\, 100\ k\Omega \,||\, 82\ k\Omega = 31\ k\Omega$

3.5

a) $G = G_1 + G_2 + G_3$

$G = 2\ mS + 1\ mS + 4\ mS = 7\ mS$

$$R = \frac{1}{G} = \frac{1}{7\ mS} = 142{,}8\ \Omega$$

b) $$R_{1,2} = \frac{R_1 \cdot R_2}{R_1 + R_2} = \frac{0{,}5\ k\Omega \cdot 1\ k\Omega}{1{,}5\ k\Omega}$$

$$R_{1,2} = \frac{1}{3}\ k\Omega = 333\ \Omega$$

$$R = \frac{R_{1,2} \cdot R_3}{R_{1,2} + R_3} = \frac{333\ \Omega \cdot 250\ \Omega}{583\ \Omega}$$

$R = 142{,}8\ \Omega$

3.6

$$G = \frac{I}{U} = \frac{1{,}25\ A}{230\ V} = 5{,}435\ mS$$

$G_2 = G - G_1 - G_3$

$G_2 = 5{,}435\ mS - 1\ mS - 1{,}47\ mS$

$G_2 = 2{,}965\ mS$

$$R_2 = \frac{1}{G_2} = \frac{1}{2{,}965\ mS} = 337{,}3\ \Omega$$

Oder über die Widerstände:

$$R = \frac{U}{I} = \frac{230\ V}{1{,}25\ A} = 184\ \Omega$$

$$R_{1,3} = \frac{R_1 \cdot R_3}{R_1 + R_3} = \frac{1\ k\Omega \cdot 0{,}68\ k\Omega}{1{,}68\ k\Omega} = 404{,}8\ \Omega$$

$$R_2 = \frac{R_{1,3} \cdot R}{R_{1,3} - R} = \frac{404{,}8\ \Omega \cdot 184\ \Omega}{220{,}8\ \Omega} = 337{,}3\ \Omega$$

3.7

Eine Parallelschaltung von R_2 mit $R_1 = 100\ \Omega$ verringert den Gesamtwiderstand ⇒ Stromanstieg um 25 %

$$\frac{U}{R_1} = 1{,}00\ I \qquad \frac{U}{R_1 \,||\, R_2} = 1{,}25\ I$$

$$\frac{R_1 \,||\, R_2}{R_1} = \frac{1{,}00\ I}{1{,}25\ I} = 0{,}8$$

$$\frac{\frac{R_1 \cdot R_2}{R_1 + R_2}}{R_1} = 0{,}8$$

$R_2 = 0{,}8\ R_1 + 0{,}8\ R_2$

$R_2 = 4\ R_1 = 400\ \Omega$

3.8

Beginn der Zusammenfassung von rechts

$R_7 \,||\, R_8 = R_{7,8} = 10\ k\Omega$

$R_6 + R_{7,8} = R_{6,7,8} = 20\ k\Omega$

$R_5 \,||\, R_{6,7,8} = R_{5,6,7,8} = 10\ k\Omega$

$R_4 + R_{5,6,7,8} = R_{4,5,6,7,8} = 20\ k\Omega$

$R_3 \,||\, R_{4,5,6,7,8} = R_{3,4,5,6,7,8} = 10\ k\Omega$

$R_2 + R_{3,4,5,6,7,8} = R_{2,3,4,5,6,7,8} = 20\ k\Omega$

$R_1 \,||\, R_{2,3,4,5,6,7,8} = R_{ges} = 10\ k\Omega$

3.9

$R_1 + R_2 = R_{1,2} = 2\ k\Omega \qquad R_{1,2} + R_{3,4,5} = \frac{8}{3}\ k\Omega$

$R_4 + R_5 = R_{4,5} = 2\ k\Omega \qquad R_6 + R_7 = 2\ k\Omega$

$R_3 \,||\, R_{4,5} = R_{3,4,5} = \frac{2}{3}\ k\Omega \qquad R_8 + R_9 = 2\ k\Omega$

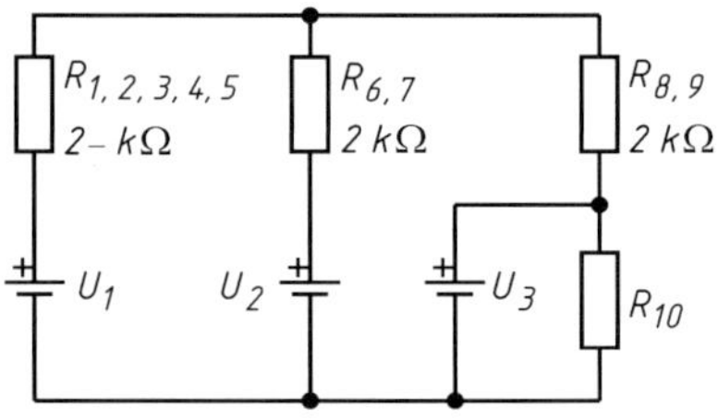

3.10

Der Querwiderstand ist mit seinem Leitwert angegeben.

$$R_3 = \frac{1}{G_3} = \frac{1}{50\ \mu\text{S}} = 20\ \text{k}\Omega$$

a) $R_{\text{Ers}} = R_1 + R_3 = 10\ \text{k}\Omega + 20\ \text{k}\Omega = 30\ \text{k}\Omega$

b) $R_{\text{Ers}} = R_1 + (R_2 \parallel R_3)$

$$R_{\text{Ers}} = 10\ \text{k}\Omega + \frac{5\ \text{k}\Omega \cdot 20\ \text{k}\Omega}{25\ \text{k}\Omega} = 14\ \text{k}\Omega$$

3.11

Immer gleich groß, da R_2 und R_3 in jeder Schalterstellung nach Masse geschaltet werden.

$R_{\text{ges}} = R_1 + (R_2 \parallel R_3) = 20\ \text{k}\Omega$

3.12

Fall 1 ($R_2 = 3\ \text{k}\Omega$):

a) Spannungsmesser $R = \infty$ d.h. Klemmen 3–4 „offen"!

$R_{\text{ges}} = (R_1 + R_2) \parallel (R_3 + R_4)$

$R_{\text{ges}} = 4\ \text{k}\Omega \parallel 12\ \text{k}\Omega = 3\ \text{k}\Omega$

b) Strommesser $R_i = 0$ d.h. Klemmen 3–4 „kurzgeschlossen".

$R_{\text{ges}} = (R_1 \parallel R_3) + (R_2 \parallel R_4)$

$R_{\text{ges}} = 0{,}75\ \text{k}\Omega + 2{,}25\ \text{k}\Omega = 3\ \text{k}\Omega$

Exakt gleicher Gesamtwiderstand.
Es liegt der Fall einer symmetrischen Schaltung vor: $\varphi_3 = \varphi_4$.
Deshalb können gemäß Hilfsatz 1 die Klemmen 3–4 „offen" oder gemäß Hilfsatz 2 „kurzgeschlossen" sein.

Fall 2 $(R_2 = 11\ \text{k}\Omega)$:

a) $R_{\text{ges}} = (1\ \text{k}\Omega + 11\ \text{k}\Omega) \parallel (3\ \text{k}\Omega + 9\ \text{k}\Omega) = 6\ \text{k}\Omega$

b) $R_{\text{ges}} = (1\ \text{k}\Omega \parallel 3\ \text{k}\Omega) + (11\ \text{k}\Omega \parallel 9\ \text{k}\Omega) = 5{,}7\ \text{k}\Omega$

3.13

a) $R_{\text{ges}} = R_4 \parallel (R_1 + R_2 + R_3) = 0{,}75\ \text{k}\Omega$

b) $R_{\text{ges}} = (R_3 + R_4) \parallel (R_1 + R_2) = 1{,}0\ \text{k}\Omega$

c) $R_{\text{ges}} = R_5 + (R_2 + R_3 + R_4) \parallel R_1 = 1{,}75\ \text{k}\Omega$

d) $R_{\text{ges}} = R_5 = 1\ \text{k}\Omega$

e) $R_{\text{ges}} = (R_3 + R_4) \parallel (R_1 + R_2) \parallel R_5 = 0{,}5\ \text{k}\Omega$

3.14

a) Symmetrische Schaltung: $\varphi_3 = \varphi_4$.

b) Hilfssatz 1 anwendbar: $R = 75\ \Omega$ kann weggelassen werden.

$R_{\text{ges}} = (100\ \Omega + 50\ \Omega) \parallel (100\ \Omega + 50\ \Omega) = 75\ \Omega$

$$I = \frac{U}{R_{\text{ges}}} = \frac{9\ \text{V}}{75\ \Omega} = 120\ \Omega$$

3.15

a) Punkte P_1 und P_2 auf gleichem Potenzial.
Hilfssatz 2 anwendbar: Verbindung $P_1 - P_2$

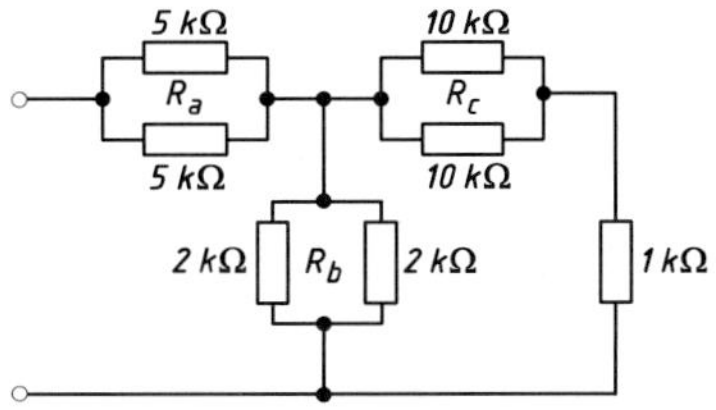

b) $R_a = 5\ \text{k}\Omega \parallel 5\ \text{k}\Omega = 2{,}5\ \text{k}\Omega$

$R_b = 2\ \text{k}\Omega \parallel 2\ \text{k}\Omega = 1\ \text{k}\Omega$

$R_c = 10\ \text{k}\Omega \parallel 10\ \text{k}\Omega = 5\ \text{k}\Omega$

$R_{\text{ges}} = R_a + [R_b \parallel (R_c + 1\ \text{k}\Omega)] = 3{,}357\ \text{k}\Omega$

3.16

a)

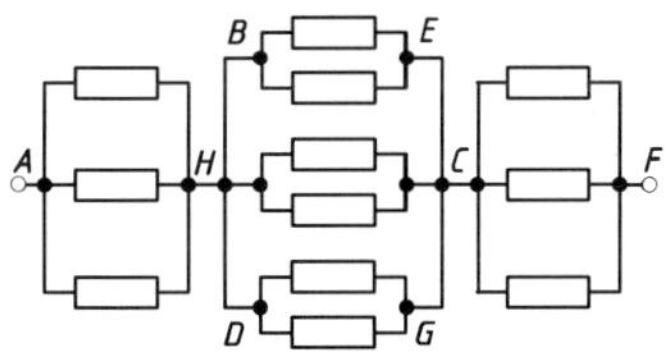

$$R_{\text{AF}} = \frac{1}{3}R + \frac{1}{6}R + \frac{1}{3}R = \frac{5}{6}R = \frac{10}{12}R$$

b)

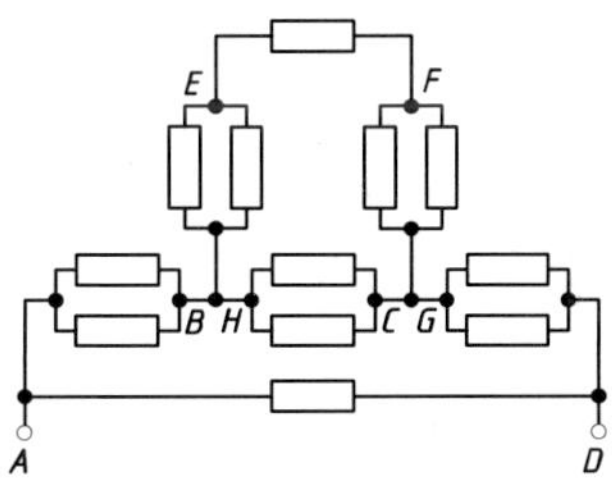

$$R_{\text{AD}} = \left(\frac{R}{2} + \frac{R}{2{,}5} + \frac{R}{2}\right) \parallel R = \frac{7}{12}R$$

c)

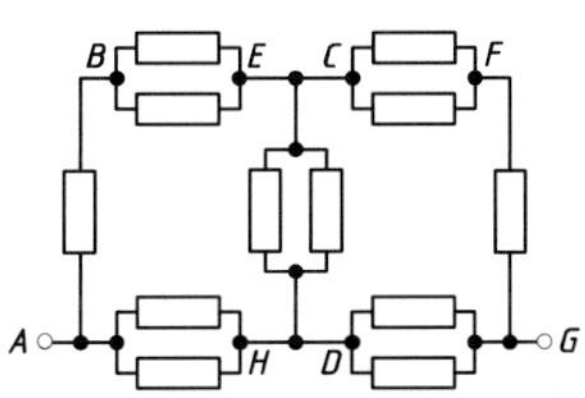

$$R_{\text{AG}} = 3R \parallel 1R = \frac{3}{4}R = \frac{9}{12}R$$

3.17

a) $R_{\text{Ers}} = R_1 \parallel (R_{\text{Vor}} + R_S + R_2 + R_3 + R_4) = 0{,}01111\ \Omega$

b) $R_{\text{Ers}} = (R_1 + R_2) \parallel (R_{\text{Vor}} + R_S + R_3 + R_4) = 0{,}111\ \Omega$

c) $R_{\text{Ers}} = (R_1 + R_2 + R_3) \parallel (R_{\text{Vor}} + R_S + R_4) = 1{,}1\ \Omega$

d) $R_{\text{Ers}} = (R_1 + R_2 + R_3 + R_4) \parallel (R_{\text{Vor}} + R_S) = 10\ \Omega$

4 Spannungsteilung, Stromteilung

- Teilungsgesetze
- Lösungsmethoden

Spannungsteilung in der Reihenschaltung

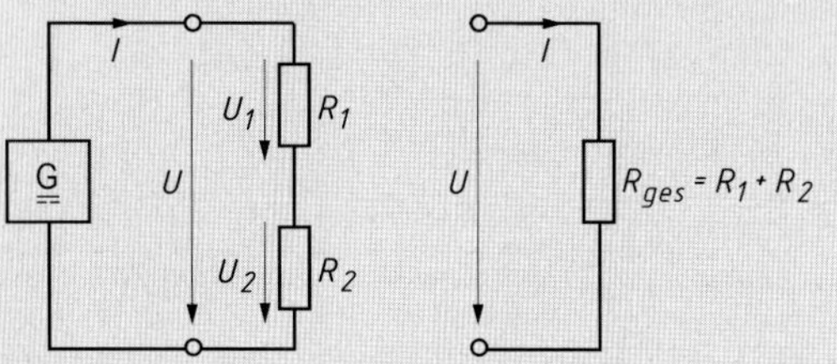

Ohm'sches Gesetz:

$$I = \frac{U}{R_{\text{ges}}} = \frac{U_1}{R_1} = \frac{U_2}{R_2}$$

2. Kirchhoff'scher Satz:

$$\sum U = 0 \Rightarrow U = U_1 + U_2$$

Teilungsgesetze:

$$\frac{U_1}{U_2} = \frac{R_1}{R_2} \qquad \frac{U_2}{U} = \frac{R_2}{R_{\text{ges}}}$$

Stromteilung in der Parallelschaltung

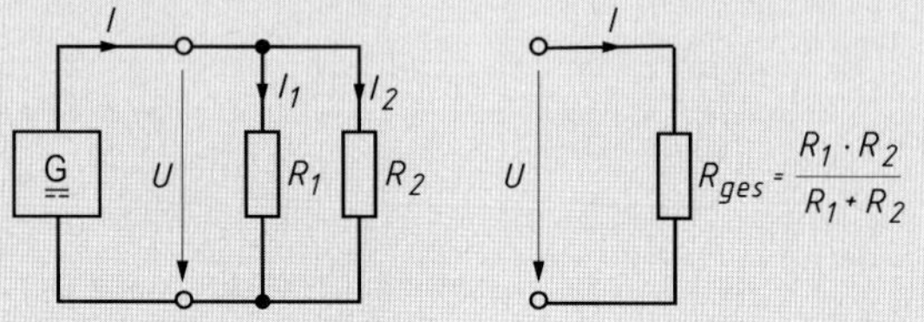

Ohm'sches Gesetz:

$$U = I \cdot R_{\text{ges}} = I_1 \cdot R_1 = I_2 \cdot R_2$$

1. Kirchhoff'scher Satz:

$$\sum I = 0 \Rightarrow I = I_1 + I_2$$

Teilungsgesetze:

$$I_1 \cdot R_1 = I_2 \cdot R_2 \qquad I_2 \cdot R_2 = I \cdot R_{\text{ges}}$$

Spannungs- und Stromteilung in gemischten Schaltungen

Bei komplexen Schaltungen kommt es darauf an, Reihenschaltungsteile bzw. Parallelschaltungsteile zu erkennen, um auf diese Schaltungsteile die entsprechenden Gesetze sinngemäß anwenden zu können.

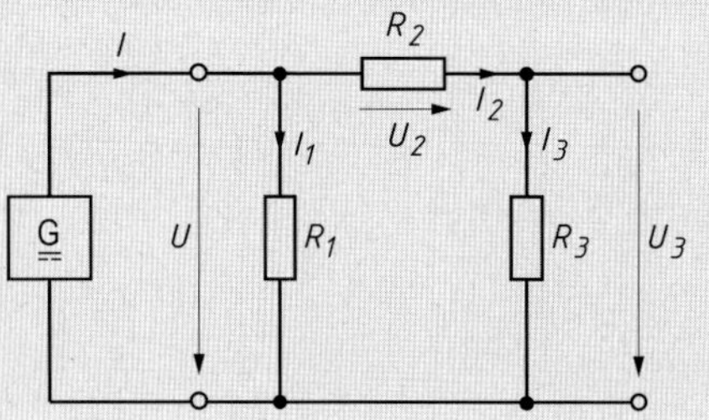

$$R_{\text{ges}} = R_1 \parallel \underbrace{(R_2 + R_3)}_{\substack{\text{Teilstruktur} \\ \text{Reihenschaltung}}}$$

$$\frac{U_3}{U} = \frac{R_3}{R_2 + R_3} \qquad I = I_1 + I_2 \qquad I_3 = I_2$$

R_1 beeinflusst die Spannungsteilung nicht, jedoch den Gesamtstrom I!

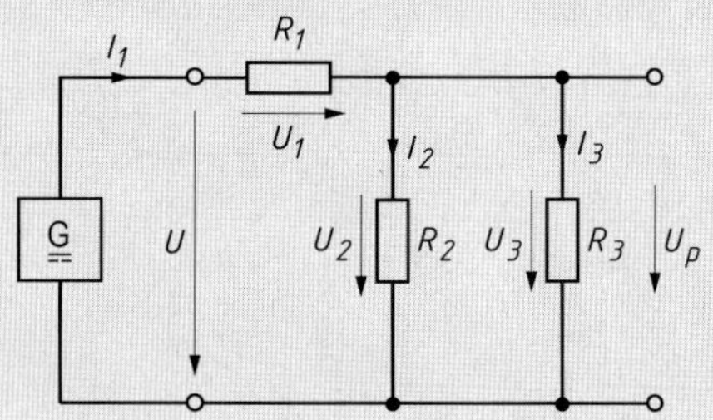

$$R_{\text{ges}} = R_1 + \underbrace{(R_2 \parallel R_3)}_{\substack{\text{Teilstruktur} \\ \text{Parallelschaltung}}}$$

$$\frac{I_3}{I_1} = \frac{R_2 \parallel R_3}{R_3} \qquad U_{\text{p}} = U_2 = U_3 \qquad U_{\text{p}} = U - I_1 \cdot R_1$$

R_1 beeinflusst die Stromteilung nicht, jedoch die Stromstärken!

Lösungsmethodik 1: für Schaltungen mit einer Spannungsquelle und stark verzweigter Widerstandsschaltung mit bekannten Widerstandswerten

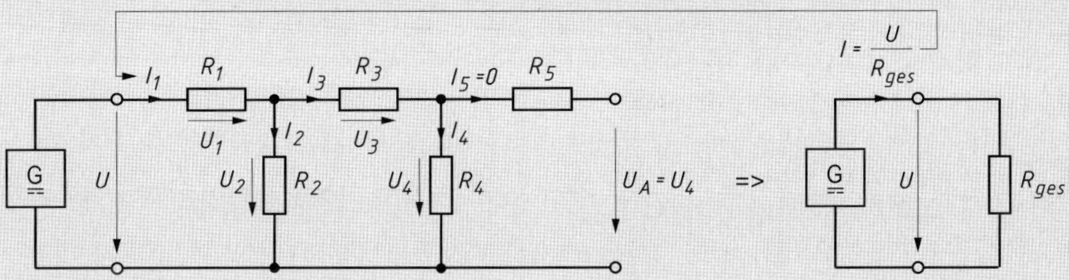

Originalschaltung Widerstände	Stromstärke in Ersatzschaltung	1. Teilspannung	1. Teilstrom	
$R_1, R_2 \ldots$	I	$U_1 = I_1 \cdot R_1$	$I_2 = \frac{U_2}{R_2}$	usw.

Schritte ↘ ↗ ↘ ↗ ↘ ↗ ↘ ↗

R_{ges}	I_1	$U_2 = U - U_1$	$I_3 = I_1 - I_2$
Gesamtwiderstand	als Gesamtstrom der Schaltung	2. Teilspannung	2. Teilstrom

Lösungsmethodik 2: Ähnlichkeitssatz

$$\frac{I_r}{I_a} = \frac{U_r}{U_a}$$

Index r = richtig
a = angenommen

Man nimmt einen Teilstrom I_a (vorzugsweise den gesuchten) als bekannt an (z.B. 1A) und berechnet damit schrittweise alle übrigen Teilströme und Teilspannungen sowie die Spannung U_a der Quelle, die erforderlich wäre, um den angenommenen Strom I_a zu verursachen. Der von der richtigen Spannung U_r bewirkte richtige Teilstrom I_r errechnet sich mit dem Ähnlichkeitssatz.

Lösungsmethodik 3: für verzweigte Stromkreise mit vorgegebenen Bedingungen

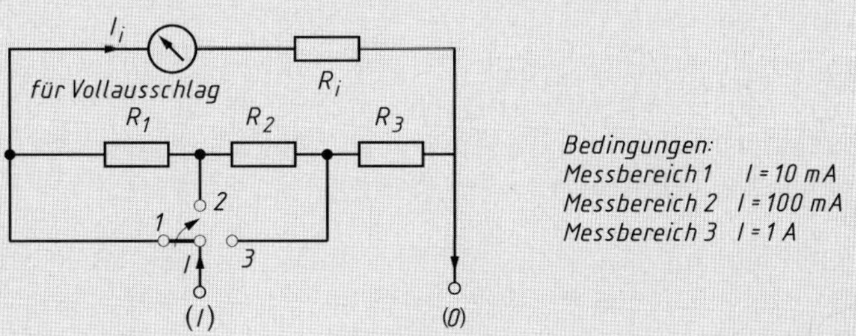

Zweigströme benennen I, $I - I_i$, I_i ⇒ Bedingung 1 annehmen (Schalterstellung 1) ⇒ Bedingung 2 annehmen (Schalterstellung 2) ⇒ Bedingung 3 annehmen (Schalterstellung 3)

↓ Gleichung 1 aufstellen ↓ Gleichung 2 aufstellen ↓ Gleichung 3 aufstellen

Gleichungssystem lösen ←

4.1 Aufgaben

❶ **4.1** In einer Reihenschaltung dreier Widerstände $R_1 = 100\,\Omega$, $R_2 = 200\,\Omega$ und $R_3 = 300\,\Omega$ wird eine Stromstärke von 0,2 A gemessen.

a) Wie groß sind die Teilspannungen U_1, U_2, U_3 und die Gesamtspannung U?

b) Wie groß müsste Widerstand R_2 sein, wenn bei unverändert anliegender Spannung U, die Stromstärke 0,25 A betragen soll?

❶ **4.2** In der Reihenschaltung von zwei Widerständen $R_1 = 20\,\Omega$ und $R_2 = 30\,\Omega$ fließt bei einer angelegten Spannung von $U = 12$ V ein Strom I. Wie groß muss die Spannung U_2 einer Gegenspannungsquelle sein, die den Widerstand R_2 bei unveränderter Stromstärke ersetzen soll?

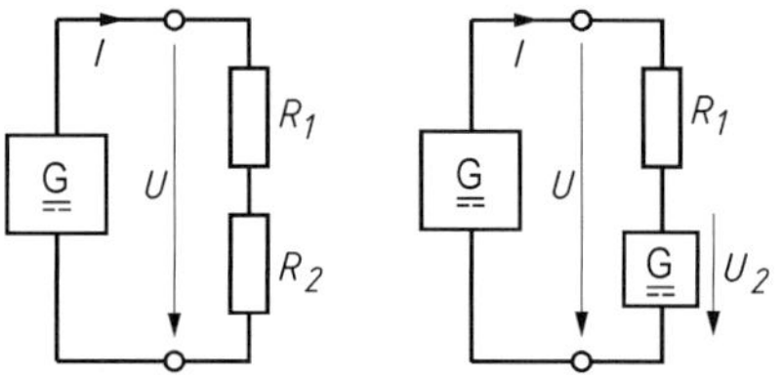

❶ **4.3** In der gegebenen Widerstands-Ersatzschaltung eines Reihenschlussmotors wird der Anlassstrom mit einem einstellbaren Anlasswiderstand eingestellt. Der Nennstrom des Motors sei 23 A. Die Nennspannung beträgt 230 V. Die Wicklungswiderstände betragen:

- Erregerwicklung: $R_f = 1{,}0\,\Omega$,
- Wendepolwicklung: $R_w = 0{,}5\,\Omega$,
- Ankerwicklung: $R_a = 1{,}5\,\Omega$.

a) Wie groß muss der Anlasswiderstand R_{An} sein, wenn der Anlassstrom auf das 2fache des Nennstromes begrenzt werden soll?

b) Wie groß ist die Gegenspannung U_q des belasteten Motors, wenn ein Motorstrom von 8 A gemessen wird und der Anlasswiderstand $R_{An} = 0\,\Omega$ hat?

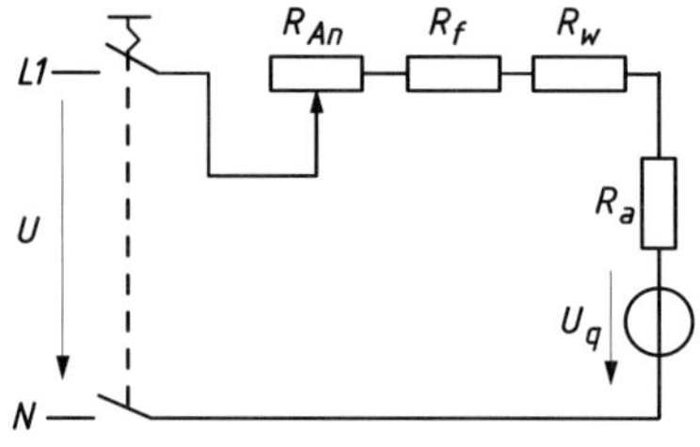

❶ **4.4** Von zwei parallel geschalteten Verbrauchern, die an 230 V Spannung liegen, nimmt der eine Widerstand 0,25 A auf, der andere hat den Widerstandswert 184 Ω.
Wie groß ist die Stromstärke in der Zuleitung?

❶ **4.5** Den vier parallel liegenden Widerständen mit den Widerstandswerten $R_1 = 150\,\Omega$, $R_2 = 150\,\Omega$, $R_3 = 120\,\Omega$ und R_4 fließt ein Gesamtstrom von 200 mA zu. Die Schaltung liegt an einer Spannung von 7,5 V.

a) Wie groß ist der Widerstand R_4?

b) Wie groß sind die Teilströme in den Widerständen?

❶ ❷ **4.6** Eine Parallelschaltung mehrerer Widerstände R liegt an der Netzspannung $U = 230$ V. Der Strom in der Zuleitung beträgt 0,8 A. Wird ein weiterer Widerstand R dazu parallel geschaltet, verändert sich die Stromstärke um 25 %. Alle Widerstände haben den gleichen Widerstandswert.

Wie viel Widerstände wurden parallel geschaltet und wie groß ist ihr Widerstandswert?

❶ **4.7** Gegeben: $R_1 = 1\ \text{k}\Omega$ $R_2 = 2\ \text{k}\Omega$ $R_3 = 3\ \text{k}\Omega$

a) Berechnen Sie die Ströme in R_2 und R_3 für die angelegte Spannung $U = 11$ V.

b) Wie verändern sich die Ströme I_2 und I_3, wenn R_1 auf 1,55 kΩ erhöht wird?

c) Wie verändern sich die Ströme I_2 und I_3, wenn R_1 kurzgeschlossen wird?

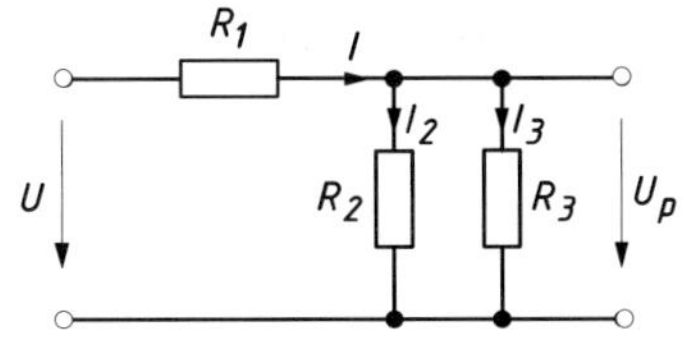

❶ ❷ **4.8** In der gegebenen π-Schaltung sei $R_1 = R_3 = 1\ \text{k}\Omega$. Die Schaltung liegt an der Spannung $U = 9$ V.

a) Wie groß muss der Widerstand R_2 sein, damit am Widerstand R_3 die Spannung 6 V beträgt?

b) Wie groß müsste R_1 werden, damit der Strom $I = 2 \cdot I_3$ wird bei unveränderter Ausgangsspannung U_3?

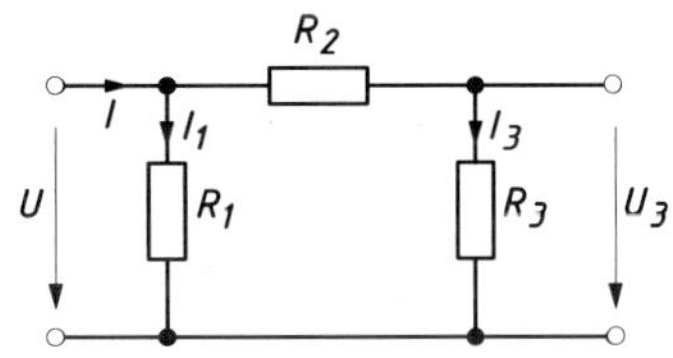

❷ **4.9** In der gegebenen Schaltung werden die Klemmenpaare mit Einzelspannungen und Kurzschlussbrücken beschaltet.

Berechnen Sie die Teilspannungen an den Klemmenpaaren und Teilströme in den Widerständen für folgende Betriebsfälle:

a) $U_{bc} = 7$ V und a–d gebrückt,

b) $U_{bc} = 5$ V und b–f gebrückt sowie a–d,

c) $U_{ad} = 10$ V und b–f sowie b–c gebrückt.

Alle Widerstände in der Schaltung sind 1 kΩ.

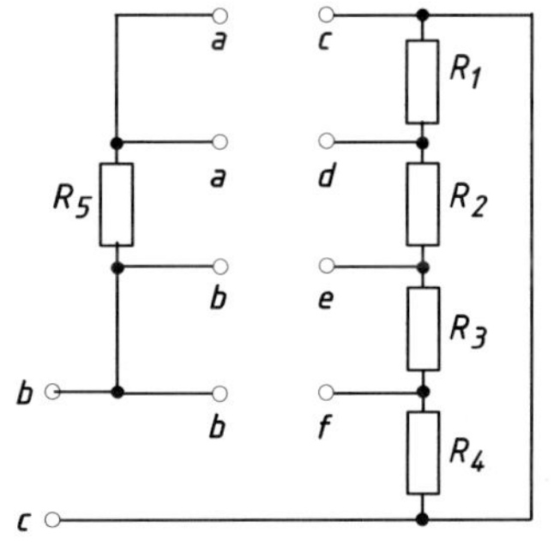

❷ **4.10** Die Schaltung zeigt ein R-$2R$-Netzwerk, wie es bei Digital-Analog-Umsetzern verwendet wird. Es sei $R = 10\ \text{k}\Omega$.

Berechnen Sie die Ströme I_2 und I_4 sowie die Spannungen U_3 und U_5, wenn die Referenzspannung $U_{Ref} = 10$ V ist.

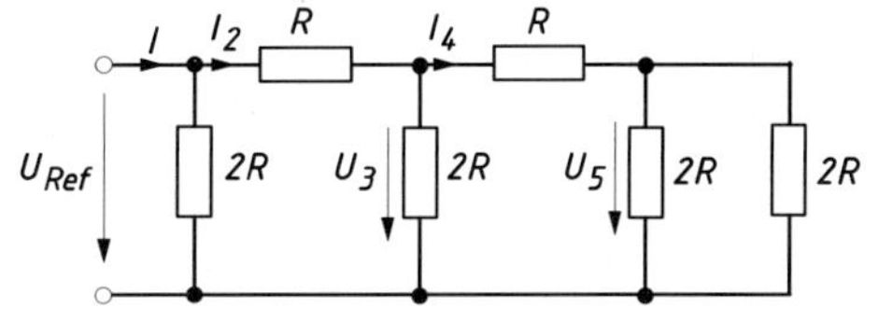

❷ **4.11** Durch Verändern der einstellbaren Spannungsquelle U kann erreicht werden, dass der Strom I_1 im Widerstand R_1 gleich null wird.

Auf welchen Wert muss die Spannung U eingestellt werden, wenn $R_1 = R_2 = R_3$ ist?

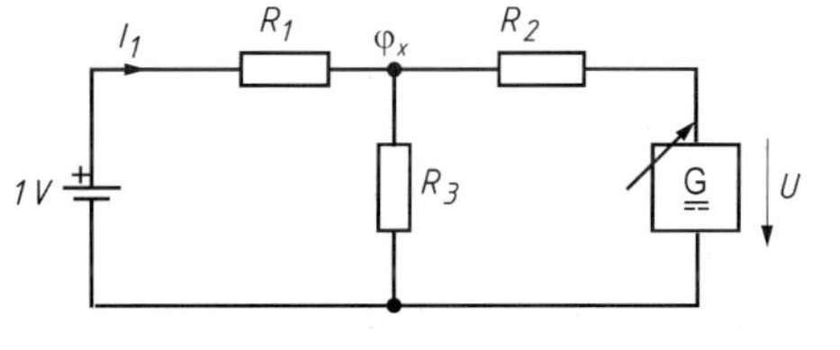

❷ **4.12** In der abgebildeten Schaltung sind folgende Werte gegeben:

$R_1 = 1$ kΩ, $R_2 = 2$ kΩ $R_3 = 3$ kΩ, $R_4 = 4$ kΩ, $R_5 = 5$ kΩ und $U = 10$ V.

Berechnen Sie alle Teilströme und Teilspannungen mit der Lösungsmethodik 1.

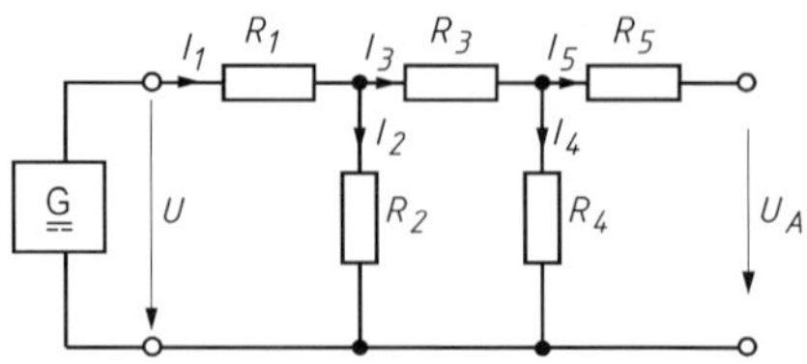

❷ **4.13** In der gegebenen Schaltung soll der Strom I_4 mit dem Ähnlichkeitssatz berechnet werden. Man beginne mit der Annahme $I_4 = 1$A und berechne die dazu erforderliche Spannung U.

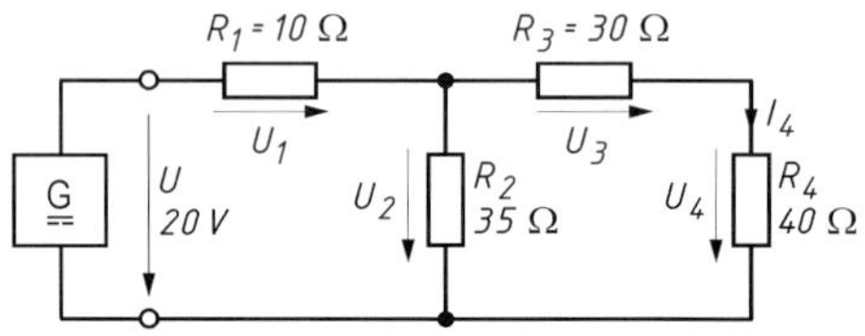

❷ ❸ **4.14** Die Spannung U_2 am Widerstand R_2 soll abhängig von der Schalterstellung sein:

- *Bedingung 1*:
  Bei S = 1 wird $U_2 = 6$ V gefordert.
- *Bedingung 2*:
  Bei S = 0 soll $U_2 = 4$ V betragen.
- *Bedingung 3*:
  Die Summe der Widerstände R_1 und R_2 ist 10 kΩ.

Berechnen Sie die drei Widerstände R_1, R_2 und R_3.

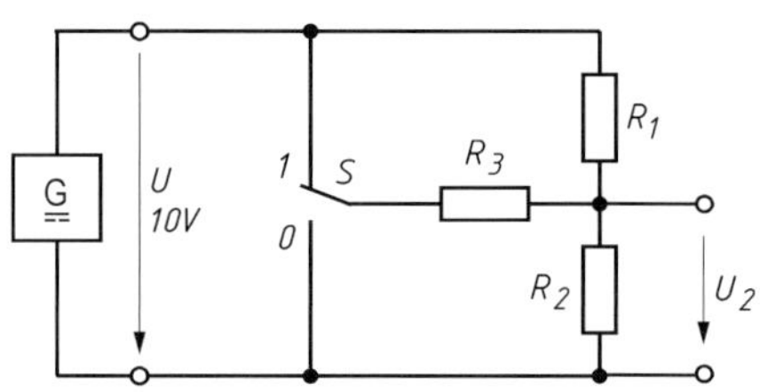

❷ ❸ **4.15** In der gegebenen Schaltung sollen die Widerstände R_1, R_2 und R_3 solche Widerstandswerte aufweisen, dass die folgenden Bedingungen erfüllt werden:

- *Bedingung 1*:
  Ist in der Schalterstellung 1 der eingespeiste Strom $I = 10$ mA, so soll im Messwerk der Strom $I_i = 1$ mA fließen.
- *Bedingung 2*:
  Beträgt bei Schalterstellung 2 der einfließende Strom $I = 100$ mA, so soll im Messwerk ebenfalls der Strom $I_i = 1$ mA fließen.
- *Bedingung 3*:
  Bei Schalterstellung 3 soll ein Strom $I = 1$ A erforderlich sein, damit im Messwerk wiederum nur ein Strom $I_i = 1$ mA fließt.

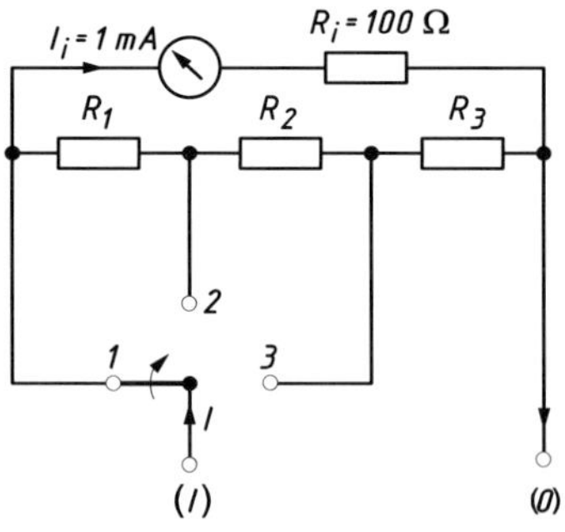

Berechnen Sie die erforderlichen Widerstandswerte R_1, R_2 und R_3.

❸ **4.16** Eine Vergleicherschaltung soll folgende Bedingungen erfüllen:

– *Bedingung 1*:
Bei Schalterstellung S = 1 und U_E = + 5 V soll der Spannungsmesser genau 0 V zeigen.

– *Bedingung 2*:
Bei der Schalterstellung S = 0 und U_E = + 1 V soll der Spannungsmesser ebenfalls genau 0 V anzeigen

– *Bedingung 3*:
Die Spannungen U_1 und U_2 sind gleich groß aber entgegengesetzt gepolt.

Wie groß müssen die Spannungen U_x sowie U_1 und U_2 sein, damit die Bedingungen erfüllt sind?

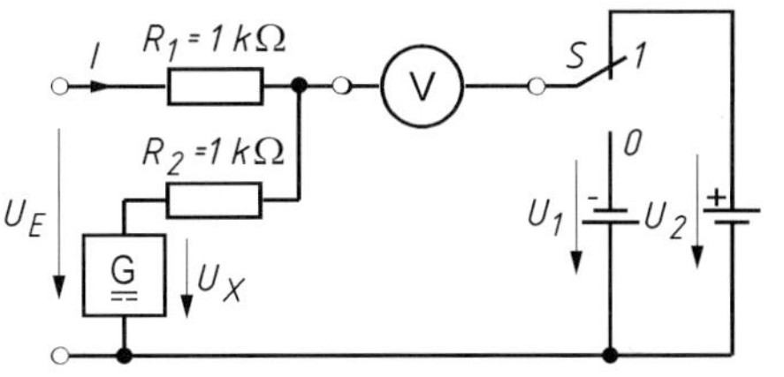

❸ **4.17** Eine Vergleicherschaltung soll folgende Bedingungen erfüllen:

– *Bedingung 1*:
Bei Schalterstellung S = 0 und U_E = + 5 V soll U_V = 0 V sein.

– *Bedingung 2*:
Bei der Schalterstellung S = 1 und U_E = + 1 V soll U_V = 0 V sein.

– *Bedingung 3*:
Die Spannungen U_1 und U_2 sind gleich groß aber entgegengesetzt gepolt.

Man berechne die Spannungen U_x, U_1 und U_2.

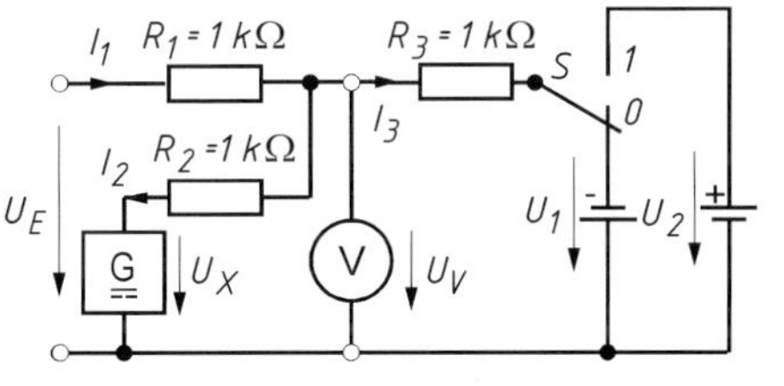

❸ **4.18** In der gegebenen Messschaltung kann durch Einstellen von R_H erreicht werden, dass der Spannungsmesser U_0 = 0 V zeigt. Bei Abgleich auf U_0 = 0 V und Kenntnis von I_H, kann I_x berechnet werden. Der Abgleich sei erfolgt.

a) Wie groß ist I_x, wenn I_H = 12 mA abgelesen wird?

b) Auf welchen Wert musste R_H eingestellt werden, damit U_0 = 0 wird?

c) Welchen Vorteil bringt es, Strom I_x nicht direkt, sondern indirekt über I_H zu messen?

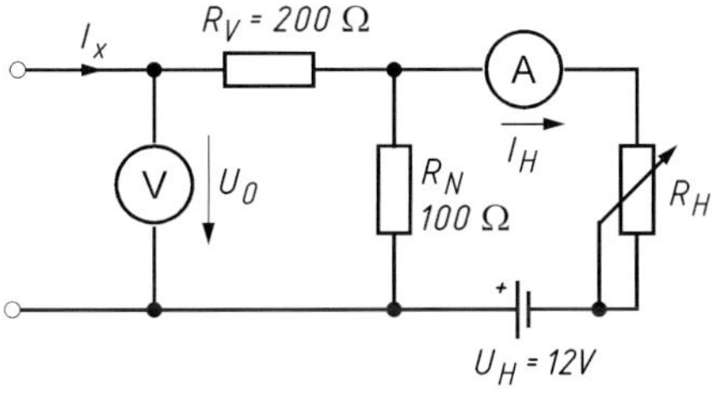

4.2 Lösungen

4.1

a) $R_{ges} = R_1 + R_2 + R_3 = 600\ \Omega$

$U = I \cdot R_{ges} = 0{,}2\ \text{A} \cdot 600\ \Omega = 120\ \text{V}$

$U_1 = I \cdot R_1 = 0{,}2\ \text{A} \cdot 100\ \Omega = 20\ \text{V}$

$U_2 = I \cdot R_2 = 0{,}2\ \text{A} \cdot 200\ \Omega = 40\ \text{V}$

$U_3 = I \cdot R_3 = 0{,}2\ \text{A} \cdot 300\ \Omega = 60\ \text{V}$

b) $R_{ges} = \frac{U}{I} = \frac{120\ \text{V}}{0{,}25\ \text{A}} = 480\ \Omega$

$R_2 = 480\ \Omega - 100\ \Omega - 300\ \Omega = 80\ \Omega$

4.2

$$I = \frac{U}{R_{ges}} = \frac{12\ \text{V}}{20\ \Omega + 30\ \Omega} = 0{,}24\ \text{A}$$

$U_2 = I \cdot R_2 = 0{,}24\ \text{A} \cdot 30\ \Omega = +\ 7{,}2\ \text{V}$

(Gegenspannungsquelle soll Spannungsabfall am Widerstand R_2 ersetzen, also gleiche Spannungsrichtung)

4.3

a) $R_{ges} = \frac{U}{I_{An}} = \frac{U}{2 \cdot I_{Nenn}} = \frac{230\ \text{V}}{46\ \text{A}} = 5\ \Omega$

$R_{An} = R_{ges} - R_f - R_w - R_a$

$R_{An} = 5\ \Omega - 1\ \Omega - 0{,}5\ \Omega - 1{,}5\ \Omega = 2\ \Omega$

$U_q = 0$ im Anlaufmoment

b) $R_{ges} = R_{An} + R_f + R_w + R_a$

$R_{ges} = 0\ \Omega + 1\ \Omega + 0{,}5\ \Omega + 1{,}5\ \Omega = 3\ \Omega$

$\sum U = 0 \Rightarrow U - I \cdot R_{ges} - U_q = 0$

$U = I \cdot R_{ges}$

$U_q = 230\ \text{V} - 8\ \text{A} \cdot 3\ \Omega = 206\ \text{V}$

4.4

$I_1 = \frac{U}{R_1} = \frac{230\ \text{V}}{184\ \Omega} = 1{,}25\ \text{A}$

$I_2 = 0{,}25\ \text{A}$ (gegeben)

$I = I_1 + I_2 = 1{,}5\ \text{A}$

4.5

a) $R_{ges} = \frac{U}{I} = \frac{7{,}5\ \text{V}}{0{,}2\ \text{A}} = 37{,}5\ \Omega$

$R_{1,2} = R_1 \parallel R_2 = \frac{150\ \Omega}{2} = 75\ \Omega$

$G_{ges} = G_{1,2} + G_3 + G_4$

$G_4 = G_{ges} - G_{1,2} - G_3$

$G_4 = \frac{1}{37{,}5\ \Omega} - \frac{1}{75\ \Omega} - \frac{1}{120\ \Omega}$

$G_4 = 26{,}66\ \text{mS} - 13{,}33\ \text{mS} - 8{,}33\ \text{mS} = 5\ \text{mS}$

$R_4 = \frac{1}{G_4} = \frac{1}{5\ \text{mS}} = 200\ \Omega$

b) $I_1 = I_2 = \frac{U}{R_1} = \frac{7{,}5\ \text{V}}{150\ \Omega} = 50\ \text{mA}$

$I_3 = \frac{U}{R_3} = \frac{7{,}5\ \text{V}}{120\ \Omega} = 62{,}5\ \text{mA}$

$I_4 = \frac{U}{R_4} = \frac{7{,}5\ \text{V}}{200\ \Omega} = 37{,}5\ \text{mA}$

4.6

Bei n parallelen Widerständen:

$R_{ges} = \frac{U}{I} = \frac{230\ \text{V}}{0{,}8\ \text{A}} = 287{,}5\ \Omega$

Bei $n+1$ parallelen Widerständen:

$R_{ges} = \frac{U}{I} = \frac{230\ \text{V}}{1{,}25 \cdot 0{,}8\ \text{A}} = 230\ \Omega$

$\frac{R}{n} = 287{,}5\ \Omega \Rightarrow R = n \cdot 287{,}5\ \Omega$

$\frac{R}{n+1} = 230\ \Omega \Rightarrow R = (n+1) \cdot 230\ \Omega$

$\Rightarrow n \cdot 287{,}5\ \Omega = n \cdot 230\ \Omega + 230\ \Omega$

$n = 4$

(Es waren zuerst vier Widerstände R, ein fünfter Widerstand R wurde parallel geschaltet).

$R = n \cdot 287{,}5\ \Omega = 4 \cdot 287{,}5\ \Omega = 1150\ \Omega$

4.7

a) $R_{2,3} = \frac{R_2 \cdot R_3}{R_2 + R_3} = \frac{2\ \text{k}\Omega \cdot 3\ \text{k}\Omega}{5\ \text{k}\Omega} = 1{,}2\ \text{k}\Omega$

$R_{ges} = R_1 + R_{2,3} = 1\ \text{k}\Omega + 1{,}2\ \text{k}\Omega = 2{,}2\ \text{k}\Omega$

$I_1 = \frac{U}{R_{ges}} = \frac{1{,}1\ \text{V}}{2{,}2\ \text{k}\Omega} = 5\ \text{mA}$

$U_p = I_1 \cdot R_{1,2} = 5\ \text{mA} \cdot 1{,}2\ \text{k}\Omega = 6\ \text{V}$

$I_2 = \frac{U_p}{R_2} = \frac{6\ \text{V}}{2\ \text{k}\Omega} = 3\ \text{mA}$

$I_3 = I_1 - I_2 = 2\ \text{mA}$

b) $R'_{ges} = R'_1 + R_{2,3} = 1{,}55\ \text{k}\Omega + 1{,}2\ \text{k}\Omega = 2{,}75\ \text{k}\Omega$

$I'_1 = \frac{U}{R'_{ges}} = \frac{1{,}1\ \text{V}}{2{,}75\ \text{k}\Omega} = 4\ \text{mA}$

$U'_p = U - I' \cdot R'_1 = 11\ \text{V} - 4\ \text{mA} \cdot 1{,}55\ \text{k}\Omega$

$U'_p = 4{,}8\ \text{V}$

$I'_2 = \frac{U'_p}{R_2} = \frac{4{,}8\ \text{V}}{2\ \text{k}\Omega} = 2{,}4\ \text{mA}$

$I'_3 = I'_1 - I'_2 = 1{,}6\ \text{mA}$

c) $U''_p = U = 11\,\text{V}$

$$I''_2 = \frac{U''_p}{R_2} = \frac{11\,\text{V}}{2\,\text{k}\Omega} = 5{,}5\,\text{mA}$$

$$I''_3 = \frac{U''_p}{R_3} = \frac{11\,\text{V}}{3\,\text{k}\Omega} = 3{,}67\,\text{mA}$$

$$\frac{I_2}{I_3} = \underset{\text{a)}}{\frac{3\,\text{mA}}{2\,\text{mA}}} = \underset{\text{b)}}{\frac{2{,}4\,\text{mA}}{1{,}6\,\text{mA}}} = \underset{\text{c)}}{\frac{5{,}5\,\text{mA}}{3{,}67\,\text{mA}}} = 1{,}5$$

R_1 hat also keinen Einfluss auf die Stromverteilung bei R_2 und R_3, jedoch auf die Stromstärken.

4.8

a) $\frac{U_3}{U} = \frac{R_3}{R_2 + R_3} = \frac{6\,\text{V}}{9\,\text{V}} = \frac{2}{3}$

$3R_3 = 2R_2 + 2R_3$

$R_2 = 0{,}5R_3 = 0{,}5\,\text{k}\Omega$

b) $I_1 = \frac{9\,\text{V}}{1\,\text{k}\Omega} = 9\,\text{mA}$

$I_3 = \frac{9\,\text{V}}{1{,}5\,\text{k}\Omega} = 6\,\text{mA}$

Gemäß Forderung soll $I = 2 \cdot I_3 = 12\,\text{mA}$ werden, ohne $U_3 = 6\,\text{V}$ zu verändern:

⇒ Vergrößern von R_1 auf:

$$R_1 = \frac{U}{I_1} = \frac{U}{I - I_3} = \frac{9\,\text{V}}{12\,\text{mA} - 6\,\text{mA}} = 1{,}5\,\text{k}\Omega$$

4.9

a) $R_{ges} = R_5 + [R_1 \,||\, (R_2 + R_3 + R_4)]$

$R_{ges} = 1{,}75\,\text{k}\Omega$

$I_5 = \frac{U_{bc}}{R_{ges}} = \frac{7\,\text{V}}{1{,}75\,\text{k}\Omega} = 4\,\text{mA}$

$U_{dc} = U_{bc} - I_5 \cdot R_5 = 3\,\text{V}$

$I_1 = \frac{U_{dc}}{R_1} = 3\,\text{mA}$

$I_2 = I_3 = I_4 = I_5 - I_1 = 1\,\text{mA}$

b) $R_{ges} = R_4 \,||\, \{[R_5 \,||\, (R_2 + R_3)] + R_1\} = 0{,}625\,\text{k}\Omega$

$I = \frac{U_{bc}}{R_{ges}} = \frac{5\,\text{V}}{0{,}625\,\text{k}\Omega} = 8\,\text{mA}$

$I_4 = \frac{U_{bc}}{R_4} = \frac{5\,\text{V}}{1\,\text{k}\Omega} = 5\,\text{mA}$

$I_1 = I - I_4 = 3\,\text{mA}$

$U_{ba} = U_{bc} - I_1 \cdot R_1 = 5\,\text{V} - 3\,\text{mA} \cdot 1\,\text{k}\Omega = 2\,\text{V}$

$I_5 = \frac{U_{ba}}{R_5} = \frac{2\,\text{V}}{1\,\text{k}\Omega} = 2\,\text{mA}$

$I_2 = I_3 = \frac{U_{ba}}{R_2 + R_3} = \frac{2\,\text{V}}{2\,\text{k}\Omega} = 1\,\text{mA}$

c) $R_{ges} = R_5 + [R_1 \,||\, (R_2 + R_3)] = 1{,}67\,\text{k}\Omega$

R_4 ist kurzgeschlossen.

$I_5 = \frac{U_{ad}}{R_{ges}} = \frac{10\,\text{V}}{1{,}67\,\text{k}\Omega} = 6\,\text{mA}$

$U_{fd} = U_{ad} - I_5 \cdot R_5 = 4\,\text{V}$

$I_2 = I_3 = \frac{U_{fd}}{R_2 + R_3} = 2\,\text{mA}$

$I_1 = \frac{U_{cd}}{R_1} = \frac{U_{fd}}{R_1} = 4\,\text{mA}$

4.10

$R_{ges} = R = 10\,\text{k}\Omega$

(von rechts beginnend: $2R \,||\, 2R = R$

$\Rightarrow R + R = 2R$ usw.)

$I = \frac{U_{Ref}}{R_{ges}} = \frac{10\,\text{V}}{10\,\text{k}\Omega} = 1\,\text{mA}$

$I_1 = \frac{U_{Ref}}{2R} = 0{,}5\,\text{mA}$

$I_2 = I - I_1 = 0{,}5\,\text{mA}$

$U_2 = U_{Ref} - I_2 \cdot R = 5\,\text{V}$

$I_3 = \frac{U_2}{2R} = 0{,}25\,\text{mA}$

$I_4 = I_2 - I_3 = 0{,}25\,\text{mA}$

$U_5 = U_2 - I_4 \cdot R = 2{,}5\,\text{V}$

4.11

$I_1 = 0$, wenn $\varphi_x = +1\,\text{V}$

$\varphi_x = \frac{U}{2}$, da $R_2 = R_3$

$U = 2\varphi_x = +2\,\text{V}$

4.12

$R_{3,4} = R_3 + R_4 = 7\,\text{k}\Omega$

$R_{2,3,4} = R_2 \,||\, R_{3,4} = 1{,}56\,\text{k}\Omega$

$R_{ges} = R_1 + R_{2,3,4} = 2{,}56\,\text{k}\Omega$

(R_5 beeinflusst nicht den Gesamtwiderstand, da stromlos).

$I_1 = \frac{U}{R_{ges}} = \frac{10\,\text{V}}{2{,}56\,\text{k}\Omega} = 3{,}91\,\text{mA}$

$U_2 = U - I_1 \cdot R_1 = 10\,\text{V} - 3{,}91\,\text{mA} \cdot 1\,\text{k}\Omega = 6{,}09\,\text{V}$

$I_2 = \frac{U_2}{R_2} = \frac{6{,}09\,\text{V}}{2\,\text{k}\Omega} = 3{,}045\,\text{mA}$

$I_3 = I_1 - I_2 = 3{,}91\,\text{mA} - 3{,}045\,\text{mA} = 0{,}865\,\text{mA}$

$U_4 = U_2 - I_3 \cdot R_3 = 6{,}09\,\text{V} - 0{,}865\,\text{mA} \cdot 3\,\text{k}\Omega = 3{,}495\,\text{V}$

$I_4 = \frac{U_4}{R_4} = \frac{3{,}495\,\text{V}}{4\,\text{k}\Omega} = 0{,}874\,\text{mA}$

$I_5 = 0$

$U_A = U_4 - I_5 \cdot R_5 \Rightarrow U_A = U_4$

4.13

$I_4 = 1\text{ A}$ (Annahme), es folgen:

$U = I_4(R_3 + R_4) = 1\text{ A} \cdot 70\,\Omega = 70\text{ V}$

$I_2 = \dfrac{U_2}{R_2} = \dfrac{70\text{ V}}{35\,\Omega} = 2\text{ A}$

$I_1 = I_2 + I_4 = 2\text{ A} + 1\text{ A} = 3\text{ A}$

$U_1 = I_1 \cdot R_1 = 3\text{ A} \cdot 10\,\Omega = 30\text{ V}$

$U_a = U_1 + U_2 = 30\text{ V} + 70\text{ V} = 100\text{ V}$

(erforderliche Spannung, um den angenommenen Strom zu treiben).

Die richtige Stromstärke von I_4 berechnet sich mit dem Ähnlichkeitssatz:

$$\frac{I_r}{I_a} = \frac{U_r}{U_a} \Rightarrow I_4 = I_r = I_a \cdot \frac{U_r}{U_a} = 1\text{ A} \cdot \frac{20\text{ V}}{100\text{ V}} = 0{,}2\text{ A}$$

Index a ≙ angenommen

r ≙ richtig

4.14

1) $\dfrac{U_2}{U} = \dfrac{R_2}{(R_1 \parallel R_3) + R_2} = \dfrac{6\text{ V}}{10\text{ V}} = 0{,}6$

$R_2 = 0{,}6\,(R_1 \parallel R_3) + 0{,}6 R_2$

$0{,}4 R_2 = 0{,}6\,(R_1 \parallel R_3)$

I $\boxed{R_2 = 1{,}5 \dfrac{R_1 \cdot R_3}{R_1 + R_3}}$

2) $\dfrac{U_2}{U} = \dfrac{R_2 \parallel R_3}{R_1 + (R_2 \parallel R_3)} = \dfrac{4\text{ V}}{10\text{ V}} = 0{,}4$

$(R_2 \parallel R_3) = 0{,}4 R_1 + 0{,}4\,(R_2 \parallel R_3)$

$0{,}6\,(R_2 \parallel R_3) = 0{,}4 R_1$

II $\boxed{R_1 = 1{,}5 \dfrac{R_2 \cdot R_3}{R_2 + R_3}}$

3) III $\boxed{R_1 + R_2 = 10\text{ k}\Omega}$

I′ $R_1 R_2 + R_2 R_3 = 1{,}5 R_1 R_3$

II′ $R_1 R_2 + R_1 R_3 = 1{,}5 R_2 R_3$

I′-II′ $R_2 R_3 - R_1 R_3 = 1{,}5 R_1 R_3 - 1{,}5 R_2 R_3$

$2{,}5 R_2 R_3 = 2{,}5 R_1 R_3$

IV $R_2 = R_1$

IV in I′ $R_1^2 + R_1 R_3 = 1{,}5 R_1 R_3$

$R_1^2 = 0{,}5 R_1 R_3$

V $R_3 = 2 R_1$

Ergebnis über Gl. III, IV und V

$R_1 = R_2 = 5\text{ k}\Omega$

$R_3 = 10\text{ k}\Omega$

4.15

1) $\dfrac{I_i}{I_{1,2,3}} = \dfrac{R_1 + R_2 + R_3}{R_i} = \dfrac{1\text{ mA}}{9\text{ mA}} = \dfrac{1}{9}$

I $\boxed{9R_1 + 9R_2 + 9R_3 = 100\,\Omega}$ $|\cdot 11$

2) $\dfrac{I_{i,1}}{I_{2,3}} = \dfrac{R_2 + R_3}{R_1 + R_i} = \dfrac{1\text{ mA}}{99\text{ mA}} = \dfrac{1}{99}$

II $\boxed{99R_2 + 99R_3 = R_1 + 100\,\Omega}$

3) $\dfrac{I_{i,1,2}}{I_3} = \dfrac{R_3}{R_i + R_1 + R_2} = \dfrac{1\text{ mA}}{999\text{ mA}} = \dfrac{1}{999}$

III $\boxed{999R_3 = R_1 + R_2 + 100\,\Omega}$

I′ $99R_1 + 99R_2 + 99R_3 = 1100\,\Omega$

II-I′ $99R_2 + 99R_3 - 99R_1 - 99R_2 - 99R_3$

$= R_1 - 1000\,\Omega - 100R_1 = -1000\,\Omega$

IV $R_1 = 10\,\Omega$

V =IV in II $99R_2 + 99R_3 = 110\,\Omega$

VI=IV in III $999R_3 = R_2 + 110\,\Omega$ $|\cdot 99$

VI′ $98901R_3 = 99R_2 + 10890\,\Omega$

V+VI′ $99R_2 + 99000R_3 = 99R_2 + 11000\,\Omega$

VII $R_3 = \dfrac{1}{9}\,\Omega$

VII in V $99R_2 + 11\,\Omega = 110\,\Omega$

VIII $R_2 = 1\,\Omega$

4.16

1) Wenn der Spannungsmesser genau 0 V anzeigt, ist der Strom im Spannungsmesserpfad unabhängig von dessen Innenwiderstand null. Die Spannungsteilerschaltung mit den Widerständen R_1 und R_2 ist somit unbelastet.

2) $I = \dfrac{U_E - U_x}{R_1 + R_2} = \dfrac{5\text{ V} - U_x}{2\text{ k}\Omega}$

$U_x + I \cdot R_2 = U_2$

$U_x + \dfrac{5\text{ V} - U_x}{2\text{ k}\Omega} R_2 = U_2$

I $\boxed{2\text{ k}\Omega \cdot U_x + 5\text{ V} \cdot R_2 - U_x R_2 = 2\text{ k}\Omega \cdot U_2}$

3) $I = \dfrac{U_E - U_x}{R_1 + R_2} = \dfrac{1\text{ V} - U_x}{2\text{ k}\Omega}$

$U_x + I \cdot R_2 = U_1$

$U_x + \dfrac{1\text{ V} - U_x}{2\text{ k}\Omega} \cdot R_2 = U_1$

II $\boxed{2\text{ k}\Omega \cdot U_x + 1\text{ V} \cdot R_2 - U_x R_2 = 2\text{ k}\Omega \cdot U_1}$

4) III $\boxed{U_1 = -U_2}$

I+II $4\,\text{k}\Omega \cdot U_x + 6\,\text{V} \cdot R_2 - 2U_x R_2 = 0$

$2\,\text{k}\Omega \cdot U_x + 6\,\text{V} \cdot 1\,\text{k}\Omega = 0$

IV $U_x = -3\,\text{V}$

IV in I $2\,\text{k}\Omega(-3\,\text{V}) + 5\,\text{V} \cdot 1\,\text{k}\Omega + 3\,\text{V} \cdot 1\,\text{k}\Omega = 2\,\text{k}\Omega \cdot U_2$

V $U_2 = +1\,\text{V}$

V in III $U_1 = -1\,\text{V}$

4.17

1) Zeigt der Spannungsmesser $U_V = 0$, so ist der Strom im Spannungsmesserpfad null.

I $\boxed{I_1 - I_2 - I_3 = 0}$

2) Bei Schalterstellung $S = 0$:

$$I_1 = \frac{U_E - U_V}{R_1} = \frac{+5\,\text{V} - 0}{1\,\text{k}\Omega} = 5\,\text{mA}$$

$$I_2 = \frac{U_V - U_x}{R_2} = -\frac{U_x}{1\,\text{k}\Omega}$$

$$I_3 = \frac{U_V - U_1}{R_3} = -\frac{U_1}{1\,\text{k}\Omega}$$

Einsetzen in Gleichung I ergibt:

II $$\boxed{5\,\text{mA} + \frac{U_x}{1\text{k}\Omega} + \frac{U_1}{1\text{k}\Omega} = 0}$$

3) Bei Schalterstellung $S = 1$:

$$I_1 = \frac{U_E - U_V}{R_1} = \frac{+1\,\text{V} - 0}{1\,\text{k}\Omega} = 1\,\text{mA}$$

$$I_2 = \frac{U_V - U_x}{R_2} = -\frac{U_x}{1\,\text{k}\Omega}$$

$$I_3 = \frac{U_V - U_2}{R_3} = -\frac{U_2}{1\,\text{k}\Omega}$$

Einsetzen in Gleichung I und Einführen der Bedingung

III $\boxed{U_1 = -U_2}$

ergibt:

IV $$\boxed{1\,\text{mA} + \frac{U_x}{1\text{k}\Omega} - \frac{U_1}{1\,\text{k}\Omega} = 0}$$

IV-II $$4\,\text{mA} + 2\frac{U_1}{1\,\text{k}\Omega} = 0$$

V $U_1 = -2\text{V}$

V in III = VI $U_2 = +2\text{V}$

V in II $$5\,\text{mA} + \frac{U_x}{1\,\text{k}\Omega} - \frac{2\,\text{V}}{1\,\text{k}\Omega} = 0$$

$$U_x = -3\,\text{V}$$

V in IV $$1\,\text{mA} + \frac{U_x}{1\,\text{k}\Omega} + \frac{2\,\text{V}}{1\,\text{k}\Omega} = 0$$

$$U_x = -3\,\text{V}$$

4.18

a) Bei erfolgtem Abgleich auf $U_0 = 0$ V fließt kein Strom im Spannungsmesserpfad.

Linke Netzmasche:

$$-U_0 + I_x R_V + (I_x - I_H)R_N = 0$$

I $\boxed{I_x R_V + (I_x - I_H)R_N = 0}$ bei $U_0 = 0$

$$I_x = \frac{R_N}{R_N + R_V} \cdot I_H$$

$$I_x = \frac{100\,\Omega}{200\,\Omega + 100\,\Omega} \cdot 12\,\text{mA}$$

$$I_x = 4\,\text{mA}$$

b) Rechte Netzmasche:

II $\boxed{I_H R_H - U_H - (I_x - I_H)R_N = 0}$

I+II $I_x R_V - U_H + I_H R_H = 0$

$$R_H = \frac{U_H - I_x R_V}{I_H}$$

$$R_H = \frac{12\,\text{V} - 4\,\text{mA} \cdot 200\,\Omega}{12\,\text{mA}}$$

bei $U_0 = 0 \Rightarrow I_x = 4\,\text{mA}$

$$R_H = \frac{4\,\text{V}}{12\,\text{mA}} = 333\,\Omega$$

c) Der Strom I_x verursacht an der Messschaltung keinen Spannungsabfall, wenn auf $U_0 = 0$ abgeglichen wurde. Das bedeutet eine störungsfreie Strommessung von I_x im Gegensatz zu einer direkten Strommessung mit einem widerstandsbehafteten Strommesser.

5 Temperaturabhängigkeit von Widerständen

- Rechnerische Erfassung von Widerstandsänderungen auf Grund von Temperatureinflüssen
- Berechnung stationärer *I*-*U*-Kennlinien von temperaturabhängigen Widerständen

Der Widerstandswert von Bauelementen, Drähten und Wicklungen ist im Allgemeinen temperaturabhängig.

Erwärmungsursachen

Fremderwärmung von außen | Eigenerwärmung durch Stromfluss

Beeinflussung der Leitfähigkeit

durch temperaturbedingte Veränderung der Beweglichkeit der freien Ladungsträger (bei Metallen). Temperaturanstieg ⇒ Leitfähigkeitsabnahme	durch temperaturbedingte Veränderung der Anzahl der freien Ladungsträger (bei Halbleitern). Temperaturanstieg ⇒ Leitfähigkeitszunahme

Leiter- und Wicklungswiderstände

Wicklungswiderstände (z.B. Kupferwicklung von Motoren und Messwerken) erhöhen durch Erwärmung ihren Widerstandswert. Für einen begrenzten Temperaturbereich (– 80° C bis + 200° C) kann die Widerstandsabhängigkeit von der Temperatur mit einer Geradengleichung in guter Näherung (Fehler < 1 %) nachgebildet werden.

Berechnungsgrundlagen:

$$R_\mathrm{w} = R_\mathrm{k} + \Delta R$$
$$\Delta R = \alpha \cdot \Delta T \cdot R_\mathrm{k}$$

$\alpha =$ Temperaturkoeffizient (TK-Wert), nennt die prozentuale Widerstandsänderung je 1 Kelvin Temperaturänderung.

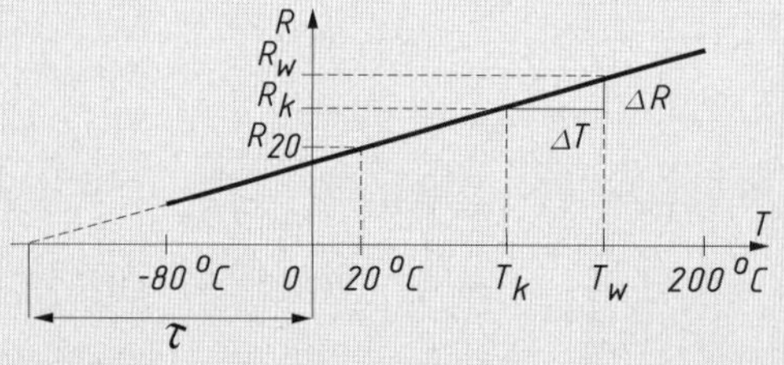

Werkstoff	α
Elektrischer Leiter (Kupfer, Aluminium)	$\approx 0{,}004 \dfrac{1}{\mathrm{K}} \mathrel{\hat{=}} 0{,}4 \dfrac{\%}{\mathrm{K}}$
Widerstandswerkstoffe (Konstantan, Manganin)	$\approx 0{,}00001 \dfrac{1}{\mathrm{K}} \mathrel{\hat{=}} 0{,}001 \dfrac{\%}{\mathrm{K}}$

$$\frac{R_\mathrm{w}}{R_\mathrm{k}} = \frac{\tau + T_\mathrm{w}}{\tau + T_\mathrm{k}}$$ Index w = warm, k = kalt

$$R_{20} = \frac{l \cdot \varrho_{20}}{A}$$ Drahtwiderstand bei 20 °C siehe auch Seite 10

$\tau =$ Temperaturkennwert in Kelvin
Für Kupfer nach VDE 0530: $\tau = 235$ K

$\Delta T =$ Temperaturdifferenz $\Delta T = T_\mathrm{w} - T_\mathrm{k}$

$\Delta R =$ Widerstandsänderung infolge Temperaturänderung

Schaltwiderstände

Kennwerte \ Auswahl	Kohleschicht-Widerstände	Metallschicht-Widerstände	Präzisions-Drahtwiderstände
Widerstandstoleranz	± 5 %	± 1 %	± 0.1 %
Temperaturkoeffizient	– 100 … – 1000 ppm/K (ansteigend mit *R*-Wert)	± 50 ppm/K	± 3 … 5 ppm/K ppm $\hat{=} 10^{-6}$
Temperaturbereich	– 55 … + 155° C	– 55 … + 125° C	– 55 … + 155° C

Temperaturabhängige Widerstände

1. Möglichst linearer Zusammenhang zwischen Widerstand und Temperatur bei:

Pt 100 (Platin)		KTY81 (Silizium)
– 200 … + 800° C	Temperaturbereich	– 55 … + 175° C
$R_0 = 100\ \Omega$ bei 0° C	Grundwert	$R_0 = 1000\ \Omega$ bei 25° C
$\alpha = +\,0{,}00385\ \text{K}^{-1}$	TK – Wert	$\alpha = 0{,}0078\ \text{K}^{-1}$ $\beta = 1{,}84 \cdot 10^{-5}\ \text{K}^{-2}$
$R_{Pt100} = R_0 + \alpha \cdot \Delta T \cdot R_0$	Formel	$R_T = R_{25} + \alpha \cdot R_{25} \cdot \Delta T + \beta \cdot R_{25} \cdot \Delta T^2$

Messprinzip:

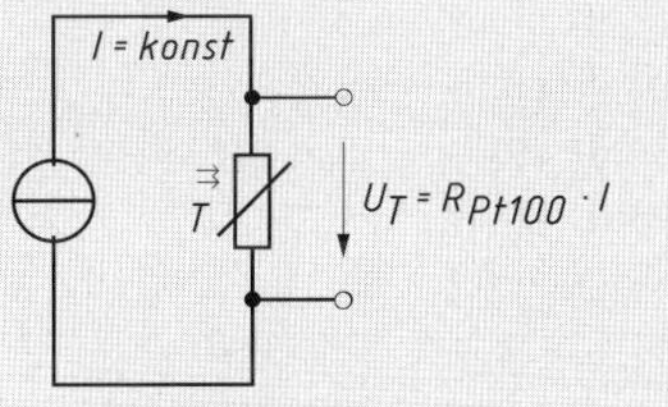

Messschaltung mit Linearisierung:

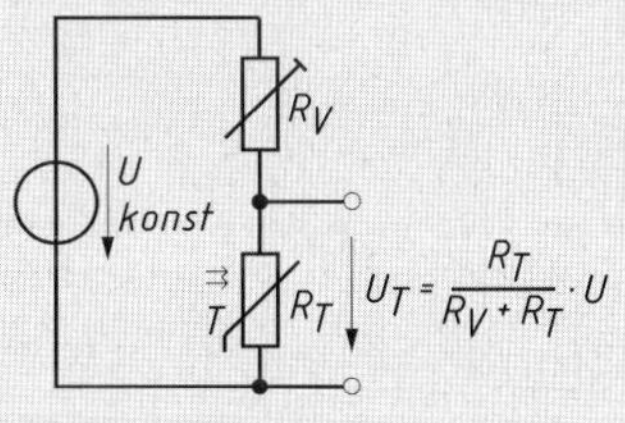

2. Nichtlinearer Zusammenhang zwischen Widerstand und Temperatur bei:

NTC-Widerstände (Heißleiter)

NTC-Widerstände verringern ihren Widerstandswert bei steigender Temperatur (T, T_N in Kelvin):

$$P = \Delta T \cdot G_{th}\,, \qquad U = \sqrt{P \cdot R_T}$$

$$R_T = R_N \cdot e^{B\left(\frac{1}{T} - \frac{1}{T_N}\right)} \qquad \Delta T = T - T_{Umgeb}$$

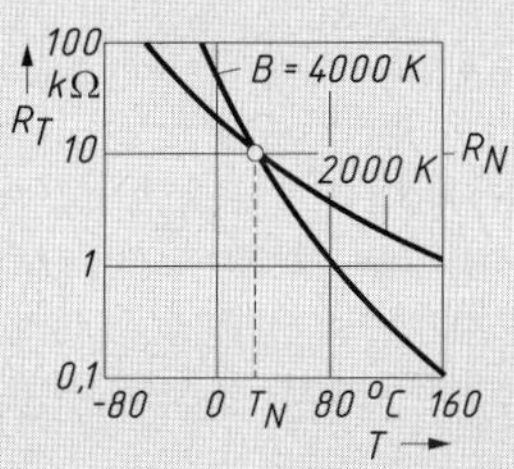

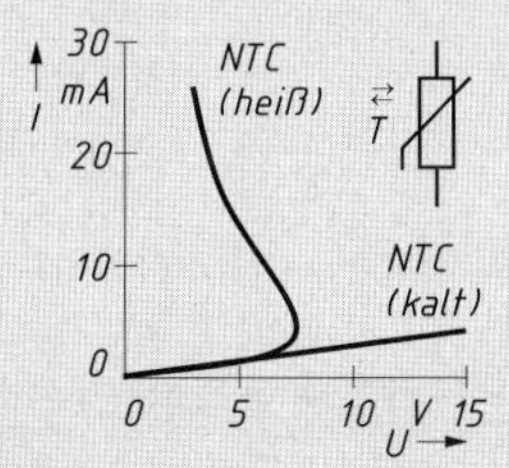

R_T = Widerstand bei Temp. T
G_{th} = therm. Leitwert in W/K
R_N = Nennwiderstand bei T_N
B = Materialkonstante

PTC-Widerstände (Kaltleiter)

PTC-Widerstände haben in einem bestimmten Temperaturbereich einen sehr hohen positiven Temperaturkoeffizienten:

Widerstandszunahme um mehrere Zehnerpotenzen bei Temperaturerhöhung.

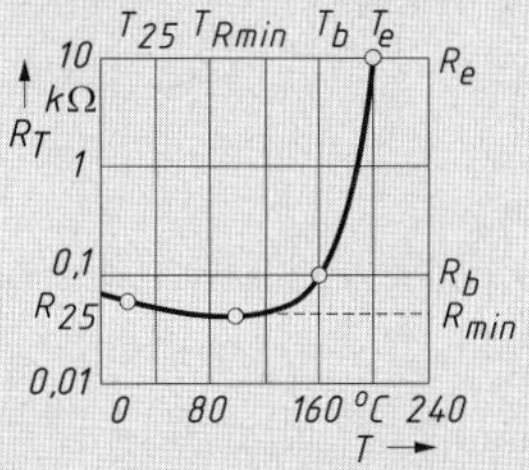

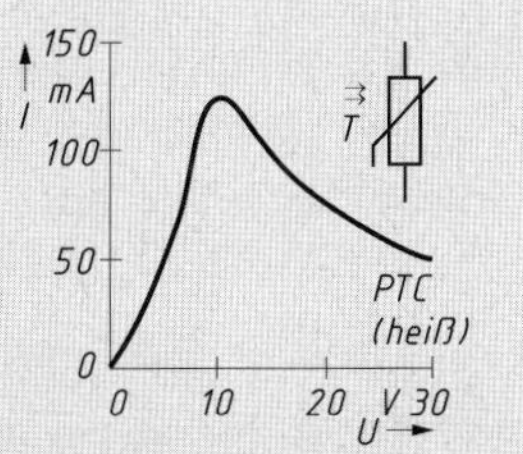

R_{25} = Nennwiderst. bei T = 25° C
R_{min} = Minimalwiderstand bei T_{Rmin}
R_b = Bezugswiderstand bei Bezugstemp. T_b
R_e = Endwiderstand bei T_e

5.1 Aufgaben

❶ **5.1** Ein Kupferdraht der Länge 170 m habe eine Querschnittsfläche von 0,5 mm^2. Die Leitfähigkeit des Kupfer sei 56 $m/\Omega\,mm^2$, der Temperaturkoeffizient $3{,}93 \cdot 10^{-3}\ K^{-1}$.
Wie groß ist der Drahtwiderstand
a) bei 20° C,
b) bei 62,5° C?

❶ **5.2** Der Temperaturkoeffizient eines Drahtes soll ermittelt werden. Dazu wird der Draht in einem Ölbad von 20° C auf 80° C erwärmt. Aufgrund der Erwärmung wird eine Widerstandszunahme um 26,4 % festgestellt.
Wie groß ist der Temperaturkoeffizient des Materials?

❶ **5.3** Die Erwärmung einer Maschinenwicklung soll aus der Widerstandszunahme bestimmt werden. Dazu wird an der Maschinenwicklung eine Widerstandsbestimmung vor und nach dem mehrstündigen Betrieb durchgeführt.
Bei kalter Wicklung (20° C) wurden gemessen: $U_1 = 5$ V, $I_1 = 0{,}5$ A.
Bei betriebswarmer Wicklung wurden ermittelt: $U_2 = 6$ V, $I_2 = 0{,}5$ A.
Wie groß ist die Betriebstemperatur, wenn der Temperaturkoeffizient des Kupferdrahtes $\alpha = 0{,}393$ %/K ist?

❶ **5.4** Die Kupferwicklung eines Transformators hat bei 40° C einen Widerstand von 6,6 Ω.
Der Warmwiderstand beträgt 7,5 Ω.
Wie groß ist die Betriebstemperatur der Wicklung?

❶ **5.5** Die Drehspule eines Drehspulinstruments besteht aus Kupferdraht mit dem Widerstand $R_{Cu} = 100\ \Omega$ bei 20° C. Bei einem Strom von $I_i = 100\ \mu A$ durch das Messwerk zeige das Instrument Vollausschlag (≙ 100 %).
a) Berechnen Sie den Ausschlag des Zeigers in %, wenn an das Messwerk eine Spannung $U_{Mess} = 10$ mV angelegt wird und die Temperatur der Drehspule 20° C beträgt.
b) Wie groß ist der temperaturbedingte Messfehler, wenn die Spannung $U_{Mess} = 10$ mV bei der Temperatur 50° C gemessen wird?
Temperaturkoeffizient: $\alpha_{Cu} = 0{,}00393\ K^{-1}$
c) Um den Spannungs-Messbereich auf 30 mV zu erweitern, wird ein Widerstand $R_M = 200\ \Omega$ aus Manganindraht vorgeschaltet, dessen TK-Wert $\alpha_M = 0{,}00001\ K^{-1}$ ist.
Wie groß ist der verbleibende Temperaturfehler der Messung bei 50° C?

❶ **5.6** Zu einer Drehspule aus Kupferdraht mit $R_{Cu} = 200\ \Omega$ ist ein Manganindraht-Widerstand von 14,8 kΩ in Reihe geschaltet. Beide Widerstandsangaben gelten für 20° C.
Temperaturkoeffizienten: $\alpha_{Cu} = 3{,}93 \cdot 10^{-3}\ K^{-1}$, $\alpha_M = 1 \cdot 10^{-5}\ K^{-1}$.
a) Wie groß ist die prozentuale Widerstandsänderung des Kupferdrahtes bei 10 K Temperaturänderung?
b) Wie groß ist die prozentuale Widerstandsänderung des Gesamtwiderstandes bei 10 K Temperaturänderung?

❶ **5.7** Der Temperaturkoeffizient eines 1 MΩ-Kohleschichtwiderstandes beträgt laut Datenblatt – 500 … – 1000 ppm/K.
Wie groß kann im ungünstigsten Fall der Widerstandswert bei 75° C werden, wenn die Widerstandstoleranz 5 % beträgt?

❶ **5.8** Der Messwiderstand eines Widerstandsthermometers (Pt 100) wird bei einer Temperaturmessung von einem Messstrom 5 mA durchflossen, der eine Messspannung von 0,75 V erzeugt. Der Temperaturkoeffizient des Platin-Messwiderstandes beträgt 0,385 %/K.
Berechnen Sie die Temperatur an der Messstelle.
Hinweis: Bezugstemperatur bei Pt 100: 0° C.

❶ **5.9** Der Temperatursensor KTY 81 hat bei 25° C einen Grundwiderstand von 1000 Ω. Die
❷ Temperaturkoeffizienten betragen $\alpha = 0{,}78$ %/K und $\beta = 0{,}00184$ %/K^2.

a) Berechnen und zeichnen Sie die Widerstandskennlinie $R_T/R_{25} = f(T)$ im Bereich – 50 … + 150° C in Schritten von 50 K.
b) Berechnen und zeichnen Sie die Widerstandskennlinie $R_T/(R_V + R_T)$ für die linearisierte Messschaltung, wobei der Vorwiderstand $R_V = 3$ kΩ = konst angenommen werden soll.

❶ **5.10** Ein NTC-Widerstand mit der Materialkonstanten B = 4000 K habe bei 20° C einen Wi-
❷ derstand von 10 kΩ.
Wie groß ist der Widerstand bei 160° C?

❶ **5.11** Ein NTC-Stabthermistor hat laut Datenblatt einen Widerstand von 380 Ω bei 20° C. Eine Messung ergibt, dass der NTC-Widerstand bei einem Stromdurchgang von 0,3 A einen Spannungsabfall von 8,4 V aufweist.
Wie groß ist die Temperatur des Thermistors bei einer Materialkonstanten B = 2000 K?

❶ **5.12** In Reihe zur Primärwicklung eines Netztransformators liegt ein geeigneter PTC-Wider-
❷ stand. Solange Ströme durch den PTC-Widerstand fließen, die kleiner als der Nennstrom des Transformators sind, bleibe der Thermistor noch „kalt".
Wie reagiert der PTC-Thermistor, wenn durch eine Fehlerbedingung der Primärstrom des Transformators z.B. auf den dreifachen Nennstromwert ansteigt?

❶ **5.13** Die Schaltung zeigt einen Auszug aus einer Temperaturregelung. Die Kennlinien der nichtlinearen Widerstände sind grafisch angegeben. Die Widerstände R_2 = 800 Ω und R_4 = 1,2 kΩ sind als temperaturunabhängige Bauelemente anzusehen. Die Schaltung liegt an der konstanten Spannung U = 2,6 V.

a) Wie groß sind Stromstärke I und Ausgangsspannung U_A bei der Temperatur T = 20° C?
b) Wie groß sind Stromstärke I und Ausgangsspannung U_A bei der Temperatur T = 80° C?
c) Berechnen Sie den Widerstand R_2, bei dem die Ausgangsspannung U_A = 0,6 V wird, wenn T = 80° C ist.

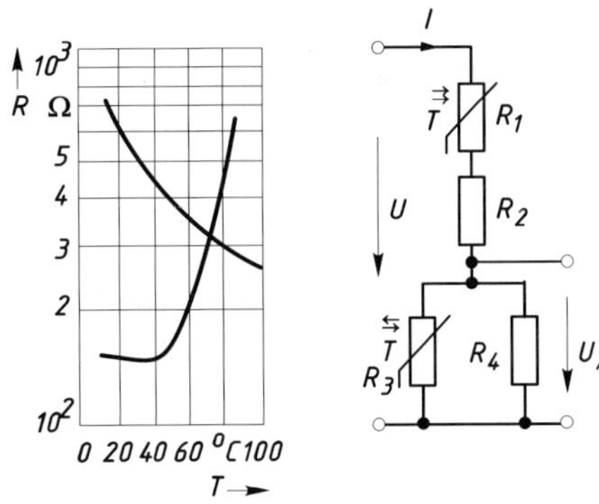

❶ **5.14** Ein NTC-Widerstand hat laut Datenblatt folgende Nennwerte:
Widerstand bei 20° C R_N = 10 kΩ
Materialkonstante: B = 2000 K
Thermischer Leitwert: G_{th} = 4 mW/K

a) Berechnen Sie den temperaturabhängigen Widerstand R_T im Temperaturbereich 20 bis 200° C in Schritten von 40 Kelvin.

b) Berechnen Sie die zulässige Verlustleistung P_T für denselben Temperaturbereich wie oben für 20° C Umgebungstemperatur. (Der thermische Leitwert G_{th} sagt Ihnen sehr anschaulich, dass je 1 Kelvin Temperaturänderung eine Verlustleistung von 4 mW zulässig wäre.)

c) Berechnen Sie aus den zulässigen Verlustleistungen P_T und den zugehörigen Widerständen die Strom- und Spannungswerte. Zeichnen Sie mit den gefundenen *I*-*U*-Werten die stationäre *I*-*U*-Kennlinie des NTC-Widerstandes.

❶ ❷ **5.15** Antriebsmotoren müssen vor Überlastung geschützt werden. Dies kann mit einem Überstromauslöser erfolgen, der den Motorstrom überwacht und bei andauernd zu hohem Strom abschaltet. Die Grenzen dieser Überstrommethode liegen dort, wo aus dem Motorstrom nicht mehr auf die Wicklungstemperatur geschlossen werden kann.
Das ist der Fall bei hoher Schalthäufigkeit, unregelmäßigem Aussetzbetrieb, behinderter Kühlung und erhöhter Umgebungstemperatur. In diesen Fällen werden Schaltkombinationen mit Thermistor-Motorschutzgeräten eingesetzt, die mit Temperaturfühlern die Wicklungstemperatur unmittelbar erfassen und in einem Auslösegerät zu einem Schaltbefehl verarbeiten. Das Bild zeigt den Prinzipschaltplan einer Schaltkombination mit Thermistor-Motorschutz und zusätzlichem Überstromrelais.

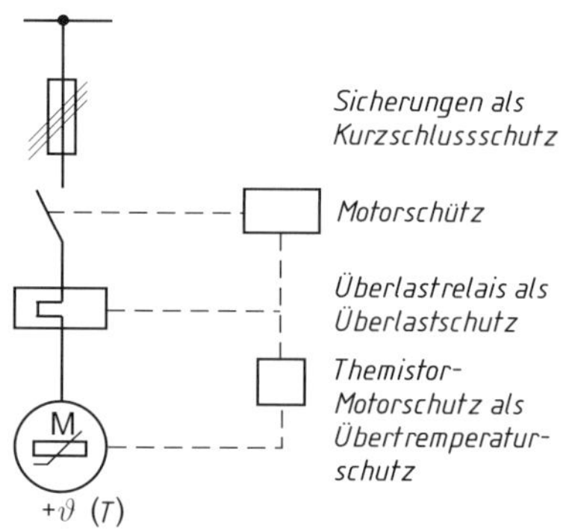

Die Anforderungen an Thermistor-Schutzgeräte mit Kaltleiterfühler sind in Normen festgelegt. Danach gilt für das Widerstands-Temperaturverhalten jedes einzelnen Fühlers bezogen auf seine Nennansprechtemperatur (TNF):

- Widerstand < 550 Ω bei einer Temperatur von (TNF – 5)° C,
- Widerstand > 1330 Ω bei einer Temperatur von (TNF + 5)° C,
- Widerstand > 4000 Ω bei einer Temperatur von (TNF + 15)° C,
- Widerstand < 250 Ω bei einer Temperatur zwischen – 20° C und (TNF – 20)° C.

a) Die in der Norm angegebenen Werte sind Eckwerte in einem Widerstands-Temperatur-Diagramm. Zeichnen Sie darin eine Widerstands-Temperaturkennlinie für die Nennansprechtemperatur TNF = 100° C ein.

b) Berechnen Sie den mittleren Temperaturkoeffizienten für den Kennlinienteil mit der starken Widerstandserhöhung.

c) Bei welcher Temperatur wird der Motor abgeschaltet, wenn das Auslösegerät bei 2750 Ω anspricht?

d) Das Auslösegerät darf im Fühlerstromkreis nur eine Belastung von < 5 mW verursachen. Warum wird diese Vorschrift festgelegt?

❶ **5.16** Fünf parallel geschaltete PTC-Widerstände mit den Daten 250 V/80 W werden als Heizwiderstände eingesetzt. Nach Anlegen der Spannung heizen sich die Kaltleiter-Widerstände auf und wirken als Heizelemente.
Wie reagiert diese Kaltleiterheizung auf unterschiedliche Umgebungstemperaturen?

5.2 Lösungen

5.1

a) $R_{20} = \frac{l}{A \cdot \varkappa} = \frac{170\ \text{m}\ \Omega\text{mm}^2}{0{,}5\ \text{mm}^2 \cdot 56\ \text{m}}$

$R_k = R_{20} = 6\ \Omega$

b) $\Delta R = \alpha \cdot \Delta T \cdot R_k$

$\Delta R = 0{,}00393\ \text{K}^{-1} \cdot 42{,}5\ \text{K} \cdot 6\ \Omega = 1\ \Omega$

$R_w = R_k + \Delta R = 7\ \Omega$

5.2

$\Delta T = \alpha \cdot \Delta T \cdot R_k$

$\alpha = \frac{1}{\Delta T} \cdot \frac{\Delta R}{R} = \frac{1}{60\ \text{K}} \cdot 0{,}264$

$\alpha = 4{,}4 \cdot 10^{-3}\ \text{K}^{-1}$ (Wolfram)

5.3

$R_k = \frac{U_1}{I_1} = \frac{5\ \text{V}}{0{,}5\ \text{A}} = 10\ \Omega$

$R_w = \frac{U_2}{I_2} = \frac{6\ \text{V}}{0{,}5\ \text{A}} = 12\ \Omega$

$\Delta R = 2\ \Omega$

$\Delta T = \frac{\Delta R}{\alpha \cdot R_k} = \frac{2\ \Omega}{3{,}93 \cdot 10^{-3}\text{K}^{-1} \cdot 10\ \Omega}$

$\Delta T = 50{,}9\ \text{K}$

$T_w = 70{,}9\ °\text{C}$

5.4

$\frac{R_w}{R_k} = \frac{\tau + T_w}{\tau + T_k}$

$\frac{7{,}5\ \Omega}{6{,}6\ \Omega} = \frac{235\ \text{K} + T_w}{235\ \text{K} + 40°\text{C}}$

$T_w = 77{,}5°\text{C}$

5.5

a) $I_{i(20)} = \frac{U_{Mess}}{R_{Cu(20)}} = \frac{10\ \text{mV}}{100\ \Omega} = 100\ \mu\text{A}$ ($\hat{=}$ 100 %)

b) $R_{Cu(50)} = R_{Cu(20)} + \Delta R$

$R_{Cu(50)} = 100\ \Omega + 0{,}00393\ \text{K}^{-1} \cdot 30\ \text{K} \cdot 100\ \Omega$

$R_{Cu(50)} = 111{,}79\ \Omega$

$I_{i(50)} = \frac{U_{Mess}}{R_{Cu(50)}} = \frac{10\ \text{mV}}{111{,}79\ \Omega} = 89{,}45\ \mu\text{A}$

($\hat{=}$ 10,55% Fehler)

c) $R_{V(20)} = 200\ \Omega$

$R_{V(50)} = 200\ \Omega + 0{,}00001\ \text{K}^{-1} \cdot 30\ \text{K} \cdot 200\ \Omega = 200{,}06\ \Omega$

$R_{(50)} = R_{Cu(50)} + R_{V(50)} = 311{,}85\ \Omega$

$I_i = \frac{U_{Mess}}{R_{(50)}} = \frac{30\ \text{mV}}{311{,}85\ \Omega} = 96{,}2\ \mu\text{A}$ ($\triangleq$ 3,8 % Fehler)

5.6

a) $\Delta R = \alpha \cdot \Delta T \cdot R_{20}$

$\frac{\Delta R}{R_{20}} = \alpha \cdot \Delta T = 0{,}00393\ \text{K}^{-1} \cdot 10\ \text{K} = 0{,}0393 \triangleq 3{,}93\ \%$

b) $\Delta R_{Cu} = 0{,}00393\ \text{K}^{-1} \cdot 10\ \text{K} \cdot 200\ \Omega = 7{,}86\ \Omega$

$\Delta R_M = 0{,}00001\ \text{K}^{-1} \cdot 10\ \text{K} \cdot 14800\ \Omega = 1{,}48\ \Omega$

$\Delta R_{ges} = \Delta R_{Cu} + \Delta R_M = 9{,}34\ \Omega$

$R_{ges} = R_{Cu} + R_M = 15\ \text{k}\Omega$

$\frac{\Delta R_{ges}}{R_{ges}} = \frac{9{,}34\ \Omega}{15000\ \Omega} = 0{,}000622 \hat{=} 0{,}0622\%$

5.7

$\Delta R_1 = \alpha \cdot \Delta T \cdot R_k$

$\Delta R_1 = -1000 \cdot 10^{-6}\ \text{K}^{-1} \cdot 55\ \text{K} \cdot 1 \cdot 10^6\ \Omega$

$\Delta R_1 = -55\ \text{k}\Omega$ (infolge Temperatur)

$\Delta R_2 = -5\ \%$ von $1\ \text{M}\Omega$

$\Delta R_2 = -50\ \text{k}\Omega$ (infolge Toleranz)

$R_{75} = 1\ \text{M}\Omega - 55\ \text{k}\Omega - 50\ \text{k}\Omega = 895\ \text{k}\Omega$

5.8

$R_{PT100} = \frac{U_{Mess}}{I_{Mess}} = \frac{0{,}75\ \text{V}}{5\ \text{mA}} = 150\ \Omega$

$\Delta R = R_{PT100} - R_0 = 150\ \Omega - 100\ \Omega = 50\ \Omega$

$\Delta T = \frac{\Delta R}{\alpha \cdot R_0} = \frac{50\ \Omega}{0{,}00385\ \text{K}^{-1} \cdot 100\ \Omega} = 129{,}9\ \text{K}$

$T = 129{,}9°\ \text{C}$ (da Bezugstemperatur = 0° C

5.9

a) $R_T = R_{25} + \alpha \cdot \Delta T \cdot R_{25} + \beta \cdot \Delta T^2 \cdot R_{25}$

$\frac{R_T}{R_{25}} = 1 + \alpha \cdot \Delta T + \beta \cdot \Delta T^2$

T	−50	0	+50	+100	+150 °C
$\frac{R_T}{R_{25}}$	0,519	0,817	1,21	1,69	2,26

b) $\frac{U_T}{U_0} = \frac{R_T}{R_V + R_T}$

T	−50	0	+50	+100	+150 °C
$\frac{R_T}{R_V + R_T}$	0,147	0,214	0,287	0,36	0,43

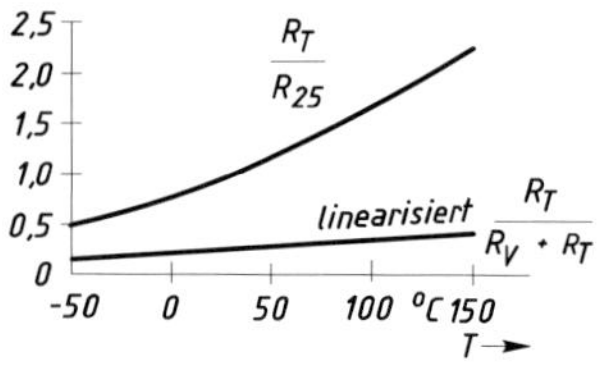

5.10

$T_N = 293 \text{ K} \triangleq 20° \text{ C}$
$T \ = 433 \text{ K} \triangleq 160° \text{ C}$

$$R_T = R_N \cdot e^{B\left(\frac{1}{T} - \frac{1}{T_N}\right)}$$

$$R_T = 10 \text{ k}\Omega \cdot e^{4000 \text{ K}\left(\frac{1}{433 \text{ K}} - \frac{1}{293 \text{ K}}\right)}$$

$R_T = 121 \ \Omega$

5.11

$$R_T = \frac{U}{I} = \frac{8,4 \text{ V}}{0,3 \text{ A}} = 28 \ \Omega$$

$$28 \ \Omega = 380 \ \Omega \cdot e^{B\left(\frac{1}{T} - \frac{1}{T_N}\right)}$$

$$0,0737 = e^{B\left(\frac{1}{T} - \frac{1}{T_N}\right)} \quad | \ln$$

$$\ln 0,0737 = B\left(\frac{1}{T} - \frac{1}{T_N}\right) \cdot \ln e$$

$$-2,61 = 2000 \text{ K}\left(\frac{1}{T} - \frac{1}{T_N}\right)$$

$$-1,304 \cdot 10^{-3} \text{ K}^{-1} = \frac{1}{T} - 3,413 \cdot 10^{-3} \text{ K}^{-1}$$

$$\frac{1}{T} = 2,11 \cdot 10^{-3} \text{ K}^{-1}$$

$T = 474 \text{ K} \ (\hat{=} \ 201 \text{ °C})$

5.12

Wenn der Strom auf den 3fachen Wert ansteigt und dadurch der sogenannte „Kippstromwert" des PTC-Widerstandes überschritten wird, so setzt die Widerstandszunahme des Kaltleiters infolge Selbstaufheizung ein, $\Rightarrow$ der PTC-Widerstand wird heiß und die starke Widerstandszunahme verringert den Primärstrom des Transformators auf einen Wert weit unterhalb des Nennstromes. Wird die Anlage abgeschaltet, der Fehler behoben und abgewartet, bis sich der PTC-Widerstand abgekühlt hat, so kann wieder eingeschaltet und Normalbetrieb aufgenommen werden.
Auf diesem Prinzip beruhen vergossene Sicherheitstransformatoren mit internem thermischen Überlastschutz.

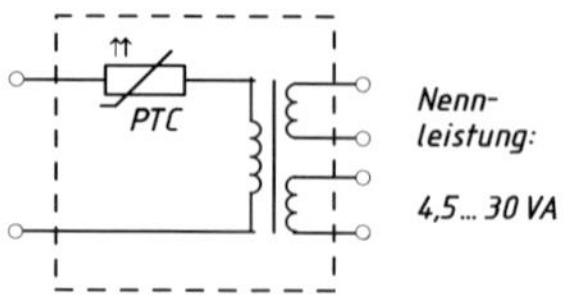

5.13

a) $R_1 = 150 \ \Omega$ bei 20° C
$R_3 = 600 \ \Omega$ bei 20° C
$R_{1,2} = R_1 + R_2 = 150 \ \Omega + 800 \ \Omega = 950 \ \Omega$

$$R_{3,4} = \frac{R_3 \cdot R_4}{R_3 + R_4} = \frac{600 \ \Omega \cdot 1200 \ \Omega}{1800 \ \Omega} = 400 \ \Omega$$

$$I = \frac{U}{R_{1,2} + R_{3,4}} = \frac{2,6 \text{ V}}{1350 \ \Omega} = 1,926 \text{ mA}$$

$U_A = I \cdot R_{3,4} = 1,926 \text{ mA} \cdot 400 \ \Omega = 0,77 \text{ V}$

b) $R_1 = 480 \ \Omega$ bei 80° C
$R_3 = 310 \ \Omega$ bei 80° C
$R_{1,2} = R_1 + R_2 = 480 \ \Omega + 800 \ \Omega = 1280 \ \Omega$

$$R_{3,4} = \frac{R_3 \cdot R_4}{R_3 + R_4} = \frac{310 \ \Omega \cdot 1200 \ \Omega}{1510 \ \Omega} = 246,4 \ \Omega$$

$$I = \frac{U}{R_{1,2} + R_{3,4}} = \frac{2,6 \text{ V}}{1526,4 \ \Omega} = 1,7 \text{ mA}$$

$U_A = I \cdot R_{3,4} = 1,7 \text{ mA} \cdot 246,4 \ \Omega = 0,42 \text{ V}$

c) $I = \frac{U_A}{R_{3,4}} = \frac{0,6 \text{ V}}{246,4 \ \Omega} = 2,44 \text{ mA}$

$$R_1 + R_2 = \frac{U - U_A}{I} = \frac{2,6 \text{ V-}0,6 \text{ V}}{2,44 \text{ mA}}$$

$R_1 + R_2 = 821 \ \Omega$
$R_2 = 821 \ \Omega - 480 \ \Omega = 341 \ \Omega$

5.14

a) $R_T = R_N \cdot e^{B\left(\frac{1}{T} - \frac{1}{T_N}\right)}$, $T_N = 293 \text{ K} \ (\triangleq 20° \text{ C})$, $[T] = \text{K}$

T	20	60	100	140	180	220°C
T	293	333	373	413	453	493 K
R_T	10	4,4	2,31	1,38	0,9	0,6 kΩ

b) $P = \Delta T \cdot G_{th}$ mit $\Delta T = T - T_N$, $[T] = \text{K}$

T	20	60	100	140	180	220°C
T	293	333	373	413	453	493 K
ΔT	0	40	80	120	160	200 K
P	0	160	320	480	640	800 mW

c) $U = \sqrt{P \cdot R_T}$ bzw. $I = \sqrt{\frac{P}{R_T}}$

$I = \frac{U}{R_T}$ $U = I \cdot R_T$

T	20	60	100	140	180	220° C
T	293	333	373	413	453	493 K
U	0	26,5	27,2	25,74	24	22,4 V
I	0	6,0	11,8	18,7	26,7	35,7 mA

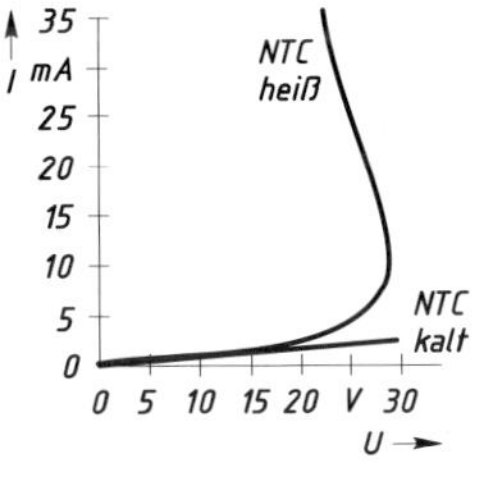

5.15

a)

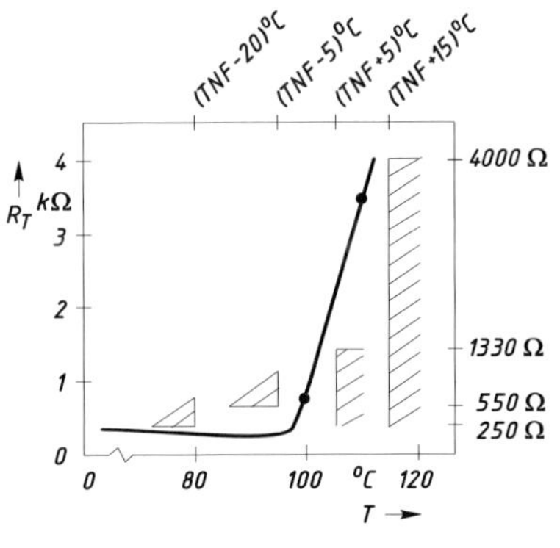

b) $\Delta R = \alpha_{PTC} \cdot \Delta T \cdot R_{TNF}$

$$\alpha_{PTC} = \frac{\Delta R}{\Delta T \cdot R_{TNF}} = \frac{3500\,\Omega - 750\,\Omega}{10\,\mathrm{K} \cdot 750\,\Omega}$$

$\alpha_{PTC} = 36{,}7\%/\mathrm{K}$

c) $$\Delta T = \frac{\Delta R}{\alpha_{PTC} \cdot R_{TNF}} = \frac{2750\,\Omega - 750\,\Omega}{0{,}367\,\mathrm{K}^{-1} \cdot 750\,\Omega}$$

$\Delta T = 7{,}3\,\mathrm{K}$

$T = 107{,}3\,°\mathrm{C}$

d) Durch den Messstrom darf keine zusätzliche Erwärmung der Temperaturfühler erfolgen.

5.16

Nach dem Einschalten erwärmen sich die Kaltleiter auf die „Gleichgewichtstemperatur“.

$$U \cdot I = (T - T_u) \cdot G_{th}$$

$$\frac{U^2}{R_T} = (T - T_u) \cdot G_{th}$$

R_T = Widerstand bei Gleichgewichtstemperatur

G_{th} = thermischer Widerstand

T = Gleichgewichtstemperatur, d.h. jene Temperatur der PTC-Widerstände, bei der genau soviel Wärmeenergie an die Umgebung abgegeben wird, wie elektrisch erzeugt wird.

T_u = Umgebungstemperatur

Bei tieferer Umgebungstemperatur wird der PTC-Widerstand stärker gekühlt. Dadurch verringert sich sein Widerstand R_T. Es erhöht sich die Stromaufnahme, sodass stärker nachgeheizt wird, bis die ursprüngliche Gleichgewichtstemperatur T wieder erreicht ist.

Bei höherer Umgebungstemperatur wird der PTC-Widerstand weniger gekühlt. Dadurch erhöht sich sein Widerstand R_T. Die Stromaufnahme sinkt, es erfolgt eine Temperaturabnahme, bis die ursprüngliche Gleichgewichtstemperatur T wieder erreicht ist.

$\Rightarrow$ Regelungsvorgang auf T = konst.

6 Vorwiderstand

- Rechnerisches Lösungsverfahren für lineare Widerstände
- Grafisches Lösungsverfahren für nichtlineare Widerstände

Wirkungen von Vorwiderständen

Spannungsabfall am Vorwiderstand — Stromeinstellung für Verbraucher

Lösungsmethodik 1 Rechnerische Lösung zur Ermittlung von Vorwiderständen für Verbraucher mit $R_{\text{Last}} = \text{konst}$

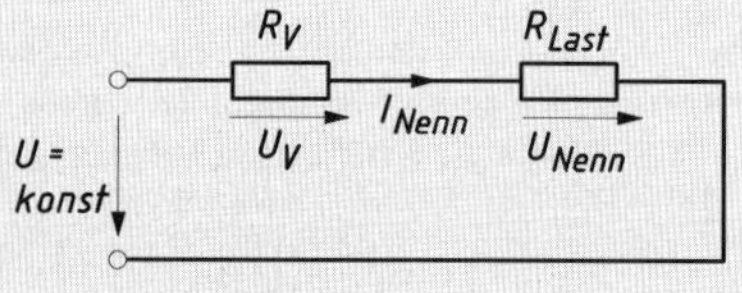

R_{Last} gegeben oder berechenbar aus Nenndaten (U_N, P_N, I_N)

$$R_V = \frac{U - U_{\text{Nenn}}}{I_{\text{Nenn}}}$$

$$P_{RV} = I_{\text{Nenn}}^2 \cdot R_V$$

Bei einstellbaren Vorwiderständen (z.B. Schiebewiderständen, Potenziometer) muss auch der zulässige Maximalwert des Stromes beachtet werden:

$$I_{\max} = \sqrt{\frac{P}{R}}$$

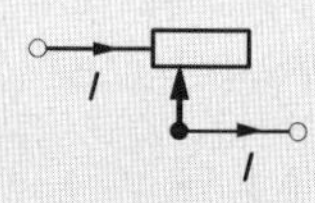

Lösungsmethodik 2 Grafische Lösung zur Ermittlung von Vorwiderständen bei nichtlinearen Verbrauchern

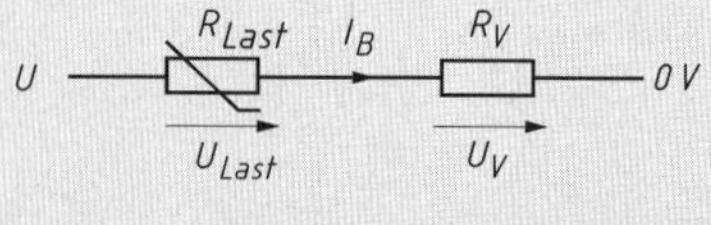

Es ist keine Berechnung des Betriebsstromes I_B möglich, da die Bestimmung von R_{Last} die Kenntnis der Spannungsaufteilung voraussetzt, die erst berechnet werden soll.

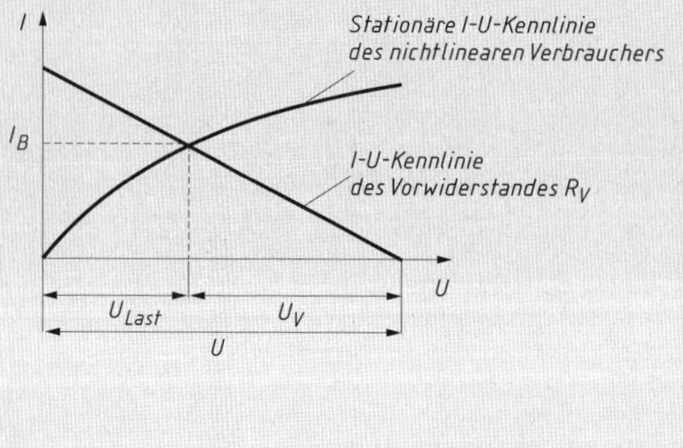

6.1 Aufgaben

❶ **6.1** Eine Subminiatur-Lampe zur Beleuchtung eines Messgerätes hat die technischen Daten: Nennspannung 5 V, Nennstrom 100 mA, durchschnittliche Lebensdauer 20.000 Stunden.
Es steht nur eine Versorgungsspannung von 6 V zur Verfügung. Wie groß muss der Vorwiderstand gewählt werden?

❶ **6.2** Ein Glimmlampe ohne eingebauten Serienwiderstand ist laut Datenblatt für den Betrieb an Spannungen von 110 V … 250 V geeignet, wenn ein Reihenwiderstand verwendet wird:
100 kΩ/0,5 W bei 110 V,
270 kΩ/0,5 W bei 225 V.
Wie groß sind Stromaufnahme und Brennspannung der Glimmlampe, wenn gleiche Helligkeit (gleiche Stromstärke) für beide Spannungsbereiche angenommen wird?

❶ **6.3** Eine Leuchtdiode mit der LED-Farbe ROT wird an Gleichspannung 12 V mit einem Vorwiderstand 1 kΩ/0,125 W betrieben. Es wird ein Diodenstrom von 10 mA gemessen.
Wie groß ist die Diodenspannung?

❶ **6.4** Soll die Leuchtdiode aus Aufgabe 6.3 an Wechselspannung 12 V betrieben werden, so ist eine Diode antiparallel zur Leuchtdiode zu schalten und der Vorwiderstand auf 470 Ω/0,125 W zu verringern, um etwa die gleiche Helligkeit zu erreichen.

a) Warum muss eine Diode antiparallel zur Leuchtdiode geschaltet werden?
b) Wie kann die Halbierung des Vorwiderstands begründet werden?

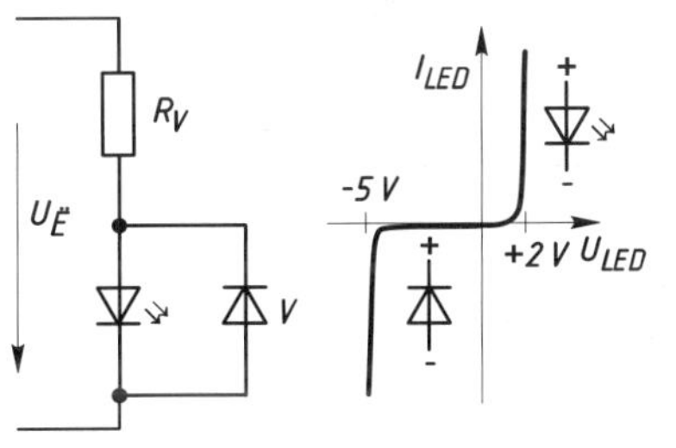

❶ **6.5** Wird EIN-Taster S2 kurz betätigt, so zieht das K-Relais an und hält sich selbst über seinen eigenen Kontakt k. Wird danach AUS-Taster S1 kurz betätigt, fällt das K-Relais ab und öffnet seinen Selbsthaltekontakt *k*.

a) Wie groß wird der Strom I_{An} bei Betätigung von S2, wenn das Relais einen Widerstand von 1600 Ω hat?
b) Wie groß muss Widerstand R_V gewählt werden, wenn der Haltestrom des Relais 20 mA sein soll?

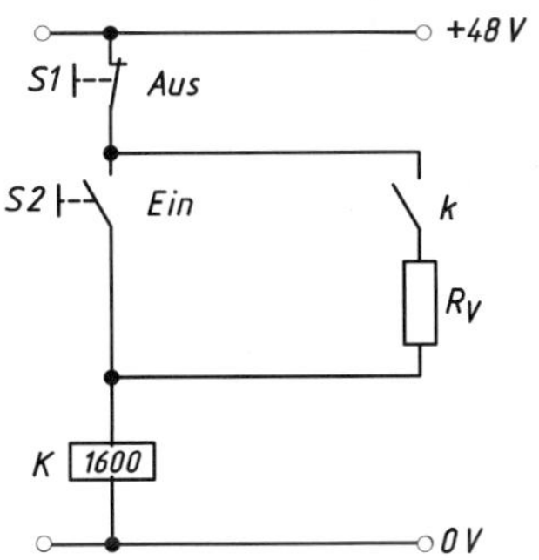

❶ **6.6** Ein Schalttransistor kann die Glühlampe einschalten, wenn durch Öffnen des Kontaktes k über den Basisvorwiderstand R_V ein Basisstrom I_B = 4 mA fließt. Die dabei am Transistor auftretende Basis-Emitterspannung sei U_{BE} = 0,7 V.
Berechnen Sie den Widerstandswert und die Leistungsaufnahme des Vorwiderstandes.

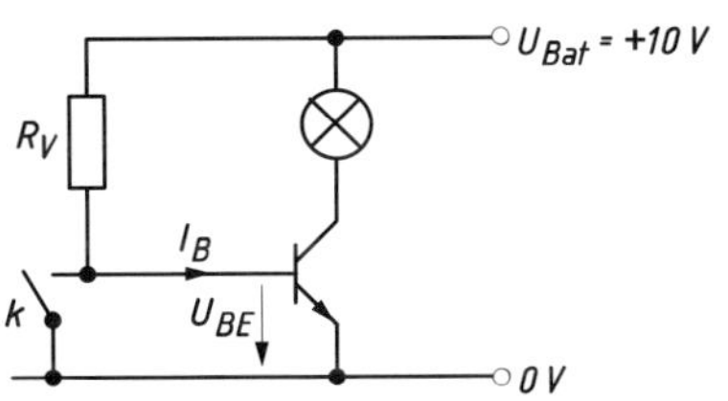

❶ **6.7** In der gegebenen Schaltung werden zum Anzug des K-Relais 50 mA benötigt. Der Haltestrom beträgt 30 mA.

Berechnen Sie die Widerstände R_1 und R_2.

Funktion: Durch Betätigen von Taste T1 zieht das K-Relais an. Der Anzugsstrom fließt durch den Relaiswiderstand 450 Ω und die parallel liegenden Widerstände R_1 und R_2.

Nach Loslassen der Taste T1 hält sich das K-Relais über seinen eigenen k1-Kontakt, der geschlossen hat, während Widerstand R_2 durch den k2-Kontakt abgeschaltet wird und somit nur noch der geringere Haltestrom fließt.

Zum Ausschalten des K-Relais muss Taste T2 kurz betätigt werden.

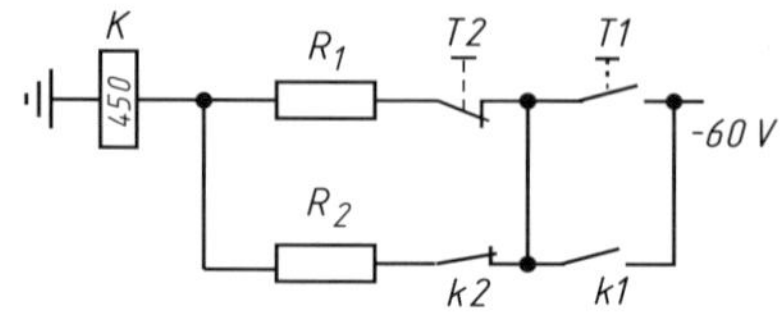

❶ ❷ **6.8** Durch Anlegen eines H-Signals an den Eingang des Inverters wird die Leuchtdiode eingeschaltet.

Wie groß muss R_V sein, wenn am Ausgang des Inverters ein LOW-Pegel von $Q_L = 0{,}4$ V auftritt und der Arbeitspunkt (AP) der Leuchtdiode erreicht werden soll?

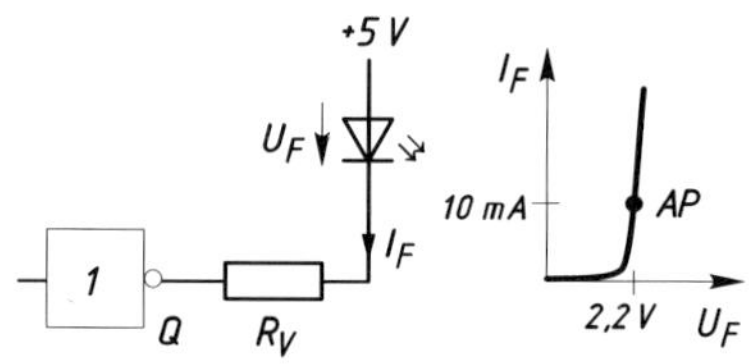

❶ ❷ **6.9** In der gezeigten Schaltung sollen Glühlämpchen mit den Nenndaten 6 V / 100 mA parallel geschaltet werden. Da die Versorgungspannung 15 V beträgt, ist ein Vorwiderstand $R_V = 9\,\Omega$ vorgesehen.

a) Wie viel Glühlämpchen müssen parallel geschaltet werden, wenn sie an Nennspannung 6 V liegen sollen?

b) Was würde geschehen, wenn jeweils ein Lämpchen mehr bzw. weniger als die richtige Anzahl eingeschaltet wäre?

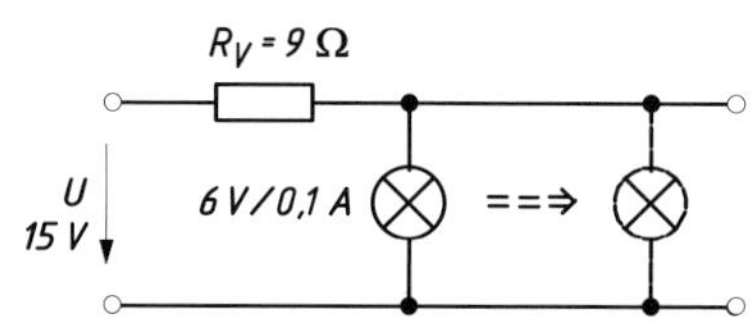

❷ **6.10** In der Reihenschaltung eines Widerstandes und eines Glühlämpchens sind nur die Betriebsspannung U = 14 V, der Vorwiderstand R_V = 40 Ω und die stationäre *I*-*U*-Kennlinie des Glühlämpchens bekannt (Tabelle).

Bestimmen Sie mit einem graphischen Lösungsverfahren die Stromstärke I_B und die Spannungsaufteilung U_V, U_L.

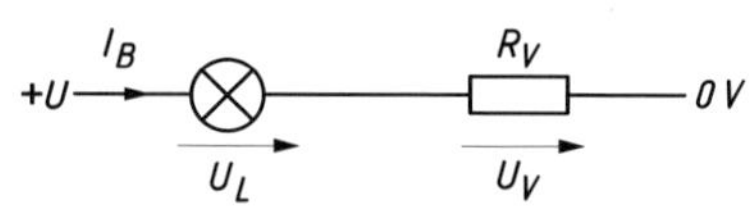

U_L	0	2	4	6	8	10	(V)
I_L	0	65	110	132	150	162	(mA)

❷ **6.11** Mit der gezeigten Messschaltung wurde mit Hilfe eines Speicher-Oszilloskops der zeitliche Verlauf des Einschaltstromes eines 10 V-Lämpchens gemessen, das über einen Vorwiderstand R_V an die Gleichspannung $U = 12$ V geschaltet wurde.

a) Wie groß ist der Nennstrom I_N des Glühlämpchens?
b) Wie groß ist der gemessene Einschaltstrom I_0 des Glühlämpchens?
c) Man berechne den Kaltwiderstand R_K und den Warmwiderstand R_W des Lämpchens.
d) Wie groß wäre etwa der Einschaltstromfaktor I_0'/I_N, wenn das Lämpchen ohne Vorwiderstand R_V an Nennspannung 10 V geschaltet wird?

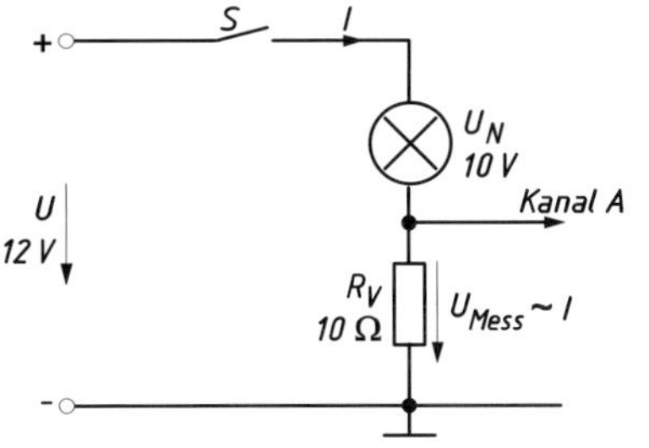

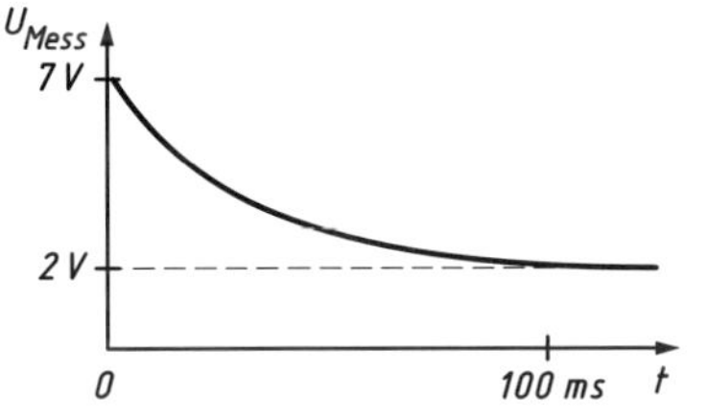

❷ **6.12** Durch Einstellung des Trimm-Potenziometers R_V soll der Strom I im Lastwiderstand R_{Last} veränderbar sein.

a) Man berechne den höchstzulässigen Strom im Trimm-Potenziometer.
b) Wie groß muss der Festwiderstand R_{Fest} mindestens sein, damit das Trimm-Potenziometer bei extremer Einstellung nicht überlastet wird?

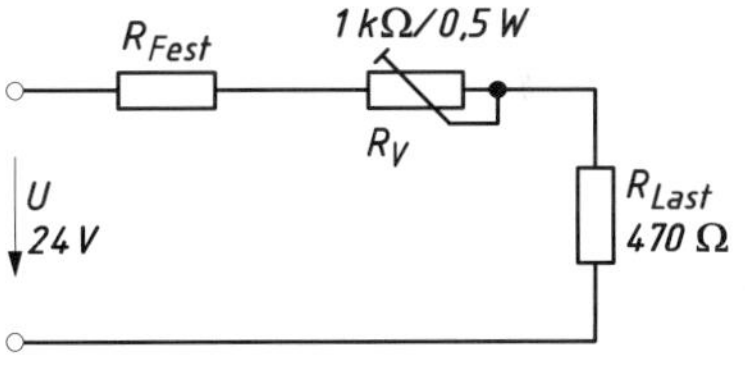

❸ **6.13** Für Verbraucher R mit kleiner Nennleistung kann durch Vorschalten eines PTC-Widerstandes ein Überstromschutz erreicht werden. Die stationäre I-U-Kennlinie eines geeigneten Kaltleiters ist abgebildet.

a) Wie groß ist die Betriebsstromstärke des Verbrauchers, wenn dieser ordungsgemäß einen Widerstand von $R = 1250\,\Omega$ hat und die Schaltung an Spannung $U = 250$ V liegt?
b) Wie groß ist die stationäre Stromstärke in den Zuleitungen zum Verbraucher R, wenn dieser durch einen Fehler kurzgeschlossen wird?
c) Wie groß ist in beiden Betriebsfällen der Widerstand des PTC-Thermistors?
d) Wie groß wird im Kurzschlussfall des Verbrauchers R die Temperatur des PTC-Widerstandes, wenn sein thermischer Leitwert $G_{th} = 500$ mW/K beträgt und die Umgebungstemperatur 25 °C ist?

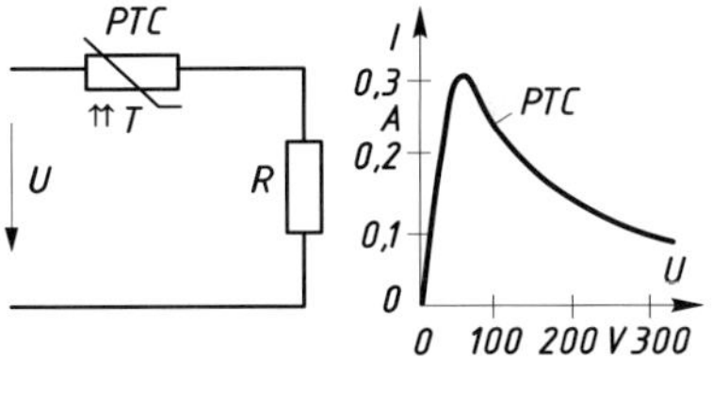

6.2 Lösungen

6.1

$$R_V = \frac{U - U_{Nenn}}{I_{Nenn}} = \frac{6\text{ V} - 5\text{ V}}{0{,}1\text{ A}} = 10\ \Omega$$

6.2

Die Vorwiderstände der Glimmlampe sind so bemessen, dass sich für beide Betriebsspannungen dieselbe Stromstärke einstellt ($\triangleq$ gleiche Helligkeit).

$$I = \frac{U - U_{Brenn}}{R_V}$$

I $\quad I = \frac{225\text{ V} - U_{Brenn}}{270\text{ k}\Omega}$

II $\quad I = \frac{110\text{ V} - U_{Brenn}}{100\text{ k}\Omega}$

I=II $\quad I = \frac{225\text{ V} - U_{Brenn}}{270\text{ k}\Omega} = \frac{110\text{ V} - U_{Brenn}}{100\text{ k}\Omega}$

III $\quad U_{Brenn} \approx 42\text{ V}$

III in I $\quad I = \frac{225\text{ V} - 42\text{ V}}{270\text{ k}\Omega} = 0{,}68\text{ mA}$

6.3

$$U_V = I \cdot R_V = 10\text{ mA} \cdot 1\text{ k}\Omega = 10\text{ V}$$
$$U_{LED} = U - U_V = 12\text{ V} - 10\text{ V} = 2\text{ V}$$

6.4

a) Diode V schließt Leuchtdiode während der negativen Wechselspannungshalbwelle kurz. Dadurch wird die Leuchtdiode gegen Überspannung geschützt, denn die zulässige Sperrspannung der LED beträgt lt. Kennlinie nur 5 V.

b) Die LED ist jeweils für eine Halbwelle aus. Damit die Helligkeit im Mittel gleich bleibt, muss die Stromstärke während der positiven Halbwelle verdoppelt werden.

6.5

a) $I_{An} = \frac{U}{R} = \frac{48\text{ V}}{1{,}6\text{ k}\Omega} = 30\text{ mA}$

b) $R_{ges} = \frac{U}{I_{Halt}} = \frac{48\text{ V}}{20\text{ mA}} = 2{,}4\text{ k}\Omega$

$R_V = R_{ges} - R_K = 800\ \Omega$

6.6

$$R_V = \frac{U_{Bat} - U_{BE}}{I_B} = \frac{10\text{ V} - 0{,}7\text{ V}}{4\text{ mA}} = 2{,}3\text{ k}\Omega$$
$$P_V = I_B^2 \cdot R_V = (4\text{ mA})^2 \cdot 2{,}3\text{ k}\Omega = 36{,}8\text{ mW}$$

6.7

$$(R_1 \parallel R_2) + R_K = \frac{60\text{ V}}{50\text{ mA}} = 1{,}2\text{ k}\Omega$$
$$R_1 \parallel R_2 = 750\ \Omega$$
$$R_1 + R_K = \frac{60\text{ V}}{30\text{ mA}} = 2\text{ k}\Omega$$
$$R_1 = 1550\ \Omega$$
$$\frac{1}{0{,}75\text{ k}\Omega} = \frac{1}{1{,}55\text{ k}\Omega} + \frac{1}{R_2}$$
$$\frac{1}{R_2} = 0{,}688\text{ mS}$$
$$R_2 = 1{,}45\text{ k}\Omega$$

6.8

$$\left.\begin{array}{l} I_F = 10\text{ mA} \\ U_F = 2{,}2\text{ V} \end{array}\right\}\ \text{lt. Arbeitspunkt}$$
$$R_V = \frac{U - U_F - U_{QL}}{I_F}$$
$$R_V = \frac{5\text{ V} - 2{,}2\text{ V} - 0{,}4\text{ V}}{10\text{ mA}} = 240\ \Omega$$

6.9

a) $U = U_V + U_L$

$U_V = U - U_L = 15\text{ V} - 6\text{ V} = 9\text{ V}$

$I_{ges} = \frac{U_V}{R_V} = \frac{9\text{ V}}{9\ \Omega} = 1\text{ A}$

$n = \frac{I_{ges}}{I_{Nenn}} = \frac{1\text{ A}}{0{,}1\text{ A}} = 10$

(10 Lämpchen müssen parallel liegen)

b) Bei $n = 11$ Lämpchen ist deren Gesamtwiderstand etwas kleiner als bei 10 Lämpchen. Es fließt ein etwas größerer Strom, damit etwas mehr Spannungsabfall an R_V und somit etwas weniger Spannung an den Lämpchen. Keine Gefahr, jedoch brennen die Lämpchen etwas dunkler.

Bei $n = 9$ Lämpchen ist deren Gesamtwiderstand etwas größer als bei 10 Lämpchen. Es fließt ein etwas kleinerer Strom, damit etwas weniger Spannungsabfall an R_V und somit etwas mehr Spannung an den Lämpchen, die heller brennen (leichte Überlast).

6.10

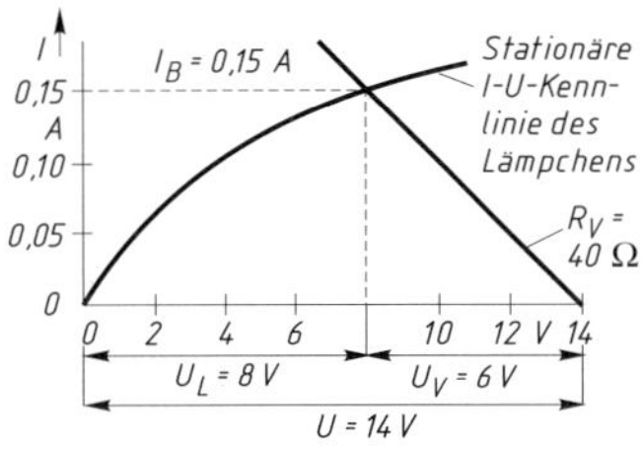

6.11

a) $I_N = \dfrac{U_{Mess}}{R_V} = \dfrac{2\ V}{10\ \Omega} = 0{,}2\ mA$

b) $I_0 = \dfrac{U_{Mess}}{R_V} = \dfrac{7\ V}{10\ \Omega} = 0{,}7\ mA$

c) $R_K = \dfrac{U - U_{Mess}}{I_0} = \dfrac{12\ V - 7\ V}{0{,}7\ A} = 7{,}1\ \Omega$

$R_W = \dfrac{U - U_{Mess}}{I_N} = \dfrac{12\ V - 2\ V}{0{,}2\ A} = 50\ \Omega$

d) Einschaltstrom I_0' des Lämpchens bei Direktschaltung an Spannung 10 V:

$I_0' = \dfrac{U}{R_K} = \dfrac{10\ V}{7{,}1\ \Omega} = 1{,}4\ A$

Einschaltstromfaktor

$\dfrac{I_0'}{I_N} = \dfrac{1{,}4\ A}{0{,}2\ A} = 7$

6.12

a) Maximalwert des Stromes im Trimm-Potenziometer:

$I_{max} = \sqrt{\dfrac{P}{R}} = \sqrt{\dfrac{0{,}5\ W}{1000\ \Omega}} = 22{,}3\ mA$

b) Wenn das Potenziometer auf einen sehr kleinen Widerstand ($R_{Potenziometer} \Rightarrow 0$) eingestellt ist, darf höchstens I_{max} fließen.

Deshalb muss R_{Fest} folgenden Wert haben:

$R_{Fest} + R_{Last} = \dfrac{U}{I_{max}} = \dfrac{24\ V}{22{,}3\ mA}$

$R_{Fest} + R_{Last} = 1073\ \Omega$

$R_{Fest} = 1073\ \Omega - 470\ \Omega = 603\ \Omega$

Im Betriebsfall $R_{Potenziometer} \Rightarrow 1\ k\Omega$ fließt dann der Strom I_{min}:

$I_{min} = \dfrac{U}{R_{Fest} + R_{Potenziometer} + R_{Last}}$

$I_{min} = \dfrac{24\ V}{603\ \Omega + 1000\ \Omega + 470\ \Omega} = \dfrac{24\ V}{2073\ \Omega}$

$I_{min} = 11{,}58\ mA$

6.13

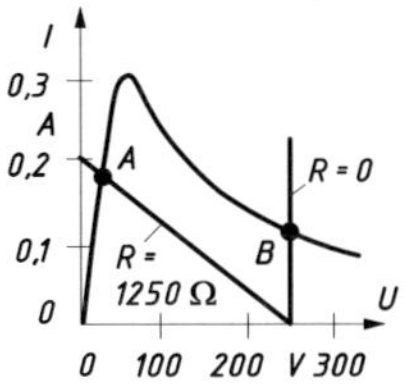

a) Bei Widerstand $R = 1250\ \Omega$ ergibt sich Schnittpunkt A:

$I = 175\ mA$

b) Bei kurzgeschlossenem Widerstand ($R = 0\ \Omega$) ergibt sich Schnittpunkt B:

$I = 125\ mA$

c) Bei $R = 1250\ \Omega$ stellt sich Betriebspunkt A ein:

→ Kaltwiderstand

$R_{PTC} = \dfrac{25\ V}{0{,}175\ A} = 143\ \Omega$

Bei $R = 0\ \Omega$ stellt sich Betriebspunkt B ein:

⇒ Warmwiderstand

$R_{PTC} = \dfrac{250\ V}{0{,}125\ A} = 2\ k\Omega$

d) Leistungsaufnahme des PTC bei Kurzschluss des Verbrauchers ($R = 0$):

$P = U \cdot I = 250\ V \cdot 0{,}125\ A = 31{,}25\ W$

Die Leistungsaufnahme P führt zu einer Betriebstemperatur T des PTC:

$P = (T - T_u) \cdot G_{th}$

$T = \dfrac{P}{G_{th}} + T_u = \dfrac{31{,}25\ W}{500\ \dfrac{mW}{K}} + 25\ °C = 87{,}5°\ C$

Das Ergebnis bedeutet:

Der Kaltleiterwiderstand nimmt pro Sekunde 31,25 Ws elektrische Energie auf und wandelt sie in Wärme um. Dabei erhitzt er sich auf eine solche Temperatur T, die es ihm ermöglicht, pro Sekunde 31,25 J Wärmeenergie an die Umgebung abzugeben (thermisches Gleichgewicht).

7 Messbereichserweiterung von Drehspulmessgeräten

- Berechnung der Vor- und Nebenwiderstände

Drehspul-messwerk

Ersatzschaltung

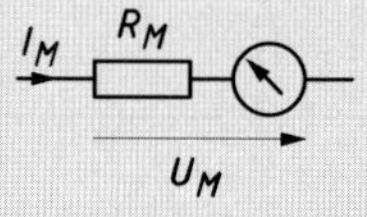

I_M = Messwerkstrom für Vollausschlag
R_M = Messwerkwiderstand (Widerstand der Drehspule)

direkte Spannungsmessung

$0 \ldots U_M$

Messbereichserweiterung durch Vorwiderstände R_V

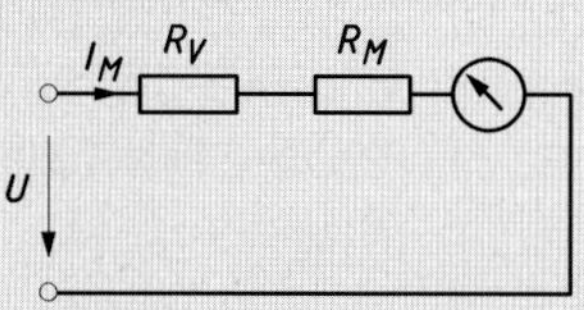

Erweiterungsfaktor

$$n = \frac{U}{U_M}$$

Vorwiderstand

$$R_V = (n-1) \cdot R_M$$

oder

$$R_V = \frac{U_V}{I_M} = \frac{U - U_M}{I_M}$$

Innenwiderstand

$$R_i = R_V + R_M$$

Kennwiderstand

$$K_R = \frac{R_i}{B} = \frac{\text{Innenwiderstand}}{\text{Messbereich in Volt}}$$

Strombelastung der Messstelle

$$I = \frac{U}{R_i}$$

Ideale Spannungsmesser haben einen $R_i \to \infty$, d.h. keine Strombelastung für die Messstelle.

direkte Strommessung

$0 \ldots I_M$

Messbereichserweiterung durch Parallelwiderstände R_P

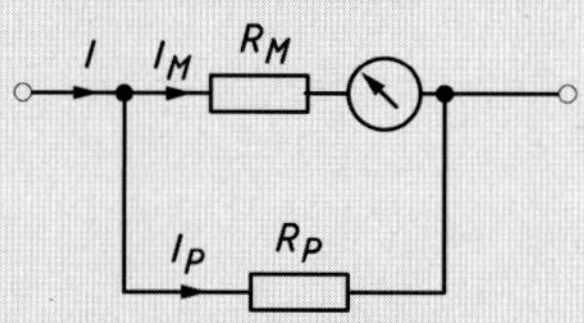

Erweiterungsfaktor

$$n = \frac{I}{I_M}$$

Parallelwiderstand

$$R_P = \frac{R_M}{n-1}$$

oder

$$R_P = \frac{U_M}{I_P} = \frac{U_M}{I - I_M}$$

Innenwiderstand

$$R_i = R_P \parallel R_M$$

Spannungsabfall am Strommesser

$$U_M = I \cdot R_i \text{ oder}$$

$$U_M = I_M \cdot R_M = I_P \cdot R_P$$

Ideale Strommesser haben einen $R_i \to 0$, d.h. keinen Spannungsabfall infolge Strommessung.

7.1 Aufgaben

❶ **7.1** Ein Spannungsmesser soll den Messbereich 10 V erhalten. Das zur Verfügung stehende Drehspulmesswerk benötigt einen Messwerksstrom von 100 µA für Vollausschlag. Der Widerstand der Drehspule beträgt 1300 Ω. Wie groß ist der erforderliche Vorwiderstand R_V?

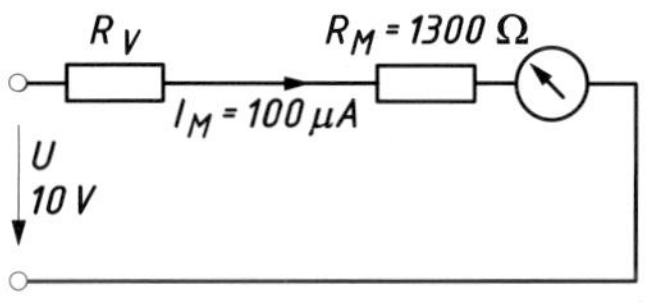

❶ **7.2** Einem Drehspul-Einbaumessgerät mit einem Messwerkstrom von 0,1 mA für Vollausschlag und 1800 Ω Spulenwiderstand ist ein Widerstand $R_V = 28200\ \Omega$ vorgeschaltet.
Wie groß ist der Spannungsmessbereich?

❶ **7.3** Ein Drehspulmesswerk mit Nullpunkt in der Skalenmitte hat einen Messwerkstrom für Vollausschlag von 50-0-50 µA und einen Spulenwiderstand von 1 200 Ω.
Das Messwerk soll als Nullinstrument mit dem Messbereich ±3 V eingesetzt werden. Die 3-0-3-Skala ist nach jeder Seite mit 30 Teilstrichen eingeteilt. Durch Betätigung eines Tasters soll sich bei sehr kleinen Messspannungen der Zeigerausschlag vergrößern lassen.

a) Wie sieht eine geeignete Schaltung aus?
b) Wie viel mV entspricht bei gedrücktem Taster ein Teilstrich?

❶ **7.4** Ein Drehspul-Spannungsmesser hat einen Kennwiderstand $K_R = 10\ \text{k}\Omega/\text{V}$.
Wie groß ist der Messstrom, mit dem das Messgerät die Messstelle belastet, wenn im Messbereich MB = 30 V eine Spannung von $U = 18$ V gemessen wird?

❶ **7.5** Ein Drehspulinstrument hat einen Spulenwiderstand von 75 Ω und einen Messwerkstrom von 1 mA für Vollausschlag. Der Messbereich des Strommessers soll auf 1 A erweitert werden.
Wie groß ist der Parallelwiderstand?

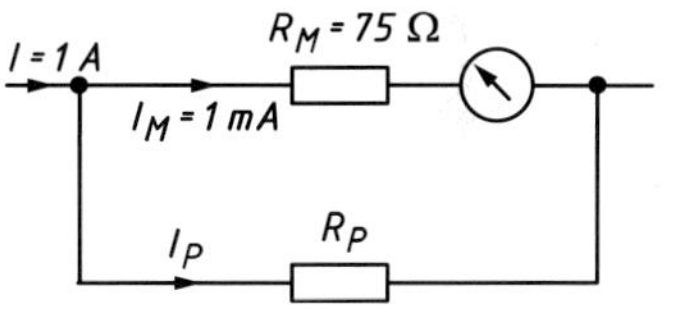

❶ **7.6** Zu einem Drehspulmesswerk mit den technischen Daten 1 mA/75 Ω ist ein Widerstand von 250,84 mΩ parallel geschaltet.
Wie groß ist der Strommessbereich?

❶ ❷ **7.7** Eine Versuchsschaltung zur Messbereichserweiterung eines Strommessers sieht umschaltbare Nebenwiderstände vor. Obwohl die Nebenwiderstände für die angegebenen Strommessbereiche richtig berechnet werden können und Fehler durch Temperatureinflüsse vernachlässigt werden sollen, erweist sich das Schaltungsprinzip als unbrauchbar.
Suchen Sie nach einer Begründung, die mit der Schalterausführung zusammenhängt.

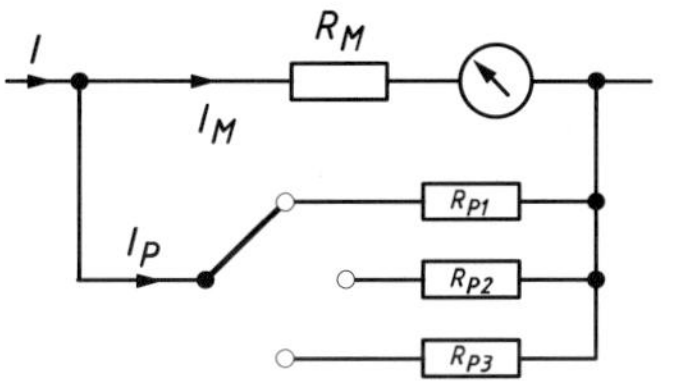

❷ **7.8** Ein Drehspul-Strommessgerät hat 2 Strommessbereiche. Der Messwerkstrom für Vollausschlag beträgt 100 mA bei einem Spulenwiderstand von 75 Ω.

a) Welche Strommessbereiche hat das Instrument?

b) Ein idealer Strommesser hat den Innenwiderstand null und verursacht beim Messen daher keinen Spannungsabfall.

Wie groß sind jedoch die Spannungsabfälle in den beiden angegebenen Messbereichen?

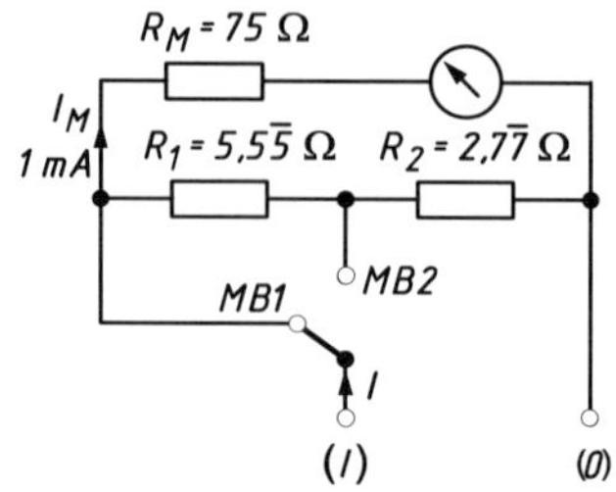

❷ **7.9** Bei dem in Aufgabe 7.8 angegebenen Strommesser sollen die Strom-Messbereiche abgeändert werden:

- Messbereich 1: 100 mA,
- Messbereich 2: 300 mA.

Berechnen Sie die Nebenwiderstände R_1 und R_2.

❷ **7.10** Ein digitales Millivoltmeter mit LCD-Anzeige habe einen Eingangsspannungs-Endwert von $U_m = 200$ mV bei einem Eingangswiderstand von > 100 MΩ.

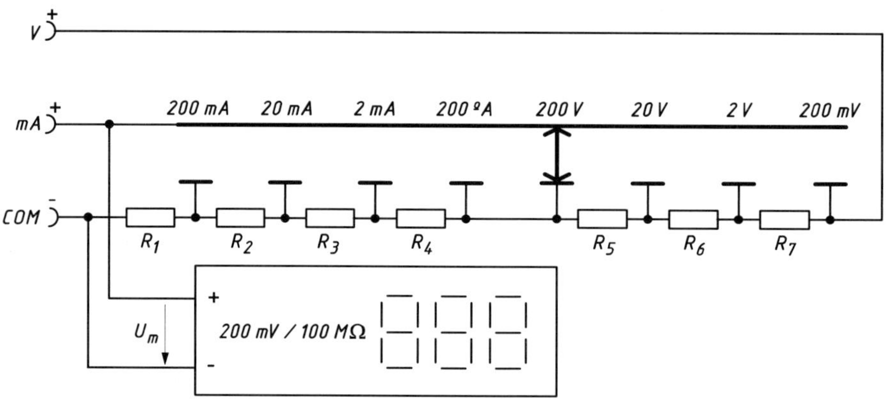

Die abgebildete Schaltung zeigt das Schaltungsprinzip und erklärt die Messbereichsumschaltung. Man berechne für die angegebenen Messbereiche die Widerstandswerte R_1 ist R_7

a) zuerst R_1 … R_4 der Strommessbereiche,

b) dann R_5 … R_7 der Spannungsmessbereiche.

Probleme der Stromversorgung des Anzeigebausteins, der Dezimalpunktumschaltung und Einheitenanzeige bleiben unberücksichtigt.

❸ **7.11** Multimeter sind Vielfachinstrumente zur Messung von Spannung, Strom und Widerstand. Das Schaltbild zeigt den Stromlaufplan eines Multimeters.

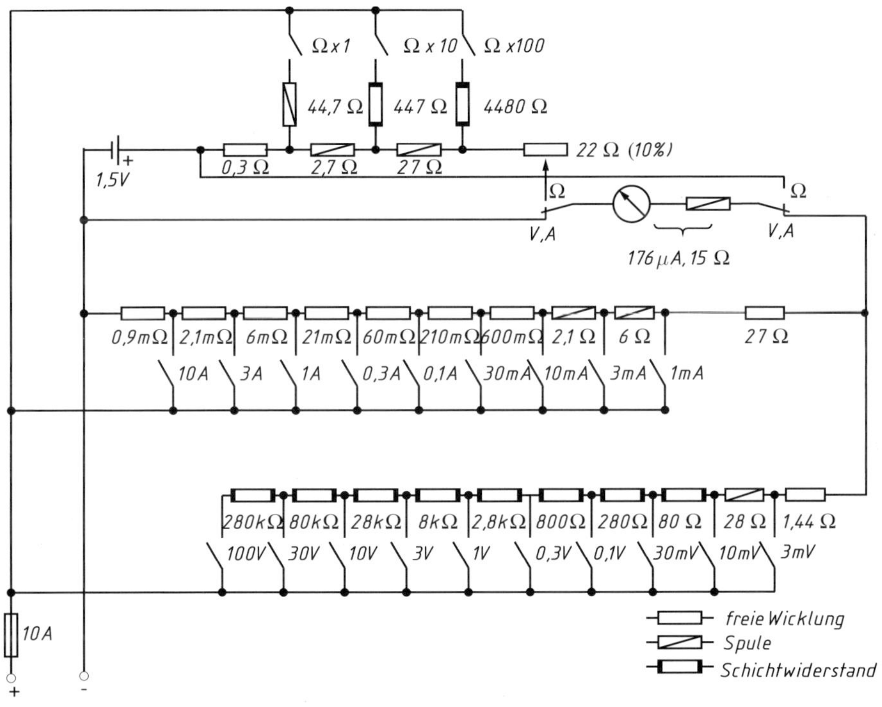

a) Zum besseren Überblick soll die Innenschaltung des Multimeters zur Spannungs- und Strommessung vereinfacht dargestellt werden. Zeichnen Sie die vereinfachte Schaltung für nur je zwei Spannungs- und Strommessbereiche (100 mV, 10 V und 10 mA, 1 A).
Hinweis: Nichtbenötigte Teilwiderstände zusammenfassen!

b) Nach Öffnen des Gerätes zeigt sich, dass der mit 21 mΩ angegebene Teil-Nebenwiderstand verbrannt und dadurch hochohmig geworden ist.

b1) Sind die anderen Strom-Messbereiche auch von diesem Fehler betroffen? (Begründung!)

b2) Sind die Spannungs-Messbereiche von diesem Fehler betroffen? (Begründung!)

c) Es soll nun noch der Ohmmeter-Teil des Multimeters betrachtet werden:

c1) Zeichnen Sie den für die Widerstandsmessung maßgebenden Schaltungsteil heraus, wenn der Ohm-Messbereich „Ω × 100“ eingeschaltet ist.

c2) Vereinfachen Sie die Schaltung bis auf das Grundprinzip des Ohmmeters.

c3) Welche Aufgabe hat das 22 Ω-Potenziometer?

c4) Wie muss die Ohmmeter-Skala aussehen?

7.2 Lösungen

7.1

$U_M = I_M \cdot R_M = 100\ \mu A \cdot 1300\ \Omega = 0{,}13\ V$

$R_V = \dfrac{U - U_M}{I_M} = \dfrac{10\ V - 0{,}13\ V}{100\ \mu A} = 98700\ \Omega$

oder

$n = \dfrac{U}{U_M} = \dfrac{10\ V}{0{,}13\ V} = 76{,}923$

$R_V = (n-1)\ R_M = (76{,}923 - 1) \cdot 1300\ \Omega = 98700\ \Omega$

7.2

$R_i = R_V + R_i = 28200\ \Omega + 1800\ \Omega = 30\ k\Omega$

$U = I \cdot R_i = 0{,}1\ mA \cdot 30\ k\Omega = 3\ V$

oder

$n - 1 = \dfrac{R_V}{R_M} = \dfrac{28200\ \Omega}{1800\ \Omega} = 15{,}666$

$U = n \cdot U_M = n \cdot I_M \cdot R_M$

$U = 16{,}666 \cdot 0{,}1\ mA \cdot 1800\ \Omega = 3\ V$

7.3

a)

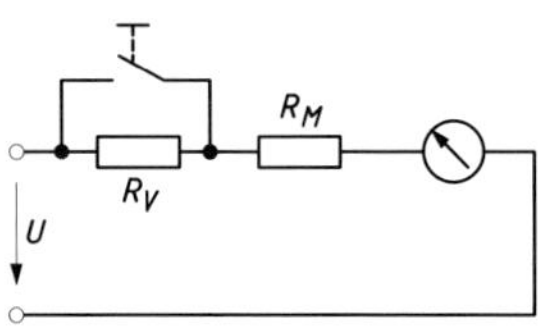

b) $U_M = I_M \cdot R_M = \pm\, 50\ mA \cdot 1200\ \Omega = \pm\, 60\ mV$

$30\ Skt \mathrel{\hat{=}} 60\ mV$

$1\ Skt \mathrel{\hat{=}} 2\ mV$

7.4

$R_i = K_R \cdot MB = 10\ \dfrac{k\Omega}{V} \cdot 30\ V = 300\ k\Omega$

$I_M = \dfrac{U}{R_i} = \dfrac{18\ V}{300\ k\Omega} = 60\ \mu A$

7.5

$U_M = I_M \cdot R_M = 1\ mA \cdot 75\ \Omega = 75\ mV$

$R_P = \dfrac{U_M}{I - I_M} = \dfrac{75\ mV}{1\ A - 1\ mA} = 75{,}075\ m\Omega$

oder

$n = \dfrac{I}{I_M} = \dfrac{1\ A}{1\ mA} = 1000$

$R_P = \dfrac{R_M}{1000 - 1} = 75{,}075\ m\Omega$

7.6

$R_i = \dfrac{R_P \cdot R_M}{R_P + R_M} = \dfrac{250{,}84\ m\Omega \cdot 75000\ m\Omega}{75250{,}84\ m\Omega}$

$R_i = 250\ m\Omega$

$I = \dfrac{U_M}{R_i} = \dfrac{I_M \cdot R_M}{R_i} = \dfrac{1\ mA \cdot 75\ \Omega}{250\ m\Omega}$

$I = 0{,}3\ A$

oder

$n - 1 = \dfrac{R_M}{R_P} = \dfrac{75\ \Omega}{0{,}25084} = 299$

$I = n \cdot I_M = 300 \cdot 1\ mA = 300\ mA$

$I = 0{,}3\ A$

7.7

Diese Schaltung ist wegen der Beeinflussung des Messbereiches durch Kontaktwiderstände, die in der Größenordnung der Parallelwiderstände R_p (1 mΩ ... 1 Ω) liegen, nicht anwendbar.

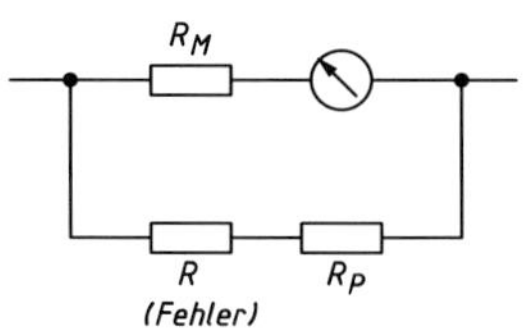

Der Kontakt-Übergangswiderstand $R_ü$ ist abhängig vom Kontaktmaterial, Anpressdruck, Stromstärke und ist zeitlich nicht konstant.

7.8

a) Messbereich MB1:

$(I - I_M)(R_1 + R_2) = I_M \cdot R_M$

$(I - 1\ mA) \cdot 8{,}3\overline{3}\ \Omega = 1\ mA \cdot 75\ \Omega = 75\ mV$

$I - 1\ mA = \dfrac{75\ mV}{8{,}33\ \Omega} = 9\ mA$

$I = 10\ mA$

Messbereich MB2:

$(I - I_M)\ R_2 = I_M (R_1 + R_M)$

$(I - 1\ mA) \cdot 2{,}7\overline{7}\ \Omega = 1\ mA(5{,}5\overline{5}\ \Omega + 75\ \Omega)$

$= 80{,}5\overline{5}\ mV$

$I - 1\ mA = \dfrac{80{,}5\overline{5}\ mV}{2{,}7\overline{7}\ \Omega} = 29\ mA$

$I = 30\ mA$

b) 75 mV im Messbereich MB1

$80{,}5\overline{5}$ mV im Messbereich MB2

7.9

Für Messbereich MB1:

$$(I - I_M)(R_1 + R_2) = I_M \cdot R_M$$
$$(100\ \text{mA} - 1\ \text{mA})(R_1 + R_2) = 1\ \text{mA} \cdot 75\ \Omega$$

I $\quad 99\ \text{mA} \cdot R_1 + 99\ \text{mA} \cdot R_2 = 75\ \text{mV}$

Für Messbereich MB2:

$$(I - I_M)\, R_2 = I_M (R_1 + R_M)$$
$$(300\ \text{mA} - 1\ \text{mA})\, R_2 = 1\ \text{mA}(R_1 + 75\ \Omega)$$

II $\quad -1\ \text{mA} \cdot R_1 + 299\ \text{mA} \cdot R_2 = 75\ \text{mV} \quad | \cdot 99$

II′ $\quad -99\ \text{mA} \cdot R_1 + 29601\ \text{mA} \cdot R_2 = 7425\ \text{mV}$

I+II′ $\quad +29700\ \text{mA} \cdot R_2 = 7500\ \text{mV}$

III $\quad R_2 = 252{,}\overline{52}\ \text{m}\Omega$

III in II $\quad -1\ \text{mA} \cdot R_1 + 75{,}50\ \text{mV} = 75\ \text{mV}$

$$R_1 = 505{,}\overline{05}\ \text{m}\Omega$$

7.10

a) Strommessbereiche

$I = 200$ mA:

$$R_1 = \frac{U_m}{I} = \frac{200\ \text{mV}}{200\ \text{mA}} = 1\ \Omega$$

$I = 20$ mA:

$$R_2 = \frac{U_m}{I} - R_1 = \frac{200\ \text{mV}}{20\ \text{mA}} - 1\ \Omega = 9\ \Omega$$

$I = 2$ mA:

$$R_3 = \frac{U_m}{I} - R_1 - R_2 = \frac{200\ \text{mV}}{2\ \text{mA}} - 1\ \Omega - 9\ \Omega = 90\ \Omega$$

$I = 200\ \mu$A:

$$R_4 = \frac{U_m}{I} - R_1 - R_2 - R_3 = \frac{200\ \text{mV}}{2\ \mu\text{A}} - 1\ \Omega - 9\ \Omega - 90\ \Omega$$

$$R_4 = 900\ \Omega$$

b) Spannungsmessbereiche

$$R_I = R_1 + R_2 + R_3 + R_4 = 1\ \text{k}\Omega$$
$$R_{ges} = R_I + R_5 + R_6 + R_7$$

$U = 200$ V:

$$\frac{R_{ges}}{R_I} = \frac{U}{U_m}$$

$$R_{ges} = \frac{U}{U_m} \cdot R_I = \frac{200\ \text{V}}{200\ \text{mV}} \cdot 1\ \text{k}\Omega = 1\ \text{M}\Omega$$

$U = 20$ V:

$$R_5 = \frac{U_m \cdot R_{ges}}{U} - R_I = \frac{200\ \text{mV} \cdot 1\ \text{M}\Omega}{20\ \text{V}} - 1\ \text{k}\Omega$$

$$R_5 = 9\ \text{k}\Omega$$

$U = 2$ V:

$$R_6 = \frac{U_m \cdot R_{ges}}{U} - R_I - R_5 = 90\ \text{k}\Omega$$

$U = 200$ mV:

$$R_7 = \frac{U_m \cdot R_{ges}}{U} - R_I - R_5 - R_6 = 900\ \text{k}\Omega$$

7.11

a)

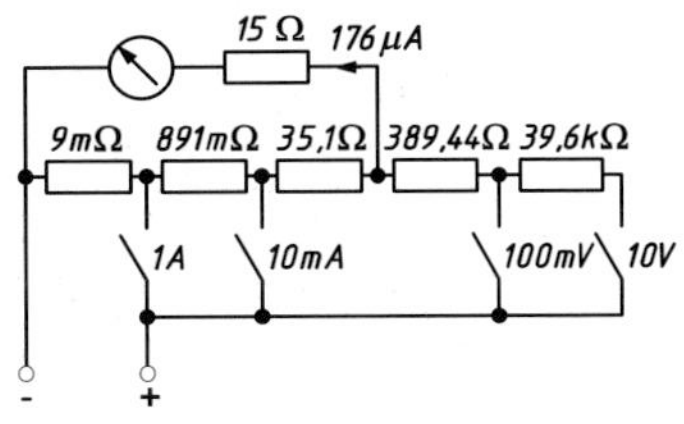

b1) Ja!
Im 10 A-, 3 A- und 1 A-Bereich keine Anzeige. In den anderen Strom-Messbereichen zu große Anzeige, da Nebenwiderstände $R \to \infty$.

b2) Ja!
Der über den Nebenwiderstand fließende Strom ist jetzt null, daher ist die Anzeige zu groß.

c1)

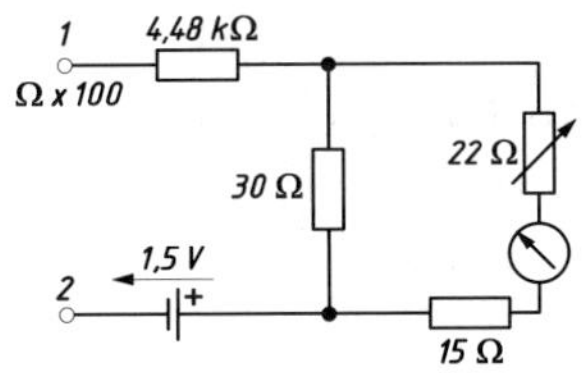

c2)

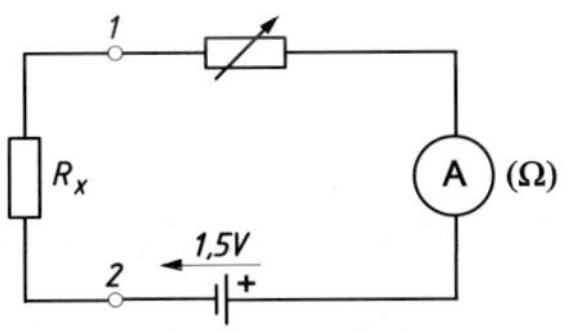

c3) Das 22 Ω-Potenziometer dient zum Einstellen des Vollausschlages für $R_x = 0$. Batteriespannungsschwankungen sind dadurch ausgleichbar.

c4)

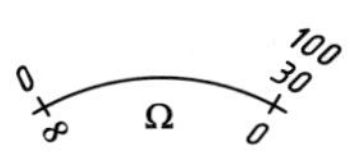

Die Skale ist nichtlinear und „rückwärts“.

8 Widerstandsmessung mit der *I*-*U*-Methode

- Methodenfehler durch Messgeräte

Bei der Aufnahme von *I*-*U*-Kennlinien (z.B. Diode) oder bei der Bestimmung von unbekannten Widerständen R_X werden Wertepaare von Spannung U und Strom I gemessen und in das *I*-*U*-Diagramm eingetragen oder zu Rechenzwecken verwendet. Durch Einfluss des Innenwiderstandes der Messgeräte können beträchtliche Messfehler entstehen, die man unter dem Begriff „Methodenfehler" zusammenfasst:

Methodenfehler

Stromfehlerschaltung

gemessen werden soll

Strom I_x, Spannung U_x } am Messobjekt

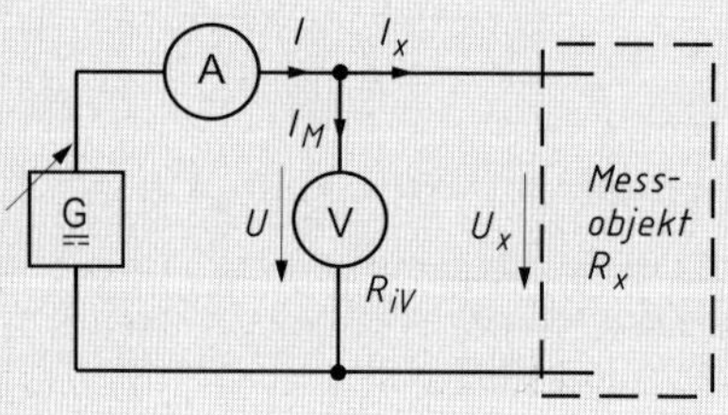

Von den Messgeräten angezeigt:

$\boxed{U} = U_x$ (richtig)

$\boxed{I} \neq I_x$ (Fehler)

Fehlerursache ist die Stromaufnahme I_M des Spannungsmessers.

Der wahre Stromwert ist:

$$I_x = I - I_M$$

Korrekturrechnung:

$$R_x = \frac{U_x}{I_x} = \frac{U}{I - I_M} \quad \text{mit } I_M = \frac{U}{R_{iV}}$$

R_{iV} = Innenwiderstand des Spannungsmessers

Die Stromfehlerschaltung wird bei der Messung relativ kleiner Widerstände ($R_x \ll R_{iV}$) angewendet.

Spannungsfehlerschaltung

gemessen werden soll

Strom I_x, Spannung U_x } am Messobjekt

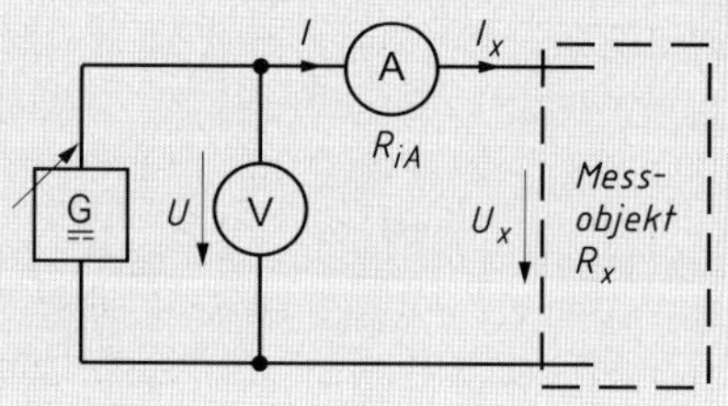

Von den Messgeräten angezeigt:

$\boxed{U} \neq U_x$ (Fehler)

$\boxed{I} = I_x$ (richtig)

Fehlerursache ist der Spannungsabfall U_M am Strommesser.

Der wahre Spannungswert ist:

$$U_x = U - U_M$$

Korrekturrechnung:

$$R_x = \frac{U_x}{I_x} = \frac{U - U_M}{I} \quad \text{mit } U_M = I \cdot R_{iA}$$

R_{iA} = Innenwiderstand des Strommessers

Die Spannungsfehlerschaltung wird bei der Messung relativ großer Widerstände ($R_x \gg R_{iV}$) angewendet.

Es kann dann mit ausreichender Genauigkeit $R_x = \frac{U}{I}$ gerechnet werden.

8.1 Aufgaben

❶ **8.1** Bei der indirekten Ermittlung des unbekannten Widerstandes R_x zeigen die Messgeräte bei Stromfehlerschaltung $U = 8$ V im 10 V-Messbereich und $I = 5{,}5$ mA an. Der Spannungsmesser hat einen Kennwiderstand von 10 kΩ/V. Der Innenwiderstand des Strommessers ist 100 Ω.

a) Wie groß ist der unbekannte Widerstand R_x?

b) Wie groß wäre der Fehler, wenn man den unbekannten Widerstand direkt aus den Messwerten berechnen würde?

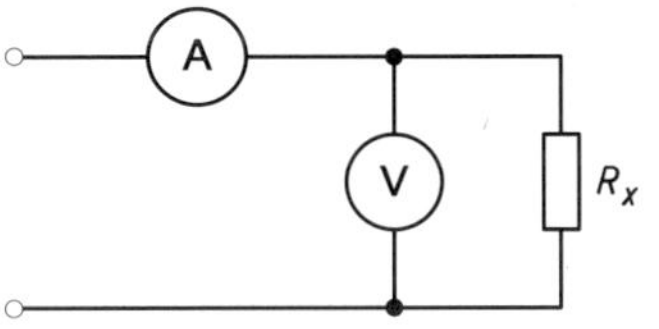

❶ **8.2** Bei der Aufnahme der Sperrkennlinie einer Diode wird fälschlicherweise die Stromfehlerschaltung verwendet.
Bei einer Sperrspannung von 20 V zeigt der Strommesser einen Strom von 20,2 μA. Der Spannungsmesser sei hochohmig und habe einen Innenwiderstand von 1 MΩ.

a) Wo liegt der Methodenfehler?

b) Wie groß ist der tatsächliche Sperrstrom der Diode?

c) Welche Messschaltung wäre besser geeignet?

❶ **8.3** Bei einer Spannungsfehlerschaltung zeigen die Instrumente $U = 6{,}5$ V und $I = 2{,}4$ mA an. Der Kennwiderstand des Spannungsmessers beträgt 10 kΩ/V und der Innenwiderstand des Strommessers wird mit 90 Ω für den Messbereich 3 mA angegeben.

a) Wie groß ist der unbekannte Widerstand R_x?

b) Wie groß wäre der Fehler, wenn der Widerstand direkt aus den Messwerten errechnet wird?

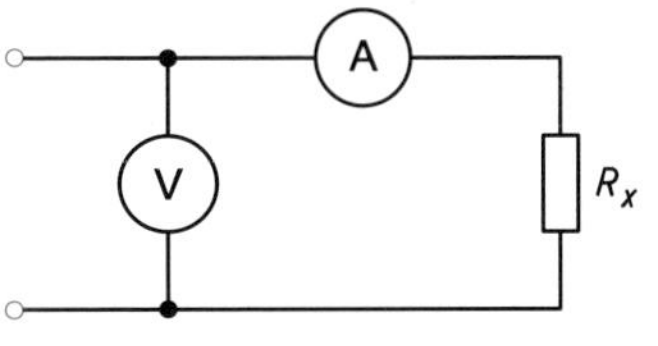

❶ **8.4** Bei der Aufnahme der Durchlasskennlinie einer Diode wird fälschlicherweise die Spannungsfehlerschaltung angewendet.
Bei einem Durchlassstrom von $I = 150$ mA wird eine Spannung von $U = 0{,}93$ V gemessen. Der Strommesser hat einen Innenwiderstand von 1,6 Ω im Messbereich 0,3 A.

a) Wo liegt der Methodenfehler?

b) Wie groß ist die tatsächliche Durchlassspannung der Diode?

c) Zeichnen Sie eine besser geeignete Messschaltung, die nicht nur den Methodenfehler praktisch beseitigt, sondern auch eine leichtere Einstellbarkeit für die geringen Durchlassspannungswerte der Diode (< 1 V) ermöglicht.

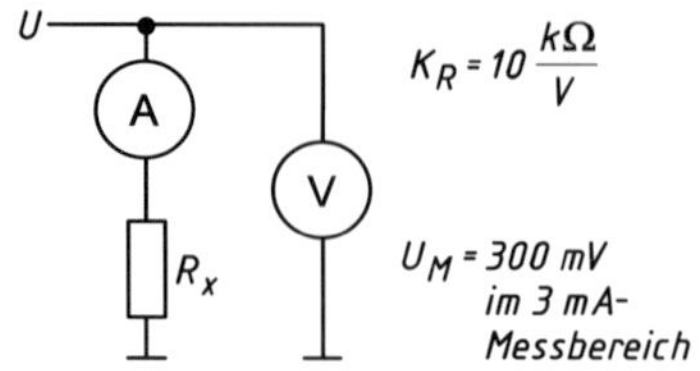

❶ **8.5** Wie groß ist der unbekannte Widerstand R_x, wenn in der Messschaltung die Werte 10 V und 2 mA gemessen werden?

Von den Messgeräten sind die Angaben 10 kΩ /V für den Kennwiderstand des Spannungsmessers und 300 mV Spannungsabfall für den Messbereich 3 mA beim Strommesser bekannt.

Wie groß ist der unbekannte Widerstand R_x, wenn die Messeräte auf die Messbereiche 10 V und 3 mA eingestellt sind?

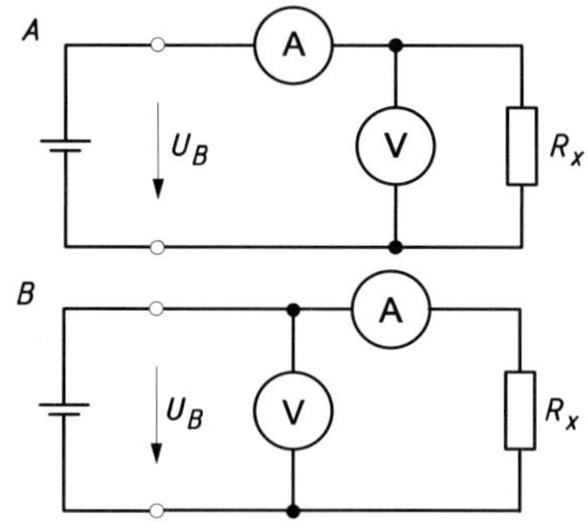

❶ **8.6** In den Messschaltungen A und B sei R_x der
❷ jeweils gleiche unbekannte Widerstand. Die verwendeten Messgeräte haben folgende Innenwiderstände: Spannungsmesser $R_{iV} = 100\ \text{k}\Omega$, Strommesser $R_{iA} = 100\ \Omega$.

a) Berechnen Sie den wirklichen Wert des Widerstandes R_x unter Berücksichtigung der Messmethode, wenn in Schaltung A die Messwerte 9,8 V und 2,06 mA angezeigt werden.

b) Welche Messwerte würden die Instrumente in Schaltung B bei gleichem Widerstand R_x und gleicher Spannung U_B wie in Schaltung A anzeigen?

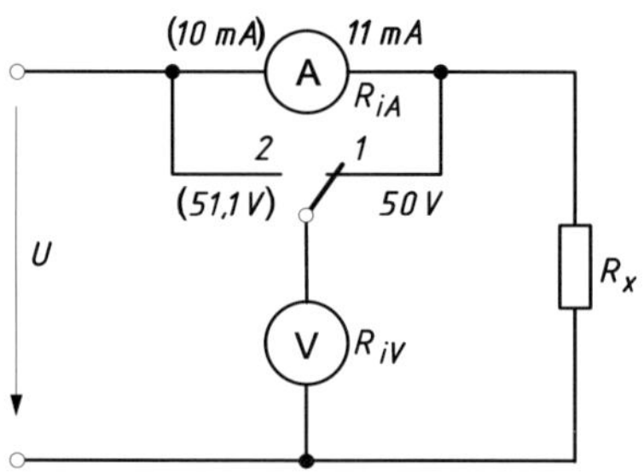

❷ **8.7** Zur einfachen messtechnischen Bestimmung des unbekannten Widerstandes R_x fehlen die Innenwiderstände R_{iA}, R_{iV} der verwendeten Messgeräte!

Um abzuschätzen, ob der Innenwiderstand R_{iV} des Spannungsmessers in Parallelschaltung zum unbekannten Widerstand R_x die Strommessung beeinflusst, wird probeweise auf Spannungsfehlerschaltung umgeschaltet.

Es wurden die im Bild angegebenen Messwerte ermittelt:

Bei Schalterstellung 1: $U = 50$ V
$I = 11$ mA

Bei Schalterstellung 2: $U = 51{,}1$ V
$I = 10$ mA

Man berechne den unbekannten Widerstand R_x sowie die Innenwiderstände R_{iA} und R_{iV} der Messgeräte. Dabei kann davon ausgegangen werden, dass die Versorgungsspannung U konstant ist.

8.2 Lösungen

8.1

a) $R_{iV} = 10\text{ V} \cdot 10 \frac{\text{k}\Omega}{\text{V}} = 100\text{ k}\Omega$

$I_M = \frac{U}{R_{iV}} = \frac{8\text{ V}}{100\text{ k}\Omega} = 80\text{ µA}$

$R_x = \frac{U_x}{I_x} = \frac{U}{I - I_M} = \frac{8\text{ V}}{5{,}5\text{ mA} - 0{,}08\text{ mA}} = 1{,}476\text{ k}\Omega$

Der Innenwiderstand des Strommessers spielt keine Rolle.

b) $R_x = \frac{U}{I} = \frac{8\text{ V}}{5{,}5\text{ mA}} = 1{,}455\text{ k}\Omega$

$F = \frac{1{,}455\text{ k}\Omega - 1{,}476\text{ k}\Omega}{1{,}476\text{ k}\Omega} \cdot 100 = -1{,}42\%$

8.2

a) Der gemessene Strom ist nicht identisch mit dem Sperrstrom I_R der Diode, der größte Teil fließt über den Innenwiderstand des Spannungsmessers. Fehlerursache ist die Stromaufnahme I_M des Spannungsmessers.

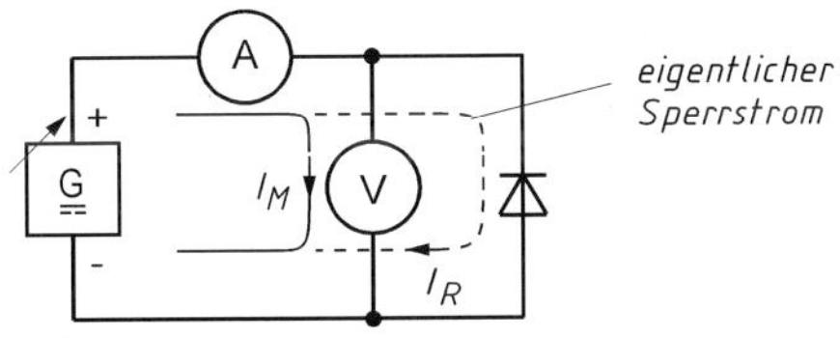

b) $I_M = \frac{U}{R_{iV}} = \frac{20\text{ V}}{1\text{ M}\Omega} = 20\text{ µA}$

$I_R = 20{,}2\text{ µA} - 20\text{ µA} = 0{,}2\text{ µA}$

c) Verwendung der Spannungsfehlerschaltung, da der Innenwiderstand des Strommessers klein ist gegenüber dem Sperrwiderstand der Diode.

8.3

a) $U_M = I_M \cdot R_{iA} = 2{,}4\text{ mA} \cdot 90\,\Omega = 216\text{ mV}$

$R_x = \frac{U_x}{I_x} = \frac{6{,}5\text{ V} - 0{,}216\text{ V}}{2{,}4\text{ mA}} = 2{,}618\text{ k}\Omega$

oder

$R_x = \frac{U}{I} - R_{iA} = \frac{6{,}5\text{ V}}{2{,}4\text{ mA}} - 90\,\Omega = 2{,}618\text{ k}\Omega$

Der Innenwiderstand des Spannungsmessers spielt keine Rolle.

b) $R_x = \frac{U}{I} = \frac{6{,}5\text{ V}}{2{,}4\text{ mA}} = 2{,}708\text{ k}\Omega$

$F = \frac{2{,}708\text{ k}\Omega - 2{,}618\text{ k}\Omega}{2{,}618\text{ k}\Omega} \cdot 100 = +3{,}44\%$

8.4

a) Gemessen wird nicht nur die Durchlassspannung U_F der Diode, sondern auch der Spannungsabfall U_M des Strommessers (Fehlerursache).

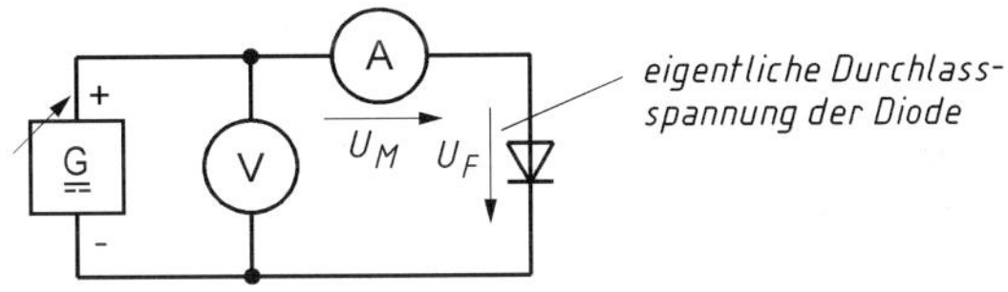

b) $U_F = U - I \cdot R_{iA} = 0{,}93\text{ V} - 0{,}15\text{ A} \cdot 1{,}6\,\Omega = 0{,}69\text{ V}$

c)

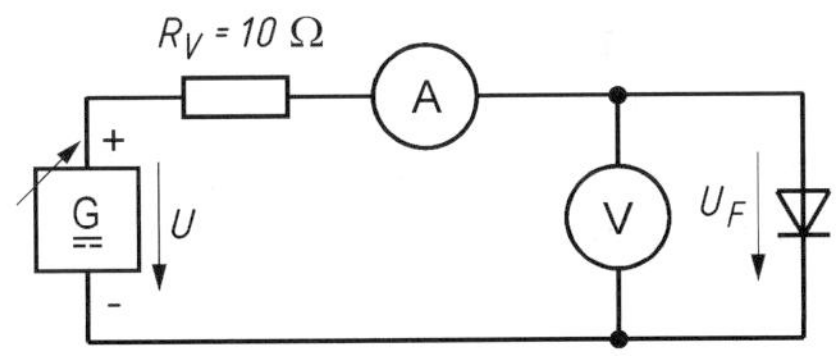

8.5

$R_{iA} = \frac{U_M}{I} = \frac{300\text{ mV}}{3\text{ mA}} = 100\,\Omega$

$R_x = \frac{U}{I} - R_{iA} = \frac{10\text{ V}}{2\text{ mA}} - 100\,\Omega = 4{,}9\text{ k}\Omega$

8.6

a) $I_M = \frac{U}{R_{iV}} = \frac{9{,}8\text{ V}}{100\text{ k}\Omega} = 98\text{ µA}$

$I_x = I - I_M = 2{,}06\text{ mA} - 0{,}098\text{ mA} = 1{,}962\text{ mA}$

$R_x = \frac{U_x}{I_x} = \frac{9{,}8\text{ V}}{1{,}962\text{ mA}} = 5\text{ k}\Omega$

b) Anzeige des Spannungsmessers:

$U = U_B = 10\text{ V}$, weil in Schaltung A

$U_B = 9{,}8\text{ V} + 2{,}06\text{ mA} \cdot 100\,\Omega = 10\text{ V}$ war.

Anzeige des Strommessers:

$I = \frac{U_B}{R_{iA} + R_x} = \frac{10\text{ V}}{100\,\Omega + 5\text{ k}\Omega} = 1{,}96\text{ mA}$

8.7

I: $\frac{50\text{ V}}{11\text{ mA}} = \frac{R_{iV} \cdot R_x}{R_{iV} + R_x}$ II: $\frac{51{,}1\text{ V}}{10\text{ mA}} = R_{iA} + R_x$

III: $\frac{51{,}1\text{ V}}{11\text{ mA}} = R_{iA} + \frac{R_{iV} \cdot R_x}{R_{iV} + R_x}$

Ergibt: $R_{iA} = 100\,\Omega$, $R_x = 5\text{ k}\Omega$, $R_{iV} = 49\text{ k}\Omega$

9 Arbeit, Leistung, Wirkungsgrad

- Energieumsatz bei Wärmegeräten und Antrieben

I Arbeit

Vorgang, bei dem Energie umgewandelt wird.

Energieäquivalente: 1 Nm = 1 Ws = 1 J

Elektrische Arbeit

Vorgang, bei dem elektrische Energie in andere Energieformen umgewandelt wird.

Def.: Spannung Def.: Ladungsmenge

$$U = \frac{W}{Q} \qquad Q = I \cdot t$$

$$\boxed{W = U \cdot I \cdot t}$$ Einheit: 1 Ws

Fall 1: Elektrowärme

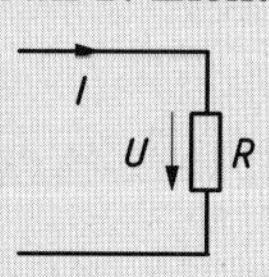

Elektrische Arbeit

$W = U \cdot I \cdot t$

$U = I \cdot R$

$W = I^2 \cdot R \cdot t$

Wärmemenge $\boxed{Q = c \cdot m \cdot \Delta T}$

- Spezifische Wärmekapazität c für:

Wasser	$c = 4{,}19$	$\frac{\text{kJ}}{\text{kg} \cdot \text{K}}$
Luft	$c = 1$	
Kupfer	$c = 0{,}381$	

- Masse m in kg
- Temperaturdifferenz ΔT in K

Fall 2: Elektrischer Antrieb

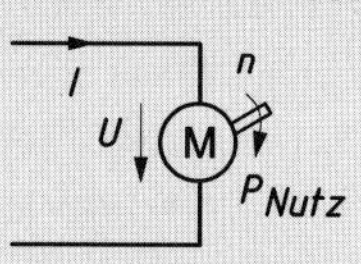

Elektrische Arbeit

$W = U \cdot I \cdot t$

Zugeführte Leistung $P_{zu} = U \cdot I$

Abgegebene Leistung an der Welle

$$\boxed{P_{Nutz} = M \cdot 2\pi \cdot n}$$

- Drehmoment M in Nm
- Drehzahl n in s^{-1}

II Leistung

Geschwindigkeit der Energieumwandlung

$$\text{Leistung} = \frac{\text{Arbeit}}{\text{Zeit}}$$

$$\boxed{P = \frac{W}{t}}$$ Einheit: 1 W

Elektrische Leistung

Leistung = Spannung · Strom

$$P = \frac{W}{t} = \frac{U \cdot I \cdot t}{t}$$

$$\boxed{P = U \cdot I}$$ Einheit: 1 V · 1 A = 1 W

Weitere Gleichungen zur Leistungsberechnung:

$$\boxed{P = \frac{U^2}{R} = I^2 \cdot R}$$

Messen der Leistung

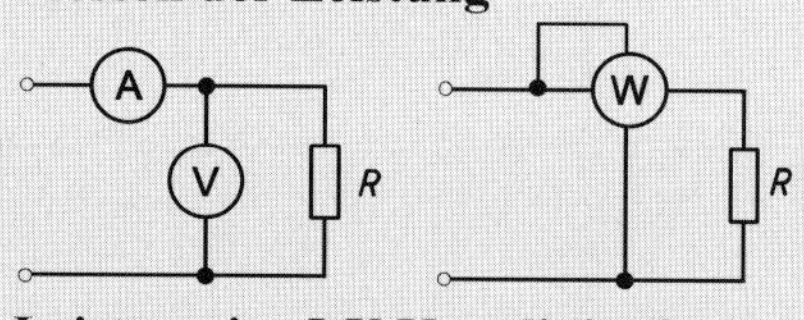

Leistung im *I*-*U*-Kennlinienfeld

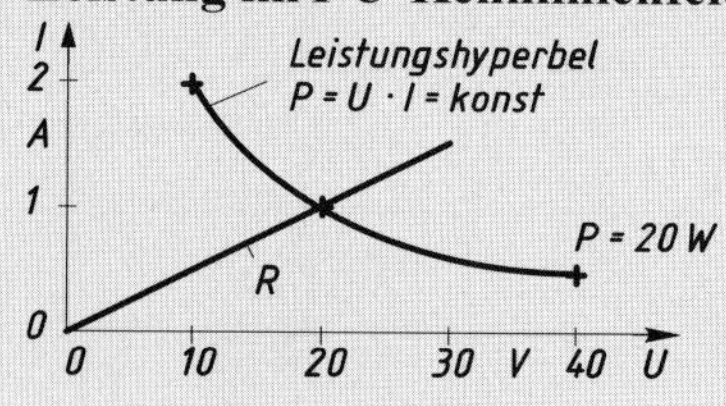

III Wirkungsgrad

Größe zur Angabe der Qualität einer Energieumwandlung

$$P_{zu} = P_{Nutz} + P_{verl}$$

$$\boxed{\eta = \frac{P_{Nutz}}{P_{zu}}}$$

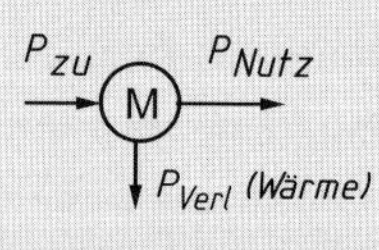

9.1 Aufgaben

❶ **9.1** Die Leistungsaufnahme eines Fernsehgerätes betrage bei Betrieb 90 W und im ausgeschalteten Zustand bei „*stand-by*-Betrieb“ 15 W. Die Einschaltzeit sei täglich 4 Stunden, die „*stand-by*-Zeit“ 20 Stunden.

a) Wie groß ist der monatliche Energiebedarf (30 Tage) für das Fernsehen?
b) Wie groß ist der monatliche Energiebedarf für den „*stand-by*-Betrieb“?
c) Zu wie viel Prozent wäre ein 400 MW-Kraftwerk ausgelastet, um die Energie für den „*stand-by*-Betrieb“ von 10 Millionen Fernsehgeräten zu liefern?"

❶ **9.2** Um die Anschlussleistung eines Verbrauchers zu ermitteln wird die Veränderung des Zählerstandes innerhalb der Zeit t = 2 min festgestellt. Alle anderen Verbraucher sind abgeschaltet.

Wie groß ist die Anschlussleistung des Verbrauchers, wenn der Zählerstand sich von 207,9 auf 208,2 kWh verändert hat?

❶ **9.3** Wie groß sind Stromaufnahme und Widerstand eines elektrischen Lötkolbens, der an eine Lötstation angeschlossen ist und bei 24 V eine Leistungsaufnahme von 50 W hat?

❶ **9.4** Ein Schichtwiderstand hat die Daten 1,8 kΩ/0,5 W .

a) Berechnen Sie seine höchstzulässige Spannung U.
b) Kontrollieren Sie das Rechenergebnis grafisch durch Aufzeichnen der Leistungshyperbel für 0,5 W und der I-U-Kennlinie für den Widerstand 1,8 kΩ im Bereich $0 < U < 80$ V.
c) Berechnen und zeichnen Sie das P-U-Diagramm für den Widerstand 1,8 kΩ im Bereich $0 < U < 40$ V und tragen Sie in dieses Diagramm die Nennleistungslinie 0,5 W ein.

❶ **9.5** Die vier in Reihe geschalteten, wiederaufladbaren Nickel-Cadmium-Hochleistungszellen eines tragbaren Computers haben zusammen eine Nennspannung von 4,8 V und einen inneren Widerstand von 0,5 Ω. Die Zellen werden 16 h lang mit 0,1 A Konstantstrom aufgeladen.

Wie viel elektrische Arbeit wird an dem Akku verrichtet?

❶ **9.6** Wie groß ist der Heizwiderstand eines Badstrahlers, der bei einer Stromaufnahme von 6,52 A eine Leistung von 1500 W hat?

❶ **9.7** Ein Computer-Netzteil liefert an seinen vier Spannungsausgängen folgende elektrische Werte:

+5 V/20 A ; +12 V/7,3 A ; −5 V/0,3 A ; −12 V/0,3 A .

Wie groß ist die Leistungsaufnahme des Netzteils, wenn der Wirkungsgrad 65 % beträgt?

❶ **9.8** Bei einem Verbraucher mit konstantem Widerstand wird die Spannung um 10 % über Nennspannung erhöht. Um wie viel Prozent verändert sich die Leistung?

❶ **9.9** Ein Elektromotor gibt an der Welle eine mechanische Leistung von 6,5 kW ab. Der Wirkungsgrad beträgt 78 %.

Wie groß ist die Stromaufnahme des Motors an Gleichspannung 440 V?

❶ **9.10** Ein elektrischer Wasserkochtopf hat die Nenndaten 230 V/1500 W. Das Wasser wird mit einem Wirkungsgrad von 0,85 erhitzt.

Wie lange dauert es, bis 1 Liter Wasser von 15° C auf 100° C erwärmt wird? Die spezifische Wärmekapazität von Wasser beträgt 4,19 kJ/kg · K.

❶ ❷ **9.11** Ein elektrischer Durchlauferhitzer mit der Anschlussleistung 18 kW erwärmt Wasser von 12° C. Die spezifische Wärmekapazität für Wasser beträgt $4{,}19\ \text{kJ/kg}\cdot\text{K}$.

Wie groß ist die Durchlaufgeschwindigkeit in *l*/min, wenn das Wasser auf 40° C erwärmt wird? Der Wirkungsgrad sei 100 %.

❶ ❷ **9.12** Ein Dualtemperatur-Lötkolben für Nennspannung 230 V hat eine Leistungsaufnahme von 16,5 W und erreicht eine Lötspitzentemperatur von 340° C, die optimal für die Leiterplattenarbeit bei vorgegebenem Lot ist.

Bei Betätigung einer Taste wird die Leistungsaufnahme auf 33 W erhöht, und die Lötspitzentemperatur erreicht 500 °C für das Löten an schweren Klemmen und Bauelementen.

a) Zeichnen Sie eine Ersatzschaltung des Lötkolbens, und berechnen Sie den Widerstand der Heizelemente.

b) Mit welcher Aufheizzeit t ist zu rechnen, bis die Temperatur von 340° C auf 500° C gestiegen ist, wenn die Wärmekapazität der Kupferheizpatrone $0{,}381\ \text{kJ/kg}\cdot\text{K}$ beträgt und die aufzuheizende Masse 8 g ist?

Die temperaturbedingte Widerstandszunahme der Heizpatrone ist zu vernachlässigen. Die zwischenzeitliche Wärmeabgabe an die Umgebung soll mit 10 % der im Material zusätzlich gespeicherten Wärmemenge angenommen werden.

❶ ❷ **9.13** Ein Gleichstrommotor hat an der Spannung 440 V eine Stromaufnahme von 25 A, sein Wirkungsgrad beträgt 88 %.

a) Wie groß ist die Leistungsaufnahme?

b) Wie groß ist die Leistungsabgabe an der Welle?

c) Wie groß ist das Nenndrehmoment bei der Drehzahl 2500 min^{-1}?

❷ **9.14** Eine akkugespeiste Bohrmaschine muss beim Bohren eines Loches in eine Ziegelwand ein gleichbleibendes Drehmoment von 1,5 Nm für den Zeitraum von 5 s aufbringen.

Die elektrischen Daten des Akkumulators sind: $7{,}2\ \text{V}/1{,}2\ \text{Ah}$.

a) Wie groß ist die abgegebene Nutzleistung, wenn mit einer konstanten Drehzahl von 300 min^{-1} gebohrt wird?

b) Wie groß ist die aufgenommene elektrische Leistung, wenn der Wirkungsgrad 45 % beträgt?

c) Wie groß ist die Verlustleistung?

d) Wie viel Prozent der Verluste sind mechanische Verluste, wenn angenommen wird, dass die elektrischen Verluste nur durch den Strom im Ankerwiderstand $R_{\text{A}} = 0{,}15\ \Omega$ verursacht werden?

e) Wie viel Löcher könnten mit einer vollen Akku-Ladung theoretisch gebohrt werden?

❷ ❸ **9.15** Um die Reichweite für batteriebetriebene Elektrofahrzeuge abschätzen zu können, wird ein auf Erfahrung beruhender Fahrzyklus für den Stadtverkehr zugrunde gelegt.
Unter Annahme bestimmter vereinfachender Bedingungen kann der Energieverbrauch je Fahrzyklus, der von der Batterie aufgebracht werden muss, berechnet werden.

Vereinfachend soll angenommen werden:

- Fahrt auf ebener Strecke
- Vernachlässigung des Luftwiderstandes bei Geschwindigkeiten bis 60 km/h
- Bekannter fahrbahnabhängiger Rollwiderstandsbeiwert f:
  $F_{\text{Fahrt}} = f \cdot F_{\text{Gewicht}}$
- Energierückgewinnung beim Abbremsen zum Nachladen der Batterie
- Bekannter Gesamtwirkungsgrad

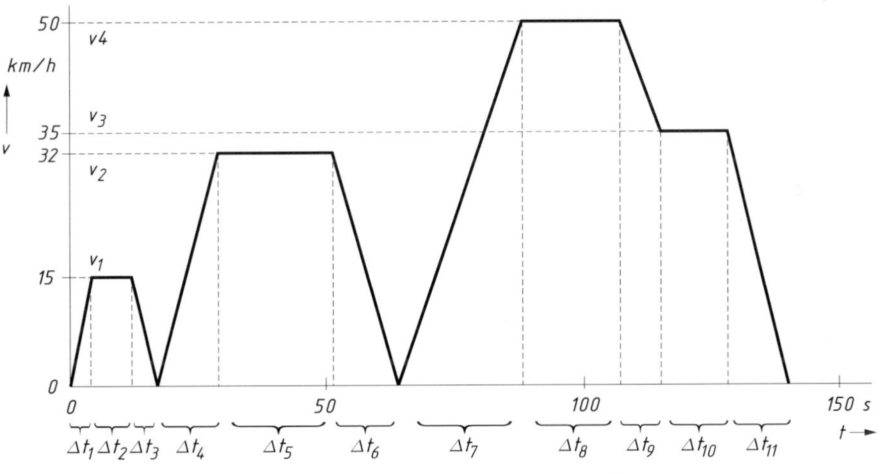

Fahrzyklus ohne Stillstandszeiten:

$\Delta t_1 = 4$ s , $\Delta t_2 = 8$ s , $\Delta t_3 = 5$ s , $\Delta t_4 = 12$ s , $\Delta t_5 = 24$ s , $\Delta t_6 = 11$ s ,
$\Delta t_7 = 24$ s , $\Delta t_8 = 19$ s , $\Delta t_9 = 8$ s , $\Delta t_{10} = 13$ s , $\Delta t_{11} = 12$ s

a) Man berechne den zurückgelegten Fahrweg s_{Zyk} mit den Geschwindigkeits- und Zeitangaben des Bildes.

b) Wie groß ist der Energieverbrauch für unbeschleunigtes Durchfahren einer Zyklusstrecke s_{Zyk} bei einer gesamten Fahrzeugmasse m_{Fahrz} = 500 kg unter Berücksichtigung eines Rollwiderstandsbeiwertes von $f = 0{,}1$ und eines Gesamtwirkungsgrades von $\eta = 0{,}7$?

c) Wie groß ist der Energieverbrauch für die Beschleunigungen eines Fahrzykluses unter Berücksichtigung eines Gesamtwirkungsgrades von $\eta = 0{,}7$?

d) Wie groß ist der Betrag der Energierückspeisung zur Batterie bei den Bremsvorgängen, wenn hierfür ein Wirkungsgrad von $\eta_{\text{rück}} = 0{,}8$ angesetzt wird?

e) Wie viel Fahrzyklen z kann das Elektrofahrzeug zurücklegen, wenn ein Verhältnis von Batteriemasse m_{Bat} zu Fahrzeugmasse m_{Fahrz} (einschließlich Batterie und Personen) angenommen wird und die Energiedichte w_e der Batterie bekannt ist?

$$\frac{m_{\text{Bat}}}{m_{\text{Fahrz}}} = \frac{1}{2} \qquad w_e = \frac{W_{\text{Bat}}}{m_{\text{Bat}}} = 40\frac{\text{Wh}}{\text{kg}} \quad \text{(Bleibatterie)}$$

f) Ermitteln Sie die Batteriekapazität in Ah für die z Fahrzyklen, wenn die Batteriespannung 60 V beträgt.

9.2 Lösungen

9.1

a) $W = U \cdot I \cdot t = P \cdot t = 90\ \text{W} \cdot 4\ \frac{\text{h}}{\text{Tag}} \cdot 30\ \text{Tage}$

$W = 10{,}8\ \text{kWh}$

b) $W = U \cdot I \cdot t = P \cdot t = 15\ \text{W} \cdot 20\ \frac{\text{h}}{\text{Tag}} \cdot 30\ \text{Tage}$

$W = 9\ \text{kWh}$

c) $P_{\text{FS}} = 10 \cdot 10^6 \cdot 15\ \text{W} \cdot \frac{20\ \text{h}}{24\ \text{h}} = 125\ \text{MW}$

$$x = \frac{P_{\text{FS}}}{P} = \frac{125\ \text{MW}}{400\ \text{MW}} = 31{,}25\%$$

9.2

$\Delta W = 208{,}2\ \text{kWh} - 207{,}9\ \text{kWh} = 0{,}3\ \text{kWh}$

$$P = \frac{\Delta W}{\Delta t} = \frac{0{,}3\ \text{kWh}}{\frac{2}{60}\ \text{h}} = 9\ \text{kW}$$

9.3

$$I = \frac{P}{U} = \frac{50\ \text{W}}{24\ \text{V}} = 2{,}08\ \text{A}$$

$$R = \frac{U}{I} = \frac{24\ \text{V}}{2{,}08\ \text{A}} = 11{,}52\ \Omega \quad \text{oder} \quad R = \frac{U^2}{P} = 11{,}52\ \Omega$$

9.4

a) $U = \sqrt{P \cdot R} = \sqrt{0{,}5\ \text{W} \cdot 1800\ \Omega} = 30\ \text{V}$

b)

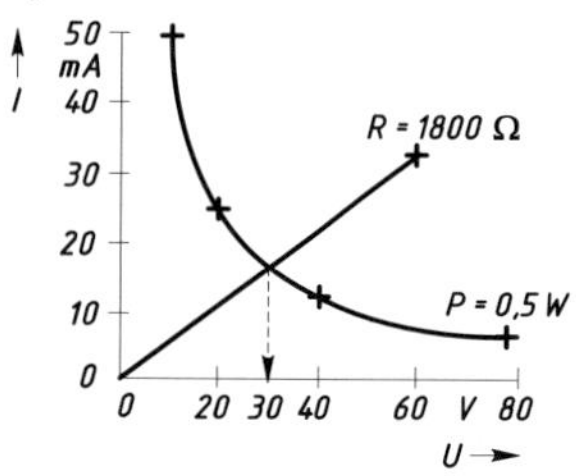

c)

U(V)	0	10	20	30	40
P(mW)	0	55,5	222	500	888

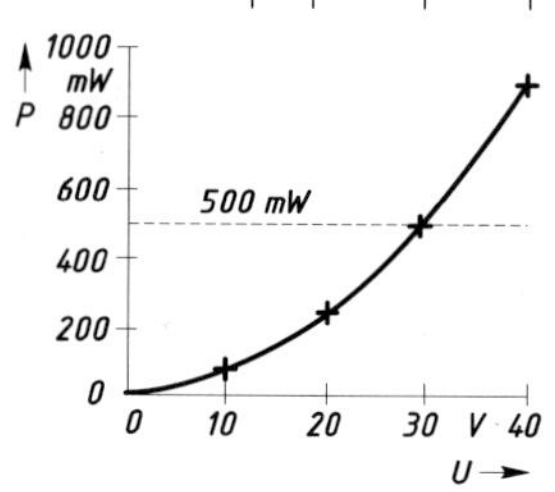

9.5

Quellenspannung: $U_q = 4{,}8\ \text{V}$

Innerer Spannungsabfall beim Aufladen:

$U_i = I \cdot R_i = 0{,}1\ \text{A} \cdot 0{,}5\ \Omega = 0{,}05\ \text{V}$

Ladespannung: $U = U_q + U_i = 4{,}85\ \text{V}$

Elektrische Arbeit: $W = U \cdot I \cdot t = 4{,}85\ \text{V} \cdot 0{,}1\ \text{A} \cdot 16\ \text{h}$

$W = 7{,}76\ \text{Wh}$

9.6

$$U = \frac{P}{I} = \frac{1500\ \text{W}}{6{,}52\ \text{A}} = 230\ \text{V}$$

$$R = \frac{U}{I} = \frac{230\ \text{V}}{6{,}52\ \text{A}} = 35{,}3\ \Omega \quad \text{oder} \quad R = \frac{P}{I^2} = 35{,}3\ \Omega$$

9.7

$P_{\text{ges}} = P_1 + P_2 + P_3 + P_4$

$P_{\text{ges}} = 5 \cdot 20\ \text{A} + 12\ \text{V} \cdot 7{,}3\ \text{A} + 5\ \text{V} \cdot 0{,}3\ \text{A} + 12\ \text{V} \cdot 0{,}3\ \text{A}$

$P_{\text{ges}} = 192{,}7\ \text{W}$

$$P_{\text{zu}} = \frac{P_{\text{ges}}}{\eta} = \frac{192{,}7\ \text{W}}{0{,}65} = 296{,}5\ \text{W}$$

9.8

$P = \frac{U^2}{R}$ (Nennleistung)

$P' = \frac{U'^2}{R}$ (erhöhte Leistung) mit $U' = 1{,}1 \cdot U$

$P' = \frac{(1{,}1 \cdot U)^2}{R} = 1{,}21 \cdot P$ ($\hat{=}$ Leistungszunahme 21%)

9.9

$$P_{\text{zu}} = \frac{P_{\text{mech}}}{\eta} = \frac{6{,}5\ \text{kW}}{0{,}78} = 8{,}33\ \text{kW}$$

$$I = \frac{P_{\text{zu}}}{U} = \frac{8{,}33\ \text{kW}}{440\ \text{V}} = 18{,}93\ \text{A}$$

9.10

$Q = c \cdot m \cdot \Delta T$

$Q = 4{,}19\ \frac{\text{kJ}}{\text{kg} \cdot \text{K}} \cdot 1\ \text{kg} \cdot 85\ \text{K}$

$Q = 356{,}15\ \text{kJ}$

$$W_{\text{zu}} = \frac{Q}{\eta} = \frac{356{,}15\ \text{kJ}}{0{,}85} = 419\ \text{kWs}$$

$$t = \frac{W}{P} = \frac{419\ \text{kWs}}{1{,}5\ \text{kW}} = 279{,}3\ \text{s} = 4{,}66\ \text{min}$$

9.11

$W \Rightarrow Q = c \cdot m \cdot \Delta T$

$P \Rightarrow \frac{Q}{t} = c \cdot \frac{m}{t} \cdot \Delta T$

$\Delta T = 40\,°\text{C} - 12\,°\text{C} = 28\,\text{K}$

$$\frac{m}{t} = \frac{P}{c \cdot \Delta T} = \frac{18\,\text{kW}}{4{,}19\,\frac{\text{kWs}}{\text{kg} \cdot \text{K}} \cdot 28\,\text{K}}$$

$$\frac{m}{t} = 0{,}153\,\frac{\text{kg}}{\text{s}} \mathrel{\hat{=}} 0{,}153\,\frac{l}{\text{s}} = 9{,}2\,\frac{l}{\text{min}}$$

9.12

a)

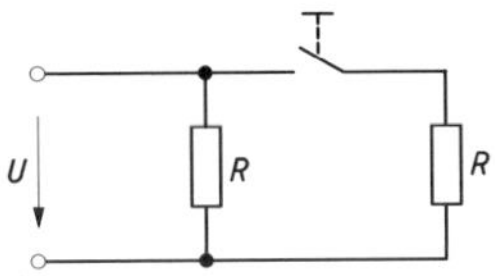

$$P = \frac{U^2}{R} \Rightarrow R = \frac{U^2}{P} = \frac{(230\,\text{V})^2}{16{,}5\,\text{W}} = 3{,}2\,\text{k}\Omega$$

b) $\Delta P = 33\,\text{W} - 16{,}5\,\text{W} = 16{,}5\,\text{W}$

$\Delta T = 500\,°\text{C} - 340\,°\text{C} = 160\,\text{K}$

$Q = c \cdot m \cdot \Delta T$

$$Q = 0{,}381\,\frac{\text{kJ}}{\text{kg} \cdot \text{K}} \cdot 8 \cdot 10^{-3}\,\text{kg} \cdot 160\,\text{K} = 488\,\text{J}$$

$Q' = 1{,}1 \cdot Q = 1{,}1 \cdot 488\,\text{J} = 537\,\text{J}$

$W = Q' = 537\,\text{Ws}$

$$t = \frac{W}{\Delta P} = \frac{537\,\text{Ws}}{16{,}5\,\text{W}} = 32{,}5\,\text{s}$$

9.13

a) $P_{zu} = U \cdot I = 440\,\text{V} \cdot 25\,\text{A} = 11\,\text{kW}$

b) $P_{\text{Nutz}} = P_{zu} \cdot \eta = 11\,\text{kW} \cdot 0{,}88 = 9{,}68\,\text{kW}$

c) $$M = \frac{P_{\text{Nutz}}}{2\pi \cdot n} = \frac{9680\,\text{W}}{2\pi \cdot 2500 \cdot \frac{1}{60}\,\text{s}^{-1}} = 37\,\text{Nm}$$

9.14

a) $$P_{\text{Nutz}} = M \cdot 2\pi \cdot n = 1{,}5\,\text{Nm} \cdot 2\pi \cdot \frac{300}{60\,\text{s}} = 47{,}1\,\text{W}$$

b) $$P_{zu} = \frac{P_{\text{Nutz}}}{\eta} = \frac{47{,}1\,\text{W}}{0{,}45} = 104{,}7\,\text{W}$$

c) $P_{\text{Verl}} = P_{zu} - P_{\text{Nutz}} = 104{,}7\,\text{W} - 47{,}1\,\text{W} = 57{,}6\,\text{W}$

d) $$I = \frac{P_{zu}}{U} = \frac{104{,}7\,\text{W}}{7{,}2\,\text{V}} = 14{,}54\,\text{A}$$

$P_{\text{Verl(el)}} = I_2 \cdot R_A = (14{,}54\,\text{A})^2 \cdot 0{,}15\,\Omega = 31{,}7\,\text{W}$

$P_{\text{Verl(mech)}} = P_{\text{Verl}} - P_{\text{Verl(el)}} = 25{,}9\,\text{W}$ ($\mathrel{\hat{=}}$ 45 %)

e) $W = U \cdot Q = 7{,}2\,\text{V} \cdot 1{,}2\,\text{Ah} = 8{,}64\,\text{Wh}$

$W = U \cdot I \cdot t \cdot x = 7{,}2\,\text{V} \cdot 14{,}53\,\text{A} \cdot 5\text{s} \cdot x = 523\,\text{Ws} \cdot x$

$$x = \frac{8{,}64\,\text{Wh}}{523\,\text{Ws}} = \frac{8{,}64 \cdot 3600\,\text{Ws}}{523\,\text{Ws}} \approx 59\ \text{Löcher}$$

9.15

a) Ermittlung des Fahrwegs je Zyklus aus Diagramm:

$$\sum v_i \cdot \Delta t = v_1 \cdot \Delta t_2 + v_2 \cdot \Delta t_5 + v_4 \cdot \Delta t_8 + v_3 \cdot \Delta t_{10} = 637\,\text{m}$$

$$\sum \frac{v_j \cdot \Delta t}{2} = \frac{1}{2}(v_1 \cdot \Delta t_1 + v_1 \cdot \Delta t_3 + v_2 \cdot \Delta t_4 + v_2 \cdot \Delta t_6 + \ldots) = 363\,\text{m}$$

$s_{\text{Zyk}} = 637\,\text{m} + 363\,\text{m} = 1000\,\text{m}$

b) Erforderliche Energie je Fahrzyklus (ohne Beschleunigung)

Grundbeziehungen:

- Arbeit (Energie) = Kraft · Weg
- Kraft = Masse · Beschleunigung
- $F_{\text{Fahrt}} = f \cdot F_{\text{Gewicht}}$ (f = Rollwiderstandsbeiwert)

$$W_1 = \frac{m_{\text{Fahrz}} \cdot g \cdot s_{\text{Zyk}} \cdot f}{\eta} \quad (\eta = \text{Gesamtwirkungsgrad})$$

$$W_1 = \frac{500\,\text{kg} \cdot 9{,}81\,\text{m} \cdot 1000\,\text{m} \cdot 0{,}1}{0{,}7 \qquad s^2}$$

$W_1 \approx 700000\,\text{Nm}$ je Zyklus $\mathrel{\hat{=}} 195\,\text{Wh}$ je 1 km

c) Erforderliche Energie für Beschleunigungsvorgänge je Fahrzyklus

Grundbeziehungen:

- $W_{\text{Beschl}} = \frac{1}{2}\,\text{m} \cdot \text{v}^2$

$$W_2 = \frac{1}{2} m_{\text{Fahrz}} \left(v_1^2 + v_2^2 + v_4^2\right) \cdot \frac{1}{\eta}$$

$$W_2 = \frac{1}{2} \cdot 500\,\text{kg} \cdot 3749 \left(\frac{\text{km}}{\text{h}}\right)^2 \cdot \frac{1}{0{,}7}$$

$W_2 \approx 103312\,\text{Nm}$ je Zyklus $\mathrel{\hat{=}} 28{,}7\,\text{Wh}$ je 1 km

d) Energierückgewinnung beim Abbremsen

$W_{\text{rück}} = \eta_{\text{rück}} \cdot W_2 = 0{,}8 \cdot 28{,}7\,\text{Wh}$

$W_{\text{rück}} \approx 23\,\text{Wh}$ je Zyklus (1km)

e) Anzahl der Fahrzyklen mit dem Energieinhalt einer Batterieladung:

$W_{\text{verbr}} = W_1 + W_2 - W_{\text{rück}}$

$W_{\text{verbr}} = 195\,\text{Wh} + 28{,}7\,\text{Wh} - 23\,\text{Wh}$

$W_{\text{verbr}} \approx 200\,\text{Wh}$ je 1 km

(Erfahrungswert: Auf einer Fahrstrecke von 100 km verbraucht ein auf Elektroantrieb umgerüsteter Mittelklasse-PKW im Durchschnitt 25 kWh Energie. Das entspricht bei einem thermischen Wirkungsgrad von 35 % bei einem Verbrennungsmotor einem Benzinverbrauch von ca. 8,5 Liter).

Energieinhalt der Batterie:

$$40\,\frac{\text{Wh}}{\text{kg}} \Rightarrow \mathrel{\hat{=}} 10\,\text{kWh je 250 kg Batterie}$$

Energieverbrauch je Fahrzyklus 1 km:

200 Wh je 1 km bei 500 kg Fahrzeugmasse (incl. Batterie und Fahrer)

Anzahl der möglichen Fahrzyklen:

$$z = \frac{10\,\text{kWh}}{0{,}2\,\text{kWh}} = 50 \Rightarrow \text{d.h. 50 km}$$

f) Erforderliche Batteriekapazität für z Fahrzyklen:

$$Q = \frac{z \cdot W_{\text{verbr}}/\text{km}}{U} = \frac{50 \cdot 200\,\text{Wh}}{60\,\text{V}} = 167\,\text{Ah}$$

10 Spannungsquelle mit Innenwiderstand

- Ersatzschaltung
- Belastungsfälle

Verhalten der Spannungsquelle

Während eine ideale Spannungsquelle ihre Quellenspannung an den Klemmen anbietet, weist eine belastete reale Spannungsquelle aufgrund der inneren Verluste immer eine Klemmenspannung auf, die kleiner als die Quellenspannung ist.

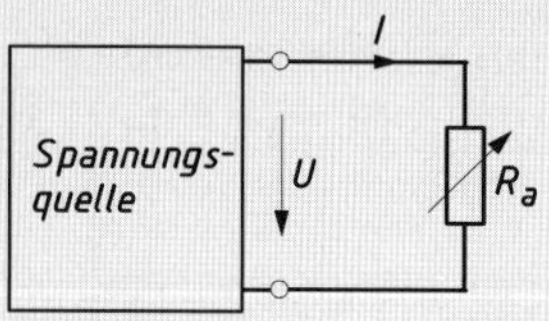

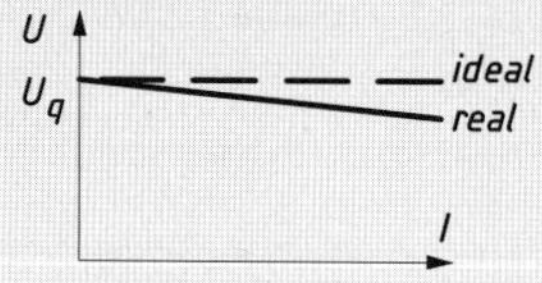

Die Klemmenspannung U ist belastungsabhängig:

$R_a{\downarrow} \Rightarrow I{\uparrow} \Rightarrow U{\downarrow}$

$\uparrow\downarrow =$ Tendenzpfeile (größer, kleiner)

$\Rightarrow =$ Wirkungspfeile

Ersatzschaltung

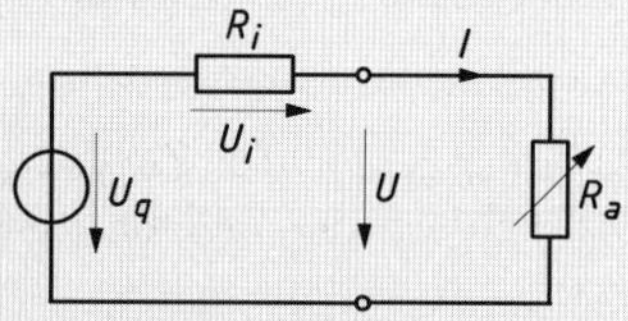

Nachbildung des Verhaltens der realen Quelle.

$U_q =$ Quellenspannung

$R_i =$ Innenwiderstand

Grundgleichungen

$$U_q = U + U_i$$
$$U = I \cdot R_a$$
$$U_i = I \cdot R_i$$
$$U = U_q - \underbrace{I \cdot R_i}_{\text{innerer Spannungsabfall}}$$

Berechnungsmöglichkeiten für den Innenwiderstand

$$R_i = \frac{U_i}{I} \qquad \frac{\text{Innerer Spannungsabfall}}{\text{Laststrom}}$$

$$R_i = \frac{U_q}{I_k} \qquad \frac{\text{Quellenspannung}}{\text{Kurzschlussstrom}}$$

$$R_i = -\frac{\Delta U}{\Delta I} \qquad \frac{\text{Klemmenspannungsänderung}}{\text{Laststromänderung}}$$

Belastungsfälle

(U_q, R_i = konst, R_a = variabel)

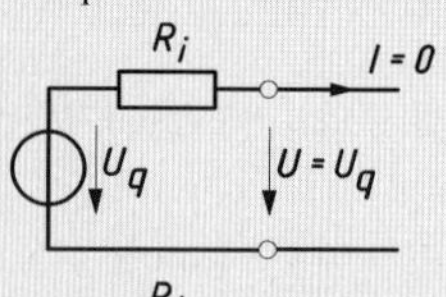

Leerlauf: $R_a = \infty$

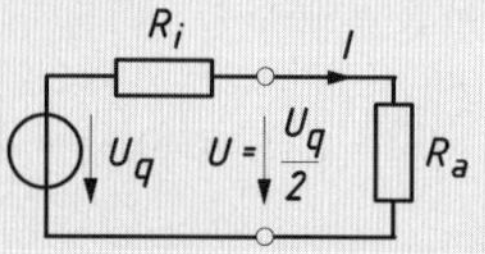

Anpassung: $R_a = R_i$

$$P_{a\max} = \frac{U_q^2}{4 \cdot R_i}$$

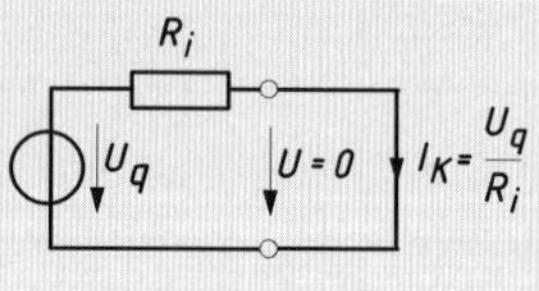

Kurzschluss: $R_a = 0$

Gemeinsames Diagramm von Spannungsquelle und Lastwiderstand

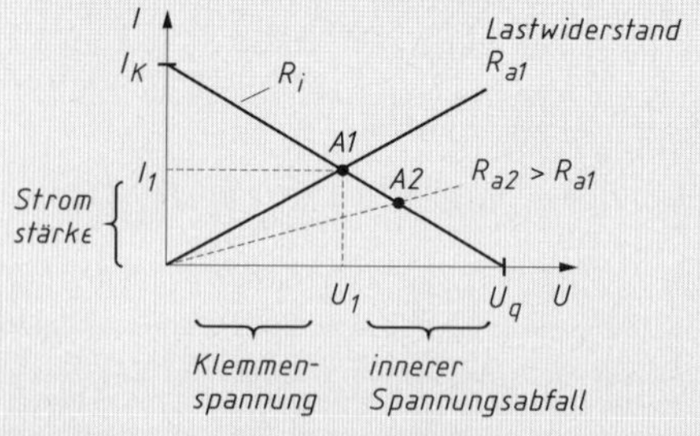

Im Arbeitspunkt A (Schnittpunkt) können die sich einstellende Stromstärke und die Spanungsaufteilung abgelesen werden.

10.1 Aufgaben

☞ *Bei den nachfolgenden Aufgaben wird unter dem Begriff Spannungsquelle immer eine reale (technische) Spannungsquelle mit Innenwiderstand verstanden.*

❶ **10.1** Eine Spannungsquelle habe eine Quellenspannung von 12 V und einen Innenwiderstand von 10 Ω.
Wie groß wird die Klemmenspannung bei Anschluss eines Lastwiderstandes von 22 Ω?

❶ **10.2** Die Leerlaufspannung einer Spannungsquelle beträgt 15 V, der Innenwiderstand 50 Ω.
Welchen Widerstandswert hat der Lastwiderstand R_a, wenn durch seinen Anschluss die Klemmenspannung den Wert 14 V annimmt?

❶ **10.3** Eine Spannungsquelle habe die Kennwerte $U_q = 10$ V und $R_i = 75$ Ω. Ein Verbraucher $R_a = 680$ Ω wird über eine 200 m lange zweiadrige Kupferleitung angeschlossen.
Wie groß ist die Spannung U am Verbraucher, wenn der Drahtdurchmesser einer Kupferader $d = 1$ mm beträgt ($\varrho_{Cu} = 0{,}01786$ Ω mm²/m)?

❶ **10.4** Der Gleichstromwiderstand eines Nickel-Cadmium-Kleinakkumulators vom Zellentyp Mignon ist laut Datenblatt 35 mΩ, die Nennspannung beträgt 1,2 V. Bei einem Entladestrom von 1 A beträgt die entnehmbare Kapazität 0,4 Ah.

a) Wie groß ist die Entladezeit t bei einem Entladestrom von 1 A?

b) Dem Zellentyp Mignon soll höchstens zwei Sekunden lang eine maximale Stromstärke von 10 A entnommen werden. Wie groß ist der Mindestwert des Lastwiderstandes, um diese Bedingung einzuhalten?

c) Wie groß wäre der theoretische Kurzschlussstrom einer neuen Akkumulatorzelle?

❶ **10.5** Bei Anschluss eines Lastwiderstandes R_a an eine Spannungsquelle mit dem Innenwiderstand $R_i = 0{,}75$ Ω soll sich die Klemmenspannung um höchstens 5 % gegenüber der Leerlaufspannung verändern.
Welchen Widerstandswert muss der Lastwiderstand R_a mindestens aufweisen?

❶ **10.6** Von einer Spannungsquelle sind bekannt, dass ihre Leerlaufspannung 50 V und ihr Kurzschlussstrom 200 mA betragen.

a) Wie groß sind Stromstärke I und Klemmenspannung U bei Anschluss eines Verbraucherwiderstandes $R_a = 1$ kΩ?

b) Kontrollieren Sie die Rechnung durch eine grafische Lösung der Aufgabe mit I-U-Kennlinien.

❶ **10.7** Eine Spannungsquelle hat eine Leerlaufspannung von 1,5 V und einen Innenwiderstand von 600 Ω.

a) Bei welchem Außenwiderstand erreicht die Leistungsabgabe ihren Höchstwert?

b) Wie groß sind Klemmenspannung, Stromstärke und Leistungsabgabe an den Verbraucher bei Leistungsanpassung?

❶ **10.8** Wie groß ist die Leerlaufspannung einer Spannungsquelle, die bei Belastung mit $R_a = 50$ Ω ein Maximum der Leistungsabgabe mit 1,2 W erreicht?

❶ ❷ **10.9** Ein stabilisiertes Netzteil hat eine einstellbare Leerlaufspannung von 0,5 … 30 V. Der Innenwiderstand ist nahezu null. Desweiteren verfügt das Gerät über eine einstellbare Strombegrenzung 25 mA … 1 A. An dieses Netzteil wird ein Laborwiderstand als einstellbarer Widerstand R_a angeschlossen.

Berechnen und zeichnen Sie die Funktionen $I = f(R_a)$ und $U = f(R_a)$ im Wertebereich 0 … 100 Ω, wenn das Netzteil auf die Spannung 10 V und 0,5 A Strombegrenzung eingestellt ist.

❶ ❷ **10.10** Eine Spannungsquelle mit Innenwiderstand wird mit einem Widerstand $R_{a1} = 27\ \Omega$ belastet, dabei fließt ein Strom $I_1 = 0{,}8$ A. Bei Anschluss eines Lastwiderstandes $R_{a2} = 47\ \Omega$ verändert sich der Strom auf $I_2 = 0{,}6$ A.

Wie groß ist die Leerlaufspannung der Spannungsquelle?

❶ ❷ **10.11** Für akkugespeiste Heimwerker-Bohrmaschinen, Schrauber etc. wird ein netzbetriebenes Ladegerät angeboten. Laut Bedienungsanleitung ist das Ladegerät zur Aufladung von Ni-Cd-Kleinakkus der Nennspannung 4,8 V, 7,2 V, 9,6 V und 12 V geeignet. Bei richtigem Anschluss eines Akkumulators erfolgt eine Schnell-Ladung mit 1,4 A Ladestrom eine Stunde lang, dann wird automatisch abgeschaltet. Zur Inbetriebnahme des Ladegerätes ist nur der Netzstecker in die Steckdose zu stecken, es gibt keine Einstellmöglichkeit für die Ladespannung!

a) Wie sieht die *I*-*U*-Kennlinie des Ladegerätes im Bereich 4,8 … 12 V Klemmenspannung aus?

b) Eine genaue Kontrollmessung bei dem Ladegerät ergibt für die Wertepaare „Klemmenspannung/Ladestrom“ folgende Ergebnisse: 4,8 V/1,4 A und 12 V/1,3 A . Wie groß ist der Innenwiderstand des Ladegerätes im Spannungsbereich 4,8 … 12 V?

c) Wie groß muss die Quellenspannung U_q des Ladegerätes sein, wenn das einfache Ersatzschaltbild einer Spannungsquelle mit Innenwiderstand zugrunde gelegt wird?

❶ ❷ **10.12** Bei einem unbelasteten Steckdosenkreis wird eine Spannung von 235 V gemessen. Bei Anschluss eines Verbrauchers, der eine Stromaufnahme von 7,6 A verursacht, ist die Spannung nur noch 229 V.

a) Wie groß ist der Widerstand des Verbrauchers?

b) Wie groß ist der „Netz-Innenwiderstand“?

❷ **10.13** Der Lastwiderstand R_a sei *n*-mal größer als der Innenwiderstand R_i der Spannungsquelle. In welchem Verhältnis stehen dann:

a) die Klemmenspannung U am Lastwiderstand R_a zur Leerlaufspannung U_L,

b) der Strom I im Lastwiderstand R_a zum Kurzschlussstrom I_K,

c) die Leistungsabgabe P_a an den Lastwiderstand R_a zur größtmöglichen Leistungsabgabe $P_{a\,max}$.

❷ ❸ **10.14** Bei der grafischen Ermittlung der Stromstärke einer belasteten Spannungsquelle mit Innenwiderstand werden die R_a- und R_i-Kennlinien wie abgebildet gezeichnet.

Leiten Sie aus der Geometrie des Diagramms ab, dass für den Schnittpunkt der Geraden die Gleichung

$$I = \frac{U_q}{R_a + R_i} \quad \text{gilt.}$$

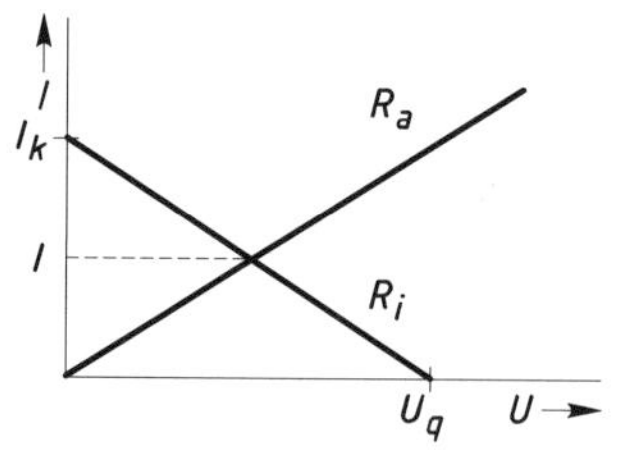

10.2 Lösungen

10.1

$$I = \frac{U_q}{R_a + R_i} = \frac{12\ \text{V}}{22\ \Omega + 10\ \Omega} = 375\ \text{mA}$$

$$U = I \cdot R_a = 0{,}375\ \text{A} \cdot 22\ \Omega = 8{,}25\ \text{V}$$

10.2

$$I = \frac{U_q - U}{R_i} = \frac{15\ \text{V} - 14\ \text{V}}{50\ \Omega} = 20\ \text{mA}$$

$$R_a = \frac{U}{I} = \frac{14\ \text{V}}{20\ \text{mA}} = 700\ \Omega$$

10.3

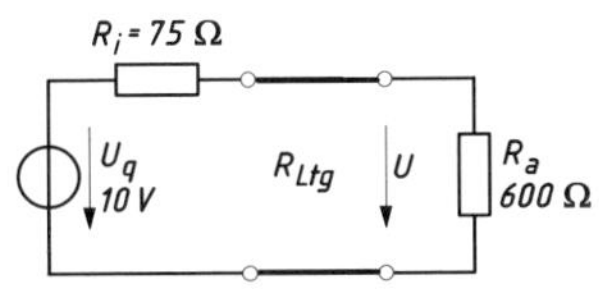

$$A = \frac{d^2 \cdot \pi}{4} = \frac{(1\ \text{mm})^2 \cdot \pi}{4} = 0{,}785\ \text{mm}^2$$

$$R_{\text{Ltg}} = 2\frac{\varrho_{\text{Cu}} \cdot l}{A} = 2\frac{0{,}01786\ \Omega\text{mm}^2 \cdot 200\ \text{m}}{\text{m} \cdot 0{,}785\ \text{mm}^2} = 9{,}1\ \Omega$$

$$I = \frac{U_q}{R_i + R_{\text{Ltg}} + R_a} = \frac{10\ \text{V}}{75\ \Omega + 9{,}1\ \Omega + 600\ \Omega} = 14{,}62\ \text{mA}$$

$$U = I \cdot R_a = 14{,}62\ \text{mA} \cdot 600\ \Omega = 8{,}77\ \text{V}$$

10.4

a) $t = \dfrac{Q}{I} = \dfrac{0{,}4\ \text{Ah}}{1\ \text{A}} = 0{,}4\ \text{h} = 24\ \text{min}$

b) $R_a = \dfrac{U_q}{I} - R_i = \dfrac{1{,}2\ \text{V}}{10\ \text{A}} - 35\ \text{m}\Omega$

$R_a = 85\ \text{m}\Omega$ (Minimum)

c) $I_K = \dfrac{U_q}{R_i} = \dfrac{1{,}2\ \text{V}}{35\ \text{m}\Omega} = 34{,}3\ \text{A}$

10.5

Bei Leerlauf ($R_a = \infty$) ist $U = 1 \cdot U_q$.

Bei Belastung mit R_a soll sein: $U = 0{,}95 \cdot U_q$.

$$\frac{U}{U_q} = 0{,}95 = \frac{R_a}{R_a + R_i}$$

$$0{,}95 \cdot R_a + 0{,}95 \cdot R_i = 1 \cdot R_a$$

$$0{,}05 \cdot R_a = 0{,}95 \cdot \text{R}_i$$

$$R_a = 19 \cdot R_i = 19 \cdot 0{,}75\ \Omega = 14{,}25\ \Omega \text{ (Minimum)}$$

10.6

a) $R_i = \dfrac{U_q}{I_K} = \dfrac{50\ \text{V}}{0{,}2\ \text{A}} = 250\ \Omega$

$$I = \frac{U_q}{R_a + R_i} = \frac{50\ \text{V}}{1000\ \Omega + 250\ \Omega} = 40\ \text{mA}$$

$$U = I \cdot R_a = 40\ \text{mA} \cdot 1\ \text{k}\Omega = 40\ \text{V}$$

b)

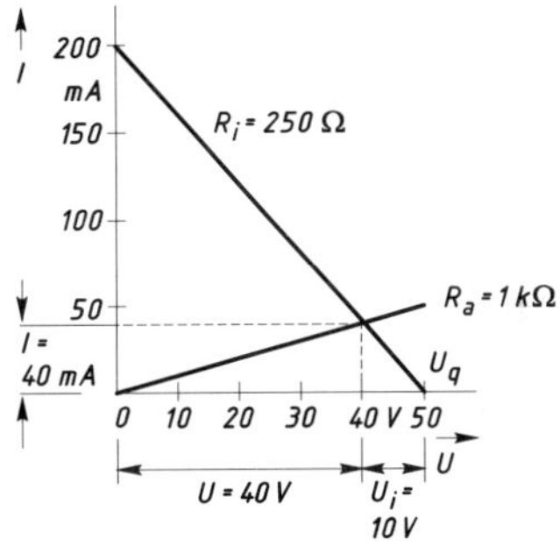

10.7

a) Bei Leistungsanpassung: $R_a = R_i = 600\ \Omega$

b) $\dfrac{U}{U_q} = \dfrac{R_a}{R_a + R_i} = \dfrac{1}{2} \Rightarrow U = 0{,}75\ \text{V}$

$$I = \frac{U}{R_a} = \frac{750\ \text{mV}}{600\ \Omega} = 1{,}25\ \text{mA}$$

$$P_{\text{a,max}} = U \cdot I = 750\ \text{mV} \cdot 1{,}25\ \text{mA} = 937{,}5\ \mu\text{W}$$

Beweis zur Leistungsanpassung (Vertiefung der Aufgabe):

$P_a = U \cdot I$ mit $U = U_q - I \cdot R_i$

(1) $P_a = U_q \cdot I - R_i \cdot I^2$

Zur Bestimmung von $P_{\text{a,max}}$ wird die Gl. (1) nach I differenziert und die Ableitung gleich null gesetzt:

$$\frac{\text{d}\,P_a}{\text{d}\,I} = U_q - R_i \cdot 2I = 0$$

Daraus folgt:

(2) $I = \dfrac{U_q}{2R_i}$

Es ist:

$U_i = I \cdot R_i$

Durch Einsetzen von Gl. (2) erhält man:

$$U_i = \frac{U_q}{2R_i} \cdot R_i$$

$$U_i = \frac{1}{2}U_q \Rightarrow U = \frac{1}{2}U_q$$

Daraus folgt:

$I\,R_a = I \cdot R_a \Rightarrow \boxed{R_a = R_i}$

Maximale Leistungsabgabe:

$P_{a,max} = I_2 \cdot R_a$ mit Gl.(2)

$$P_{a,max} = \frac{U_q^2}{4R_i^2} \cdot R_a = \frac{U_q^2}{4R_i}$$

10.8

$P_{a,max} = 1{,}2$ W bei Leistungsanpassung $R_a = R_i = 50\ \Omega$

$$I = \sqrt{\frac{P_{a,max}}{R_a}} = \sqrt{\frac{1{,}2\ \text{W}}{50\ \Omega}} = 0{,}155\ \text{A}$$

Leerlaufspannung:

$U = U_q = I \cdot (R_a + R_i) = 0{,}155\ \text{A} \cdot 100\ \Omega = 15{,}5\ \text{V}$

10.9

$$R_{a,min} = \frac{10\ \text{V}}{0{,}5\ \text{A}} = 20\ \Omega$$

$R_i = 0\ \Omega$, wenn keine Strombegrenzung

R_a	100	80	60	40	20	10	5	0	Ω
$I = \frac{U_q}{R_a + R_i}$	100	125	167	250	500	500	500	500	mA
$U = I \cdot R_a$	10	10	10	10	10	5	2,5	0	V

Strombegrenzung ist wirksam, wenn $R_a > 20\ \Omega$

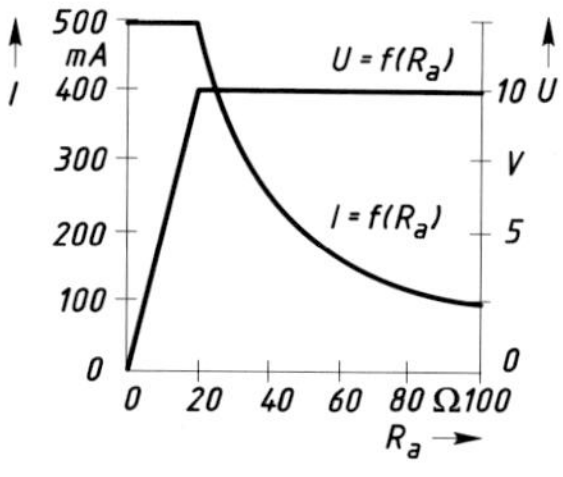

10.10

$U_1 = I_1 \cdot R_{a1} = 0{,}8\ \text{A} \cdot 27\ \Omega = 21{,}6\ \text{V}$

$U_2 = I_2 \cdot R_{a2} = 0{,}6\ \text{A} \cdot 47\ \Omega = 28{,}2\ \text{V}$

$$R_i = -\frac{\Delta U}{\Delta I} = -\frac{28{,}2\ \text{V} - 21{,}6\ \text{V}}{0{,}6\ \text{A} - 0{,}8\ \text{A}} = 33\ \Omega$$

$U_q = I_1 + I \cdot R_i = 21{,}6\ \text{V} + 0{,}8\ \text{A} \cdot 33\ \Omega = 48\ \text{V}$

oder

$U_q = U_2 + I \cdot R_i = 28{,}2\ \text{V} + 0{,}6\ \text{A} \cdot 33\ \Omega = 48\ \text{V}$

10.11

a)

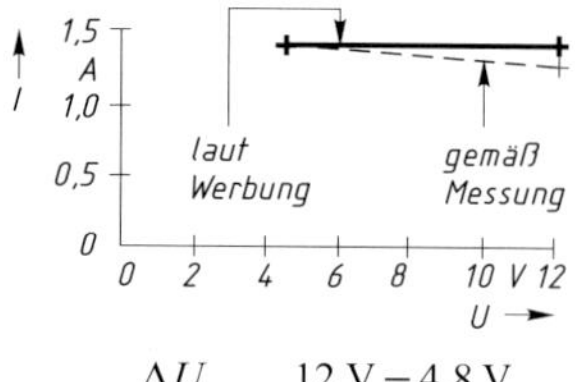

b) $R_i = -\frac{\Delta U}{\Delta I} = -\frac{12\ \text{V} - 4{,}8\ \text{V}}{1{,}3\ \text{A} - 1{,}4\ \text{A}} = 72\ \Omega$

c) $U_q = U_2 + I_2 \cdot R_i = 12\ \text{V} + 1{,}3\ \text{A} \cdot 72\ \Omega = 105{,}6\ \text{V}$

oder

$U_q = U_1 + I_1 \cdot R_i = 4{,}8\ \text{V} + 1{,}4\ \text{A} \cdot 72\ \Omega = 105{,}6\ \text{V}$

10.12

a) $R_a = \frac{U}{I} = \frac{229\ \text{V}}{7{,}6\ \text{A}} = 30{,}13\ \Omega$ (Verbraucherwiderstand)

b) $R_i = -\frac{\Delta U}{\Delta I} = -\frac{U_2 - U_1}{I_2 - I_1}$

$$R_i = -\frac{235\ \text{V} - 229\ \text{V}}{0\ \text{A} - 7{,}6\ \text{A}} = 0{,}79\ \Omega$$

10.13

a) $\frac{U}{U_q} = \frac{R_a}{R_a + R_i}$ mit $R_a = n \cdot R_i$ und $U_L = U_q$

$$\frac{U}{U_L} = \frac{n \cdot R_i}{n \cdot R_i + R_i} = \frac{n}{n+1}$$

n	0,1	0,5	1	2	10
$\frac{U}{U_L}$	0,091	0,333	0,5	0,666	0,91

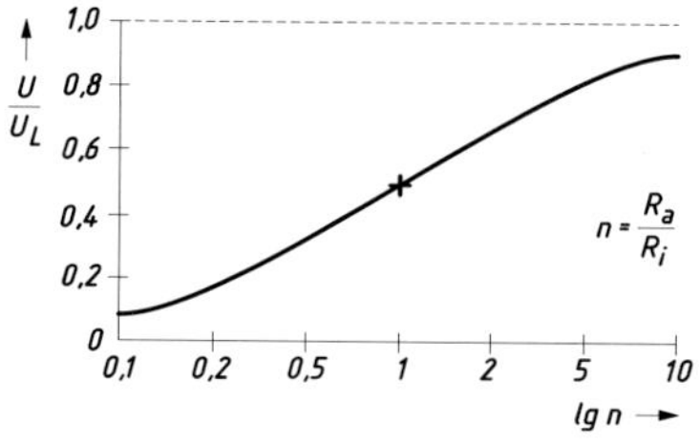

Für großes n ($\hat{=}\ R_a \ll R_i$) folgt ($U \approx U_L$)

b) $$\frac{I}{I_K} = \frac{\frac{U_q}{R_a + R_i}}{\frac{U_q}{R_i}} = \frac{R_i}{R_a + R_i}$$

$$\frac{I}{I_K} = \frac{R_i}{n \cdot R_i + R_i} = \frac{1}{n+1}$$

n	0,1	0,5	1	2	10
$\frac{I}{I_K}$	0,91	0,666	0,5	0,333	0,091

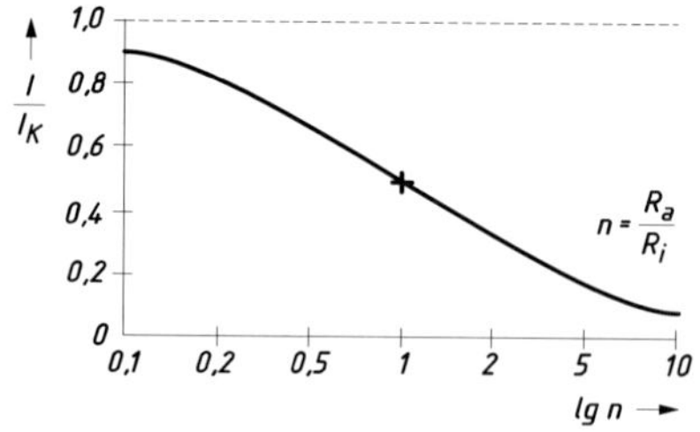

Für $n = 1$ ($\hat{=}\ R_a = R_i$) folgt:

$$I = \frac{1}{2} I_K$$

c) $$\frac{P_a}{P_{a,max}} = \frac{\frac{U^2}{R_a}}{\frac{U_q^2}{4 \cdot R_i}} = \frac{\frac{\left(U_q \cdot \frac{R_a}{R_a + R_i}\right)^2}{R_a}}{\frac{U_q^2}{4 \cdot R_i}}$$

$$\frac{P_a}{P_{a,max}} = \left(\frac{R_a}{R_a + R_i}\right)^2 \cdot \frac{4 \cdot R_i}{R_a} = \left(\frac{n \cdot R_i}{n \cdot R_i + R_i}\right)^2 \cdot \frac{4 \cdot R_i}{n \cdot R_i}$$

$$\frac{P_a}{P_{a,max}} = \left(\frac{n}{n+1}\right)^2 \cdot \frac{4}{n} = \frac{4 \cdot n}{(n+1)^2}$$

n	0,1	0,5	1	2	10
$\frac{P_a}{P_{a\,max}}$	0,33	0,888	1	0,888	0,33

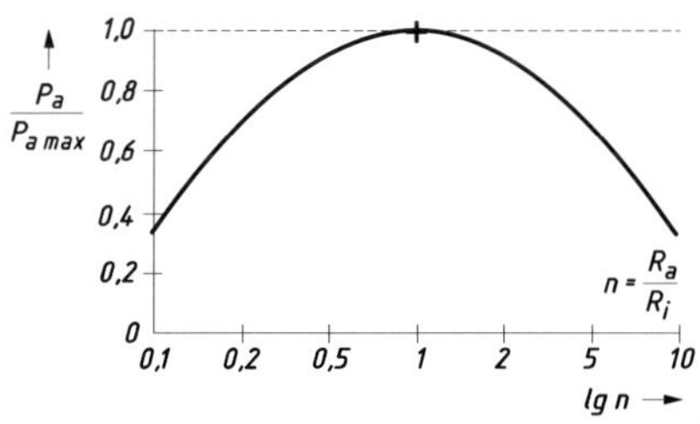

Für $n = 1$ ($\hat{=} R_a = R_i$) folgt:

$P_a = P_{a,max}$

10.14

Gl. I für Widerstand R_a:

I $U = I \cdot R_a$

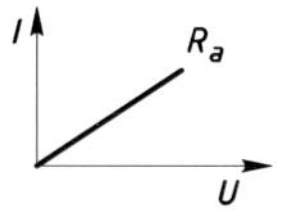

Gl. II für Widerstand R_i:
Achsenabschnittsgleichung (allgemein)

$$\frac{y}{b} + \frac{x}{a} = 1$$

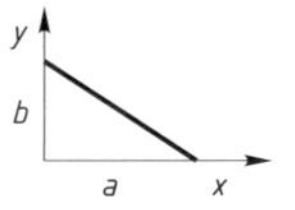

Achsenabschnittsgleichung (mit elektrischen Größen)

II $$\frac{I}{I_K} + \frac{U}{U_q} = 1$$

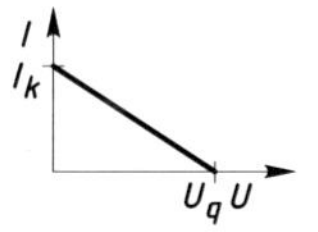

I in II

$$\frac{I}{I_K} + \frac{I \cdot R_a}{U_q} = 1$$

$$\frac{I}{\frac{U_q}{R_i}} + \frac{I \cdot R_a}{U_q} = 1 \quad \text{mit } I_K = \frac{U_q}{R_i}$$

$$\frac{I \cdot R_i}{U_q} + \frac{I \cdot R_a}{U_q} = 1 \qquad \Big| \cdot U_q$$

$$I \cdot R_i + I \cdot R_a = U_q$$

$$I = \frac{U_q}{R_a + R_i}$$

11 Spannungsteiler

- Unbelasteter, belasteter Spannungsteiler
- Lösungsmethodiken

Spannungsteiler sind Schaltungen, mit denen aus einer Betriebsspannung eine Teilspannung, die fest oder einstellbar sein kann, gewonnen wird.

Leerlauffall $I_L = 0$

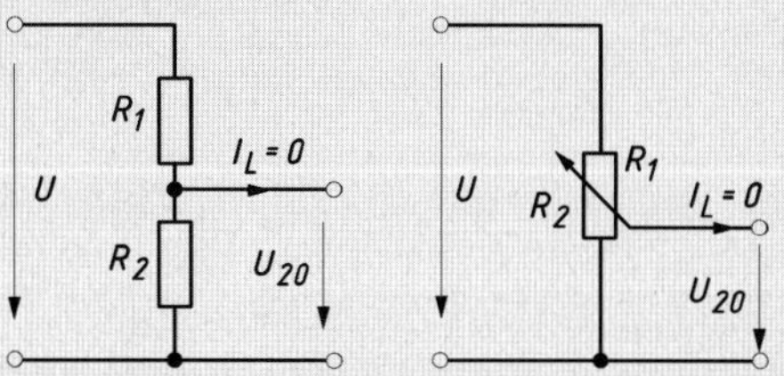

U_{20} = Teilspannung am Widerstand R_2, wenn Laststrom $I_L = 0$

$$U_{20} = \frac{R_2}{R} \cdot U \text{ mit } R = R_1 + R_2$$

Für eine bestimmte Bedingung U_{20}/U gibt es unendlich viele Lösungen, d.h. niederohmige bis hochohmige Spannungsteiler. Für welche Lösung man sich entscheidet, hängt vom Belastungsfall ab.
Man wird Spannungsteiler immer nur so niederohmig wie nötig dimensionieren.

Leerlaufkennlinie

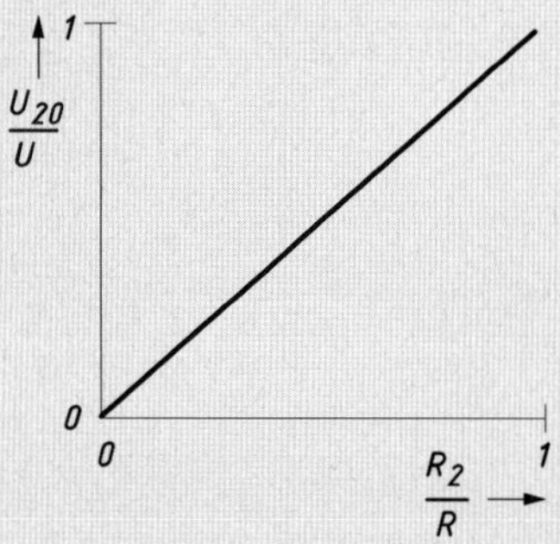

Belastungsfall $I_L > 0$

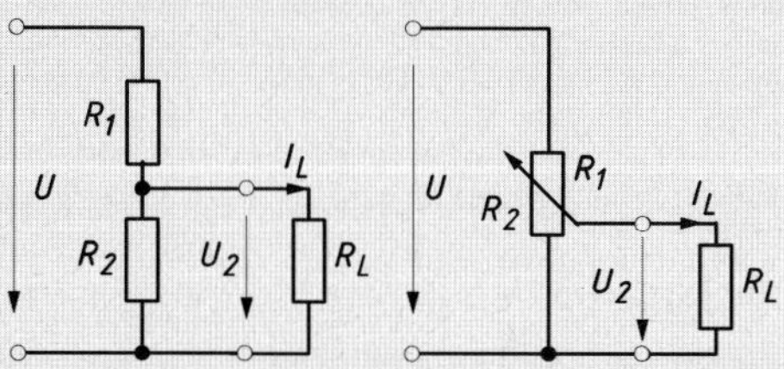

U_2 = Teilspannung am Widerstand R_2, wenn Laststrom $I_L = 0$

Feststellung: $U_2 < U_{20}$

Die Ausgangsspannung eines Spannungsteilers nimmt durch Belastung mit R_L ab.

- Berechnung der Teilspannung über die Spannungsteilerbeziehung:

$$U_2 = \frac{R_2 \parallel R_L}{R_1 + (R_2 \parallel R_L)} \cdot U$$

- Berechnung über die Ersatzspannungsquelle:

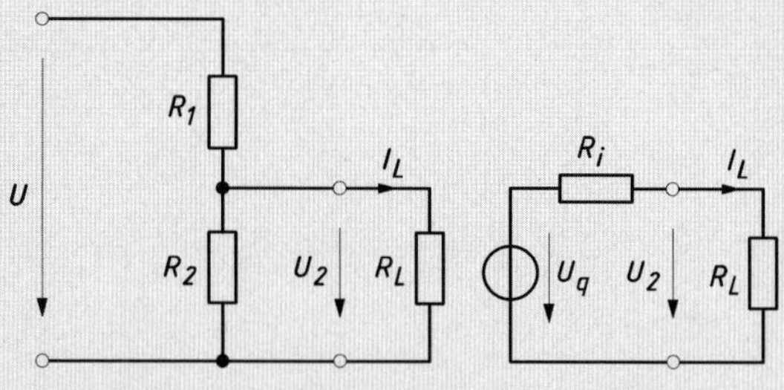

$$U_q = U_{20} = \frac{R_2}{R_1 + R_2} \cdot U$$

$$R_i = \frac{R_1 \cdot R_2}{R_1 + R_2}$$

$$U_2 = U_q - I_L R_i$$

Dimensionierung von Spannungsteilern

Es sind Betriebsanforderungen gegeben, die Spannungsteilerwiderstände R_1, R_2 sind gesucht.

Berechnungsmethoden

Querstromfaktormethode

Ausgangspunkt ist die Erfahrung, dass die Teilspannung sich durch Belastung nicht wesentlich ändert, wenn der Querstrom I_2 viel größer ist als der Laststrom I_L.

Querstromfaktor $m = \dfrac{I_2}{I_L}$

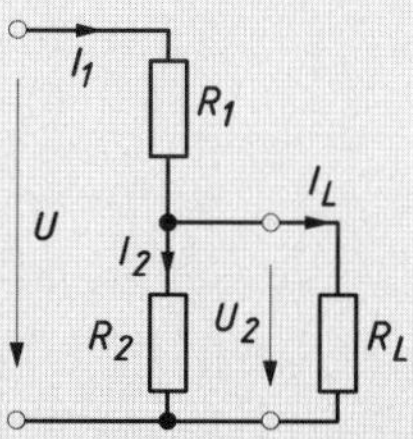

1. Schritt: Feststellen, wie groß die Teilspannung U_2 sein soll und wie groß der Laststrom I_L werden kann:
   $U_2 = \ldots$ V
   $I_L = \ldots$ A
2. Schritt: Wahl des Querstromfaktors und Berechnung des Querstromes:
   $m = \ldots$ ($m = 2 \ldots 10$)
   $I_2 = m \cdot I_L$

   Je größer m gewählt wird, umso stabiler ist die Ausgangsspannung aber umso niederohmiger wird der Spannungsteiler.
3. Schritt: Berechnung von R_2:
   $$R_2 = \frac{U_2}{I_2}$$
4. Schritt: Berechnung von R_1 bei vorgegebener Spannung U:
   $I_1 = I_2 + I_L$
   $$R_1 = \frac{U - U_2}{I_1}$$

Ersatzquellenmethode

Voraussetzung ist, dass zwei schlüssige Bedingungen als Anforderungen an den Spannungsteiler gegeben sind, z.B.:

1) Leerlauf: $U_{20} = \ldots$ V
2) Belastung $U_2 = \ldots$ V, $I_L = \ldots$ A

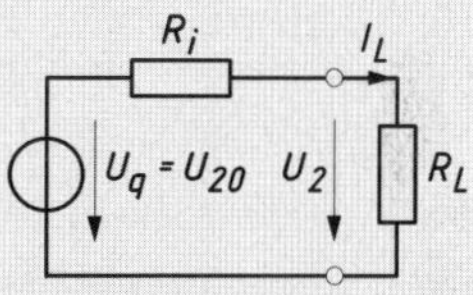

1. Schritt: Innenwiderstand der Ersatzquelle aus den gegebenen Bedingungen berechnen:
   $$R_i = -\frac{\Delta U}{\Delta I}$$
2. Schritt: Quellenspannung der Ersatzquelle berechnen:
   $U_q = U_2 + I_L \cdot R_i$ oder
   $U_q = U_{20}$ falls gegeben
3. Schritt: Gleichungssystem mit 2 Unbekannten (R_1, R_2) aufstellen und lösen:

$$\text{I} \qquad \frac{R_1 \cdot R_2}{R_1 + R_2} = R_i$$

$$\text{II} \qquad \frac{R_2}{R_1 + R_2} \cdot U = U_{20} = U_q$$

(R_i und U_q wurden berechnet, U ist die gegebene Versorgungsspannung)

11.1 Aufgaben

❶ **11.1** Berechnen Sie die Ausgangsspannung U_{20} des unbelasteten Spannungsteilers für die nachfolgenden Fälle, wenn $U = 12$ V ist (Schalter S ist offen).

a) $R_1 = 2$ kΩ, $R_2 = 3$ kΩ

b) $R_1 = 20$ kΩ, $R_2 = 30$ kΩ

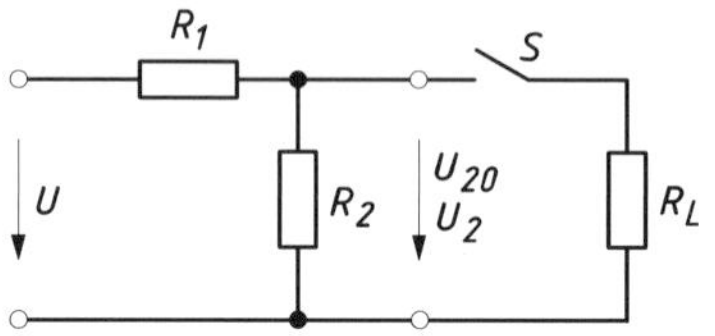

❶ **11.2**

a) Stellen Sie eine allgemeine Beziehung für die unbelastete Ausgangsspannung U_a auf.

b) Innerhalb welcher Grenzen lässt sich die Ausgangsspannung U_a einstellen, wenn $R_2 = 1$ kΩ und $R_1 = R_3 = 470$ Ω sind.

c) Welchen Widerstandswert müsste das Potenziometer R_2 für einen Einstellbereich $U_a = 5 \ldots 5{,}5$ V haben?

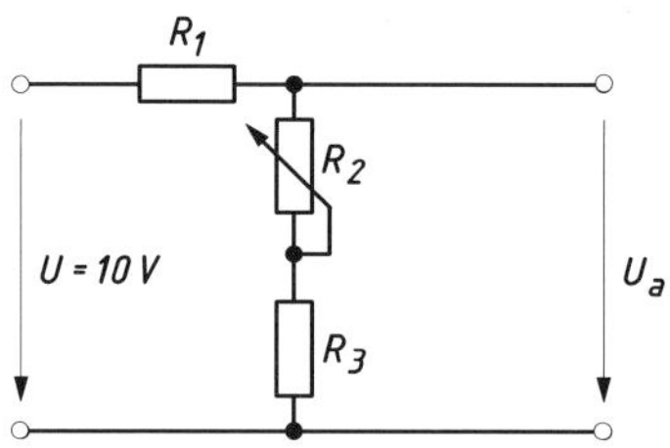

❶ **11.3** Der Spannungsteiler aus Aufgabe 11.1 wird durch Schließen des Schalters S mit dem Widerstand $R_L = 50$ kΩ belastet.

Berechnen Sie die in beiden Fällen a) und b) auftretende Ausgangsspannung U_2 über die Spannungsteilerbeziehung, und ermitteln Sie die prozentualen Spannungsänderungen.

❶ **11.4** Wie groß ist der Lastwiderstand R_L in der abgebildeten Spannungs-Stabilisierungsschaltung, wenn die über der Z-Diode gemessene Spannung $U_Z = 5{,}6$ V beträgt und in der Z-Diode der Strom $I_Z = 15$ mA fließt?

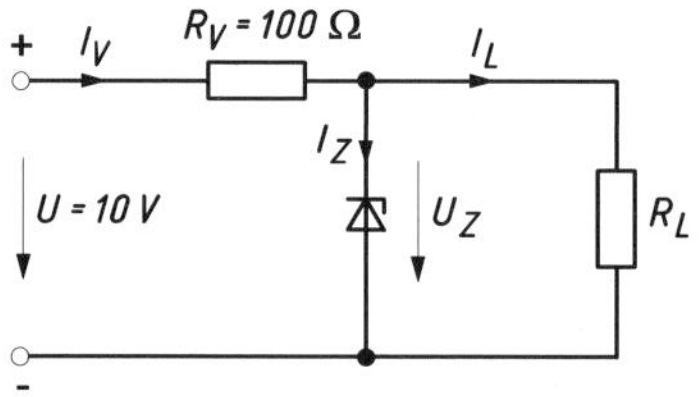

❶ **11.5**

a) Wie groß sind die Widerstände R_1, R_2 und R_3 zu wählen, damit die in der Schaltung angegebenen Ausgangsspannungen erreicht werden?

b) Eine Kontrollmessung ergab, dass die erwarteten Ausgangsspannungen (+ 1 V, + 3 V, + 10 V) nicht vorliegen, obwohl die unter a) errechneten (richtigen) Widerstandswerte vorgesehen wurden!

Statt dessen wurden die Spannungswerte (+ 1,4 V, + 4,3 V, + 14,3 V) gemessen. Die Gesamtspannung von 15 V stimmt. Wo liegt der Fehler?

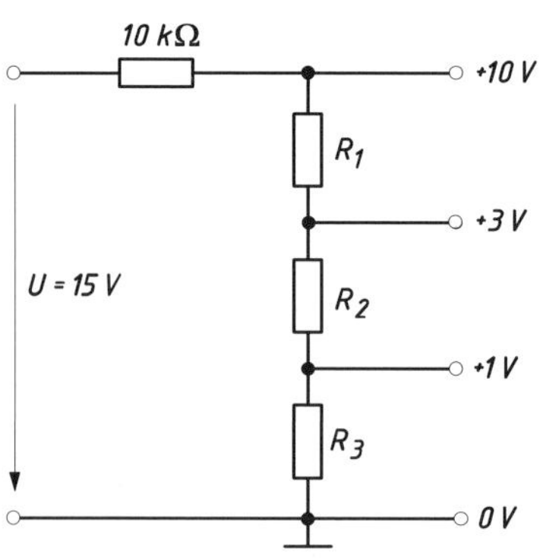

❶ ❷ **11.6** Ein Potenziometer habe den Aufdruck 10 kΩ lin/0,2 W

a) Schließen Sie das Potenziometer so an, dass bei Rechtsdrehung (Uhrzeigersinn) des Schleifers, die gegen Masse gemessene positive Ausgangsspannung U_0 zunimmt.

b) Wie groß darf der Strom in der Widerstandsschicht des Potenziometers höchstens werden, um eine Überlastung zu vermeiden?

c) Das Potenziometer liegt an der Spannung U = 10 V. Welchen Mindestwert muss ein Lastwiderstand R_L haben, wenn bei beliebiger Stellung des Schleifers eine unzulässige Stromstärke in jedem Teil der Widerstandsbahn vermieden werden soll?

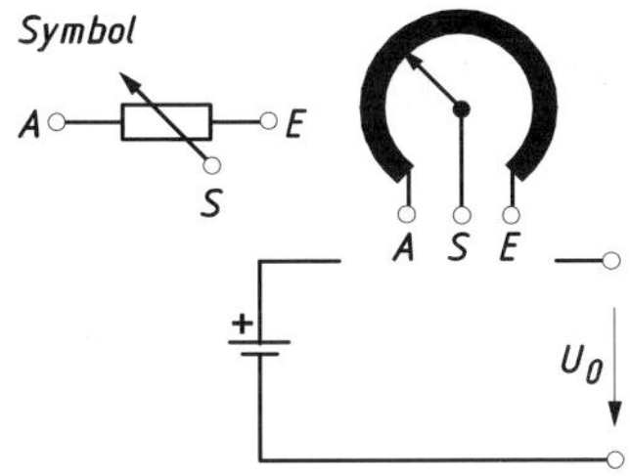

A = Anfang
S = Schleife
E = Ende

❷ **11.7** Beim gegebenen Spannungsteiler wird der Lastwiderstand R_L so eingestellt, dass ein Laststrom I_L = 2 mA fließt.
Berechnen Sie die Ausgangsspannung U_2 mit der Ersatzspannungsquellenmethode.
U_{20} ist die Leerlauf-Anfangspannung, wenn R_2 abgeklemmt ist.

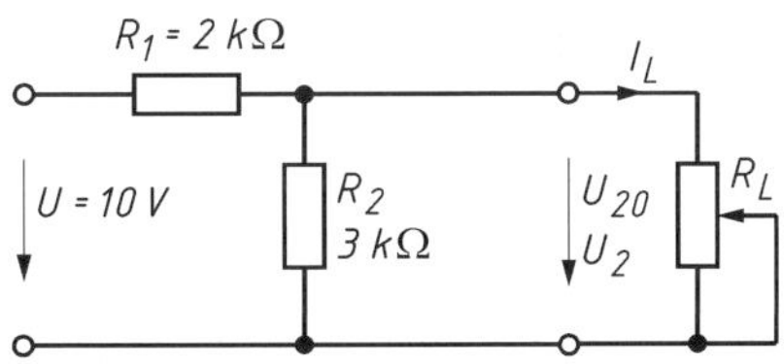

❷ **11.8** Die gegebene Schaltung zeigt einen Spannungsteiler, dessen Besonderheit darin besteht, dass seine Ausgangsspannung U_a sowohl positive als auch negative Werte annehmen kann, obwohl nur eine Spannungsquelle verwendet wird. Es soll berechnet werden, innerhalb welcher Grenzen die Ausgangsspannung U_a einstellbar ist.

Lösungshinweis: Die Aufgabe kann nicht durch Ansetzen einer Spannungsteilerformel gemäß Übersichtsblatt gelöst werden. Suchen Sie deshalb nach anderen allgemeingültigeren Lösungsansätzen.

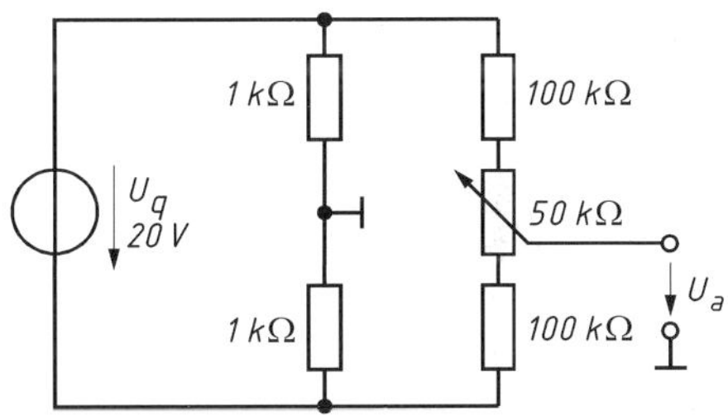

❷ **11.9** Der Basis-Ruhestrom des Transistors sei I_B = 50 µA. Die Spannung am Querwiderstand R_q soll U_q = 2,7 V betragen.

a) Berechnen Sie die Widerstände R_q und R_V des Basisspannungsteilers für den Querstromfaktor m = 5.

b) Wie groß wird die Spannung U_q, wenn durch Austausch des Transistors nur noch ein Basis-Ruhestrom von I_B = 25 µA erforderlich ist?

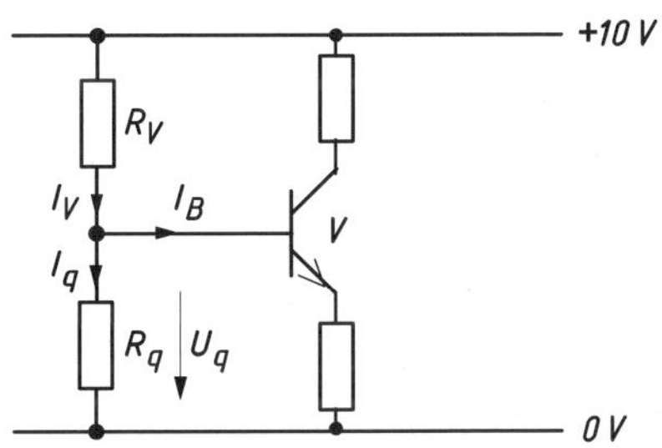

❷ **11.10** Auf welchen Widerstandswert muss R_V eingestellt werden, damit die Schaltung folgende Betriebsbedingungen erfüllt?

– *Bedingung 1*:
Bei beleuchtetem Fotowiderstand hat dieser den Widerstandswert $R_F = 0{,}5\ \text{k}\Omega$ und die Basis-Emitterspannung soll $U_{BE} \leq 0{,}2$ V betragen. Der Basisstrom I_B sei in diesem Fall vernachlässigbar klein.

– *Bedingung 2*:
Bei unbeleuchtetem Fotowiderstand hat dieser den Widerstandswert $R_F = 10\ \text{k}\Omega$ und die Basis-Emitterspannung soll $U_{BE} \geq 0{,}8$ V erreichen, wobei ein Basisstrom von $I_B \geq 0{,}25$ V fließen muss.

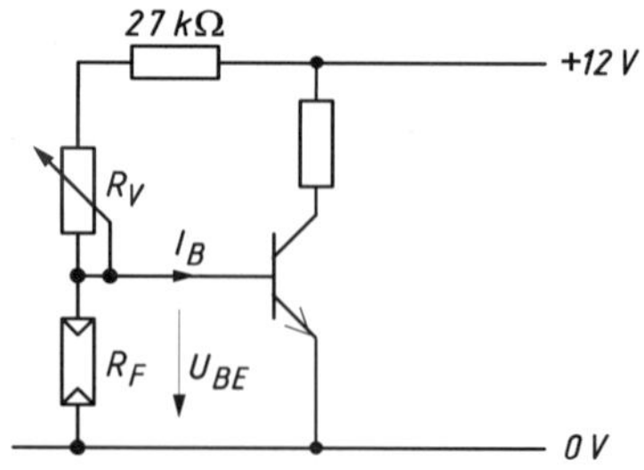

❷ ❸ **11.11** Es soll ein Spannungsteiler für folgende Anforderungen dimensioniert werden:

– Die Ausgangsspannung muss bei Leerlauf $U_{20} = 5$ V betragen.

– Bei Belastung mit einem Lastwiderstand $R_L = 1\ \text{k}\Omega$ soll sich die Ausgangsspannung nur um 5 % vom Leerlaufspannungswert verändern.

Gesucht sind die Widerstandswerte R_1 und R_2.
Es steht eine Betriebsspannung $U = 10$ V zur Verfügung.

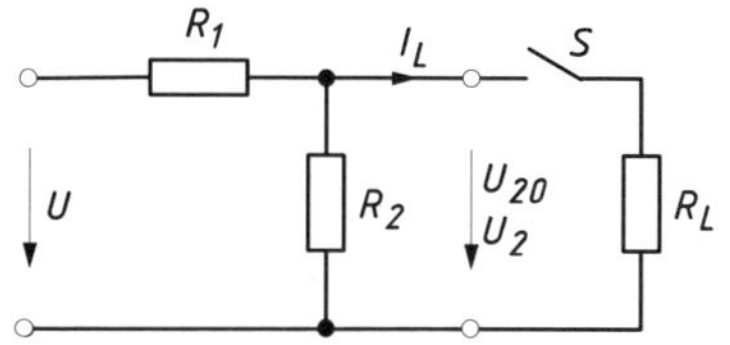

❷ ❸ **11.12** Die Betriebsbedingungen eines Spannungsteilers sind:

– Ausgangsspannung:
$U_2 = 9$ V bei $R_L = 10\ \text{k}\Omega$,

– Ausgangsspannung: $U_2 = 8$ V bei $R_L = 1\ \text{k}\Omega$.

Berechnen Sie die Widerstände R_1 und R_2, wenn als Betriebsspannung $U = 12$ V anzunehmen ist.

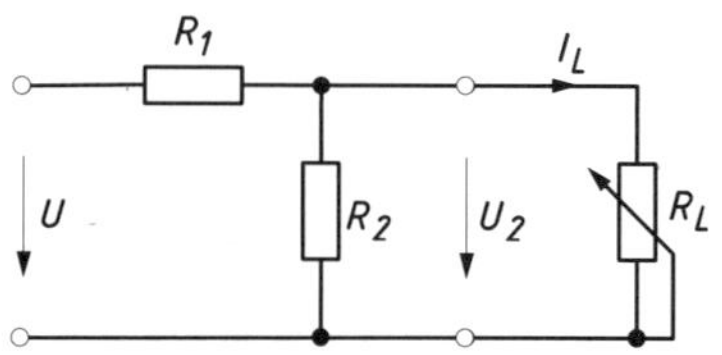

❷ ❸ **11.13** Die messtechnische Untersuchung eines Spannungsteilers ergab eine Leerlaufspannung von $U_{20} = 5$ V und einen Kurzschlussstrom von $I_k = 10$ mA. Die Betriebspannung beträgt $U = 15$ V.

a) Berechnen Sie die beiden Widerstände R_1 und R_2.

b) Bei welchem Belastungswiderstand R_L ist die Ausgangsspannung $U_2 = 2{,}5$ V ?

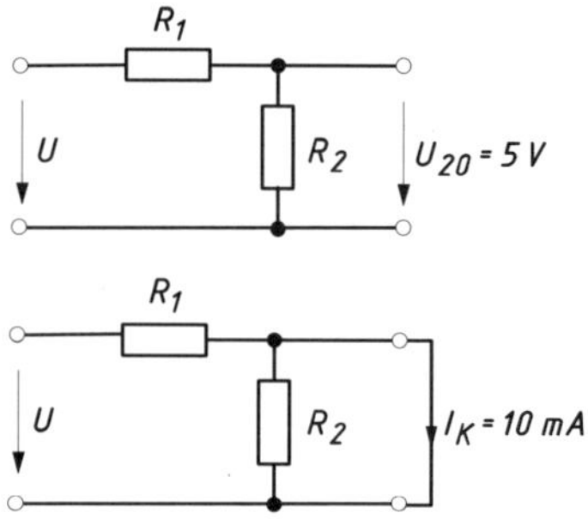

11.2 Lösungen

11.1

a) $U_{20} = \frac{R_2}{R} \cdot U = \frac{3\,\text{k}\Omega}{5\,\text{k}\Omega} \cdot 12\,\text{V} = 7{,}2\,\text{V}$

b) $U_{20} = \frac{R_2}{R} \cdot U = \frac{30\,\text{k}\Omega}{50\,\text{k}\Omega} \cdot 12\,\text{V} = 7{,}2\,\text{V}$

11.2

a) $U_\text{a} = \frac{R_2 + R_3}{R_1 + R_2 + R_3} \cdot U$

b) Für $R_2 = 0$

$$U_\text{a} = \frac{0{,}47\,\text{k}\Omega}{0{,}94\,\text{k}\Omega} \cdot 10\,\text{V} = 5\,\text{V}$$

Für $R_2 = 1\,\text{k}\Omega$

$$U_\text{a} = \frac{1{,}47\,\text{k}\Omega}{1{,}94\,\text{k}\Omega} \cdot 10\,\text{V} = 7{,}58\,\text{V}$$

c) $\frac{5{,}5\,\text{V}}{10\,\text{V}} = \frac{R_3 + R_2}{R_1 + R_2 + R_3}$

$$0{,}55 = \frac{470\,\Omega + R_2}{940\,\Omega + R_2}$$

$$R_2 \approx 100\,\Omega$$

11.3

$$U_2 = \frac{R_2 \parallel R_\text{L}}{R_1 + (R_2 \parallel R_\text{L})} \cdot U$$

$$U_2 = \frac{3\,\text{k}\Omega \parallel 50\,\text{k}\Omega}{2\,\text{k}\Omega + (3\,\text{k}\Omega \parallel 50\,\text{k}\Omega)} \cdot 12\,\text{V} = 7{,}03\,\text{V}$$

$$U_2 = \frac{30\,\text{k}\Omega \parallel 50\,\text{k}\Omega}{20\,\text{k}\Omega + (30\,\text{k}\Omega \parallel 50\,\text{k}\Omega)} \cdot 12\,\text{V} = 5{,}81\,\text{V}$$

$$\Delta U(\%) = \frac{7{,}2\,\text{V} - 7{,}03\,\text{V}}{7{,}2\,\text{V}} \cdot 100 = 2{,}36\% \quad \text{(Fall a)}$$

$$\Delta U(\%) = \frac{7{,}2\,\text{V} - 5{,}81\,\text{V}}{7{,}2\,\text{V}} \cdot 100 = 19{,}3\% \quad \text{(Fall b)}$$

11.4

$$I_\text{V} = \frac{U - U_\text{Z}}{R_\text{V}} = \frac{10\,\text{V} - 5{,}6\,\text{V}}{100\,\Omega} = 44\,\text{mA}$$

$$I_\text{L} = I_\text{V} - I_\text{Z} = 44\,\text{mA} - 15\,\text{mA} = 29\,\text{mA}$$

$$R_\text{L} = \frac{U_\text{Z}}{I_\text{L}} = \frac{5{,}6\,\text{V}}{29\,\text{mA}} = 193{,}1\,\Omega$$

11.5

a) $I = \frac{15\,\text{V} - 10\,\text{V}}{10\,\text{k}\Omega} = 0{,}5\,\text{mA}$

$$R_1 = \frac{10\,\text{V} - 3\,\text{V}}{0{,}5\,\text{mA}} = 14\,\text{k}\Omega$$

$$R_2 = \frac{3\,\text{V} - 1\,\text{V}}{0{,}5\,\text{mA}} = 4\,\text{k}\Omega$$

$$R_3 = \frac{1\,\text{V} - 0\,\text{V}}{0{,}5\,\text{mA}} = 2\,\text{k}\Omega$$

b) Der Vorwiderstand ist nicht 10 kΩ, sondern nur 1 kΩ.

11.6

a)

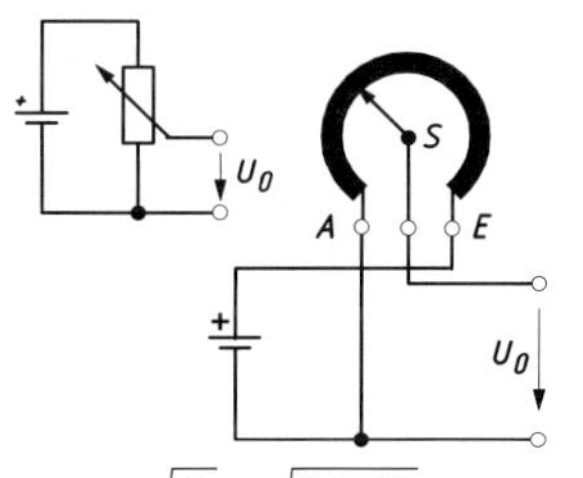

b) $I_{\max} = \sqrt{\frac{P}{R}} = \sqrt{\frac{0{,}2\,\text{W}}{10\,\text{k}\Omega}} = 4{,}47\,\text{mA}$

c)

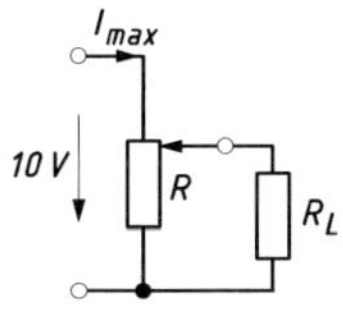

Kritischer Fall: Schleifer fast oben, sodass der Laststrom noch durch einen Teil der Widerstandsbahn des Potenziometers fließt.

$$R_\text{ges} = \frac{U}{I_{\max}} = \frac{10\,\text{V}}{4{,}47\,\text{mA}} = 2{,}24\,\text{k}\Omega$$

$$R_\text{ges} = R \parallel R_\text{L}$$

$$R_\text{L} = \frac{R \cdot R_\text{ges}}{R - R_\text{ges}} = 2{,}89\,\text{k}\Omega \quad \text{(Mindestwert)}$$

11.7

Leerlauf-Ausgangsspannung:

$$U_{20} = \frac{R_2}{R} U = \frac{3\,\text{k}\Omega}{5\,\text{k}\Omega} \cdot 10\,\text{V} = 6\,\text{V}$$

Ersatz-Innenwiderstand:

$$R_\text{i} = R_1 \parallel R_2 = 1{,}2\,\text{k}\Omega$$

Klemmenspannung:

$U_2 = U_q - I \cdot R_i = 6\text{ V} - 2\text{ mA} \cdot 1{,}2\text{ k}\Omega = 3{,}6\text{ V}$

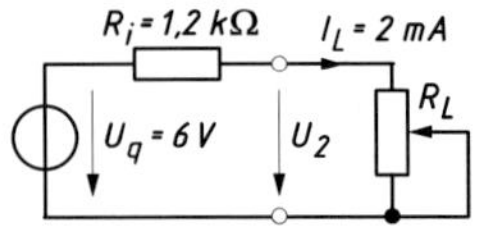

11.8

Um deutlicher zu erkennen, zwischen welchen Punkten die Ausgangsspannung U in Abhängigkeit von den möglichen Schleiferstellungen abgegriffen wird, werden nachfolgende Schaltungsauszüge betrachtet:

Schleifer oben:

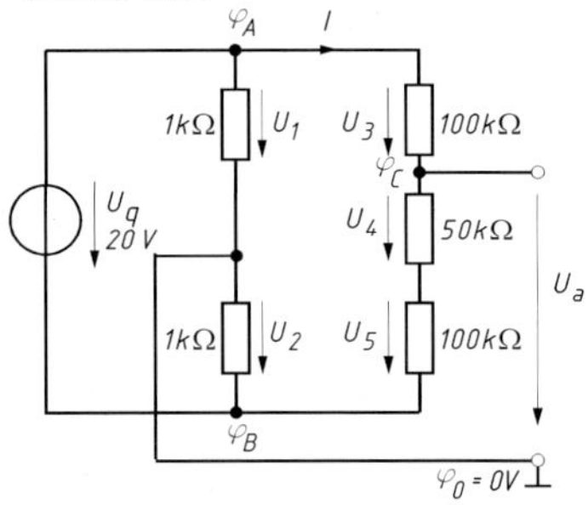

Schleifer unten:

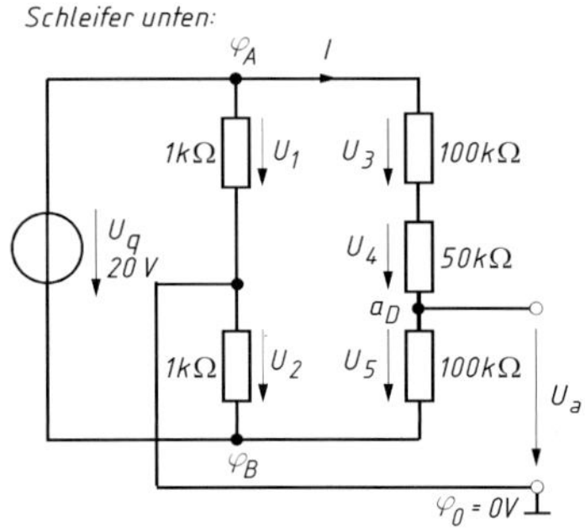

Zunächst die Berechnung aller Teilspannungen:

$$U_1 = \frac{1}{2} U_q = 10\text{ V}$$

$$U_2 = \frac{1}{2} U_q = 10\text{ V}$$

$$I = \frac{20\text{ V}}{100\text{ k}\Omega + 50\text{ k}\Omega + 100\text{ k}\Omega} = 80\ \mu\text{A}$$

$U_3 = 80\ \mu\text{A} \cdot 100\text{ k}\Omega = 8\text{ V}$

$U_4 = 80\ \mu\text{A} \cdot 50\text{ k}\Omega = 4\text{ V}$

$U_5 = 80\ \mu\text{A} \cdot 100\text{ k}\Omega = 8\text{ V}$

Lösungsweg über Kirchhoff II: $\Sigma U = 0$

a) Schleifer oben
$U_3 + U_a + U_2 - U_q = 0$
$U_a = U_q - U_2 - U_3 = +2\text{ V}$

b) Schleifer unten
$U_3 + U_4 + U_a + U_2 - U_q = 0$
$U_a = U_q - U_2 - U_3 - U_4 = -2\text{ V}$

Lösungsweg über Potenziale:

$\varphi_0 = 0\text{ V}$ (Bezugspunkt)

$\varphi_A = \varphi_0 + U_1 = +10\text{ V}$

$\varphi_B = \varphi_0 - U_2 = -10\text{ V}$

$\varphi_C = \varphi_A - U_3 = 10\text{ V} - 8\text{ V} = +2\text{ V}$

$\varphi_D = \varphi_A - U_q - U_4 = 10\text{ V} - 8\text{ V} - 4\text{ V} = -2\text{ V}$

a) Schleifer oben
$U_a = \varphi_C - \varphi_0 = +2\text{ V}$

b) Schleifer unten
$U_a = \varphi_D - \varphi_0 = -2\text{ V}$

11.9

a) $I_q = m \cdot I_B = 5 \cdot 50\ \mu\text{A} = 250\ \mu\text{A}$
$I_V = I_q + I_B = 250\ \mu\text{A} + 50\ \mu\text{A} = 300\ \mu\text{A}$

$$R_q = \frac{U_q}{I_q} = \frac{2{,}7\text{ V}}{250\ \mu\text{A}} = 10{,}8\text{ k}\Omega$$

$$R_V = \frac{10\text{ V} - 2{,}7\text{ V}}{300\ \mu\text{A}} = 24{,}33\text{ k}\Omega$$

b) Ersatzquellenspannung für Spannungsteiler Leerlaufspannung:

$$U_q = \frac{R_q}{R_V + R_q} \cdot U = \frac{10{,}8\text{ k}\Omega}{35{,}13\text{ k}\Omega} \cdot 10\text{ V} = 3{,}07\text{ V}$$

Ersatz-Innenwiderstand R_1:

$$R_i = \frac{R_V \cdot R_q}{R_V + R_q} = \frac{10{,}8\text{ k}\Omega \cdot 24{,}33\text{ k}\Omega}{35{,}13\text{ k}\Omega} = 7{,}48\text{ k}\Omega$$

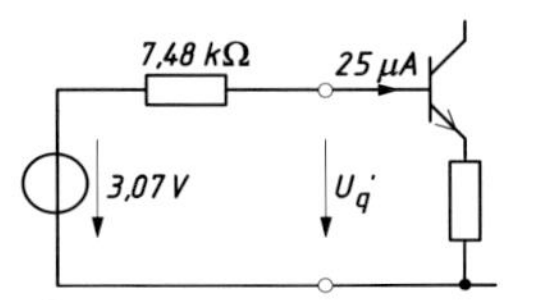

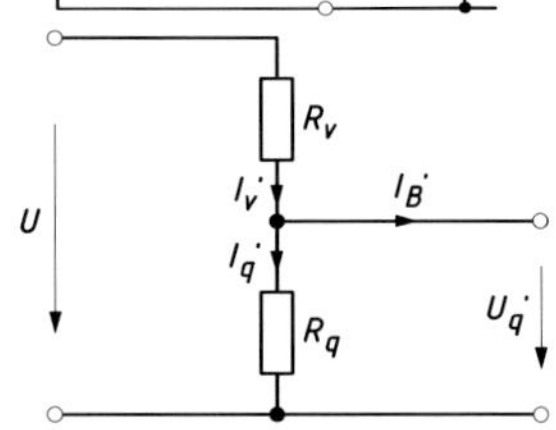

$U'_q = 3{,}07\text{ V} - 25\ \mu\text{A} \cdot 7{,}48\text{ k}\Omega = 2{,}88\text{ V}$

(Die Spannung steigt von 2,7 V auf 2,88 V $\hat{=}$ 6,77 %.)

11.10

B1 $I_{RF} = \frac{U_{BE}}{R_F} = \frac{0{,}2\text{ V}}{0{,}5\text{ k}\Omega} = 0{,}4\text{ mA}$

$I_{RV} = I_{RF} + I_B = 0{,}4\text{ mA} + 0 = 0{,}4\text{ mA}$

$R_V = \frac{12\text{ V} - 0{,}2\text{ V}}{0{,}4\text{ mA}} - 27\text{ k}\Omega = 2{,}5\text{ k}\Omega$ oder größer

B2 $I_{RF} = \frac{U_{BE}}{R_F} = \frac{0{,}8\text{ V}}{10\text{ k}\Omega} = 80\ \mu\text{A}$

$I_{RV} = I_{RF} + I_B = 80\ \mu A + 250\ \mu A = 330\ \mu A$

$R_V = \dfrac{12\ V - 0{,}8\ V}{330\ \mu A} - 27\ k\Omega = 6{,}94\ k\Omega$ oder kleiner

gewählt: $R_V = 5\ k\Omega$

11.11

Lösung über Ersatzspannungsquelle:

$U_q = U_{20} = 5\ V$

$U_2 = 0{,}95 \cdot U_{20} = 4{,}75\ V$ (Rückgang um 5 %)

$I_L = \dfrac{U_2}{R_L} = \dfrac{4{,}75\ V}{1\ k\Omega} = 4{,}75\ mA$

$R_i = -\dfrac{\Delta U}{\Delta I} = -\dfrac{5\ V - 4{,}75\ V}{0\ mA - 4{,}75\ mA} = 52{,}63\ \Omega$

I $\dfrac{R_1 \cdot R_2}{R_1 + R_2} = R_i = 52{,}63\ \Omega$

II $\dfrac{R_2}{R_1 + R_2} \cdot U = U_q = 5\ V$ mit $U = 10\ V$

$\dfrac{R_2}{R_1 + R_2} = 0{,}5$

$R_2 = 0{,}5 \cdot R_1 + 0{,}5 \cdot R_2$

III $R_2 = R_1$

III in I $\dfrac{R_1^2}{2 \cdot R_1} = 52{,}63\ \Omega$

$R_1 = 105{,}26\ \Omega$

$R_2 = 105{,}26\ \Omega$

11.12

Lösung über Ersatzspannungsquelle:

$I_{L1} = \dfrac{U_2}{R_L} = \dfrac{9\ V}{10\ k\Omega} = 0{,}9\ mA$

$I_{L2} = \dfrac{U_2}{R_L} = \dfrac{8\ V}{1\ k\Omega} = 8\ mA$

$R_i = -\dfrac{\Delta U}{\Delta I} = -\dfrac{9\ V - 8\ V}{0{,}9\ mA - 8 mA} = 140{,}85\ \Omega$

$U_q = U_2 + I_L \cdot R_i$

$U_q = 9\ V + 0{,}9\ mA \cdot 140{,}85\ \Omega = 9{,}13\ V$

oder

$U_q = 8\ V + 8\ mA \cdot 140{,}85\ \Omega = 9{,}13\ V$

I $\dfrac{R_1 \cdot R_2}{R_1 + R_2} = R_i = 140{,}85\ \Omega$

II $\dfrac{R_2}{R_1 + R_2} \cdot U = U_q = 9{,}13\ V$ mit $U = 12\ V$

$\dfrac{R_2}{R_1 + R_2} = 0{,}761$

$R_2 = 0{,}761 \cdot R_1 + 0{,}761 \cdot R_2$

III $R_2 = 3{,}18 \cdot R_1$

III in I $\dfrac{3{,}18 \cdot R_1^2}{4{,}18 \cdot R_1} = 140{,}85\ \Omega$

$R_1 = 185{,}14\ \Omega$

$R_2 = 588{,}75\ \Omega$

11.13

a) Aus Schaltung im Leerlauf:

$\dfrac{U_{20}}{U} = \dfrac{R_2}{R_1 + R_2} = \dfrac{5\ V}{15\ V} = \dfrac{1}{3}$

$3R_2 = R_1 + R_2$

I $R_1 = 2R_2$

Aus Schaltung im Kurzschluss:

II $R_1 = \dfrac{U}{I_K} = \dfrac{15\ V}{10\ mA} = 1{,}5\ k\Omega$

I in II $1{,}5\ k\Omega = 2R_2$

$R_2 = 750\ \Omega$

b) Leerlaufspannung des Spannungsteilers ($R_L = \infty$):

$U_{20} = \dfrac{R_2}{R_1 + R_2} \cdot U = \dfrac{750\ \Omega}{1{,}5\ k\Omega + 0{,}75\ k\Omega} \cdot 15\ V = 5\ V$

Kurzschlussstrom des Spannungsteilers ($R_L = 0$)

$I_K = \dfrac{U}{R_1} = \dfrac{15\ V}{1{,}5\ k\Omega} = 10\ mA$

Kennwerte der Ersatzspannungsquelle:

$U_q = U_{20} = 5\ V$

$R_i = \dfrac{U_q}{I_K} = \dfrac{5\ V}{10\ mA} = 500\ \Omega$

Bei Belastung mit R_L soll $U_2 = 2{,}5\ V$ werden:

$U_2 = \dfrac{1}{2} \cdot U_q = U_{Ri}$

Daraus folgt:

$R_L = R_i = 500\ \Omega$

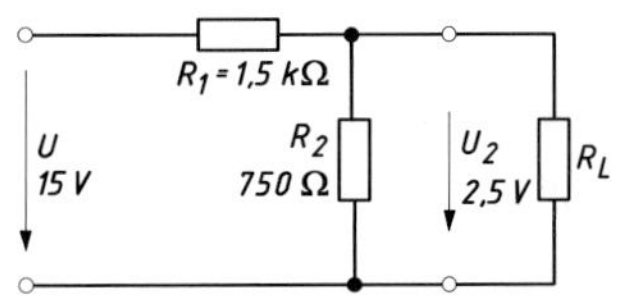

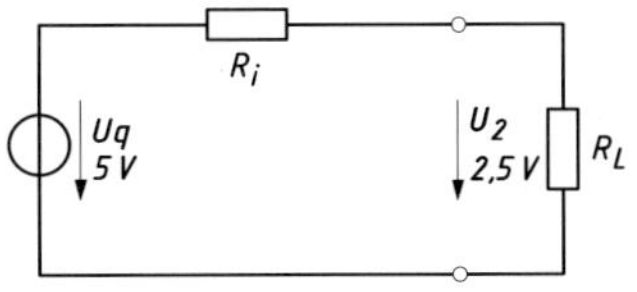

12 Wheatstone'sche Brückenschaltung

- Abgleichbrücke
- Ausschlagsbrücke

Abgleichbrücke

Die Abgleichbrücke wird zur Ermittlung unbekannter Widerstände R_X eingesetzt. Die Versorgungsspannung U geht nicht in die Abgleichbedingung ein.

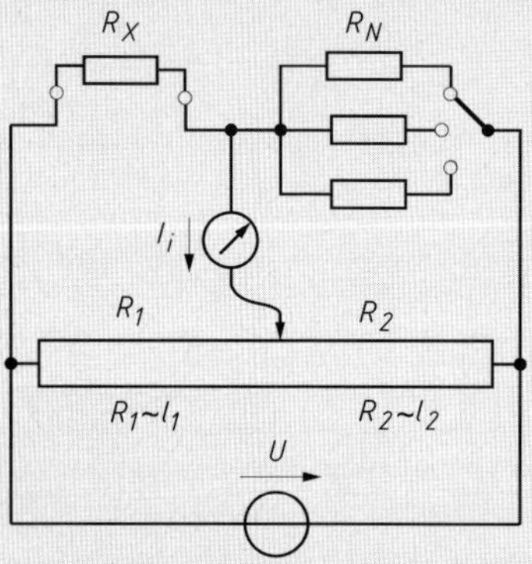

Der Abgleich erfolgt durch Schleiferverstellung bis in der Brückendiagonalen kein Strom mehr fließt.

$\frac{l_1}{l_2}$ = ablesbares Zahlenverhältnis im Bereich 0 … 1 … ∞

R_N = Dekadisch einstellbarer Normalwiderstand

Abgleichbedingung für $I_i = 0$:

$$\boxed{\frac{R_X}{R_N} = \frac{R_1}{R_2}} \quad \Rightarrow \quad R_X = R_N \cdot \frac{l_1}{l_2}$$

Ausschlagsbrücke

Die Ausschlagsbrücke wird häufig zur Messung nichtelektrischer Größen eingesetzt. Die nichtelektrische Größe beeinflusst den Widerstandswert des Messaufnehmers (z.B. temperaturabhängiger Widerstand oder Dehnungsmessstreifen DMS).

Die Umsetzung der nichtelektrischen Größe in eine elektrische Spannung erfolgt in einem Spannungsteilerpfad. Der zweite parallel geschaltete Spannungsteilerpfad dient der Unterdrückung des unwichtigen Konstantanteils in der Teilspannung des ersten Spannungsteilers ⇒ Hervorhebung des Änderungsanteils. Die Ausschlagsbrücke muss von einer konstanten Spannung gespeist werden.

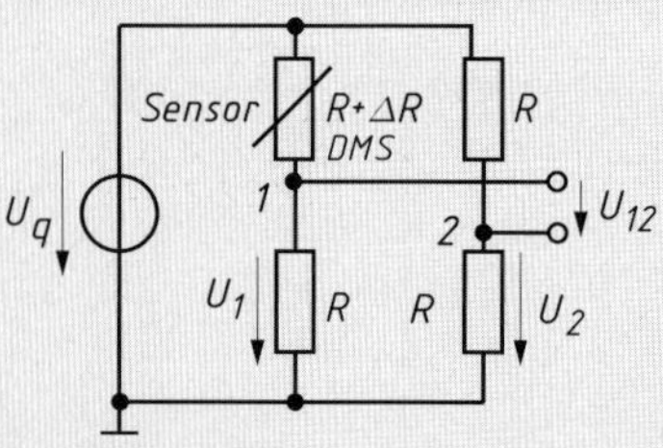

Viertelbrücke

$$U_1 = \frac{R}{R+(R+\Delta R)} \cdot U_q$$

$$U_2 = \frac{1}{2} \cdot U_0$$

$$U_{12} = -\frac{\frac{\Delta R}{R}}{4\left(1+\frac{\Delta R}{2R}\right)} \cdot U_q$$

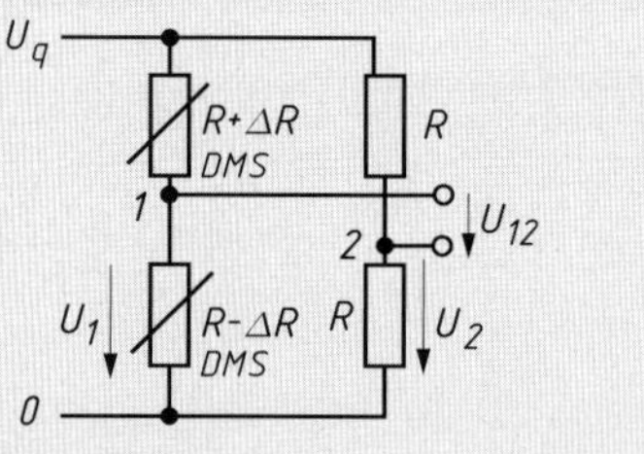

Halbbrücke

$$U_1 = \frac{R-\Delta R}{(R+\Delta R)+(R-\Delta R)} \cdot U_q$$

$$U_2 = \frac{1}{2} \cdot U_0$$

$$U_{12} = -\frac{\Delta R}{2R} \cdot U_q$$

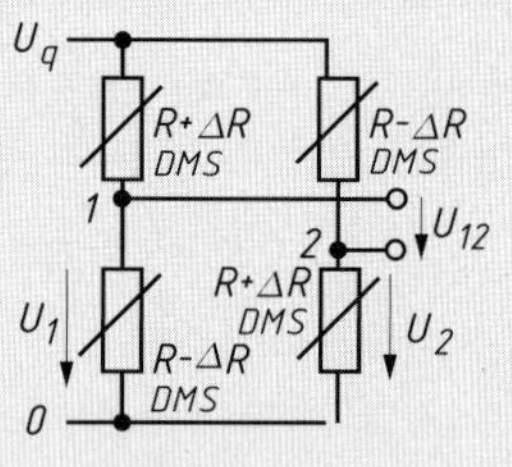

Vollbrücke

$$U_1 = \frac{R-\Delta R}{(R+\Delta R)+(R-\Delta R)} \cdot U_q$$

$$U_2 = \frac{R+\Delta R}{(R+\Delta R)+(R-\Delta R)} \cdot U_q$$

$$U_{12} = -\frac{\Delta R}{R} \cdot U_q$$

12.1 Aufgaben

❶ **12.1** Die Wheatstone'sche Brückenschaltung wird durch Einstellen der Widerstandsdekade abgeglichen.

Wie groß ist der unbekannte Widerstand R_X, wenn die Widerstandsdekade R_N bei Nullabgleich auf 75 Ω steht?

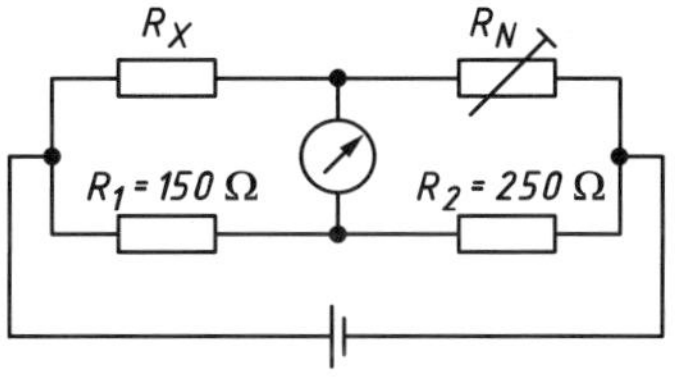

❶ **12.2** Die Brückenschaltung soll zur Bestimmung des Innenwiderstandes eines Strommessers verwendet werden. Die Schaltung ist bei $R_3 = 14\ \Omega$ abgeglichen.

a) Wie groß ist der Innenwiderstand des Strommessers?

b) Wie erkennt man den erreichten Abgleich?

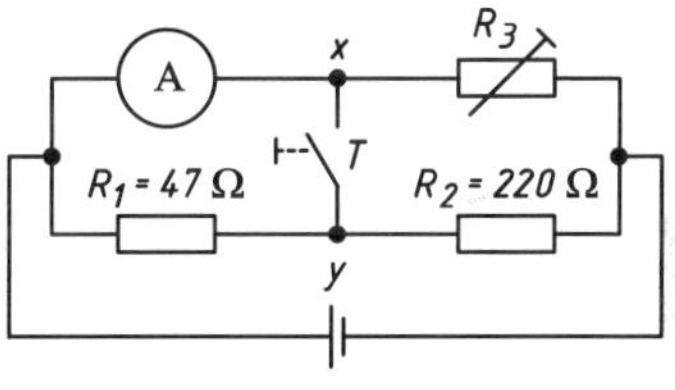

❶ **12.3**

a) Wie groß ist die Ausgangsspannung U_{12} der nicht abgeglichenen Brückenschaltung?

b) Wie groß ist der Widerstand R_4, wenn die Ausgangsspannung der Brückenschaltung $U_{12} = -1$ V ist?

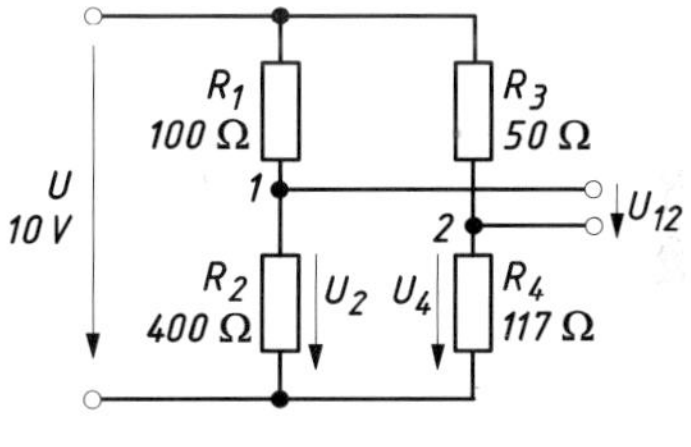

❶ ❷ **12.4** Man berechne die Ausgangsspannung U_{12} der nicht abgeglichenen Brückenschaltung bei den Temperaturen 0° C, 20° C, 50° C und 100° C.

Lösungshinweis: $R_1 = R_4 = f(T)$

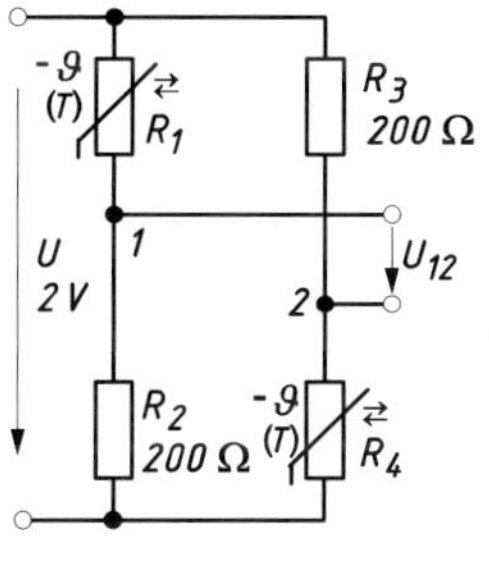

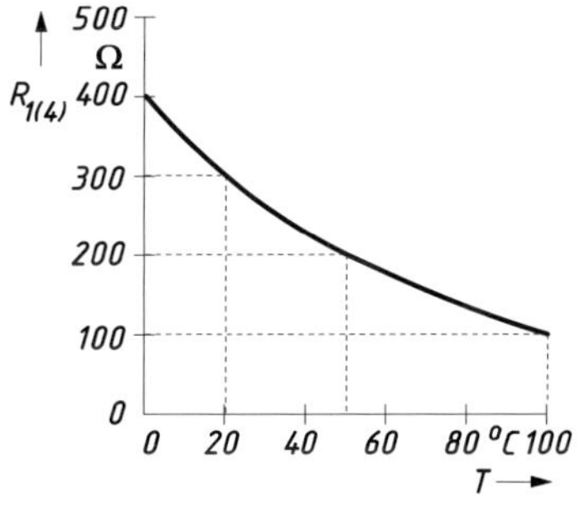

❶ ❷ **12.5** Wie groß ist die Ausgangsspannung U_{12} der Halbbrücke, wenn durch eine äußere Kraft F der DMS 1 gedehnt und der DMS 2 gestaucht wird, wobei eine Widerstandsänderung von jeweils 6 ‰ auftritt?
Jeder DMS hat einen Nennwiderstand von 120 Ω, die Brückenspeisespannung beträgt 2 V.

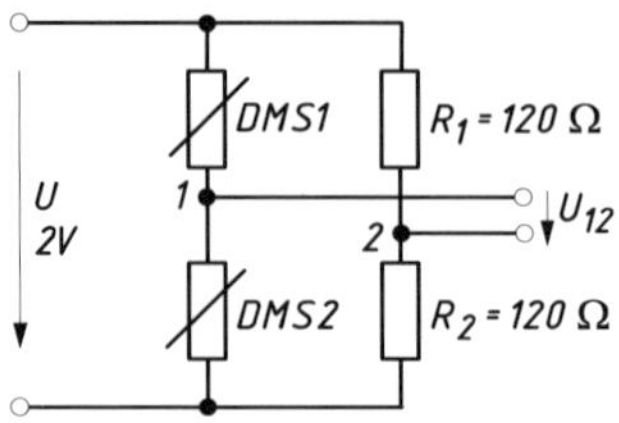

❶ ❷ **12.6** Die Abbildung zeigt eine Alarmanlage nach dem Ruhestromprinzip.

a) Wie groß muss Widerstand R_4 sein, damit das K-Relais bei intakter Ruhestromschleife (Kontakte k geschlossen) stromlos ist?
b) Wie groß muss die Betriebsspannung U sein, damit bei Unterbrechung der Ruhestromschleife (Kontakte k geöffnet) das K-Relais anzieht? Erforderlicher Relaisstrom $I_{Relais} = 1{,}3 \cdot I_{An}$.
Relaisdaten: $I_{An} = 35$ mA, $R_{Relais} = 120\ \Omega$.

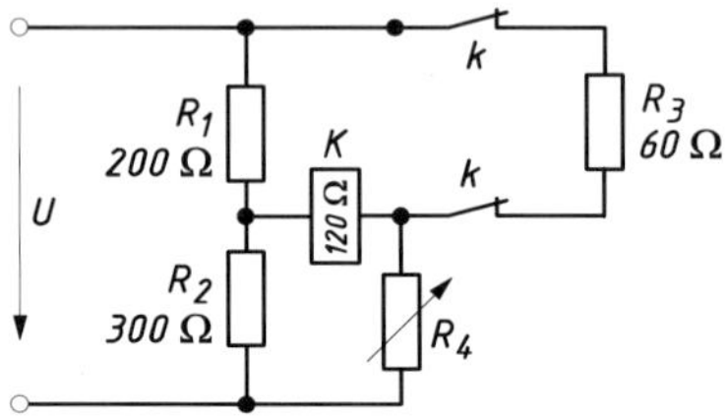

❷ **12.7**

a) Man leite eine allgemeine Beziehung zur Berechnung der Ausgangsspannung U_{12} für die gegebene Halbbrücke-Brücke her.
b) Welche Anforderungen werden an die Brückenversorgungsspannung gestellt?
c) Welchen besonderen Anforderungen unterliegen die Festwiderstände R?

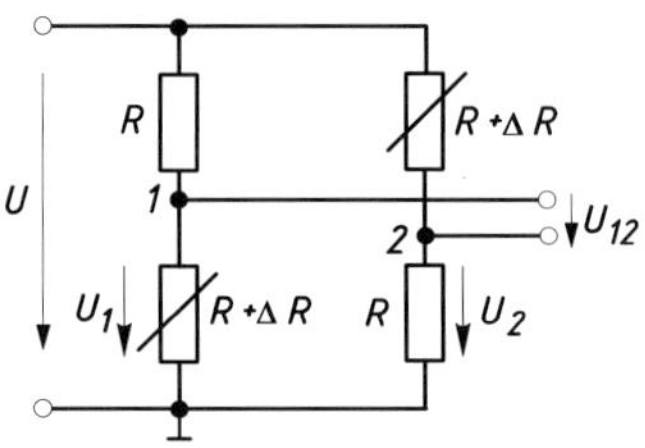

❶ ❷ **12.8** Zwischen den beiden Adern einer im Erdreich liegenden Kupferleitung ist am Ort x ein Kurzschluss entstanden. Die Kurzschlussstelle weist einen unbekannten Übergangswiderstand $R_{ü}$ auf.

Zur Bestimmung des Fehlerortes wird von der Seite 1 ein Widerstandswert $R_1 = R_{L1} + R_{ü}$ gemessen, dabei erbringt der Abgleich den Widerstandswert $R_{N1} = 14{,}6\ \Omega$. Bei Messung von der Seite 2 wird für den Widerstand $R_2 = R_{L2} + R_{ü}$ der Abgleichswert $R_{N2} = 12{,}1\ \Omega$ festgestellt. Weitere Daten der Kupferleitung: $L = 320$ m, $d = 0{,}8$ mm, $\varkappa_{Cu} = 56$ S m/mm^2.

a) Wie groß ist der Übergangswiderstand $R_{ü}$?
b) Länge L_1 bis zur Schadensstelle?

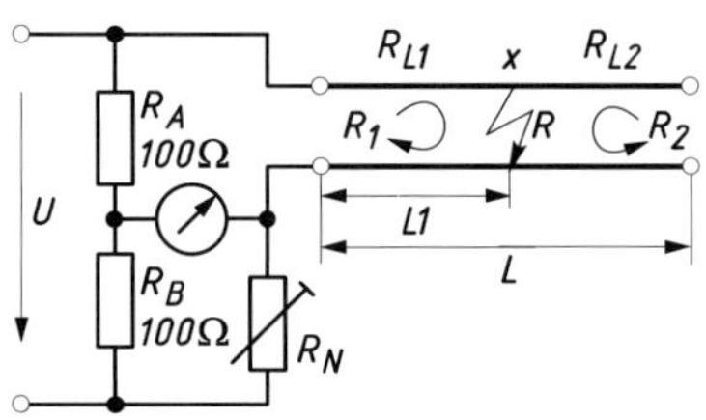

❶ ❷ **12.9** Für den Aufbau einer Winkelmesseinrichtung steht ein lineares Servopotenziometer mit einem elektrisch nutzbaren Drehwinkel von 350° zur Verfügung. Die Schaltung soll ausgehend von der Mittenstellung des Potentiometers bei Rechtsdrehung 0 … + 175° eine positive Spannung und bei Linksdrehung 0 … – 175° eine negative Spannung U_{12} abgeben, die von einem Digitalvoltmeter als Drehwinkel angezeigt wird.

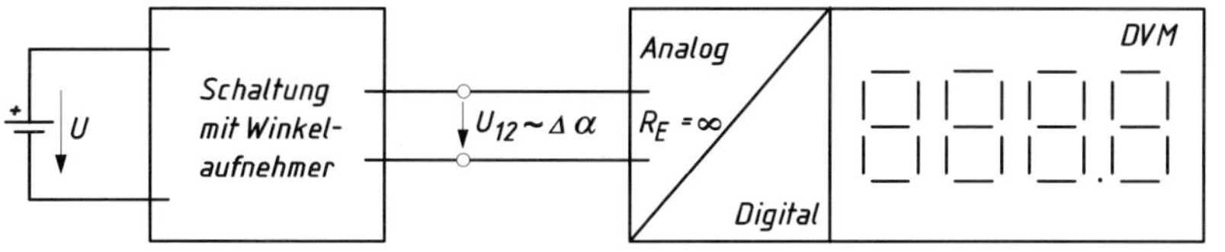

a) Entwerfen Sie eine geeignete Schaltung, die $U_{12} \sim \Delta\alpha$ erzeugt.

b) Leiten Sie die Funktion $U_{12} = f(\Delta\alpha)$ der Schaltung her.

c) Wie erfolgt der Schaltungsabgleich, sodass der Drehwinkel 0 … ±175° als Zahlenwert erscheint, wenn das DVM im Messbereich 200 mV misst?

❸ **12.10** Eine Vollbrücke besteht aus 4 DMS-Widerständen von 120 Ω.

a) Wie können die DMS zu einer Brücke zusammengeschaltet werden aufgrund ihrer Anordnung auf dem Biegebalken gemäß Bild?

b) Wie groß ist die Widerstandsänderung der DMS-Widerstände, wenn die Brückenausgangsspannung U_A = 1,4 mV ist und die Brückenversorgungsspannung U = 2 V beträgt?

c) Wie groß ist die Kraft F die am quadratischen Biegebalken angreift?

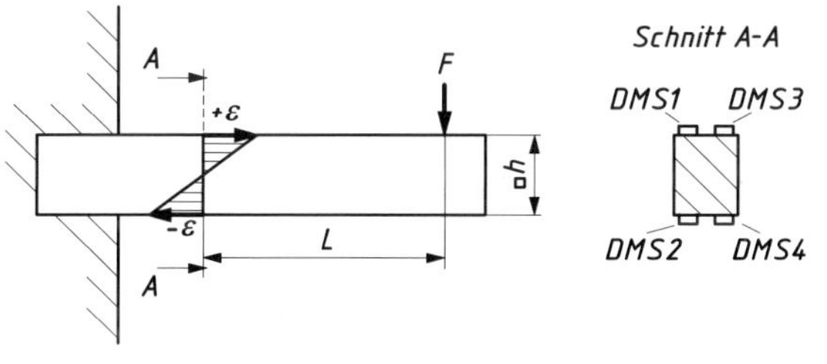

Angaben:

Hebellänge	L = 250 mm	DMS-Konstante	k = 2 (materialabhängig)
Seitenlänge	h = 15 mm	Elastizitätsmodul	E = 70000 N/mm² (Aluminium)

Beziehung für die relative Widerstandsänderung $\Delta R/R$ aufgrund einer relativen Längenänderung $\Delta l/l$ des DMS-Messgitters:

$$\frac{\Delta R}{R} = k \cdot \varepsilon \qquad \text{relative Dehnung } \varepsilon = \frac{\Delta l}{l} \text{ in } \mu\text{m/m}$$

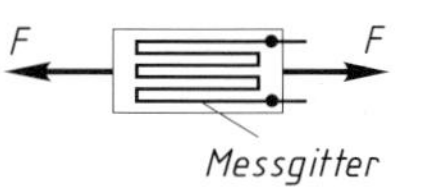

Kraftrichtung für DMS 1 und 3.

Erforderliche Beziehungen aus der Mechanik:

1) Mechanische Spannung $\sigma = \dfrac{\text{Biegemoment } M_B}{\text{Widerstandsmoment } W_B}$

2) Biegemoment M_B = Kraft F · Hebelarm L

3) Widerstandsmoment $W_B = \dfrac{h^3}{6}$ für quadratischen Querschnitt (□ h) des Biegebalkens

4) Hooke'sches Gesetz: $\sigma = \dfrac{\Delta l}{l} E = \varepsilon \cdot E$, mit ε = relative Dehnung, E = Elastizitätsmodul

12.2 Lösungen

12.1

$$R_X = \frac{R_1}{R_2} \cdot R_N$$

$$R_X = \frac{150\,\Omega}{250\,\Omega} \cdot 75\,\Omega = 45\,\Omega$$

12.2

a) $R_i = \frac{R_1}{R_2} \cdot R_3 = 3\,\Omega$

b) Abgleich ist erreicht, wenn der durch den Strommesser fließende Strom sich beim Schließen der Taste T nicht mehr ändert. In diesem Fall ist $U_2 = U_3$ (gleiches Potenzial der Punkte x und y). Somit fließt kein Strom über die geschlossene Taste.

12.3

a) $U_{12} + U_4 - U_2 = 0$

$$U_{12} = U_2 - U_4 = \frac{R_2}{R_1 + R_2} \cdot U - \frac{R_4}{R_3 + R_4} \cdot U$$

$U_{12} = 8\text{ V} - 7\text{ V} = +1\text{ V}$

b) $U_{12} + U_4 - U_2 = 0$

$U_4 = U_2 - U_{12}$

$U_4 = 8\text{ V} - (-1\text{ V}) = +9\text{ V}$

$$U_4 = \frac{R_4}{R_3 + R_4} \cdot U$$

$$9\text{ V} = \frac{R_4}{R_3 + R_4} \cdot 10\text{ V}$$

$9\text{ V} \cdot R_3 + 9\text{ V} \cdot R_4 = 10\text{ V} \cdot R_4$

$R_4 = 9R_3$

$R_4 = 450\,\Omega$

12.4

T	0	20	50	100 °C
$R_1 = R_4$	400	300	200	100 Ω

$$U_{12} = U_2 - U_4 = \left(\frac{R_2}{R_1 + R_2} - \frac{R_4}{R_3 + R_4}\right) \cdot U$$

T	0	20	50	100 °C
U_{12}	−0,67	−0,4	0	+0,67 V

12.5

DM 1 $\Rightarrow R + \Delta R$

DM 2 $\Rightarrow R - \Delta R$

$$U_{12} = -\frac{\Delta R}{2R} \cdot U = -\frac{0{,}006}{2} \cdot 2\text{ V} = -6\text{ mV}$$

12.6

a) $R_4 = \frac{R_2}{R_1} \cdot R_3 = 90\,\Omega$

b) $I_{R3} = 0$, da Kontakte offen.

Teilspannungen:

$U_{Relais} + U_4 = I_{Relais} \cdot (R_{Relais} + R_4)$

$U_{Relais} + U_4 = 45{,}5\text{ mA}\,(120\,\Omega + 90\,\Omega)$

$U_{Relais} + U_4 = 9{,}56\text{ V}$

$U_1 = (I_{Relais} + I_{R2}) \cdot R_1$

$$U_1 = \left(45{,}5\text{ mA} + \frac{9{,}56\text{ V}}{300\,\Omega}\right) \cdot 200\,\Omega$$

$U_1 = 15{,}47\text{ V}$

Betriebsspannung:

$U = U_1 + U_{Relais} + U_4$

$U = 15{,}47\text{ V} + 9{,}56\text{ V}$

$U \approx 25\text{ V}$

12.7

a) $U_1 = \frac{R + \Delta R}{R + \Delta R + R} \cdot U$

$$U_2 = \frac{R}{R + \Delta R + R} \cdot U$$

$$U_{12} = U_1 - U_2 = \frac{R + \Delta R - R}{R + \Delta R + R} \cdot U$$

$U_{12} \approx +\frac{\Delta R}{2R} \cdot U$ mit $2R + \Delta R \approx 2R$ im Nenner

b) Die Versorgungsspannung U muss konstant sein, da sie Einfluss auf die Ausgangsspannung U_{12} hat.

Die Versorgungsspannung U sollte einerseits möglichst groß sein, um ein großes Ausgangssignal U_{12} zu erhalten. Andererseits darf jedoch keine Stromerwärmung in den Widerständen auftreten.

c) Geringer TK-Wert, also keine Kohleschichtwiderstände, sondern Metallschichttypen.

12.8

a) $R_1 = \frac{R_A}{R_B} \cdot R_{N1} = 14{,}6\,\Omega$

$$R_2 = \frac{R_A}{R_B} \cdot R_{N2} = 12{,}1\,\Omega$$

Gesamtwiderstand des Kabels ohne Kurzschluss:

I $\quad R_g = R_{L1} + R_{L2} = \frac{2L}{A \cdot \varkappa_{Cu}}$

$$R_g = \frac{2 \cdot 320\text{ m}}{0{,}5\text{ mm}^2 \cdot 56\,\frac{\text{m}}{\Omega\,\text{mm}^2}} = 22{,}86\,\Omega$$

II $\quad R_1 = R_{L1} + R_ü$

III $\quad R_2 = R_{L2} + R_ü$

II + III $R_1 + R_2 = R_{L1} + R_{L2} + 2R_{ü} \quad = \text{IV}$

I in IV $R_1 + R_2 = R_g + 2R_{ü}$

$$R_{ü} = \frac{R_1 + R_2 - R_g}{2}$$

$$R_{ü} = \frac{14{,}6\,\Omega + 12{,}1\,\Omega - 22{,}86\,\Omega}{2} = 1{,}92\,\Omega$$

b) $R_{L1} = R_1 - R_{ü} = 14{,}6\ \Omega - 1{,}92\ \Omega = 12{,}68\ \Omega$

$$R_{L1} = \frac{2L_1}{A \cdot \text{i}_{Cu}}$$

$$L_1 = \frac{R_{L1} \cdot A \cdot \text{i}_{Cu}}{2} = \frac{12{,}68\,\Omega \cdot 0{,}5\ \text{mm}^2 \cdot 56\,\frac{\text{m}}{\Omega\,\text{mm}^2}}{2}$$

$L_1 = 177{,}52$ m

12.9

a)

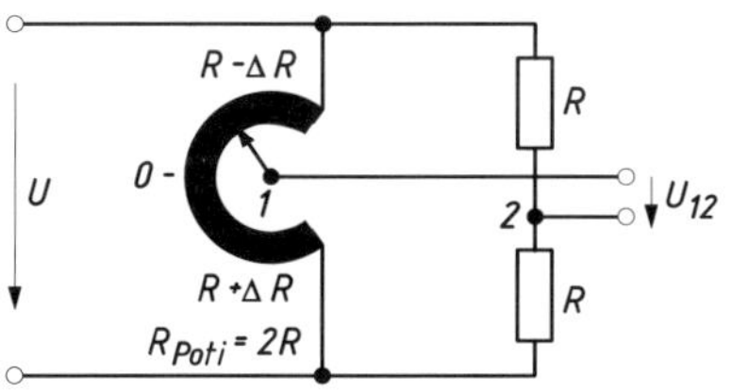

b) $$\varphi_1 = \frac{R + \Delta R}{2R} U$$

$$\varphi_2 = \frac{1}{2} U$$

$U_{12} = \varphi_1 - \varphi_2$

$$U_{12} = \left(\frac{R + \Delta R}{2R} - \frac{1}{2} \right) U$$

$$U_{12} = \left(\frac{R + \Delta R}{2R} - \frac{R}{2R} \right) U$$

$$U_{12} = \frac{\Delta R}{2R} U$$

Umrechnung auf Drehwinkel:

$$\frac{\Delta R}{R} = \frac{\Delta \alpha}{\alpha_o}$$

$$\boxed{U_{12} = \frac{\Delta \alpha}{2\alpha_o} U} \quad \text{mit } \alpha_o = 175°$$

c) Versorgungsspannung für obige Brückenschaltung

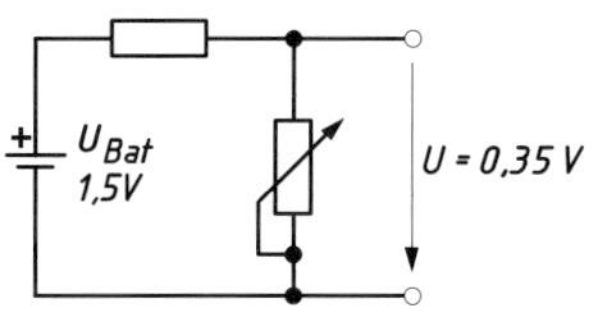

Die Spannung U wird so eingestellt, dass ihr Betrag in „mV“ dem Drehwinkel entspricht:

$$\left. \begin{array}{l} \Delta\alpha = +175° \Rightarrow +175\ \text{mV} \\ \Delta\alpha = -175° \Rightarrow -175\ \text{mV} \end{array} \right\} U = 0{,}35\ \text{V}$$

12.10

a) Gegenüberliegende DMS müssen immer entgegengesetzte Widerstandsänderungen ΔR aufweisen, sonst heben sich die Effekte in der Brückendiagonalen auf.

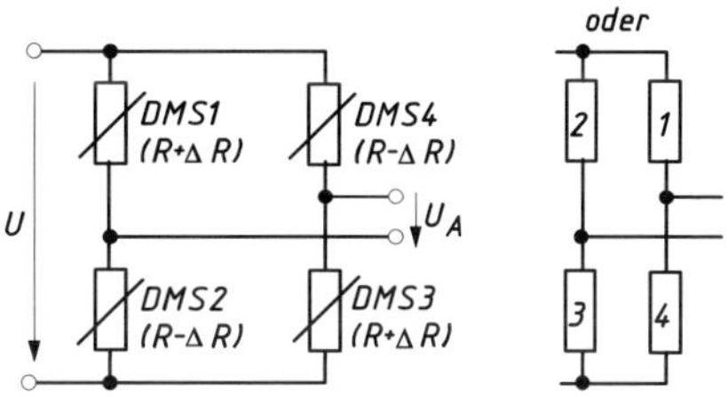

b) $$U_A = +\frac{\Delta R}{R} \cdot U$$

(siehe Übersicht, Vorzeichenwechsel wegen umgepolter Signalabnahme).

$$\frac{\Delta R}{R} = \frac{U_A}{U} = \frac{1{,}4\ \text{mV}}{2\ \text{V}} = 0{,}7\,\frac{\text{mV}}{\text{V}} = 0{,}7\ ‰$$

$\Delta R = 0{,}7 \cdot 10^{-3} \cdot 120\ \Omega = 84\ \text{m}\Omega$

c) Relative Dehnung:

$$\varepsilon = \frac{\Delta R / R}{k} = \frac{0{,}7\ ‰}{2} = 0{,}35\ ‰ \mathrel{\hat{=}} 350\,\frac{\mu\text{m}}{\text{m}}$$

Mechanische Spannung:

$$\sigma = \varepsilon \cdot E = 350\,\frac{\mu\text{m}}{\text{m}} \cdot 70000\,\frac{\text{N}}{\text{mm}^2}$$

$$\sigma = 24{,}5\,\frac{\text{N}}{\text{mm}^2}$$

Widerstandsmoment:

$$W_B = \frac{h^3}{6} = \frac{(15\ \text{mm})^3}{6} = 562{,}5\ \text{mm}^3$$

Biegemoment:

$M_B = \sigma \cdot W_B$

$$M_B = 24{,}5\,\frac{\text{N}}{\text{mm}^2} \cdot 562{,}5\ \text{mm}^3$$

$M_B = 13781{,}25$ N mm

Kraft:

$$F = \frac{M_B}{L} = \frac{13781{,}25\ \text{N mm}}{250\ \text{mm}}$$

$F = 55{,}13$ N

13 Spannungsfall und Leistungsverlust auf Leitungen

- Einfache und verteilte Stromabnahme bei Gleich- oder Wechselströmen (1/N/PE-Netz) ohne Phasenverschiebung

Der Spannungsfall auf Leitungen wird in den Technischen Anschlussbedingungen (TAB) als Spannungsfall bezeichnet.

Zulässiger Spannungsfall nach DIN/VDE

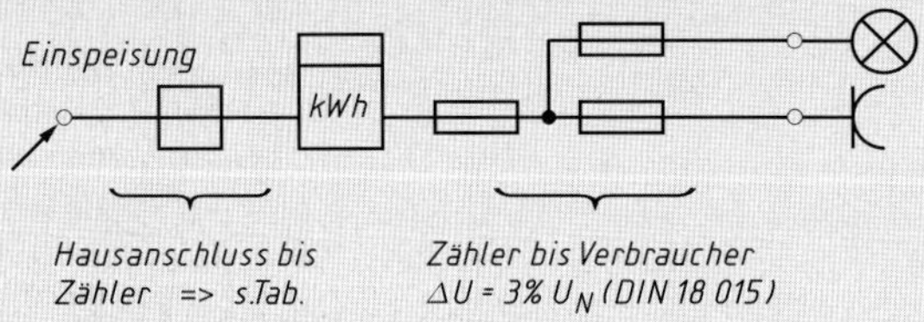

Tabelle nach DIN 18015

Leistung in kVA	Spannungsfall in %
… 100	0,5
100 … 250	1,0
250 … 400	1,25
400 …	1,5

Einfach belastete Leitung

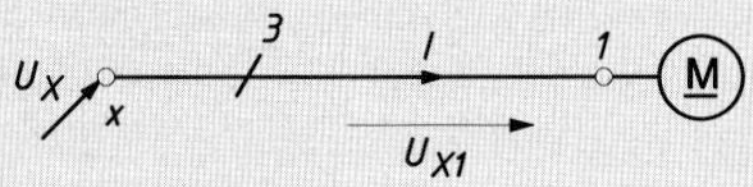

I = Betriebsstrom

l = einfache Leitungslänge

A = Leitungsquerschnitt

$\varkappa$ = Leitfähigkeit

} R_L = Leitungswiderstand

U_{X1} = Spannungsfall (zwischen Pkt. X und Pkt. 1)

P_V = Verlustleistung auf der Leitung

Leitungswiderstand	Spannungsfall	Verlustleistung
$R_L = \frac{②\cdot l}{A\cdot x}$	$U_{X1} = I\cdot R_L$	$P_V = I^2\cdot R_L$

② Faktor 2 wegen Hin- und Rückleitung

Einseitig gespeiste Leitung mit mehrfacher Belastung

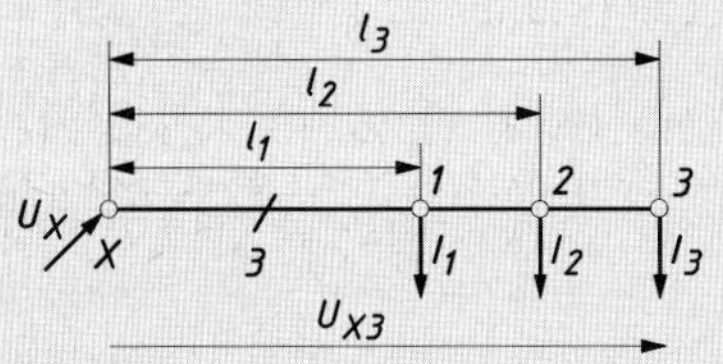

$$U_{X3} = \frac{2}{A\cdot x}(I_1\cdot l_1 + I_2\cdot l_2 + I_3\cdot l_3)$$

$$P_V = \frac{2}{A\cdot x}\left(\sum I^2\cdot l\right)$$

Zweiseitig gespeiste Leitungen mit Mehrfachbelastungen

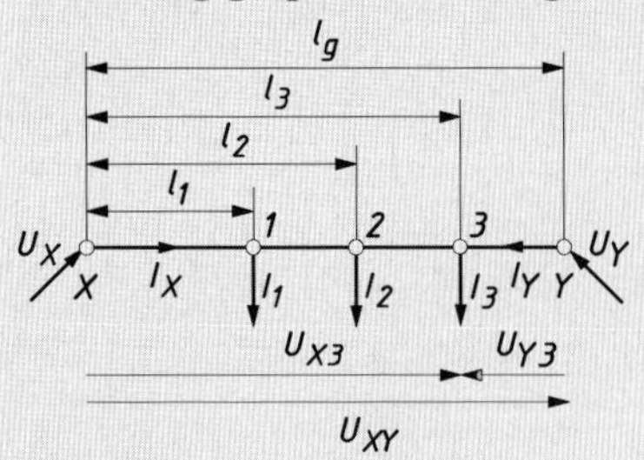

1) Gleiche Speisespannung für beide Speisepunkte:
   $U_X = U_Y \Rightarrow U_{XY} = 0$
2) Aus Maschenregel
   $U_{X3} - U_{Y3} + U_{XY} = 0 \Rightarrow U_{X3} = U_{Y3}$
   folgt: $I_1\cdot l_1 + I_2\cdot l_2 + I_3\cdot l_3 = I_Y\cdot l_g$
3) Aus Knotenregel folgt: $I_X + I_Y = I_1 + I_2 + I_3$
4) Tiefpunkt ermitteln.
5) Leitung im Tiefpunkt gedanklich auftrennen und Spannungsfall wie bei einseitig gespeisten Leitungen berechnen. Tiefpunkt ist jener Leitungspunkt, dem von beiden Seiten Ströme zufließen.

13.1 Aufgaben

❶ **13.1** Ein Gleichstrommotor von 10 kW ist an ein Gleichstromnetz mit der Spannung 220 V über eine 50 m lange Kupfer-Zuleitung angeschlossen ($\varkappa_{Cu}$ = 56 S m/mm²). Man berechne:

a) Betriebsstrom

b) Leitungswiderstand bei A = 10 mm²

c) Spannungsfall U_{x1} zwischen dem Einspeisepunkt x und dem Motoranschlusspunkt 1 absolut und in Prozent

d) Verlustleistung absolut und in Prozent

e) Welche Leitungslänge wäre für 3 % Spannungsfall zulässig?

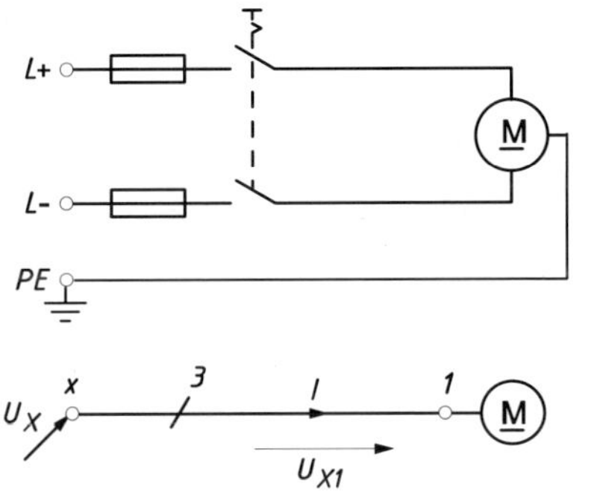

❶ **13.2** Eine Verbrauchergruppe ist über eine 65 m lange Kupferleitung ($\varkappa_{Cu}$ = 56 S m/ mm²) mit einem Leiterquerschnitt von 10 mm² an ein Gleichstromnetz 220 V angeschlossen.

Wie groß darf die Anschlussleistung höchstens sein, wenn der Spannungsfall 3 % nicht überschreiten soll?

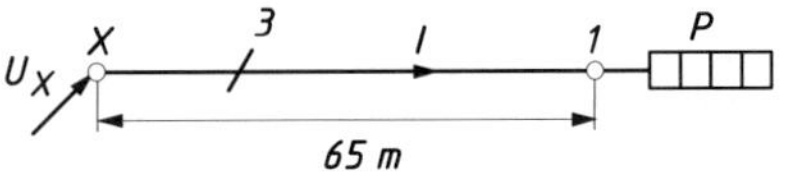

❶ ❷ **13.3** Berechnen Sie für die einseitig gespeiste und mehrfach belastete Kupferleitung den Spannungsfall U_{x3} in Volt und Prozent.

Angaben:

U_x = 220 V
I_1 = 4,5 A
I_2 = 2 A
I_3 = 6 A
$\varkappa$ = 56 S m/mm²
A = 1,5 mm²
l_1 = 6 m
l_2 = 10 m
l_3 = 18 m

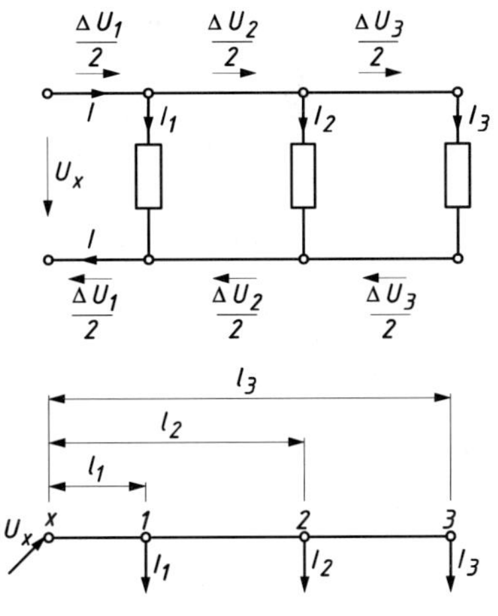

❷ **13.4** Eine einseitig gespeiste Leitung ($\varkappa_{Cu} = 56$ Sm/mm^2) ist mit drei Verbrauchern der angegebenen Nennleistung räumlich verteilt belastet.

a) Wie groß sind die Ströme in den Leitungsabschnitten?

b) Wie groß ist der Spannungsfall U_{x3} in Volt? Netzspannung: 400 V

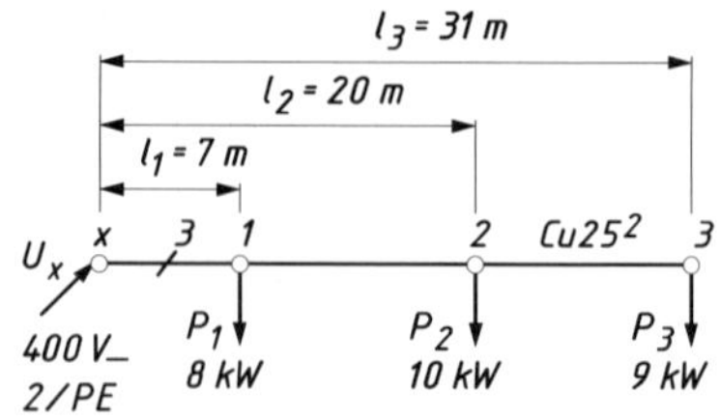

❷ ❸ **13.5** In einer Industriehalle ist eine Ringleitung als mehradrige Kupferleitung in einem Elektroinstallationskanal auf der Wand verlegt. Zur Zeit sind 5 Motoren angeschlossen. Der Fall kann rechnerisch als zweiseitig gespeiste Leitung mit Mehrfachbelastung, d.h. verteilter Stromabnahme, behandelt werden, wie die nachfolgenden Abbildungen zeigen.

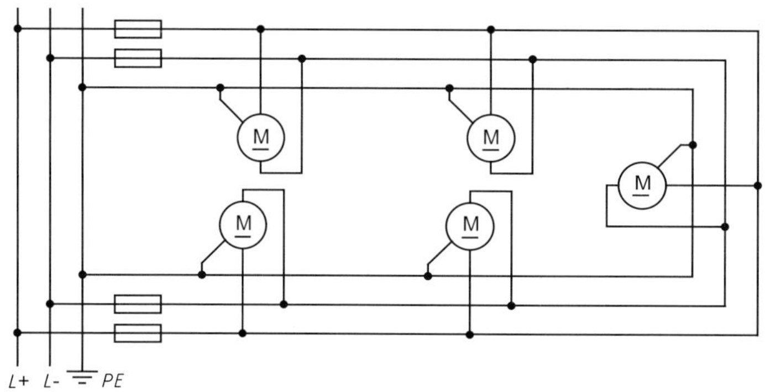

Ringnetz in anschaulicher Stromkreisdarstellung

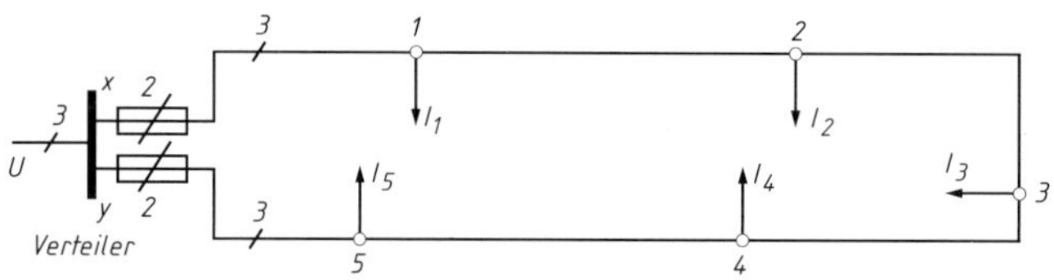

Ringnetz in Installationsplandarstellung

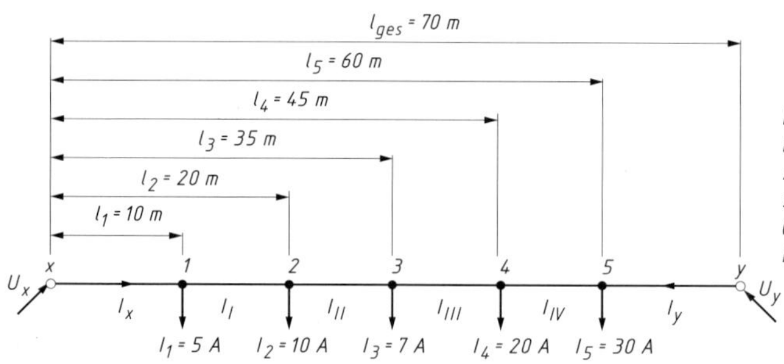

Darstellung für Rechenzwecke als zweiseitig eingespeiste Leitung (aufgetrennter Einspeisepunkt)

a) Wie groß sind die Einspeiseströme I_A und I_B, wenn gleiche Einspeisespannungen vorausgesetzt werden?

b) Wie groß sind die Ströme auf den Leitungsabschnitten?

c) Wo liegt der Abgangspunkt oder Tiefpunkt der Leitung?

d) Wie groß ist der Spannungsabfall zwischen einem Einspeisepunkt und dem Tiefpunkt? ($A = 10$ mm^2, $\varkappa = 56$ Sm/mm^2)

13.2 Lösungen

13.1

a) $I = \frac{P}{U} = \frac{10\,\text{kW}}{220\,\text{V}} = 45{,}45\,\text{A}$

b) $R_L = \frac{2 \cdot l}{A \cdot \varkappa} = \frac{2 \cdot 50\,\text{m}}{10\,\text{mm}^2 \cdot 56\,\frac{\text{Sm}}{\text{mm}^2}} = 0{,}1786\,\Omega$

c) $U_{x1} = I \cdot R_L = 45{,}45\,\text{A} \cdot 0{,}1786\,\Omega = 8{,}12\,\text{V}$

$U_{x1\%} = \frac{8{,}12\,\text{V}}{220\,\text{V}} \cdot 100\% = 3{,}7\%$

d) $P_V = U_V \cdot I = 8{,}12\,\text{V} \cdot 45{,}45\,\text{A} = 369\,\text{W}$

$P_{V\%} = \frac{369\,\text{W}}{10\,\text{kW}} \cdot 100\% = 3{,}7\%$

e) $U_{x1} = 3\,\%$ von $220\,\text{V} = 6{,}6\,\text{V}$

$R_L = \frac{U_V}{I} = \frac{6{,}6\,\text{V}}{45{,}45\,\text{A}} = 0{,}145\,\Omega$

$l = \frac{R_L \cdot A \cdot \varkappa}{2} = \frac{0{,}145\,\Omega \cdot 10\,\text{mm}^2 \cdot 56\,\text{m}}{2\,\Omega\text{mm}^2} = 40{,}6\,\text{m}$

13.2

$U_{x1} = 3\,\%$ von $220\,\text{V} = 6{,}6\,\text{V}$
(zwischen Einspeisepunkt x und Verbrauchergruppe)

$R_L = \frac{2 \cdot l}{A \cdot \varkappa} = \frac{2 \cdot 65\,\text{m}}{10\,\text{mm}^2 \cdot 56\,\frac{\text{Sm}}{\text{mm}^2}} = 0{,}232\,\Omega$

$I = \frac{U_{x1}}{R_L} = \frac{6{,}6\,\text{V}}{0{,}232\,\Omega} = 28{,}43\,\text{A}$

$P = U \cdot I \approx 220\,\text{V} \cdot 28{,}43\,\text{A} = 6{,}25\,\text{kW}$

13.3

$U_{x1} = \frac{2}{A \cdot \varkappa}(I_1 \cdot l_1 + I_2 \cdot l_2 + I_3 \cdot l_3)$

$U_{x1} = \frac{2}{1{,}5\,\text{mm}^2 \cdot 56\,\frac{\text{Sm}}{\text{mm}^2}}(4{,}5\,\text{A} \cdot 6\,\text{m} + 2\,\text{A} \cdot 10\,\text{m} + 6\,\text{A} \cdot 18\,\text{m})$

$U_{x1} = 3{,}69\,\text{V}$; $U_{x1\,\%} = 1{,}67\,\%$

13.4

a) $I_1 = \frac{P_1}{U} = \frac{8\,\text{kW}}{400\,\text{V}} = 20\,\text{A}$ $\quad I_3 = \frac{P_3}{U} = \frac{9\,\text{kW}}{400\,\text{V}}$

$I_2 = \frac{P_2}{U} = \frac{10\,\text{kW}}{400\,\text{V}} = 25\,\text{A}$ $\quad I_3 = 22{,}5\,\text{A}$

b) $U_{x3} = \frac{2}{A \cdot \varkappa}\left(I_1 \cdot l_1 + I_2 \cdot l_2 + I_3 \cdot l_3\right)$

$U_{x3} = \frac{2 \cdot \left(20\,\text{A} \cdot 7\,\text{m} + 25\,\text{A} \cdot 20\,\text{m} + 22{,}5\,\text{A} \cdot 31\,\text{m}\right)}{25\,\text{mm}^2 \cdot 56\,\frac{\text{Sm}}{\text{mm}^2}}$

$U_{x3} = 1{,}91\,\text{V}$

13.5

a) $I_1 \cdot l_1 + I_2 \cdot l_2 + I_3 \cdot l_3 + I_4 \cdot l_4 + I_5 \cdot l_5 = I_Y \cdot l_g$

$I_Y = \frac{5\,\text{A} \cdot 10\,\text{m} + 10\,\text{A} \cdot 20\,\text{m} + 7\,\text{A} \cdot 35\,\text{m}}{70\,\text{m}} + \frac{20\,\text{A} \cdot 45\,\text{m} + 30\,\text{A} \cdot 60\,\text{m}}{70\,\text{m}}$

$I_Y = 45{,}64\,\text{A}$

$I_x + I_y = I_1 + I_2 + I_3 + I_4 + I_5$

$I_x = 5\,\text{A} + 10\,\text{A} + 7\,\text{A} + 20\,\text{A} + 30\,\text{A} - 45{,}64\,\text{A}$

$I_x = 26{,}36\,\text{A}$

b) $I_I = I_x - I_1 = 26{,}36\,\text{A} - 5\,\text{A} = 21{,}36\,\text{A}$ $\quad (\rightarrow)$

$I_{II} = I_I - I_2 = 21{,}36\,\text{A} - 10\,\text{A} = 11{,}36\,\text{A}$ $\quad (\rightarrow)$

$I_{III} = I_{II} - I_3 = 11{,}36\,\text{A} - 7\,\text{A} = 4{,}36\,\text{A}$ $\quad (\rightarrow)$

$I_{IV} = I_Y - I_5 = 45{,}64\,\text{A} - 30\,\text{A} = 15{,}64\,\text{A}$ $\quad (\leftarrow)$

c) Punkt 4 ist der Tiefpunkt. In ihm fließen von beiden Seiten Ströme zu.
Kontrolle:
$I_4 = I_{III} + I_{IV} = 4{,}36\,\text{A} + 15{,}64\,\text{A} = 20\,\text{A}$

d) Rechnung vom Einspeisepunkt x aus als einseitig gespeiste Leitung

$U_{x4} = \frac{2}{A \cdot \varkappa}(I_1 \cdot l_1 + I_2 \cdot l_2 + I_3 \cdot l_3 + I_{III} \cdot l_4)$

$U_{x4} = \frac{2}{10\,\text{mm}^2 \cdot 56\,\frac{\text{Sm}}{\text{mm}^2}}(5\,\text{A} \cdot 10\,\text{m} + 10\,\text{A} \cdot 20\,\text{m} + 7\,\text{A} \cdot 35\,\text{m} + 4{,}36\,\text{A} \cdot 45\,\text{m})$

$U_{x4} = 2{,}47\,\text{V}$ oder auch:

$U_{x4} = \frac{2}{A \cdot \varkappa}[I_x \cdot l_1 + I_I(l_2 - l_1) + I_{II}(l_3 - l_2) + I_{III}(l_4 - l_3]$

$U_{x4} = \frac{2}{10\,\text{mm}^2 \cdot 56\,\frac{\text{Sm}}{\text{mm}^2}}(26{,}36\,\text{A} \cdot 10\,\text{m} + 21{,}36\,\text{A} \cdot 10\,\text{m} + 11{,}36\,\text{A} \cdot 15\,\text{m} + 4{,}36\,\text{A} \cdot 10\,\text{m})$

$U_{x4} = 2{,}47\,\text{V}$

Rechnung von Einspeisepunkt Y aus als einseitig gespeiste Leitung:

$U_{Y4} = \frac{2}{A \cdot \varkappa}[I_5(l_g - l_5) + I_{IV}(l_g - l_4)]$

$U_{Y4} = \frac{2}{10\,\text{mm}^2 \cdot 56\,\frac{\text{Sm}}{\text{mm}^2}}(30\,\text{A} \cdot 10\,\text{m} + 15{,}64\,\text{A} \cdot 25\,\text{m})$

$U_{Y4} = 2{,}47\,\text{V}$

oder

$U_{Y4} = \frac{2}{A \cdot \varkappa}[I_Y(l_g - l_5) + I_{IV}(l_5 - l_4)]$

$U_{Y4} = \frac{2}{10\,\text{mm}^2 \cdot 56\,\frac{\text{Sm}}{\text{mm}^2}}(45{,}64\,\text{A} \cdot 10\,\text{m} + 15{,}64\,\text{A} \cdot 15\,\text{m})$

$U_{Y4} = 2{,}47\,\text{V}$

Netzwerke

14 Lösungsmethoden zur Analyse von Netzwerken

Vorbemerkung

Die nachfolgenden Teilkapitel geben einen Überblick über die wichtigsten Methoden zur Analyse von Netzwerken. Daneben sind die unterschiedlichen methodischen Vorgehensweisen und Lösungsstrategien mit ihren Vor- und Nachteilen dargestellt, sodass der Leser den für ihn zweckmäßigsten Lösungsweg auswählen kann.

Gleichzeitig zeigen die Beispiele, dass bei geschickter Auswahl der Lösungsmethode der Arbeitsaufwand drastisch reduziert werden kann.

Begriffsklärungen und Vereinbarungen

Netzwerk:

Zusammenschaltung von idealisierten Bauelementen zu einer oft komplexen Schaltung, wobei in einem „linearen Netzwerk“ in allen Netzwerkteilen eine direkt-proportionale Beziehung zwischen Spannung U und Strom I nach dem Ohm’schen Gesetz besteht.

Grundzweipole des Gleichstromnetzwerkes:

Widerstand R
(Verbraucher-Zähl-Pfeilsystem, d.h. U und I gleichorientiert)

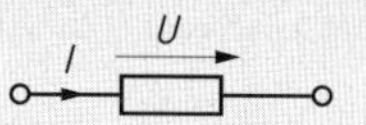

Ideale Spannungsquelle mit Quellenspannung U_q
(Spannungspfeil vom höheren zum niedrigeren Potenzial gerichtet)

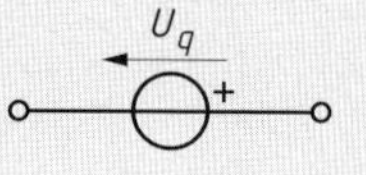

Ideale Stromquelle mit Quellenstrom I_q

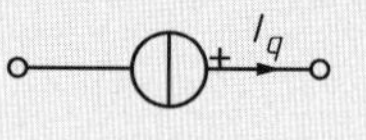

Gesetzmäßigkeiten für die Untersuchung des Netzwerkes:

- Ohm’sches Gesetz: $U = R \cdot I$
- Kirchhoff’sche Gleichungen:
  - Netzknoten: Knotenregel: $\sum I_n = 0, \quad n = 1,\dots, k$
  - Netzmaschen: Maschenregel: $\sum U_n = 0, \quad n = 1,\dots, j$

Anwendung der Gesetzmäßigkeiten auf Teile des Netzwerkes:

- Zweig: Verbindungsleitung, die mindestens ein aktives oder passives Element enthält. Im Beispiel nach Abb. 14.1 (s. S. 94): z.B. Leitung von Knoten A nach Knoten B mit Widerstand R_2.

- Masche: Geschlossener Spannungsumlauf, der z.B. in einer Quelle oder in einem Knoten beginnt und auch wieder endet, wobei während eines Umlaufes jeder benutzte Zweig und Knoten des Netzes nur einmal durchlaufen wird.

  In Abb. 14.1 z.B. Masche I: Von Spannungsquelle U_q über R_1 und R_2 zurück zur Quelle.

- Streckennetz: Abstrahierte grafische Darstellung des Netzes zur Kennzeichnung der stromführenden Zweige ohne Angabe der Bauelemente (auch „Graph“ genannt).

  In jedem Zweig des Netzes fließt ein „Zweigstrom“. Ist dessen Stromrichtung unbekannt, wird sie zunächst willkürlich angenommen. Diese Richtungsvorgabe ist unkritisch, da bei physikalisch falscher Vorgabe das Berechnungsergebnis einen negativen Wert liefert.

  Zwischen zwei Knoten des Netzes kann man die „Knotenspannung“ antragen. Auch hier gilt: Bei falscher Richtungsannahme weist das Berechnungsergebnis ein Minuszeichen auf.

  Misst man die Knotenspannung gegenüber einem Schaltungspunkt, der das Bezugspotenzial „0 V“ hat, spricht man auch vom „Knotenpotenzial“.

- Netzwerkanalyse: Ermittlung der unbekannten Spannungen und Ströme in den einzelnen Zweigen des Netzwerkes.

- Ziel der Analysemethode: Richtige Auswahl der Anzahl
  - der benötigten Gleichungen und
  - der voneinander unabhängigen Gleichungen.

- Unabhängige Gleichung: Gleichung, die sich nicht aus anderen Gleichungen eines Gleichungssystems, z.B. durch Addition, Subtraktion usw., ableiten lässt (die also eine neue Größe enthält, die im bisher betrachteten vorliegenden Gleichungssystem nicht auftritt).

14.1 Netzwerkberechnung mit Hilfe der Stromkreis-Grundgesetze

- Anwendung der Kirchhoff'schen Sätze und des Ohm'schen Gesetzes

Lösungsmethodik:

Die richtige Bestimmung der Anzahl der benötigten Gleichungen und die Auswahl der voneinander unabhängigen Gleichungen soll am Beispiel nach Abb. 14.1 gezeigt werden, woraus verallgemeinernd die grundsätzlichen Regeln zur Netzwerkanalyse bei direkter Auswertung der Maschen- und Knotengleichungen angegeben werden können:

Das Netz nach Abb. 14.1 hat 5 Zweige mit den Strömen I_1 bis I_5.

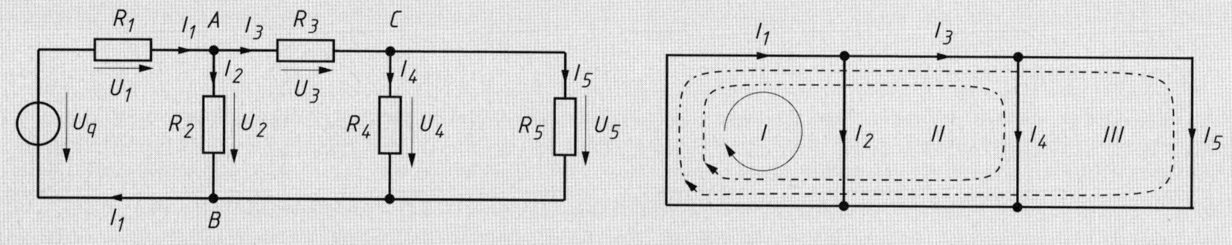

Abb. 14.1: Beispiel für ein einfaches Netzwerk und zugehöriges „Streckennetz"

Wären in jedem Zweig z.B. Strom und Spannung unbekannt, würden also $2 \cdot 5 = 10$ Unbekannte vorliegen. Diese Unbekannten sind folglich durch 10 Gleichungen mit Hilfe der grundlegenden Gesetzmäßigkeiten zu bestimmen:

Im Beispiel	**Allgemein**
5 Zweige, d.h. 10 Unbekannte	n Zweige, d.h. $2 \cdot n$ Unbekannte

In jedem Zweig gilt das **Ohm'sche Gesetz**. Es liefert:

5 Gleichungen:	n Gleichungen:
$U_1 = I_1 \cdot R_1; \ldots\ U_5 = I_5 \cdot R_5$	$U_1 = I_1 \cdot R_1; \ldots\ U_n = I_n \cdot R_n$

Mit dem **1. Kirchhoff'schen Satz** (Knotenregel) erhält man:

für die Knoten A, B und C:	für k Knoten:
3 Gleichungen	k Knotengleichungen

Davon sind aber nur unabhängige Gleichungen:

2 Gleichungen,	k – 1 Gleichungen,
denn der Strom, der in den Knoten A hineinfließt, ist genauso groß wie der Strom, der aus dem Knoten B zurück zur Quelle fließt.	denn alle Ströme, die am Pluspol aus einer Quelle hinausfließen, müssen am Minuspol wieder hineinfließen.

Der **2. Kirchhoff'sche Satz** (Maschenregel) muss also liefern:

3 Gleichungen aus den Maschenumläufen I, II und III.	n – (k – 1) unabhängige Gleichungen aus ebenso vielen Maschenumläufen.

Lösungsstrategie:

Bei der Auswahl der zur Verfügung stehenden Gleichungen sind nur voneinander unabhängige Gleichungen zu benutzen. Alle anderen Gleichungen liefern keine zusätzlichen Informationen.

Zur Erzeugung solcher voneinander unabhängigen Maschengleichungen bieten sich zwei allgemeine Regeln an:

- Masche für einen geschlossenen Spannungsumlauf wählen. Dabei kann es vorteilhaft sein, an einer Netzwerk-„Ecke“ zu beginnen (vgl. auch skizzierte Maschen in Abb. 14.1).
- Neuen Umlauf (nächste Masche) über mindestens einen schon benutzten Knoten führen und mindestens einen neuen Zweig hinzunehmen. Wird nach Durchlaufen des neuen Zweiges ein in vorhergehenden Umläufen benutzter Knoten berührt, ist der Umlauf durch benutzte Zweige zu schließen.

Das Ergebnis ist ein Gleichungssystem, das mit den verschiedenen Hilfsmitteln der Mathematik gelöst werden kann. Bei kleineren Netzwerken genügen die Verfahren zur „schrittweisen Reduzierung der Unbekannten durch Einsetzen“ bzw. durch „Addition oder Subtraktion von Gleichungen (Eliminationsverfahren)“, die Anwendung der Matrizen- bzw. Determinantenrechnung oder auch der „Gauß'sche Algorithmus“ zur Lösungsfindung.

14.1.1 Aufgaben

☞ *Die Lösung der nachfolgenden Aufgaben soll mit der Methode der direkten Auswertung der Maschen- und Knotengleichungen erfolgen.*

❶ **14.1.1** Für die eingezeichneten Maschen I und II und den Knoten A ist das Gleichungssystem mit den drei voneinander unabhängigen Gleichungen aufzustellen. Anschließend sollen zunächst analytisch und dann nummerisch die Ströme I_1, I_2 und I_3 bestimmt werden.[1)]

Zur Lösung des Gleichungssystems kann die Methode zur sukzessiven Reduzierung der Unbekannten benutzt werden.

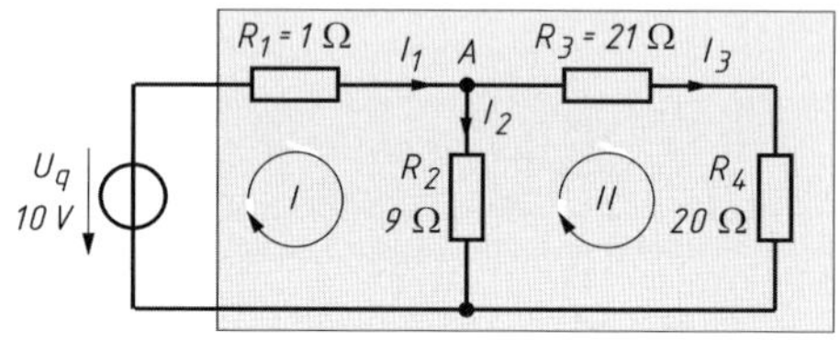

❷ **14.1.2** Das Netzwerk nach Bild 14.1 (siehe auch die rechts nochmals dargestellte Schaltung) soll noch einmal betrachtet werden. Für die drei eingezeichneten Maschen I, II und III sowie die Knoten A und C ist das Gleichungssystem mit den fünf voneinander unabhängigen Gleichungen aufzustellen und zunächst analytisch, dann nummerisch zu lösen. Alle $R = 100\ \Omega$.

Die Lösung des Gleichungssystems kann wie bei Aufgabe 14.1.1 erfolgen.

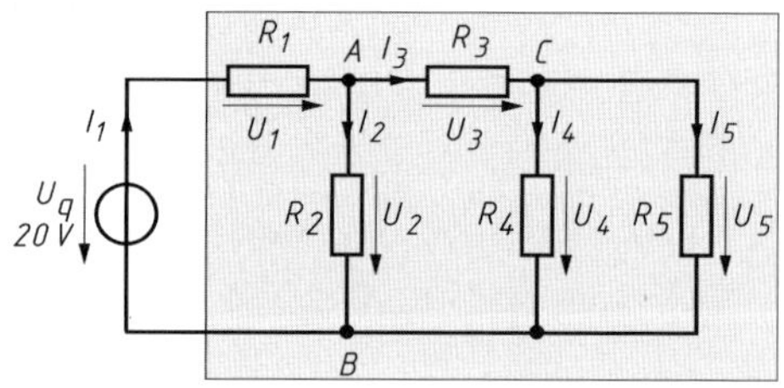

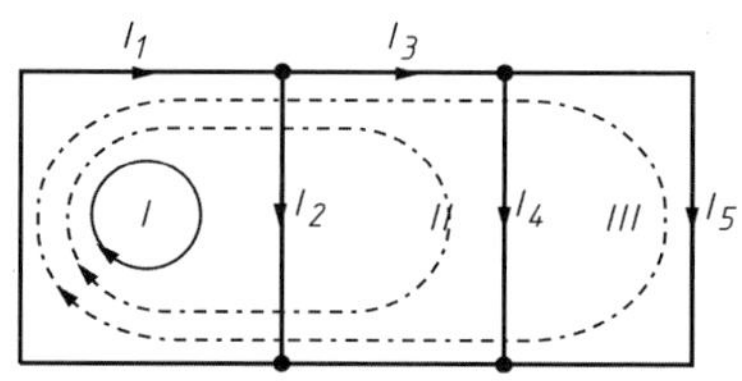

❷ **14.1.3** Gegeben sei das Netzwerk nach nebenstehendem Bild.

Gesucht: Gleichungssystem für I_1, I_2 und I_3, wobei Knoten A und die vorgegebenen Maschenumläufe I und II benutzt werden sollen.

Die Lösung des Gleichungssystems kann wie bei den vorhergehenden Aufgaben erfolgen.

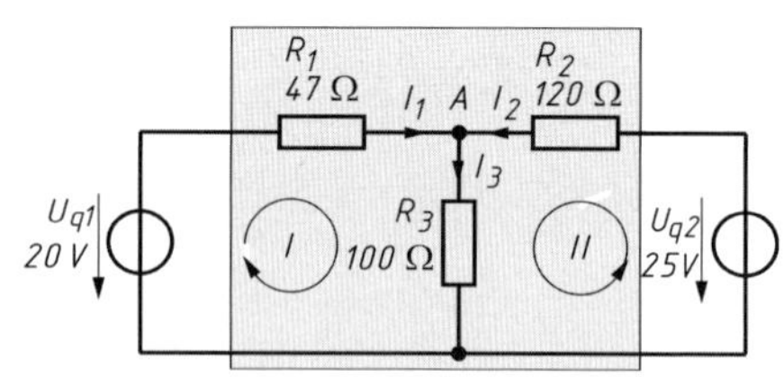

---

1) Hinweis:
Analytische Lösung: allgemeine Lösung durch Gleichung mit Variablennamen.
Nummerische Lösung: Lösung durch Einsetzen der Zahlenwerte.

❷ **14.1.4** In der rechts gezeichneten Schaltung ist der Strom I_5 gesucht.
Die Lösung des Gleichungssystems soll hier mit Hilfe der Determinantenrechnung erfolgen.

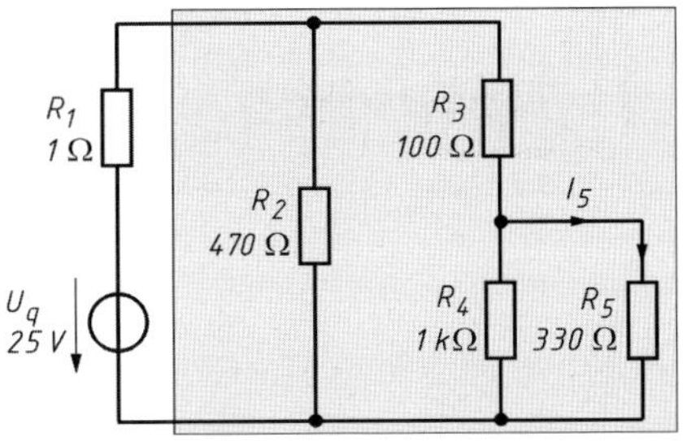

❷ **14.1.5** Für die skizzierte Schaltung soll der Strom I_5 bestimmt werden.
Die Lösung des Gleichungssystems kann mit Hilfe der Determinantenrechnung erfolgen.

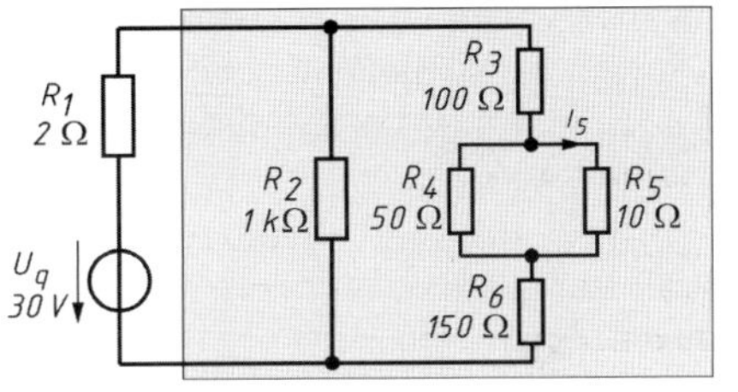

❷ **14.1.6** Ein geschachteltes Netzwerk, ähnlich
❸ wie in Aufgabe 14.1.2 ist durch eine Spannungsquelle U_{q2} erweitert.
Stellen Sie ein Gleichungssystem mit drei Maschengleichungen und zwei Knotengleichungen für die Knoten A und B auf. Ermitteln Sie daraus ein reduziertes Gleichungssystem für die Ströme I_3, I_4 und I_5, und berechnen Sie dann mit der Determinantenrechnung die Ströme I_3 und I_5.

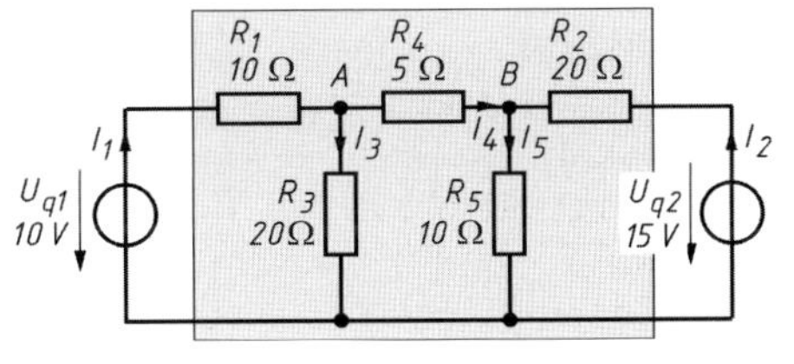

❸ **14.1.7** Vorgegeben sei das im nebenstehenden Bild dargestellte Netzwerk.
Gesucht: Vollständiges Gleichungssystem für I_1 bis I_8. Hieraus sind die Werte für I_6 und U_6 mit der „Methode der sukzessiven Reduzierung der Unbekannten" zu ermitteln.

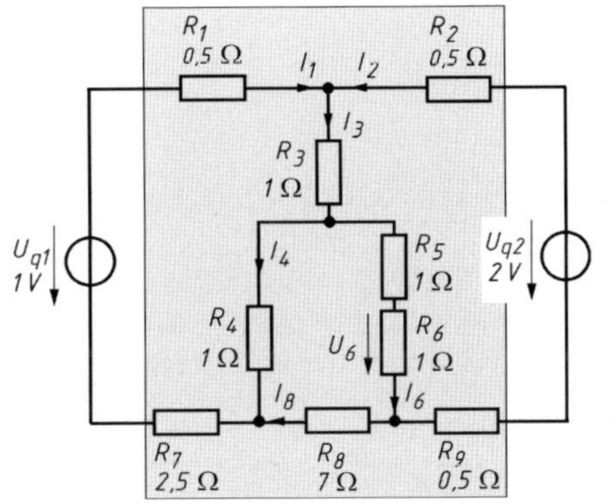

14.1.2 Lösungen

14.1.1

$$\begin{array}{llllll} \text{Masche I:} & I_1 \cdot R_1 & +I_2 \cdot R_2 & & =U_q & (1) \\ \text{Masche II:} & & -I_2 \cdot R_2 & +I_3(R_3+R_4) & =0 & (2) \\ \text{Knoten } K_1: & I_1 & -I_2 & -I_3 & =0 & (3) \end{array}$$

Hier soll zur Demonstration einmal das Verfahren zur sukzessiven Reduzierung der Unbekannten angewendet werden:

$$(3)\cdot(R_3+R_4): \quad I_1(R_3+R_4)-I_2(R_3+R_4)-I_3(R_3+R_4)=0 \tag{3a}$$

$$(2)+(3a): \quad I_1(R_3+R_4)-I_2(R_2+R_3+R_4)=0 \Rightarrow I_2=I_1\frac{R_3+R_4}{R_2+R_3+R_4} \quad \text{(vgl. Stromteilerregel!)} \tag{2a}$$

$$(2a) \text{ in } (1): \quad I_1\cdot R_1+I_1\frac{R_2(R_3+R_4)}{R_2+R_3+R_4}=U_q$$

$$\text{bzw.:} \quad I_1\frac{R_1(R_2+R_3+R_4)+R_2(R_3+R_4)}{R_2+R_3+R_4}=U_q \quad \Rightarrow \quad I_1=U_q\frac{R_2+R_3+R_4}{R_1R_2+R_1(R_3+R_4)+R_2(R_3+R_4)} \tag{1a}$$

$$(1a) \text{ in } (2a): \quad I_2=U_q\frac{R_2+R_3+R_4}{R_1R_2+R_1(R_3+R_4)+R_2(R_3+R_4)}\cdot\frac{R_3+R_4}{R_2+R_3+R_4}$$

$$I_2=U_q\frac{R_3+R_4}{R_1R_2+R_1(R_3+R_4)+R_2(R_3+R_4)}$$

$$\text{Mit (3):} \quad I_3=I_1-I_2=U_q\frac{R_2}{R_1R_2+R_1(R_3+R_4)+R_2(R_3+R_4)}$$

Zahlenwerte:

$$I_1=10\text{ V}\cdot\frac{50\,\Omega}{9\,\Omega^2+41\,\Omega^2+369\,\Omega^2}=10\text{ V}\cdot\frac{50\,\Omega}{419\,\Omega^2}=1{,}19\text{ A}$$

$$I_2=10\text{ V}\cdot\frac{41\,\Omega}{419\,\Omega^2}=978{,}5\text{ mA}$$

$$I_3=10\text{ V}\cdot\frac{9\,\Omega}{419\,\Omega^2}=214{,}8\text{ mA}$$

14.1.2

$$\begin{array}{lllllllll} \text{Knoten A:} & I_1 -I_2 -I_3 & =0 & \text{bzw.} & I_1 -I_2 & =I_3 & (1) \\ \text{Knoten C:} & I_3 -I_4 -I_5 & =0 & \text{bzw.} & I_3 -I_4 & =I_5 & (2) \\ \text{Masche I:} & U_1 +U_2 -U_q & =0 & \text{bzw.} & I_1\cdot R_1 +I_2\cdot R_2 & =U_q & (3) \\ \text{Masche II:} & U_1 +U_3 +U_4 -U_q & =0 & \text{bzw.} & I_1\cdot R_1 +I_3\cdot R_3 +I_4\cdot R_4 & =U_q & (4) \\ \text{Masche III:} & U_1 +U_3 +U_5 -U_q & =0 & \text{bzw.} & I_1\cdot R_1 +I_3\cdot R_3 +I_5\cdot R_5 & =U_q & (5) \end{array}$$

Bestimmt man aus dem Gleichungssystem die fünf unbekannten Ströme I_1 bis I_5, liefert das Ohm'sche Gesetz die fehlenden 5 Gleichungen zur Ermittlung der Spannungen U_1 bis U_5.

Zur Einführung seien hier zur Lösung des Gleichungssystems die Methoden zur „schrittweisen Reduzierung der Unbekannten durch Einsetzen" bzw. „durch Addition oder Subtraktion von Gleichungen" benutzt:

$$(4)-(5): \quad I_4\cdot R_4-I_5\cdot R_5=0\Rightarrow I_5=I_4\cdot\frac{R_4}{R_5}.$$

Mit den Werten für R_4 und R_5: $I_5=I_4$ (5a)

$$(5a) \text{ in } (2): \quad I_3-I_4=I_4\Rightarrow I_4=\frac{1}{2}I_3 \tag{2a}$$

$$(2a)\ (4): \quad I_1\cdot R_1+I_3\cdot R_3+\frac{1}{2}I_3\cdot R_4=U_q \tag{4a}$$

(1) in (4a): $I_1 \cdot R_1 + (I_1 - I_2)R_3 + \frac{1}{2}(I_1 - I_2)R_4 = U_q$.

Aus $R_1 = R_2 = R_3 = R_4 = R_5 = R$ folgt:

$$I_1(R + R + \frac{1}{2}R) - I_2(R + \frac{1}{2}R) = \frac{5}{2}I_1 \cdot R - \frac{3}{2}I_2 \cdot R = U_q \quad \Rightarrow \quad \frac{5}{2}I_1 - \frac{3}{2}I_2 = \frac{U_q}{R} . \tag{4b}$$

Aus (3): $$I_2 = \frac{U_q - I_1 \cdot R}{R} \tag{3a}$$

(3a) in (4b): $$\frac{5}{2}I_1 - \frac{3}{2} \cdot \frac{U_q - I_1 \cdot R}{R} = \frac{U_q}{R} \Rightarrow \frac{8}{2}I_1 - \frac{3}{2} \cdot \frac{U_q}{R} = \frac{U_q}{R} \Rightarrow I_1 = \frac{2}{8} \cdot \frac{5}{2} \cdot \frac{U_q}{R} = \frac{5}{8} \cdot \frac{20\,\text{V}}{100\,\Omega} = 125\text{mA} \tag{4c}$$

(4c) in (3a): $I_2 = \frac{20\,\text{V}}{100\,\Omega} - 0{,}125\text{ A} = 75\text{ mA}$

Aus (1): $I_3 = I_1 - I_2 = 50\text{ mA}$

Aus (2a): $I_4 = \frac{1}{2}I_3 = I_5 = 25\text{ mA}$

Das Ohm'sche Gesetz liefert die Werte für die Spannungen:

$U_1 = I_1 \cdot R = 12{,}5\text{ V}$; $U_2 = I_2 \cdot R = 7{,}5\text{ V}$; $U_3 = I_3 \cdot R = 5\text{ V}$; $U_4 = I_4 \cdot R = U_5 = 2{,}5\text{ V}$.

14.1.3

Masche I: $I_1 \cdot R_1 \quad + I_3 \cdot R_3 = U_{q1}$ (1)

Masche II: $I_2 \cdot R_2 + I_3 \cdot R_3 = U_{q2}$ (2)

Knoten A: $I_1 + I_2 - I_3 = 0$ (3)

Mit der hier nochmals angewendeten sukzessiven Reduzierung der Unbekannten folgt:

(1) – (2): $$I_1 \cdot R_1 - I_2 \cdot R_2 = U_{q1} - U_{q2} \tag{4}$$

(3) · R_3: $$I_1 \cdot R_3 + I_2 \cdot R_3 - I_3 \cdot R_3 = 0 \tag{5}$$

(1) + (5): $$I_1(R_1 + R_3) + I_2 \cdot R_3 = U_{q1} \tag{6}$$

(6) · $\frac{R_2}{R_3}$: $$I_1 \cdot \frac{R_2}{R_3}(R_1 + R_3) + I_2 \cdot R_2 = U_{q1} \cdot \frac{R_2}{R_3} \tag{7}$$

(4) + (7): $$I_1\left(R_1 + \frac{R_1 \cdot R_2}{R_3} + R_2\right) = U_{q1}\left(1 + \frac{R_2}{R_3}\right) - U_{q2}$$

$$I_1 = \frac{U_{q1}(R_2 + R_3) - U_{q2} \cdot R_3}{R_1R_2 + R_1R_3 + R_2R_3}$$

Zahlenwerte: $I_1 = \frac{20\text{ V} \cdot 220\,\Omega - 25\text{ V} \cdot 100\,\Omega}{(5{,}64 + 4{,}7 + 12) \cdot 10^3\,\Omega^2} = 85\text{ mA}$

Aus (1): $I_3 = \frac{U_{q1} - I_1 \cdot R_1}{R_3} = \frac{20\text{V} - 85\text{mA} \cdot 47\,\Omega}{100\,\Omega} = 160\text{mA}$

Aus (3): $I_2 = I_3 - I_1 = 160\text{ mA} - 85\text{ mA} = 75\text{ mA}$

14.1.4

Mit den skizzierten Umläufen I, II, und III und den Knotengleichungen für A und B erhält man:

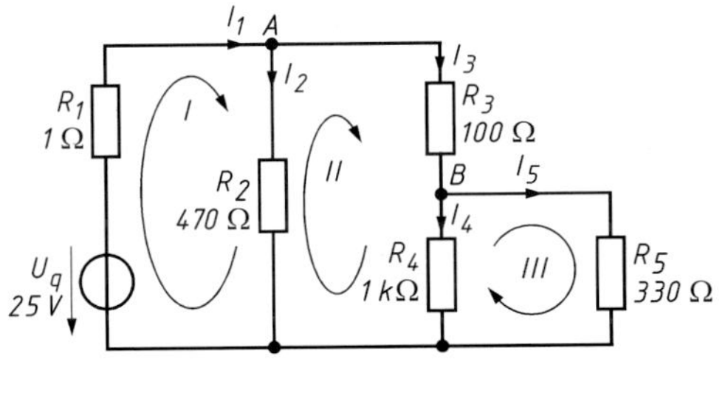

Masche I:	$I_1 \cdot R_1$	$+I_2 \cdot R_2$				$=U_q$	(1)
Masche II:		$-I_2 \cdot R_2$	$+I_3 \cdot R_3$	$+I_4 \cdot R_4$		$=0$	(2)
Masche III:				$-I_4 \cdot R_4$	$+I_5 \cdot R_5$	$=0$	(3)
Knoten A:	I_1	$-I_2$	$-I_3$			$=0$	(4)
Knoten B:			I_3	$-I_4$	$-I_5$	$=0$	(5)

Nach Eliminierung von I_1 (kommt nur in Gleichung (1) und (4) vor) erhält man ein reduziertes Gleichungssystem

(4) · R_1: $\quad I_1 \cdot R_1 \quad -I_2 \cdot R_1 \quad -I_3 \cdot R_1 \quad =0$ (3a)

(1) – (3a): $\quad I_2 \cdot (R_1+R_2) + I_3 \cdot R_1 \quad =U_q$ (1a)

Aus (3): $\quad I_4 = I_5 \dfrac{R_5}{R_4}$ (3b)

mit 3 Unbekannten:

$I_2(R_1+R_2) + I_3 \cdot R_1 \quad = U_q$ (1a s.o.)

(3b) in (2): $-I_2 \cdot R_2 \quad + I_3 \cdot R_3 \quad + I_5 \cdot R_5 \quad = 0$ (2a)

(3b) in (5): $\quad I_3 \quad -I_5 \dfrac{R_4+R_5}{R_4} = 0$ (5a)

Hier soll mit Hilfe der Determinatenrechnung „per Hand“ (d.h. ohne Benutzung eines Rechnerprogrammes für 5×5-Matrizen) die Lösung ermittelt werden:

$$\mathbf{D} = \begin{vmatrix} (R_1+R_2) & R_1 & 0 \\ -R_2 & R_3 & R_5 \\ 0 & 1 & -\dfrac{R_4+R_5}{R_4} \end{vmatrix} = \begin{vmatrix} 471\,\Omega & 1\,\Omega & 0 \\ -470\,\Omega & 100\,\Omega & 330\,\Omega \\ 0 & 1\,\Omega & -1{,}33\,\Omega \end{vmatrix} = -218.698{,}1\,\Omega^3$$

$$\mathbf{D_3} = \begin{vmatrix} 471\,\Omega & 1\,\Omega & 25\,\text{V} \\ -470\,\Omega & 100\,\Omega & 0 \\ 0 & 1\,\Omega & 0 \end{vmatrix} = -11750\,\text{V}\Omega^2 \Rightarrow I_5 = \frac{\mathbf{D_3}}{\mathbf{D}} = 53{,}73\,\text{mA}$$

14.1.5

Netzwerkvereinfachung:

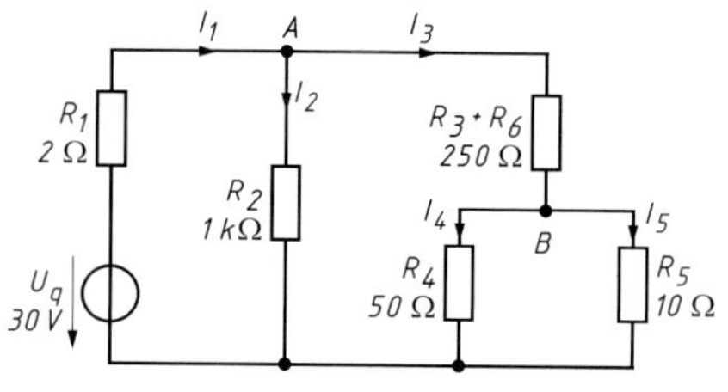

Streckennetz:

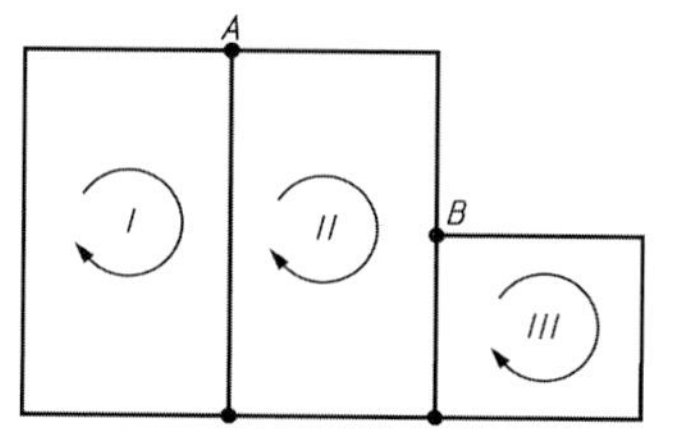

Masche I:	$I_1 \cdot R_1$	$+I_2 \cdot R_2$			$=U_q$	(1)
Masche II:		$-I_2 \cdot R_2 + I_3 \cdot (R_3+R_6) + I_4 \cdot R_4$			$=0$	(2)
Masche III:				$-I_4 \cdot R_4 + I_5 \cdot R_5$	$=0$	(3)
Knoten A:	I_1	$-I_2$	$-I_3$		$=0$	(4)
Knoten B:			I_3	$-I_4 \quad -I_5$	$=0$	(5)

Reduzieren der Unbekannten durch Eliminieren von I_4 (kommt nur in Gleichung (2), (3) und (5) vor):

(5) · R_4: $\quad I_3 \cdot R_4 \quad -I_4 \cdot R_4 \quad -I_5 \cdot R_4 \quad =0$ (5a)

(3) – (5a): $\quad -I_3 \cdot R_4 \quad +I_5(R_4+R_5) \quad =0$ (3a)

Eliminieren von I_1:

$$\begin{array}{llllll} (4)\cdot R_1 & I_1\cdot R_1 & -I_2\cdot R_1 & -I_3\cdot R_1 & =0 & (4a)\\ (1)-(4a): & & -I_2(R_1+R_2) & +I_3\cdot R_1 & =U_q & (1a)\end{array}$$

Aus (3): $\qquad I_4 = I_5\dfrac{R_5}{R_4} \qquad$ (3b)

(3b) in (2): $\qquad -I_2\cdot R_2 \quad I_3(R_3+R_6) \quad +I_5\cdot R_5 = 0 \qquad$ (2a)

Daraus folgt das reduzierte Gleichungssystem:

$$\begin{array}{lllll} (1a): & I_2\cdot(R_1+R_2) & +I_3\cdot R_1 & & =U_q\\ (2a): & -I_2\cdot R_2 & +I_3(R_3+R_6) & +I_5\cdot R_5 & =0\\ (3a): & & -I_3\cdot R_4 & +I_5(R_4+R_5) & =0\end{array}$$

In Matrizenschreibweise:

$$\begin{pmatrix}(R_1+R_2) & R_1 & 0\\ -R_2 & (R_3+R_6) & R_5\\ 0 & -R_4 & (R_4+R_5)\end{pmatrix}\cdot\begin{pmatrix}I_2\\ I_3\\ I_5\end{pmatrix}=\begin{pmatrix}U_q\\ 0\\ 0\end{pmatrix}$$

Lösung mit Determinantenrechnung und den eingesetzten Zahlenwerten:

$$\mathbf{D}=\begin{vmatrix}R_1+R_2 & R_1 & 0\\ -R_2 & R_3+R_6 & R_5\\ 0 & -R_4 & R_4+R_5\end{vmatrix}=\begin{vmatrix}1002\,\Omega & 2\,\Omega & 0\\ -1000\,\Omega & 250\,\Omega & 10\,\Omega\\ 0 & -50\,\Omega & 60\,\Omega\end{vmatrix}$$

$$\begin{array}{ccccc} + & + & +/- & - & -\end{array}$$

$$\left|\begin{array}{ccc:cc}1002 & 2 & 0 & 1002 & 2\\ -1000 & 250 & 10 & -1000 & 250\\ 0 & -50 & 60 & 0 & -50\end{array}\right| = 15{,}03\cdot10^6+0+0-0+501\cdot10^3+120\cdot10^3 \qquad \mathbf{D}=15{,}651\cdot10^6\,\Omega^3$$

Gesucht ist I_5.

$I_5=\dfrac{\mathbf{D_3}}{\mathbf{D}}$; also:

$$\mathbf{D_3}=\begin{vmatrix}R_1+R_2 & R_1 & U_q\\ -R_2 & R_3+R_6 & 0\\ 0 & -R_4 & 0\end{vmatrix}=\begin{vmatrix}1002\,\Omega & 2\,\Omega & 30\,\text{V}\\ -1000\,\Omega & 250\,\Omega & 0\\ 0 & -50\,\Omega & 0\end{vmatrix};\quad \mathbf{D_3}=1{,}5\cdot10^6\,\text{V}\Omega^2 \Rightarrow$$

$$I_5=\frac{1{,}5\cdot10^6\,\text{V}\Omega^2}{15{,}651\cdot10^6\,\Omega^3}=0{,}0958\,\text{A} \quad\Rightarrow\quad I_5\approx95{,}8\,\text{mA}$$

14.1.6

Maschenumläufe:

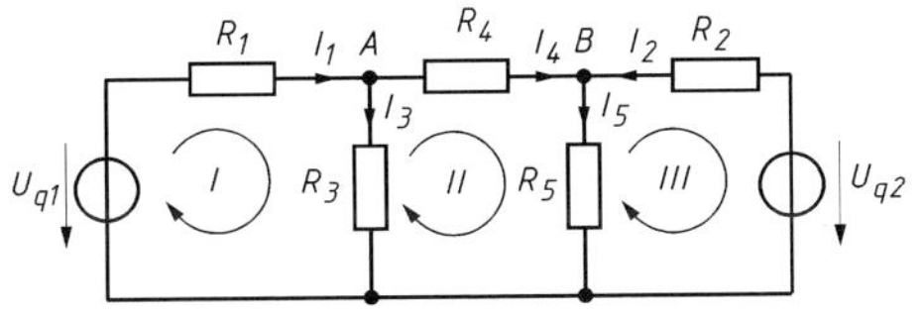

$$\begin{array}{llllllll} \text{Masche I:} & I_1\cdot R_1 & & +I_3\cdot R_3 & & & =U_{q1} & (1)\\ \text{Masche II:} & & & -I_3\cdot R_3 & +I_4\cdot R_4 & +I_5\cdot R_5 & =0 & (2)\\ \text{Masche III:} & & -I_2\cdot R_2 & & & -I_5\cdot R_5 & =-U_{q2} & (3)\\ \text{Knoten A:} & I_1 & & -I_3 & -I_4 & & =0 & (4)\\ \text{Knoten B:} & & I_2 & & +I_4 & -I_5 & =0 & (5)\end{array}$$

Im ersten Schritt wird die Zahl der Gleichungen entsprechend den drei gesuchten Strömen vermindert:

$(4)\cdot R_1$	$I_1\cdot R_1$	$-I_3\cdot R_1$	$-I_4\cdot R_1$		$=0$	(4a)
$(1)-(4a)$:		$-I_3(R_1+R_3)$	$+I_4\cdot R_1$		$=U_{q1}$	(1a)
$(5)\cdot R_2$:	$I_2\cdot R_2$		$-I_4\cdot R_2$	$-I_5\cdot R_2$	$=0$	(5a)
$(3)+(5a)$:			$I_4\cdot R_2$	$-I_5(R_2+R_5)$	$=U_{q2}$	(3a)

$\Rightarrow$ Reduziertes Gleichungssystem, geordnet:

(1a): $I_3(R_1+R_3)+I_4\cdot R_1 = U_{q1}$

(2): $-I_3\cdot R_3+I_4\cdot R_4+I_5\cdot R_5 = 0$

(3a): $I_4\cdot R_2-I_5(R_2+R_5) = -U_{q2}$

Unter Benutzung der Determinantenrechnug und nach Einsetzen der Zahlenwerte erhält man:

$$\mathbf{D}=\begin{vmatrix} R_1+R_3 & R_1 & 0 \\ -R_3 & R_4 & R_5 \\ 0 & R_2 & -(R_2+R_5)\end{vmatrix}=\begin{vmatrix} 30\,\Omega & 10\,\Omega & 0 \\ -20\,\Omega & 5\,\Omega & 10\,\Omega \\ 0 & 20\,\Omega & -30\,\Omega\end{vmatrix}=-16500\,\Omega^3$$

$$\mathbf{D}_1=\begin{vmatrix} 10\text{ V} & 10\,\Omega & 0 \\ 0 & 5\,\Omega & 10\,\Omega \\ -15\text{ V} & 20\,\Omega & -30\,\Omega\end{vmatrix}=-5000\text{ V}\Omega^2.\ \text{Somit: } I_3=\frac{\mathbf{D}_1}{\mathbf{D}}=\frac{-5000\text{ V}\Omega^2}{-16500\text{ V}\Omega^3}=303\text{ mA}$$

$$\mathbf{D}_3=\begin{vmatrix} 30\,\Omega & 10\,\Omega & 10\text{ V} \\ -20\,\Omega & 5\,\Omega & 0 \\ 0 & 20\,\Omega & -15\text{ V}\end{vmatrix}=-9250\text{ V}\Omega^2\Rightarrow I_5=\frac{\mathbf{D}_3}{\mathbf{D}}=560{,}6\text{ mA}$$

14.1.7

Die Lösung dieser Aufgabe mit der Methode „Direkte Auswertung der Maschen- und Knotengleichungen“ und die „Anwendung der sukzessiven Reduzierung der Unbekannten“ zeigt, welche Arbeit und Mühe man bei ungeschickter Auswahl der Methode aufzuwenden hat und wie fehleranfällig diese Vorgehensweise ist. (Der Leser möge sich hiervon selbst durch Probieren ohne Musterlösung überzeugen!). Deshalb wird diese Aufgabe später auch nochmals mit der Methode des „Vollständigen Baumes“ gelöst (siehe Kap. 4.8, Aufgabe 3), wobei der krasse Unterschied im Lösungsaufwand augenfällig ist.

Zwar kann man bei der hier verwendeten Methode zur vollständigen Analyse und Auswertung des Gleichungssystems zur Arbeitsminderung ein (mittlerweile bei vielen Taschenrechnern vorhandenes) Matrizenberechnungsprogramm benutzen, ist aber ein solches nicht vorhanden, bleibt nur der Weg z.B. mit der Methode „Schrittweise Reduzierung der Unbekannten“ oder ein ähnliches Verfahren zur Lösungsfindung.

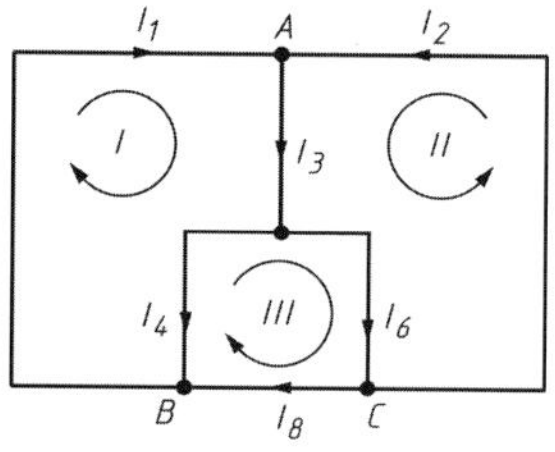

In dem Netz mit den 6 Zweigen und 4 Knoten erhält man entsprechend der Lösungsmethodik (4 – 1) = 3 Knotengleichungen A, B und C sowie (6 – 3) = 3 Maschengleichungen (Maschen I, II und III, siehe Skizze), insgesamt also 6 voneinander unabhängige Gleichungen.

Mit den gewählten Maschen- und den vorgegebenen Zweigorientierungen ergibt sich das nachfolgende Gleichungssystem, wenn man außerdem noch zur Vereinfachung (R_1+R_7) zu $R_{17}=3\ \Omega$, (R_2+R_9) zu $R_{29}=1\ \Omega$ und (R_5+R_6) zu $R_{56}=2\ \Omega$ zusammenfasst:

Masche I:	$I_1\cdot R_{17}$		$+I_3\cdot R_3$	$+I_4\cdot R_4$			$=U_{q1}$	(1)
Masche II:		$I_2\cdot R_{29}$	$+I_3\cdot R_3$		$+I_6\cdot R_{56}$		$=U_{q2}$	(2)
Masche III:				$-I_4\cdot R_4$	$+I_6\cdot R_{56}$	$+I_8\cdot R_8$	$=0$	(3)
Knoten A:	I_1	$+I_2$	$-I_3$				$=0$	(4)
Knoten B:	$-I_1$			$+I_4$		$+I_8$	$=0$	(5)
Knoten C:		$-I_2$			$+I_6$	$-I_8$	$=0$	(6)

Anmerkung:

Nach Erweitern der Gleichungen (4), (5) und (6) z.B. mit R_3(Wert von $R_3 = 1\Omega$!), kann man das vollständige Gleichungssystem in Matrizenform schreiben $(\boldsymbol{R})\cdot(\boldsymbol{I})=(\boldsymbol{U})$:

$$\begin{pmatrix} R_{17} & 0 & R_3 & R_4 & 0 & 0 \\ 0 & R_{29} & R_3 & 0 & R_{56} & 0 \\ 0 & 0 & 0 & -R_4 & R_{56} & R_8 \\ R_3 & R_3 & -R_3 & 0 & 0 & 0 \\ -R_3 & 0 & 0 & R_3 & 0 & R_3 \\ 0 & -R_3 & 0 & 0 & R_3 & -R_3 \end{pmatrix} \cdot \begin{pmatrix} I_1 \\ I_2 \\ I_3 \\ I_4 \\ I_6 \\ I_8 \end{pmatrix} = \begin{pmatrix} U_{q1} \\ U_{q2} \\ 0 \\ 0 \\ 0 \\ 0 \end{pmatrix} \tag{7}$$

Zur Bestimmung des Stromes I_6 aus dem Gleichungssystem (1) bis (6) soll entsprechend der Aufgabenstellung hier zunächst die Methode der sukzessiven Reduzierung der Unbekannten verwendet werden:

Aus (4): $-I_1 = I_2 - I_3$ (4a)

eingesetzt in (5): $I_2 - I_3 + I_4 + I_8 = 0 \Rightarrow I_8 = -I_2 + I_3 - I_4$ (5a)

Aus (6) und (5a): $I_2 = I_6 - I_8 = I_6 + I_2 - I_3 + I_4 \Rightarrow I_3 = I_4 + I_6$ (6a)

Somit aus (4a): $I_1 = -I_2 + I_4 + I_6$ (4b)

Aus (5a) und (6a): $I_8 = -I_2 + I_4 + I_6 - I_4 = -I_2 + I_6$ (5b)

Aus (1) mit (4b) und (6a): $(-I_2 + I_4 + I_6)\cdot R_{17} + (I_4 + I_6)\cdot R_3 + I_4 \cdot R_4 = U_{q1}$; geordnet:

$$-I_2 \cdot R_{17} + I_4(R_{17} + R_3 + R_4) + I_6(R_{17} + R_3) = U_{q1}$$

Zahlenwerte: $-I_2 \cdot 3\,\Omega + I_4 \cdot 5\,\Omega + I_6 \cdot 4\,\Omega = 1\text{ V}$ (1a)

Aus (2) mit (6a): $I_2 \cdot R_{29} + (I_4 + I_6)\cdot R_3 + I_6 \cdot R_{56} = U_{q2}$; geordnet:

$$I_2 \cdot R_{29} + I_4 \cdot R_3 + I_6(R_3 + R_{56}) = U_{q2}$$

Zahlenwerte: $I_2 \cdot 1\,\Omega + I_4 \cdot 1\,\Omega + I_6 \cdot 3\,\Omega = 2\text{ V}$ (2a)

Aus (3) mit (5b): $-I_4 \cdot R_4 + I_6 \cdot R_{56} + (-I_2 + I_6)R_8 = 0$; geordnet:

$$-I_2 \cdot R_8 - I_4 \cdot R_4 + I_6(R_{56} + R_8) = 0$$

Zahlenwerte: $-I_2 \cdot 7\,\Omega - I_4 \cdot 1\,\Omega + I_6 \cdot 9\,\Omega = 0 \Rightarrow I_2 = -I_4 \cdot \frac{1}{7} + I_6 \cdot \frac{9}{7}$ (3a)

(3a) eingesetzt in (1a): $I_4 \cdot \frac{3}{7}\Omega - I_6 \cdot \frac{27}{7}\Omega + I_4 \cdot 5\,\Omega + I_6 \cdot 4\,\Omega = 1\text{ V}$; geordnet:

$$I_4 \cdot \frac{38}{7}\Omega + I_6 \cdot \frac{1}{7}\Omega = 1\text{ V} \tag{1b}$$

(3a) eingesetzt in (2a): $-I_4 \cdot \frac{1}{7}\Omega + I_6 \cdot \frac{9}{7}\Omega + I_4 \cdot 1\,\Omega + I_6 \cdot 3\,\Omega = 2\text{ V}$; geordnet:

$$I_4 \cdot \frac{6}{7}\Omega + I_6 \cdot \frac{30}{7}\Omega = 2\text{ V} \tag{2b}$$

(1b)·(3): $I_4 \cdot \frac{114}{7}\Omega + I_6 \cdot \frac{3}{7}\Omega = 3\text{ V}$ (1c)

(2b)·19: $I_4 \cdot \frac{114}{7}\Omega + I_6 \cdot \frac{570}{7}\Omega = 38\text{ V}$ (2c)

(2c) − (1c): $I_6 \cdot \frac{567}{7}\Omega = 35\text{ V} \Rightarrow$

$$I_6 = \frac{35 \cdot 7}{567}\text{ A} = 432{,}1\text{ mA} \Rightarrow U_6 = I_6 \cdot R_6 = 432{,}1\text{ mV}$$

Geht man von dem Gleichungssystem in Matrizenform (7) aus und setzt die Werte ein, erhält man:

$$R = \begin{pmatrix} 3\,\Omega & 0 & 1\,\Omega & 1\,\Omega & 0 & 0 \\ 0 & 1\,\Omega & 1\,\Omega & 0 & 2\,\Omega & 0 \\ 0 & 0 & 0 & -1\,\Omega & 2\,\Omega & 7\,\Omega \\ 1\,\Omega & 1\,\Omega & -1\,\Omega & 0 & 0 & 0 \\ -1\,\Omega & 0 & 0 & 1\,\Omega & 0 & 1\,\Omega \\ 0 & -1\,\Omega & 0 & 0 & 1\,\Omega & -1\,\Omega \end{pmatrix}, \quad U = \begin{pmatrix} 1\text{ V} \\ 2\text{ V} \\ 0 \\ 0 \\ 0 \\ 0 \end{pmatrix}$$

Unter Benutzung eines Taschenrechner-Matrizenprogrammes ergeben sich hieraus: die Determinante $\mathbf{D} = 162\,\Omega^3$ und die Ströme $I_1 = I_7 = 74{,}1$ mA, $I_2 = I_9 = 530{,}9$ mA, $I_3 = 604{,}9$ mA, $I_4 = 172{,}8$ mA, $I_5 = I_6 = 432{,}1$ mA, $I_8 = -98{,}7$ mA.

14.2 Das Kreisstromverfahren (Maschenstromanalyse)

- Abgeleitete Anwendungen aus den Kirchhoff'schen Sätzen

Lösungsansatz:
In Abwandlung der direkten Anwendung der Kirchhoff'schen Sätze zur Erzeugung voneinander unabhängiger Gleichungen kann man von den ursprünglich maximal $2 \cdot n$ Unbekannten (für ein Netz mit n Zweigen; vgl. Kapitel 14.1) und somit ebenso vielen Gleichungen die Auswertung der Knotenpunktgleichungen einsparen.
Dazu führt man in jeder unabhängigen Masche des Netzwerkes einen geschlossenen Maschenstrom, den „Kreisstrom“, ein. Die realen Zweigströme ergeben sich durch Auswertung der „Kreisströme“.

Lösungsstrategie:
Das Prinzip des Verfahrens beruht auf der Betrachtung der unabhängigen Gleichungen der zugehörigen Maschenumläufe. Dabei bedient man sich folgender Hilfsvorstellung:

- Annahme von „Kreisströmen“ in jeder unabhängigen, geschlossenen Masche, im Beispiel nach Abb. 14.2.1 z.B. I_a.
- Aufstellen des Gleichungssystems durch Auswertung der Spannungsumläufe in jeder Masche. Dabei ist es zweckmäßig, die „Kreisströme“ so anzunehmen, dass in den Zweigen mit den gesuchten Strömen bzw. Spannungen nur jeweils ein „Kreisstrom“ vorkommt. Andernfalls erhöht sich der Aufwand (geringfügig), da dann der gesuchte Strom durch Überlagerung mehrerer „Kreisströme“ ermittelt werden muss.
- Berechnung der tatsächlichen Zweigströme, die entweder mit den „Kreisströmen“ übereinstimmen (in Abb. 14.2.1 z.B. I_a und I_1) oder – bei Zweigen mit mehreren „Kreisströmen“ – sich aus der vorzeichenrichtigen Addition der einzelnen „Kreisströmen“ ergeben (Bild 14.2.2).
  Bei negativem Ergebnis ist die tatsächliche Stromrichtung entgegengesetzt zur ursprünglich angenommenen Orientierung.

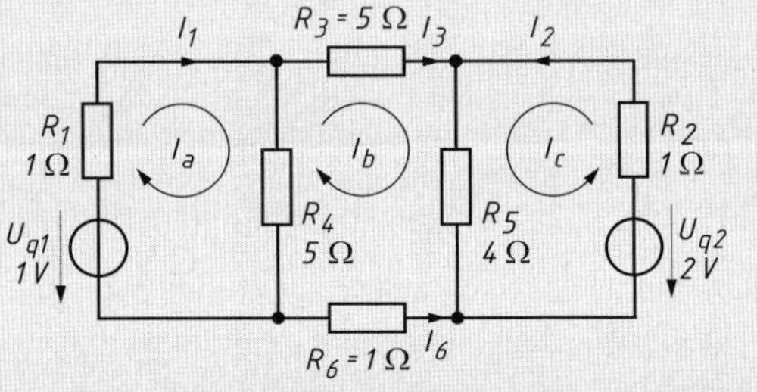

Bild 14.2.1

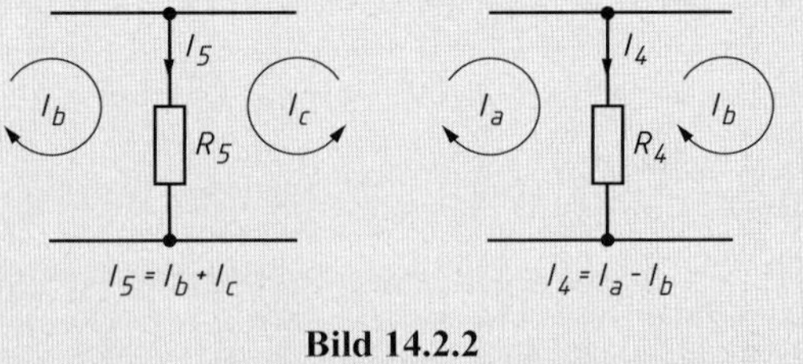

Bild 14.2.2

Anmerkung:
Sind in dem Netzwerk Stromquellen vorhanden, kann es vorteilhafter sein, sie vor der weiteren Betrachtung des Netzes in Spannungsquellen umzuwandeln. Diese Umwandlung wird ausführlich in Kapitel 14.6 gezeigt.

14.2.1 Aufgaben

☞ *Bei der Lösung der nachfolgenden Aufgaben soll ausschließlich das „Kreisstromverfahren" angewendet werden.*

➊ **14.2.1** Für die gegebene Schaltung mit den beiden Spannungsquellen U_{q1} = 20 V, U_{q2} = 25 V und den Widerstandswerten R_1 = 18 Ω, $R_2 = R_4$ = 22 Ω, R_3 = 100 Ω und R_5 = 68 Ω sind die Ströme I_1, I_2 und I_3 gesucht.

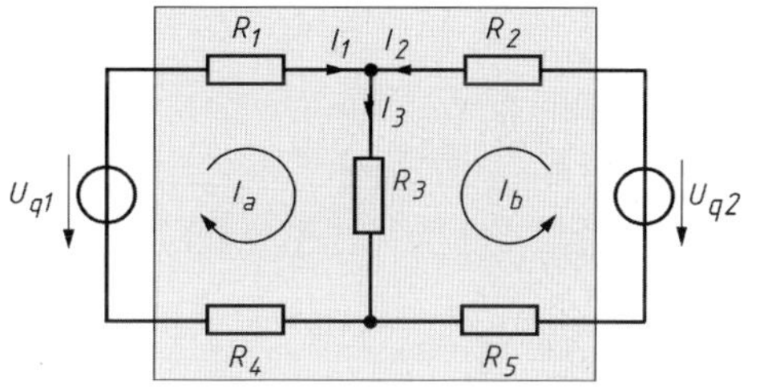

➊ **14.2.2** Die drei Spannungsquellen arbeiten auf die Widerstände R_4 und R_5.

Bestimmen Sie die Ströme I_1, I_2 und I_3 zunächst analytisch und anschließend nummerisch (siehe auch Hinweis zur Aufgabe 14.1.1).

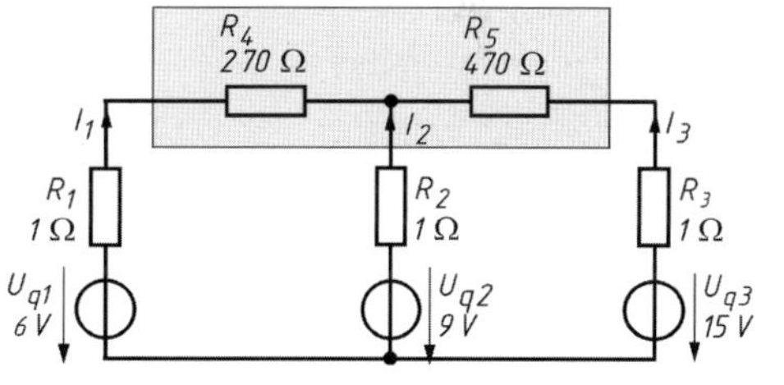

➋ **14.2.3** Eine erweiterte π-Schaltung aus den Widerständen R_3 bis R_6 wird durch die Spannungsquellen U_{q1} und U_{q2} gespeist.
(Vergleiche die Beispielschaltung zur „Lösungsstrategie" Bild 14.2.1).
Bestimmen Sie zunächst analytisch und anschließend nummerisch die Ströme I_1, I_2, und I_3.

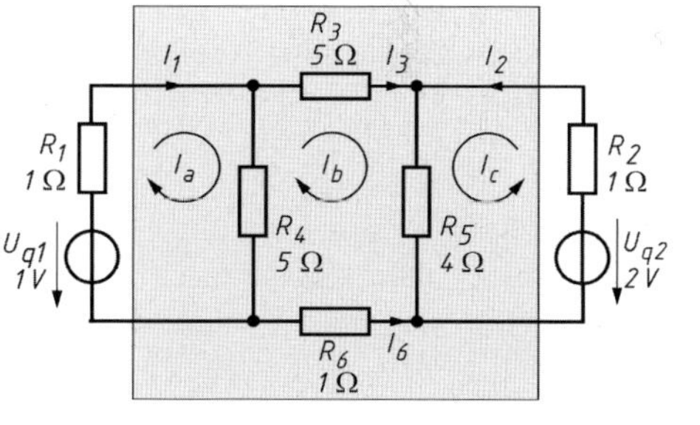

➋ **14.2.4** Für die gegebene Schaltung sollen die Ströme I_2, I_4 und I_6 ermittelt werden.

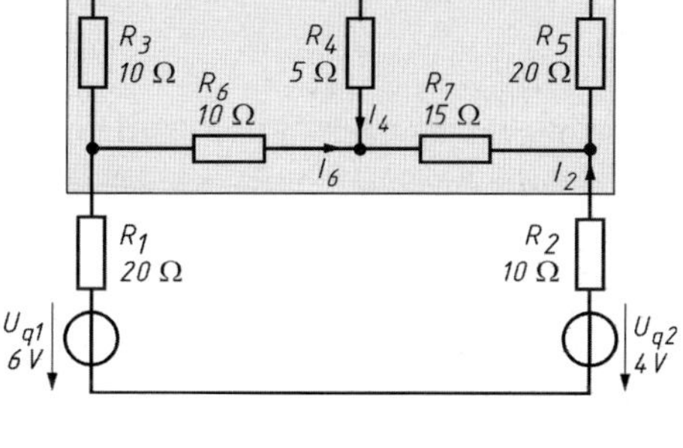

❷ ❸ **14.2.5** In die Schaltung nach Aufgabe 14.2.3 wird eine Spannungsquelle mit U_{q6} zusätzlich in Serie zu R_6 eingefügt:

a) Wie groß muss die Quellenspannung U_{q6} sein, damit $I_3 = 0$ wird?

b) Welche Werte haben dann die Ströme I_1 und I_2?

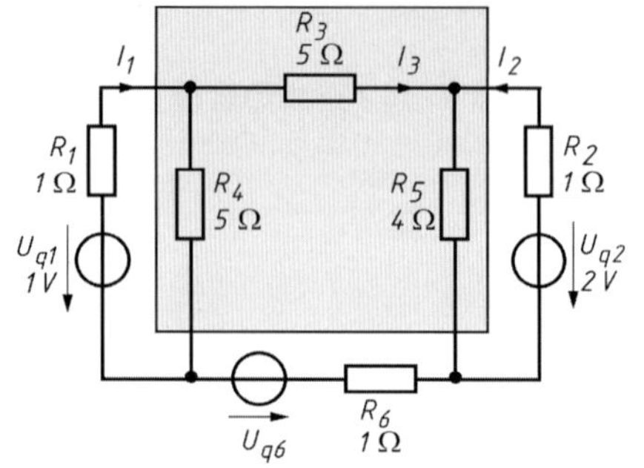

❷ ❸ **14.2.6** Die Schaltung nach Aufgabe 14.2.2 sei durch einen zusätzlichen Widerstand R_6 erweitert.

Man bestimme die Ströme I_1, I_3 und I_6.

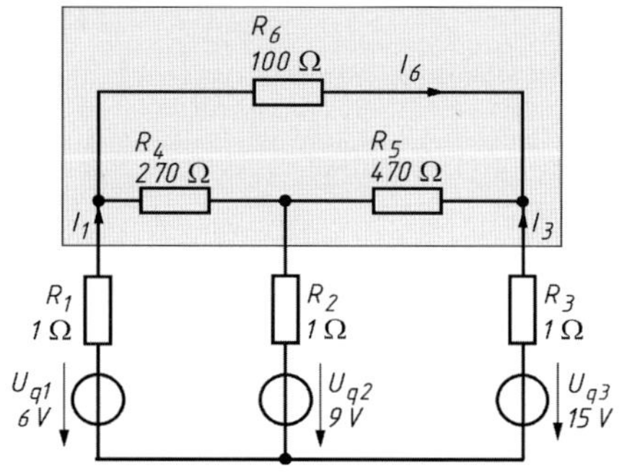

❸ **14.2.7** Vorgegeben sei die bereits in der Aufgabe 14.1.7 gezeigte und hier leicht veränderte Schaltung.

a) Die Ströme I_1, I_2 und I_5 sind zu ermitteln.

b) Die Spannung U_{q2} sei variabel im Bereich $-10\ \text{V} \leq U_{q2} \leq +10\ \text{V}$.

Bei welcher Spannung U_{q2} wird dann $I_1 = 0$?

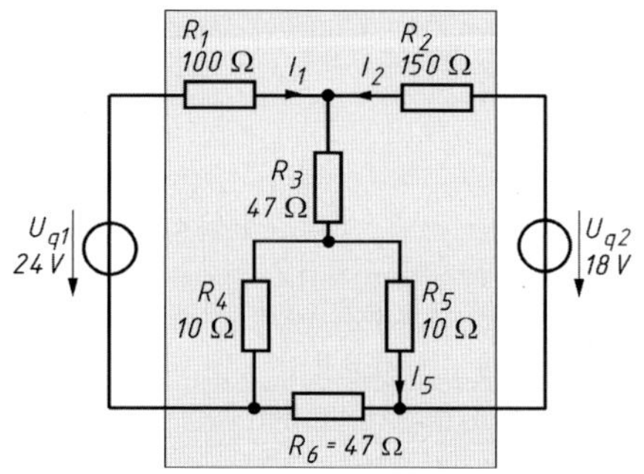

14.2.2 Lösungen

14.2.1

Mit den in Schaltung 14.2.1 angenommenen Kreisströmen ergibt sich für die Maschenumläufe:

Masche I: $I_a \cdot R_1 + (I_a + I_b) \cdot R_3 + I_a \cdot R_4 - U_{q1} = 0$

Masche II: $I_b \cdot R_2 + (I_a + I_b) \cdot R_3 + I_b \cdot R_5 - U_{q2} = 0$

Geordnet und Zahlenwerte eingesetzt (selbstverständlich hätte man auch vor Aufstellung des Gleichungssystems R_1 und R_4 sowie R_2 und R_5 zusammenziehen können; allerdings macht dies hier keinen Unterschied):

1: $I_a \cdot (R_1 + R_3 + R_4) + I_b \cdot R_3 = U_{q1}$

2: $I_a \cdot R_3 + I_b \cdot (R_2 + R_3 + R_5) = U_{q2}$

1: $I_a \cdot 140\,\Omega + I_b \cdot 100\,\Omega = 20\text{ V}$

2: $I_a \cdot 100\,\Omega + I_b \cdot 190\,\Omega = 25\text{ V}$

Zur Lösung des Gleichungssystems soll hier einmal exemplarisch die Einsatzmethode gezeigt werden:

1: $I_b \cdot 100\,\Omega = 20\text{ V} - I_a \cdot 140\,\Omega \quad \Rightarrow \quad I_b = \dfrac{20\text{ V} - I_a \cdot 140\,\Omega}{100\,\Omega}$ (1a)

(1a) eingesetzt in (2): $I_a \cdot 100\,\Omega + \dfrac{20\text{ V} - I_a \cdot 140\,\Omega}{100\,\Omega} \cdot 190\,\Omega = 25\text{ V} \Rightarrow$

$I_a\,(100 - 266)\,\Omega = 25\text{ V} - 38\text{ V} \quad \Rightarrow \quad I_a = 0{,}0783\text{ A}$ (2a)

(2a) eingesetzt in (1a): $I_b = \dfrac{20\text{ V} - 0{,}0783\text{ A} \cdot 140\,\Omega}{100\,\Omega} = 0{,}0904\text{ A}$

$I_a \mathrel{\hat{=}} I_1 = 78{,}3\text{ mA},\ I_b \mathrel{\hat{=}} I_2 = 90{,}4\text{ mA},\ I_3 = I_1 + I_2 = 168{,}7\text{ mA}$

14.2.2

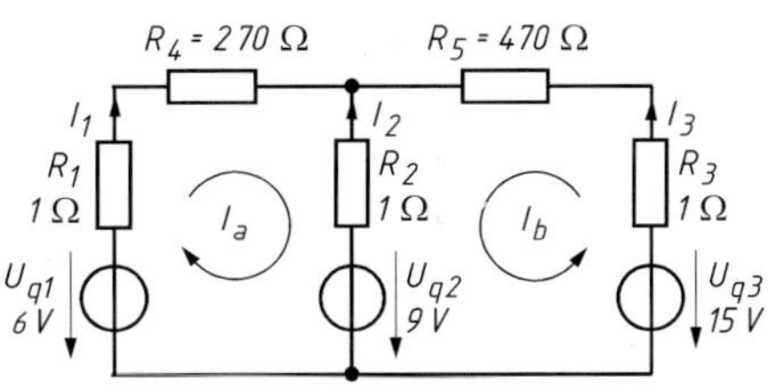

Die willkürlich angenommenen „Kreisströme I_a und I_b“ liefern beim Spannungsumlauf 1 und 2:

1: $I_a(R_1 + R_4) + (I_a + I_b)R_2 + U_{q2} - U_{q1} = 0$

2: $I_b(R_3 + R_5) + (I_a + I_b)R_2 + U_{q2} - U_{q3} = 0$

Geordnet:

1: $I_a(R_1 + R_2 + R_4) + I_b \cdot R_2 = U_{q1} - U_{q2}$

2: $I_a \cdot R_2 + I_b(R_2 + R_3 + R_5) = -U_{q2} + U_{q3}$

Mit den Zahlenwerten:

1: $I_a \cdot 272\,\Omega + I_b \cdot 1\,\Omega = -3\text{ V}$

2: $I_a \cdot 1\,\Omega + I_b \cdot 472\,\Omega = 6\text{ V}$

(2) · 272: $I_a \cdot 272\,\Omega + I_b \cdot 472\,\Omega \cdot 272 = 1632\text{ V}$ (2a)

(2a) – (1): $I_b \cdot 128.383\,\Omega = 1632\text{ V} \Rightarrow I_b = 12{,}7353\text{ mA} \approx 12{,}7\text{ mA}$

(2): $I_a = \dfrac{6\text{ V} - 12{,}7353\text{ mA} \cdot 472\,\Omega}{1\,\Omega} = -11{,}076\text{ mA} \approx -11{,}1\text{ mA}$

$I_a \mathrel{\hat{=}} I_1 = -11{,}1\text{ mA},\ I_b \mathrel{\hat{=}} I_3 = 12{,}7\text{ mA}$

$I_a + I_b \mathrel{\hat{=}} -I_2 = -11{,}1\text{ mA} + 12{,}7\text{ mA} \Rightarrow I_2 = -1{,}6\text{ mA}$

14.2.3

Maschenumläufe nach der Schaltung zu Aufgabe 14.2.3:

1: $I_a \cdot R_1 + (I_a - I_b) \cdot R_4 = U_{q1}$

2: $I_b \cdot R_3 + (I_b + I_c) \cdot R_5 + I_b \cdot R_6 + (I_b - I_a) \cdot R_4 = 0$

3: $I_c \cdot R_2 + (I_b + I_c) \cdot R_5 = U_{q2}$

Geordnet und Zahlenwerte eingesetzt:

$$\begin{array}{llllll}
1: & I_a \cdot 6\Omega & -I_b \cdot 5\,\Omega & & = 1\,\text{V} & \\
2: & -I_a \cdot 5\,\Omega & +I_b \cdot 15\,\Omega & +I_c \cdot 4\,\Omega & = 0 & \\
3: & & I_b \cdot 4\,\Omega & +I_c \cdot 5\,\Omega & = 2\,\text{V} & \\
(1)\cdot 5: & I_a \cdot 30\,\Omega & -I_b \cdot 25\,\Omega & & = 5\,\text{V} & \\
(2)\cdot 6: & -I_a \cdot 30\,\Omega & +I_b \cdot 90\,\Omega & +I_c \cdot 24\,\Omega & = 0 & \\
\hline
+: & & I_b \cdot 65\,\Omega & +I_c \cdot 24\,\Omega & = 5\,\text{V} & (1a) \\
(1a)\cdot 5 & & I_b \cdot 325\,\Omega & +I_c \cdot 120\,\Omega & = 25\,\text{V} & \\
(3)\cdot 24 & & I_b \cdot 96\,\Omega & +I_c \cdot 120\,\Omega & = 48\,\text{V} & \\
\hline
-: & & I_b \cdot 229\,\Omega & & = -23\,\text{V} \Rightarrow &
\end{array}$$

$$I_b = -\frac{23\text{V}}{229\,\Omega} = -100{,}4\,\text{mA} \qquad \text{eingesetzt (3)}: I_c = -\frac{2\,\text{V} + 100{,}4\,\text{mA} \cdot 4\,\Omega}{5\,\Omega} = 480{,}3\,\text{mA}$$

Aus 1: $$I_a = \frac{1\,\text{V} - 100{,}4\,\text{mA} \cdot 5\,\Omega}{6\,\Omega} = 83\,\text{mA}$$

$$I_a \triangleq I_1 = 83\,\text{mA},\ I_b \triangleq I_3 = -I_6 = -100{,}4\,\text{mA},\ I_c \triangleq I_2 = 480{,}3\,\text{mA}$$

14.2.4

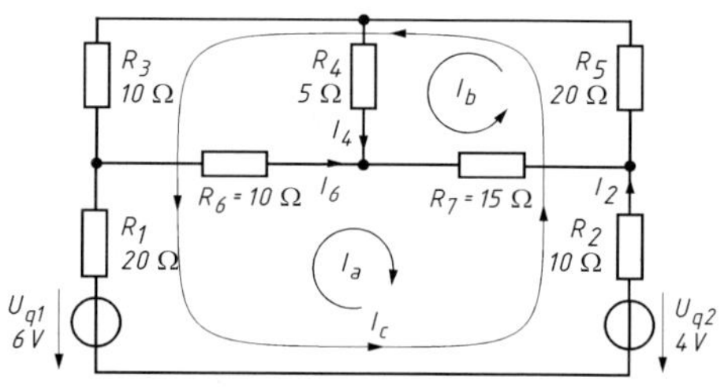

Da der Umlauf der „Kreisströme" im Prinzip willkürlich erfolgen kann (allerdings darauf geachtet werden muss, dass unabhängige Gleichungen entstehen), ist es hier zweckmäßig, die Umläufe so zu wählen, dass I_2, I_4 und I_6 nur jeweils durch einen Kreisstrom erfasst werden. Somit gilt:

$$\begin{array}{lll}
1: & (I_a - I_c)\cdot R_1 + I_a \cdot R_6 + (I_a + I_b)\cdot R_7 + (I_a - I_c)\cdot R_2 + U_{q2} - U_{q1} & = 0 \\
2: & (I_b + I_c)\cdot R_5 + I_b \cdot R_4 + (I_b + I_a)\cdot R_7 & = 0 \\
3: & (I_c - I_a)\cdot R_2 + (I_c + I_b)\cdot R_5 + I_c \cdot R_3 + (I_c - I_a)\cdot R_1 + U_{q1} - U_{q2} & = 0
\end{array}$$

Geordnet und die Zahlenwerte eingesetzt:

$$\begin{array}{lllll}
1: & I_a(20+10+15+10)\,\Omega & +I_b \cdot 15\,\Omega & -I_c(20+10)\,\Omega & = 2\text{V} \\
2: & I_a \cdot 15\,\Omega & +I_b(20+5+15)\,\Omega & +I_c \cdot 20\,\Omega & = 0 \\
3: & -I_a(10+20)\,\Omega & +I_b \cdot 20\,\Omega & +I_c(10+20+10+20)\,\Omega & = -2\text{V}
\end{array}$$

bzw.:

$$\begin{array}{lllll}
1: & I_a \cdot 55\,\Omega & +I_b \cdot 15\,\Omega & -I_c \cdot 30\,\Omega & = 2\,\text{V} \\
2: & I_a \cdot 15\,\Omega & +I_b \cdot 40\,\Omega & +I_c \cdot 20\,\Omega & = 0 \\
3: & -I_a \cdot 30\,\Omega & +I_b \cdot 20\,\Omega & +I_c \cdot 60\,\Omega & = -2\,\text{V}
\end{array}$$

Die Berechnung mit Hilfe der Determinantenregeln ergibt:

$$\mathbf{D} = \left|\begin{array}{ccc:cc} 55 & 15 & -30 & 55 & 15 \\ 15 & 40 & 20 & 15 & 40 \\ -30 & 20 & 60 & -30 & 20 \end{array}\right| \Omega^3 = 42500\,\Omega^3$$

$$\mathbf{D_1} = \begin{vmatrix} 2 & 15 & -30 \\ 0 & 40 & 20 \\ -2 & 20 & 60 \end{vmatrix} \text{V}\Omega^2 = 1000\,\text{V}\Omega^2 \Rightarrow I_a \triangleq I_6 = \frac{\mathbf{D_1}}{\mathbf{D}} = 0{,}02353\,\text{A}$$

$$\mathbf{D_2} = \begin{vmatrix} 55 & 2 & -30 \\ 15 & 0 & 20 \\ -30 & -2 & 60 \end{vmatrix} \text{V}\Omega^2 = 100\,\text{V}\Omega^2 \Rightarrow I_b \triangleq I_4 = \frac{\mathbf{D_2}}{\mathbf{D}} = 0{,}00235\,\text{A}$$

$$\mathbf{D_3} = \begin{vmatrix} 55 & 15 & 2 \\ 15 & 40 & 0 \\ -30 & 20 & -2 \end{vmatrix} \mathrm{V\Omega^2} = -950\ \mathrm{V\Omega^2} \Rightarrow I_c = \frac{\mathbf{D_3}}{\mathbf{D}} = -0{,}02235\ \mathrm{A},$$

$I_2 = I_c - I_a = -0{,}04589\ \mathrm{A} \Rightarrow I_2 \approx -45{,}9\mathrm{mA}$, $I_4 = 2{,}35\ \mathrm{mA}$, $I_6 \approx 23{,}5\ \mathrm{mA}$

14.2.5

a) Mit den angegebenen Maschenumläufen folgt das Gleichungssystem (vergleiche auch Aufgabenlösung zu 14.2.3):

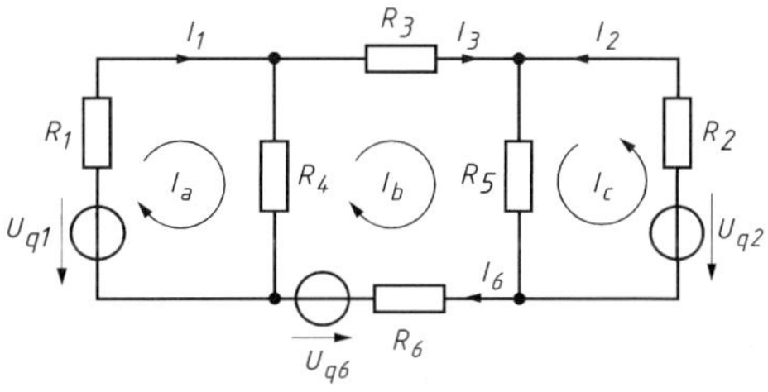

1: $I_a \cdot R_1 + (I_a - I_b) \cdot R_4 = U_{q1}$
2: $I_b \cdot R_3 + (I_b + I_c) \cdot R_5 + I_b \cdot R_6 + (I_b - I_a) \cdot R_4 = U_{q6}$
3: $I_c \cdot R_2 + (I_b + I_c) \cdot R_5 = U_{q2}$

Geordnet und Zahlenwerte eingesetzt:

1: $I_a \cdot 6\ \Omega \quad - I_b \cdot 5\ \Omega = 1\ \mathrm{V}$
2: $-I_a \cdot 5\ \Omega \quad + I_b \cdot 15\ \Omega + I_c \cdot 4\ \Omega = U_{q6}$
3: $I_b \cdot 4\Omega + I_c \cdot 5\ \Omega = 2\ \mathrm{V}$

In Determinantenschreibweise:

$I_3 \triangleq I_b = \dfrac{\mathbf{D_2}}{\mathbf{D}}$; Forderung: $I_b = 0 \Rightarrow \mathrm{D}_2 = 0$

$$\mathbf{D_2} = \begin{vmatrix} 6\Omega & 1\ \mathrm{V} & 0 \\ -5\Omega & U_6 & 4\ \Omega \\ 0 & 2\ \mathrm{V} & 5\ \Omega \end{vmatrix} = U_6 \cdot 30\ \Omega^2 - 48\ \mathrm{V\Omega^2} + 25\ \mathrm{V\Omega^2} = 0 \quad \Rightarrow U_{q6} = \frac{23\ \mathrm{V\Omega^2}}{30\ \Omega^2} = 0{,}76\ \mathrm{V}$$

b) Zwar kann man wieder mit der Determinantenrechnung $I_a \triangleq \mathrm{I}_1 = \dfrac{\mathbf{D_1}}{\mathbf{D}}$ und $I_c \triangleq I_2 = \dfrac{\mathbf{D_3}}{\mathbf{D}}$ bestimmen; viel schneller erfolgt dies jedoch mit folgender Überlegung:
Da der Strom $I_3 = 0$ forderungsgemäß sein soll und somit auch $U_3 = 0$ ist, kann der gesamte Zweig mit R_3 weggelassen werden. Da dann U_{q6} aber nicht mehr über einen geschlossenen Stromkreis verfügt, ist ebenfalls $I_6 = 0$. Somit folgt sofort:

$$U_{q1} = I_1 \cdot (R_1 + R_4) \quad \Rightarrow \quad I_1 = \frac{1\ \mathrm{V}}{6\ \Omega} = 166{,}\overline{6}\ \mathrm{mA}; \quad U_{q2} = I_2 \cdot (R_2 + R_5) \quad \Rightarrow \quad I_2 = \frac{2\ \mathrm{V}}{5\ \Omega} = 400\ \mathrm{mA}$$

14.2.6

Gewählte Kreisströme: siehe Bild

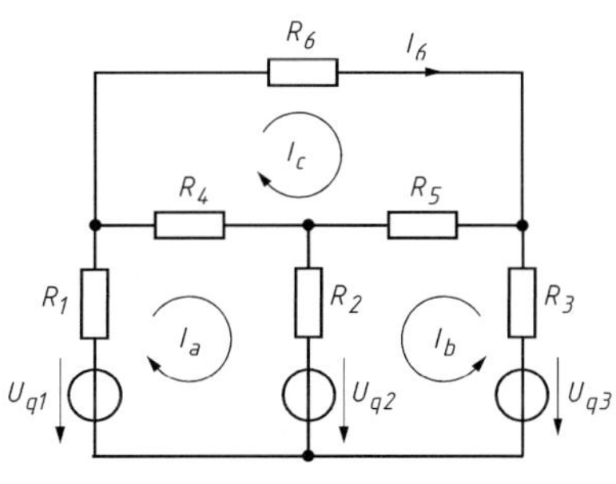

Zugehöriges Gleichungssystem:

1: $I_a \cdot R_1 + (I_a - I_c) \cdot R_4 + (I_a + I_b) \cdot R_2 = U_{q1} - U_{q2}$
2: $I_b \cdot R_3 + (I_b + I_c) \cdot R_5 + (I_a + I_b) \cdot R_2 = U_{q3} - U_{q2}$
3: $I_c \cdot R_6 + (I_b + I_c) \cdot R_5 + (I_c - I_a) \cdot R_4 = 0$

Geordnet:

1: $I_a \cdot (R_1 + R_2 + R_4) + I_b \cdot R_2 \quad - I_c \cdot R_4 = U_{q1} - U_{q2}$
2: $I_a \cdot R_2 \quad + I_b \cdot (R_2 + R_3 + R_5) + I_c \cdot R_5 = U_{q3} - U_{q2}$
3: $-I_a \cdot R_4 \quad + I_b \cdot R_5 \quad + I_c (R_4 + R_5 + R_6) = 0$

Zahlenwerte

$I_a \cdot 272\ \Omega \quad + I_b \cdot 1\ \Omega \quad - I_c \cdot 270\ \Omega = -3\ \mathrm{V}$
$I_a \cdot 1\ \Omega \quad + I_b \cdot 472\ \Omega \quad + I_c \cdot 470\ \Omega = 6\ \mathrm{V}$
$-I_a \cdot 270\ \Omega \quad + I_b \cdot 470\ \Omega \quad + I_c \cdot 840\ \Omega = 0$

Lösung mit Hilfe der Determinantenrechnung:

$$I_1 \triangleq I_a = \frac{\mathbf{D_1}}{\mathbf{D}},$$

$$\mathbf{D} = \begin{vmatrix} 272 & 1 & -270 \\ 1 & 472 & 470 \\ -270 & 470 & 840 \end{vmatrix} \Omega^3 = 13094320\,\Omega^3$$

$$\mathbf{D_1} = \begin{vmatrix} -3\text{V} & 1\,\Omega & -270\,\Omega \\ 6\text{V} & 472\,\Omega & 470\,\Omega \\ 0 & 470\,\Omega & 840\,\Omega \end{vmatrix} = 1293180\ \text{V}\Omega^2 \Rightarrow I_1 = -98{,}8\ \text{mA}$$

$$I_3 \triangleq I_b = \frac{\mathbf{D_2}}{\mathbf{D}}$$

$$\mathbf{D_2} = \begin{vmatrix} 272 & -3\ \text{V} & -270\,\Omega \\ 1\,\Omega & 6\ \text{V} & 470\,\Omega \\ -270\,\Omega & 0 & 840\,\Omega \end{vmatrix} = 1316700\ \text{V}\Omega^2 \Rightarrow I_3 = 100{,}6\ \text{mA}$$

$$I_6 \triangleq I_c = \frac{\mathbf{D_3}}{\mathbf{D}}$$

$$\mathbf{D_3} = \begin{vmatrix} 272 & 1\,\Omega & -3\ \text{V} \\ 1\,\Omega & 472\,\Omega & 6\ \text{V} \\ -270\,\Omega & 470\,\Omega & 0 \end{vmatrix} = -1152390\ \text{V}\Omega^2 \Rightarrow I_6 = -88\ \text{mA}$$

14.2.7

Lösung a)

Gewählte Kreisströme: siehe Bild

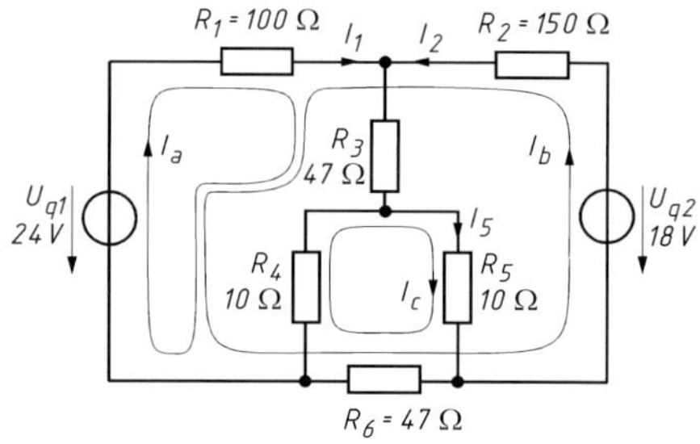

Umläufe:

1: $I_a \cdot R_1 + (I_a + I_b) \cdot R_3 + (I_a + I_b - I_c) \cdot R_4 = U_{q1}$

2: $I_b \cdot R_2 + (I_a + I_c) \cdot R_3 + (I_a + I_b - I_c) \cdot R_4 + (I_b - I_c) \cdot R_6 = U_{q2}$

3: $I_c \cdot R_5 + (I_c - I_b) \cdot R_6 + (I_c - I_a - I_b) \cdot R_4 = 0$

Geordnet:

1: $I_a \cdot (R_1 + R_3 + R_4) + I_b \cdot (R_3 + R_4) - I_c \cdot R_4 = U_{q1}$

2: $I_a \cdot (R_3 + R_4) + I_b \cdot (R_2 + R_3 + R_4 + R_6) - I_c \cdot (R_4 + R_6) = U_{q2}$

3: $-I_a \cdot R_4 - I_b \cdot (R_4 + R_6) + I_b \cdot (R_4 + R_5 + R_6) = 0$

Zahlenwerte eingesetzt:

$I_a \cdot 157\,\Omega + I_b \cdot 57\,\Omega - I_c \cdot 10\,\Omega = 24\ \text{V}$ (1)

$I_a \cdot 57\,\Omega + I_b \cdot 254\,\Omega - I_c \cdot 57\,\Omega = 18\ \text{V}$ (2)

$-I_a \cdot 10\,\Omega - I_b \cdot 57\,\Omega + I_c \cdot 67\,\Omega = 0$ (3)

$$\begin{pmatrix} 157\,\Omega & 57\,\Omega & -10\,\Omega \\ 57\,\Omega & 254\,\Omega & -57\,\Omega \\ -10\,\Omega & -57\,\Omega & 67\,\Omega \end{pmatrix} \cdot \begin{pmatrix} I_a \\ I_b \\ I_c \end{pmatrix} = \begin{pmatrix} 24\ \text{V} \\ 18\ \text{V} \\ 0 \end{pmatrix}: \qquad \mathbf{(R) \cdot (I) = (U)}$$

Anmerkung:
Man beachte den Aufbau der Widerstandsmatrix und ihre Symmetrie zur Hauptdiagonalen ($R_{11} - R_{22} - R_{33}$!).
Dieser besondere Aufbau erleichtert es, beim Maschenstromverfahren mit der Methode des „vollständigen Baumes" (siehe Abschnitt 14.8) den Lösungsweg weiter zu schematisieren.

Hier soll nun das Gleichungssystem mit Hilfe der Determinantenrechnung gelöst werden:

$$\mathbf{D} = \begin{vmatrix} 157 & 57 & -10 \\ 57 & 254 & -57 \\ -10 & -57 & 67 \end{vmatrix} \Omega^3 = 1983630\,\Omega^3, \qquad \mathbf{D_1} = \begin{vmatrix} 24 & 57 & -10 \\ 18 & 254 & -57 \\ 0 & -57 & 67 \end{vmatrix} \mathrm{V}\Omega^2 = 271974\,\mathrm{V}\Omega^2,$$

$$\mathbf{D_2} = \begin{vmatrix} 157 & 24 & -10 \\ 57 & 18 & -57 \\ -10 & 0 & 67 \end{vmatrix} \mathrm{V}\Omega^2 = 109566\,\mathrm{V}\Omega^2, \qquad \mathbf{D_3} = \begin{vmatrix} 157 & 57 & 24 \\ 57 & 254 & 18 \\ -10 & -57 & 0 \end{vmatrix} \mathrm{V}\Omega^2 = 133806\,\mathrm{V}\Omega^2$$

$$I_a = \frac{\mathbf{D_1}}{\mathbf{D}} \mathrel{\hat{=}} I_1 = \frac{271974\,\mathrm{V}\Omega^2}{1983630\,\Omega^3} = 0{,}1371,\ I_b = \frac{\mathbf{D_2}}{\mathbf{D}} \mathrel{\hat{=}} I_2 = 0{,}05524\,\mathrm{A}$$

$$I_c = \frac{\mathbf{D_3}}{\mathbf{D}} \mathrel{\hat{=}} I_5 = 0{,}06746\,\mathrm{A} \qquad \Rightarrow I_1 = 137{,}1\,\mathrm{mA},\ I_2 = 55{,}2\,\mathrm{mA},\ I_5 = 67{,}5\,\mathrm{mA}$$

Lösung b)

Aus Gleichung (3) folgt mit $I_a \mathrel{\hat{=}} I_1 = 0$ z.B. mit Hilfe der Einsetzmethode (viel schneller erhält man die Lösung mit dem Ansatz: $I_1 = \frac{\mathbf{D_1}}{\mathbf{D}}$; $\mathbf{D_1} = 0$ liefert den Wert für variables U_{q2}):

$$-I_b \cdot 57\,\Omega + I_c \cdot 67\,\Omega = 0 \qquad \Rightarrow I_b = \frac{67}{57} I_c\,;$$

eingesetzt in (1): $\frac{67}{57} I_c \cdot 57\,\Omega - I_c \cdot 10\,\Omega = 24\,\mathrm{V} \qquad \Rightarrow I_c \cdot 57\,\Omega = 24\,\Omega \qquad \Rightarrow I_c = 0{,}421\,\mathrm{A}$

Somit folgt aus (2):

$$I_c \cdot \frac{67}{57} \cdot 254\Omega - I_c \cdot 57\Omega = 18\,\mathrm{V} \qquad \Rightarrow U_{q2} = 101{,}7\,\mathrm{V}$$

14.3 Knotenspannungsanalyse

- Abgeleitete Anwendungen aus den Kirchhoff'schen Sätzen

Lösungsansatz:

Beim Knotenspannungsverfahren werden die Potenzialdifferenzen zwischen einem „Bezugsknoten" und den übrigen Knoten des Netzwerkes ausgewertet. Hat das Netzwerk k Knoten, lassen sich nach der Ermittlung der (k – 1) Knotenspannungen hieraus mit dem Ohm'schen Gesetz die Zweigströme bestimmen.

Der Vorteil dieses Verfahrens beruht darauf, dass mit der Einführung der Knotenspannungen das Gleichungssystem für ein Netzwerk mit n Zweigen und maximal 2·n Unbekannten auf ein System mit (k – 1) Gleichungen für die (unbekannten) Knotenspannungen reduziert werden kann (vgl. Kapitel 14.1). Damit bietet dieses Verfahren insbesondere bei Netzen mit wenigen Knoten einen vorteilhaften Lösungsweg an. Im Beispiel nach Abb. 14.3 sind für das Netz mit 4 Knoten somit 3 Knotengleichungen aufzustellen.

Lösungsstrategie:

- Wahl eines Knotens als Bezugsknoten. Im Beispiel nach Bild 14.3 sei dies der Knoten 0. Dann liegt an R_1 zwischen den Knoten 1 und 0 die Spannung U_{10}, analog an R_2 die Spannung U_{20} und an R_5 die Spannung U_{30}.

- Im nächsten Teilschritt ist die Richtung der Zweigströme festzulegen (wenn nicht von der Aufgabenstellung her vorgegeben).

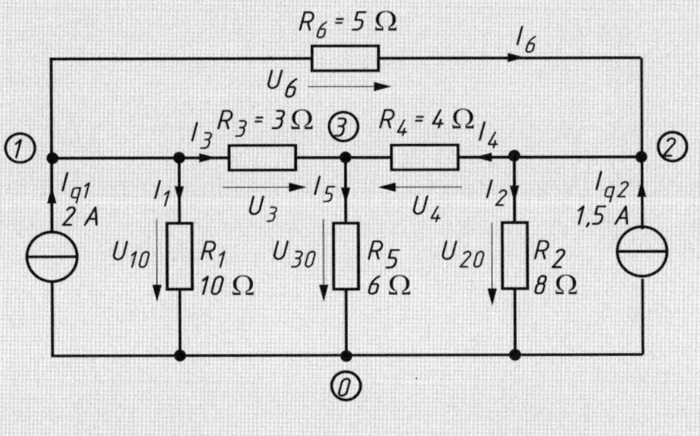

Bild 14.3

- Anschließend müssen für jeden Knoten (außer dem Bezugsknoten 0) die Knotengleichungen aufgestellt werden; im Beispiel nach Bild 14.3 gilt:

$$\text{Knoten 1:}\quad I_{q1} - I_1 - I_3 - I_6 = 0 \tag{1}$$

$$\text{Knoten 2:}\quad I_{q2} - I_2 - I_4 + I_6 = 0 \tag{2}$$

$$\text{Knoten 3:}\quad I_3 + I_4 - I_5 = 0 \tag{3}$$

- Die unbekannten Zweigströme sind durch das Ohm'sche Gesetz spezifiziert:

$$I_1 = \frac{U_{10}}{R_1} = U_{10} \cdot G_1 \qquad I_3 = \frac{U_3}{R_3} = U_3 \cdot G_3 = (U_{10} - U_{30}) \cdot G_3$$

$$I_2 = \frac{U_{20}}{R_2} = U_{20} \cdot G_2 \qquad I_4 = \frac{U_4}{R_4} = U_4 \cdot G_4 = (U_{20} - U_{30}) \cdot G_4$$

$$I_5 = \frac{U_{30}}{R_5} = U_{30} \cdot G_5 \qquad I_6 = \frac{U_6}{R_6} = U_6 \cdot G_6 = (U_{10} - U_{20}) \cdot G_6$$

- Hierbei wird häufig statt der Reziprokwerte der Widerstände die Angabe der Leitwerte bevorzugt.

- Zur weiteren Berechnung dürfen nun selbstverständlich nur noch die Knotengleichungen (im betrachteten Beispiel (1) bis (3)) verwendet werden, da die Maschengleichungen keine weiteren unabhängigen Gleichungen liefern!

  Somit hat man nun die Gleichungen für die unbekannten Zweigströme in die Knotengleichungen einzusetzen.

  Für das betrachtete Beispiel nach Bild 14.3:

$$\begin{aligned}
(1)&: \quad I_{q1} - U_{10} \cdot G_1 - (U_{10} - U_{30}) \cdot G_3 - (U_{10} - U_{20}) \cdot G_6 = 0\\
(2)&: \quad I_{q2} - U_{20} \cdot G_2 - (U_{20} - U_{30}) \cdot G_4 + (U_{10} - U_{20}) \cdot G_6 = 0\\
(3)&: \quad (U_{10} - U_{30}) \cdot G_3 + (U_{20} - U_{30}) \cdot G_4 - U_{30} \cdot G_5 = 0
\end{aligned}$$

  In diesem Gleichungssystem treten nur noch die Knotenpotenzialwerte U_{10}, U_{20} und U_{30} als Unbekannte auf.

- Nach Ordnen des Gleichungssystems und Lösung z.B. mit Matrizenrechnung, Gauß'schem Algorithmus usw. kann man aus den Knotenspannungen gegebenenfalls noch die Zweigströme berechnen.

Anmerkung: Sind in dem Netzwerk Spannungsquellen vorhanden, kann es vorteilhafter sein, sie vor der weiteren Betrachtung des Netzes in Stromquellen umzuwandeln. Diese Umwandlung wird ausführlich in Kapitel 14.6 gezeigt.

14.3.1 Aufgaben

☞ *Für die Lösungen der nachfolgenden Aufgaben soll die Knotenspannungsanalyse angewendet werden. Weiterhin ist der Lösungsaufwand kritisch zu prüfen.*

❶ **14.3.1** An eine ideale Stromquelle sind die vier parallel geschalteten Widerstände R_1 bis R_4 angeschlossen.
Ermitteln Sie die Spannung U_{10} sowie die Ströme I_1 bis I_4.

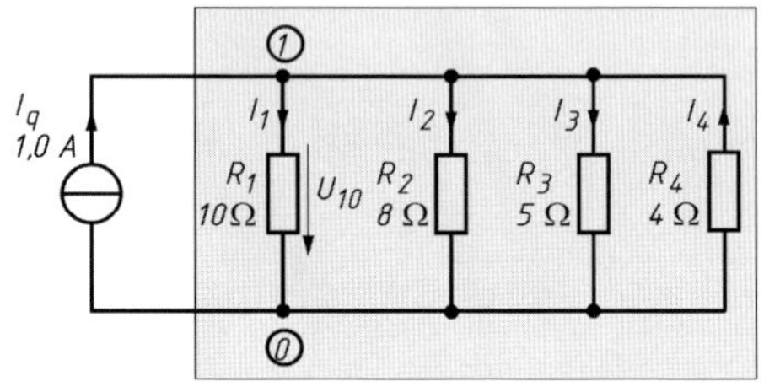

❶ **14.3.2** Die beiden parallel geschalteten Stromquellen stellen einen vereinfachten Ausschnitt aus einer elektronischen Schaltung dar.
Bestimmen Sie die Spannung U_3 sowie die Ströme I_3 und I_4, wenn die Quellströme I_{q1} und I_{q2} vorgegeben sind.

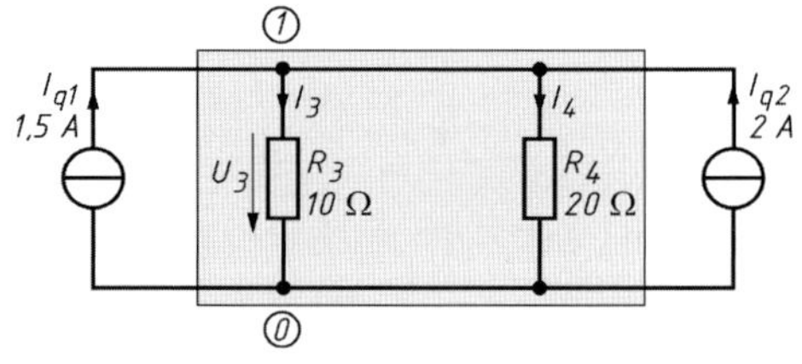

❶ ❷ **14.3.3** In die Schaltung nach Aufgabe 14.3.2 soll zusätzlich ein Widerstand R_5 eingefügt werden (siehe rechte Abbildung).
Gesucht sind die Spannungen U_3, U_4 und U_5 sowie die Ströme I_3, I_4 und I_5.

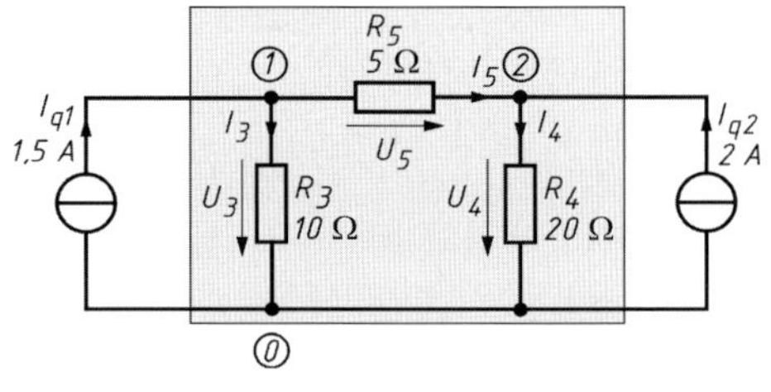

❷ **14.3.4** Eine Stromquelle mit I_q speist das abgebildete mehrfach gestufte Netzwerk.
Man berechne die Ströme I_1, I_2, und I_4.

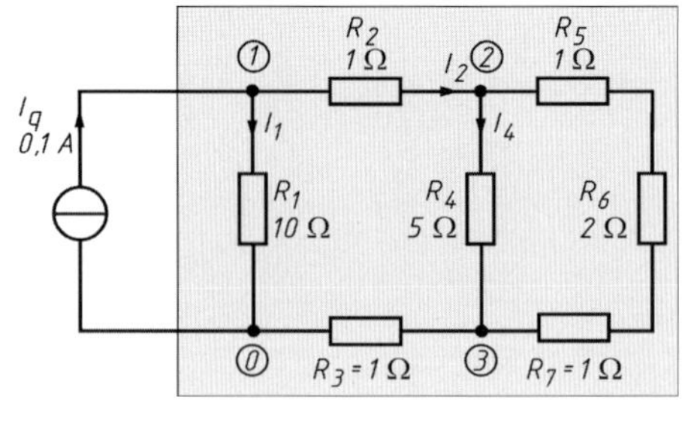

❷ **14.3.5** Im Rahmen der Lösungsstrategie (siehe vorn) wurde eine Schaltung angegeben, die hier nochmals abgebildet ist.
Berechnen Sie hierfür die Ströme I_4, I_5 und I_6.

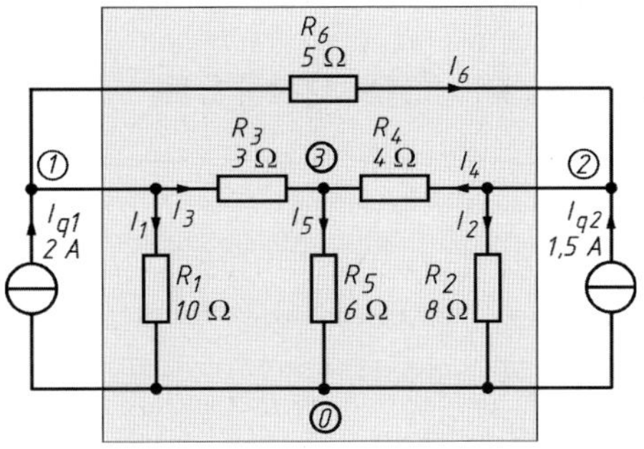

❷ **14.3.6** Für die gegebene Schaltung sollen die Spannungen U_4, U_5 und U_6 ermittelt werden.

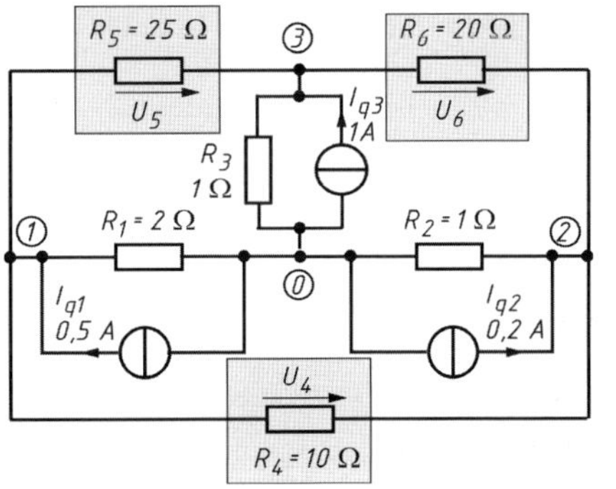

❸ **14.3.7** Vorgegeben sei nochmals eine ähnliche Schaltung wie in der Aufgabe 14.2.4.

Es sind die Spannungen U_3, U_4 und U_7 sowie die zugehörigen Ströme gesucht.

Man vergleiche den Lösungsaufwand gegenüber den erforderlichen Lösungsschritten beim Kreisstromverfahren (Kapitel 14.2)!

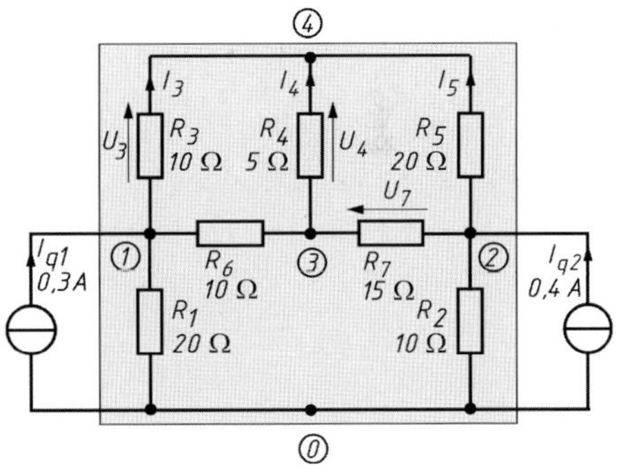

14.3.2 Lösungen

14.3.1

Knotengleichung für Knoten 1: $I_{q1} - I_1 - I_2 - I_3 - I_4 = 0$ bzw. $I_{q1} + I_1 + I_2 + I_3 + I_4$ (1)

Außerdem gilt für die Spannung U_{10}: $I_1 = U_{10} \cdot G_1$, $I_2 = U_{10} \cdot G_2$, $I_3 = U_{10} \cdot G_3$, $I_4 = U_{10} \cdot G_4$ (2)

(2) eingesetzt in (1): $I_{q1} = U_{10} \cdot G_1 + U_{10} \cdot G_2 + U_{10} \cdot G_3 + U_{10} \cdot G_4 = U_{10}(G_1 + G_2 + G_3 + G_4)$

$$U_{10} = \frac{I_{q1}}{G_1 + G_2 + G_3 + G_4} = \frac{1\text{A}}{0{,}1\,\text{S} + 0{,}125\,\text{S} + 0{,}2\,\text{S} + 0{,}25\,\text{S}} = \frac{1\,\text{A}}{0{,}675\,\text{S}} = 1{,}481\ \text{V}$$

$$I_3 = \frac{U_{10}}{R_3} = 296{,}3\ \text{mA}, \quad I_4 = \frac{U_{10}}{R_4} = 370{,}4\ \text{mA}$$

14.3.2

Knotengleichung für Knoten 1 (s. Bild):

$I_{q1} + I_{q2} - I_3 - I_4 = 0 \Rightarrow I_{q1} + I_{q2} = I_3 + I_4$

Außerdem gilt:

$I_3 = U_{10} \cdot G_3$, $I_4 = U_{10} \cdot G_4$

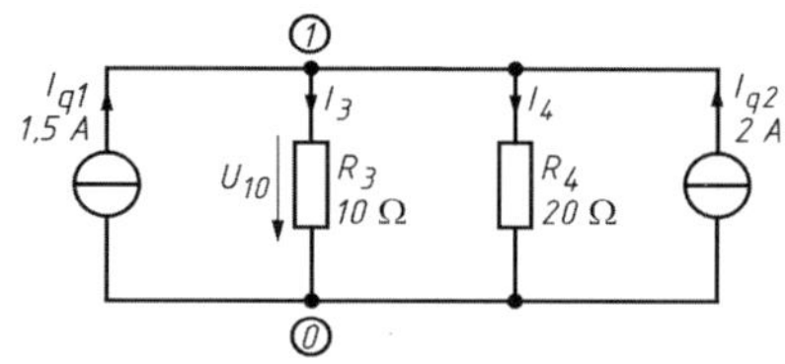

Eingesetzt in die Knotengleichung:

$$I_{q1} + I_{q2} = U_{10} \cdot G_3 + U_{10} \cdot G_4 = U_{10}(G_3 + G_4) \Rightarrow U_{10} = \frac{I_{q1} + I_{q2}}{G_3 + G_4}$$

Zahlenwerte eingesetzt:

$$U_{10} = \frac{1{,}5\ \text{A} + 2\ \text{A}}{0{,}1\ \text{S} + 0{,}05\ \text{S}} = 23{,}\overline{3}\ \text{V} \Rightarrow I_3 = 23{,}\overline{3}\ \text{V} \cdot 0{,}1\ \text{S} = 2{,}\overline{3}\ \text{A}\,; \quad I_4 = 23{,}\overline{3}\ \text{V} \cdot 0{,}05\ \text{S} = 1{,}1\overline{6}\ \text{A}$$

Anmerkung:
In Abschnitt 14.6 ist gezeigt, dass man für den Sonderfall der parallel geschalteten Stromquellen mit der dort angewendeten Vorgehensweise viel schneller zum Ziel kommt.

Durch Zusammenfassen der Stromquellen mit $I_q = I_{q1} + I_{q2} = 3{,}5$ A und z.B. Anwendung der Stromteilerregel erhält man:

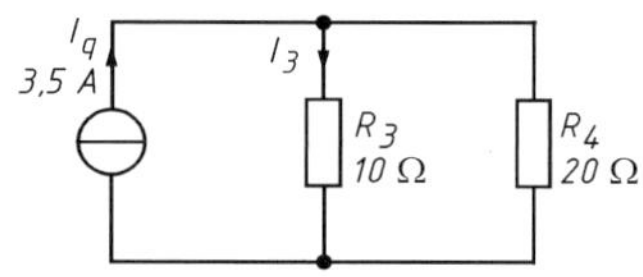

$$\frac{I_3}{I_q} = \frac{R_4}{R_3 + R_4} \Rightarrow I_3 = 3{,}5\ \text{A}\,\frac{20\ \Omega}{10\ \Omega + 20\ \Omega} = 2{,}\overline{3}\ \text{A}$$

14.3.3

Knotengleichungen:

1: $I_{q1} - I_3 - I_5 = 0 \Rightarrow I_3 + I_5 = I_{q1}$

2: $I_{q2} + I_5 - I_4 = 0 \Rightarrow I_4 - I_5 = I_{q2}$

Außerdem gilt:

$I_3 = U_3 \cdot G_3 = U_{10} \cdot G_3$, $I_4 = U_4 \cdot G_4 = U_{20} \cdot G_4$

$$I_5 = \frac{U_5}{R_5} = \frac{U_{10} - U_{20}}{R_5} = (U_{10} - U_{20}) \cdot G_5$$

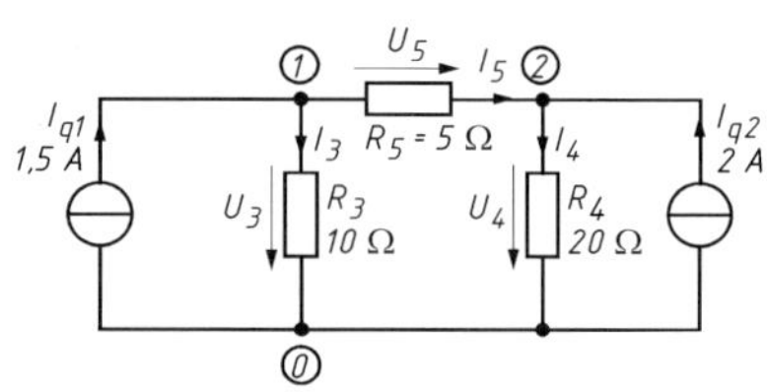

Eingesetzt in die Knotengleichungen:

1: $\Rightarrow U_{10} \cdot G_3 + (U_{10} - U_{20})G_5 = I_{q1} = U_{10}(G_3 + G_5) - U_{20} \cdot G_5$ (1a)

2: $\Rightarrow U_{20} \cdot G_4 - (U_{10} - U_{20})G_5 = I_{q2} = -U_{10} \cdot G_5 + U_{20}(G_4 + G_5)$ (2a)

In Matrizenform:

$$\begin{pmatrix} G_3+G_5 & -G_5 \\ -G_5 & G_4+G_5 \end{pmatrix} \cdot \begin{pmatrix} U_{10} \\ U_{20} \end{pmatrix} = \begin{pmatrix} I_{q1} \\ I_{q2} \end{pmatrix}$$

Unter Benutzung der Regeln für die Determinantenrechnung findet man:

$$\mathbf{D} = \begin{pmatrix} 0,3 & -0,2 \\ -0,2 & 0,25 \end{pmatrix} \mathrm{S}^2 = 0,035\,\mathrm{S}^2\,; \quad \mathbf{D_1} = \begin{pmatrix} 1,5\,\mathrm{A} & -0,2\,\mathrm{S} \\ 2\,\mathrm{A} & +0,25\,\mathrm{S} \end{pmatrix} = 0,775\,\mathrm{A}\cdot\mathrm{S}\,; \quad \mathbf{D_2} = \begin{pmatrix} 0,3\,\mathrm{S} & 1,5\,\mathrm{A} \\ -0,2\,\mathrm{S} & 2\,\mathrm{A} \end{pmatrix} = 0,9\,\mathrm{A}\cdot\mathrm{S} \Rightarrow$$

$$\Rightarrow U_{10} = \frac{\mathbf{D_1}}{\mathbf{D}} = 22{,}14\,\mathrm{V} \Rightarrow I_3 = 22{,}14\,\mathrm{V}\cdot 0{,}1\,\mathrm{S} = 2{,}21\,\mathrm{A}$$

$$U_{20} = \frac{\mathbf{D_2}}{\mathbf{D}} = 25,71\,\mathrm{V} \Rightarrow I_4 = 25,71\,\mathrm{V}\cdot 0,05\,\mathrm{S} = 1{,}286\,\mathrm{A}$$

$$I_5 = (U_{10} - U_{20})\cdot G_5 = \underbrace{(22{,}14\,\mathrm{V} - 25,71\,\mathrm{V})}_{U_5}\cdot 0,2\,\mathrm{S} = -3,57\,\mathrm{V}\cdot 0,2\,\mathrm{S} = -0,714\,\mathrm{A}$$

$U_5 = -\,3{,}57$ V

14.3.4

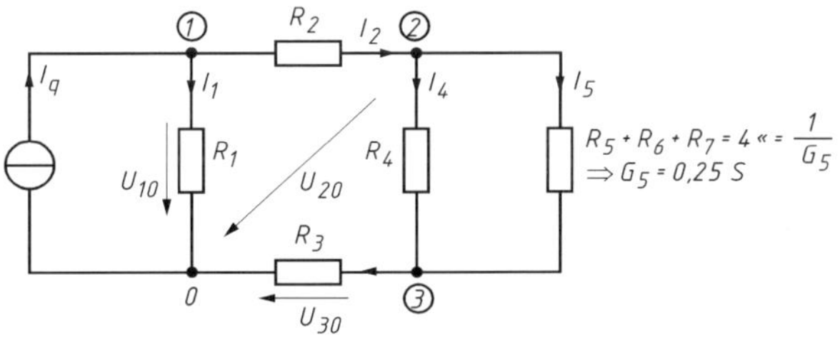

(Knotengleichungen für

Knoten 1: $I_q - I_1 - I_2 = 0$ (1)

2: $I_2 - I_4 - I_5 = 0$ (2)

3: $-I_3 + I_4 + I_5 = 0$ (3)

(1): $I_q - U_{10}\cdot G_1 - (U_{10} - U_{20})\cdot G_2 = 0$

(2): $(U_{10} - U_{20})\cdot G_2 - (U_{20} - U_{30})\cdot G_4 - (U_{20} - U_{30})\cdot G_5 = 0$

(3): $-U_{30}\cdot G_3 + (U_{20} - U_{30})\cdot G_4 + (U_{20} - U_{30})\cdot G_5 = 0$

Geordnet:

(1): $U_{10}(G_1 + G_2) - U_{20}\cdot G_2 = I_{q1}$

(2): $-U_{10}\cdot G_2 + U_{20}(G_2 + G_4 + G_5) - U_{30}(G_4 + G_5) = 0$

(3): $-U_{20}(G_4 + G_5) + U_{30}(G_3 + G_4 + G_5) = 0$

Zahlenwerte eingesetzt:

(1): $U_{10}\cdot 1{,}1\,\mathrm{S} - U_{20}\cdot 1\,\mathrm{S} = 0{,}1\,\mathrm{A}$

(2): $-U_{10}\cdot 1\,\mathrm{S} + U_{20}(1 + 0{,}2 + 0{,}25)\mathrm{S} - U_{30}\,(0{,}2 + 0{,}25)\mathrm{S} = 0$

(3): $-U_{20}(0{,}2 + 0{,}25)\mathrm{S} + U_{30}\,(1 + 0{,}2 + 0{,}25)\mathrm{S} = 0$

In Matrixform:

$$\begin{pmatrix} 1{,}1\,\mathrm{S} & -1\,\mathrm{S} & 0 \\ -1\,\mathrm{S} & 1{,}45\,\mathrm{S} & -0{,}45\,\mathrm{S} \\ 0 & -0{,}45\,\mathrm{S} & 1{,}45\,\mathrm{S} \end{pmatrix} \cdot \begin{pmatrix} U_{10} \\ U_{20} \\ U_{30} \end{pmatrix} = \begin{pmatrix} 0{,}1\,\mathrm{A} \\ 0 \\ 0 \end{pmatrix} \Rightarrow \mathbf{D} = 0{,}64\,\mathrm{S}^3,\ \mathbf{D1} = 0{,}19\,\mathrm{VS}^2,\ \mathbf{D2} = 0{,}145\,\mathrm{VS}^2,\ \mathbf{D3} = 0{,}045\,\mathrm{VS}^2$$

$$U_{10} = \frac{\mathbf{D_1}}{\mathbf{D}} = 296{,}9\,\mathrm{mV} \Rightarrow I_1 = 29,69\,\mathrm{mA}\,;$$

$$U_{20} = \frac{\mathbf{D_2}}{\mathbf{D}} = 226{,}6\,\mathrm{mV} \Rightarrow U_2 = U_{10} - U_{20} = 70,3\,\mathrm{mV} \Rightarrow I_2 = 70{,}3\,\mathrm{mA}$$

$$U_{30} = \frac{\mathbf{D_3}}{\mathbf{D}} = 70,3\,\mathrm{mV} \Rightarrow U_4 = U_{20} - U_{30} = 156{,}3\,\mathrm{mV} \Rightarrow I_4 = 31{,}3\,\mathrm{mA}$$

14.3.5

Ausgangspunkt: Gleichungssystem (siehe Absatz „Lösungsstrategie", hier schon geordnet):

(1): $U_{10}(G_1 + G_3 + G_6) - U_{20}\cdot G_6 - U_{30}\cdot G_3 = I_{q1}$

(2): $-U_{10}\cdot G_6 + U_{20}\,(G_2 + G_4 + G_6) - U_{30}\cdot G_4 = I_{q2}$

(3): $-U_{10}\cdot G_3 - U_{20}\cdot G_4 + U_{30}\,(G_3 + G_4 + G_5) = 0$

In Matrixform und Zahlenwerte eingesetzt:

$$\begin{pmatrix} 0{,}6\overline{3}\,\mathrm{S} & -0{,}2\,\mathrm{S} & -0{,}\overline{3}\,\mathrm{S} \\ -0{,}2\,\mathrm{S} & 0{,}575\,\mathrm{S} & -0{,}25\,\mathrm{S} \\ -0{,}\overline{3}\,\mathrm{S} & -0{,}25\,\mathrm{S} & 0{,}75\,\mathrm{S} \end{pmatrix} \cdot \begin{pmatrix} U_{10} \\ U_{20} \\ U_{30} \end{pmatrix} = \begin{pmatrix} 2\,\mathrm{A} \\ 1{,}5\,\mathrm{A} \\ 0 \end{pmatrix} \Rightarrow \begin{matrix} \mathbf{D} = 0{,}10632\,\mathrm{S}^3; & \mathbf{D_1} = 1{,}0875\,\mathrm{AS}^2; \\ \mathbf{D_2} = 1{,}0125\,\mathrm{AS}^2; & \mathbf{D_3} = 0{,}8208\,\mathrm{AS}^2. \end{matrix}$$

Als Lösung des Gleichungssystems folgt z.B. mit der Kramer'schen Regel (vgl. Anhang):

$$U_{10} = \frac{\mathbf{D_1}}{\mathbf{D}}\ ;\ U_{10} = 10{,}23\ \mathrm{V}\ ;\ U_{20} = 9{,}52\ \mathrm{V}\ ;\ U_{30} = 7{,}72\ \mathrm{V};\ U_{30} = U_5 \Rightarrow I_5 = \frac{U_{30}}{R_5} = 1{,}287\ \mathrm{A}$$

$$U_6 = U_{10} - U_{20} = 0{,}705\ \mathrm{V} \Rightarrow I_6 = 0{,}141\ \mathrm{A}$$

$$U_4 = U_{20} - U_{30} = 1{,}803\ \mathrm{V} \Rightarrow I_4 = 0{,}451\ \mathrm{A}$$

14.3.6

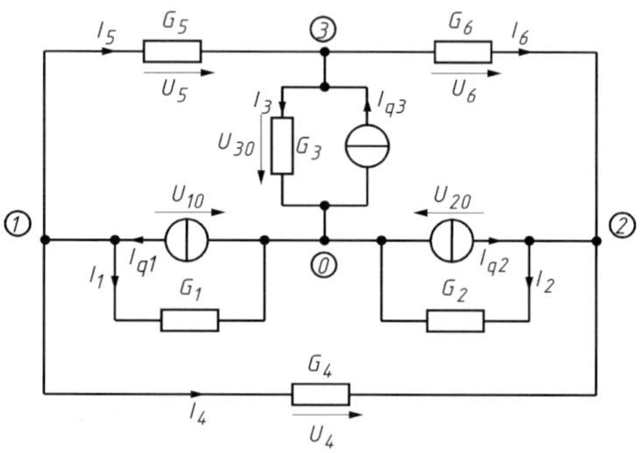

Knotengleichungen:

1: $I_{q1} - I_1 - I_4 - I_5 = 0 \Rightarrow I_{q1} = I_1 + I_4 + I_5$

2: $I_{q2} - I_2 + I_4 + I_6 = 0 \Rightarrow I_{q2} = I_2 - I_4 - I_6$

3: $I_{q3} - I_3 + I_5 - I_6 = 0 \Rightarrow I_{q3} = I_3 - I_5 + I_6$

Außerdem gilt:

$I_1 = U_{10} \cdot G_1$; $\quad I_2 = U_{20} \cdot G_2$; $\quad I_3 = U_{30} \cdot G_3$;

$I_4 = (U_{10} - U_{20})G_4$; $\quad I_5 = (U_{10} - U_{30})G_5$;

$I_6 = (U_{30} - U_{20})G_6$.

Eingesetzt und angeordnet:

$$\begin{aligned} U_{10}(G_1 + G_4 + G_5) &- U_{20} \cdot G_4 &- U_{30} \cdot G_5 &= I_{q1} \\ - U_{10} \cdot G_4 &+ U_{20}(G_2 + G_4 + G_6) &- U_{30} \cdot G_6 &= I_{q2} \\ - U_{10} \cdot G_5 &- U_{20} \cdot G_6 &+ U_{30}(G_3 + G_5 + G_6) &= I_{q3} \end{aligned}$$

In Matrixform und Zahlenwerte eingesetzt:

$$\begin{pmatrix} \left(\frac{1}{2} + \frac{1}{10} + \frac{1}{25}\right)\mathrm{S} & -\frac{1}{10}\,\mathrm{S} & -\frac{1}{25}\,\mathrm{S} \\ -\frac{1}{10}\,\mathrm{S} & \left(1 + \frac{1}{10} + \frac{1}{20}\right)\mathrm{S} & -\frac{1}{20}\,\mathrm{S} \\ -\frac{1}{25}\,\mathrm{S} & -\frac{1}{20}\,\mathrm{S} & \left(1 + \frac{1}{25} + \frac{1}{20}\right)\mathrm{S} \end{pmatrix} \cdot \begin{pmatrix} U_{10} \\ U_{20} \\ U_{30} \end{pmatrix} = \begin{pmatrix} 0{,}5\,\mathrm{A} \\ 0{,}2\,\mathrm{A} \\ 1{,}0\,\mathrm{A} \end{pmatrix} \Rightarrow \begin{matrix} \mathbf{D} = 0{,}7875\,\mathrm{S}^3; & \mathbf{D_1} = 0{,}6987\,\mathrm{AS}^2; \\ \mathbf{D_2} = 0{,}2307\,\mathrm{AS}^2; & \mathbf{D_3} = 0{,}7587\,\mathrm{AS}^2. \end{matrix}$$

Lösung des Gleichungssystems:

$U_{10} = 0{,}887$ V; $U_{20} = 0{,}293$ V; $U_{30} = 0{,}963$ V; $U_4 = U_{10} - U_{20} = 0{,}594\ \mathrm{V} \Rightarrow I_4 = 59{,}4$ mA

$U_5 = U_{10} - U_{30} = -\,0{,}0762\ \mathrm{V} \Rightarrow I_5 = -\,3$ mA

Das negative Vorzeichen bedeutet, dass I_5 entgegen der ursprünglich angenommenen Stromrichtung für I_5 fließt.

$U_6 = U_{30} - U_{20} = 0{,}67\ \mathrm{V} \Rightarrow I_6 = -\,3$ mA

14.3.7

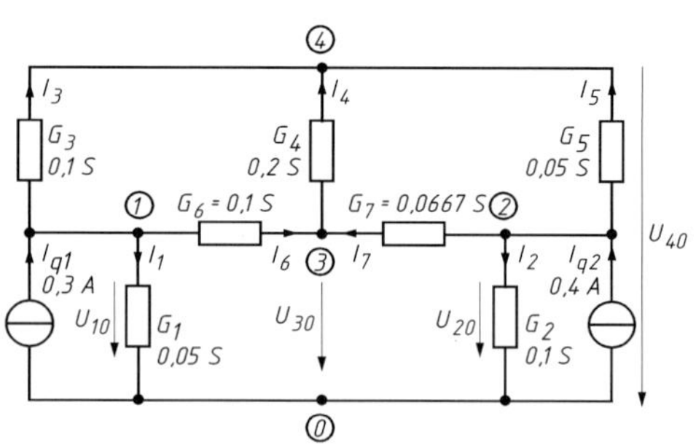

Knotengleichungen:

1: $I_{q1} - I_1 - I_3 - I_6 = 0$

2: $I_{q2} - I_2 - I_5 - I_7 = 0$

3: $-I_4 + I_6 + I_7 = 0$

4: $I_3 + I_4 + I_5 = 0$

Außerdem gilt:

$I_1 = U_{10} \cdot G_1$; $\quad I_2 = U_{20} \cdot G_2$; $\quad I_3 = (U_{10} - U_{40})G_3$;

$I_4 = (U_{30} - U_{40})G_4$; $\quad I_5 = (U_{20} - U_{40})G_5$; $\quad I_6 = (U_{10} - U_{30})G_6$;

$I_7 = (U_{20} - U_{30})G_7$

Eingesetzt in die Knotengleichung führt dies zu einer 4×4-Leitungsmatrix. Die nummerische Lösung dieses Gleichungssystems erhält man schnell und ohne allzu großen Aufwand zweckmäßigerweise mit einem Rechnerprogramm. Um aber auch eine Lösung „per Hand" zu zeigen, kann man folgende Überlegung anstellen:

Der Knoten 0 soll am oberen Ende der Leitwerte G_3, G_4 und G_5 gewählt werden. Zweckmäßigerweise fasst man anschließend die beiden Stromquellen zusammen (vgl. auch Abschnitt 14.6):

Für die Zusammenfassung der beiden Stromquellen mit I_{q1} und I_{q2} kann man entwickeln:

Innenleitwert der resultierenden Stromquelle:

$$G_{12} = \frac{1}{R_{12}} = \frac{1}{R_1 + R_2} = \frac{1}{30}\,\Omega = 0{,}0\overline{3}\text{ S}$$

$$U_{12} = I_{q1} \cdot R_1 - I_{q2} \cdot R_2 = I_q(R_1 + R_2) \quad \Rightarrow$$

Quellenstrom der resultierenden Stromquelle:

$$I_q = \frac{I_{q1} \cdot R_1 - I_{q2} \cdot R_2}{R_1 + R_2}$$

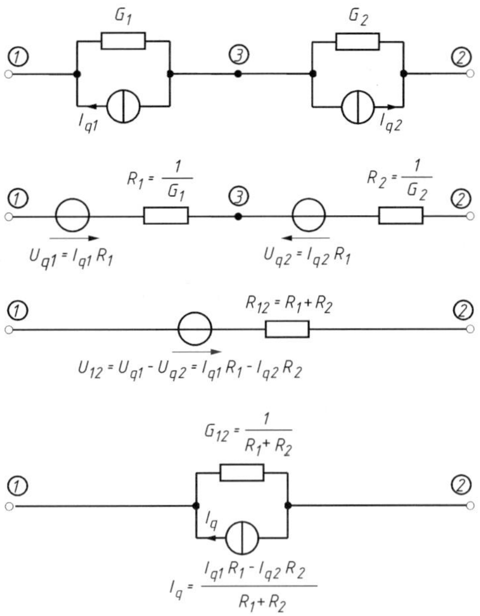

Zahlenwerte:

$$I_q = \frac{0{,}3\text{ A} \cdot 20\,\Omega - 0{,}04\text{ A} \cdot 10\,\Omega}{30\,\Omega} = \frac{2\text{ V}}{30\,\Omega} = 0{,}0\overline{6}\text{ A}$$

Für das vereinfachte Ersatzschaltbild findet man das Gleichungssystem (siehe rechts, untere Skizze):

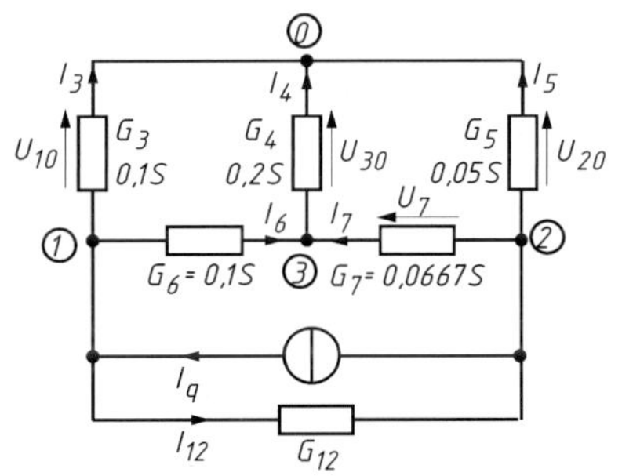

Knotengleichungen:

1: $I_q - I_{12} - I_3 - I_6 = 0 \quad \Rightarrow \quad I_q = I_{12} + I_3 + I_6$

2: $-I_q + I_{12} - I_5 - I_7 = 0 \quad \Rightarrow \quad -I_q = -I_{12} + I_5 + I_7$

3: $-I_4 + I_6 + I_7 = 0 \Rightarrow 0 = I_4 - I_6 - I_7$

Außerdem:

$I_{12} = (U_{10} - U_{20})G_{12}$; $\quad I_3 = U_{10} \cdot G_3$; $\quad I_4 = U_{30} \cdot G_4$;

$I_5 = U_{20} \cdot G_5$; $\quad I_6 = (U_{10} - U_{30})G_6$;

$I_7 = (U_{20} - U_{30})G_7$.

Eingesetzt und angeordnet:

1: $U_{10}(G_{12} + G_3 + G_6) - U_{20} \cdot G_{12} - U_{30} \cdot G_6 = I_q$

2: $-U_{10} \cdot G_{12} + U_{20}(G_{12} + G_5 + G_7) - U_{30} \cdot G_7 = -I_q$

3: $-U_{10} \cdot G_6 - U_{20} \cdot G_7 + U_{30}(G_4 + G_6 + G_7) = 0$

Zahlenwerte:

$$\begin{pmatrix} 0{,}2\overline{3}\text{S} & -0{,}0\overline{3}\text{S} & -0{,}1\text{S} \\ -0{,}0\overline{3}\text{S} & 0{,}15\text{S} & -0{,}06\text{S} \\ -0{,}1\text{S} & -0{,}0\overline{6}\text{S} & 0{,}36\text{S} \end{pmatrix} \cdot \begin{pmatrix} U_{10} \\ U_{20} \\ U_{30} \end{pmatrix} = \begin{pmatrix} I_q \\ -I_q \\ 0 \end{pmatrix} \quad \Rightarrow$$

Mit den Determinanten

$\mathbf{D} = 9{,}445 \cdot 10^{-3}\text{ S}^3$, $\quad \mathbf{D_1} = 2{,}111 \cdot 10^{-3}\text{ AS}^2$,

$\mathbf{D_2} = -3{,}778 \cdot 10^{-3}\text{ AS}^2$, $\quad \mathbf{D_3} = -0{,}111 \cdot 10^{-3}\text{ AS}^2$

folgt für die Knotenspannungen:

$$\frac{\mathbf{D_1}}{\mathbf{D}} = U_{10} = 0{,}224\text{ V} \mathrel{\hat{=}} U_3 \Rightarrow I_3 = 22{,}4\text{ mA}\,; \quad \frac{\mathbf{D_2}}{\mathbf{D}} = U_{20} = -0{,}4\text{ V} \mathrel{\hat{=}} U_5 \Rightarrow I_5 = -20\text{ mA}$$

$$\frac{\mathbf{D_3}}{\mathbf{D}} = U_{30} = -0{,}0118\text{ V} \mathrel{\hat{=}} U_4 \Rightarrow I_4 = -2{,}4\text{ mA} \Rightarrow U_7 = U_{20} - U_{30} = -0{,}388\text{ V}$$

Somit folgt für $U_7 \cdot G_7 = \dfrac{U_{20} - U_{30}}{R_7} = -25{,}88\text{ mA} = I_7$

Abschließend kann zusammenfassend festgestellt werden:

Ohne die zuletzt vorgenommenen Vereinfachungen resultiert aus dem Gleichungssystem der 4 Knotengleichungen (bzw. 4×4-Leitwertmatrix) ohne entsprechendes Rechnerprogramm ein erhöhter Lösungsaufwand gegenüber der Vorgehensweise zur Lösung von Aufgabe 14.2.4.

Dies kann man auch sofort aus der Zahl der Knoten (gegenüber der Zahl der hier erforderlichen Kreisströme) schließen.

14.4 Spannungs- und Stromteiler-Ersatzschaltungen

Lösungsansatz:
Ist für einen Zweig eines Netzwerkes nur ein einzelner Strom oder eine einzelne Spannung oder das Übertragungsverhältnis einer Ausgangs- zu einer Eingangsgröße gesucht, kann man oft schnell die Aufgabenlösung durch direkte Anwendung der Spannungs- und Stromteilerregel finden.

Lösungsstrategie:

- Netzwerk so umzeichnen bzw. vereinfachen dass die Schaltungsstruktur einem Spannungsteiler (s. Bild 14.4.1) bzw. einem Stromteiler entspricht.

  Dabei können die Widerstände R_1 und R_2 auch komplexe Schaltungsteile sein.

  Das gewünschte Übertragungsverhältnis ansetzen und durch Anwendung der Spannungs- und Stromteilergesetze die Widerstandsfunktion aufstellen.

  Beispielschaltung siehe Bild 14.4.1, für die gilt:

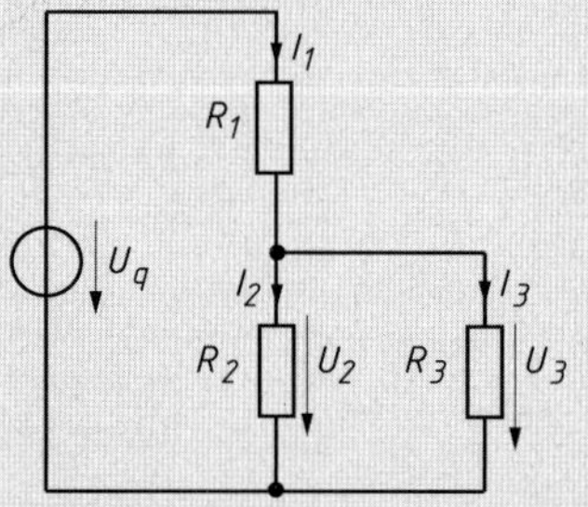

Bild 14.4.1

Spannungsteilerregel

Übertragungsverhältnis Ausgangs- zu Eingangsspannung:

$$\frac{U_2}{U_q} = \frac{U_3}{U_q} = \frac{R_2 \cdot R_3}{R_1 R_2 + R_1 R_3 + R_2 R_3} \tag{14.4.1}$$

Stromteilerregel

Übertragungsverhältnis Ausgangs- zu Eingangsstrom:

$$\frac{I_3}{I_1} = \frac{\dfrac{R_2 \cdot R_3}{R_2 + R_3}}{R_3} = \frac{R_2}{R_2 + R_3} \tag{14.4.2}$$

Übertragungsverhältnis Ausgangs- zu Querstrom:

$$\frac{I_3}{I_2} = \frac{G_3}{G_2} = \frac{R_2}{R_3} \tag{14.4.3}$$

Übertragungsverhältnis Ausgangsstrom zu Eingangsspannung:

$$\frac{I_3}{U_q} = \frac{R_2}{R_1 R_2 + R_1 R_3 + R_2 R_3} \tag{14.4.4}$$

Bei mehrfach gestaffelten Spannungsteilern kann die Spannungsteilerregel sukzessive angesetzt werden. Für die Schaltung nach Bild 14.4.2 gilt:

$$\frac{U_7}{U_q} = \frac{U_7}{U_4} \cdot \frac{U_4}{U_q}$$

$$\frac{U_7}{U_q} = \frac{U_7}{U_4} \cdot \frac{U_4}{U_2} \cdot \frac{U_2}{U_q}$$

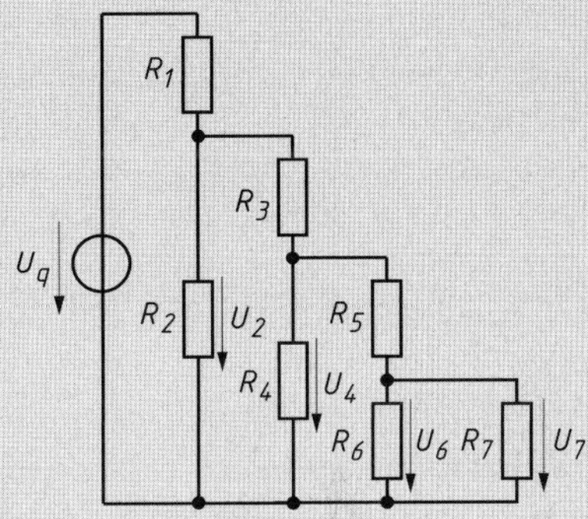

Bild 14.4.2

14.4.1 Aufgaben

■ **Spannungsteiler:**

☞ *Zur Lösung der Aufgaben 14.4.1 bis 14.4.7 sollen bevorzugt die Spannungsteilerregeln angewendet werden!*

❶ **14.4.1** Eine einfache Widerstandskombination ist an eine einfache Spannungsquelle mit U_q angeschlossen (vergleiche auch die Beispielschaltung nach Bild 14.4.1).

Leiten Sie für die Übertragungsverhältnisse U_3/U_q, I_3/I_1, I_3/I_2 und I_3/U_q die zugehörigen Widerstandskombinationen her.[1)]

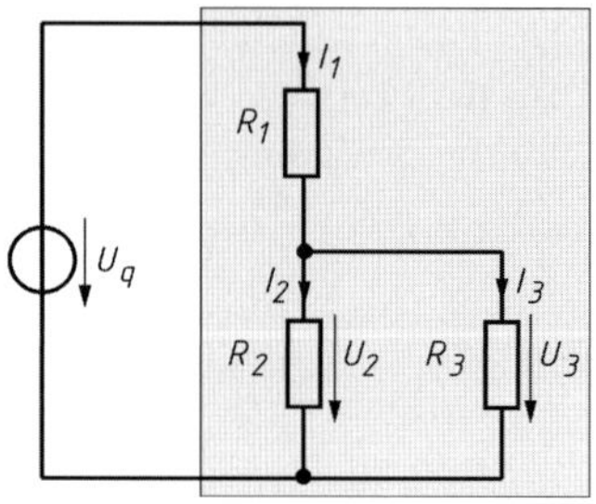

❶ ❷ **14.4.2** An die Spannungsquelle mit $U_q = 10$ V sind die Widerstände

$R_1 = 10\ \Omega$ sowie $R_2 = R_3 = R_4 = R_5 = 100\ \Omega$ angekoppelt.

Bestimmen Sie die Spannung U_4 und Strom I_4 am Widerstand R_4.

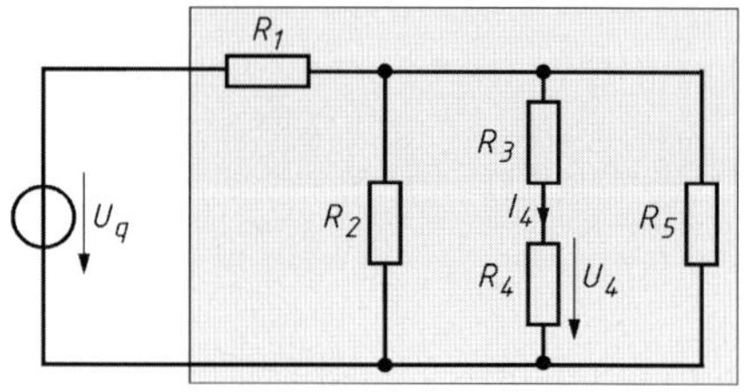

❷ **14.4.3** Das rechts skizzierte Widerstandsnetzwerk aus $R_1 = R_2 = 100\ \Omega$, $R_3 = R_4 = R_5 = R_6 = R_7 = 50\ \Omega$ liegt an einer Spannungsquelle mit $U_q = 25$ V.

Zu ermitteln sind die Teilspannungen U_2, U_{45}, U_5 und U_7 sowie Strom I_7.

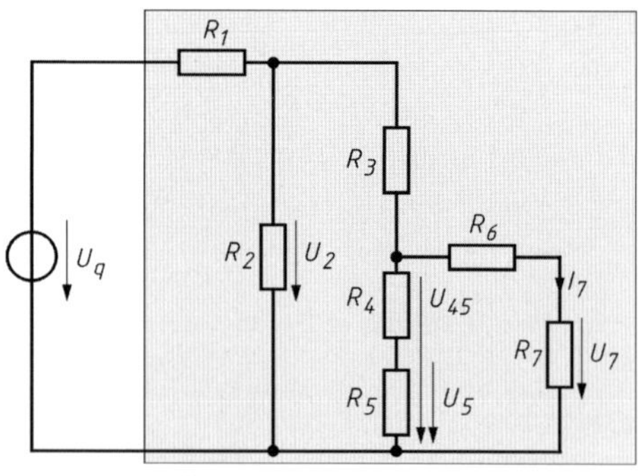

1) *Hinweis*: Vergleiche die Gleichungen (14.4.1) bis (14.4.4)!

❷ **14.4.4** Leiten Sie das Übertragungsverhältnis U_4/U_q für nebenstehende Schaltung in allgemeiner Form her, wobei die Quellenspannung U_q sowie die Widerstandswerte R_1 bis R_4 vorgegeben sind.

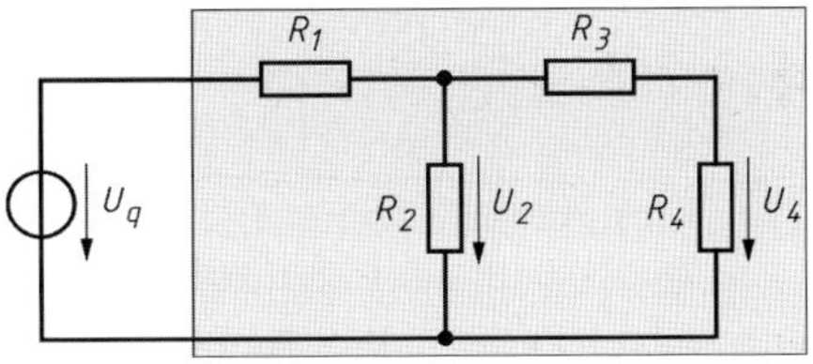

❷ **14.4.5** Die Darstellung zeigt ein vereinfachtes Widerstands-Ersatzbild einer Relais-Schaltung.

Berechnen Sie die Spannungen U_4 und U_6 sowie die Ströme I_5 und I_6.

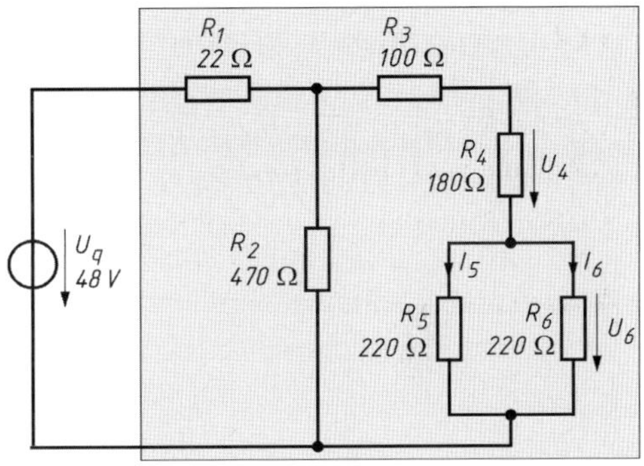

❷ **14.4.6** In der Widerstandskaskade haben alle Widerstände den Wert $R = 100\ \Omega$. Die Quellenspannung sei mit $U_q = 36$ V vorgegeben.

Zu bestimmen sind die Spannungen U_5, U_7, U_9 und U_{11} sowie die Ströme I_1, I_5, I_7, I_9 und I_{11}.

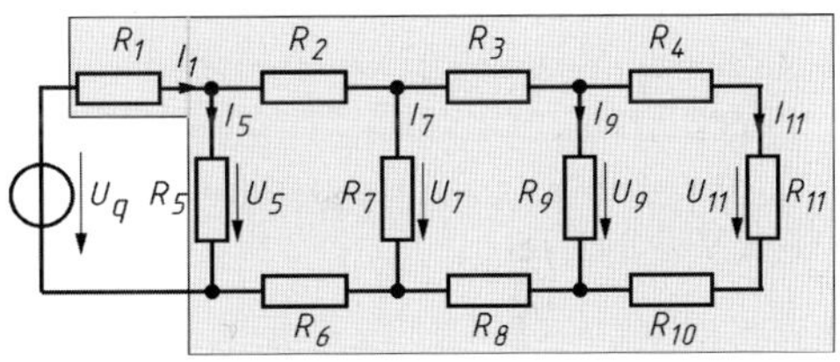

❷ **14.4.7**

a) Für den 3-fach Spannungsteiler soll das Spannungsverhältnis U_6/U_0 in allgemeiner Form hergeleitet werden.

Die Eingangsspannung U_0 und die Widerstände R_1 bis R_6 haben feste, vorgegebene Werte.

b) Wie groß sind die Übertragungsverhältnisse U_6/U_0, U_4/U_0 und U_2/U_0, wenn alle Widerstände den gleichen Wert haben?

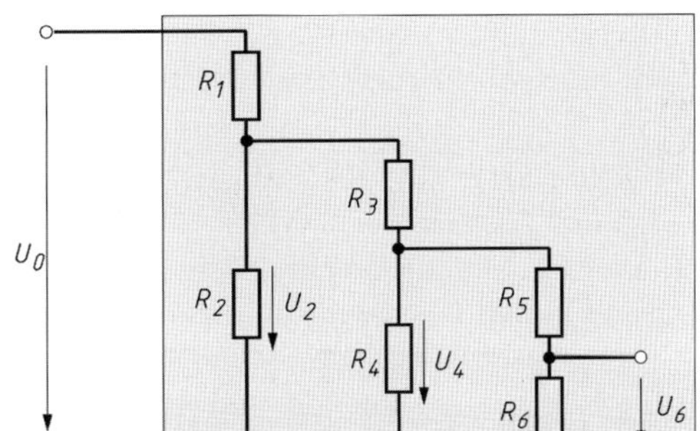

■ Stromteiler:

☞ *Zur Lösung der Aufgaben 14.4.8 bis 14.4.12 sollen die Stromteilerregeln angewendet werden!*

❶ **14.4.8** Eine ideale Stromquelle ist mit der skizzierten Widerstandkombination belastet. Ermitteln Sie I_2 und U_2 sowie I_3 und I_4.

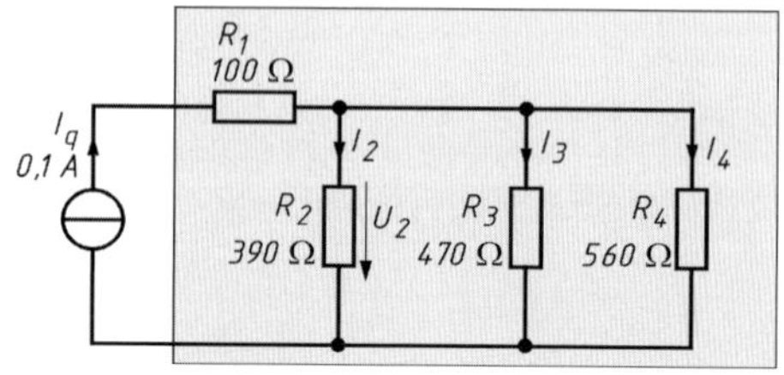

❶ ❷ **14.4.9** Für die gegebene Schaltung (vergl. Aufgabe 14.4.2) mit $U_q = 10$ V, $R_1 = 10\ \Omega$, $R_2 = R_3 = R_4 = R_5 = 100\ \Omega$ sind Strom I_4 und Spannung U_4 zu berechnen.

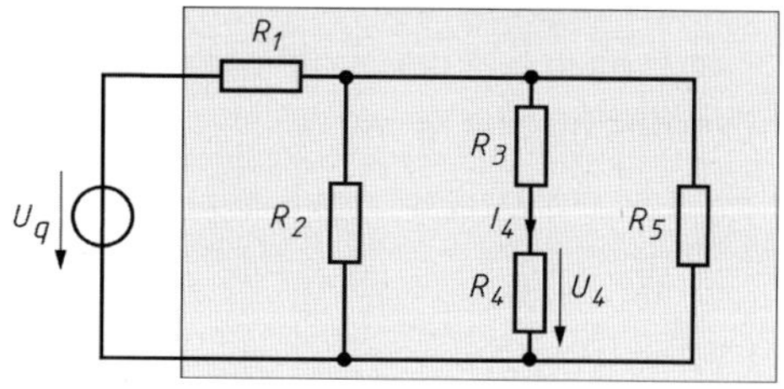

❷ **14.4.10** Ausgangspunkt sei die rechts gezeichnete Schaltung. Bestimmen Sie I_4/I_q zunächst analytisch und anschließen nummerisch. Berechnen Sie hieraus I_4.

Weitere Vorgabe: Die analytische Lösung soll unter Benutzung von Leitwerten ermittelt werden!

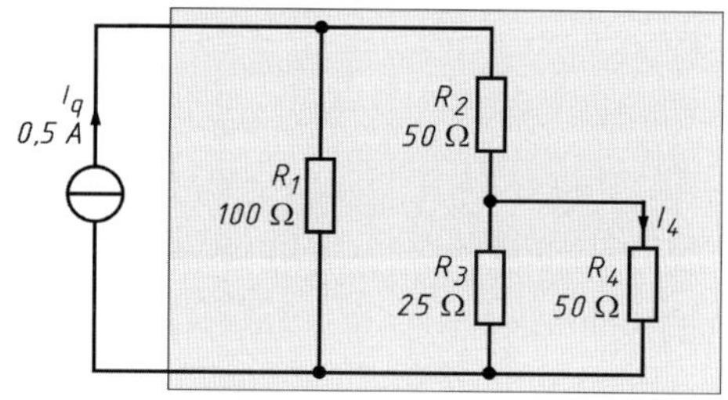

❷ **14.4.11** Das Widerstandsnetzwerk aus Aufgabe 14.4.3 soll hier nochmals betrachtet werden. Mit den dort genannten Zahlenwerten sind die Übertragungsverhältnisse I_7/U_q sowie U_7/U_q zunächst analytisch und anschließend nummerisch zu ermitteln.

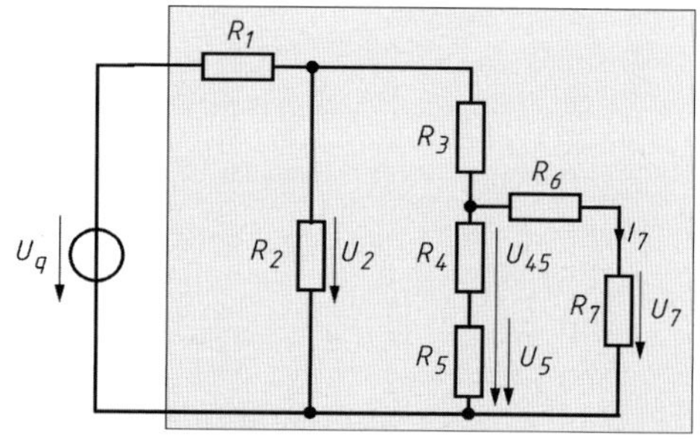

❷ **14.4.12** Für die rechts vorgegebene Schaltung sind I_7 und U_7 sowie I_4, I_2 und I_1 zu bestimmen.

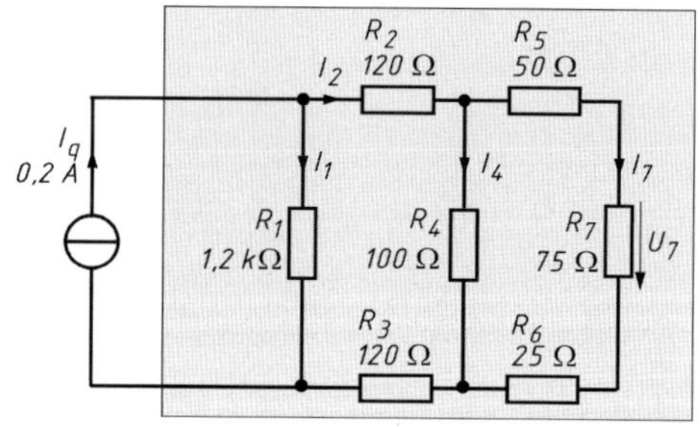

14.4.2 Lösungen

14.4.1

Übertragungsverhältnis $\frac{U_3}{U_q}$: $\frac{U_3}{U_q} = \frac{R_2||R_3}{R_1 + (R_2||R_3)}$, ($|| \triangleq$ parallel geschaltet)

$$\frac{U_3}{U_q} = \frac{\frac{R_2 \cdot R_3}{R_2 + R_3}}{R_1 + \frac{R_2 \cdot R_3}{R_2 + R_3}} = \frac{R_2 \cdot R_3}{R_1 \cdot R_2 + R_1 \cdot R_3 + R_2 \cdot R_3} \quad \text{(vgl. Abschnitt 14.4))} \tag{14.4-0}$$

Übertragungsverhältnis $\frac{I_3}{I_1}$:

Da der Strom I_1 durch die Parallelschaltung ($R_2 \parallel R_3$) fließt, und an dieser die Spannung $U_3 = I_1(R_2 \parallel R_3) = I_3 \cdot R_3$ abfällt, gilt einfach:

$$\frac{I_3}{I_1} = \frac{\frac{U_3}{R_3}}{\frac{U_3}{\frac{R_2 \cdot R_3}{R_2 + R_3}}} = \frac{\frac{R_2 \cdot R_3}{R_3}}{R_2 + R_3} = \frac{R_2}{R_2 + R_3} \tag{14.4-1}$$

Übertragungsverhältnis $\frac{I_3}{I_2}$:

An der Parallelschaltung ($R_2 \parallel R_3$) liegt die Spannung U_3 an; hieraus folgt sofort:

$$\frac{I_3}{I_2} = \frac{\frac{U_3}{R_3}}{\frac{U_3}{R_2}} = \frac{R_2}{R_3} \tag{14.4-2}$$

Übertragungsverhältnis $\frac{I_3}{U_q}$:

Mit Gleichung (14.4-0) und $U_3 = I_3 \cdot R_3$ erhält man:

$$\frac{I_3 \cdot R_3}{U_q} = \frac{R_2 \cdot R_3}{R_1 \cdot R_2 + R_1 \cdot R_3 + R_2 \cdot R_3} \Rightarrow \frac{I_3}{U_q} = \frac{R_2}{R_1 \cdot R_2 + R_1 \cdot R_3 + R_2 \cdot R_3} \tag{14.4-3}$$

14.4.2

Nach Umzeichnen der Schaltung erkennt man die Schaltungsstruktur:

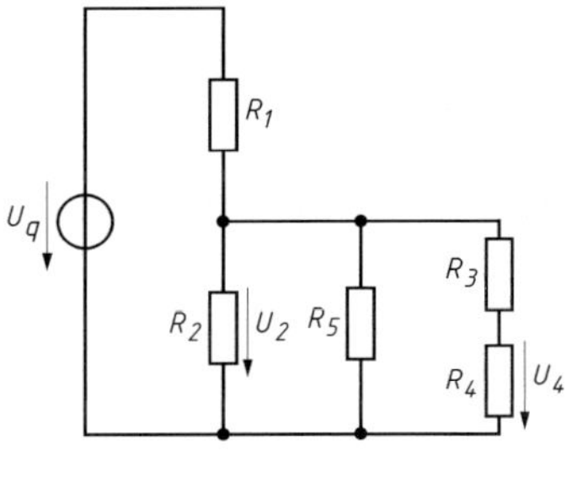

$$\frac{U_2}{U_q} = \frac{(R_2 \parallel R_5) \parallel (R_3 \parallel R_4)}{R_1 + \left[(R_2 \parallel R_5) \parallel (R_3 \parallel R_4)\right]},$$

$R_{25} = (R_2 \parallel R_5) = 50\,\Omega$, $R_{34} = (R_3 + R_4) = 200\,\Omega$

$$\frac{U_2}{U_q} = \frac{\frac{R_{25} \cdot R_{34}}{R_{25} + R_{34}}}{R_1 + \frac{R_{25} \cdot R_{34}}{R_{25} + R_{34}}} = \frac{\frac{50\,\Omega \cdot 200\,\Omega}{50\,\Omega + 200\,\Omega}}{10\,\Omega + 40\,\Omega} = 0{,}8$$

$$\frac{U_4}{U_q} = \frac{U_4}{U_2} \cdot \frac{U_2}{U_q} = \frac{R_4}{R_3 + R_4} \cdot 0{,}8 = \frac{1}{2} \cdot 0{,}8 = 0{,}4 \quad \Rightarrow$$

$U_4 = 10\,\text{V} \cdot 0{,}4 = 4\,\text{V}$, $I_4 = 40\,\text{mA}$

14.4.3

$$\frac{U_7}{U_q} = \frac{U_2}{U_q} \cdot \frac{U_{45}}{U_2} \cdot \frac{U_7}{U_2}$$

$$\frac{U_2}{U_q} = \frac{\{R_2 \| [R_3 + (R_4 + R_5) \| (R_6 + R_7)]\}}{R_1 + \{R_2 \| [R_3 + (R_4 + R_5) \| (R_6 + R_7)]\}}$$

Zahlenwerte:

$(R_4 + R_5) \,\|\, (R_6 + R_7) = 50\,\Omega$

$\{R_2 \,\|\, [R_3 + (R_4 + R_5) \,\|\, (R_6 + R_7)]\} = \{100\,\Omega \,\|\, 100\,\Omega\} = 50\,\Omega$

Daraus folgt:

$$\frac{U_2}{U_q} = \frac{50\,\Omega}{150\,\Omega} = \frac{1}{3} \qquad (1)$$

$$\frac{U_{45}}{U_2} = \frac{[(R_4 + R_5) \,\|\, (R_6 + R_7)]}{R_3 + [(R_4 + R_5) \,\|\, (R_6 + R_7)]} = \frac{50\,\Omega}{100\,\Omega} = \frac{1}{2} \qquad (2)$$

$$\frac{U_7}{U_{45}} = \frac{R_7}{R_6 + R_7} = \frac{50\,\Omega}{100\,\Omega} = \frac{1}{2} \qquad (3)$$

$$\frac{U_7}{U_q} = \frac{1}{3} \cdot \frac{1}{2} \cdot \frac{1}{2} = \frac{1}{12} \Rightarrow U_7 = \frac{1}{12} \cdot 25\,\text{V} = 2{,}083\,\text{V}\,;\; I_7 = \frac{U_7}{R_7} = 41{,}7\,\text{mA}$$

Aus (3): $U_{45} = 2 \cdot U_7 = 4{,}1\overline{6}\,\text{V}$

$$\frac{U_5}{U_{45}} = \frac{R_5}{R_4 + R_5} = \frac{1}{2} \Rightarrow U_5 = \frac{1}{2} \cdot U_{45} \Rightarrow U_5 = U_7$$

(Dies hätte man auch direkt aus dem symmetrischen Aufbau der beiden Spannungsteiler R_4 und R_5 sowie R_6 und R_7 schließen können.)

Aus (2) oder (1): $U_2 = 2 \cdot U_{45} = \frac{1}{3} \cdot U_q \Rightarrow U_2 = 8{,}\overline{3}\,\text{V}$

14.4.4

$$\frac{U_4}{U_q} = \frac{U_4}{U_2} \cdot \frac{U_2}{U_0} = \frac{R_4}{R_3 + R_4} \cdot \frac{R_2 \,\|\, (R_3 + R_4)}{R_1 + ((R_2 \,\|\, (R_3 + R_4))}$$

$$\frac{U_4}{U_q} = \frac{R_4}{R_3 + R_4} \cdot \frac{\dfrac{R_2 \cdot (R_3 + R_4)}{R_2 + R_3 + R_4}}{R_1 + \dfrac{R_2 (R_3 + R_4)}{R_2 + R_3 + R_4}} = \frac{R_2 \cdot R_4}{R_1 (R_2 + R_3 + R_4) + R_2 (R_3 + R_4)}$$

14.4.5

$$\frac{U_6}{U_q} = \frac{U_2}{U_q} \cdot \frac{U_6}{U_2}\,;\; \frac{U_4}{U_2} = \frac{R_4}{R_3 + R_4 + (R_5 \,\|\, R_6)}\,;\; \frac{U_2}{U_q} = \frac{\{R_2 \| [R_3 + R_4 + (R_5 \| R_6)]\}}{R_1 + \{R_2 \| [R_3 + R_4 + (R_5 + R_6)]\}}$$

Zahlenwerte:

$R_3 + R_4 + (R_5 \,\|\, R_6) = 280\,\Omega + 110\,\Omega \;= 390\,\Omega \;= R_{3-6}$

$R_2 \,\|\, R_{3-6} \;= (470\,\Omega \,\|\, 390\,\Omega) \;= 213{,}14\,\Omega \;= R_{2-6}$

$R_1 + R_{2-6} \;= 22\,\Omega + 213\,\Omega \;= 235\,\Omega \;= R_{1-6}$

$$\frac{U_2}{U_q} = \frac{213\,\Omega}{235\,\Omega} = 0{,}91 \Rightarrow U_2 = 48\,\text{V} \cdot 0{,}91 \Rightarrow U_2 = 43{,}5\,\text{V}$$

$$\frac{U_6}{U_q} = \frac{(R_5 \| R_6)}{R_3 + R_4 + (R_5 \| R_6)} = \frac{110\,\Omega}{390\,\Omega} = 0{,}282 \Rightarrow U_6 = 12{,}27\,\text{V}$$

$$\frac{U_4}{U_6} = \frac{R_4}{R_5 \,\|\, R_6} = \frac{180\,\Omega}{110\,\Omega} = 1{,}64 \Rightarrow U_4 = 20\,\text{V} \;\; I_6 = \frac{U_6}{R_6} \Rightarrow I_6 = 55{,}77\,\text{mA}$$

14.4.6

Zur besseren Übersicht soll die Schaltung ein wenig umgezeichnet werden, sodass die Grundstruktur in Übereinstimmung mit Bild 14.4.6 besser zu erkennen ist:

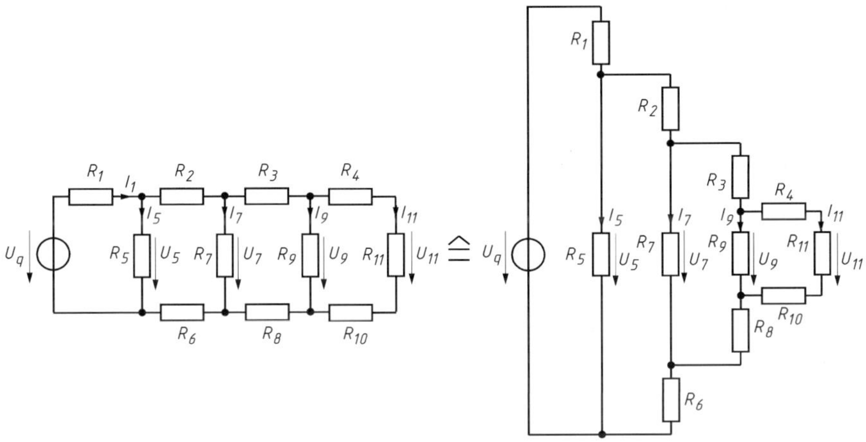

Hier gilt:

$$\frac{U_{11}}{U_q} = \frac{U_{11}}{U_9} \cdot \frac{U_9}{U_7} \cdot \frac{U_7}{U_5} \cdot \frac{U_5}{U_q}$$

$$\frac{U_{11}}{U_9} = \frac{R_{11}}{R_4 + R_{10} + R_{11}} = \frac{100\,\Omega}{300\,\Omega} = \frac{1}{3}$$

$$\frac{U_9}{U_7} = \frac{R_9 \parallel (R_4 + R_{10} + R_{11})}{R_3 + R_8 + [R_9 \parallel (R_4 + R_{10} + R_{11})]} = \frac{75\,\Omega}{200\,\Omega + 75\,\Omega} = 0,\overline{27} = \frac{R_{\text{Zähler 1}}}{R_{\text{Nenner 1}}} = \frac{R_{\text{Z1}}}{R_{\text{N1}}}$$

$$\frac{U_7}{U_5} = \frac{(R_7 \parallel R_{\text{N1}})}{R_2 + R_6 + (R_7 \parallel R_{\text{N1}})} = \frac{R_{\text{Z2}}}{R_{\text{N2}}} = \frac{73{,}3\,\Omega}{273{,}3\,\Omega} = 0{,}268$$

$$\frac{U_5}{U_q} = \frac{(R_5 \| R_{\text{N2}})}{R_1 + (R_5 \| R_{\text{N2}})} = \frac{R_{\text{Z3}}}{R_{\text{N3}}} = \frac{73{,}2\,\Omega}{173{,}2\,\Omega} = 0{,}423$$

$$\frac{U_{11}}{U_q} = \frac{1}{3} \cdot 0,\overline{27} \cdot 0,268 \cdot 0,423 = 0,0103 \quad \Rightarrow$$

$U_{11} = 0{,}0103 \cdot U_0 = 0{,}371\ \text{V} \Rightarrow I_{11} = 3{,}71\ \text{mA}$

$U_9 = 3 \cdot U_{11} = 1{,}1\ \text{V} \qquad \Rightarrow I_9 = 11{,}1\ \text{mA}$

$U_7 = \dfrac{U_9}{0,\overline{27}} = 4{,}08\ \text{V} \qquad \Rightarrow I_7 = 40{,}8\ \text{mA}$

$U_5 = \dfrac{U_7}{0{,}268} = 15{,}22\ \text{V} \qquad \Rightarrow I_5 = 152{,}2\ \text{mA}$

$I_1 = \dfrac{U_q}{R_{\text{N3}}} = \dfrac{36\ \text{V}}{173{,}2\,\Omega} \qquad \Rightarrow I_1 = 207{,}8\ \text{mA}$

14.4.7

a) $\dfrac{U_6}{U_0}=\dfrac{U_6}{U_4}\cdot\dfrac{U_4}{U_2}\cdot\dfrac{U_2}{U_0},$

$$\frac{U_6}{U_4}=\frac{R_6}{R_5+R_6},\quad \frac{U_4}{U_2}=\frac{R_4\,||\,(R_5+R_6)}{R_3+(R_4\,||\,(R_5+R_6))}\Rightarrow\frac{U_4}{U_2}=\frac{\dfrac{R_4(R_5+R_6)}{R_4+R_5+R_6}}{R_3+\dfrac{R_4(R_5+R_6)}{R_4+R_5+R_6}}$$

$$\frac{U_2}{U_0}=\frac{R_2\,||\left[R_3+\dfrac{R_4(R_5+R_6)}{R_4+R_5+R_6}\right]}{R_1+\left(R_2\,||\left[R_3+\dfrac{R_4(R_5+R_6)}{R_4+R_5+R_6}\right]\right)}=\frac{\dfrac{R_2\left[R_3+\dfrac{R_4(R_5+R_6)}{R_4+R_5+R_6}\right]}{R_2+R_3+\dfrac{R_4(R_5+R_6)}{R_4+R_5+R_6}}}{R_1+\dfrac{R_2\left[R_3+\dfrac{R_4(R_5+R_6)}{R_4+R_5+R_6}\right]}{R_2+R_3+\dfrac{R_4(R_5+R_6)}{R_4+R_5+R_6}}}$$

$$\frac{U_6}{U_0}=\frac{R_6}{(\cancel{R_5+R_6})}\cdot\frac{\dfrac{R_4(\cancel{R_5+R_6})}{R_4+R_5+R_6}}{\left[R_3+\cancel{\dfrac{R_4(R_5+R_6)}{R_4+R_5+R_6}}\right]}\cdot\frac{\dfrac{R_2\left[R_3+\cancel{\dfrac{R_4(R_5+R_6)}{R_4+R_5+R_6}}\right]}{R_2+R_3+\dfrac{R_4(R_5+R_6)}{R_4+R_5+R_6}}}{R_1+\dfrac{R_2\left[R_3+\dfrac{R_4(R_5+R_6)}{R_4+R_5+R_6}\right]}{R_2+R_3+\dfrac{R_4(R_5+R_6)}{R_4+R_5+R_6}}}$$

$$\frac{U_6}{U_0}=\frac{R_2\cdot R_4\cdot R_6}{(R_4+R_5+R_6)\left[R_2+R_3+\dfrac{R_4(R_5+R_6)}{R_4+R_5+R_6}\right]\left[R_1+\dfrac{R_2\left[R_3+\dfrac{R_4(R_5+R_6)}{R_4+R_5+R_6}\right]}{R_2+R_3+\dfrac{R_4(R_5+R_6)}{R_4+R_5+R_6}}\right]}$$

$$=\frac{R_2\cdot R_4\cdot R_6}{R_1\left[(R_2+R_3)(R_4+R_5+R_6)+R_4(R_5+R_6)\right]+R_2\left[R_3(R_4+R_5+R_6)+R_4(R_5+R_6)\right]}$$

b) $$\frac{U_6}{U_0}=\frac{R^3}{R[2R\cdot 3R+R\cdot 2R]+R[R\cdot 3R+R\cdot 2R]}=\frac{1}{13}$$

$$\frac{U_4}{U_0}=\frac{U_4}{U_2}\cdot\frac{U_2}{U_0}=\frac{R\cdot 2R}{R\cdot 3R+R\cdot 2R}\cdot\frac{\dfrac{R\left[R+\dfrac{R\cdot 2R}{3R}\right]}{R+R+\dfrac{R\cdot 2R}{3R}}}{R+\dfrac{R\left[R+\dfrac{R\cdot 2R}{3R}\right]}{R+R+\dfrac{R\cdot 2R}{3R}}}$$

$$\frac{U_4}{U_0}=\frac{2}{5}\cdot\frac{\dfrac{5}{3}}{\dfrac{13}{3}}=\frac{2}{13}\qquad\qquad \frac{U_2}{U_0}=\frac{\dfrac{5}{3}}{\dfrac{13}{3}}=\frac{5}{13}$$

14.4.8

Nach Zusammenfassen der beiden Widerstände R_3 und R_4 zu R_{34} ergibt sich die „klassische“ Spannungsteilerschaltung, für die die Gleichungen (14.4-0) bis (14.4-3) in angepasster Form gelten.

Hier soll aber zu Übungungszwecken nochmals deren schnelle Herleitung gezeigt werden:
An den Widerständen R_2, R_3 und R_4 liegt die gleiche Spannung U_2 mit:
$U_2 \cdot G_2 = I_2$, $U_2 \cdot G_3 = I_3$, $U_2 \cdot G_4 = I_4$.

Aus der Knotenregel $I_q = I_1 = I_2 + I_3 + I_4$ ($I_1 \mathrel{\hat{=}}$ Strom durch R_1) und $I_2 = U_2 \cdot G_2$ folgt:

$$\frac{I_2}{I_q} = \frac{U_2 \cdot G_2}{U_2(G_2 + G_3 + G_4)} = \frac{\frac{1}{R_2}}{\frac{1}{R_2} + \frac{1}{R_3} + \frac{1}{R_4}} = \frac{\frac{1}{R_2}}{\frac{R_3R_4 + R_2R_4 + R_2R_3}{R_2R_3R_4}} = \frac{R_3R_4}{R_2R_3 + R_2R_4 + R_3R_4}$$

Beachte:
Ein Innenleitwert G_i der Stromquelle und der Vorwiderstand R_1 gehen bei gegebener Stromquellenschaltung in diese Gleichung **nicht** ein!

Zahlenwerte:

$$I_2 = I_q \cdot \frac{470 \cdot 560\,\Omega^2}{(390 \cdot 470 + 390 \cdot 560 + 470 \cdot 560)\,\Omega^2} = 100\text{ mA} \cdot \frac{263200}{664900} = 39{,}58\text{ mA} \quad \Rightarrow U_2 = I_2 \cdot R_2 = 15{,}44\text{ V}$$

Aus $\frac{U_2}{R_3} = I_3$ und $\frac{U_2}{R_4} = I_4$ erhält man auch schnell die Werte der anderen Ströme: $I_3 = 32{,}8\text{ mA}$, $I_4 = 27{,}6\text{ mA}$

(Probe: $I_q = I_2 + I_3 + I_4 = I_1 = 100\text{mA!}$)

Anmerkung:
Ist statt der Stromquelle eine Spannungsquelle mit Innenwiderstand R_i in Serie zu R_1 gegeben, gilt die modifizierte Gleichung (14.4-4).

14.4.9

Diese Aufgabe unterscheidet sich nur unwesentlich von Aufgabe 14.4.8; nur ist hier statt einer Strom- eine Spannungsquelle vorgegeben. Zu Übungszwecken soll nochmals die Stromteilerregel abgeleitet werden. Selbstverständlich hätte man genauso gut Gleichung (14.4-3) nach Modifizierung ansetzen können.
Außerdem sei zur Demonstration gezeigt, dass man mit Leitwerten – obwohl oft ungewohnt – natürlich ebenso einfach wie mit Widerständen rechnen kann:

$$I_2 = U_2 \cdot G_2\,,\ I_3 = I_4 = U_2 \cdot \frac{G_3 \cdot G_4}{G_3 + G_4} = U_2 \cdot \frac{1}{R_3 + R_4} = U_2 \cdot G_{34}\,,\ I_5 = U_2 \cdot G_5\,,\ I_1 = I_2 + I_3 + I_5 = U_2(G_2 + G_{34} + G_5)$$

$$\frac{I_4}{I_1} = \frac{U_2 \cdot G_{34}}{U_2(G_2 + G_{34} + G_5)}$$

Zahlenwerte:

$$\frac{I_4}{I_1} = \frac{\frac{1}{200}\text{S}}{\frac{5}{200}\text{S}} = \frac{1}{5} \Rightarrow I_4 = \frac{1}{5} I_1\,; \quad \text{mit } I_1 = \frac{U_q}{R_{Ges}} \text{ und } R_{Ges} = R_1 + \frac{1}{G_2 + G_{34} + G_5} = 10\,\Omega + 40\,\Omega = 50\,\Omega \text{ folgt:}$$

$$I_4 = \frac{1}{5} \cdot \frac{10\text{ V}}{50\,\Omega} = 40\text{ mA} \quad (\text{vgl. } 14.4.2!)$$

14.4.10

Der Reiz dieser Aufgabenlösung liegt in der hier vorteilhaften Benutzung von Leitwerten:

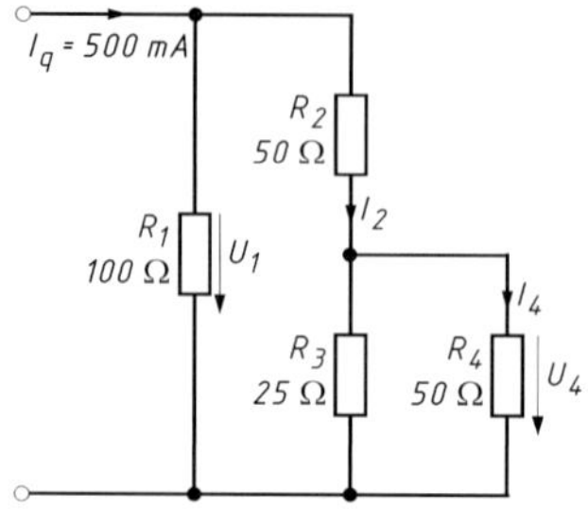

$$I_2 = U_4(G_3 + G_4)\ ;\ I_4 = U_4 \cdot G_4 \ \Rightarrow\ \frac{I_4}{I_2} = \frac{G_4}{G_3 + G_4}$$

$$I_2 = U_1 \cdot \frac{G_2(G_3 + G_4)}{G_2 + G_3 + G_4}$$

$$I_q = U_1 \cdot \left(G_1 + \frac{G_2(G_3 + G_4)}{G_2 + G_3 + G_4} \right)$$

$$\frac{I_2}{I_q} = \frac{\dfrac{G_2(G_3 + G_4)}{G_2 + G_3 + G_4}}{G_1 + \dfrac{G_2(G_3 + G_4)}{G_2 + G_3 + G_4}} = \frac{G_2(G_3 + G_4)}{G_1(G_2 + G_3 + G_4) + G_2(G_3 + G_4)}$$

$$\frac{I_4}{I_q} = \frac{I_4}{I_2} \cdot \frac{I_2}{I_q} = \frac{G_4}{G_3 + G_4} \cdot \frac{G_2(G_3 + G_4)}{G_1(G_2 + G_3 + G_4) + G_2(G_3 + G_4)} \Rightarrow \frac{G_2 \cdot G_4}{G_1(G_2 + G_3 + G_4) + G_2(G_3 + G_4)} \quad \Rightarrow$$

Zahlenwerte:

$$\frac{I_4}{I_q} = \frac{\frac{1}{50}\,\text{S} \cdot \frac{1}{50}\,\text{S}}{\frac{1}{100}\,\text{S} \cdot \left(\frac{1}{50}\,\text{S} + \frac{1}{25}\,\text{S} + \frac{1}{50}\,\text{S}\right) + \frac{1}{50}\,\text{S} \cdot \left(\frac{1}{25}\,\text{S} + \frac{1}{50}\,\text{S}\right)} = 0{,}2 \quad \Rightarrow I_4 = 0{,}2 \cdot I_q = 0{,}2 \cdot 500\,\text{mA} = 100\,\text{mA}$$

14.4.11

Für die Reihenschaltung aus (R_4 und R_5) und (R_6 und R_7) gilt:

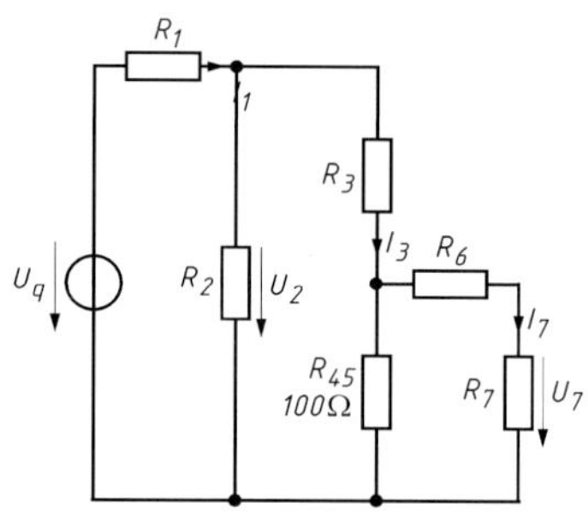

$$R_{45} = \frac{1}{G_{45}},\ G_{45} = \frac{1}{R_4 + R_5} = \frac{1}{100}\,\text{S},$$

$$G_{67} = \frac{1}{R_6 + R_7} = \frac{1}{100}\,\text{S}$$

Somit:

$$\frac{I_7}{I_3} = \frac{G_{67}}{G_{45} + G_{67}} = \frac{\frac{1}{100}\,\text{S}}{\frac{2}{100}\,\text{S}} = \frac{1}{2}$$

Wenn G_{37} der Leitwert der Schaltung aus R_3 bis R_7 und G_{27} der Leitwert der Schaltung aus R_2 bis R_7 ist, erhält man:

$$G_{37} = \frac{1}{R_3 + \dfrac{1}{G_{45} + G_{67}}} = \frac{1}{50\,\Omega + \dfrac{1}{\frac{2}{100}\,\text{S}}} = \frac{1}{100}\,\text{S}\ ; \qquad G_{27} = \frac{1}{R_2} + G_{37} = \frac{1}{100}\,\text{S} + \frac{1}{100}\,\text{S} = \frac{1}{50}\,\text{S}\ ;$$

$$\frac{I_3}{I_1} = \frac{G_{37}}{G_{27}} = \frac{\frac{1}{100}\,\text{S}}{\frac{1}{50}\,\text{S}} = \frac{1}{2} \ \Rightarrow\ \frac{I_7}{I_1} = \frac{I_7}{I_3} \cdot \frac{I_3}{I_1} = \frac{1}{2} \cdot \frac{1}{2} = \frac{1}{4}$$

Außerdem gilt:

$$I_1 = \frac{U_q}{R_G}\ ;$$

R_G als Gesamtschaltungswiderstand: $R_G = R_1 + \dfrac{1}{G_{27}} = 100\,\Omega + 50\,\Omega = 150\,\Omega \ \Rightarrow$

$$\frac{I_7}{\dfrac{U_q}{R_G}} = \frac{1}{4} \quad \Rightarrow \quad I_7 = \frac{1}{4} \cdot \frac{U_q}{R_G} = \frac{1}{4} \cdot \frac{25\text{V}}{150\Omega} = 41{,}7\text{mA}$$

$U_7 = I_7 \cdot R_7 = 2{,}083$ V (vgl. 14.4.3)

14.4.12

Das Netzwerk wird z.B. vom „hintersten“ Element R_7 her aufgerollt und dabei zweckmäßig zusammengefasst:

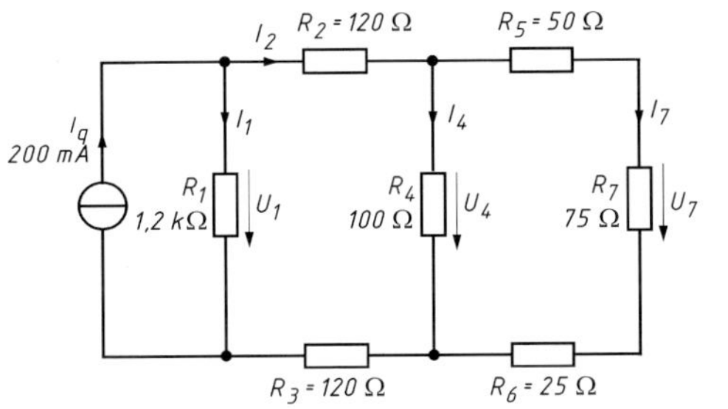

$$I_4 = U_4 \cdot G_4 \;,\; I_7 = U_4 \cdot G_{5-7} \;,\; G_{5-7} = \frac{1}{R_{5-7}} \;,$$

$$R_{5-7} = R_5 + R_6 + R_7 \;,\; R_{5-7} = 150\,\Omega \;,\; G_{5-7} = \frac{1}{150}\,\mathrm{S}$$

$$\Rightarrow \frac{I_7}{I_4} = \frac{U_4 \cdot G_{5-7}}{U_4 \cdot G_4} = \frac{\frac{1}{150}\,\mathrm{S}}{\frac{1}{100}\,\mathrm{S}} = \frac{2}{3}$$

$$G_{4-7} = \frac{1}{R_{4-7}} = G_4 + G_{5-7} = \frac{1}{R_4} + \frac{1}{R_5 + R_6 + R_7}$$
$$= \frac{1}{100}\,\mathrm{S} + \frac{1}{150}\,\mathrm{S} = \frac{5}{300}\,\mathrm{S} = \frac{1}{60}\,\mathrm{S}$$

$$R_{4-7} = 60\,\Omega$$

$$\frac{I_7}{I_2} = \frac{U_4 \cdot G_{5-7}}{U_4 \cdot G_{4-7}} = \frac{\frac{1}{150}\,\mathrm{S}}{\frac{1}{60}\,\mathrm{S}} = \frac{2}{5}$$

R_2 und R_3 bilden schaltungstechnisch eine Serienschaltung und können zusammengefasst werden:

$$R_{23} = R_2 + R_3 = 240\,\Omega$$

$$R_{2-7} = R_{23} + R_{4-7} = 240\,\Omega + 60\,\Omega = 300\,\Omega \quad \Rightarrow \quad G_{2-7} = \frac{1}{300}\,\mathrm{S}$$

$$\frac{I_1}{I_2} = \frac{U_1 \cdot G_1}{U_1 \cdot G_{2-7}} = \frac{\frac{1}{1200}\,\mathrm{S}}{\frac{1}{300}\,\mathrm{S}} = \frac{1}{4} \qquad G_{1-7} = G_1 + G_{2-7} = \frac{1}{1200}\,\mathrm{S} + \frac{1}{300}\,\mathrm{S} = \frac{5}{1200}\,\mathrm{S}$$

$$\frac{I_2}{I_q} = \frac{U_1 \cdot G_{2-7}}{U_1 \cdot G_{1-7}} = \frac{\frac{1}{300}\,\mathrm{S}}{\frac{5}{1200}\,\mathrm{S}} = \frac{4}{5}$$

$$I_2 = \frac{4}{5} I_q = 160\mathrm{mA};$$

$$I_1 = \frac{1}{4} I_2 = I_q - I_2 = 40\,\mathrm{mA}$$

$$I_7 = \frac{2}{5} I_2 = 64\,\mathrm{mA};$$

$$U_7 = 64\,\mathrm{mA} \cdot 75\,\Omega = 4{,}8\,\mathrm{V};$$

$$I_4 = \frac{3}{5} I_7 = 96\,\mathrm{mA}$$

14.5 Anwendung der Stern-Dreieck-Transformation zur Berechnung von Teilspannungen und -strömen

- Netzwerkvereinfachungen und -berechnungen

Lösungsansatz:

Manchmal lassen sich aufwendig aussehende Netzwerke oder Teile davon mit Hilfe der Stern-Dreiecktransformation auf einfache Grundschaltungen reduzieren, mit denen dann leichter die gesuchten Strom- bzw. Spannungswerte ermittelt werden können (vgl. dazu auch z.B. Kap. 14.4). Dies kann besonders vorteilhaft sein, wenn nur eine Spannungs- bzw. Stromgröße im Netzwerk gesucht ist.

Lösungsstrategie:

- Untersuchung des Netzwerkes auf mögliche Umformungen mit der Stern-Dreiecks-Transformation zur Schaltungsvereinfachung.
- Aufteilung der Gesamtschaltung in Stern- bzw. Dreieck-Teilschaltungen.
- Prüfen, ob sich mit der Äquivalenzschaltung eine Berechnungsvereinfachung ergibt.

Hinweis:

Typische, leicht zu vereinfachende Schaltungsteile sind z.B. die π-Schaltung (s. auch Abbildung zur Aufgabe 14.5.1: Schaltungsteil aus $R_2 - R_3 - R_4$) und in deren Abwandlung die Brückenschaltung (vgl. auch die Abbildung zur Aufgabe 14.5.5).

Für die Stern-Dreieck-Transformation gelten die nachfolgenden Umwandlungsregeln. Dabei können die hier dargestellten Einzelwiderstände auch komplexe Schaltungsteile sein.

Umwandlungsregeln für eine Stern- in eine Dreieckschaltung und umgekehrt:

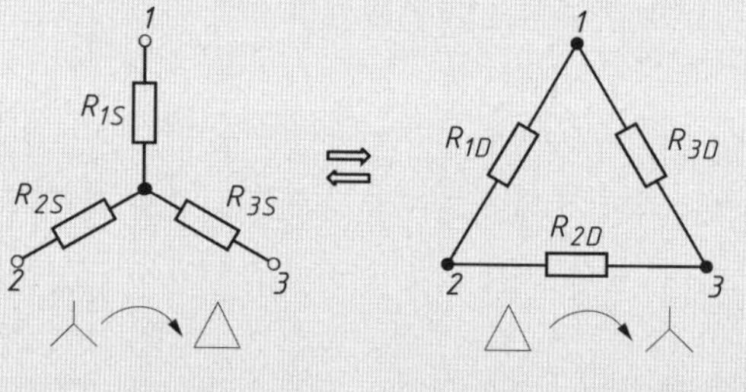

Allgemein:

Die Dreieckswiderstände R_D ergeben sich aus dem Querprodukt der Sternwiderstände R_S, dividiert durch den gegenüberliegenden Sternwiderstand:

$R_{1D} = \sum R_S / R_{3S}$

$R_{2D} = \sum R_S / R_{1S}$

$R_{3D} = \sum R_S / R_{2S}$

$\sum R_S = R_{1S} \cdot R_{2S} + R_{2S} \cdot R_{3S} + R_{1S} \cdot R_{3S}$

Die Sternwiderstände R_S ergeben sich aus dem Produkt der benachbarten Seitenwiderstände, dividiert durch die Summe der Dreieckswiderstände $\sum R_D$:

$R_{1S} = R_{1D} \cdot R_{3D} / \sum R_D$

$R_{2S} = R_{1D} \cdot R_{2D} / \sum R_D$

$R_{3S} = R_{2D} \cdot R_{3D} / \sum R_D$

$\sum R_D = R_{1D} + R_{2D} + R_{3D}$

14.5.1 Aufgaben

☞ *Die folgenden Aufgaben sollen vorzugsweise unter Benutzung der „Stern-Dreieck-Transformation" gelöst werden. Man beachte dabei, wann mit Vorteil diese Transformation eingesetzt und in welchen Fällen hiermit ein erhöhter Lösungsaufwand verbunden ist.*

❶ **14.5.1** Eine Spannungsquelle mit $U_q = 20$ V ist an eine Widerstandsschaltung angeschlossen. Alle Widerstände R_1 bis R_5 sollen einen Wert von 100 Ω haben.

Gesucht ist der Strom I_5.

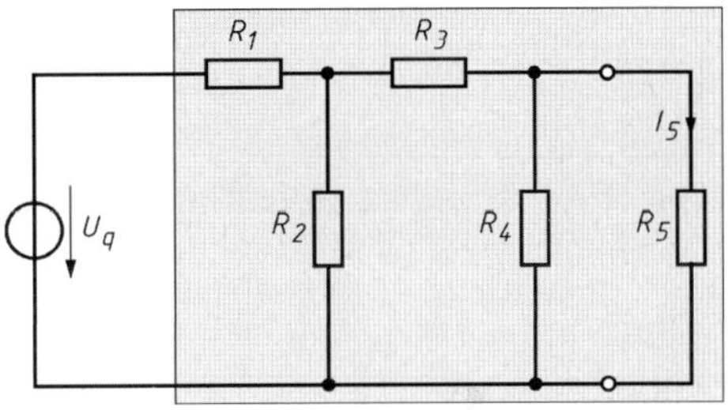

❷ **14.5.2** Eine variable Spannung U_q liegt an der ineinander geschachtelten Widerstandsschaltung.

a) Auf welchen Wert muss U_q eingestellt werden, damit $I_6 = 100$ mA wird?

b) Wie groß sind dann die Ströme I_4 und I_5?

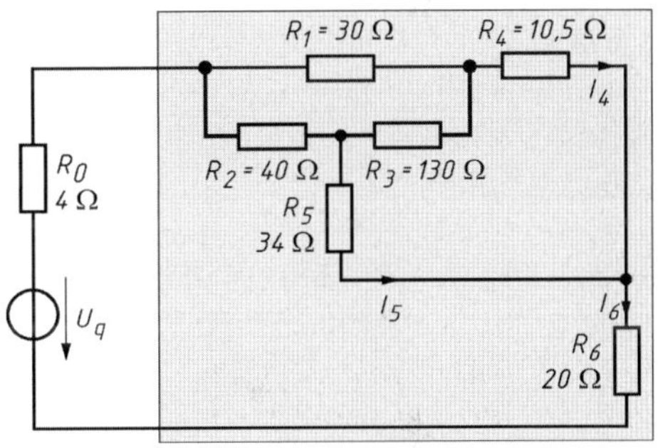

❷ **14.5.3** Die nebenstehende Schaltung weist mit der Widerstandskombination $R_2 - R_3 - R_4$ eine typische Dreiecks- bzw. mit R_3 – R_4 – R_6 die typische Stern-Konfiguration auf.

Vereinfachen Sie die Schaltung und bestimmen Sie den Strom I_6.

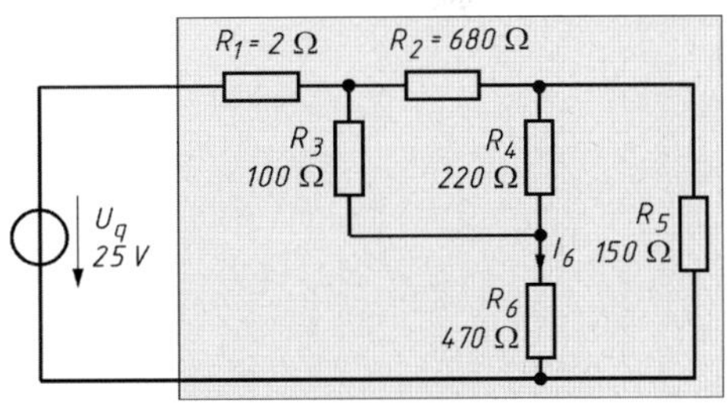

❷ **14.5.4** Für die Schaltung aus der Spannungsquelle U_q und angeschlossenem Widerstandsnetzwerk soll die Spannung U_5 ermittelt werden.

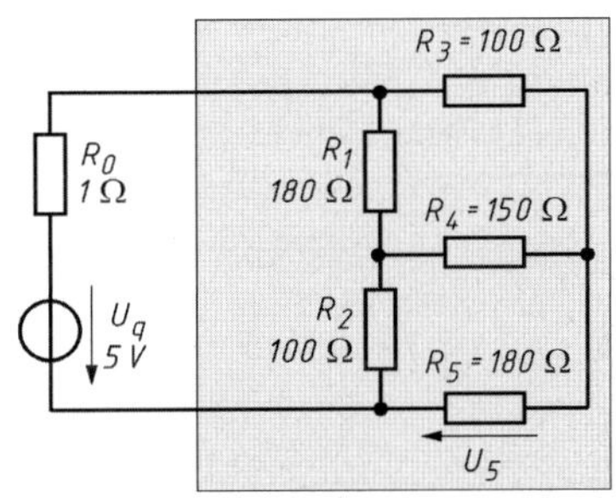

❷ **14.5.5** Die skizzierte DMS-Viertelbrücke wird bei mechanischer Belastung des DMS 1 = R_1 verstimmt. Der Wert von R_1 erhöht sich dabei um 0,5 Ω.

Der Brückenquerstrom I_5 soll durch Bestimmung von U_2 und U_3 und anschließender Ermittlung von U_5 berechnet werden.

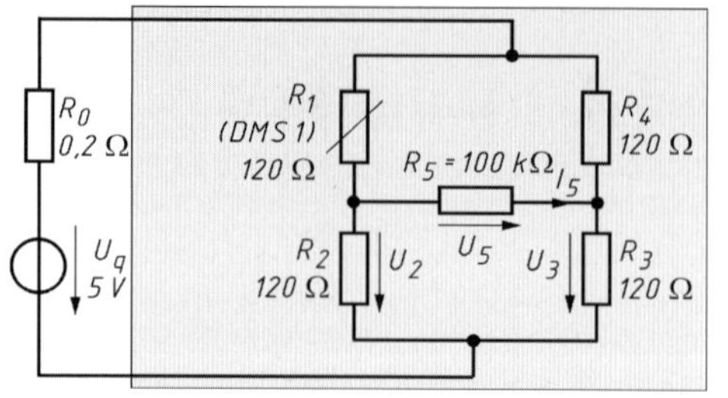

❷ **14.5.6** Man untersuche die vorliegende Schaltung zunächst auf vorhandene Stern-Dreieckschaltungen und versuche dann, sie durch Umformungen zu vereinfachen. Abschließend ermittle man die Spannung U_6.

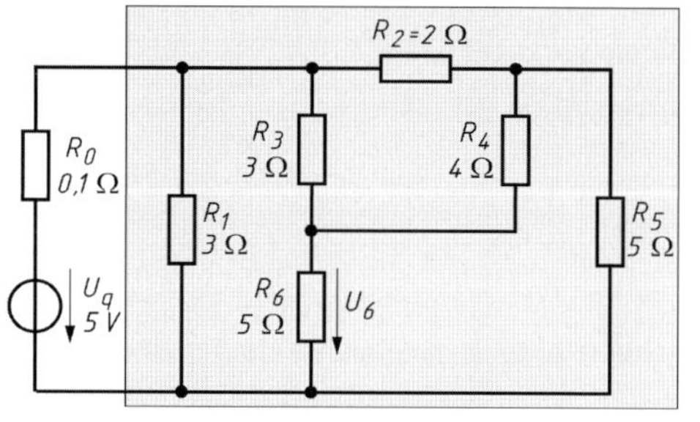

❸ **14.5.7** Für die gegebene Widerstandskaskade sollen die Spannung U_{10} an R_{10} sowie der Strom I_{10} bestimmt werden.

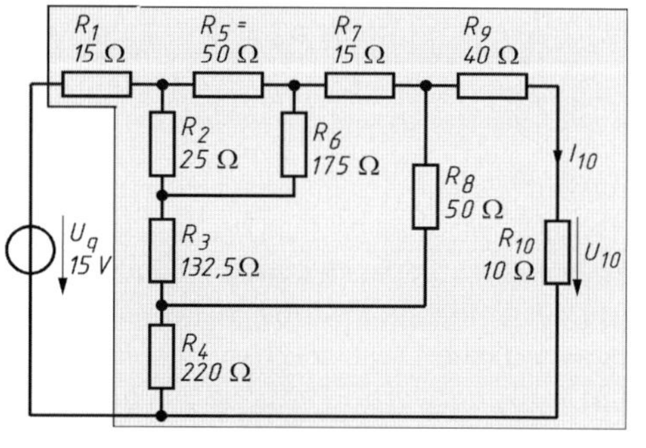

14.5.2 Lösungen

14.5.1

Die Umwandlung der Dreieck- in eine Sternschaltung führt zu nachfolgend abgebildeter Schaltungsstruktur:

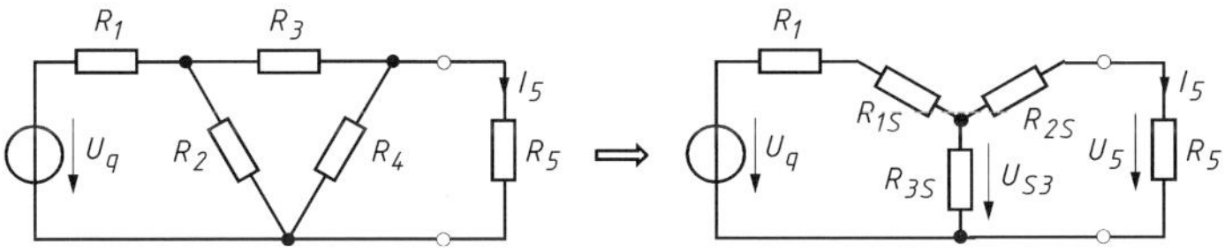

Hierbei ist

$$R_{1S} = \frac{R_2 \cdot R_3}{R_2 + R_3 + R_4} = \frac{100 \cdot 100}{300}\,\Omega = \frac{100}{3}\,\Omega = R_{2S} = R_{3S}$$

Unter Anwendung z.B. der Spannungsteilerregel folgt:

$$\frac{U_5}{U_q} = \frac{U_5}{U_{3S}} \cdot \frac{U_{3S}}{U_q} = \frac{R_5}{R_{2S} \cdot R_5} \cdot \frac{\dfrac{R_{3S}(R_{2S} + R_5)}{R_{3S} + R_{2S} + R_5}}{R_1 + R_{1S} + \dfrac{R_{3S}(R_{2S} + R_5)}{R_{3S} + R_{2S} + R_5}}$$

$$\frac{U_5}{U_q} = \frac{100}{\dfrac{100}{3} + 100} \cdot \frac{\dfrac{\dfrac{100}{3} \cdot \dfrac{400}{3}}{\dfrac{500}{3}}}{\dfrac{400}{3} + \dfrac{\dfrac{100}{3} \cdot \dfrac{400}{3}}{\dfrac{500}{3}}} = 0{,}75 \cdot \frac{26{,}\overline{6}}{160} = 0{,}125$$

$$U_5 = U_q \cdot 0{,}125 = 2{,}5\,\text{V} \quad \Rightarrow \quad I_5 = \frac{U_5}{R_5} = 25\,\text{mA}$$

14.5.2

Nachdem die obere Dreieckschaltung zur besseren Übersicht umgezeichnet wurde, kann man die Dreieck-Stern-Transformation anwenden:

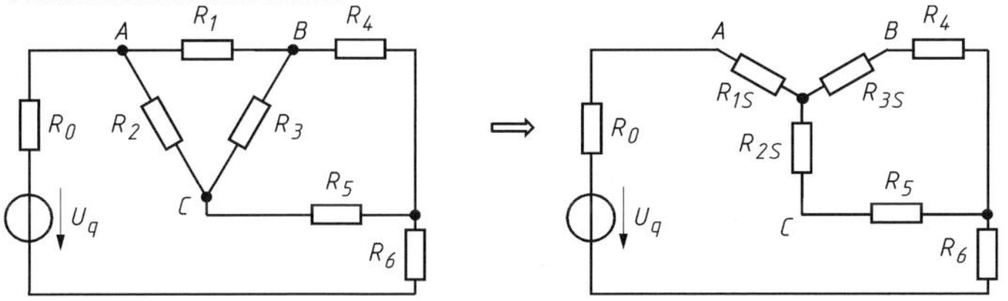

a) Für die Stern-Widerstände findet man:

$$R_{1S} = \frac{R_1 \cdot R_2}{R_1 + R_2 + R_3} = \frac{R_1 \cdot R_2}{\sum R_D} = \frac{1200\,\Omega^2}{200\,\Omega} = 6\,\Omega;$$

$$R_{2S} = \frac{R_2 \cdot R_3}{\sum R_D} = \frac{5200\,\Omega^2}{200\,\Omega} = 26\,\Omega; \quad R_{3S} = \frac{R_1 \cdot R_3}{\sum R_D} = \frac{3900\,\Omega^2}{200\,\Omega} = 19{,}5\,\Omega$$

Weiterhin sei hier genannt:

$R_{3S} + R_4 = R_a = 30\,\Omega$; $R_{2S} + R_5 = R_b = 60\,\Omega$

$U_q = I_6 \cdot (R_0 + R_{1S} + (R_a || R_b) + R_6)$

$R_a \,||\, R_b = \dfrac{30 \cdot 60\,\Omega^2}{90\,\Omega} = 20\,\Omega$;

Vorgabe: $I_6 = 100\text{ mA} \quad \Rightarrow U_q = 100\text{ mA} \cdot 50\,\Omega = 5\text{ V}$

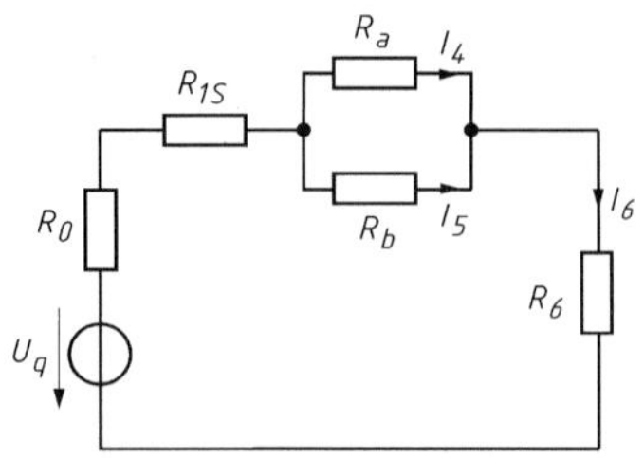

b) Der Gesamtstrom I_6 teilt sich in den beiden Widerständen R_a und R_b nach der Stromteilerregel auf:

$$\frac{I_4}{I_5} = \frac{G_a}{G_b} = \frac{R_b}{R_a} = 2 \Rightarrow I_5 = I_6 - I_4 = I_6 - 2I_5 \Rightarrow 3I_5 = I_6 = 100\text{ mA} \Rightarrow I_5 = \frac{1}{3} \cdot 100\text{ mA} = 33{,}\bar{3}\text{ mA}$$

$$\Rightarrow I_4 = \frac{2}{3} I_6 = 66{,}\bar{6}\text{ mA}$$

14.5.3

Die obere Dreieckschaltung aus $R_2 - R_3 - R_4$ (siehe Bild zu Aufgabe 14.5.3 und die untere Skizze) wird in eine Sternschaltung umgewandelt:

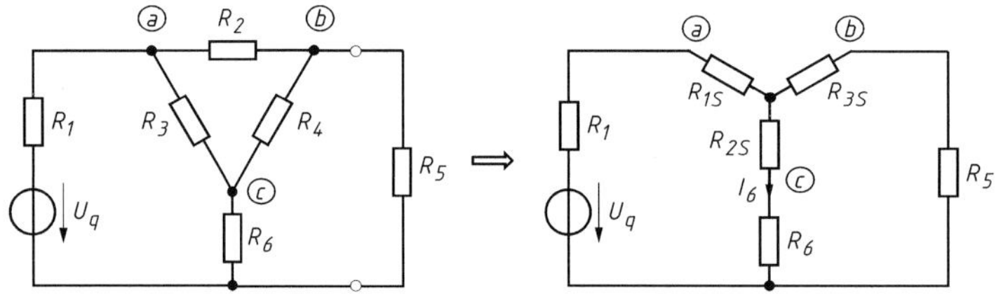

Für die Elemente der Sternschaltung erhält man:

$$R_{1S} = \frac{R_2 \cdot R_3}{R_2 + R_3 + R_4} = \frac{100 \cdot 680}{1000}\,\Omega = 68\,\Omega\text{ ; } \quad R_{2S} = \frac{R_3 \cdot R_4}{R_2 + R_3 + R_4} = \frac{100 \cdot 220}{1000}\,\Omega = 22\,\Omega$$

$$R_{3S} = \frac{R_2 \cdot R_4}{R_2 + R_3 + R_4} = \frac{680 \cdot 220}{1000}\,\Omega = 149{,}6\,\Omega \quad \Rightarrow \quad R_1 + R_{1S} = 70\,\Omega = R_V$$

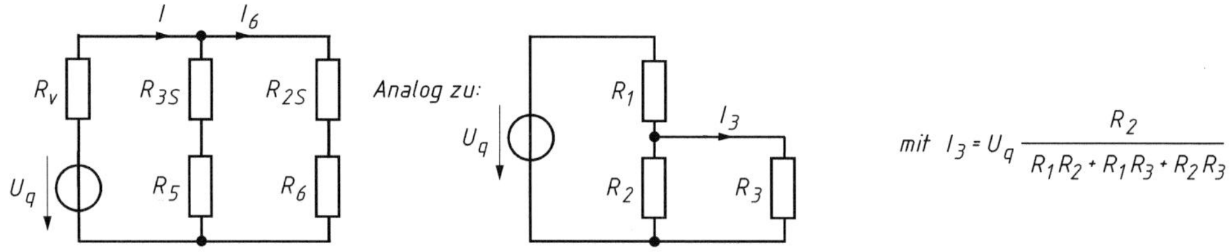

Somit erhält man für den Teilstrom I_6:

$$I_6 = U_q \cdot \frac{R_{3S} + R_5}{R_V \cdot (R_{3S} + R_5) + R_V (R_{2S} + R_6) + (R_{3S} + R_5)(R_{2S} + R_6)}$$

$$I_6 = U_q \cdot \frac{299{,}6\,\Omega}{70\,\Omega \cdot 299{,}6\,\Omega + 70\,\Omega \cdot 492\,\Omega + 299{,}6\,\Omega \cdot 492\,\Omega}$$

$$I_6 = U_q \cdot 1{,}477 \cdot 10^{-3}\text{ S} = 36{,}93\text{ mA}$$

14.5.4

Die in 14.5.3 gegebene Schaltung gehört zu dem „Gleichstrombrücken-Typ“, bei der die Dreieck-Stern-Transformation besonders schnell die Aufgabenlösung liefert:

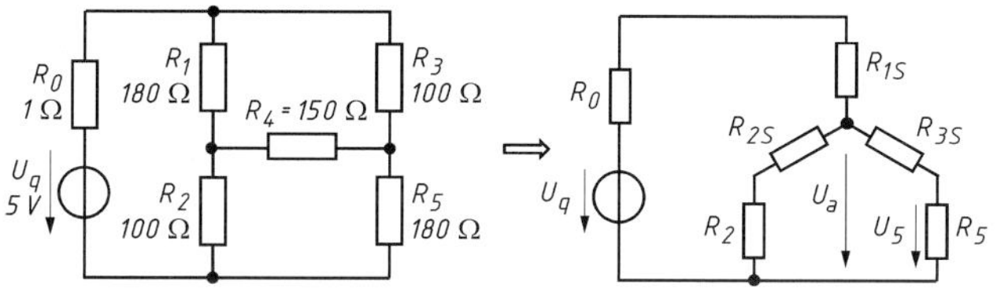

$$R_{1S} = \frac{R_1 \cdot R_3}{R_1 + R_3 + R_4} = \frac{180 \cdot 100}{430}\,\Omega = 41{,}86\,\Omega\,;$$

$$R_{2S} = \frac{R_1 \cdot R_4}{R_1 + R_3 + R_4} = \frac{180 \cdot 150}{430}\,\Omega = 62{,}79\,\Omega\,;$$

$$R_{3S} = \frac{R_3 \cdot R_4}{R_1 + R_3 + R_4} = \frac{100 \cdot 150}{430}\,\Omega = 34{,}88\,\Omega\,;$$

$$\frac{U_5}{U_\mathrm{q}} = \frac{U_5}{U_\mathrm{a}} \cdot \frac{U_\mathrm{a}}{U_\mathrm{q}} = \frac{R_5}{R_{3S} + R_5} \cdot \frac{\dfrac{(R_{2S} + R_2)(R_{3S} + R_5)}{R_{2S} + R_2 + R_{3S} + R_5}}{R_0 + R_{1S} + \dfrac{(R_{2S} + R_2)(R_{3S} + R_5)}{R_{2S} + R_2 + R_{3S} + R_5}} = \frac{180\,\Omega}{214{,}88\,\Omega} \cdot \frac{\dfrac{162{,}79\,\Omega \cdot 214{,}88\,\Omega}{162{,}79\,\Omega + 214{,}88\,\Omega}}{42{,}86\,\Omega + 92{,}62\,\Omega} = 0{,}5727$$

$$U_5 = U_\mathrm{q} \cdot 0{,}5727 = 2{,}86\ \mathrm{V}$$

14.5.5

Genau wie bei Aufgabe 14.5.4 formen wir die Schaltung um:

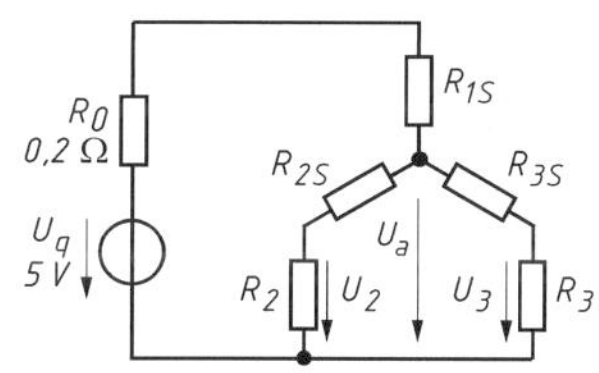

$$R_{1S} = \frac{R_1 \cdot R_4}{R_1 + R_4 + R_5} = \frac{120{,}5 \cdot 120}{100240{,}5}\,\Omega = 0{,}144\,\Omega\,;$$

$$R_{2S} = \frac{R_1 \cdot R_5}{R_1 + R_4 + R_5} = \frac{120{,}5 \cdot 10^5}{100240{,}5}\,\Omega = 120{,}21\,\Omega\,;$$

$$R_{3S} = \frac{R_4 \cdot R_5}{R_1 + R_4 + R_5} = \frac{120 \cdot 10^5}{100240{,}5}\,\Omega = 119{,}71\,\Omega\,;$$

Auch hier soll der Einfachheit halber wieder die Spannungsteilerregel angesetzt werden:

$$\frac{U_3}{U_\mathrm{q}} = \frac{U_3}{U_\mathrm{a}} \cdot \frac{U_\mathrm{a}}{U_\mathrm{q}} = \frac{R_3}{R_{3S} + R_3} \cdot \frac{\dfrac{(R_{2S} + R_2)(R_{3S} + R_3)}{R_{2S} + R_2 + R_{3S} + R_3}}{R_0 + R_{1S} + \dfrac{(R_{2S} + R_2)(R_{3S} + R_3)}{R_{2S} + R_2 + R_{3S} + R_3}} = \frac{120\,\Omega}{239{,}71\,\Omega} \cdot \frac{\dfrac{240{,}21\,\Omega \cdot 239{,}71\,\Omega}{240{,}21\,\Omega + 239{,}71\,\Omega}}{0{,}2\,\Omega + 0{,}144\,\Omega + 119{,}98\,\Omega} = 0{,}499$$

$U_2 = 0{,}499 \cdot 5\ \mathrm{V} = 2{,}496\ \mathrm{V}$

$$\frac{U_2}{U_\mathrm{q}} = \frac{U_2}{U_\mathrm{a}} \cdot \frac{U_\mathrm{a}}{U_\mathrm{q}} = \frac{R_2}{R_2 + R_{2S}} \cdot \frac{\dfrac{(R_{2S} + R_2)(R_{3S} + R_3)}{R_{2S} + R_2 + R_{3S} + R_3}}{R_0 + R_{1S} + \dfrac{(R_{2S} + R_2)(R_{3S} + R_3)}{R_{2S} + R_2 + R_{3S} + R_3}} = \frac{120\,\Omega}{240{,}21\,\Omega} \cdot \frac{119{,}98\,\Omega}{120{,}325\,\Omega} = 0{,}4996 \cdot 0{,}997 = 0{,}498$$

$U_2 = 0{,}498 \cdot 5\ \mathrm{V} = 2{,}491\ \mathrm{V}$

$U_5 = U_2 - U_3 = 2{,}491\ \mathrm{V} - 2{,}496\ \mathrm{V} = -\,5\ \mathrm{mV}$

$$I_5 = \frac{U_5}{R_5} = -\frac{5\ \mathrm{mV}}{100\ \mathrm{k\Omega}} = -5 \cdot 10^{-8}\ \mathrm{A} = -50\ \mathrm{nA}\quad (!)$$

Man erkennt, welche geringen Spannungen und Ströme bei solchen Dehnungsmessstreifenbrücken (DMS-Brücken) von den erforderlichen Verstärkerschaltungen mit der hinreichenden Messgenauigkeit zu verarbeiten sind.

Hinweis:
Das Minuszeichen vor dem Wert von I_5 deutet darauf hin, dass der tatsächliche Strom entgegen der ursprünglich angenommenen Stromrichtung von I_5 (siehe Bild 14.5.5) fließt.

14.5.6

Durch Umzeichnen erkennt man sofort die ineinander geschachtelte Stern- und Dreieckschaltung:

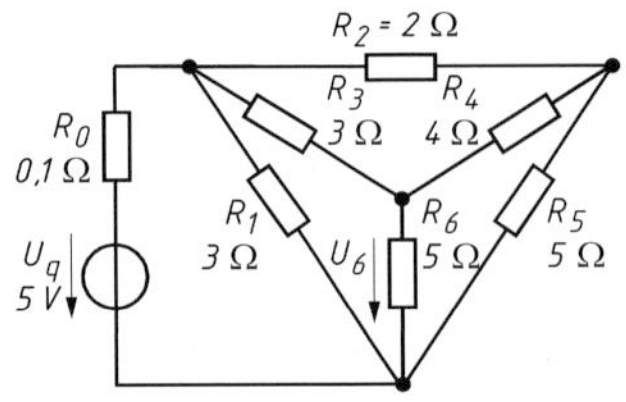

⇒

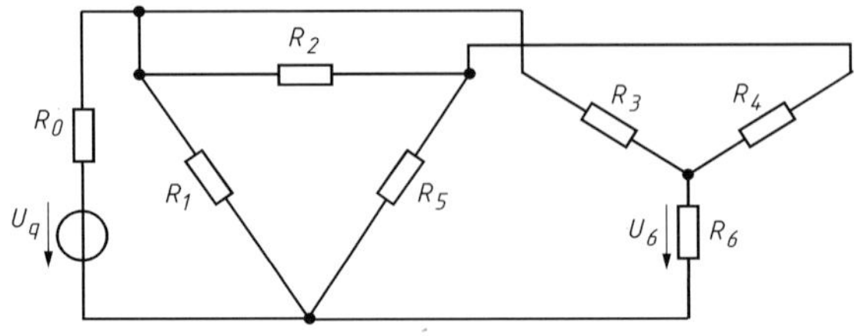

Die Umwandlung der Dreieck- in eine Sternschaltung liefert mit den Umwandlungsregeln:

$$R_{1S} = \frac{R_1 \cdot R_2}{R_1 + R_2 + R_5} = \frac{3\,\Omega \cdot 2\,\Omega}{10\,\Omega} = 0{,}6\,\Omega\,;$$

$$R_{2S} = \frac{R_2 \cdot R_5}{R_1 + R_2 + R_5} = \frac{2\,\Omega \cdot 5\,\Omega}{10\,\Omega} = 1\,\Omega\,;$$

$$R_{3S} = \frac{R_1 \cdot R_5}{R_1 + R_2 + R_5} = \frac{3\,\Omega \cdot 5\,\Omega}{10\,\Omega} = 1{,}5\,\Omega$$

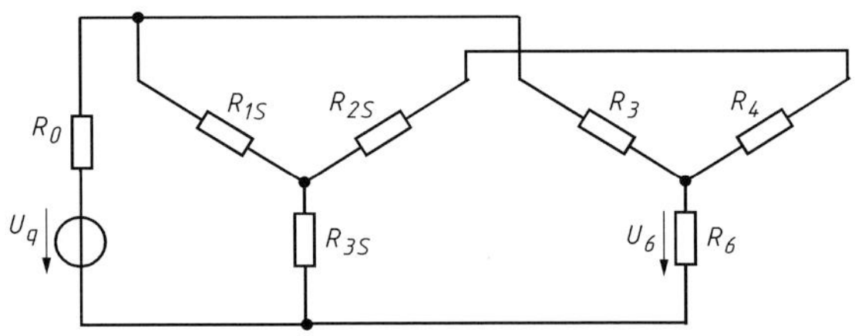

⇓

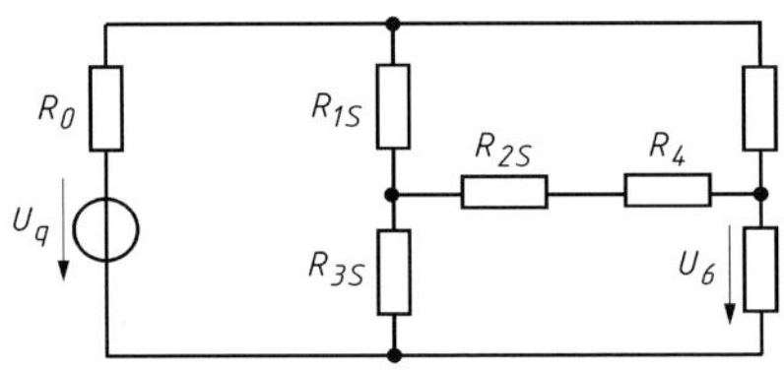

⇓

Weiterhin folgt bei nochmaliger Umwandlung der oberen Dreieckschaltung:

$$R_{4S} = \frac{R_{1S} \cdot R_3}{R_{1S} + R_3 + R_{2S} + R_4} = \frac{0{,}6\,\Omega \cdot 3\,\Omega}{8{,}6\,\Omega} = 0{,}209\,\Omega$$

$$R_{5S} = \frac{R_{1S}(R_{2S} + R_4)}{R_{1S} + R_{2S} + R_3 + R_4} = 0{,}349\,\Omega$$

$$R_{6S} = \frac{(R_{2S} + R_4) \cdot R_3}{R_{1S} + R_{2S} + R_3 + R_4} = 1{,}744\,\Omega$$

$$\frac{U_6}{U_q} = \frac{U_6}{U_a} \cdot \frac{U_a}{U_q} =$$

$$\frac{R_6}{R_{6S} + R_6} \cdot \frac{\dfrac{(R_{3S} + R_{5S})(R_6 + R_{6S})}{R_{3S} + R_{5S} + R_6 + R_{6S}}}{R_0 + R_{4S} + \dfrac{(R_{3S} + R_{5S})(R_6 + R_{6S})}{R_{3S} + R_{5S} + R_6 + R_{6S}}} = 0{,}61$$

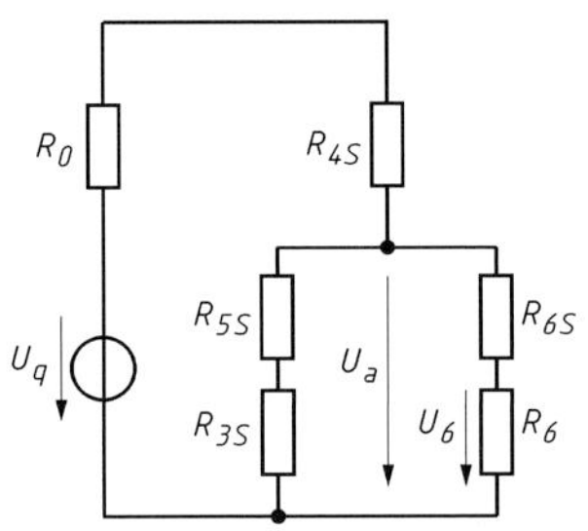

$$U_6 = 0{,}61 \cdot 5\,\text{V} = 3{,}05\,\text{V}$$

14.5.7

Umzeichnen der Schaltung:

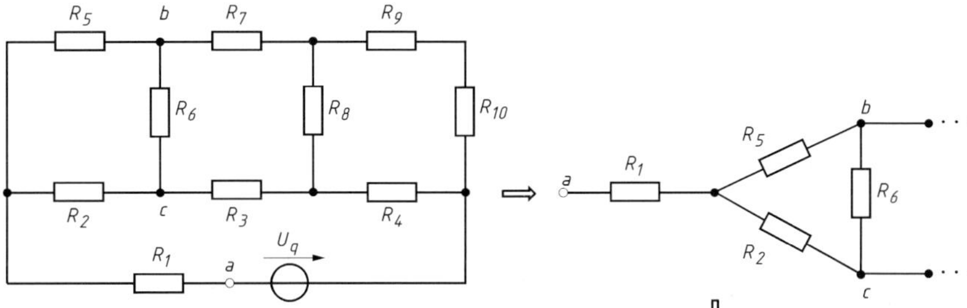

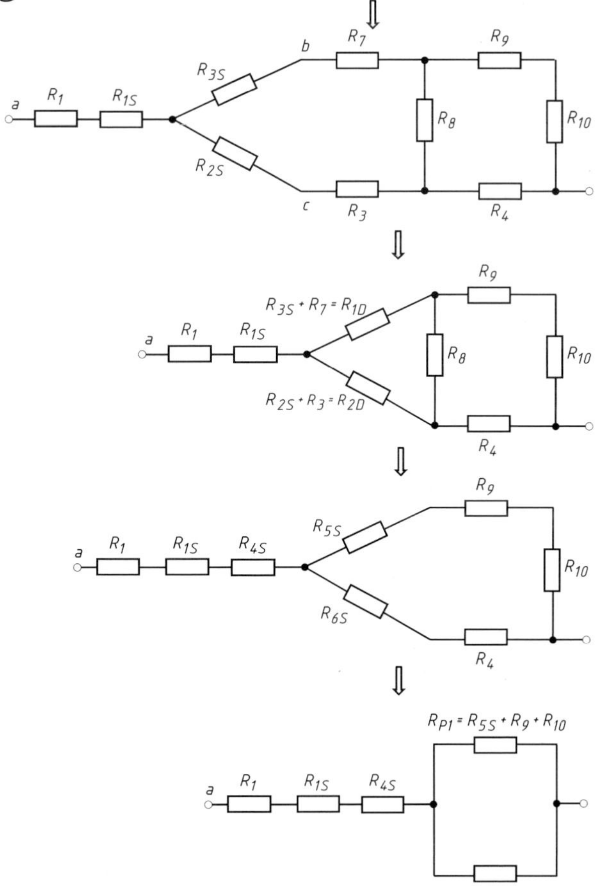

$$R_{1S} = \frac{R_2 \cdot R_5}{R_2 + R_5 + R_6} = \frac{25\,\Omega \cdot 50\,\Omega}{250\,\Omega} = 5\,\Omega\,;$$

$$R_{2S} = \frac{R_2 \cdot R_6}{R_2 + R_5 + R_6} = \frac{25\,\Omega \cdot 175\,\Omega}{250\,\Omega} = 17{,}5\,\Omega\,;$$

$$R_{3S} = \frac{R_5 \cdot R_6}{R_2 + R_5 + R_6} = \frac{50\,\Omega \cdot 175\,\Omega}{250\,\Omega} = 35\,\Omega$$

$$R_{1D} = R_{3S} + R_7 = 35\,\Omega + 15\,\Omega = 50\,\Omega$$

$$R_{2D} = R_{2S} + R_3 = 17{,}5\,\Omega + 132{,}5\,\Omega = 150\,\Omega$$

$$R_{4S} = \frac{R_{1D} \cdot R_{2D}}{R_{1D} + R_{2D} + R_8} = \frac{50\,\Omega \cdot 150\,\Omega}{250\,\Omega} = 30\,\Omega$$

$$R_{5S} = \frac{R_{1D} \cdot R_8}{R_{1D} + R_{2D} + R_8} = \frac{50\,\Omega \cdot 50\,\Omega}{250\,\Omega} = 10\,\Omega$$

$$R_{6S} = \frac{R_{2D} \cdot R_8}{R_{1D} + R_{2D} + R_8} = \frac{150\,\Omega \cdot 50\,\Omega}{250\,\Omega} = 30\,\Omega$$

$R_{P1} = 60\,\Omega\,,\ R_{P2} = 250\,\Omega$

$R_V = R_1 + R_{1S} + R_{4S} = 15\,\Omega + 5\,\Omega + 30\,\Omega = 50\,\Omega$

Ersatzschaltung:

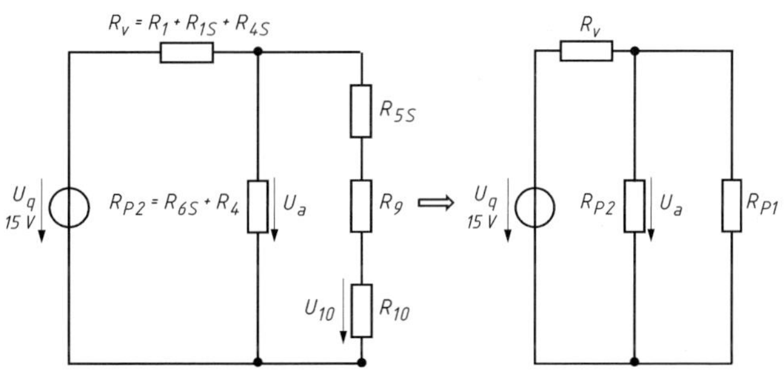

$$\frac{U_{10}}{U_q} = \frac{U_{10}}{U_a} \cdot \frac{U_a}{U_q} = \frac{R_{10}}{R_{P1}} \cdot \frac{\dfrac{R_{P1} \cdot R_{P2}}{R_{P1} + R_{P2}}}{R_V + \dfrac{R_{P1} \cdot R_{P2}}{R_{P1} + R_{P2}}}$$

$$U_{10} = 15\,\text{V} \cdot \frac{10\,\Omega}{60\,\Omega} \cdot \frac{\dfrac{60\,\Omega \cdot 250\,\Omega}{310\,\Omega}}{50\,\Omega + \dfrac{60\,\Omega \cdot 250\,\Omega}{310\,\Omega}} = 1{,}23\,\text{V}$$

$$I_{10} = \frac{U_{10}}{R_{10}} = 123\,\text{mA}$$

14.6 Anwendung von Ersatz-Spannungs- und Stromquellen

- Netzwerkvereinfachung mit Ersatz-Zweipolschaltungen (Ersatzquellen)
- Ersatzquellenumwandlung

Lösungsansatz:

Ist in einem Netzwerk mit passiven und aktiven Elementen der Strom oder die Spannung nur in einem Netzzweig mit dem Widerstand R_a gesucht, kann es zweckmäßig sein, den Rest der übrigen Schaltung als eine gedachte Ersatzspannungs- oder Ersatzstromquelle zu behandeln.

Lösungsstrategie:

Die zu ermittelnden charakteristischen Größen der Ersatz-Quellenschaltung (= Teilschaltung ohne den Zweig mit der gesuchten Größe Spannung bzw. Strom) sind bei der

- Ersatzspannungsquelle: Quellenspannung U_q und Innenwiderstand R_i
- Ersatzstromquelle: Quellenstrom I_q und Innenleitwert G_i.

Vorgehensweise bei der Netzwerkvereinfachung:

Die charakteristischen Größen der Ersatzquellen ergeben sich aus:

Betriebszustand	Ersatzspannungsquelle	Ersatzstromquelle
	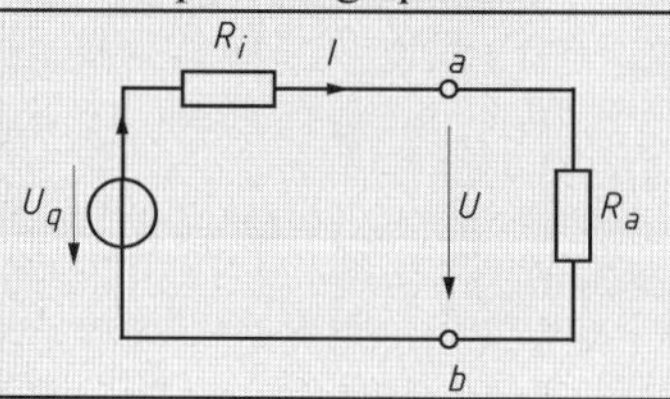	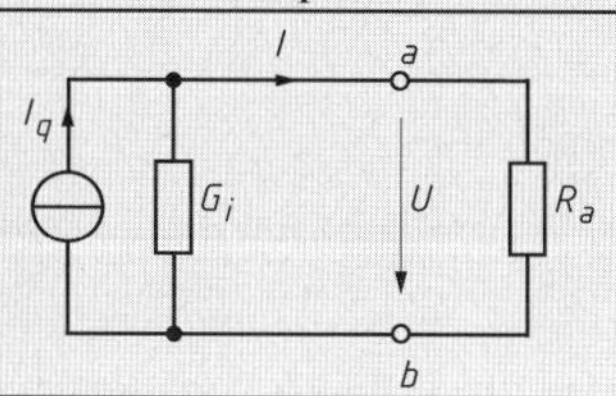
Leerlauf ($R_a \to \infty$)	$U = U_q$ $I = 0$	$I = 0$ $U = I_q \cdot 1/G_i$
Kurzschluss ($R_a \to 0$)	$U = 0$ $I = I_k = U_q / R_i$	$I = I_k = I_q$ $U = 0$
Last $0 < R_a < \infty$	$U = I \cdot R_a$ $U = U_q - I \cdot R_i$ $U = U_q \cdot \dfrac{R_a}{R_i + R_a}$	$I = U \cdot 1/R_a$ $I = I_q - U/R_i$ $I = I_q \cdot \dfrac{G_a}{G_i + G_a}$
Ermittlung des Innenwiderstandes R_i 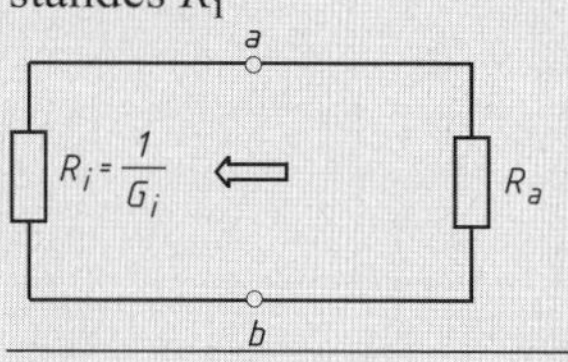	Man stellt sich die Spannungsquelle kurzgeschlossen vor;	Man stellt sich die Stromquelle abgeklemmt vor;
	dann liegt, von der Klemmenseite aus gesehen, der Innenwiderstand R_i zwischen den Anschlüssen a und b, also parallel zu R_a.	
Umwandlung des Ersatzquellentyps	$\dfrac{1}{R_i} \Rightarrow G_i; \quad \dfrac{U_q}{R_i} = I_q$ G_i, I_q siehe rechte Spalte	$\dfrac{1}{G_i} \Rightarrow R_i; \quad \dfrac{I_q}{G_i} = U_q$ R_i, U_q siehe linke Spalte

Tabelle 14.6.1

14.6.1 Aufgaben

☞ *Zur Einleitung sollen zunächst einige Aufgaben die Grundlagen zu Spannungs- und Stromquellenschaltungen klären. Ab Aufgabe 14.6.4 folgen dann die Anwendungen zur Netzwerkanalyse.*

➊ **14.6.1** An einer Taschenlampenbatterie werden in einer Prüfschaltung (vgl. Tabelle 14.6.1) folgende Messwerte aufgenommen:

- Leerlauf: $U_1 = 4{,}5$ V Schalter offen);
- Belastung mit $R_a = 10\ \Omega$: $I_1 = 370$ mA

Ermitteln Sie daraus die charakteristischen Kenngrößen einer Ersatzspannungs- sowie einer Ersatzstromquellenschaltung.

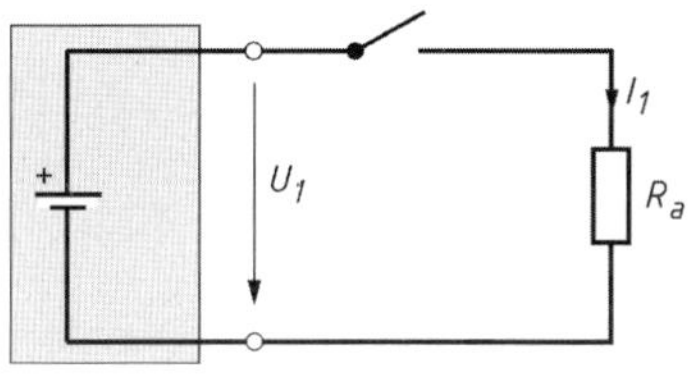

➋ **14.6.2** Zwei Spannungsquellen mit den Quellenspannungen $U_{q1} = 4{,}5$ V und $U_{q2} = 4{,}2$ V sowie den dazugehörigen Innenwiderständen $R_{i1} = 2\ \Omega$ und $R_{i2} = 3\ \Omega$ sollen in einem ersten Versuch parallel (siehe Bild) und in einem zweiten Versuch seriell zusammengeschaltet werden.

Bestimmen Sie für die Parallel- und die Serienschaltung die charakteristischen Kenngrößen einer Ersatzspannungs- und einer Ersatzstromquelle sowohl analytisch als anschließend auch nummerisch.

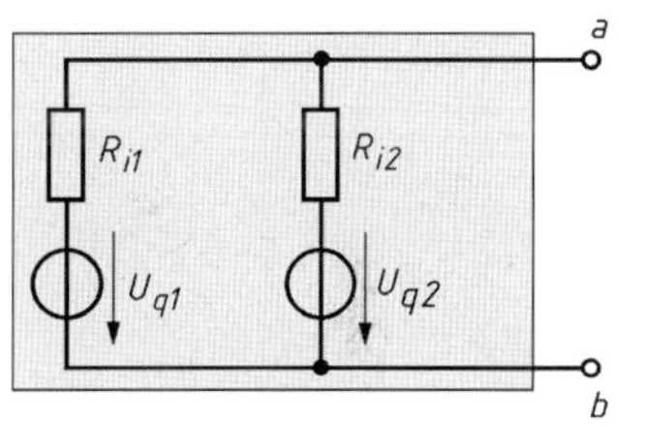

➋ **14.6.3** Theoretische Betrachtung:
Zwei Stromquellen mit den Quellenströmen $I_{q1} = 2$ A und $I_{q2} = 3$ A und den ihnen zugeordneten Leitwerten $G_{i1} = 0{,}25$ S und $G_{i2} = 0{,}2$ S sollen zunächst in der abgebildeten Parallel- und anschließend in einer Serienschaltung zusammen untersucht werden.

Ermitteln Sie für die beiden Fälle die charakteristischen Kenngrößen der Ersatzstrom- und der Ersatzspannungsquelle analytisch und nummerisch.

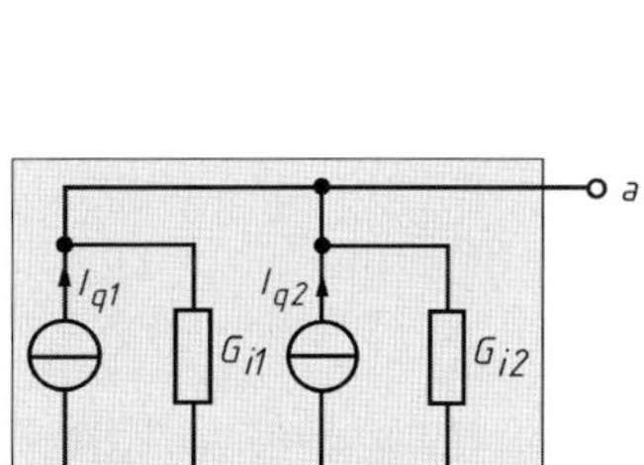

❷ **14.6.4** Für die gegebene Schaltung ist der Strom I_1 mit der Methode der Ersatzspannungsquelle zunächst allgemein und anschließend unter Verwendung der angegebenen Zahlenwerte zu bestimmen.

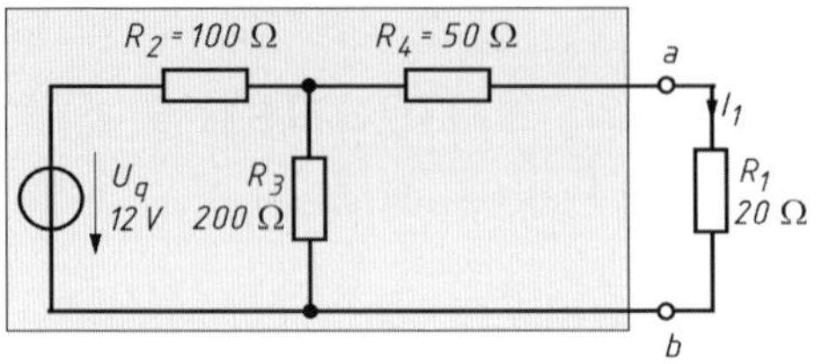

❷ **14.6.5** Lösen Sie die Aufgabe 14.6.4 unter Benutzung einer Ersatzstromquelle.

Vergleichen Sie die Ergebnisse und den Aufwand für die Lösungen der Aufgaben 14.6.4 und 14.6.5.

❷ **14.6.6** Ermitteln Sie für die nebenstehende Schaltung den Strom I_4 mit Hilfe der Methode der Ersatzspannungsquelle zunächst analytisch und danach nummerisch.

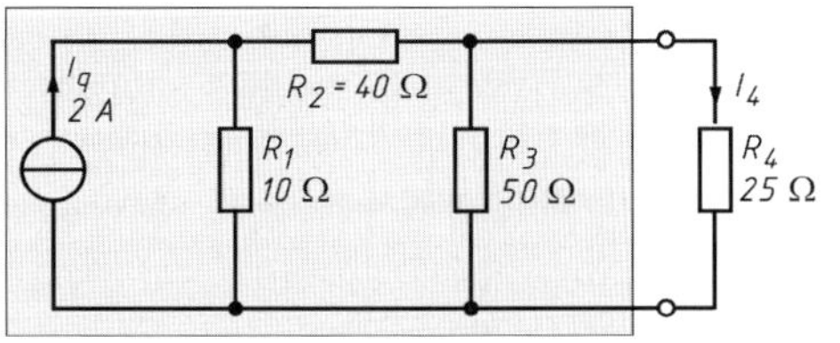

❷ **14.6.7** Mit der Methode der Ersatzquellen soll der Strom I_6 sowohl analytisch als auch nummerisch bestimmt werden.

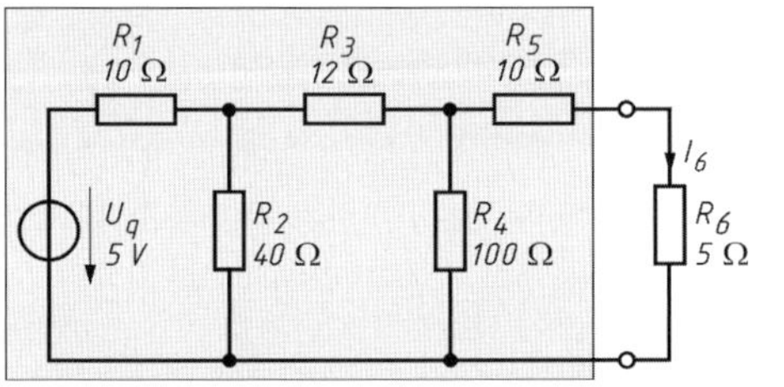

❷ **14.6.8** Die Schaltung aus Aufgabe 14.4.12 soll hier nochmals betrachtet werden.

a) Bestimmen Sie die Spannung U_7 mit der Methode der Ersatzspannungsquelle.

b) Lösen die Aufgabe analytisch unter Benutzung einer Ersatzstromquelle und von Leitwerten. Setzen Sie anschließend die Zahlenwerte ein und vergleichen Sie den Lösungsaufwand zu a).

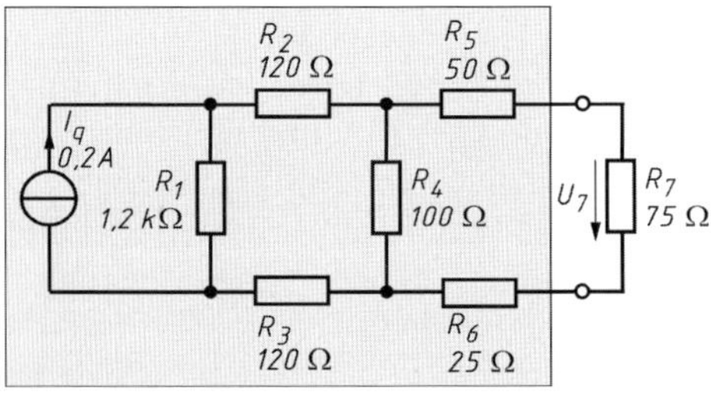

❷ **14.6.9** Eine Spannungs- und eine Stromquelle arbeiten auf eine gemeinsame Widerstandsschaltung aus R_3 bis R_5.

Berechnen Sie den Strom I_4.

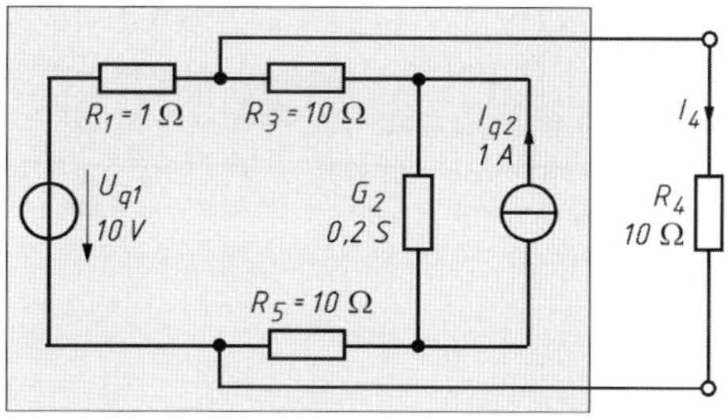

❷ **14.6.10** In der Schaltung nach Aufgabe 14.6.9
❸ soll der Strom I_3 durch den Widerstand R_3 mit der Methode der Ersatzstromquelle bestimmt werden.

❷ **14.6.11** Die gegebene Schaltung soll als Ersatzspannungsquelle zwischen den Klemmen a und b betrachtet werden.

a) Der Widerstand R_a sei zunächst abgeklemmt. Geben Sie für den linken Schaltungsteil die beiden Kenngrößen „Innenwiderstand $R_{i\,ers}$" und „Quellenspannung $U_{q\,ers}$" der Ersatzspannungsquelle an.

b) Nun wird der Widerstand mit den Klemmen a und b verbunden.

Wie groß muss der Lastwiderstand R_a sein, damit an ihm eine maximale Verbraucherleistung umgesetzt wird?

Wie groß ist dann der Laststrom I_a?

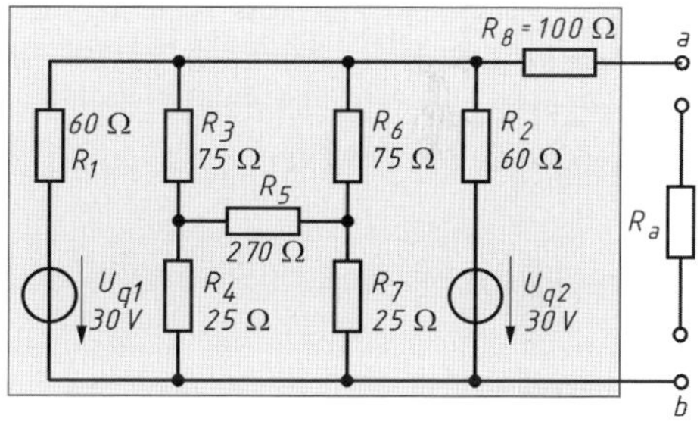

❷ **14.6.12** In dem abgebildeten Netzwerk haben alle Widerstände den Wert $R = 10\ \Omega$.

Die variable Spannungsquelle mit U_{q3} soll so eingestellt werden, dass der Strom I_7 genau 40 mA wird.

Wie groß muss die Quellenspannung U_{q3} sein?

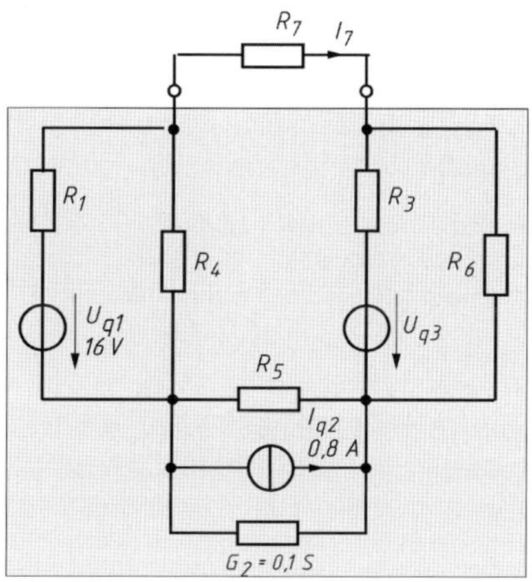

14.6.2 Lösungen

14.6.1

Bei solchen Quellen ist in der Praxis keine Kurzschlussmessung zweckmäßig und man erfasst statt dessen die Betriebswerte bei Belastung durch einer Widerstand R_a. Dann folgt:

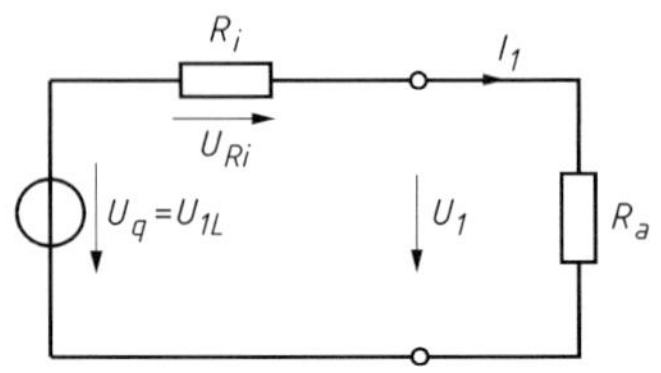

– Aus der Leerlaufmessung: Leerlaufspannung $U_{1L} = U_q = 4{,}5\text{ V}$

– Aus der Belastungsmessung mit $R_a = 10\,\Omega$:

$$U_1 = I_1 \cdot R_a = 0{,}37\text{A} \cdot 10\,\Omega = 3{,}7\text{ V} \quad \Rightarrow \quad U_{Ri} = U_q - U_1 = 0{,}8\text{ V}$$

$$\Rightarrow R_i = \frac{U_{Ri}}{I_1} = \frac{0{,}8\text{ V}}{0{,}37\text{ A}} = 2{,}16\,\Omega$$

Anmerkung: Man beachte aber, dass bei realen Primärzellen der Innenwiderstand R_i im Allgemeinen keinen konstanten Wert hat, sondern u.a. auch vom gewählten Arbeitspunkt (hier bestimmt durch R_a) abhängt!

Charakteristische Größen der Ersatzstromquelle:

Aus $G_i = \dfrac{1}{R_i}$ folgt: $G_i = 462{,}5\text{ mS}$.

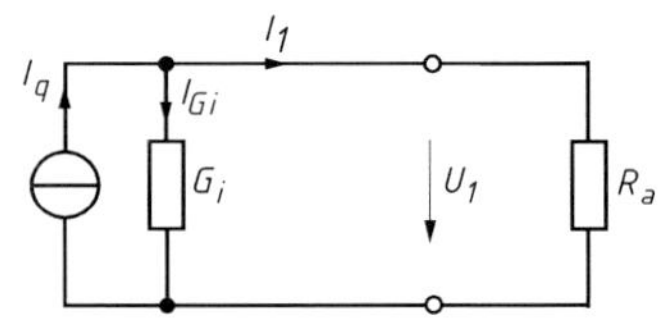

Die Spannung U_1 liegt an R_a und G_i

$$\Rightarrow I_{Gi} = U_1 \cdot G_i = 3{,}7\text{ V} \cdot 462{,}5\text{ mS} = 1{,}71\text{ A}$$

$$\Rightarrow I_q = I_1 + I_{Gi} = 0{,}37\text{ A} + 1{,}71\text{ A} = 2{,}08\text{ A}$$

Da sich die beiden Ersatzquellenschaltungen entsprechen müssen, kann man noch schnell die Probe machen:

$$I_q = \frac{U_q}{R_i} = \frac{4{,}5\text{V}}{2{,}16\,\Omega} = 2{,}08\text{A}$$

14.6.2

- **Parallelschaltung der Quellen**

  Ermittlung des Ersatz-Innenwiderstandes:

  Man stellt sich die Spannungsquellen kurzgeschlossen vor. Dann liegt, von der Klemmenseite aus gesehen, zwischen den Klemmen a und b der Widerstand

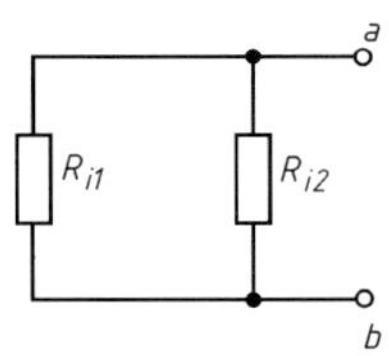

$$R_{i\,ers} = \left(R_{i1} \,||\, R_{i2}\right) = \frac{R_{i1} \cdot R_{i2}}{R_{i1} + R_{i2}}$$

  Zahlenwert: $R_{i\,ers} = \frac{6}{5}\,\Omega = 1{,}2\,\Omega$

  Ermittlung der Leerlaufspannung: Im Leerlauffall gilt:

$$I_1 \cdot R_{i1} + U_L = U_{q1} \qquad (1)$$

$$I_2 \cdot R_{i2} + U_L = U_{q2} \qquad (2)$$

$$I_1 + I_2 = 0 \quad \Rightarrow \quad I_1 = -I_2 \qquad (3)$$

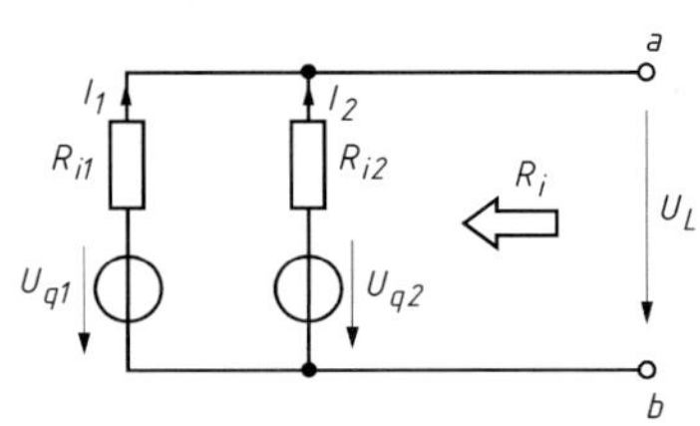

  (3) in (1): $-I_2 \cdot R_{i1} = U_{q1} - U_L \quad \Rightarrow \quad I_2 = \dfrac{U_L - U_{q1}}{R_{i1}}$

  eingesetzt in (2):

$$\left(U_L - U_{q1}\right)\frac{R_{i2}}{R_{i1}} + U_L = U_{q2} = U_L\left(\frac{R_{i1} + R_{i2}}{R_{i1}}\right) - U_{q1}\frac{R_{i2}}{R_{i1}}$$

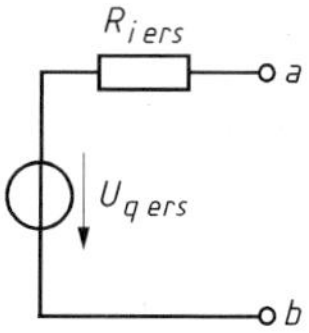

a) Kenngrößen der äquivalenten Ersatzspannungsquelle: (s. Bild rechts)

$$\Rightarrow U_L \frac{R_{i1}+R_{i2}}{R_{i1}} = U_{q2} + U_{q1}\frac{R_{i2}}{R_{i1}} \quad \Rightarrow \quad U_L = \frac{R_{i1}}{R_{i1}+R_{i2}} \cdot \frac{U_{q2}\cdot R_{i1} + U_{q1}\cdot R_{i2}}{R_{i1}}$$

Quellenspg. $U_{q\,ers} = U_L = \dfrac{U_{q1}\cdot R_{i2} + U_{q2}\cdot R_{i1}}{R_{i1}+R_{i2}}$; Innenwidst. $R_{i\,ers} = \dfrac{R_{i1}\cdot R_{i2}}{R_{i1}+R_{i2}}$

Zahlenwerte: $U_{q\,ers} = \dfrac{4{,}5\,\text{V}\cdot 3\,\Omega + 4{,}2\,\text{V}\cdot 2\,\Omega}{5\Omega} = 4{,}38\text{V}$; $R_{i\,ers} = 1{,}2\,\Omega$ (s.vorne)

b) Kenngrößen der äquivalenten Ersatzstromquellenschaltung:

Quellenstrom: $I_{q\,ers} = \dfrac{U_{q\,ers}}{R_{i\,ers}} = 3{,}65\,\text{A}$; Ersatz-Innenleitwert: $G_{i\,ers} = \dfrac{1}{R_{i\,ers}} = 0{,}833\,\text{S}$

- **Serienschaltung der Quellen**

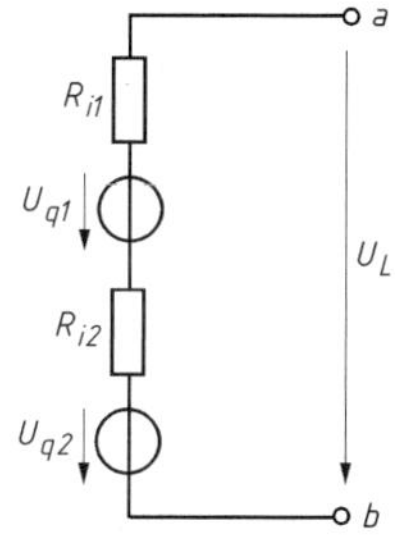

a) Kenngrößen der äquivalenten Ersatzspannungsquelle: (s. Bild oben)

Nach Überbrücken der beiden Quellen liegt zwischen den Klemmen a - b:

Ersatz-Innenwiderstand: $R_{i\,ers} = R_{i1} + R_{i2}$; Zahlenwert: $R_{i\,ers} = 5\,\Omega$

Da kein Strom fließt, gilt für die Ersatz-Quellenspannung:

$U_{q\,ers} = U_{q1} + U_{q2}$; Zahlenwert $U_{q\,ers} = 8{,}7\,\text{V}$

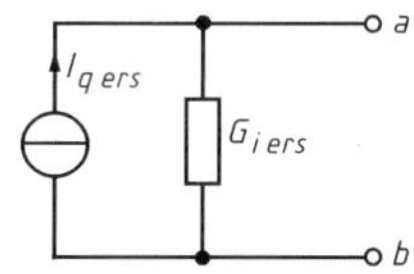

b) Kenngrößen der äquivalenten Ersatzstromquellenschaltung:

$I_{q\,ers} = \dfrac{U_{q\,ers}}{R_{i\,ers}} = \dfrac{U_{q1}+U_{q2}}{R_{i1}+R_{i2}}$, Zahlenwert: $I_{q\,ers} = 1{,}74\,\text{A}$

$G_{i\,ers} = \dfrac{1}{R_{i\,ers}} = \dfrac{1}{R_{i1}+R_{i2}}$; Zahlenwert: $G_{i\,ers} = 0{,}2\,\text{S}$

14.6.3

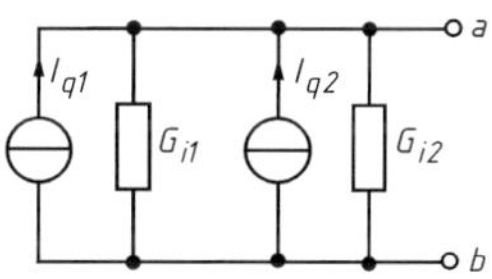

- **Parallelschaltung der Quellen**

a) Kenngrößen der äquivalenten Ersatzstromquelle:

Ersatzleitwert: $G_{i\,ers} = G_{i1} + G_{i2}$

Der Quellenstrom $I_{q\,ers}$ ergibt sich aus dem Klemmenkurzschluss:

Ersatzquellenstrom $I_{q\,ers} = I_{q1} + I_{q2}$

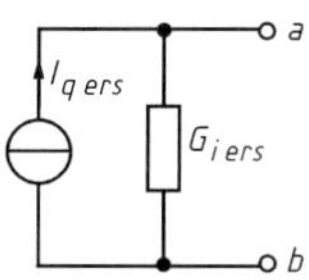

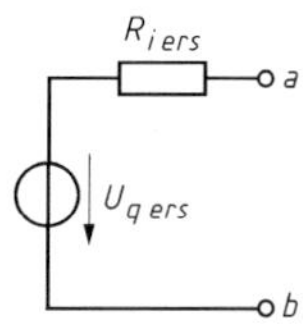

Zahlenwerte:

$G_{i\,ers} = 0{,}25\,\text{S} + 0{,}2\,\text{S} = 0{,}45\,\text{S}$ $\quad I_{q\,ers} = 2\,\text{A} + 3\,\text{A} = 5\,\text{A}$

b) Kenngrößen der äquivalenten Ersatzspannungsquelle:

Ersatzwiderstand: $R_{i\,ers} = \dfrac{1}{G_{i1}+G_{i2}}$; $R_{i\,ers} = 2{,}\overline{2}\,\Omega$

Ersatzquellenspannung: $U_{q\,ers} = \dfrac{I_{q\,ers}}{G_{i\,ers}} = \dfrac{I_{q1}+I_{q2}}{G_{i1}+G_{i2}}$; $U_{q\,ers} = 11{,}\overline{1}\,\text{V}$

- **Serienschaltung der Quellen**

Stromquellen unterschiedlicher Stärke dürfen nur in Reihe ge schaltet werden, wenn reale Parallelleitwerte vorhanden sind.

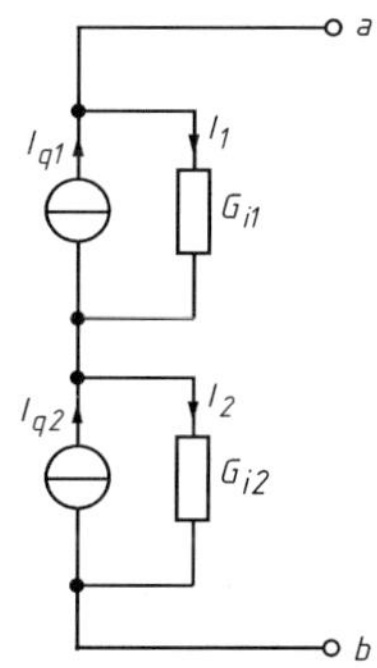

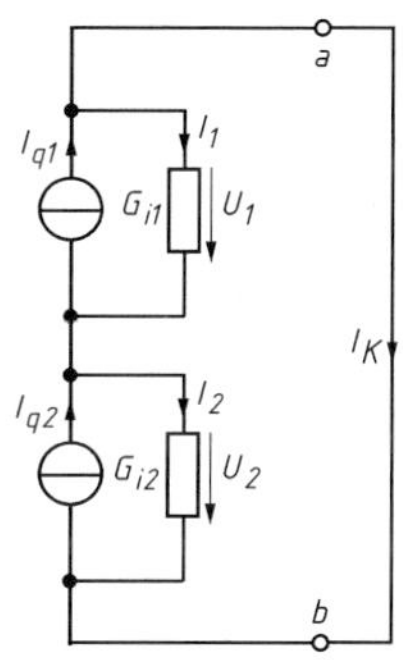

a) Kenngrößen der äquivalenten Ersatzstromquelle:

Ersatzleitwert $G_{i\,ers} = \dfrac{G_{i1}\cdot G_{i2}}{G_{i1}+G_{i2}}\left(\hat{=}\dfrac{1}{R_{i1}+R_{i2}}\right)$

Kurzschlussstrom I_K (Klemmen a und b kurzgeschlossen):
Maschenumlauf (siehe Bild rechts außen) liefert:

$$U_1 + U_2 = 0 \quad \Rightarrow \quad I_1 \cdot \frac{1}{G_{i1}} + I_2 \cdot \frac{1}{G_{i2}} = 0 \qquad (1)$$

Knotengleichung für Knoten a: $\quad I_{q1} - I_1 - I_K = 0 \qquad (2)$

Knotengleichung für Knoten b $\quad I_2 - I_{q2} + I_K = 0 \qquad (3)$

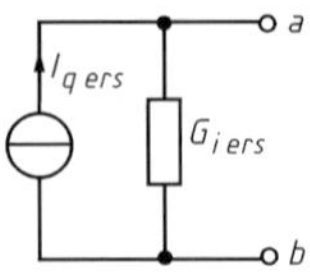

Aus (3): $I_2 = I_{q2} - I_K$;

aus (2): $I_1 = I_{q1} - I_K$; beides eingesetzt in (1):

$$\frac{I_{q1} - I_K}{G_{i1}} = -\frac{I_{q2} - I_K}{G_{i2}} \Rightarrow \frac{I_{q1}}{G_{i1}} + \frac{I_{q2}}{G_{i2}} = I_K\left(\frac{1}{G_{i1}} + \frac{1}{G_{i2}}\right) \Rightarrow$$

$$\frac{I_{q1} \cdot G_{i2} + I_{q2} \cdot G_{i1}}{G_{i1} \cdot G_{i2}} = I_K \frac{G_{i1} + G_{i2}}{G_{i1} \cdot G_{i2}} \Rightarrow$$

Ersatzquellenstrom $I_{q\,ers} = I_K = \dfrac{I_{q1} \cdot G_{i2} + I_{q2} \cdot G_{i1}}{G_{i1} + G_{i2}}$

Zahlenwerte: $I_{q\,ers} = \dfrac{2\,A \cdot 0{,}2\,S + 3\,A \cdot 0{,}25\,S}{0{,}5\,S + 0{,}2\,S} = 2{,}\overline{5}\,A$; $G_{i\,ers} = \dfrac{0{,}25 \cdot 0{,}2}{0{,}45}\,S = 0{,}111\,S$

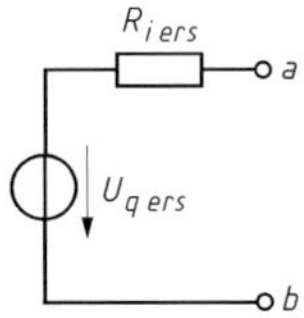

b) Kenngrößen der äquivalenten Ersatzspannungsquelle:

$U_{q\,ers} = \dfrac{I_{q\,ers}}{G_{i\,ers}} = 23\,V$; Ersatzwiderstand $R_{i\,ers} = \dfrac{1}{G_{i\,ers}} = 9\,\Omega$

Nachfolgende Tabelle 14.6.3 fasst die Ergebnisse aus den Aufgaben 14.6.2 und 14.6.3 zusammen:

Allgemeine Gleichungen äquivalenter Ersatzschaltungen für die

Parallelschaltung zweier Quellen

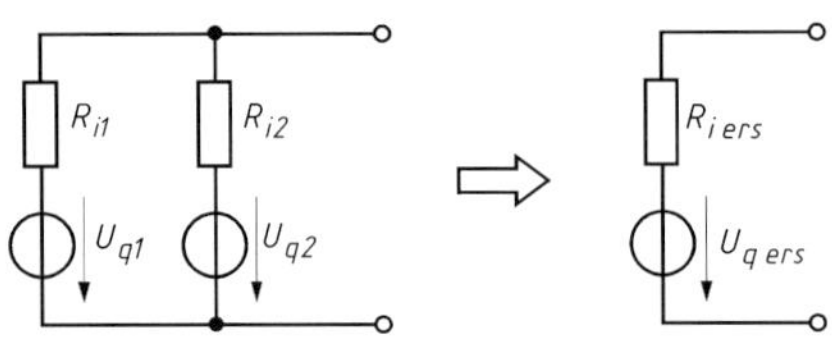

$$R_{i\,ers} = \frac{R_{i1} \cdot R_{i2}}{R_{i1} + R_{i2}} \qquad U_{q\,ers} = \frac{U_{q1} \cdot R_{i2} + U_{q2} \cdot R_{i1}}{R_{i1} + R_{i2}}$$

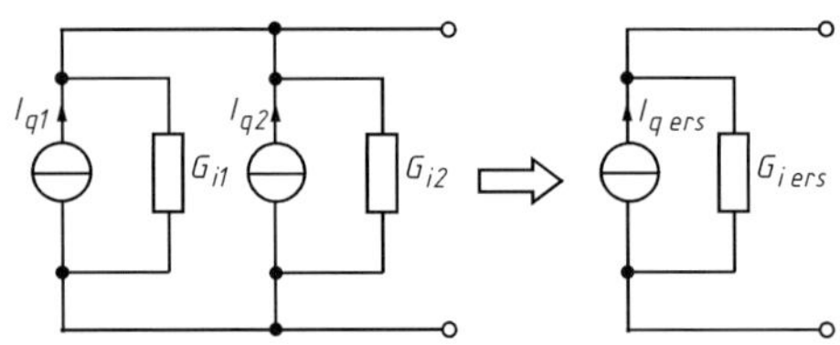

$$G_{i\,ers} = G_{i1} + G_{i2} = \frac{1}{R_{i1}} + \frac{1}{R_{i2}} \qquad I_{q\,ers} = I_{q1} + I_{q2}$$

$$\left(\Rightarrow R_{i\,ers} = \frac{1}{G_{i\,ers}} = \frac{R_{i1} \cdot R_{i2}}{R_{i1} + R_{i2}}\right)$$

Serienschaltung zweier Quellen

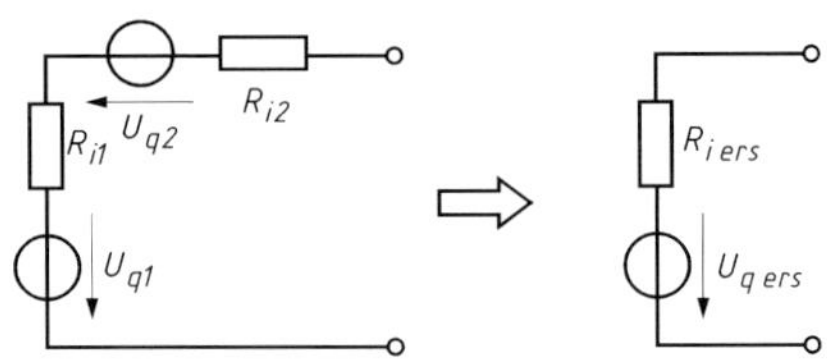

$$R_{i\,ers} = R_{i1} + R_{i2} \qquad U_{q\,ers} = U_{q1} + U_{q2}$$

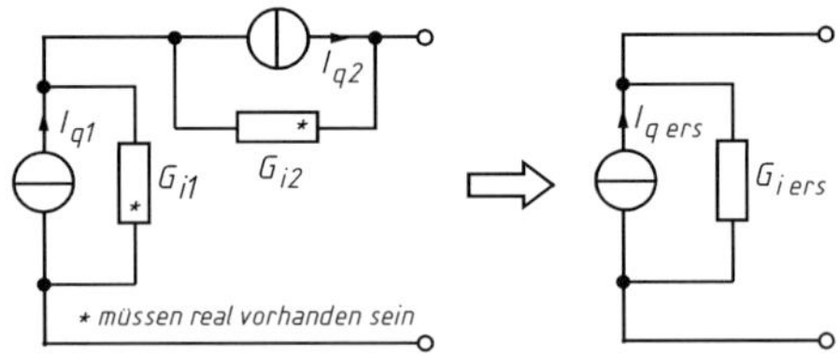

$$G_{i\,ers} = \frac{G_{i1} \cdot G_{i2}}{G_{i1} + G_{i2}} \qquad I_{q\,ers} = \frac{I_{q1} \cdot G_{i2} + I_{q2} \cdot G_{i1}}{G_{i1} + G_{i2}} = \frac{I_{q1} \cdot R_{i1} + I_{q2} \cdot R_{i2}}{R_{i1} + R_{i2}}$$

$$(\Rightarrow R_{i\,ers} = R_{i1} + R_{i2})$$

Tabelle 14.6.3

14.6.4

Bestimmung des Innenwiderstandes:

Dazu: In Gedanken die Spannungsquelle überbrücken und von den Klemmen a und b in die Schaltung „hineinschauen". Der „gesehene" Widerstand ist dann der Innenwiderstand mit

$$R_\mathrm{i} = R_4 + \frac{R_2 \cdot R_3}{R_2 + R_3} = \frac{R_4\,(R_2 + R_3) + R_2 \cdot R_3}{R_2 + R_3}$$

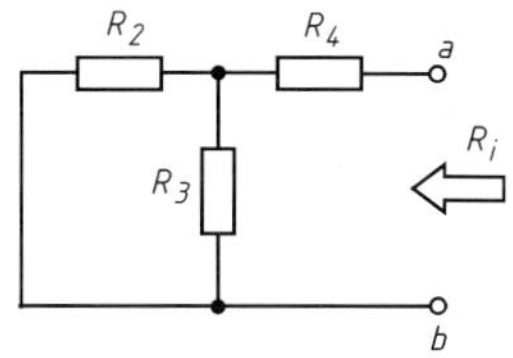

Im Leerlauffall ($I_1 = 0$) ist der Widerstand R_4 ohne Wirkung und die Spannung $U_\mathrm{L} = U_{3\mathrm{L}}$ liegt auch an R_3. Mit der Spannungsteilerregel folgt dann für die Ersatzquellenspannung:

$$U_{\mathrm{q\,ers}} = U_\mathrm{L} = U_\mathrm{q}\,\frac{R_3}{R_2 + R_3}$$

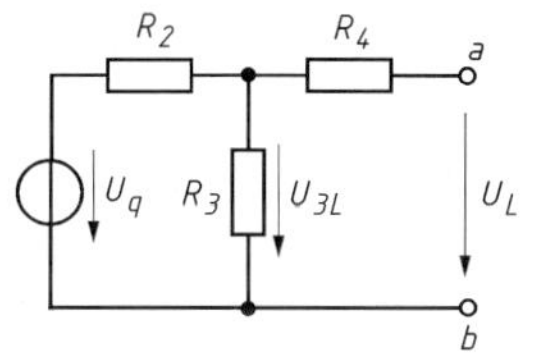

Somit ergibt sich in der Ersatzquellenschaltung mit $U_{\mathrm{q\,ers}} = U_\mathrm{L} = I_1(R_\mathrm{i} + R_1)$:

$$I_1 = \frac{U_{\mathrm{q\,ers}}}{R_\mathrm{i} + R_1} = U_\mathrm{q}\,\frac{R_3}{R_4(R_2 + R_3) + R_2 R_3 + R_1(R_2 + R_3)}$$

Zahlenwerte: $R_\mathrm{i} = 50\,\Omega + \dfrac{100 \cdot 200}{100 + 200}\,\Omega = 116{,}\overline{6}\,\Omega$

$$U_{\mathrm{q\,ers}} = U_\mathrm{L} = U_{\mathrm{q}1}\,\frac{R_3}{R_2 + R_3} = 12\,\mathrm{V} \cdot \frac{200\Omega}{300\Omega} = 8\,\mathrm{V}$$

$$I_1 = \frac{U_{\mathrm{q\,ers}}}{R_\mathrm{i} + R_1} = \frac{8\,\mathrm{V}}{136{,}\overline{6}\,\Omega} = 58{,}5\,\mathrm{mA}$$

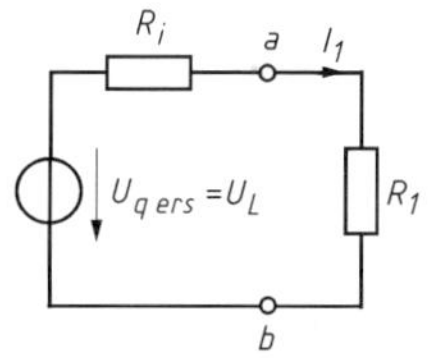

14.6.5

Genau wie bei der Ersatzspannungsquelle nach Aufgabe 14.6.4 ergibt sich der Innenleitwert G_i der Ersatzstromquelle bei kurzgeschlossener Spannungsquelle aus:

Ersatzwiderstand (-leitwert): $R_\mathrm{i} = \dfrac{1}{G_\mathrm{i}} = R_4 + \dfrac{R_2 \cdot R_3}{R_2 + R_3} = \dfrac{R_2(R_3 + R_4) + R_3 R_4}{R_2 + R_3}$

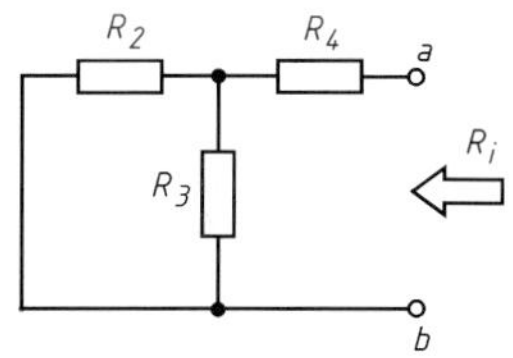

Für die kurzgeschlossenen Klemmen erhält man mit der Spannungsteilerregel

$$U_3 = U_4 = U_\mathrm{q}\,\frac{\dfrac{R_3 \cdot R_4}{R_3 + R_4}}{R_2 + \dfrac{R_3 \cdot R_4}{R_3 + R_4}} = U_\mathrm{q}\,\frac{R_3 R_4}{R_2(R_3 + R_4) + R_3 R_4} \quad \text{und} \quad I_{1\mathrm{K}} = \frac{U_4}{R_4}$$

Ersatzquellenstrom: $I_{\mathrm{q\,ers}} = I_{1\mathrm{K}} = U_\mathrm{q}\,\dfrac{R_3}{R_2(R_3 + R_4) + R_3 R_4}$

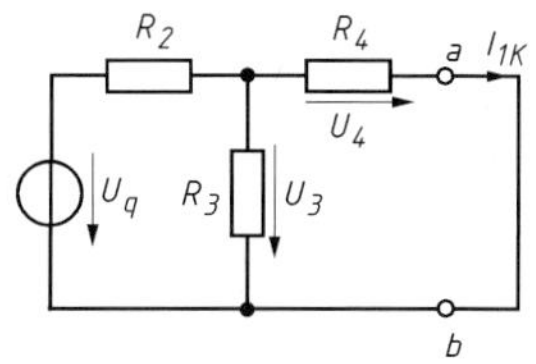

Also ergibt sich mit der Stromteilerregel:

$$\frac{I_1}{I_{\mathrm{q\,ers}}} = \frac{G_1}{G_1 + G_\mathrm{i}} = \frac{\dfrac{1}{R_1}}{\dfrac{1}{R_1} + \dfrac{R_2 + R_3}{R_2(R_3 + R_4) + R_3 R_4}}$$

$$I_1 = U_\mathrm{q}\,\frac{R_3}{R_2(R_3 + R_4) + R_3 R_4} \cdot \left.\frac{\dfrac{1}{R_1}}{\dfrac{1}{R_1} + \dfrac{R_2 + R_3}{R_2(R_3 + R_4) + R_3 R_4}}\right| \cdot \frac{R_1}{R_1}$$

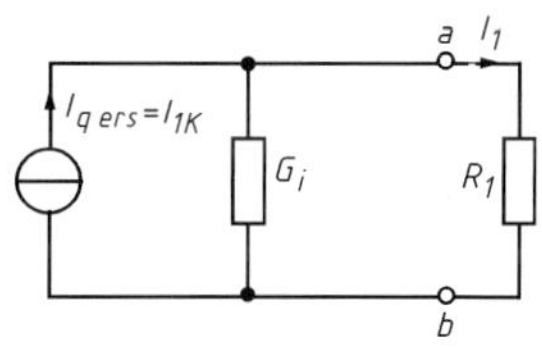

$$I_1 = U_\mathrm{q}\,\frac{R_3}{R_2(R_3 + R_4) + R_3 R_4} \cdot \frac{1}{\dfrac{R_2(R_3 + R_4) + R_3 R_4 + R_1(R_2 + R_3)}{R_2(R_3 + R_4) + R_3 R_4}} \quad \Rightarrow$$

$$I_1 = U_q \frac{R_3}{R_4(R_2+R_3)+R_2R_3+R_1(R_2+R_3)}$$

Zahlenwerte: $G_i = \dfrac{1}{R_4 + \dfrac{R_2 \cdot R_3}{R_2+R_3}}$, $G_i = 8{,}57\text{ mS}$ (Probe: $G_i = \dfrac{1}{R_i}$ aus Aufgabe 14.6.4)

$$I_{q\,ers} = U_q \frac{R_3}{R_2(R_3+R_4)+R_3R_4} = 12\text{ V}\frac{200}{100\cdot 250+200\cdot 50}\Omega = 68{,}57\text{ mA}$$

$$\frac{I_1}{I_{q\,ers}} = \frac{G_1}{G_1+G_i} \quad\Rightarrow\quad I_1 = 68{,}57\text{ mA}\cdot\frac{50\text{ mS}}{58{,}6\text{ mS}} = 58{,}5\text{ mA}$$

Vergleich des Aufwandes zur Lösungsfindung:

Wie zu erwarten, ist nahezu die gleiche Anzahl von Lösungseinzelschritten durchzuführen. Sieht man von der manchmal etwas weniger oft bevorzugten Anwendung der Stromquellenschaltung ab, ist prinzipiell kein Unterschied bei der Lösungsfindung vorhanden und beide Methoden führen selbstverständlich zu den gleichen Ergebnissen.

Die Betrachtung der beiden Analysemethoden zeigt aber, dass der Lösungsaufwand im Vergleich z.B. zur Methode nach Kap. 14.4 „Spannungsteiler-Ersatzschaltungen" höher ist.

14.6.6

Wandelt man die Stromquelle in eine Spannungsquelle um, vereinfacht sich die Schaltung zu:

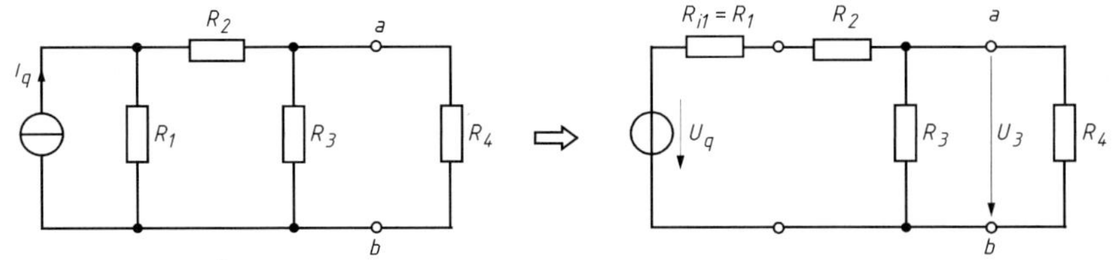

Dabei ist: $U_q = \dfrac{I_q}{G_1} = I_{q1} \cdot R_1$ (R_1 dient als Hilfs-Innenwiderstand für die Stromquelle)

Zahlenwert: $U_q = 2\text{ A}\cdot 10\,\Omega = 20\text{V}$

Zur Ermittlung der charakteristischen Größen der Ersatzspannungsquellenschaltung werden wieder die beiden Fälle betrachtet:

- Bestimmung des Ersatz-Innenwiderstandes R_i: Spannungsquelle kurzgeschlossen, der Widerstand zwischen den Klemmen a und b ist hier einfach:

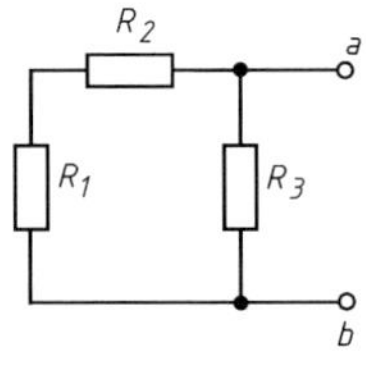

  Ersatzinnenwiderstand: $R_i = \dfrac{(R_1+R_2)\cdot R_3}{R_1+R_2+R_3}$;

  Zahlenwert: $R_i = \dfrac{50\cdot 50}{100}\Omega = 25\,\Omega$

- Bestimmung der Leerlaufspannung U_{3L} am Widerstand R_3.

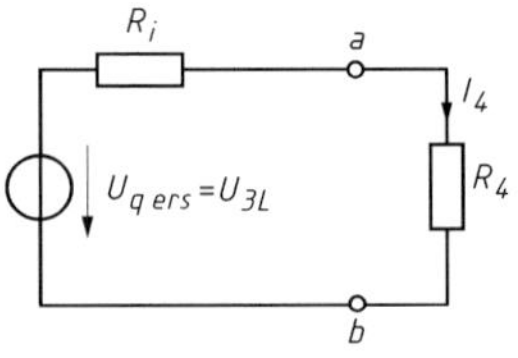

  $\dfrac{U_{3L}}{U_q} = \dfrac{R_3}{R_1+R_2+R_3} \quad\Rightarrow\quad U_{3L} = U_q\dfrac{R_3}{R_1+R_2+R_3}$

  Ersatzquellenspannung $U_{q\,ers} = U_{3L} = I_q \cdot R_1 \dfrac{R_3}{R_1+R_2+R_3}$

  Zahlenwert: $U_{q\,ers} = U_{3L} = 20\text{ V}\cdot\dfrac{50\,\Omega}{100\,\Omega} = 10\text{ V}$

  Gesuchter Strom I_4 aus Ersatzschaltbild:

$$I_4 = \frac{U_{q\,ers}}{R_i+R_4} = \frac{10\text{ V}}{50\,\Omega} = 200\text{ mA}$$

14.6.7

Zunächst: Abtrennen des Widerstandes mit dem gesuchten Strom I_6. Da eine Spannungsquelle vorliegt, benutzt man zweckmäßigerweise eine Ersatzspannungsquellenschaltung:

- Bestimmung von R_i: Dazu wird die Spannungsquelle überbrückt.

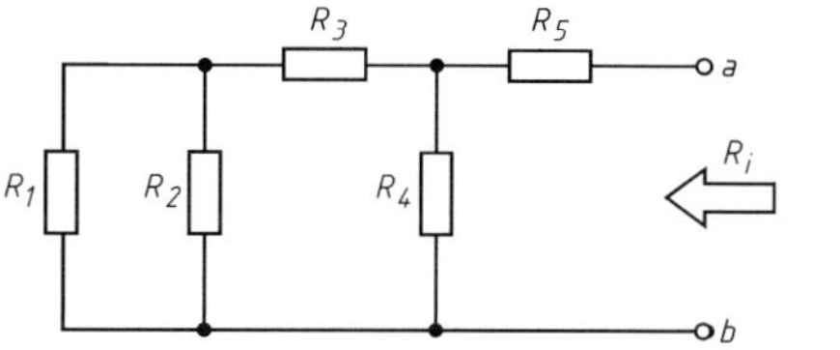

$$R_i = R_5 + [R_4 \,||\, (R_3 + \{R_1 \,||\, R_2\})]$$

$$R_i = R_5 + \frac{R_4 \cdot \left(R_3 + \dfrac{R_1 \cdot R_2}{R_1 + R_2}\right)}{R_3 + R_4 + \dfrac{R_1 \cdot R_2}{R_1 + R_2}}$$

Zahlenwerte: $R_i = 10\,\Omega + \dfrac{100\,\Omega\,(12\,\Omega + 8\,\Omega)}{120\,\Omega} = 26{,}\bar{6}\,\Omega$

- Bestimmung der Leerlaufspannung U_L:
  An den offenen Klemmen a und b liegt die Spannung U_L, die gleich U_4 ist, da kein Strom in R_5 fließt, also $U_5 = 0$ ist:

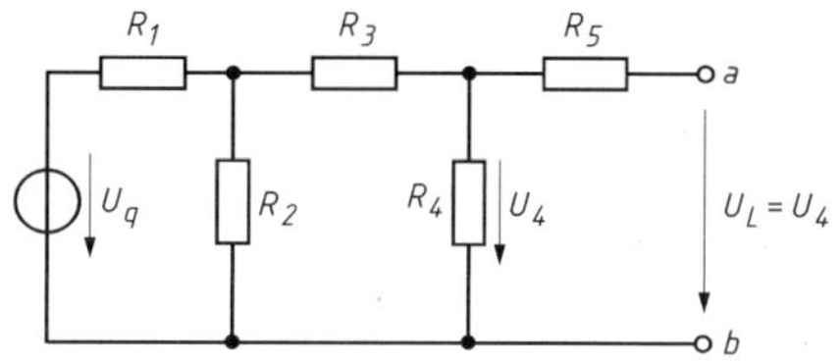

$$U_L = U_4 = U_q \frac{R_2 \cdot R_4}{R_1(R_2 + R_3 + R_4) + R_2(R_3 + R_4)} \quad \text{(s. Lös.14.4.4)}$$

Zahlenwert:

$$U_L = U_4 = 5\,\text{V} \cdot \frac{40 \cdot 100\,\Omega^2}{10\,\Omega \cdot 152\,\Omega + 40\,\Omega \cdot 112\,\Omega} = 3{,}\bar{3}\,\text{V}$$

In der Ersatzspannungsquelle mit $U_{q\,ers} = U_L$ berechnet sich:

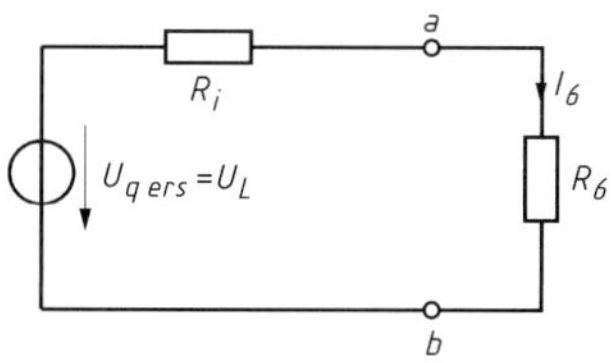

$$I_6 = \frac{U_{q\,ers}}{R_i + R_6} = \frac{3{,}\bar{3}\,\text{V}}{26{,}\bar{6}\,\Omega + 5\,\Omega} = 105{,}3\,\text{mA}$$

14.6.8

a) Lösung der Aufgabe mit Ersatzspannungsquelle

Umwandeln der Strom- in eine Spannungsquelle liefert:

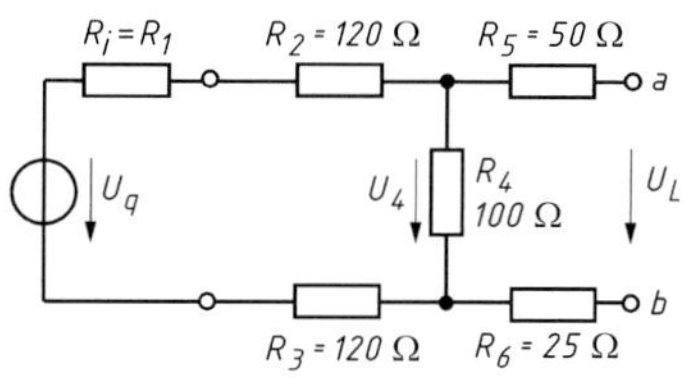

$$U_q = \frac{I_q}{G_1} = I_q \cdot R_1 = 0{,}2\,\text{A} \cdot 1{,}2\,\text{k}\Omega = 240\,\text{V}\;;\; R_{i1} = 1200\,\Omega = R_1$$

Bestimmen des Ersatz-Innenwiderstandes R_i:

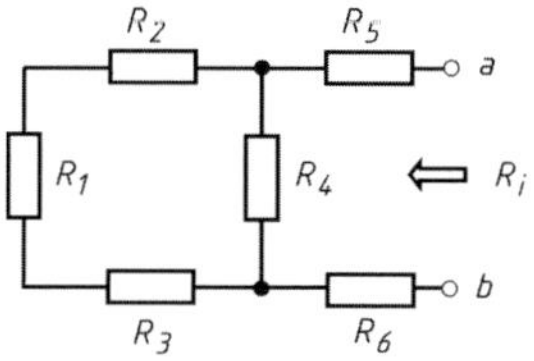

$$R_i = [(R_1 + R_2 + R_3) \,||\, R_4] + (R_5 + R_6)$$

$$R_i = \frac{(R_1 + R_2 + R_3) \cdot R_4}{R_1 + R_2 + R_3 + R_4} + R_5 + R_6$$

Zahlenwerte:

$$R_i = \frac{1\,440\,\Omega \cdot 1\,00\,\Omega}{1\,540\,\Omega} + 75\,\Omega = 93{,}5\,\Omega + 75\,\Omega = 168{,}5\,\Omega$$

Bestimmen der Leerlaufspannung U_L: $U_L \mathrel{\hat{=}} U_4$ im Leerlauf

$$\frac{U_L}{U_q} = \frac{R_4}{R_1 + R_2 + R_3 + R_4} = \frac{100\,\Omega}{1540\,\Omega} = 0{,}0649 \;\Rightarrow\; U_L = 15{,}58\,\text{V} \mathrel{\hat{=}} U_4$$

In der Ersatzspannungsquelle mit $U_{\text{q ers}} = U_\text{L}$ errechnet sich:

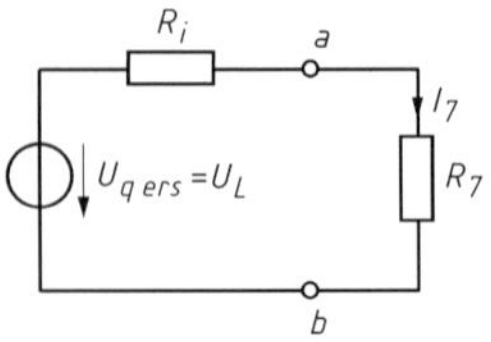

$$I_7 = \frac{U_{\text{q ers}}}{R_\text{i} + R_7} = \frac{15{,}58\ \text{V}}{168{,}5\ \Omega + 75\ \Omega} = \frac{15{,}58\ \text{V}}{243{,}5\ \Omega}$$

$$I_7 = 64\ \text{mA}$$

b) Lösung der Aufgabe mit Ersatzstromquelle:

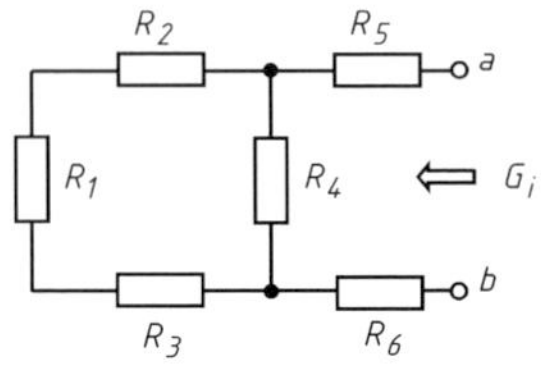

- Bestimmung des Ersatz-Innenleitwertes G_i:

  Genau wie bei Teilaufgabe a) erhält man für den Innenwiderstand

  $$R_\text{i} = \frac{1}{G_\text{i}} = [(R_1 + R_2 + R_3) \,||\, R_4] + (R_5 + R_6) \quad \text{bzw. Leitwert:}$$

  $$G_\text{i} = \frac{1}{R_\text{i}} = \frac{1}{168{,}5\ \Omega} = 5{,}9\ \text{mS}$$

- Kurzschlussstrom I_K bei kurzgeschlossenen Klemmen a und b:

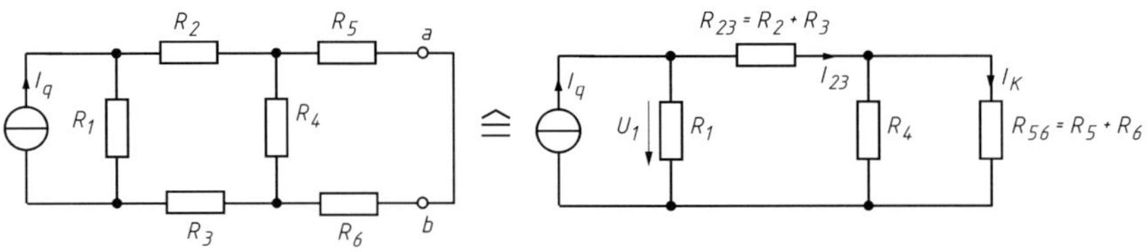

$$\frac{1}{R_{23}} = G_{23} = 4{,}1\bar{6}\ \text{mS}, \quad G_{56} = 13{,}3\ \text{mS}$$

$$\frac{I_\text{K}}{I_{23}} = \frac{G_{56}}{G_4 + G_{56}}, \quad I_{23} = U_1 \frac{G_{23}(G_4 + G_{56})}{G_{23} + G_4 + G_{56}}, \quad I_\text{q} = U_1 \left(G_1 + \frac{G_{23}(G_4 + G_{56})}{G_{23} + G_4 + G_{56}} \right)$$

$$\frac{I_{23}}{I_\text{q}} = \frac{\dfrac{G_{23}(G_4 + G_{56})}{G_{23} + G_4 + G_{56}}}{G_1 + \dfrac{G_{23}(G_4 + G_{56})}{G_{23} + G_4 + G_{56}}} = \frac{G_{23}(G_4 + G_{56})}{G_1(G_{23} + G_4 + G_{56}) + G_{23}(G_4 + G_{56})}$$

$$\frac{I_\text{K}}{I_\text{q}} = \frac{G_{56}}{G_4 + G_{56}} \cdot \frac{G_{23}(G_4 + G_{56})}{G_1(G_{23} + G_4 + G_{56}) + G_{23}(G_4 + G_{56})} = \frac{G_{23} \cdot G_{56}}{G_1(G_{23} + G_4 + G_{56}) + G_{23}(G_4 + G_{56})}$$

Zahlenwerte:

$$I_\text{K} = I_\text{q} \frac{4{,}1\bar{6} \cdot 10^{-3} \cdot 13{,}\bar{3} \cdot 10^{-3}}{8{,}\bar{3} \cdot 10^{-4} \cdot 27{,}5 \cdot 10^{-3} + 4{,}1\bar{6} \cdot 10^{-3} \cdot 23{,}3 \cdot 10^{-3}} = 0{,}2\ \text{A} \cdot 0{,}4624 \quad \Rightarrow \quad I_\text{K} = 92{,}48\text{mA}$$

In der Ersatzstromquelle mit $I_{\text{q ers}} = I_\text{K}$ berechnet sich:

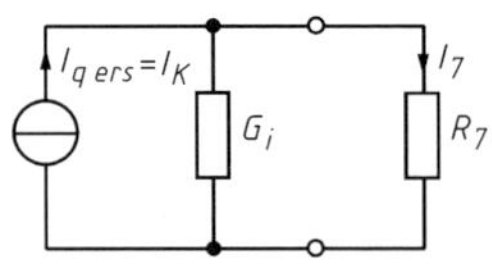

$$\frac{I_7}{I_\text{K}} = \frac{G_7}{G_\text{i} + G_7} \Rightarrow I_7 = I_\text{K} \frac{1}{75\ \Omega \left(\dfrac{1}{168{,}5\ \Omega} + \dfrac{1}{75\ \Omega} \right)} = 92{,}48\ \text{mA} \cdot 0{,}692 = 64\ \text{mA}$$

Vergleicht man den Lösungsaufwand gegenüber der Lösung zu a) erkennt man, dass aufgrund der Serienschaltung der Widerstände im Ersatzbild hier die Methode der Ersatzspannungsquelle schneller eine Lösung liefert.

Betrachtet man die beiden hier verwendeten Lösungsmethoden im Vergleich zu anderen Verfahren, wie z.B. die Anwendung der Spannungsteilerregeln, zeigt sich, dass die Zahl der erforderlichen Lösungsschritte näherungsweise gleich ist.

14.6.9

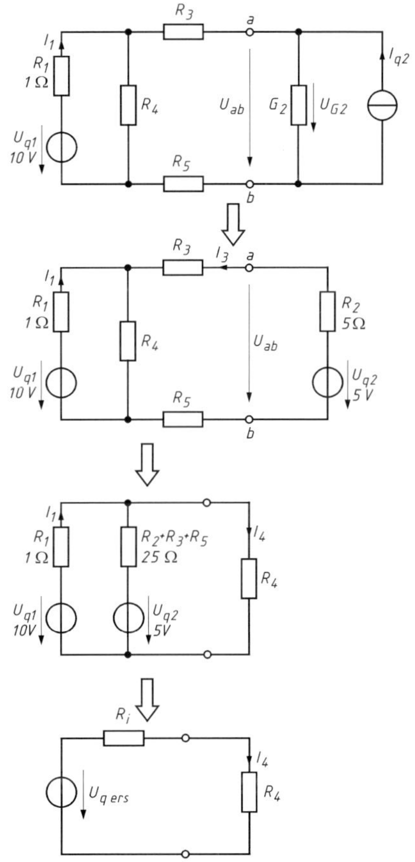

Bei der gegebenen Widerstandsanordnung führt die Ersatzspannungsquellenschaltung auf ein recht einfaches Netzwerk.

Zur Umwandlung der Stromquelle I_{q2} und R_2 in die Spannungsquelle: Aus $G_2 = 0{,}2$ S folgt $R_2 = 5\ \Omega$.

Wäre die Stromquelle mit I_{q2} und G_2 zwischen den Klemmen a und b unbelastet (offene Klemmen), so wäre

$$U_{ab} = U_{G2} = \frac{I_{q2}}{G_2} = \frac{1\,\mathrm{A}}{0{,}2\,\mathrm{S}} = 5\,\mathrm{V}$$

und somit erhält man für die Quellenspannung der Ersatzspannungsquelle

$$U_{q2} = U_{ab} = 5\,\mathrm{V}\ .$$

Bestimmung der charakeristischen Größen der Ersatzspannungsquelle für die Gesamtschaltung entweder direkt oder mit Hilfe von Tabelle 14.6.3:

$$R_i = \frac{R_1(R_2 + R_3 + R_5)}{R_1 + R_2 + R_3 + R_5}\,, \qquad R_i = \frac{25}{26}\,\Omega = 0{,}96\,\Omega$$

$$U_{q\,ers} = \frac{U_{q1}\left(R_2 + R_3 + R_5\right) + U_{q2} \cdot R_1}{R_1 + R_2 + R_3 + R_5}\,, \qquad U_{q\,ers} = 9{,}8\,\mathrm{V}$$

$$I_4 = \frac{U_{q\,ers}}{R_i + R_4} = 894{,}7\,\mathrm{mA}$$

14.6.10

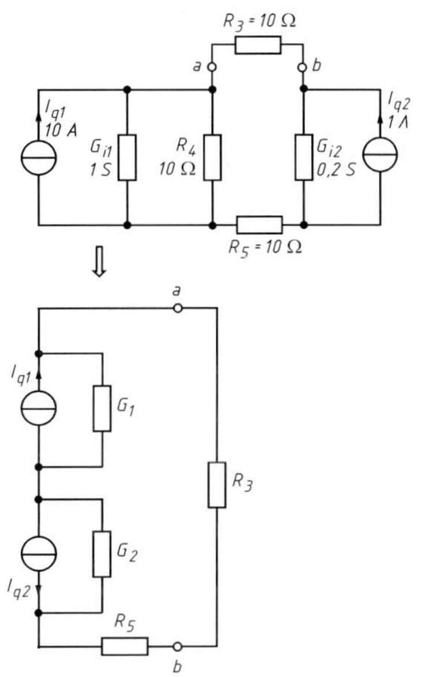

Nach Umwandlung der Spannungsquelle in eine Stromquelle kann man die theoretische Serienschaltung aus den beiden Stromquellen und dem Widerstand R_5 erkennen.

Die beiden Stromquellen haben die Innenleitwerte

$$G_1 = G_{i1} + \frac{1}{R_4} = G_{i1} + G_4 = 1{,}1\,\mathrm{S} \quad \text{und} \quad G_2 = G_{i2}\,,$$

diese liegen in Reihe und ergeben einen Gesamtinnenleitwert

$$G_{i1,2} = \frac{G_1 \cdot G_2}{G_1 + G_2} = \frac{1{,}1 \cdot 0{,}2}{1{,}3}\,\mathrm{S} = 0{,}169\,\mathrm{S}$$

Unter Beachtung der Stromrichtung von I_{q2} folgt für den Quellenstrom der vorläufigen Ersatzstromquelle

$$I_{q1,2} = \frac{I_{q1} \cdot G_2 - I_{q2} \cdot G_1}{G_1 + G_2}$$

Zahlenwerte: $I_{q1} = U_{q1} \cdot G_{i1} = 10\,\mathrm{A}$

$$I_{q1,2} = \frac{10\,\mathrm{A} \cdot 0{,}2\,\mathrm{S} - 1\,\mathrm{A} \cdot 1{,}1\,\mathrm{S}}{1{,}3\,\mathrm{S}} = 0{,}692\mathrm{A}$$

Zur Bestimmung der endgültigen Ersatzstromquelle unter Einbeziehung von R_5 ist der neue Innenleitwert $G_{\mathrm{i\,ers}}$ aus Sicht der offenen Klemmen a und b gefragt:

$$R_{\mathrm{i\,ers}} = \frac{1}{G_{\mathrm{i}1,2}} + R_5 = 15{,}9\,\Omega \quad \Rightarrow \quad G_{\mathrm{i\,ers}} = 62{,}9\,\mathrm{mS}$$

Bei Kurzschluss der Klemmen a und b fließt der Strom I_{K} mit

$$\frac{I_{\mathrm{K}}}{I_{\mathrm{q}1,2}} = \frac{G_5}{G_{\mathrm{i}1,2} + G_5} \quad \Rightarrow \quad I_{\mathrm{K}} = 0{,}692\mathrm{A} \cdot \frac{0{,}1\,\mathrm{S}}{0{,}169\,\mathrm{S} + 0{,}1\,\mathrm{S}} = 0{,}257\,\mathrm{A}$$

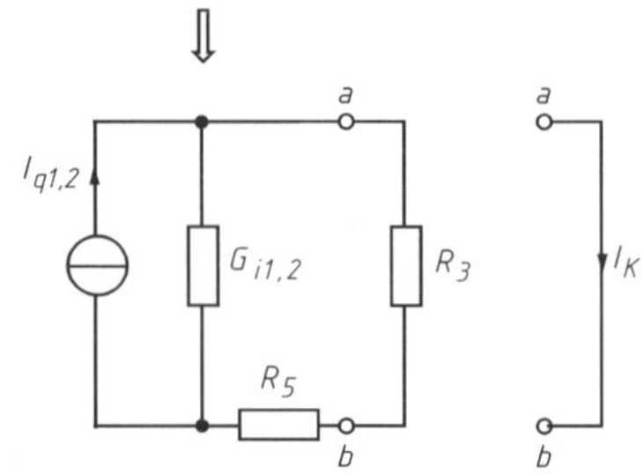

Der Quellenstrom $I_{\mathrm{q\,ers}}$ der endgültigen Ersatzstromquelle ist gleich dem Kurzschlussstrom I_{K}, also $I_{\mathrm{q\,ers}} = I_{\mathrm{K}} = 0{,}257\,\mathrm{A}$.

Unter Anwendung der Stromteilerregel erhält man in der Schaltung mit der endgültigen Ersatzstromquelle für den Strom I_3 durch R_3:

$$\frac{I_3}{I_{\mathrm{q\,ers}}} = \frac{G_3}{G_{\mathrm{i\,ers}} + G_3} \quad \Rightarrow \quad I_3 = 0{,}257\,\mathrm{A} \cdot \frac{100\,\mathrm{mS}}{62{,}9\,\mathrm{mS} + 100\,\mathrm{mS}} = 157{,}9\,\mathrm{mA}$$

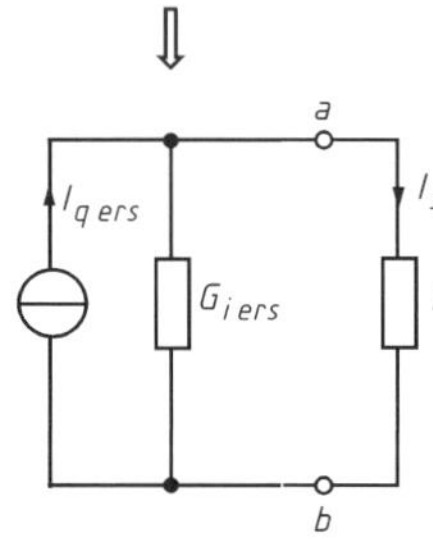

14.6.11

a) Aufgrund der Symmetrie liegt an den Knoten A und B gleiches Potenzial. Somit kann R_5 weggelassen werden. Weiterhin kann man die beiden Spannungsquellen mit $U_{\mathrm{q}1}$ und $U_{\mathrm{q}2}$ zusammenfassen zu $U_{\mathrm{q}12} = 30$ V mit dem dazugehörigen Innenwiderstand $R_{\mathrm{i}12} = 30\,\Omega$.

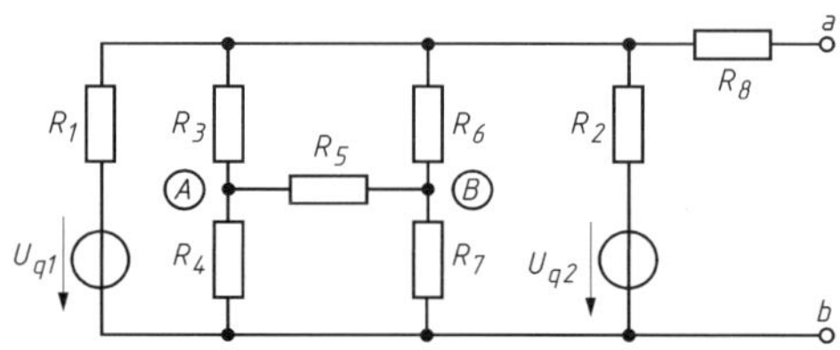

Außerdem ergibt die Parallelschaltung der Widerstände $(R_3 + R_4) \parallel (R_6 + R_7)$ den Gesamtwiderstand $R_{37} = 50\,\Omega$. Diese vereinfachte Schaltung kann nun leicht in eine Ersatzspannungsquelle umgewandelt werden.

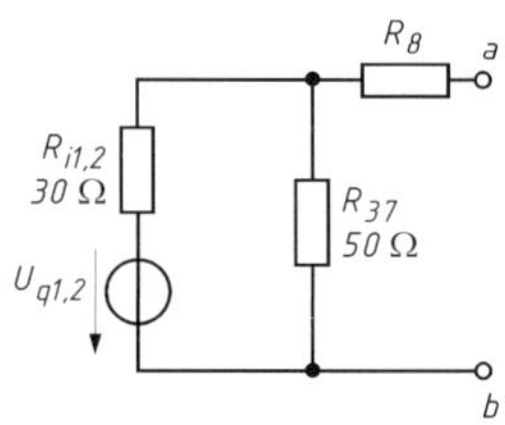

Bestimmung des Ersatz-Innenwiderstandes $R_{\mathrm{i\,ers}}$:

$$R_{\mathrm{i\,ers}} = R_8 + \frac{R_{\mathrm{i}1,2} \cdot R_{37}}{R_{\mathrm{i}1,2} + R_{37}} = 100\,\Omega + 18{,}75 = 118{,}75\,\Omega$$

Leerlauffall zur Ermittlung der Ersatz-Quellenspannung $U_{\mathrm{q\,ers}}$:
Im Leerlauf ist R_8 ohne Wirkung und $U_{\mathrm{L}} = U_{37}$ liegt zwischen den Klemmen a und b.

$$\frac{U_{37}}{U_{\mathrm{q}1,2}} = \frac{U_{\mathrm{L}}}{U_{\mathrm{q}1,2}} = \frac{R_{37}}{R_{\mathrm{i}1,2} + R_{37}} \quad \Rightarrow$$

$$U_{\mathrm{L}} = U_{\mathrm{q}1,2} \cdot \frac{R_{37}}{R_{\mathrm{i}1,2} + R_{37}} = 30\,\mathrm{V} \cdot \frac{50\,\Omega}{80\,\Omega} = 18{,}75\,\mathrm{V} = U_{\mathrm{q\,ers}}$$

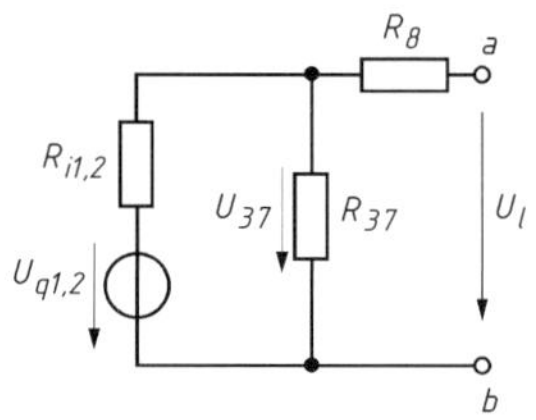

b) Ersatzschaltung:
Für eine Leistungsanpassung mit maximaler Verbraucherleistung muss der Lastwiderstand R_{a} gleich dem Innenwiderstand $R_{\mathrm{i\,ers}}$ sein:

$$R_{\mathrm{a}} = R_{\mathrm{i\,ers}} = 118{,}75\,\Omega$$

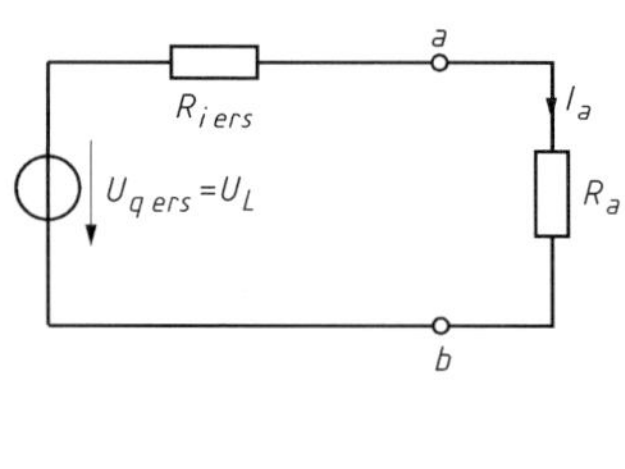

Dann fließt der Strom $I_{\mathrm{a}} = \dfrac{U_{\mathrm{q\,ers}}}{R_{\mathrm{i\,ers}} + R_{\mathrm{L}}} = \dfrac{18{,}75\,\mathrm{V}}{237{,}5\,\Omega} = 78{,}95\,\mathrm{mA}$

14.6.12

Nach der Umwandlung der Stromquelle mit I_{q2} und G_2 in eine äquivalente Spannungsquelle mit U_{q2} und R_2 kann man den Widerstand R_7 als Lastwiderstand von drei in Serie geschalteten Spannungsquellenschaltungen auffassen (siehe Schaltung).

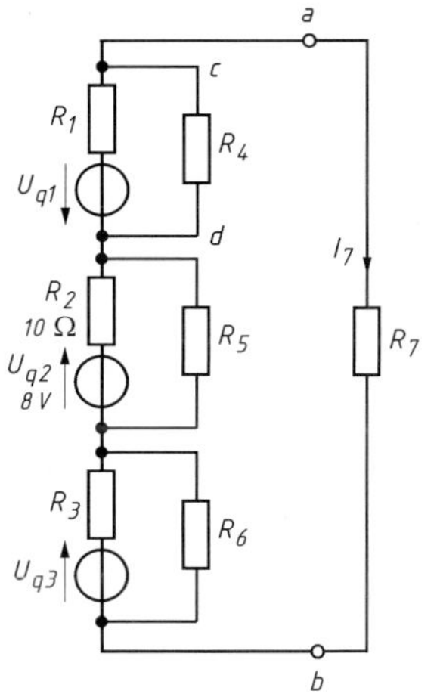

Berechnet man nun den Innenwiderstand und die Leerlaufspannung der Teilschaltung aus U_{q1}, R_1 und R_4, kann man durch Wiederholen dieser Lösungssystematik sehr rasch auf den Gesamt-Innenwiderstand und die Gesamt-Leerlaufspannung der Ersatzspannungsquelle für den linken Schaltungsteil schließen.

$$R_{i1} = \frac{R_1 \cdot R_4}{R_1 + R_4}$$

Da alle $R = 10\ \Omega$ wird: $\quad R_{i1} = \frac{R_1}{2} = 5\ \Omega$

$$U_{q01} = U_{q1} \frac{R_4}{R_1 + R_4} \qquad U_{q01} = \frac{U_{q1}}{2} = 8\ \text{V}$$

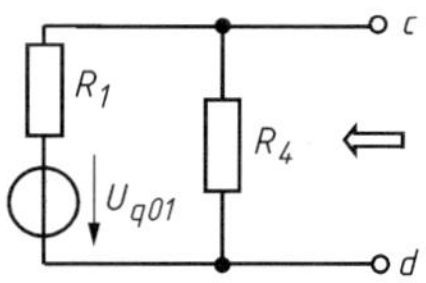

Analog gilt für die Teilschaltung aus U_{q2}, R_2 und R_5:

$$R_{i2} = \frac{R_2}{2} = 5\ \Omega\,, \qquad U_{q02} = \frac{U_{q2}}{2} = 4\ \text{V}$$

Ebenso für die Teilschaltung mit U_{q3}, R_3 und R_6:

$$R_{i3} = \frac{R_3}{2} = 5\ \Omega \qquad U_{q03} = \frac{U_{q3}}{2}$$

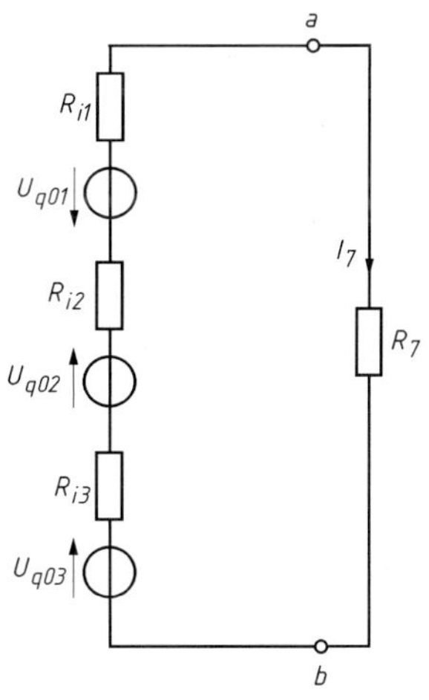

Für das Ersatzbild gilt:

Gesamt-Innenwiderstand:

$$R_{i\,ers} = R_{i1} + R_{i2} + R_{i3} = 15\ \Omega$$

Gesamt-Quellenspannung:

$$U_{q\,ers} = U_{q01} - U_{q02} - U_{q03} = 8\text{V} - 4\ \text{V} - U_{q03}$$

$$U_{q\,ers} = 4\text{V} - \frac{U_{q3}}{2} \qquad (1)$$

Im reduzierten Ersatzbild lässt sich mit dem geforderten Strom $I_7 = 40$ mA die Gesamtquellenspannung endgültig bestimmen:

$$U_{q\,ers} = I_7 (R_i + R_7)$$

$$U_{q\,ers} = 40\ \text{mA}(15\ \Omega + 10\ \Omega) = 1\ \text{V}$$

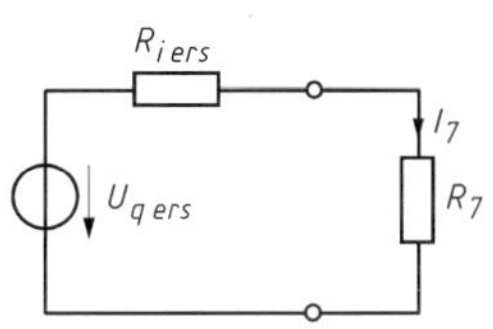

Eingesetzt in (1) ergibt sich für die gesuchte Einzel-Quellenspannung U_{q3} in der Aufgabenstellung:

$$1\text{V} = 4\text{V} - \frac{U_{q3}}{2}$$

$$U_{q3} = 6\ \text{V}$$

14.7 Überlagerungsmethode (Superpositionsgesetz)

- Wirkungsüberlagerung in einem linearen System

Lösungsansatz:

Allgemeingültiges physikalisches Prinzip:
Erzeugen in einem System mehrere voneinander unabhängige Ursachen davon jeweils linear abhängige Wirkungen, so ergibt sich die Gesamtwirkung aus der Überlagerung der Einzelwirkungen.

Anwendung auf elektrische Netzwerke:

Sind in einem linearen Netzwerk mehrere Generatoren vorhanden, so erhält man die Spannungen oder die Ströme in den Netzwerkzweigen additiv aus den berechneten Teilwirkungen der einzelnen Generatoren (Helmholtz'sches Überlagerungsgesetz).

Lösungsstrategie:

1. In einem Netz mit mehreren Generatoren wird zuerst die Wirkung eines Generators betrachtet. Dies bedeutet:

– alle übrigen Spannungsquellen bleiben unbeachtet (gedanklich: Kurzschluss)
– alle übrigen Stromquellen sind abgeklemmt (gedanklich: Unterbrechung)
– zu beachten sind aber die verbleibenden Innenwiderstände!

Für diesen einen Generator werden nun die Teilströme bzw. -spannungen in den einzelnen Zweigen des Netzes berechnet.

2. Mit allen anderen Generatoren ist sukzessive in der gleichen Weise zu verfahren.

3. Die gesuchten Größen in den einzelnen Zweigen ergeben sich dann durch Aufaddition der Teilströme bzw. -spannungen unter Beachtung ihrer Orientierungen.

Nachfolgend ist bei den Aufgabenlösungen die n-te Teilwirkung (n = 1, 2, 3, …) durch n hochgestellte Apostrophe (z.B. U'' bedeutet 2. Teilspannung) gekennzeichnet.

14.7.1 Aufgaben

☞ *Bei den nachfolgenden Aufgaben soll zur Lösung vorzugsweise das Superpositionsprinzip benutzt werden.*

❶ ❷ **14.7.1** Die abgebildete Schaltung mit idealen Spannungsquellen entspricht weitgehend der aus der Aufgabenstellung 14.1.3.

Bestimmen Sie hierfür die Spannung U_3 und Strom I_3 zunächst analytisch und anschließend nummerisch.

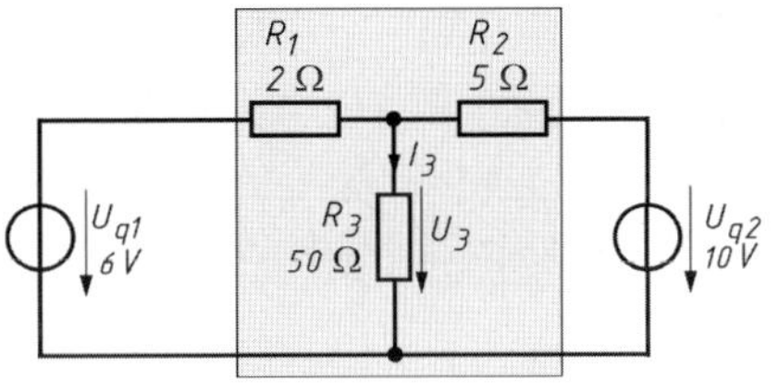

❶ ❷ **14.7.2** Im Gegensatz zur Aufgabe 14.7.1 besteht die nun vorliegende Schaltung aus einer Strom- und einer Spannungsquelle mit Innenleitwert G_{i1} bzw. Innenwiderstand R_{i2}, die gemeinsam auf den Widerstand R_3 arbeiten.

Man ermittle I_3 und U_3 sowohl analytisch als auch nummerisch.

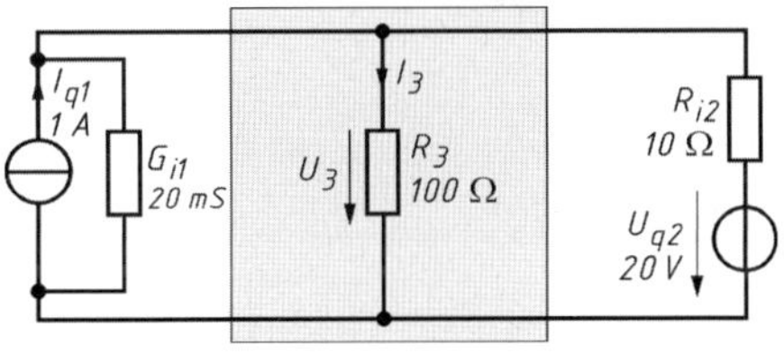

❷ **14.7.3** Gegeben ist die rechts gezeichnete Schaltung mit den Quellengrößen $I_{q1} = 3$ A und $U_{q2} = 10$ V sowie deren eigenen Innenleitwert G_{i1} bzw. Innenwiderstand R_{i2}. Der Schalter S_1 sei offen.

Berechnen Sie Spannung U_5 und Strom I_5.

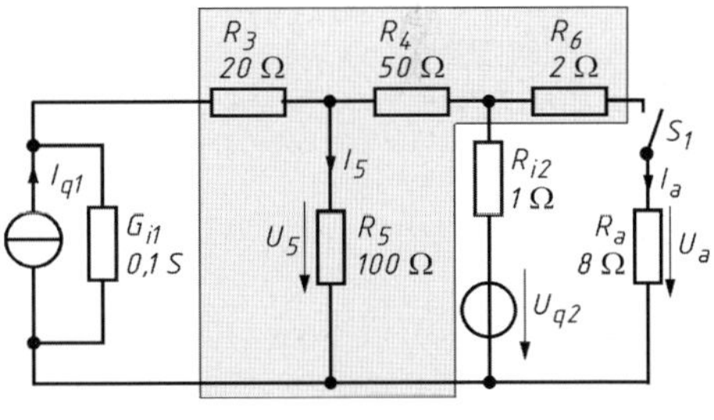

❷ ❸ **14.7.4** In der Schaltung der Aufgabe 14.7.3 haben die Quellen folgende Werte: $I_{q1} = 8$ A, $U_{q2} = 5$ V. Außerdem sei nun der Schalter S_1 geschlossen.

Gesucht sind Spannung U_a und Strom I_a am Lastwiderstand R_a.

❷ ❸ **14.7.5** Die drei Quellen mit ihren zugehörigen Innenwiderständen sind durch den Widerstand R_4 belastet.

Man bestimme Spannung U_4 und Strom I_4.

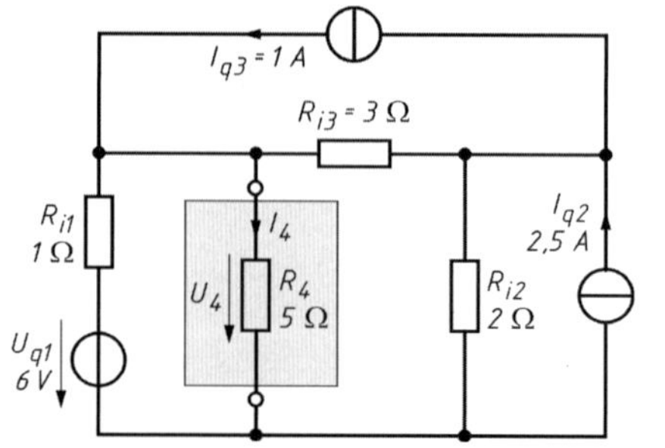

❷ ❸ **14.7.6** In Aufgabe 14.6.12 sollte die Spannung U_{q3} so eingestellt werden, dass der Strom I_7 = 40 mA wird. (Alle R haben einen Wert von 10 Ω.)

Lösen Sie hier diese Aufgabe mit Hilfe der Superposition.

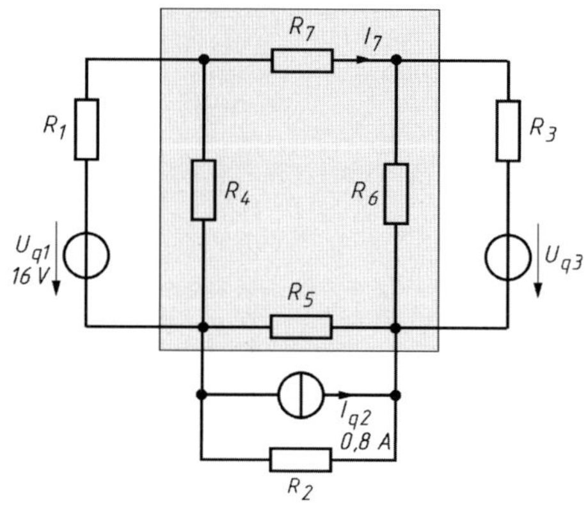

❸ **14.7.7** An die Spannungsquelle mit U_{q1} = 10 V und an die Stromquelle I_{q2} sind die gemeinsamen Lastwiderstände R_3 bis R_6 angeschlossen.

Berechnen Sie die Spannung U_3 sowie Strom I_3.

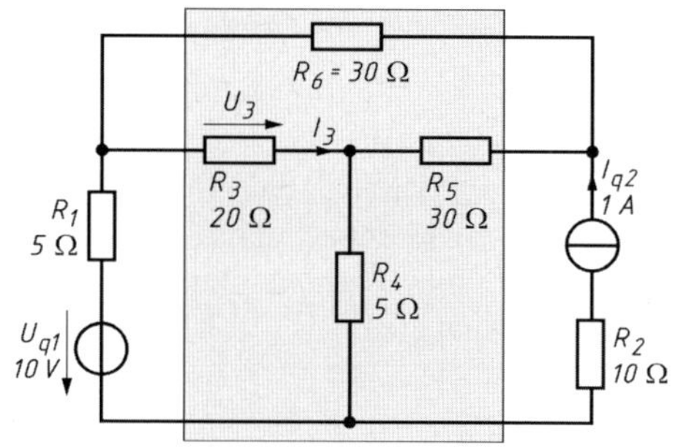

❸ **14.7.8** Die drei Quellen sind an ein verschachteltes Widerstandsnetz angeschlossen.

Bestimmen Sie den Strom I_4 und betrachten Sie verallgemeinernd kritisch die Anwendbarkeit des Überlagerungsprinzips.

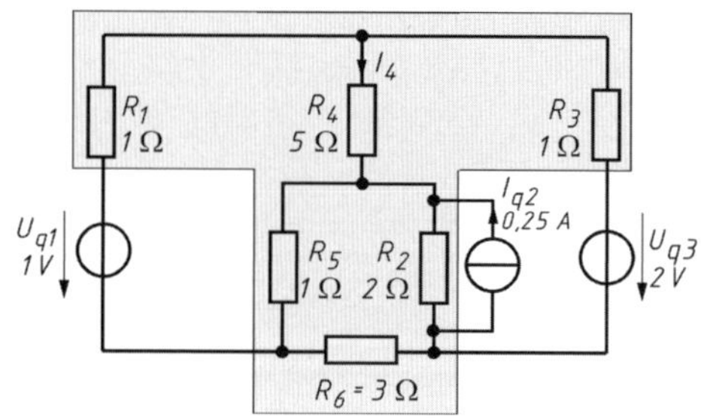

14.7.2 Lösungen

14.7.1

Schritt 1: Quelle 1 mit U_{q1} gedanklich kurzgeschlossen und Teilwirkung 1 in R_3 bestimmt:

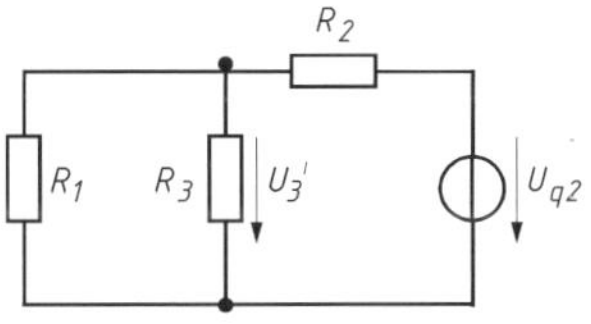

$$\frac{U_3'}{U_{q2}} = \frac{(R_1||R_3)}{R_2 + (R_1||R_3)}$$

$$U_3' = U_{q2} \cdot \frac{\frac{R_1 \cdot R_3}{R_1 + R_3}}{R_2 + \frac{R_1 \cdot R_3}{R_1 + R_3}}$$

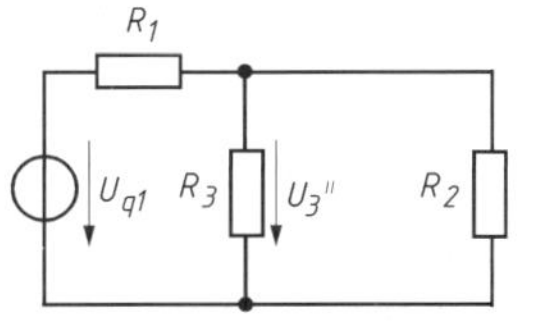

Zahlenwerte: $U_3' = 10\,\text{V} \cdot \frac{\frac{2 \cdot 50}{52}\,\Omega}{5\,\Omega + \frac{2 \cdot 50}{52}\,\Omega} = 2{,}\overline{7}\,\text{V}$

Schritt 2: Quelle 2 mit U_{q2} kurzgeschlossen und Teilwirkung 2 berechnet:

$$U_3'' = U_{q1} \cdot \frac{\frac{R_2 \cdot R_3}{R_2 + R_3}}{R_1 + \frac{R_2 \cdot R_3}{R_2 + R_3}}$$

Zahlenwerte: $U_3'' = 6\,\text{V} \cdot \frac{\frac{5 \cdot 50}{55}\,\Omega}{2\,\Omega + \frac{5 \cdot 50}{55}\,\Omega} = 4{,}1\overline{6}\,\text{V}$

Schritt 3: Superposition: Aufaddition der beiden Teilspannungen: $U_3 = U_3' + U_3''$

Zahlenwerte: $U_3 = 2{,}\overline{7}\,\text{V} + 4{,}1\overline{6}\,\text{V} = 6{,}9\overline{4}\,\text{V} \Rightarrow I_3 = \frac{U_3}{R_3} = \frac{6{,}94\,\text{V}}{50\,\Omega} = 138{,}9\,\text{mA}$

In gleicher Weise hätte man auch die Teilströme I_3' und I_3'' berechnen und überlagern können (vgl. auch Lösung 14.7.2).

14.7.2

1. Spannungsquelle U_{q2} überbrückt:

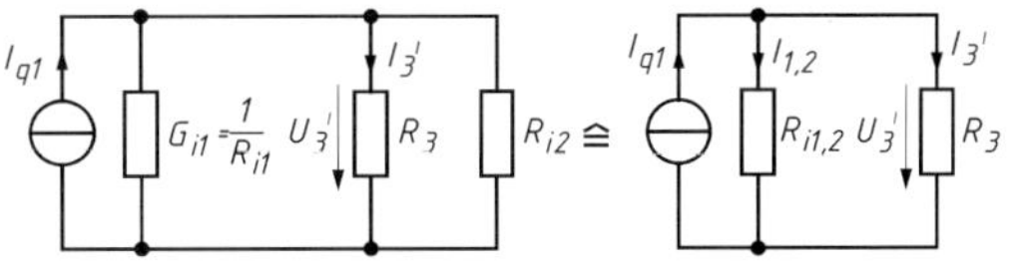

Mit $R_{i1,2} = \frac{1}{G_{i1,2}} = \frac{R_{i1} \cdot R_{i2}}{R_{i1} + R_{i2}} = \frac{50 \cdot 10}{60} = 8{,}\overline{3}\,\Omega$

Mit der Stromteilerregel erhält man:

$$\frac{I_3'}{I_{q1}} = \frac{G_3}{G_{i1,2} + G_3} = \frac{R_{i1,2}}{R_{i1,2} + R_3}$$

Zahlenwert: $I_3' = 1\,\text{A} \cdot \frac{8{,}\overline{3}\,\Omega}{8{,}\overline{3}\,\Omega + 100\,\Omega} = 76{,}9\,\text{mA}$

2. Stromquelle I_{q1} abgeklemmt:

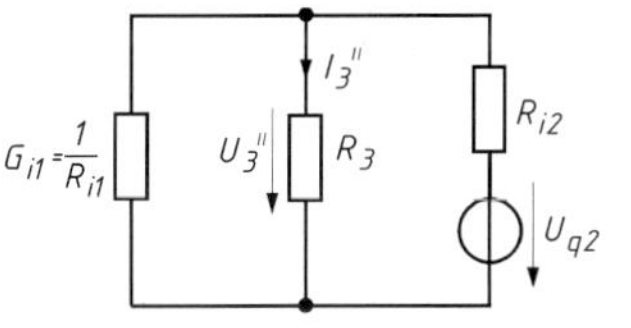

$$\frac{U_3''}{U_{q2}} = \frac{\frac{R_{i1} \cdot R_3}{R_{i1} + R_3}}{R_{i2} + \frac{R_{i1} \cdot R_3}{R_{i1} + R_3}} \Rightarrow I_3'' = \frac{U_3''}{R_3} = U_{q2} \cdot \frac{\frac{R_{i1}}{R_{i1} + R_3}}{R_{i2} + \frac{R_{i1} \cdot R_3}{R_{i1} + R_3}}$$

Zahlenwert: $I_3'' = 20\,\text{V} \cdot \frac{\frac{50\,\Omega}{150\,\Omega}}{10\,\Omega + \frac{50 \cdot 100}{150}\,\Omega} = 153{,}85\,\text{mA}$

3. Überlagerung: $I_3 = I_3' + I_3'' = 230{,}8\,\text{mA}$

14.7.3

Zur Lösung dieser Aufgabe bleibt R_6 unberücksichtigt. Gleiches gilt bei offenem S_1 für R_L.

1. Stromquelle mit I_{q1} abgeklemmt:

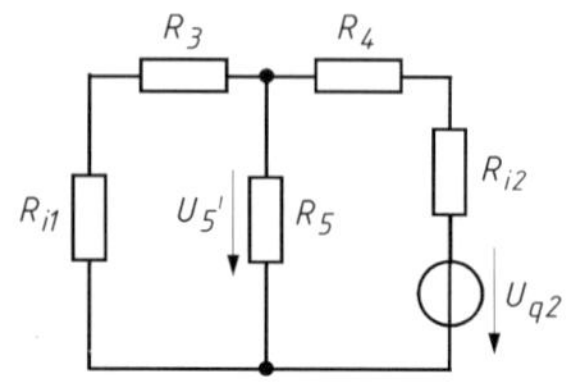

$$\frac{U_5'}{U_{q2}} = \frac{(R_{i1}+R_3)\|R_5}{R_{i2}+R_4+\{(R_{i1}+R_3)\|R_5\}}\,; \qquad U_5' = U_{q2}\cdot\frac{\dfrac{(R_{i1}+R_3)\cdot R_5}{R_{i1}+R_3+R_5}}{R_{i2}+R_4+\dfrac{(R_{i1}+R_3)\cdot R_5}{R_{i1}+R_3+R_5}}$$

$$U_5' = 10\text{ V}\cdot\frac{\dfrac{30\cdot 100}{130}\Omega}{51\,\Omega+\dfrac{30\cdot 100}{130}\Omega} = 10\text{ V}\cdot\frac{23}{74} = 3{,}12\text{ V}$$

2. Spannungsquelle mit U_{q2} überbrückt; weiterhin soll hier exemplarisch die Stromquelle mit I_{q1} in eine Spannungsquelle verwandelt werden:

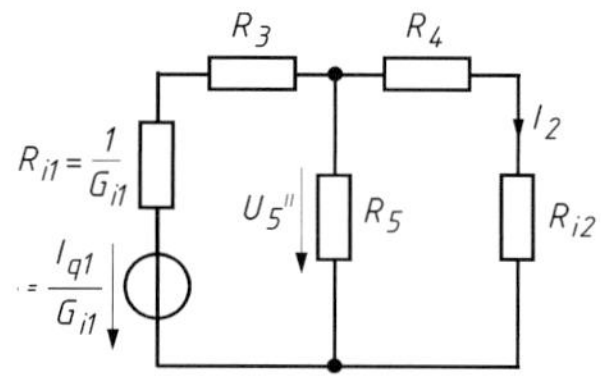

$$\frac{U_5''}{U_{q1}} = \frac{R_5\|(R_{i2}+R_4)}{R_{i1}+R_3+\{R_5\|(R_{i2}+R_4)\}}$$

$$U_5'' = U_{q1}\cdot\frac{\dfrac{R_5\cdot(R_{i2}+R_4)}{R_{i2}+R_4+R_5}}{R_{i1}+R_3+\dfrac{R_5(R_{i2}+R_4)}{R_{i2}+R_4+R_5}} \quad \text{mit } U_{q1} = \frac{I_{q1}}{G_{i1}} = \frac{3\text{ A}}{0{,}1\text{ S}} = 30\text{ V}$$

$$U_5'' = \frac{3\text{ A}}{0{,}1\text{ S}}\cdot\frac{\dfrac{100\cdot 51}{151}\Omega}{30\,\Omega+\dfrac{100\cdot 51}{151}\Omega} = 30\text{ V}\cdot\frac{33{,}77\,\Omega}{63{,}77\,\Omega} = 15{,}89\text{ V}$$

3. Superposition:

$$U_5 = U_5' + U_5'' = 19\text{ V}\,; \quad I_5 = \frac{U_5}{R_5} = 190\text{mA}$$

14.7.4

Schritt 1: Stromquelle I_{q1} abgeklemmt:

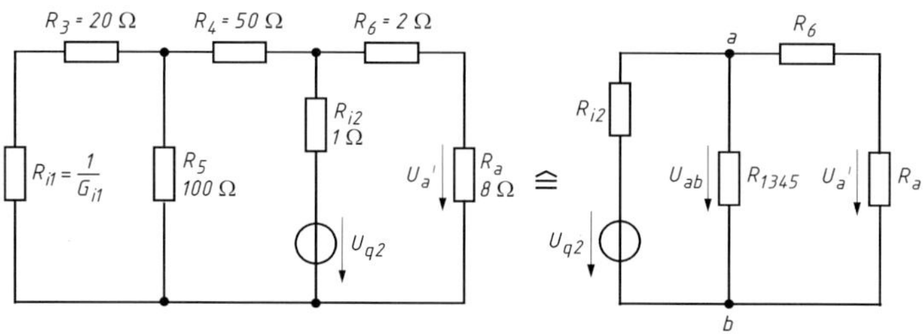

$$\frac{U_a'}{U_{q2}} = \frac{U_a'}{U_{ab}}\cdot\frac{U_{ab}}{U_{q2}}\,; \text{ außerdem sei } R_{1345} = R_{15} = R_4 + \frac{(R_{i1}+R_3)\cdot R_5}{R_{i1}+R_3\cdot R_5}$$

$$\frac{U_a'}{U_{ab}} = \frac{R_a}{R_6+R_a}\,, \quad \frac{U_{ab}}{U_{q2}} = \frac{\dfrac{R_{15}(R_6+R_a)}{R_{15}+R_6+R_a}}{R_{i2}+\dfrac{R_{15}(R_6+R_a)}{R_{15}+R_6+R_a}}$$

Zahlenwerte: $\dfrac{U_a'}{U_{ab}} = \dfrac{8\,\Omega}{10\,\Omega} = 0{,}8\,,\; R_{15} = 50\,\Omega + \dfrac{30\cdot 100}{130}\Omega\,,$ wobei $R_{i1} = 10\,\Omega\,,\; R_{15} = 73\,\Omega$

$$\frac{U_{ab}}{U_{q2}} = \frac{\dfrac{73\cdot 10}{83}\Omega}{1\,\Omega+\dfrac{73\cdot 10}{83}\Omega} = 0{,}898 \;\Rightarrow\; \frac{U_a'}{U_{q2}} = 0{,}8\cdot 0{,}898 = 0{,}718 \;\Rightarrow\; U_a' = 3{,}59\text{ V}$$

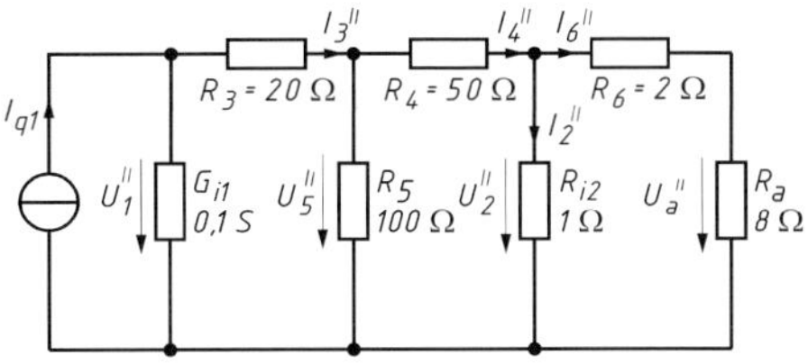

Schritt 2: Spannungsquelle U_{q2} überbrückt:

Beispielsweise kann man diese Teilaufgabe mit der Stromteilerregel lösen:

$$U_2'' = I_2'' \cdot R_{i2} = I_6''(R_6 + R_a)$$
$$= I_4'' \cdot \frac{R_{i2}(R_6 + R_a)}{R_{i2} + R_6 + R_a} \Rightarrow$$

$$\frac{I_6''}{I_4''} = \frac{R_{i2}}{R_{i2} + R_6 + R_a}$$

$$U_5'' = I_4''\left\{R_4 + \frac{R_{i2}(R_6 + R_a)}{R_{i2} + R_6 + R_a}\right\} = I_3'' \cdot \frac{R_5 \cdot \left\{R_4 + \frac{R_{i2} \cdot (R_6 + R_a)}{R_{i2} + R_6 + R_a}\right\}}{R_5 + R_4 + \frac{R_{i2}(R_6 + R_a)}{R_{i2} + R_6 + R_a}}$$

$$\frac{I_4''}{I_3''} = \frac{R_5}{R_4 + R_5 + \frac{R_{i2}(R_6 + R_a)}{R_{i2} + R_6 + R_a}}$$

$$U_1'' = I_3''\left(R_3 + \frac{R_5 \cdot \left\{R_4 + \frac{R_{i2}(R_6 + R_a)}{R_{i2} + R_6 + R_a}\right\}}{R_4 + R_5 + \frac{R_{i2}(R_6 + R_a)}{R_{i2} + R_6 + R_a}}\right) = I_3'' \cdot R_z \quad \Rightarrow \quad U_1'' = I_{q1} \cdot \frac{R_{i1} \cdot R_z}{R_{i1} + R_z} \quad \Rightarrow \quad I_3'' = I_{q1} \cdot \frac{R_{i1}}{R_{i1} + R_z} \quad \text{mit } R_{i1} = \frac{1}{G_{i1}}$$

Nummerische Lösung:

$$\frac{I_6''}{I_{q1}} = \frac{I_6''}{I_4''} \cdot \frac{I_4''}{I_3''} \cdot \frac{I_3''}{I_{q1}}$$

Zahlenwerte:

$$\frac{I_6''}{I_4''} = \frac{1}{11} = 0{,}091\,, \quad \frac{I_4''}{I_3''} = \frac{100}{150 + \frac{10}{11}} = 0{,}663$$

$$R_z = 20\,\Omega + \frac{100 \cdot \left(50 + \frac{1 \cdot 10}{11}\right)}{100 + 50 + \frac{10}{11}}\,\Omega = 53{,}73\,\Omega \Rightarrow$$

$$I_3'' = 8\text{ A} \cdot \frac{10\,\Omega}{10\,\Omega + 53{,}73\,\Omega} = 1{,}255\text{ A} \Rightarrow$$

$$I_6'' = \frac{I_6''}{I_4''} \cdot \frac{I_4''}{I_3''} \cdot I_3'' \quad \text{mit } I_3'' = I_{q1} \cdot \frac{R_{i1}}{R_{i1} + R_z} \Rightarrow$$

$$I_6'' = 0{,}091 \cdot 0{,}663 \cdot 1{,}255\text{ A} = 75{,}6\text{ mA} \qquad \Rightarrow U_a'' = I_6'' \cdot R_a = 0{,}605\text{ V}$$

Schritt 3: Superposition: $U_a = U_a' + U_a'' = 3{,}59\text{ V} + 0{,}605\text{ V} \approx 4{,}2\text{ V} \Rightarrow I_a = \frac{U_a}{R_a} \approx 525\text{ mA}$

Etwas schneller ergibt sich hier die Lösung unter Anwendung der Ersatz-Spannungs- bzw. Stromquelle:
Im Schritt 2: z.B. Umwandlung der Strom- in eine Spannungsquelle und Bestimmung des Innenwiderstandes:

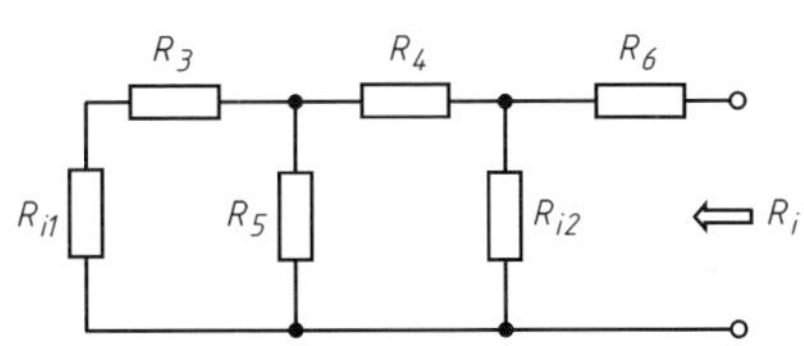

$$R_i = R_6 + \{R_{i2} \| [R_4 + R_5 \| (R_{i1} + R_3)]\}$$

$$\text{Sei } G_{15} = \frac{1}{R_{i1} + R_3} + \frac{1}{R_5} = \frac{13}{300}\text{S} = 0{,}04\overline{3}\text{S}$$

$\Rightarrow R_{15} = 23{,}08\,\Omega\,,\quad R_{45} = R_4 + R_{15} = 73{,}08\,\Omega\,,\quad G_{45} = 13{,}68\text{ mS}$

$G_{245} = G_{i2} + G_{45} = 1{,}0137\text{ S} \quad \Rightarrow \quad R_{245} = 0{,}9865\,\Omega$

$R_{16} = R_6 + R_{245} \approx 3\,\Omega = R_i;$

Bestimmung von U_L: im Leerlauf ist $U_L = U_2$, siehe Bild:

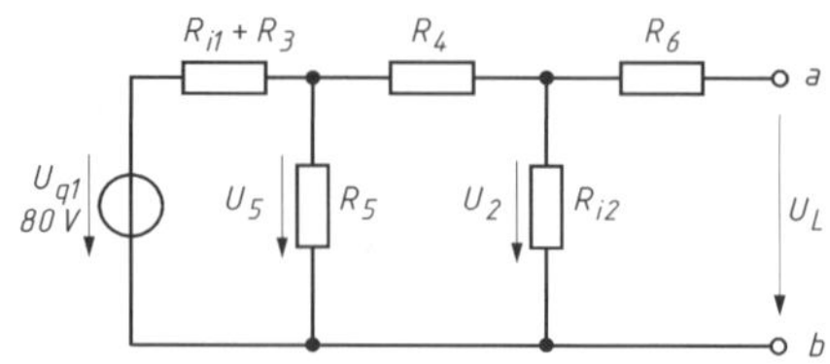

$$\frac{U_L}{U_{q1}} = \frac{U_L}{U_5} \cdot \frac{U_5}{U_{q1}} = \frac{R_{i2}}{R_{i2} + R_4} \cdot \frac{\dfrac{R_5 \cdot (R_{i2} + R_4)}{R_{i2} + R_4 + R_5}}{R_{i1} + R_3 + \dfrac{R_5(R_{i2} + R_4)}{R_{i2} + R_4 + R_5}}$$

$$\frac{U_L}{U_{q1}} = \frac{1}{51} \cdot \frac{\dfrac{100 \cdot 51}{151}\,\Omega}{30\,\Omega + \dfrac{100 \cdot 51}{151}\,\Omega} = 10{,}38 \cdot 10^{-3}\,;$$

$$U_{q1} = \frac{I_{q1}}{G_{i1}} = 80\text{V} \quad \Rightarrow \quad U_L = 80\text{V} \cdot 10{,}38 \cdot 10^{-3} = 830{,}7\text{mV}$$

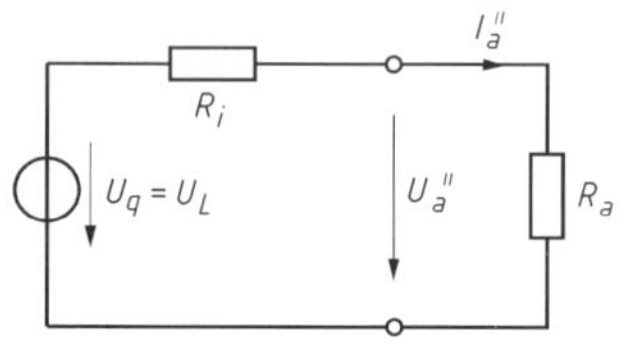

$$I_a'' = \frac{U_L}{R_i + R_a} = \frac{830{,}7\text{mV}}{3\,\Omega + 8\,\Omega} = 75{,}5\text{ mA}\,,$$

$$U_a'' = I_a'' \cdot R_a = 75{,}5\text{ mA} \cdot 8\,\Omega = 604{,}9\text{ mV}\,,$$

$U_a' = 3{,}59\text{ V}$ in Schritt 1 berechnet,

$$U_a = U_a' + U_a'' = 3{,}59\text{ V} + 0{,}605\text{ V} \approx 4{,}2\text{ V} \qquad \Rightarrow I_a \approx 525\text{ mA}\,.$$

14.7.5

1. I_{q1} und I_{q3} abgeklemmt:

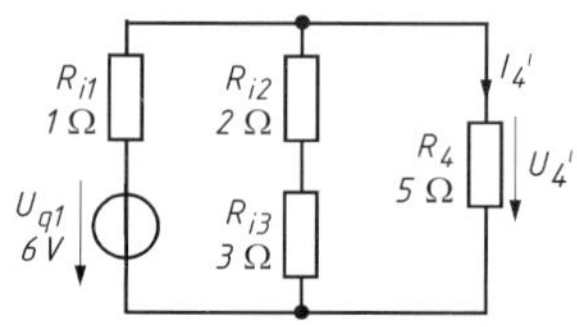

$$\frac{U_4'}{U_{q1}} = \frac{\dfrac{R_4(R_{i2} + R_{i3})}{R_{i2} + R_{i3} + R_4}}{R_{i1} + \dfrac{R_4(R_{i2} + R_{i3})}{R_{i2} + R_{i3} + R_4}}$$

Zahlenwerte: $\dfrac{U_4'}{U_{q1}} = \dfrac{\dfrac{5 \cdot 5}{10}\,\Omega}{1\,\Omega + \dfrac{5 \cdot 5}{10}\,\Omega} = 0{,}714 \quad \Rightarrow \quad U_4' = 6\text{ V} \cdot 0{,}714 = 4{,}29\text{ V}$

2. U_{q1} kurzgeschlossen, I_{q3} abgeklemmt:

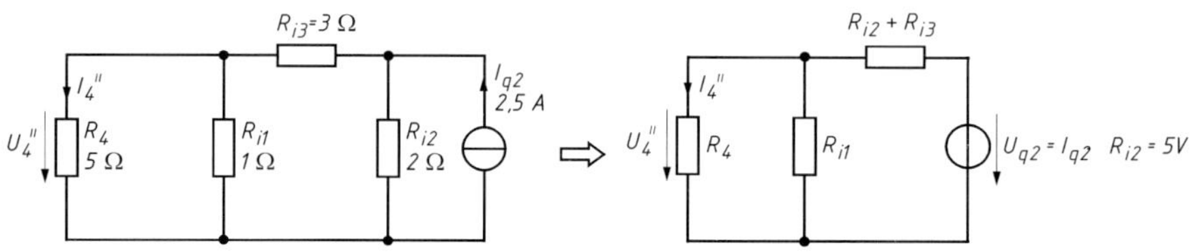

$$\frac{U_4''}{U_{q2}} = \frac{\dfrac{R_{i1} \cdot R_4}{R_{i1} + R_4}}{R_{i2} + R_{i3} + \dfrac{R_{i1} \cdot R_4}{R_{i1} + R_4}} = \frac{\dfrac{5}{6}\,\Omega}{5\,\Omega + \dfrac{5}{6}\,\Omega} = 0{,}143 \quad \Rightarrow \quad U_4'' = 5\text{ V} \cdot 0{,}143 = 0{,}714\text{ V}$$

3. U_{q1} kurzgeschlossen, I_{q2} abgeklemmt:

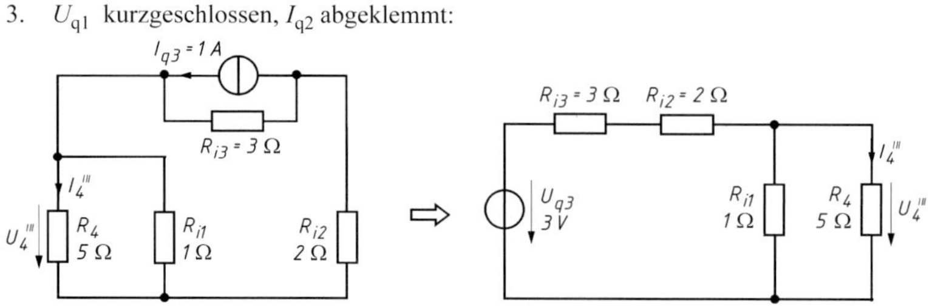

$$U_{q3} = I_{q3} \cdot R_{i3} = 1\text{ A} \cdot 3\,\Omega = 3\text{ V}$$

$$\frac{U_4'''}{U_{q3}} = \frac{\dfrac{R_{i1}\cdot R_4}{R_{i1}+R_4}}{R_{i2}+R_{i3}+\dfrac{R_{i1}\cdot R_4}{R_{i1}+R_4}} = \frac{\dfrac{5}{6}\,\Omega}{5\,\Omega+\dfrac{5}{6}\,\Omega} = 0{,}143 \quad\Rightarrow\quad U_4''' = 3\,\text{V}\cdot 0{,}143 = 0{,}429\,\text{V}$$

4. Überlagerung:

$U_4 = U_4' + U_4'' + U_4''' = 5{,}429\ \text{V}$;

$$I_4 = \frac{U_4}{R_4} = 1{,}086\ \text{A}$$

14.7.6

Schritt 1: I_{q2} abgeklemmt, U_{q3} kurzgeschlossen

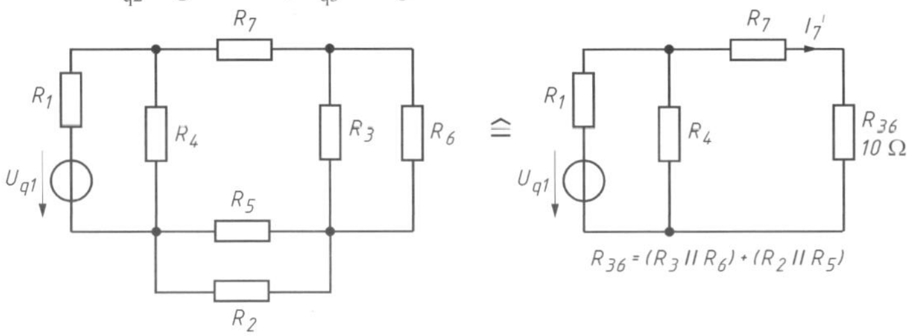

Die Anwendung der Spannungsteilerregel liefert (vgl. Kap. 14.4):

$$\frac{I_7'}{U_{q1}} = \frac{R_4}{R_1R_4 + R_1(R_7+R_{36}) + R_4(R_7+R_{36})} \quad\Rightarrow\quad I_7' = 16\ \text{V}\,\frac{10\ \Omega}{10\ \Omega\cdot 10\ \Omega + 10\ \Omega\cdot 20\ \Omega + 10\ \Omega\cdot 20\ \Omega} = 320\ \text{mA}$$

Schritt 2: U_{q1} und U_{q3} kurzgeschlossen; außerdem sei hier zur schnelleren (gewohnten) Übersicht die Stromquelle in eine äquivalente Spannungsquelle mit Hilfe des Parallelwiderstandes R_2 umgewandelt:

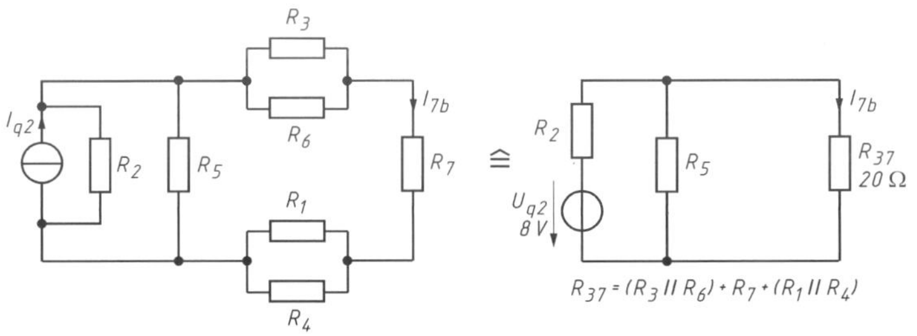

Beachte: $I_{7\text{b}}$ ist hier dem gesuchten Strom I_7'' entgegengerichtet!

$$\frac{I_{7\text{b}}}{U_{q2}} = \frac{R_5}{R_2R_5 + R_2R_{37} + R_5R_{37}} \quad\Rightarrow\quad I_{7\text{b}} = 8\,\text{V}\cdot\frac{10\,\Omega}{500\,\Omega^2} = 160\,\text{mA}$$

$I_7'' = -I_{7\text{b}} = -160$ mA

Schritt 3: U_{q1} kurzgeschlossen, I_{q2} abgeklemmt:

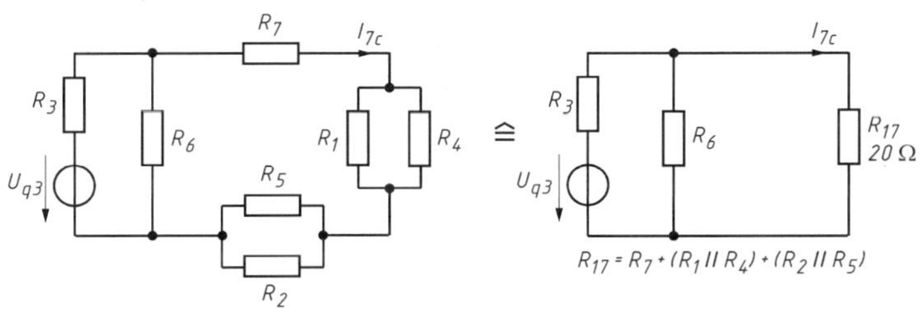

Beachte: $I_{7\text{c}}$ ist hier dem gesuchten Strom I_7''' entgegengerichtet!

$$\frac{U_{q3}}{I_{7c}} = \frac{R_3 R_6 + R_3 R_{17} + R_6 R_{17}}{R_6} = 50\,\Omega$$

$$U_{q3} = -I_7''' \cdot 50\,\Omega = 120\,\text{mA} \cdot 50\,\Omega = 6\,\text{V}$$

mit $I_7''' = -I_{7c}$ sowie $I_7' + I_7'' + I_7''' = 40\,\text{mA}$, also: $I_7''' = 40\,\text{mA} - 320\,\text{mA} + 160\,\text{mA} = -120\,\text{mA}$

14.7.7

1. I_{q2} abgeklemmt:

$$\frac{U_3'}{U_{q1}} = \frac{\dfrac{R_3 \cdot (R_5 + R_6)}{R_3 + R_5 + R_6}}{R_1 + R_4 + \dfrac{R_3 \cdot (R_5 + R_6)}{R_3 + R_5 + R_6}}$$

Zahlenwerte:

$$U_3' = 10\,\text{V} \cdot \frac{\dfrac{20 \cdot 60}{80}\,\Omega}{10\,\Omega + \dfrac{20 \cdot 60}{80}\,\Omega} = 6\,\text{V}$$

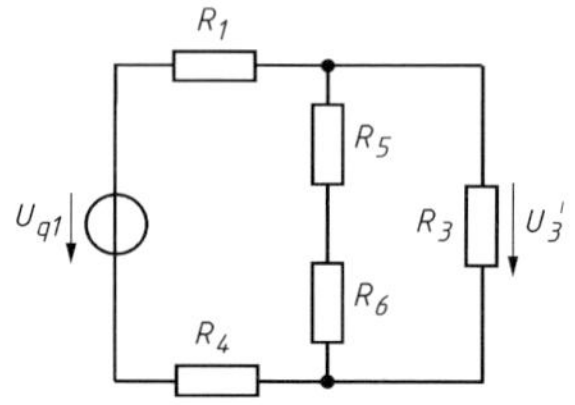

2. U_1 überbrückt:
   Da mit I_{q2} eine ideale Stromquelle vorgegeben ist, hat der Serienwiderstand R_2 keinen Einfluss auf den Strom I_{q2} und kann weggelassen werden. Weiterhin lässt sich die ideale Stromquelle nicht ohne weiteres in eine Spannungsquelle umwandeln, da der Parallelleitwert fehlt. (Eine Möglichkeit wäre hier z.B., einen beliebigen Parallelleitwert einzufügen und den gleichen Leitwert mit negativem Vorzeichen zur Quelle und dem Parallelleitwert in Serie zu schalten.)

   Dieser Umweg ist aber nicht nötig, denn nach dem Umzeichnen erkennt man die Brückenschaltung, die im vorliegenden Fall mit $R_5 = R_6$ und $R_1 = R_4$ sogar abgeglichen ist:
   $\Rightarrow\ I_3'' = 0\ ,\ U_3'' = 0$

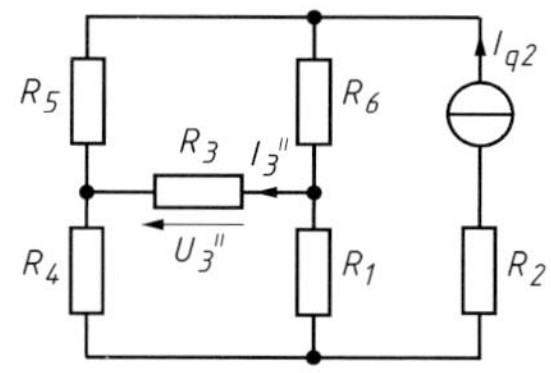

3. Überlagerung
   $U_3 = U_3' + U_3'' = 6\,\text{V} \ \Rightarrow\ I_3 = 0{,}3\,\text{A}$
   Anmerkung: Die besondere Wahl der Widerstände führt hier zu einer einfachen Lösung. Liegt dieser Sonderfall nicht vor, muss bei Anwendung des Überlagerungsgesetzes der Strom I_3'' mit anderen Methoden bestimmt werden (vgl. auch z.B. die Aufgaben 14.5.3 und 14.5.4, oder Aufgabe 14.8.4).

14.7.8

Schritt 1: I_{q2} abgeklemmt, U_{q3} kurzgeschlossen:

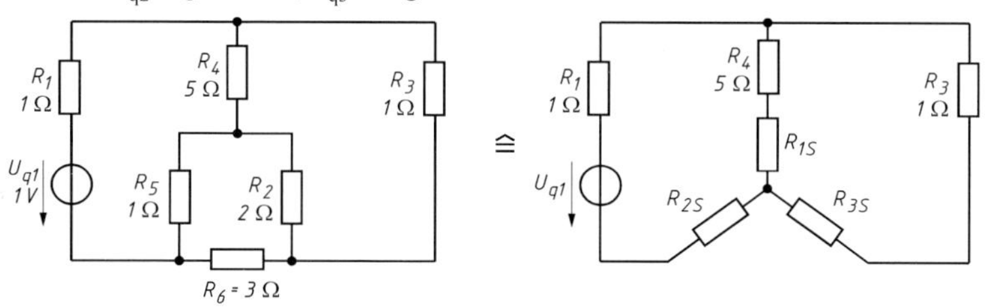

Für die Umwandlung der Dreieckschaltung aus $R_2 - R_5 - R_6$ in eine Sternschaltung erhält man:

$$R_{1S} = \frac{R_2 \cdot R_5}{R_2 + R_5 + R_6} = \frac{2}{6}\,\Omega = \frac{1}{3}\,\Omega\,, \qquad R_{2S} = \frac{R_5 \cdot R_6}{R_2 + R_5 + R_6} = \frac{3}{6}\,\Omega = \frac{1}{2}\,\Omega\,,$$

$$R_{3S} = \frac{R_2 \cdot R_6}{R_2 + R_5 + R_6} = \frac{6}{6}\,\Omega = 1\,\Omega \ \Rightarrow$$

Nach den Spannungsteilerregeln gilt (s. auch Kap 14.4):

$$\frac{I_4'}{U_{q1}} = \frac{R_{3a}}{R_{1a} \cdot R_{3a} + R_{1a} \cdot R_{4a} + R_{3a} \cdot R_{4a}}$$

$$I_4' = 1\,\text{V} \frac{2}{1{,}5 \cdot 2 + 1{,}5 \cdot 5{,}\overline{3} + 2 \cdot 5{,}\overline{3}}\,\Omega^{-1} = 92{,}3\,\text{mA}$$

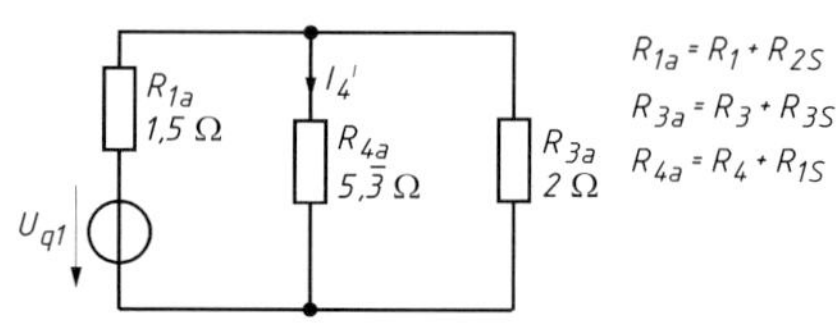

Schritt 2: U_{q1} und U_{q3} kurzgeschlossen, Stromquelle in Spannungsquelle umgewandelt:

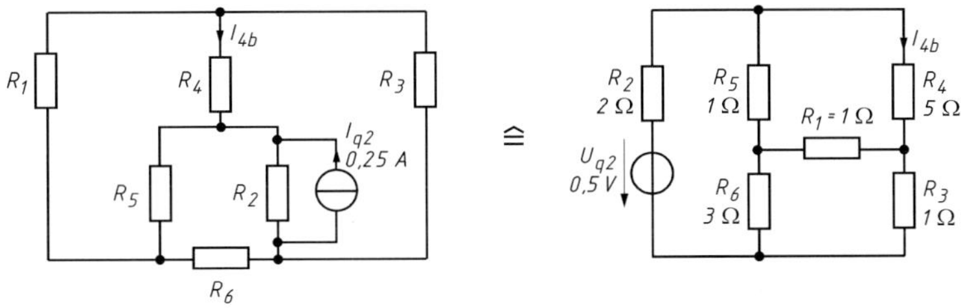

Beachte: I_{4b} ist hier dem gesuchten Strom I_4'' entgegengerichtet!

Vereinfacht man z.B. die Dreieckschaltung aus $R_1 - R_3 - R_6$ zu einer Sternschaltung, folgt hieraus:

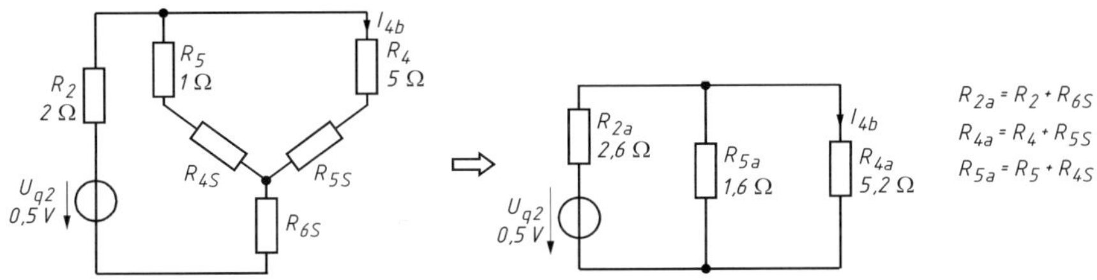

Hierbei gilt:

$$R_{4S} = \frac{R_1 \cdot R_6}{R_1 + R_3 + R_6} = \frac{3}{5}\Omega = 0{,}6\,\Omega\ , \quad R_{5S} = \frac{R_1 \cdot R_3}{R_1 + R_3 + R_6} = \frac{1}{5}\Omega = 0{,}2\,\Omega\ , \quad R_{6S} = \frac{R_3 \cdot R_6}{R_1 + R_3 + R_6} = \frac{3}{5}\Omega = 0{,}6\,\Omega$$

$$\frac{I_{4b}}{U_{q2}} = \frac{R_{5a}}{R_{2a} \cdot R_{5a} + R_{2a} \cdot R_{4a} + R_{5a} \cdot R_{4a}}\ . \text{ Mit } I_{4b} \mathrel{\hat{=}} -I_4'' \Rightarrow \quad -I_4'' = 0{,}5\,\text{V}\frac{1{,}6\,\Omega}{2{,}6\,\Omega \cdot 1{,}6\,\Omega + 2{,}6\,\Omega \cdot 5{,}2\,\Omega + 1{,}6\,\Omega \cdot 5{,}2\,\Omega}$$

$I_4'' = -30{,}8\text{ mA}$

Schritt 3: U_{q1} kurzgeschlossen, I_{q2} abgeklemmt:

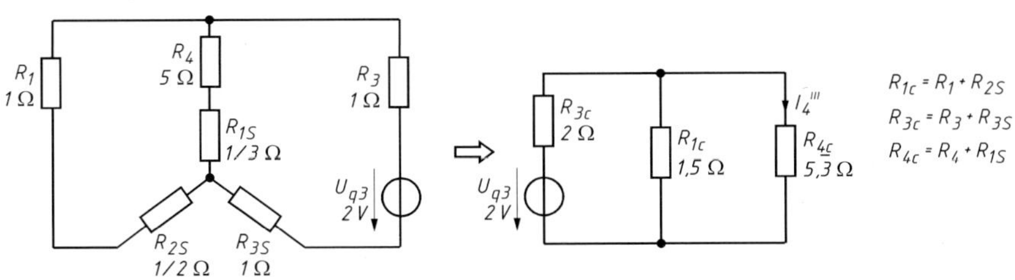

Genau wie bei Schritt 1 erhält man nach Umwandlung der Dreieck- in eine Sternschaltung:

$$\frac{I_4'''}{U_{q3}} = \frac{R_{1c}}{R_{3c} \cdot R_{1c} + R_{3c} \cdot R_{4c} + R_{1c} \cdot R_{4c}} \quad \Rightarrow \quad I_4''' = 2\,\text{V}\frac{1{,}5}{2 \cdot 1{,}5 + 2 \cdot 5{,}\overline{3} + 1{,}5 \cdot 5{,}\overline{3}} \cdot \frac{1}{\Omega}$$

$\Rightarrow\ I_4''' = 138{,}5\text{ mA} \ \Rightarrow\ I_4 = I_4' + I_4'' + I_4''' = 200\text{ mA}$

Kritische Betrachtung des Lösungsaufwandes:

Vergleicht man das Superpositionsverfahren mit anderen Lösungsprinzipien, erkennt man gut am Beispiel der Lösung 14.7.6, dass die Methode immer dann vorteilhaft anzuwenden ist, wenn neben den Quellen nur noch relativ wenige oder aber gut zusammenfassbare andere Netzwerkelemente vorhanden sind.

Allerdings müssen komplexe Netzwerkstrukturen, wie z.B. die Dreieck-Konfiguration aus $R_2 - R_5 - R_6$ in der hier betrachteten Aufgabe, meist mit anderen Arbeitsmitteln in einfachere Strukturen aufgelöst werden.

14.8 Umlauf- und Knotenanalyse, Benutzung eines „vollständigen Baumes“

• Abgeleitete Anwendungen des Maschenstrom- und Knotenspannungsverfahrens

Lösungsansatz:

Das Maschenstrom- und das Knotenspannungsverfahren nach Kap. 14.2 und Kap. 14.3 haben zum Ziel, die richtige Anzahl der benötigten Gleichungen zu bestimmen und die Auswahl der voneinander unabhängigen Gleichungen zur Netzwerkanalyse vornehmen zu können.
Beide Vorgehensweisen werden auch bei der Analyse unter Benutzung eines „vollständigen Baumes“ zugrunde gelegt, wobei sich hier allerdings die erforderlichen Arbeitsschritte weitestgehend schematisieren lassen.

Begriffsdefinitionen:

Abstrahiert man die Zeichnung des Netzes zu einem Streckennetz („Graph“; vergleiche auch Kap. 14.1) und verbindet die Knoten durch eine nichtunterbrochene Linie (im Streckennetz nach Bild 14.8.1 dick eingezeichnet), nennt man diesen Linienkomplex einen „Baum“.

Dieser Linienzug, der aber keinen geschlossenen Umlauf bilden darf, heißt „vollständiger Baum“, wenn alle Knoten erfasst sind.

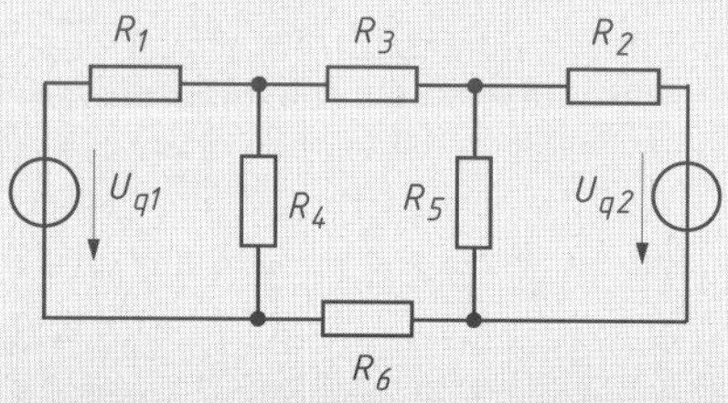

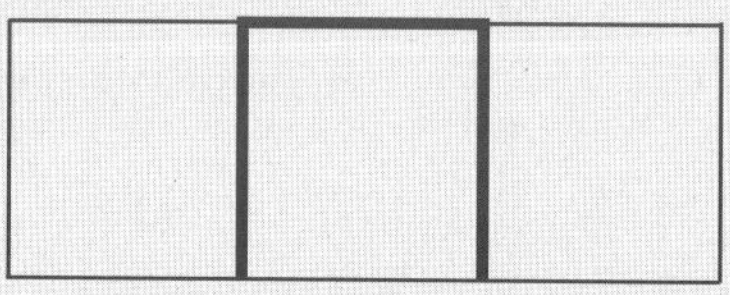

Bild 14.8.1 Netzwerk und zugehöriges Streckennetz mit einem Beispiel für einen eingetragenen „vollständigen Baum“

Die dicken Linien bezeichnet man als „Baumzweige“, die dünnen Linien als „Verbindungszweige“. Sieht man z.B. die Ströme in den Verbindungszweigen als unabhängige (= gesuchte) Größen an, sind die Ströme in den Baumzweigen die abhängigen Ströme, die sich am Schluss der Rechnung aus den Ergebnissen der unabhängigen Ströme einfach ermitteln lassen.

Man hat sich somit eine grafische Methode geschaffen, abhängige und unabhängige Größen schnell und zweifelsfrei definieren zu können.

Bild 14 .8.2 zeigt einige weitere Möglichkeiten zur Wahl des vollständigen Baumes:

Bild 14.8.2

Lösungsstrategien zur Berechnung der unabhängigen Ströme aus den Maschengleichungen

„Rezept Maschenstromanalyse“ unter Benutzung eines vollständigen Baumes:
(zweckmäßig, wenn Baum so gelegt werden kann, dass möglichst wenig Verbindungszweige (= Zahl der Gleichungen) entstehen.

1. Alle Knoten des Netzes verbinden, aber ohne einen geschlossenen Umlauf zu bilden. Dabei vollständigen Baum so wählen, dass gesuchte Ströme in Verbindungszweigen (unabhängige Ströme) fließen.

   Spannungsquellen und vorgegebene Einströmungen gleichfalls in Verbindungszweige legen.

   Beachte. Für Maschenumläufe soll nur ein Verbindungszweig zu durchlaufen sein.

Beispiel: Gesucht: I_3

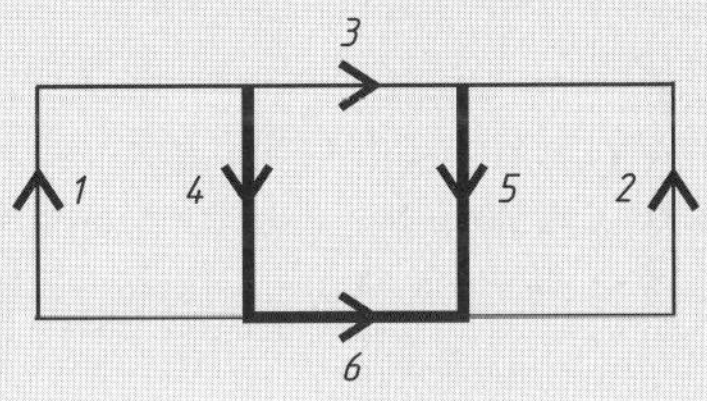

Unabhängige Ströme: I_1, I_2, I_3

2. Zweckmäßige Nummerierung der Zweige: Beginne mit der Nummerierung bei den Verbindungszweigen (= gesuchte Ströme) und lasse die Baumzweige folgen, wenn keine andere Nummerierung vorgegeben ist.

3. Lege Zählrichtung in allen Zweigen (willkürlich) fest $\Rightarrow$ Umlaufrichtung für die unabhängigen Maschen.

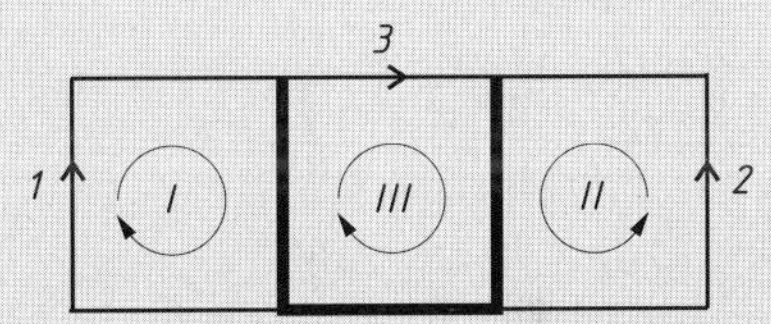

4. Für die unabhängigen Größen sind nach Kap. 14.2 die Kirchhoffschen Gleichungen aufzustellen.

   Da hier die Berechnung mit den unabhängigen Strömen erfolgen soll, hat man die Maschengleichungen und in jedem Zweig das Ohm'sche Gesetz zu benutzen.

   Das Ergebnis ist eine Widerstandsmatrix, deren Elemente sofort unter Benutzung eines Koeffizientenschemas angegeben werden können.

$$(R) \cdot (I) = (U)$$

   Dazu führt man für jeden Verbindungszweig entsprechend der Zählrichtung des unabhängigen Stromes einen Spannungsumlauf durch und stellt das Koeffizientenschema nach folgenden Regeln auf:

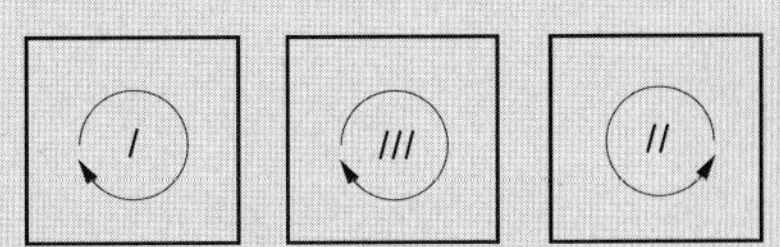

5. In der linken Spalte des Schemas sind die Maschenumläufe angegeben, dann folgen in der Kopfzeile die spaltenweise Bezeichnungen der unabhängigen Ströme von links nach rechts entsprechend der Reihenfolge der Maschenumläufe in der linken Spalte.
Getrennt davon wird in der rechten Spalte die „rechte Seite des Gleichungssystems" aufgeführt (vgl. dazu auch Kap. 14.2, Lösung Aufgabe 14.2.4 usw.).

Ströme	I_1	I_2	I_3	rechte Seite
Masche I				
Masche II				
Masche III				

6. Die Elemente der Widerstandsmatrix sind in den noch freien, linken Teil des Schemas nach folgenden Regeln einzutragen:
   - In der Hauptdiagonalen steht die Summe aller Widerstände des zugehörigen Spannungsumlaufes.
   - Die übrigen Elemente werden durch die Widerstände gebildet, die den verschiedenen Umläufen gemeinsam sind; z.B. in Masche I, Spalte 3 ist im Umlauf *I* und *III* R_4 gemeinsam enthalten.

   Für den Umlauf *II* und *III* ist R_5 gemeinsames Element, usw.

   Diese Widerstände erhalten ein **positives Vorzeichen**, wenn in dem gemeinsamen Zweig **beide Umläufe die gleiche Orientierung** haben und ein **negatives Vorzeichen**, wenn in dem gemeinsamen Zweig die **Umläufe verschieden orientiert** sind.

   Sind keine gemeinsamen Elemente beim Umlauf vorhanden, ist $R = 0$ einzusetzen. So enthält das Schema z.B. in Masche I, Spalte 2 eine 0, denn die Umläufe *I* und *II* besitzen kein gemeinsames Element.

   Das Koeffizientenschema ist symmetrisch zur Hauptdiagonalen, da bei der hier gewählten Anordnung die Verkopplung der Umläufe für Masche i mit Strom j identisch ist mit der Verkopplung der Masche j mit dem Strom i ($i, j = 1,..., n$)

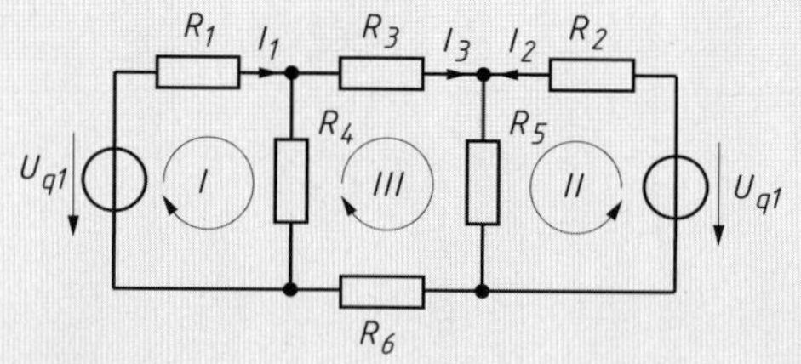

Ströme	I_1	I_2	I_3	rechte Seite
Masche I	$R_1 + R_4$	0	$-R_4$	U_{q1}
Masche II	0	$R_2 + R_5$	R_5	U_{q2}
Masche III	$-R_4$	R_5	$R_3 + R_4 + R_5 + R_6$	0

7. Die rechte Seite des Gleichungssystems ergibt sich nach folgender Regel:

   Auf der rechten Seite stehen alle in dem betreffenden Maschenumlauf enthaltenen Generatorspannungen, und zwar

   – mit **positivem Vorzeichen**, wenn **Umlauf- und Spannungsrichtung entgegengesetzt** sind,
   – mit **negativem Vorzeichen,** bei **gleicher Orientierung**.

8. Die unbekannten Ströme I_1, I_2 und I_3 sind dann mit den Hilfsmitteln der Mathematik für die Lösung von Gleichungssystemen zu bestimmen (Lösung des Gleichungssystems z.B. nach den Regeln der Matrizenrechnung, unter Benutzung von Taschenrechnerprogrammen usw.; s. auch Anhang: Mathematische Ergänzungen).

Lösungsstrategien zur Berechnung der unabhängigen Spannungen aus den Knotengleichungen

„Rezept Knotenspannungsanalyse" unter Benutzung eines vollständigen Baumes:

(zweckmäßig, wenn alle Knoten durch möglichst wenig Baumzweige (Zahl der Baumzweige = Zahl der Gleichungen) eines sternförmigen Baumes verbunden werden können)

1. Wähle Baum so, dass von einem Bezugsknoten aus alle anderen Knoten sternförmig verbunden sind. Falls nur eine Spannung bzw. der zugehörige Strom im Netzwerk gesucht ist, ist der Bezugsknoten in einen Knoten dieses Baumzweiges zu legen. Sollte keine direkte Verbindung vom Bezugsknoten zu einem anderen Knoten bestehen, füge eine Verbindung hinzu und ordne ihr den Leitwert $G = 0$ zu.

   Beachte: Die Stromquellen sollten vorzugsweise in Verbindungszweigen liegen.

Beispiel: Netzwerk:

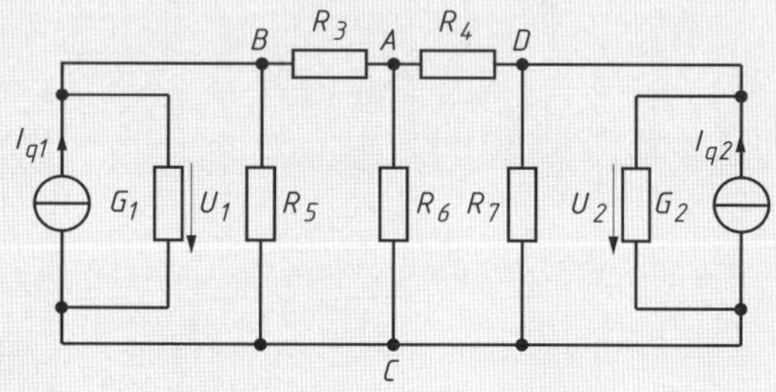

2. Lege Zählpfeilrichtung der unabhängigen Spannungen (Baumzweige) in Richtung auf Bezugsknoten fest (in der Skizze: Bezugsknoten A).

   Die Zählpfeilorientierung in Zweigen mit Stromquellen sollte der Quellenstromrichtung und in Zweigen mit Spannungsquellen der Richtung der Quellenspannungen entsprechen, wenn nicht eine andere Richtung durch Orientierung der Baumzweige (unabhängige Spannungen, auf Bezugsknoten gerichtet!) vorgegeben ist.

Zugehöriges Streckennetz:

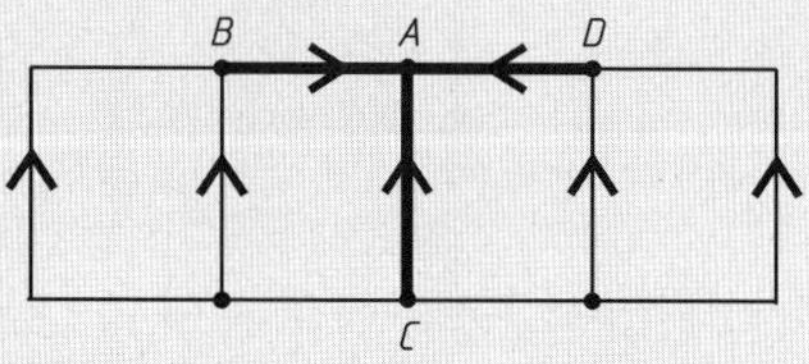

Bild 14.8.3

3. Falls Spannungsquellen vorhanden sind, sollten sie in entsprechende Stromquellen umgeformt werden, siehe Kapitel 14.6.

4. Für die Berechnung der unabhängigen Spannungen müssen nach Kap. 14.3 die Knotengleichungen und in jedem Zweig das Ohm'sche Gesetz ausgewertet werden. Somit sind für alle Knoten außer dem Bezugsknoten die Knotengleichungen aufzustellen.

$$(G) \cdot (U) = (I)$$

5. In der linken Spalte des Koeffizientenschemas listet man zweckmäßigerweise die Knoten auf, und zwar entsprechend der Reihenfolge der unabhängigen Spannungen, die zwischen dem jeweilig betrachteten Knoten und dem Bezugsknoten liegen.
   In der Kopfzeile folgen dann spaltenweise die unabhängigen Spannungen an den Baumzweigen entsprechend der Reihenfolge der Knoten. Getrennt davon steht in der rechten Spalte die „rechte Seite des Gleichungssystems“, also die unabhängigen Quellenströme.

Spannungen	U_3	U_4	U_6	rechte Seite
(1): Knoten B				
(2): Knoten D				
(3): Knoten C				

6. In den noch freien, linken Teil des Schemas sind die Elemente der Leitwertmatrix wie folgt einzutragen:
   - In der Hauptdiagonalen steht jeweils die Summe aller Leitwerte der Zweige, die von dem betrachteten Knoten ausgehen. Sie heißen Knoten-Leitwerte und sind stets positiv.
   - In den übrigen Feldern steht die Summe der Koppel-Leitwerte , die zwei Knoten über Verbindungszweige untereinander koppeln. Die Koppel-Leitwerte sind stets negativ einzutragen, wenn die Knotenspannung vom Knoten zum Bezugsknoten positiv festgelegt wurde, wie unter 2. beschrieben.

     Ist kein direkter Verbindungszweig vorhanden, ist der Leitwert $G = 0$. Das Koeffizientenschema ist symmetrisch zur Hauptdiagonalen.

Spannungen	U_3	U_4	U_6	rechte Seite
(1): Knoten B	$G_1 + G_3 + G_5$	0	$-(G_1 + G_5)$	I_{q1}
(2): Knoten D	0	$G_2 + G_4 + G_7$	$-(G_2 + G_7)$	I_{q2}
(3): Knoten C	$-(G_1 + G_5)$	$-(G_2 + G_7)$	$G_1 + G_2 + G_5 + G_6 + G_7$	$-I_{q1} - I_{q2}$

7. Auf der rechten Seite stehen alle von Stromquellen verursachte und in den betreffenden Knoten
   - hineinfließenden Quellenströme mit positivem Vorzeichen (!) bzw.
   - hinausfließenden Quellenströme mit negativem Vorzeichen (!).

8. Die unbekannten Knotenspannungen (U_3, U_4 und U_6) sind danach mit den mathematischen Methoden für die Lösung von Gleichungssystemen zu bestimmen (s. Anhang).

   Wenn benötigt, ergeben sich schließlich auch noch für jeden Baumzweig die zugehörigen Ströme mit Hilfe des Ohm'schen Gesetzes.

14.8.1 Aufgaben

☞ *Die nachfolgenden Aufgaben 14.8.1 bis 14.8.6 sind mit Hilfe der Maschenstromanalyse unter Benutzung eines „vollständigen Baumes" zu lösen.*

❶ **14.8.1** Gegeben sei nochmals die Schaltung der Aufgabe 14.1.3, die hier mit der vorgeschlagenen Methode untersucht werden soll.

Berechnen Sie die Ströme I_1, I_2 und I_3 und vergleichen Sie den Lösungsaufwand gegenüber der Lösung zu Aufgabe 14.1.3.

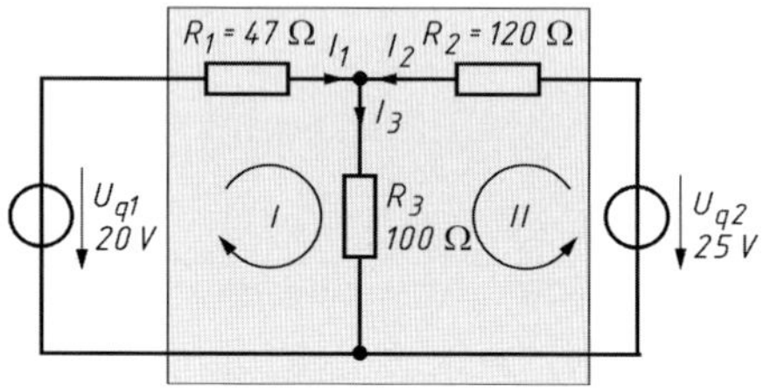

❶ ❷ **14.8.2** Die Spannungsquelle U_q mit Innenwiderstand R_1 wird durch die Widerstandskombination aus R_2 bis R_7 belastet.

Bestimmen Sie den Strom I_6.

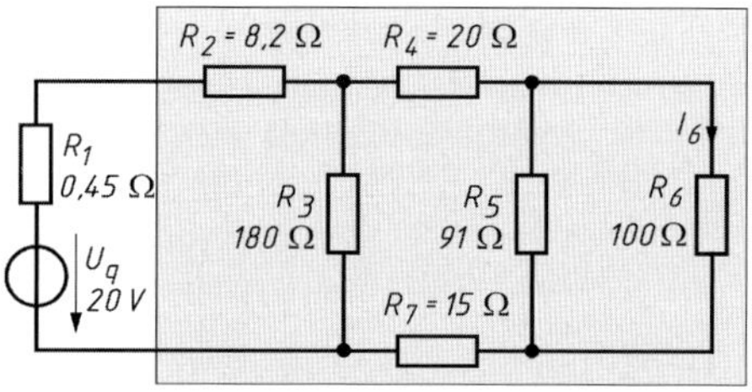

❷ **14.8.3** Das nebenstehende Bild zeigt nochmals das Netzwerk aus Aufgabe 14.1.7.

Stellen Sie das vollständige Koeffizientenschema für die Ströme I_1, I_2 und I_6 auf und berechnen Sie hieraus I_6.

Vergleichen Sie die Zahl der Lösungsschritte mit den erforderlichen Teilrechnungen zu Aufgabe 14.1.7.

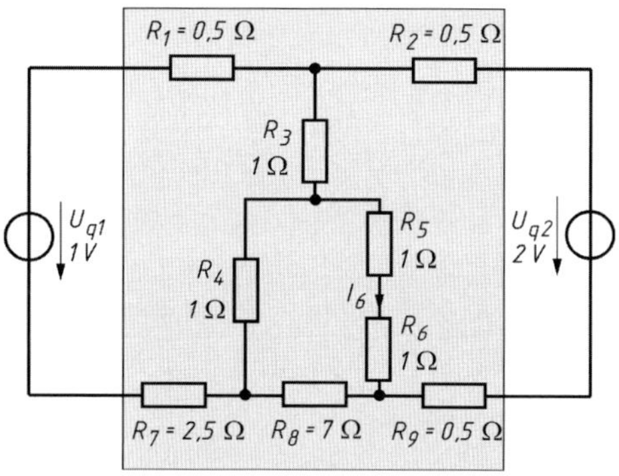

❷ **14.8.4** Die abgebildete Gleichstrombrücke, hier in vereinfachter Form gezeigt, wird unter anderem auch häufig in der Sensortechnik eingesetzt.

Bestimmen Sie den Brückenquerstrom I_5 als Funktion der übrigen Brückenelemente, also $I_5 = f\left(U_q, R_1, \ldots, R_5\right)$ in allgemeiner Form.

Hieraus soll dann die allgemeine Bedingung für die Widerstandswerte bei abgeglichener Brücke abgeleitet und formuliert werden.

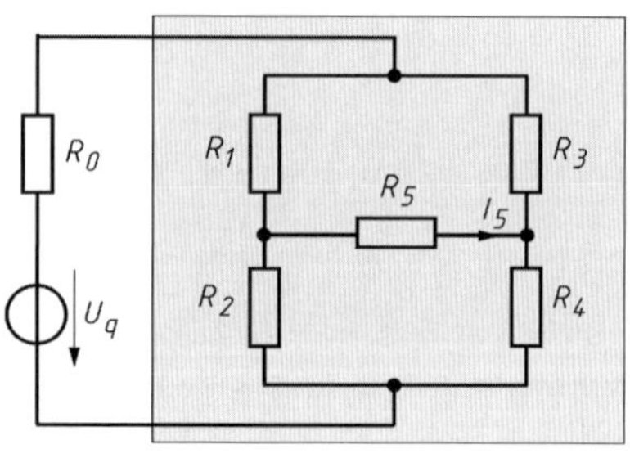

❷ ❸ **14.8.5** Die Schaltung aus der Aufgabe 14.7.3 und 14.7.4 ist nochmals mit der „Methode des vollständigen Baumes“ zu untersuchen und der Strom I_5 zu ermitteln.

Vergleichen Sie kritisch den Lösungsaufwand.

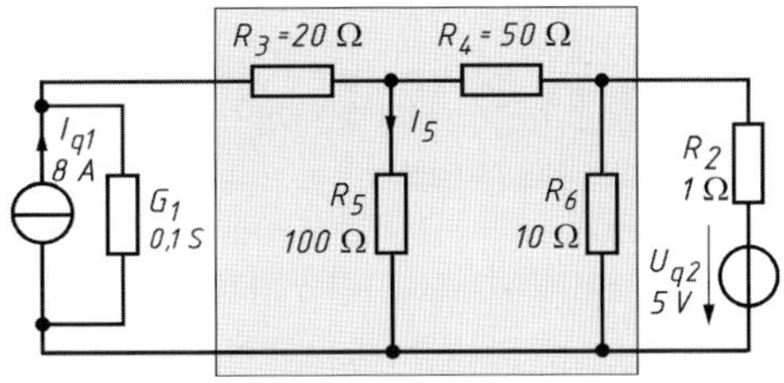

❸ **14.8.6** Die Spannungsquelle U_{q1} und die Stromquelle I_{q2} arbeiten auf ein gemeinsames Widerstandsnetz aus R_3 bis R_6.

Gesucht sind die Ströme I_3 und I_6.

Hinweis: Man beachte, dass hier der Stromquelle I_{q2} kein Innenleitwert zugeordnet ist! [1)]

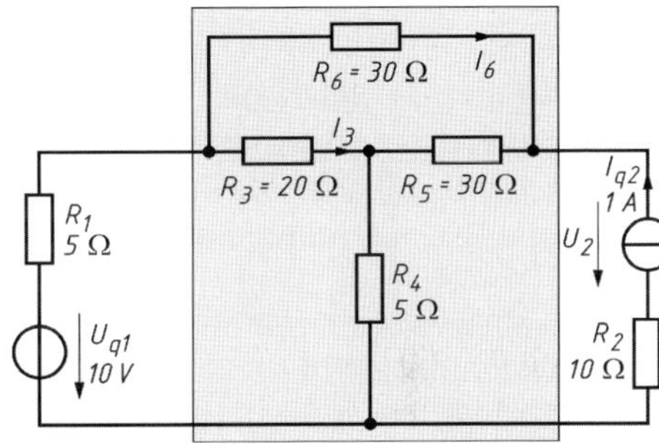

☞ *Die nachfolgenden Aufgaben 14.8.7 bis 14.8.12 sind mit Hilfe der Knotenspannungsanalyse unter Benutzung eines „vollständigen Baumes“ zu lösen.*

❶ ❷ **14.8.7** Eine Stromquelle I_q ist an eine mit R_5 belastete T-Schaltung aus R_2, R_3 und R_4 angeschlossen. Bestimmen Sie den Strom I_3 zunächst analytisch und anschließend nummerisch.

Überprüfen Sie das Ergebnis mit der Stromteilerregel.

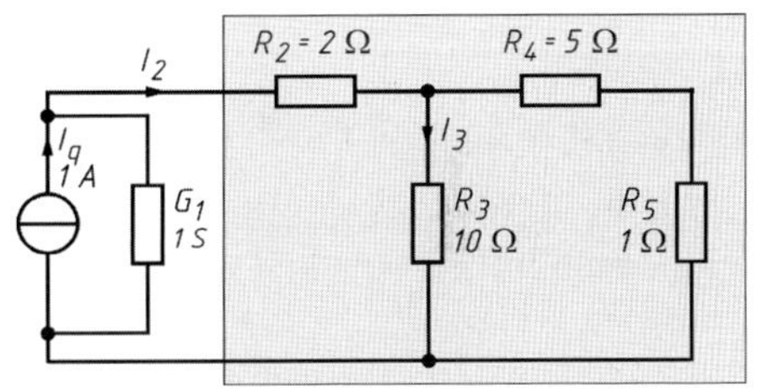

❷ **14.8.8** Eine Spannungs- und eine Stromquelle sind durch ein gemeinsames π-Widerstandsnetz (R_2, R_4, R_5) belastet.

Man berechne den Strom I_2.

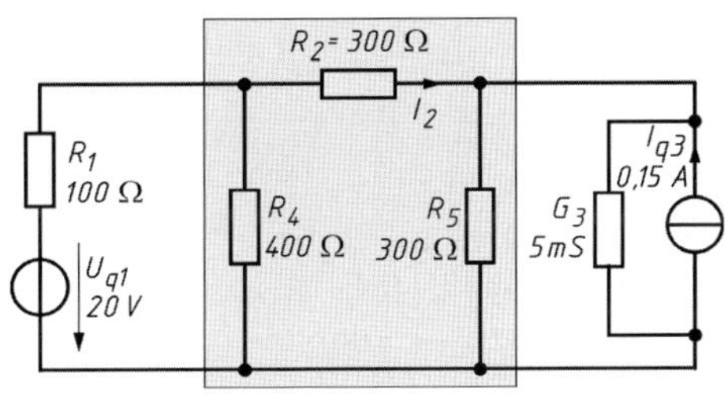

1) *Zusätzlicher Hinweis für den Leser:*
Um die hier benutzte Methode noch weiter zu üben, können z.B. auch noch die nachfolgend genannten Aufgaben gelöst und die Ergebnisse verglichen werden: 14.1.2, 14.1.6, 14.2.3, 14.2.4, 14.2.5, 14.3.3, 14.3.4, 14.3.7, 14.4.3, 14.4.12 (vgl. auch 14.6.8), 14.5.1, 14.5.2, 14.5.3, 14.7.2, 14.7.3, 14.7.5 usw.

❷ **14.8.9** Im Gegensatz zur sonst gleichen Schaltung nach Aufgabe 14.3.5 ist die Stromquelle I_{q1} hier durch eine Spannungsquelle U_{q1} ersetzt.

Stellen Sie das Koeffizientenschema für die Spannungen an den Widerständen R_3, R_4 und R_5 auf, berechnen Sie deren Zahlenwerte und bestimmen Sie hieraus die Ströme I_3, I_4, I_5 und I_6.

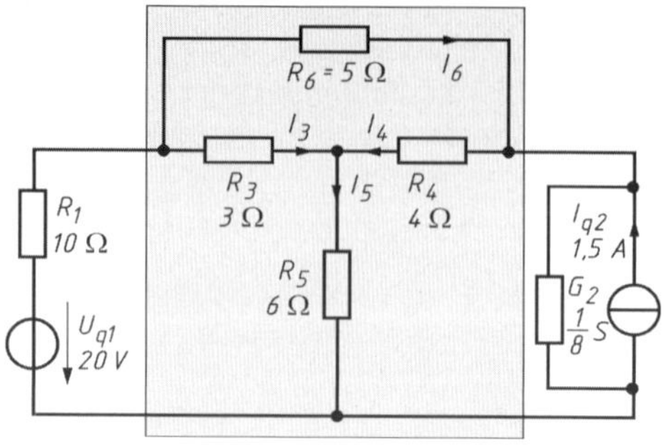

❷ **14.8.10** Für das skizzierte Netzwerk sollen die Ströme I_3, I_4 und I_5 ermittelt werden.

Hinweis: Das Widerstandsnetz zeigt eine typische V-Konfiguration, die sonst oft erst nach Umzeichnen deutlich erkennbar ist. Eine solche Struktur animiert geradezu zur Anwendung der Knotenanalyse mit vollständigem Baum.[1)]

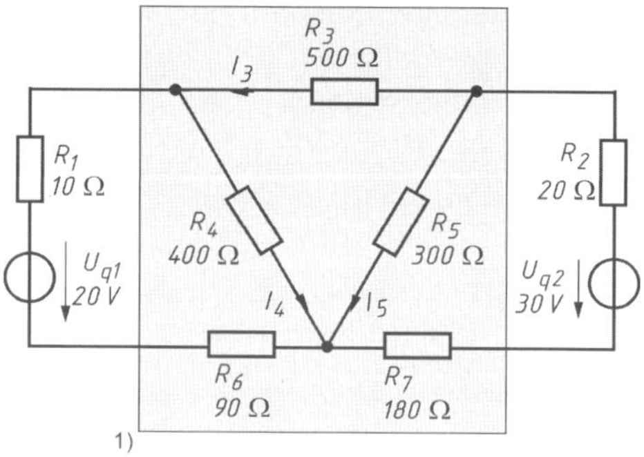

1)

❷ ❸ **14.8.11** Die Schaltung zur Aufgabe 14.8.2 soll hier vergleichend mit der Knotenanalyse untersucht und U_6, I_6 und I_5 ermittelt werden.

❸ **14.8.12** Ein Widerstandsnetz aus R_4, R_6 und R_7 ist an drei Strom- und eine ideale Spannungsquelle angeschlossen.

Berechnen Sie die Spannung U_7 und den Strom I_7 im Diagonalzweig.

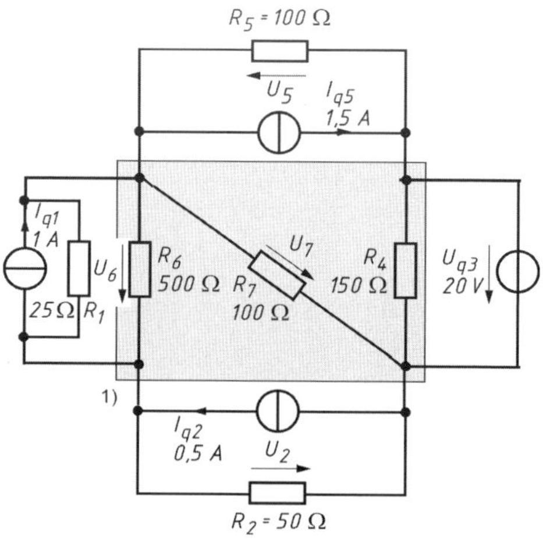

1)

1) *Zusätzlicher Hinweis für den Leser:*
Für vertiefende Übungen mit dieser Methode wird die Lösung zusätzlicher Aufgaben empfohlen (siehe auch den Hinweis nach Aufgabe 14.8.6 und die dort genannten Aufgaben)!

14.8.2 Lösungen

14.8.1

Schritte 1, 2 und 3: Baum wählen, Zweige nummerieren und Zählrichtungen festlegen:

Schritte 4, 5, 6 und 7: Tabelle anlegen, Koeffizienten und rechte Seite des Gleichungssystems eintragen

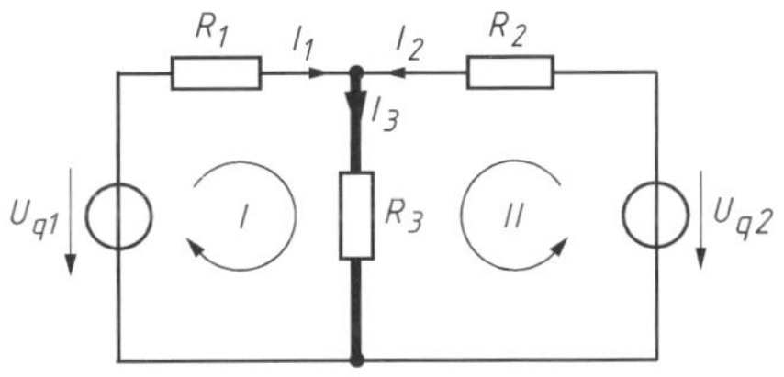

Ströme	I_1	I_2	rechte Seite
Masche I	$R_1 + R_3$	R_3	U_{q1}
Masche II	R_3	$R_2 + R_3$	U_{q2}

Schritt 8: Lösung mit Hilfe der Determinantenrechnung (vgl. auch Anhang: Mathematische Ergänzungen):

Gesucht ist $I_1 = \dfrac{\mathbf{D_1}}{\mathbf{D}}$, $I_2 = \dfrac{\mathbf{D_2}}{\mathbf{D}}$, $I_3 = I_1 + I_2$

$$\mathbf{D} = \begin{vmatrix} R_1 + R_3 & R_3 \\ R_3 & R_2 + R_3 \end{vmatrix}, \quad \mathrm{D}_1 = \begin{vmatrix} U_{q1} & R_3 \\ U_{q2} & R_2 + R_3 \end{vmatrix}, \quad \mathrm{D}_2 = \begin{vmatrix} R_1 + R_3 & U_{q1} \\ R_3 & U_{q2} \end{vmatrix}$$

Zahlenwerte:

$$\mathbf{D} = \begin{vmatrix} 147 & 100 \\ 100 & 220 \end{vmatrix} \Omega^2 = 22\,340\,\Omega^2, \quad \mathbf{D_1} = \begin{vmatrix} 20\text{ V} & 100\,\Omega \\ 25\text{ V} & 220\,\Omega \end{vmatrix} = 1\,900\text{ V}\Omega, \quad \mathbf{D_2} = \begin{vmatrix} 147\,\Omega & 20\text{ V} \\ 100\,\Omega & 25\text{ V} \end{vmatrix} = 1\,675\text{ V}\Omega \Rightarrow$$

$I_1 = 85\text{ mA}$, $I_2 = 75\text{ mA} \Rightarrow I_3 = I_1 + I_2 = 160\text{ mA}$

Im Vergleich des Lösungsaufwandes mit der Lösung zur Aufgabe 14.1.3 fällt auf:

- Mit der Methode des vollständigen Baumes lässt sich sehr rasch das Gleichungssystem und das zugehörige Koeffizientenschema angeben.
- Der Aufwand zur Lösung des Gleichungssystems wird vor allem durch die benutzte mathematische Methode bestimmt.

14.8.2

Wählt man den Baum entsprechend der rechten Skizze und trägt die gewählten Maschenumläufe ein, erhält man das Koeffizientenschema für die Maschenströme:

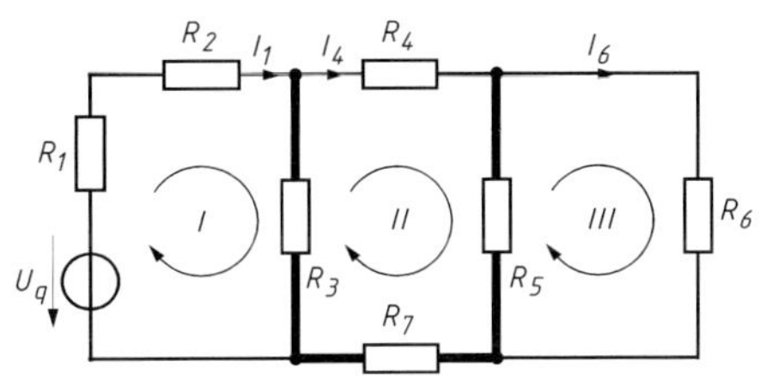

Ströme	I_1	I_4	I_6	rechte Seite
Masche I	$R_1 + R_2 + R_3$	$-R_3$	0	U_q
Masche II	$-R_3$	$R_3 + R_4 + R_5 + R_7$	$-R_5$	0
Masche III	0	$-R_5$	$R_5 + R_6$	0

$$\mathbf{D} = \begin{vmatrix} 188{,}65 & -180 & 0 \\ -180 & 306 & -91 \\ 0 & -91 & 191 \end{vmatrix} \Omega^3 = 3{,}275 \cdot 10^6\ \Omega^3\,, \quad \mathbf{D_3} = \begin{vmatrix} 188{,}65 & -180 & 20 \\ -180 & 306 & 0 \\ 0 & -91 & 0 \end{vmatrix} \mathrm{V}\Omega^2 = 0{,}3276 \cdot 10^6\ \mathrm{V}\Omega^2$$

$$I_6 = \frac{\mathbf{D_3}}{\mathbf{D}} = \frac{0{,}3276\ \mathrm{V}\Omega^2}{3{,}275\ \Omega^3} = 0{,}1\ \mathrm{A}$$

14.8.3

Der Baum wird z.B. so gewählt, dass der Zweig mit I_6 ein Verbindungszweig ist. Außerdem sollen die folgenden Widerstände zusammengefasst sein:

$R_{17} = R_1 + R_7 = 3\,\Omega$, $R_{29} = R_2 + R_9 = 1\,\Omega$, $R_{56} = R_5 + R_6 = 2\,\Omega$.

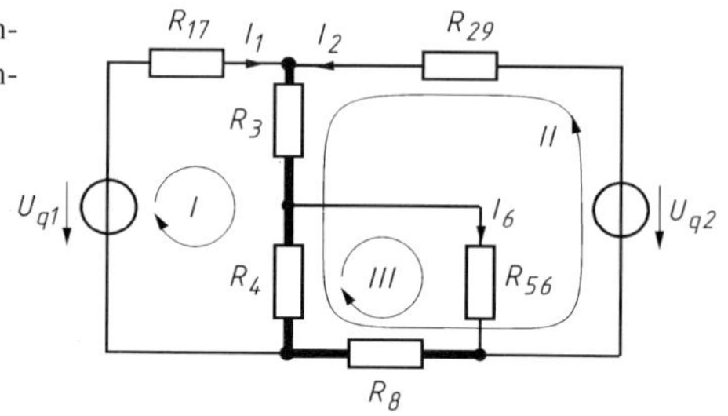

Damit ergibt sich das Koeffizientenschema:

Ströme	I_1	I_2	I_6	rechte Seite
Masche I	$R_{17} + R_3 + R_4$	$R_3 + R_4$	$-R_4$	U_{q1}
Masche II	$R_3 + R_4$	$R_{29} + R_3 + R_4 + R_8$	$-(R_4 + R_8)$	U_{q2}
Masche III	$-R_4$	$-(R_4 + R_8)$	$R_4 + R_{56} + R_8$	0

Zahlenwerte:

Gesucht ist $I_6 = \dfrac{\mathbf{D_3}}{\mathbf{D}} \Rightarrow$

$$\mathbf{D} = \begin{vmatrix} 5 & 2 & -1 \\ 2 & 10 & -8 \\ -1 & -8 & 10 \end{vmatrix} \Omega^3 = 162\,\Omega^3\,, \quad \mathbf{D_3} = \begin{vmatrix} 5\,\Omega & 2\,\Omega & 1\,\mathrm{V} \\ 2\,\Omega & 10\,\Omega & 2\,\mathrm{V} \\ -1\,\Omega & -8\,\Omega & 0\,\mathrm{V} \end{vmatrix} = 70\,\mathrm{V}\Omega^2 \Rightarrow$$

$$I_6 = \frac{70\,\mathrm{V}\Omega^2}{162\,\Omega^3} = 432{,}1\,\mathrm{mA}$$

14.8.4

Wählt man für die umgezeichnete Schaltung das skizzierte Streckennetz mit dem eingetragenen vollständigen Baum,

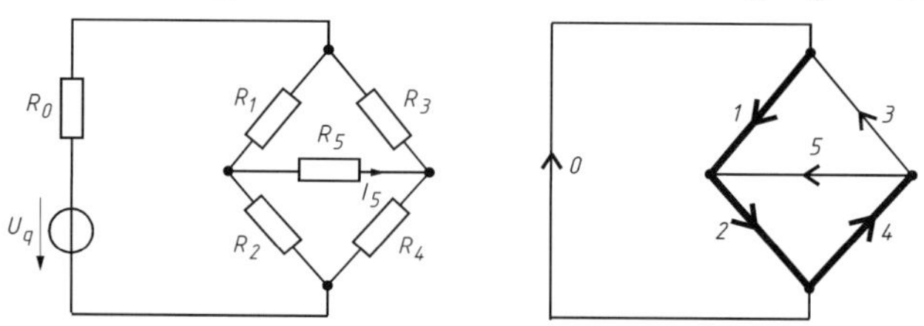

sind folgende Umläufe entsprechend den Zählrichtungen in den Verbindungszweigen durchzuführen:

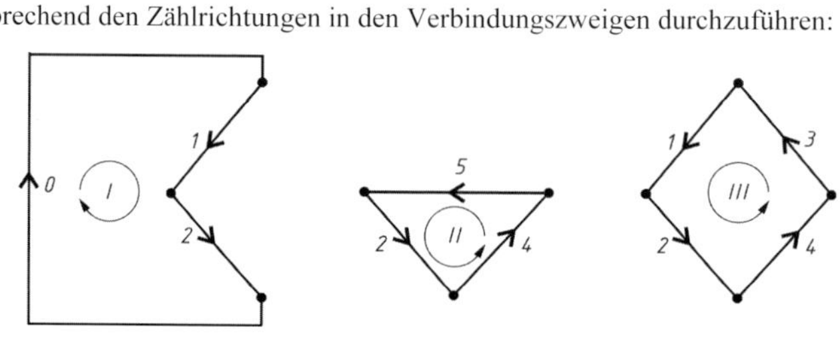

Somit kann man das Koeffizientenschema aufstellen:

Ströme	I_0	I_5	I_3	rechte Seite
Masche I	$R_1 + R_2 + R_0 = R_{11}$	R_2	$R_1 + R_2 = R_{13}$	U_q
Masche II	R_2	$R_2 + R_4 + R_5 = R_{22}$	$R_2 + R_4 = R_{23}$	0
Masche III	$R_1 + R_2 = R_{13}$	$R_2 + R_4 = R_{23}$	$R_1 + R_2 + R_3 + R_4 = R_{33}$	0

$$\mathbf{D} = R_{11} \cdot R_{22} \cdot R_{33} + 2 \cdot R_2 \cdot R_{13} \cdot R_{23} - R_{13}^2 \cdot R_{22} - R_{11} \cdot R_{23}^2 - R_2^2 \cdot R_{33} = \sum R_\mathrm{D}$$

$$\mathrm{D}_2 = U_\mathrm{q} \cdot (R_1 R_4 - R_2 R_3),$$

$$I_5 = \frac{\mathrm{D}_2}{\mathrm{D}} = U_\mathrm{q} \cdot \frac{R_1 R_4 - R_2 R_3}{\sum R_\mathrm{D}}$$

Man erkennt sogleich die allgemein bekannte Bedingung für die abgestimmte Brücke:

Aus $I_5 = 0 \Rightarrow \mathbf{D_2} = 0 \Rightarrow R_1 R_4 - R_2 R_3 = 0 \Rightarrow \frac{R_1}{R_2} = \frac{R_3}{R_4}$ bzw. $\frac{R_1}{R_3} = \frac{R_2}{R_4}$ usw.

14.8.5

Zunächst ist es zweckmäßig, die Stromquelle mit I_{q1} in eine äquivalente Spannungsquelle umzuwandeln:

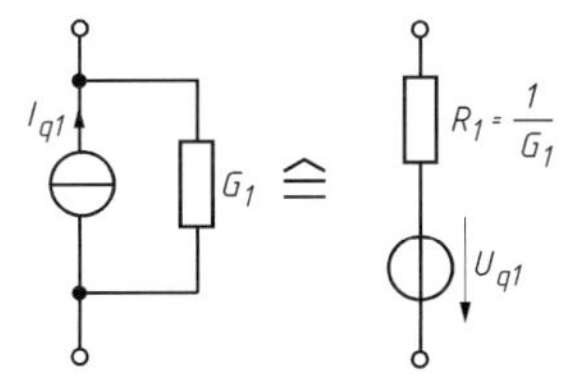

$$U_{q1} = I_{q1} \cdot R_1 = 80\,\mathrm{V}$$

$$R_1 = \frac{1}{G_1} = 10\,\Omega$$

Anschließend soll noch die Reihenschaltung aus R_1 und R_3 zusammengefasst

$$R_1 + R_3 = R_{13} = 30\,\Omega$$

und ein Baum gewählt werden (s. rechtes Bild).

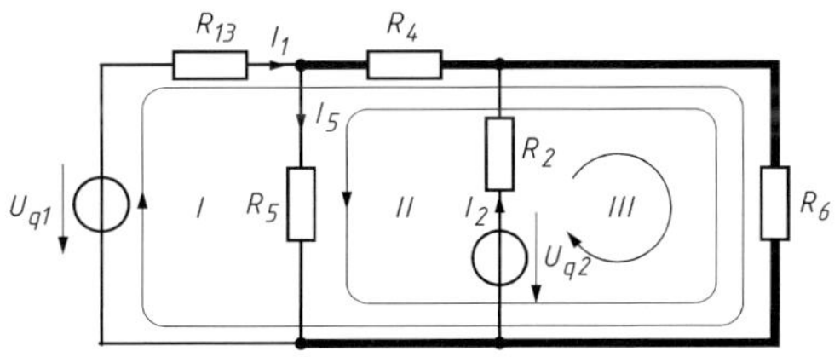

Mit den eingetragenen Maschenumläufen folgt für das Koeffizientenschema:

Ströme	I_1	I_5	I_2	rechte Seite
Masche I	$R_{13} + R_4 + R_6$	$-(R_4 + R_6)$	R_6	U_{q1}
Masche II	$-(R_4 + R_6)$	$R_4 + R_5 + R_6$	$-R_6$	0
Masche III	R_6	$-R_6$	$R_2 + R_6$	U_{q2}

Zahlenwerte: $I_5 = \frac{\mathbf{D_2}}{\mathbf{D}}$

$$\mathbf{D} = \begin{vmatrix} 90 & -60 & 10 \\ -60 & 160 & -10 \\ 10 & -10 & 11 \end{vmatrix} \Omega^3 = 105\,800\,\Omega^3, \quad \mathbf{D_2} = \begin{vmatrix} 90 & 80 & 10 \\ -60 & 0 & -10 \\ 10 & 5 & 11 \end{vmatrix} \mathrm{V}\Omega^2 = 46\,300\,\mathrm{V}\Omega^2$$

$$I_5 = 437{,}6\,\mathrm{mA}$$

(Vergleiche auch den Lösungsaufwand zu Aufgabe 14.7.4, bei der wesentlich mehr Teilschritte erforderlich waren.)

14.8.6

Die Stromquelle mit I_{q2} lässt sich nicht ohne weiteres in eine Spannungsquelle umwandeln, da der zugehörige Innenleitwert fehlt. Bei der Vorgehensweise mit einem vollständigen Baum stört dies nicht weiter, wenn man I_{q2} zu einem unabhängigen Strom macht.

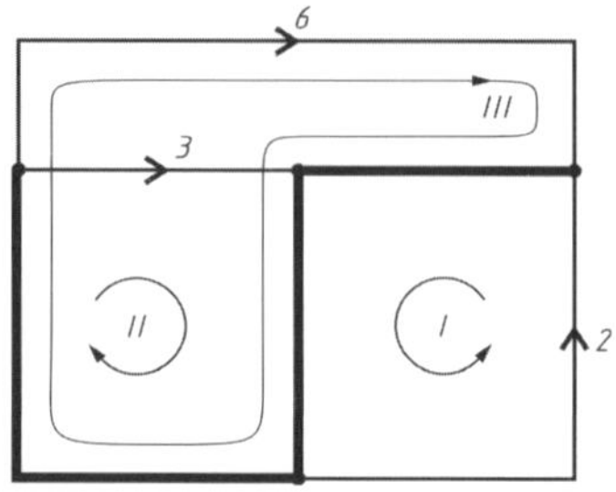

Ströme	I_{q2}	I_3	I_6	rechte Seite
Masche I	$R_2 + R_4 + R_5$	R_4	$R_4 + R_5$	U_2
Masche II	R_4	$R_1 + R_3 + R_4$	$R_1 + R_4$	U_{q1}
Masche III	$R_4 + R_5$	$R_1 + R_4$	$R_1 + R_4 + R_5 + R_6$	U_{q1}

Das Gleichungssystem enthält die 3 Unbekannten I_3, I_6 und U_2 (Spannung über der Stromquelle I_{q2}, siehe Schaltung).

Zahlenwerte:

Masche I:	$45\,\Omega \cdot 1\,\text{A}$	$+5\,\Omega \cdot I_3$	$+35\,\Omega \cdot I_6$	=	U_2
Masche II:	$5\,\Omega \cdot 1\,\text{A}$	$+30\,\Omega \cdot I_3$	$+10\,\Omega \cdot I_6$	=	10 V
Masche III:	$35\,\Omega \cdot 1\,\text{A}$	$+10\,\Omega \cdot I_3$	$+70\,\Omega \cdot I_6$	=	10 V
IIa = II · 7:	35 V	$+210\,\Omega \cdot I_3$	$+70\,\Omega \cdot I_6$	=	70 V
IIa − III:		$200\,\Omega \cdot I_3$		=	60 V

$$\Rightarrow I_3 = 0{,}3\,\text{A}$$

III: $$35\,\text{V} + 3\,\text{V} + 70\,\Omega \cdot I_6 = 10\,\text{V} \Rightarrow 70\,\Omega \cdot I_6 = -28\,\text{V}$$

$$\Rightarrow I_6 = -0{,}4\,\text{A}$$

I: $$45\,\text{V} + 1{,}5\,\text{V} - 14\,\text{V} = U_2$$

$$\Rightarrow U_2 = 32{,}5\,\text{V}$$

Vergleichen Sie die Ergebnisse mit Aufgabe 14.7.7.

Potenzialkontrolle der Ergebnisse ausgehend von den berechneten Strömen und den anderen sich in Knotenpunkten ergebenden Strömen mit den tatsächlichen Stromrichtungen:

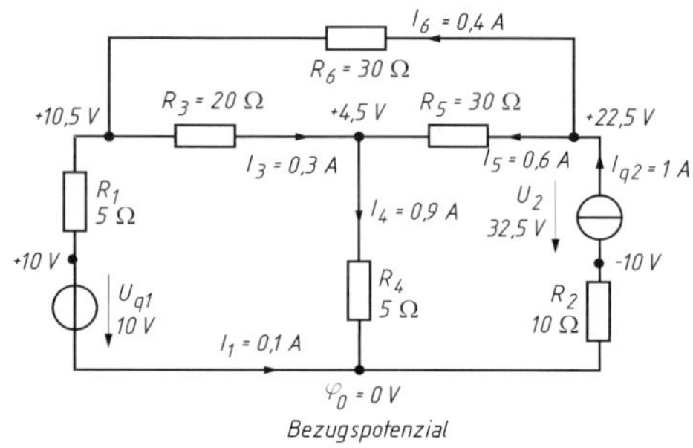

14.8.7

Schritte 1 – 3: Der Baum ist hier so gewählt, dass der Bezugsknoten A am Zweig mit dem gesuchten Strom I_3 und die Stromquelle im Verbindungszweig liegt. Außerdem wurde noch ein Knoten B eingeführt, der, obwohl hier völlig überflüssig, doch die Verhältnisse an der Stromquelle viel durchsichtiger macht.

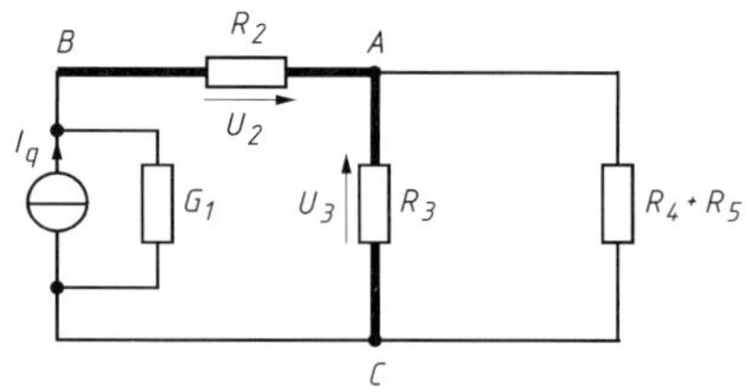

Schritte 4 – 7:

unabh. Spannung	U_2	U_3	rechte Seite
Knoten B	$G_1 + G_2$	$-G_1$	I_q
Knoten C	$-G_1$	$G_1 + G_3 + G_{45}$	$-I_q$

$$\text{mit} \quad G_{45} = \frac{1}{R_4 + R_5}$$

Zahlenwerte:

$$\begin{pmatrix} 1{,}5 & -1 \\ -1 & 1{,}2\overline{6} \end{pmatrix} \mathrm{S}^2 \cdot \begin{pmatrix} U_2 \\ U_3 \end{pmatrix} = \begin{pmatrix} 1\,\mathrm{A} \\ -1\,\mathrm{A} \end{pmatrix}$$

$$\mathbf{D} = [1{,}5 \cdot 1{,}2\overline{6} - (-1)\cdot(-1)]\,\mathrm{S}^2 = 0{,}9\,\mathrm{S}^2,$$

$$\mathbf{D_2} = \begin{vmatrix} 1{,}5\,\mathrm{S} & 1\,\mathrm{A} \\ -1\,\mathrm{S} & -1\,\mathrm{A} \end{vmatrix} = -0{,}5\,\mathrm{SA}$$

$$U_3 = \frac{\mathbf{D_2}}{\mathbf{D}} \Rightarrow U_3 = -0{,}\overline{5}\,\mathrm{V}, \quad I_3 = \frac{-U_3}{R_3} = 55{,}\overline{5}\,\mathrm{mA}$$

Probe mit Stromteilerregel:

$$\frac{I_2}{I_q} = \frac{R_1}{R_1 + R_2 + \dfrac{R_3(R_4+R_5)}{R_3+R_4+R_5}} = \frac{1\,\Omega}{3\,\Omega + \dfrac{10\cdot 6}{16}\,\Omega} = 0{,}148 \quad \Rightarrow \quad I_2 = I_q \cdot 0{,}148\,\mathrm{A} = 148\,\mathrm{mA}$$

$$\frac{I_3}{I_2} = \frac{R_4+R_5}{R_3+R_4+R_5} = \frac{6\,\Omega}{16\,\Omega} = 0{,}375 \quad \Rightarrow \quad I_3 = 0{,}148\,\mathrm{A}\cdot 0{,}375 = 55{,}6\,\mathrm{mA}$$

Anmerkung:
Selbstverständlich hätte man auch auf den zusätzlichen Knoten B mit folgender Überlegung verzichten können:

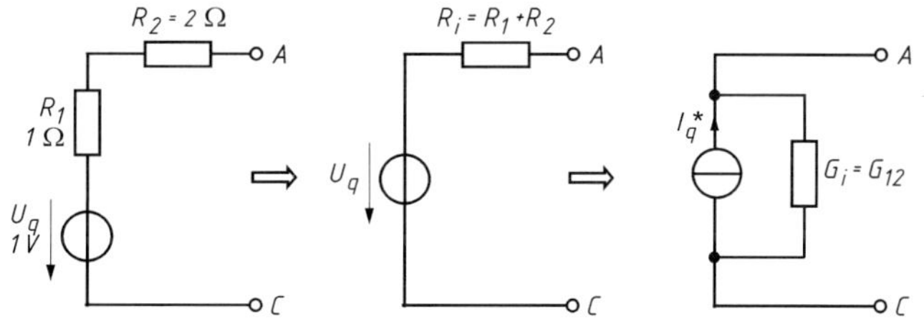

Bei Umwandlung der Strom- in eine Spannungsquelle können

$$R_1 = \frac{1}{G_1} \text{ und } R_2$$

zu einem Innenwiderstand R_i zusammengefasst werden. Allerdings ist bei der Rückwandlung in eine Stromquelle nun der neue Innenwiderstand zu beachten. Hierbei ist:

$$G_{12} = \frac{1}{3}\,\mathrm{S}$$

$$I_q^* = \frac{U_q}{R_i} = \frac{1\,\mathrm{V}}{3\,\Omega} = \frac{1}{3}\,\mathrm{A}$$

Somit folgt sofort für den Bezugsknoten A:

$$U_3\left(G_{12} + \frac{1}{R_3} + \frac{1}{R_4+R_5}\right) = -I_q^*, \qquad U_3 \cdot \frac{3}{5}\,\mathrm{S} = -\frac{1}{3}\,\mathrm{A} \Rightarrow U_3 = -\frac{5}{9}\,\mathrm{V} = -0{,}\overline{5}\,\mathrm{V}$$

14.8.8

In diesem Fall ist die Knotenspannungsanalyse besonders zweckmäßig, da alle Knoten durch nur 2 Baumzweige (also nur 2 Gleichungen für die unabhängigen Spannungen) verbunden werden können.

Schritt 1:

Baum so wählen, dass Bezugsknoten A am Zweig mit gesuchtem Strom I_2 liegt. Außerdem sollen die Quellen in den Verbindungszweigen liegen.

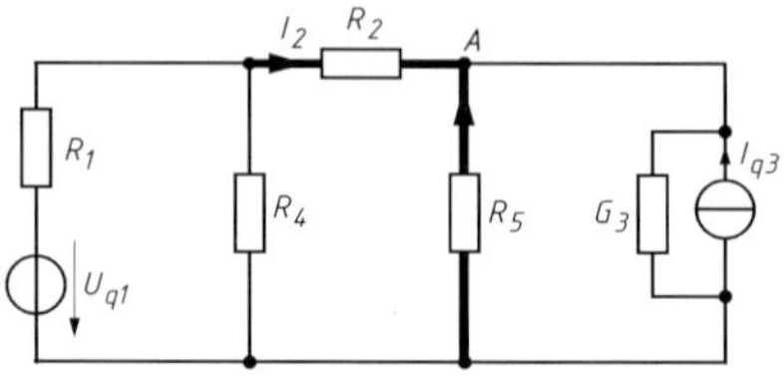

Schritt 2:

Zählpfeilorientierung der Baumzweige in Richtung auf Bezugsknoten A.

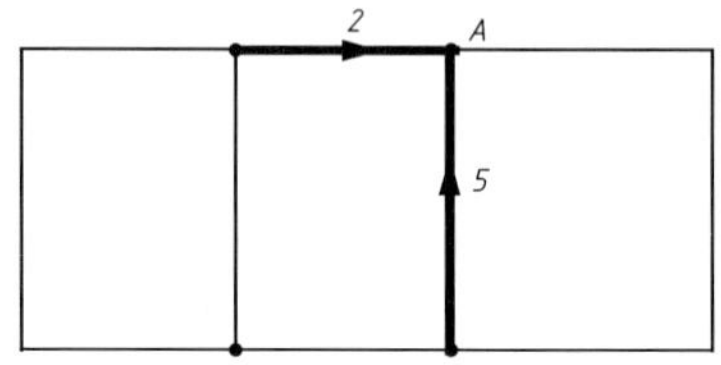

Schritt 3:

Umformung der Spannungsquelle in eine äquivalente Stromquelle.

Schritte 4–6:

Aufstellen der Leitwertmatrix:

Hauptdiagonale:

Summe aller Leitwerte, die von dem jeweiligen Knoten ausgehen.

Übrigen Elemente:

Negative Summe der Leitwerte, die den betreffenden Knoten mit dem Knoten der zugehörigen unabhängigen (Baum-)Spannung verbinden.

Rechte Seite:

Summe aller Ströme in den betrachteten Knoten.
Einströmung: positives Vorzeichen!

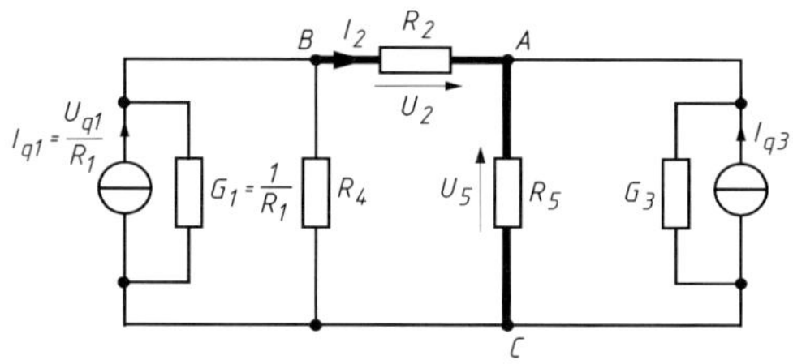

Koeffizientenschema:

unabh. Baumspannung	U_2	U_5	rechte Seite
Knoten B	$G_1+G_2+G_4$	$-(G_1+G_4)$	$I_{q1}=\dfrac{U_{q1}}{R_1}$
Knoten C	$-(G_1+G_4)$	$G_1+G_3+G_4+G_5$	$-I_{q1}-I_{q3}$

Zahlenwerte:

U_2	U_5	rechte Seite
$\left(\dfrac{1}{100}+\dfrac{1}{300}+\dfrac{1}{400}\right)\text{S}=\dfrac{19}{1200}\text{S}$	$-\left(\dfrac{1}{100}+\dfrac{1}{400}\right)\text{S}=-\dfrac{5}{400}\text{S}$	0,2 A
$-\dfrac{5}{400}\text{S}$	$\left(\dfrac{1}{100}+\dfrac{1}{200}+\dfrac{1}{400}+\dfrac{1}{300}\right)\text{S}=\dfrac{25}{1200}\text{S}$	– 0,35 A

$$\mathbf{D}=10^{-4}\text{S}^2\cdot\begin{vmatrix}\dfrac{19}{12} & -\dfrac{5}{4}\\ -\dfrac{5}{4} & \dfrac{25}{12}\end{vmatrix}=1{,}74\cdot 10^{-4}\ \text{S}^2. \qquad \text{Gesucht ist } U_2=\frac{\mathbf{D_1}}{\mathbf{D}}. \qquad \text{Also:}$$

$$\mathbf{D_1}=\begin{vmatrix}0{,}2\ \text{A} & -\dfrac{5}{400}\text{S}\\ -0{,}35\ \text{A} & \dfrac{25}{1200}\text{S}\end{vmatrix}=-2{,}083\cdot 10^{-4}\ \text{A}\cdot\text{S} \Rightarrow U_2=-1{,}2\ \text{V} \Rightarrow I_2=\frac{U_2}{R_2}=-\frac{1{,}2\ \text{V}}{300\ \Omega}=-4\ \text{mA}$$

14.8.9

Nachdem genau wie in Aufgabe 14.8.8 die Spannungsquelle U_{q1} in eine äquivalente Stromquelle umgewandelt ist, folgt mit dem gewählten Baum für das Koeffizientenschema:

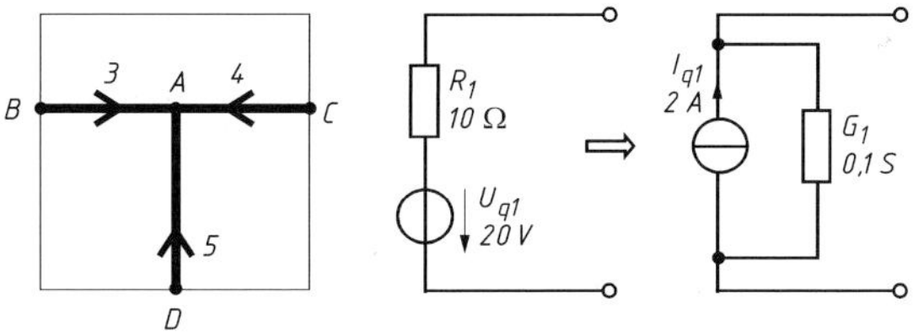

unabh. Spannung	U_3	U_4	U_5	rechte Seite
Knoten B	$G_1+G_3+G_6$	$-G_6$	$-G_1$	I_{q1}
Knoten C	$-G_6$	$G_2+G_4+G_6$	$-G_2$	I_{q2}
Knoten D	$-G_1$	$-G_2$	$G_1+G_2+G_5$	$-I_{q1}-I_{q2}$

Zahlenwerte:

$$\begin{pmatrix} 0{,}633 & -0{,}2 & -0{,}1 \\ -0{,}2 & 0{,}575 & -0{,}125 \\ -0{,}1 & -0{,}125 & 0{,}391\overline{6} \end{pmatrix} \mathrm{S}^3 \cdot \begin{pmatrix} U_3 \\ U_4 \\ U_5 \end{pmatrix} = \begin{pmatrix} 2\ \mathrm{A} \\ 1{,}5\ \mathrm{A} \\ -3{,}5\ \mathrm{A} \end{pmatrix} \quad \Rightarrow$$

$\mathbf{D} = 0{,}1063\ \mathrm{S}^3$, $\mathbf{D_1} = 0{,}2\overline{6}\ \mathrm{AS}^2$, $\mathbf{D_2} = 0{,}19167\ \mathrm{AS}^2$, $\mathbf{D_3} = -0{,}8208\ \mathrm{AS}^2$

Die Lösung des Gleichungssystems liefert die Werte für:

$U_3 = 2{,}5\ \mathrm{V} \quad \Rightarrow \quad I_3 = 836{,}1\ \mathrm{mA}$

$U_4 = 1{,}8\ \mathrm{V} \quad \Rightarrow \quad I_4 = 450{,}7\ \mathrm{mA}$

$U_5 = -7{,}7\ \mathrm{V} \quad \Rightarrow \quad I_5 = -(-1{,}287\ \mathrm{A}) = 1{,}287\ \mathrm{A}$

$U_6 = U_3 - U_4 = 0{,}7\ \mathrm{V} \quad \Rightarrow \quad I_6 = 141{,}1\ \mathrm{mA}$

14.8.10

Obwohl die Maschenstromanalyse ohne Umwandlung der Quellen direkt eingesetzt werden könnte, soll hier der Einsatz der Knotenspannungsanalyse gezeigt werden.

Umwandlung der Quellen und Wahl des Baumes:

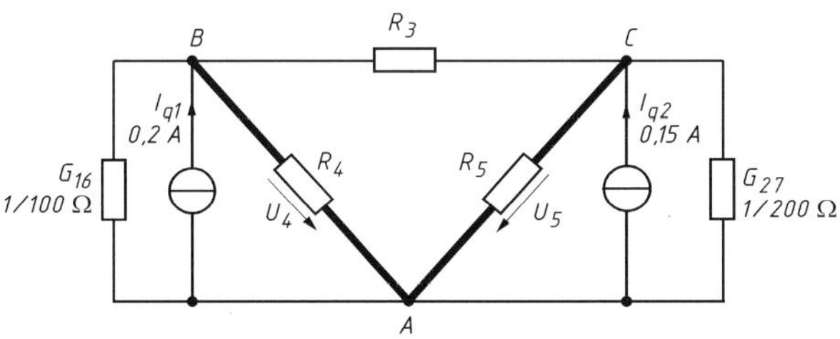

unabh. Spannung	U_4	U_5	rechte Seite
Knoten B	$G_{16}+\frac{1}{R_3}+\frac{1}{R_4}$	$-\frac{1}{R_3}$	I_{q1}
Knoten C	$-\frac{1}{R_3}$	$G_{27}+\frac{1}{R_3}+\frac{1}{R_5}$	I_{q2}

Zahlenwerte:

$$\begin{pmatrix} 0{,}0145 & -0{,}002 \\ -0{,}002 & 0{,}010\overline{3} \end{pmatrix} \mathrm{S}^2 \cdot \begin{pmatrix} U_4 \\ U_5 \end{pmatrix} = \begin{pmatrix} 0{,}2\ \mathrm{A} \\ 0{,}15\ \mathrm{A} \end{pmatrix}$$

Die Lösung des Gleichungssystems ergibt sich mit

$\mathbf{D} = 1{,}458 \cdot 10^{-4}\ \mathrm{S}^2$, $\mathbf{D_1} = 23{,}\overline{6} \cdot 10^{-4}\ \mathrm{AS}$, $\mathbf{D_2} = 25{,}75 \cdot 10^{-4}\ \mathrm{AS}$ zu:

$U_4 = 16{,}23\ \mathrm{V} \quad \Rightarrow \quad I_4 = 40{,}57\ \mathrm{mA}$

$U_5 = 17{,}66\ \mathrm{V} \quad \Rightarrow \quad I_5 = 58{,}86\ \mathrm{mA}$

$U_3 = U_5 - U_4 = 1{,}43\ \mathrm{V} \quad \Rightarrow \quad I_3 = 2{,}86\ \mathrm{mA}$

14.8.11

Nach Umwandlung der Spannungsquelle ergibt sich die skizzierte Struktur mit dem Quellenstrom I_q und dem parallelen Innenwiderstand R_{12}:

$$I_q = \frac{U_q}{R_1 + R_2} = \frac{20\ \mathrm{V}}{8{,}65\ \Omega} = 2{,}312\ \mathrm{A}$$

$$R_{12} = R_1 + R_2 = 0{,}45\ \Omega + 8{,}2\ \Omega = 8{,}65\ \Omega$$

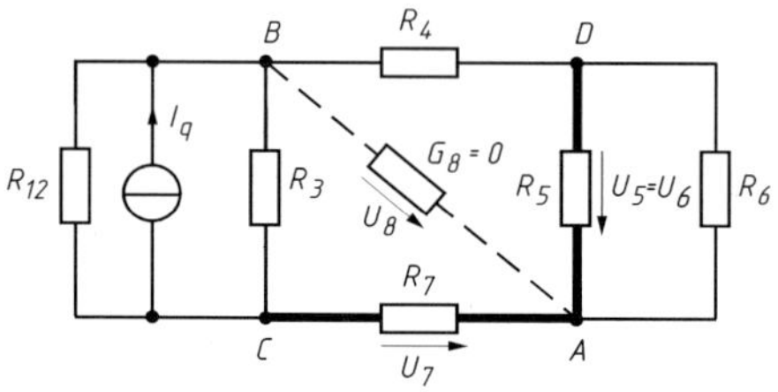

Da I_6 bzw. $U_6 = U_5$ gesucht ist, kann man z.B. den Knoten A als Bezugsknoten wählen.

Nun hat aber Knoten B keine direkte Verbindung nach A. Deshalb führt man zweckmäßigerweise einen Zweig 8 von B nach A ein und ordnet ihm den Leitwert $G_8 = 0$ zu.

Dann kann Zweig 8 als zusätzlicher Baumzweig gewählt werden.

Koeffizientenschema:

unabh. Spannung	U_8	U_7	$U_5 = U_6$	rechte Seite
Knoten B	$G_{12} + G_3 + G_4 + G_8$	$-(G_3 + G_{12})$	$-G_4$	I_q
Knoten C	$-(G_3 + G_{12})$	$G_{12} + G_3 + G_7$	0	$-I_q$
Knoten D	$-G_4$	0	$G_4 + G_5 + G_6$	0

Zahlenwerte:

$$\begin{pmatrix} 0{,}171 & -0{,}121 & -0{,}05 \\ -0{,}121 & 0{,}188 & 0 \\ -0{,}05 & 0 & 0{,}071 \end{pmatrix} \mathrm{S}^3 \cdot \begin{pmatrix} U_8 \\ U_7 \\ U_5 \end{pmatrix} = \begin{pmatrix} 2{,}312\ \mathrm{A} \\ -2{,}312\ \mathrm{A} \\ 0 \end{pmatrix}$$

Für $U_5 = U_6$ erhält man mit $\mathbf{D} = 7{,}73 \cdot 10^{-4}\ \mathrm{S}^3$, $\mathbf{D_3} = 7{,}745 \cdot 10^{-3}\ \mathrm{AS}^2$ die Lösungen:

$$U_6 = \frac{\mathbf{D_3}}{\mathbf{D}} = 10\ \mathrm{V} \quad \Rightarrow$$

$$I_6 = \frac{U_6}{R_6} = \frac{10\ \mathrm{V}}{100\ \Omega} = 100\ \mathrm{mA}\,,$$

$$I_5 = \frac{U_5}{R_5} = \frac{10\ \mathrm{V}}{91\ \Omega} = 109{,}9\ \mathrm{mA}$$

14.8.12

Bei der Anwendung der Knotenspannungsanalyse mit vollständigem Baum stört der fehlende Innenwiderstand der idealen Spannungsquelle U_{q3}, der eine direkte Umwandlung in eine Stromquelle behindert.

In diesem Fall wäre somit die Anwendung der Maschenstromanalyse zu bevorzugen, da sie eine Lösung ohne weitere Komplikationen erlaubt.

Aber auch mit der Knotenspannungsanalyse ist der Lösungsweg mit dem „Rezept“ der Lösungsstrategie gangbar:

Legt man nämlich den Baum direkt durch die ideale Quelle, wird U_{q3} zur unabhängigen (aber bekannten) Spannung. Dies ermöglicht eine Vereinfachung des Gleichungssystems.

Berücksichtigt werden muss dann nur noch der unbekannte Strom I_3 der Spannungsquelle U_{q3}, der als weitere Unbekannte ins Gleichungssystem eingeht, aber keine weitere Rolle mehr spielt.

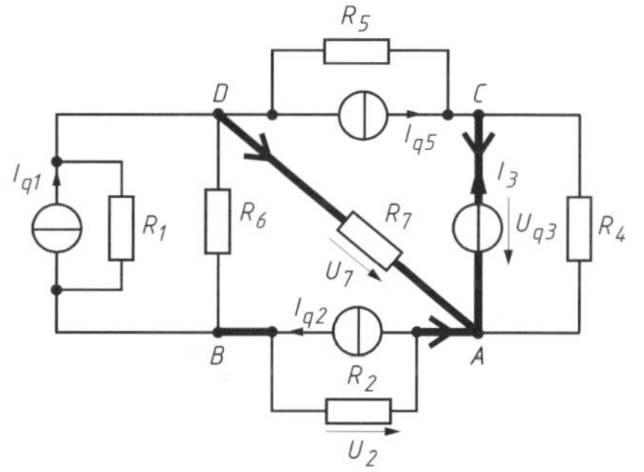

Koeffizientenschema:

unabh. Spannung	U_2	U_{q3}	U_7	rechte Seite
Knoten B	$G_1+G_2+G_6$	0	$-(G_1+G_6)$	$-I_{q1}+I_{q2}$
Knoten C	0	G_4+G_5	$-G_5$	I_3+I_{q5}
Knoten D	$-(G_1+G_6)$	$-G_5$	$G_1+G_5+G_6+G_7$	$I_{q1}-I_{q5}$

In dem Gleichungssystem sind U_2, U_7 und I_3 unbekannt:

$$\begin{array}{lllll} \text{I}: & U_2\cdot 0{,}062\,\text{S} & +U_3\cdot 0 & -U_7\cdot 0{,}042\,\text{S} & = -0{,}5\,\text{A} \\ \text{II}: & U_2\cdot 0 & +U_{q3}\cdot 0{,}01\overline{6}\,\text{S} & -U_7\cdot 0{,}01\,\text{S} & = I_3+1{,}5\,\text{A} \\ \text{III}: & -U_2\cdot 0{,}042\,\text{S} & -U_{q3}\cdot 0{,}01\,\text{S} & +U_7\cdot 0{,}062\,\text{S} & = -0{,}5\,\text{A} \end{array}$$

$U_{q3}=+20$ V in Schaltung gegeben.

Aus III: $U_7\cdot 0{,}062\,\text{S} = -0{,}5\,\text{A} + 20\,\text{V}\cdot 0{,}01\,\text{S} + U_2\cdot 0{,}042\,\text{S}$

$$U_7 = -8{,}06\,\text{V} + 3{,}23\,\text{V} + U_2\cdot 0{,}677 \Rightarrow$$

IIIa: $U_7 = -4{,}84\,\text{V} + U_2\cdot 0{,}677$ eingesetzt in I :

$$U_2\cdot 0{,}062\,\text{S} + 0{,}042\,\text{S}\cdot(4{,}84\,\text{V} - U_2\cdot 0{,}677) = -0{,}5\,\text{A} \Rightarrow$$

$$U_2\cdot 0{,}062\,\text{S} - U_2\cdot 0{,}02843 + 0{,}2033\,\text{A} = -0{,}5\,\text{A} \Rightarrow$$

$$U_2 = -20{,}96\,\text{V}$$

Aus III: $U_7\cdot 0{,}062\,\text{S} = -0{,}5\,\text{A} + 0{,}2\,\text{A} - 20{,}96\,\text{V}\cdot 0{,}042\,\text{S} \Rightarrow$

$$U_7 = \frac{-1{,}18\,\text{A}}{0{,}062\,\text{S}} = -19{,}04\,\text{V} \Rightarrow I_7 = -190{,}4\,\text{mA}$$

Aus II $\quad I_3 = U_{q3}\cdot 0{,}01\overline{6}\,\text{S} - U_7\cdot 0{,}01\,\text{S} - 1{,}5\,\text{A} = -976{,}3\,\text{mA}$

Weitere Größen: $U_5 = U_{q3} - U_7 = +20\,\text{V} - (-19{,}04\,\text{V}) = +39{,}04\,\text{V}$

$$U_6 = U_7 - U_2 = -19{,}04\,\text{V} - (-20{,}96\,\text{V}) = +1{,}92\,\text{V}$$

$$I_1 = \frac{U_1\,(=U_6)}{R_1} = \frac{1{,}92\,\text{V}}{25\,\Omega} = 76{,}8\,\text{mA}\,; \quad I_4 = \frac{U_{q3}}{R_4} = \frac{20\,\text{V}}{150\,\Omega} = 133{,}3\,\text{mA}\,; \quad I_6 = \frac{U_6}{R_6} = \frac{1{,}92\,\text{V}}{500\,\Omega} = 3{,}84\,\text{mA}$$

$$I_2 = \frac{U_2}{R_2} = \frac{-20{,}96\,\text{V}}{50\,\Omega} = -419{,}2\,\text{mA}\,; \quad I_5 = \frac{U_5}{R_5} = \frac{39{,}04\,\text{V}}{100\,\Omega} = 390{,}4\,\text{mA}$$

Potenzial- und Stromkontrolle, Schaltung mit den richtigen Stromrichtungen:

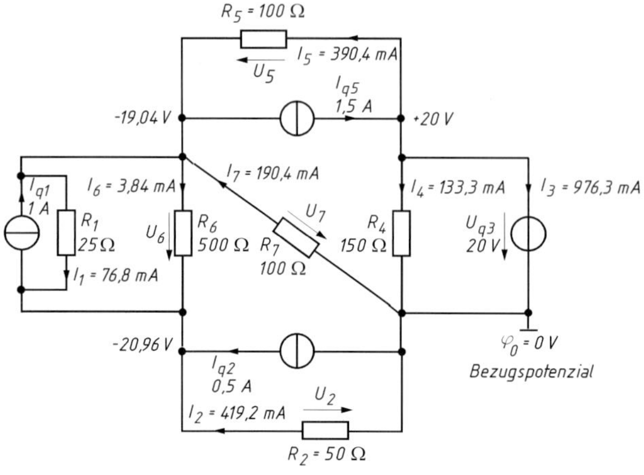

Elektrisches Feld

15 Elektrostatisches Feld

- Wirkungen und Berechnung elektrostatischer Felder

Elektrostatische Felder werden von elektrischen Ladungen verursacht, sie bestehen in Dielektrika (Nichtleiter) und sind zeitlich konstant, sodass keine Ströme fließen: $I = 0$

Feldlinienbilder wichtiger Feldformen

Parallele Flächen (eben)

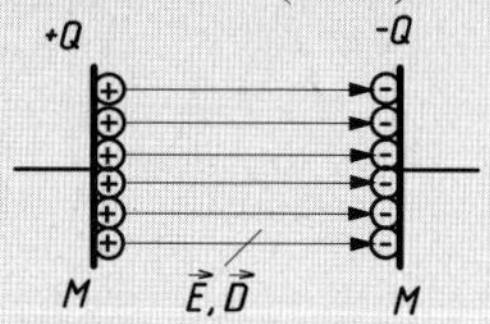

Plattenkondensator

Zylinderflächen (konzentrisch)

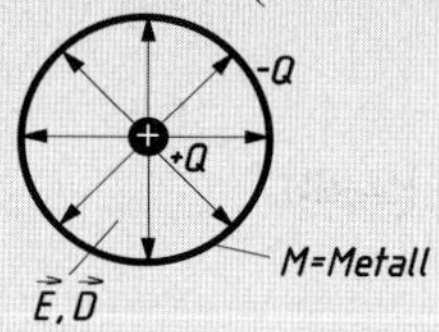

Koaxialleitung

Zylinderflächen (parallel)

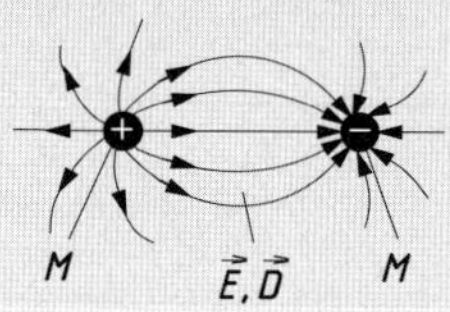

Paralleldrahtleitung

Die Feldlinien beginnen bei positiven Ladungen (Quellen) und enden bei negativen Ladungen (Senken).

Die ***elektrische Feldstärke*** $\vec{E}$ ist die Ursache für die Kraft $\vec{F}$ auf die Ladung Q im elektrostatischen Feld:

$$\boxed{\vec{F} = Q \cdot \vec{E}}$$

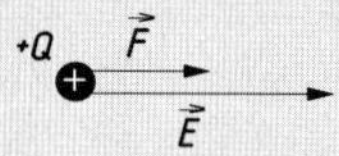

$$1\,\text{N} = 1\,\text{As} \cdot 1\,\frac{\text{V}}{\text{m}}$$

Durchschlagsfestigkeit von Isolierstoffen

$$\boxed{E_\text{d} = \frac{U}{s}}$$

Werkstoff	Durchschlagsfestigkeit bei 20° C	
Hartpapier	100...200	kV/cm
Luft	24	kV/cm
Polystyrol	600	kV/cm
Trafo-Öl	125...230	kV/cm

Potenzialflächenbilder wichtiger Feldformen

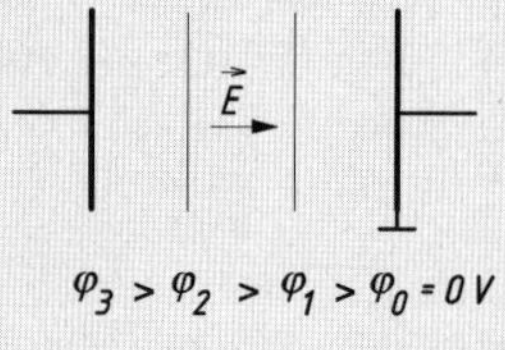

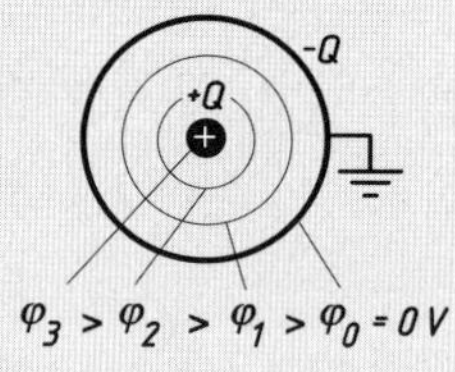

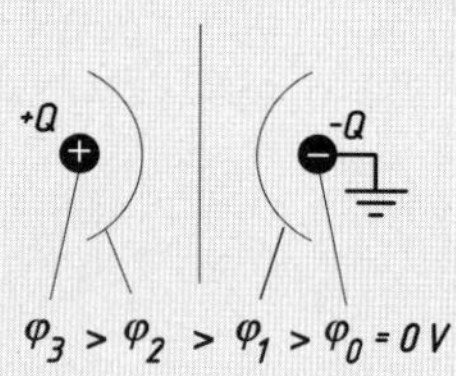

Äquipotenzialflächen und Feldlinien stehen senkrecht aufeinander. Das Potenzial φ nimmt in Richtung des Feldstärkevektors $\vec{E}$ ab.

Das elektrische Potenzial φ_1 kennzeichnet die potenzielle Energie W_{10} einer Ladung Q auf der Potenzialfläche 1 gegenüber der Bezugsfläche 0.

$$\boxed{\varphi_1 = +\int_1^0 \vec{E} \cdot \mathrm{d}\vec{s} = -\int_0^1 \vec{E} \cdot \mathrm{d}\vec{s} = \frac{W_{10}}{Q}}$$

Grundgesetze des elektrostatischen Feldes

① Das Hüllintegral

$$\oint_V {}^{1)}$$

der Verschiebungsflussdichte $\vec{D}$ ist bei isotropen Material über eine geschlossene Hüllfläche $\vec{A}$ gleich der eingeschlossenen Ladung Q:

$$\boxed{\oint_V \vec{D} \cdot \mathrm{d}\vec{A} = Q}$$

② Die Verschiebungsflussdichte $\vec{D}$ ist bei isotropen Materialien proportional zur Feldstärke $\vec{E}$:

$$\vec{D} = \varepsilon \cdot \vec{E} = \varepsilon_\mathrm{r} \cdot \varepsilon_0 \cdot \vec{E}$$

Feldkonstante des elektrischen Feldes:

$$\varepsilon_0 = 8{,}85 \cdot 10^{-12}\ \frac{\mathrm{As}}{\mathrm{V\,m}}$$

Dielektrizitätszahl (dimensionslos):

$\varepsilon_\mathrm{r} = 1$	Vakuum
$\varepsilon_\mathrm{r} \approx 1$	Luft
$\varepsilon_\mathrm{r} = 2{,}3$	Trafoöl
$\varepsilon_\mathrm{r} = 4...6$	Hartpapier
$\varepsilon_\mathrm{r} = 2{,}5$	Polystyrol PS
$\varepsilon_\mathrm{r} = 6...9$	Aluminiumoxid
$\varepsilon_\mathrm{r} = 26$	Tantalpentoxid

③ Das Linienintegral der Feldstärke $\vec{E}$ über den Weg $\vec{s}$ von Ort a nach Ort b wird geschrieben als

$$\int_a^b \vec{E} \cdot \mathrm{d}\vec{s}$$

und ist für einen geschlossenen Umlauf im elektrostatischen Feld gleich null:

$$\boxed{\oint_s \vec{E} \cdot \mathrm{d}\vec{s} = \int_2^1 \vec{E} \cdot \mathrm{d}\vec{s} + \int_1^0 \vec{E} \cdot \mathrm{d}\vec{s} + \int_0^2 \vec{E} \cdot \mathrm{d}\vec{s} = 0}$$

$$(\mathrel{\hat{=}} \textstyle\sum U = 0, \text{ Kirchhoff II})$$

Influenz

Ladungsverschiebung in einem elektrischen Leiter oder Halbleiter unter Einwirkung eines elektrischen Feldes:
Die Ladungsträger der in das Feld gebrachten Leiter 1 und 2 wandern an die Oberfläche.

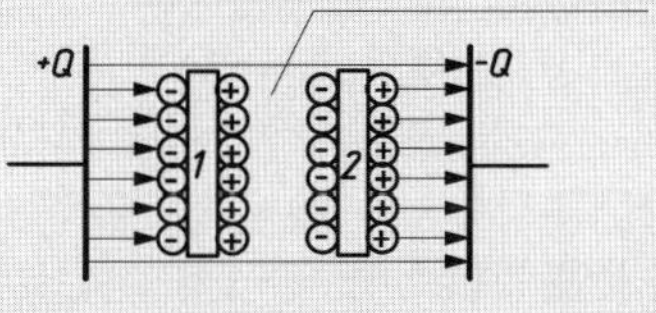

Bei idealen Bedingungen entsteht ein **feldfreier Raum,** da sich das äußere und das durch Ladungsträgerverschiebung entstandene innere elektrische Feld gegenseitig aufheben.

1) Der Kreis im Integral und der Index V sollen andeuten, dass hier über eine geschlossene Oberfläche eines Volumengebietes integriert wird.

15.1 Aufgaben

❶ **15.1** Punkt *P* befindet sich inmitten eines elektrostatischen Feldes.
Wie kann erreicht werden, dass Punkt *P* in einem feldfreien Raum liegt, obwohl das elektrostatische Feld nach wie vor vorhanden ist?

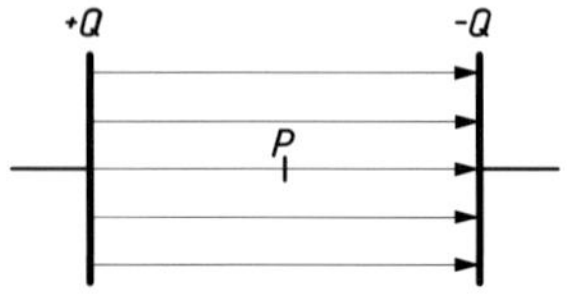

❶ **15.2** Im Punkt *P* befindet sich eine positive Ladung $+Q$, von der ein elektrostatisches Feld ausgeht.
Durch welche Maßnahme kann man erreichen, dass die Umgebung feldfrei bleibt?

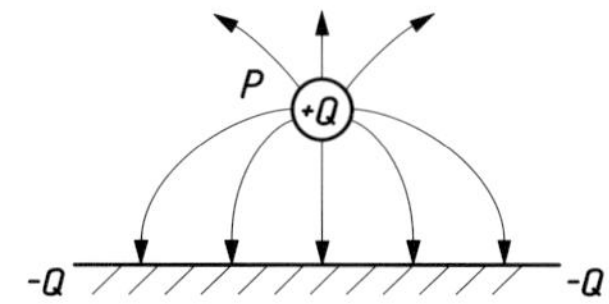

❶ **15.3** Das Bild zeigt das Schema eines Isolierschicht-Feldeffekt-Transistors (MOS-FET): Eine Metallfläche M steht isoliert einer P-dotierten Halbleiterschicht gegenüber, in die zwei stark N-dotierte Anschlüsse (*Drain und Source*) eingelassen sind. In dem P-Halbleiter befindet sich eine geringe Menge von frei beweglichen Elektronen. Wie wirkt sich das Aufbringen einer positiven Ladung $+Q$ auf der isolierten Gateelektrode auf die Ladungsverteilung der gegenüberliegenden Seite aus?

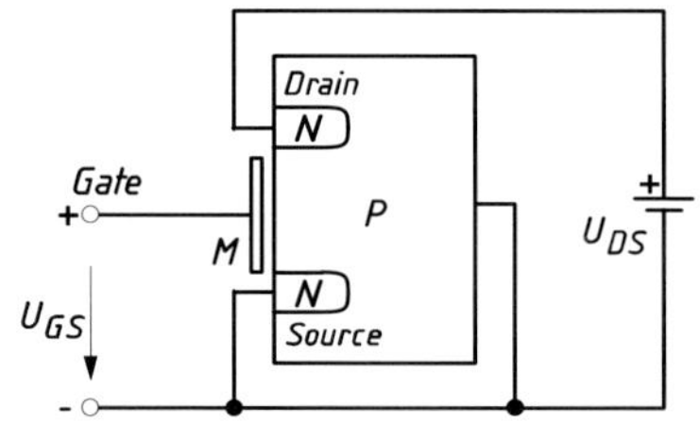

❶ **15.4** Zwei planparallele Metallplatten sind durch eine 0,5 mm dicke Hartpapierschicht voneinander isoliert.
Welche höchste Spannung darf an den Platten anliegen, wenn die Durchschlagsfestigkeit des Isolierstoffes 15 kV/mm beträgt?

❶ ❷ **15.5** Zur Bestimmung des spezifischen Widerstandes eines Isolierstoffes wird die gezeigte Messschaltung verwendet. Der Prüfling befindet sich zwischen den genormten Prüfelektroden. Die verwendeten Spannungsmesser besitzen einen hochohmigen Innenwiderstand R_i.

a) Man stelle eine allgemeine Beziehung für den Durchgangswiderstand $R_x = f(U_1, U_2, R_i)$ auf.

b) Wie groß ist der Durchgangswiderstand R_x des Prüflings, wenn die Spannungen $U_1 = 1000$ V und $U_2 = 50$ V gemessen werden und die Spannungsmesser einen Innenwiderstand von 10 MΩ haben?

c) Wie groß ist der spezifische Widerstand des Isolierstoffes mit der Einheit „Ω cm", wenn der Prüfling die Querschnittsfläche $A = 20\ \text{cm}^2$ und die Dicke $s = 0{,}5$ mm hat?

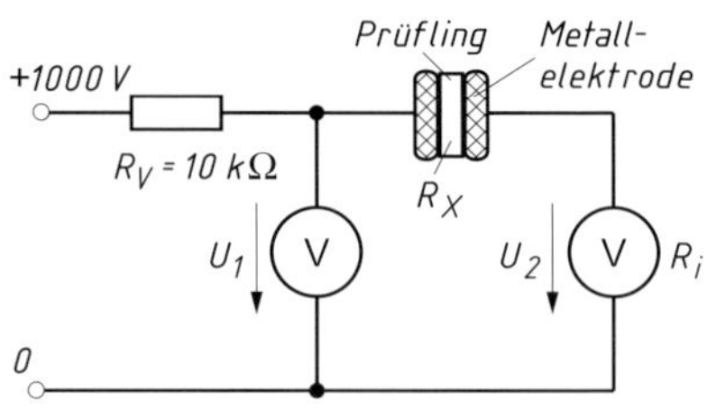

❶ ❷ **15.6** Auf den planparallelen Metallplatten mit der Querschnittsfläche 20 cm^2 befindet sich die Ladung $Q = +5$ nAs bzw. -5 nAs.

a) Wie groß ist die Feldstärke $\vec{E}$ mit Luft als Dielektrikum im homogenen elektrischen Feld?

b) Wie groß wäre die Feldstärke mit Hartpapier als Isolierstoff?

c) Wie groß wäre jeweils die Spannung U zwischen den Metallplatten, deren Abstand 5 mm beträgt unter der Annahme konstanter Ladungen $Q = 5$ nAs auf den Platten?

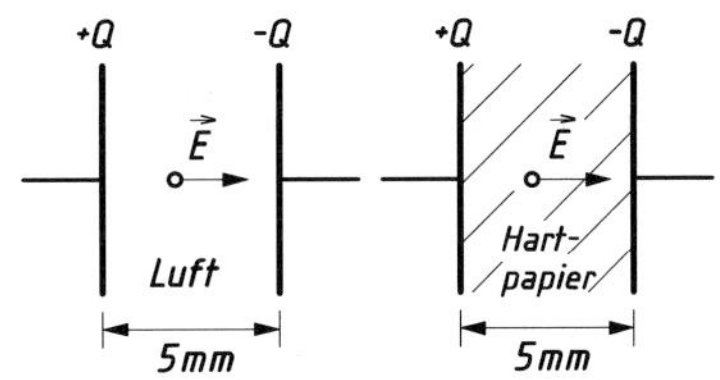

❶ ❷ **15.7** Die abgebildeten Metallplatten sind durch Luft isoliert und werden auf eine Spannung von $U = 1000$ V aufgeladen und danach von der Spannungsquelle getrennt.

a) Wie groß ist die Feldstärke $\vec{E}$ zwischen den Platten des homogenen elektrischen Feldes, wenn der Plattenabstand $s = 1$ cm beträgt?

b) Wie groß sind die auf den Platten befindlichen Ladungen $+Q$ und $-Q$, wenn die Plattenfläche $A = 20$ cm^2 ist?

c) Der Plattenabstand wird auf $s = 2$ cm vergrößert. Wie verändern sich die Größen Q, D, E und U des elektrischen Feldes?

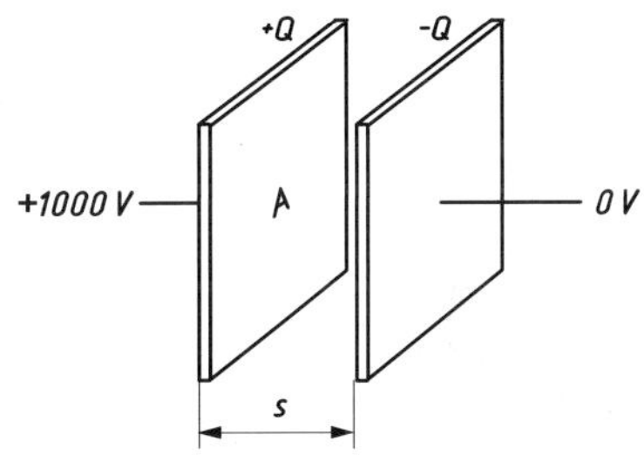

❶ ❷ **15.8** Von einem einfachen elektrostatischen Feld ist das Feldlinien-Äquipotenzialflächenbild bekannt.

a) Wie groß sind die Potenziale φ_1, φ_2, φ_3 und φ_4 im homogenen elektrostatischen Feld, wenn die Abstände zwischen zwei benachbarten Potenzialflächen je 2 cm betragen und eine Feldstärke $\vec{E} = 20$ V/mm vorherrscht?

b) Wie groß sind die Spannungen U_{xy}, U_{yz}, U_{zx} zwischen den Punkten P_x, P_y, P_z?

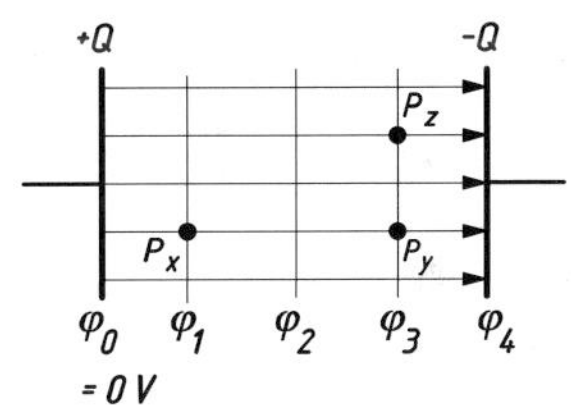

❷ **15.9** Die Feldstärke im gegebenen homogenen elektrostatischen Feld beträgt 100 V/mm.

a) Zeichnen Sie die Funktion $\vec{E} = f(s)$.

b) Zeichnen Sie den zum Feldstärkeverlauf zugehörigen Potenzialverlauf $\varphi = f(s)$, wenn der Punkt P_0 auf Potenzial $\varphi_0 = 0$ V liegt.

c) Berechnen Sie die Potenziale $\varphi_1 \dots \varphi_4$ mit dem Linienintegral der Feldstärke $\vec{E}$ über dem Weg s, wobei $\varphi_0 = 0$ V ist.

d) Wie groß sind die Spannungen U_{02}, U_{24}, U_{31} und U_{40}?

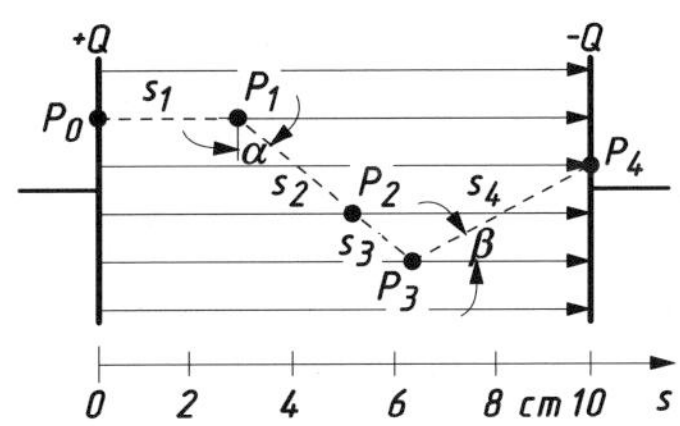

❷ **15.10** Zwei Punktladungen $Q_1 = +1$ nAs und $Q_2 = -1$ nAs haben einen Abstand $a = 25$ cm. Wie groß ist die Feldstärke $\vec{E}$ im Punkt P, der zu den beiden Ladungen eine Entfernung $r = 30$ cm hat?

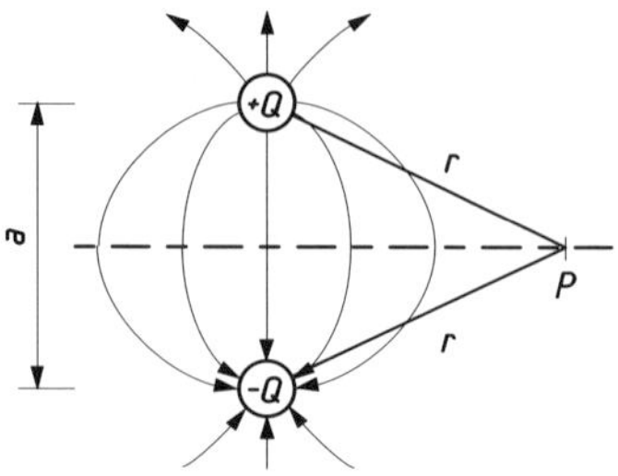

❷ ❸ **15.11** Die abgebildetete Koaxialleitung liegt an der Spannung U. Im Dielektrikum zwischen dem Außen- und Innenleiter besteht das inhomogene elektrische Feld mit der Feldstärke $\vec{E}$.

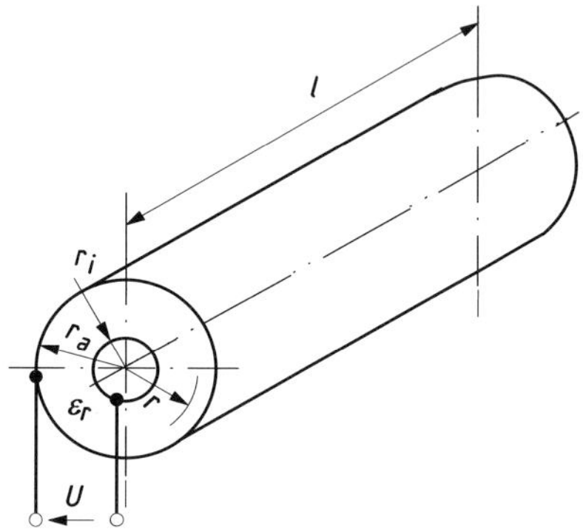

a) Stellen Sie eine Beziehung für die Verschiebungsflussdichte auf:

$$D = \frac{Q}{A} = f(r) \qquad r = \text{Radius}$$

b) Bilden Sie aus der gefundene Funktion für die Verschiebungsflussdichte eine Beziehung für die Feldstärke:

$$\vec{E} = \frac{\vec{D}}{\varepsilon_r \cdot \varepsilon_0} = f(r)$$

c) Ermitteln Sie aus der allgemeinen Beziehung: $U = \int \vec{E} \cdot d\vec{s}$ eine spezielle Beziehung für die Koaxialleitung: $U = f(r_a, r_i)$, mit r_a = Radius Außenleiter und r_i = Radius Innenleiter.

d) Nun soll mit den vorliegenden Beziehungen eine Berechnungsformel für die Feldstärke $\vec{E}$ in radialer Richtung für einen beliebigen Punkt im Dielektrikum gefunden werden, der den Abstand r vom Mittelpunkt hat: $\vec{E} = f(U, r, r_a, r_i)$

❸ **15.12** Bei einem Halbleiter-PN-Übergang stehen sich eine negative und eine positive Raumladungsschicht aus ortsfesten, gleichmäßig verteilten Ladungen gegenüber (sog. positive Donatoren und negative Akzeptoren).

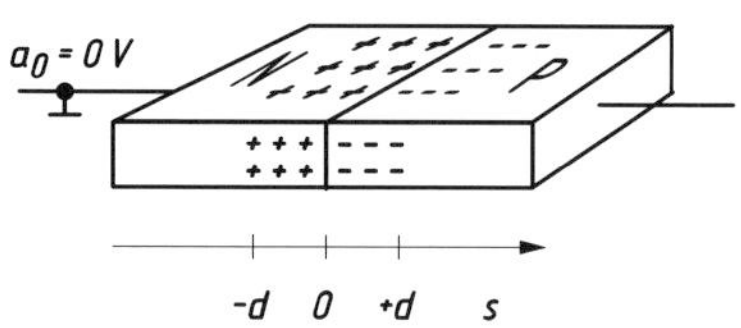

a) Skizzieren Sie den räumlichen Verlauf der Verschiebungsflussdichte $D = f(s)$ längs der Halbleiterachse. (Man stelle sich dazu vor, dass bei jedem positiven Donator eine Feldlinie entspringe und bei dem gegenüberliegenden negativen Akzeptor ende!)

b) Wie verläuft die zugehörige Feldstärkefunktion $\vec{E} = f(s)$?

c) Stellen Sie für das Ergebnis von b) zwei Beziehungen auf: $\vec{E}_1 = f(\vec{E}_0, +d, s)$ und $\vec{E}_2 = f(\vec{E}_0, -d, s)$, mit $\vec{E}_0$ = Feldstärke am Ort $s = 0$ und d = Dicke einer Raumladungsschicht.

d) Berechnen Sie aus dem allgemeinen Ansatz $\varphi = -\int E \cdot ds$ den Verlauf des Potenzials $\varphi = f(E_0, d, s)$ für den PN-Übergang, wobei die N-Schichtseite das Bezugspotenzial $\varphi_0 = 0$ V habe.

15.2 Lösungen

15.1

Abschirmung mit einem metallischen Gehäuse (ggf. genügen auch zwei Metallplatten). Das Innere des Gehäuses ist feldfrei (⇒ Faradayscher Käfig. Dabei ist es gleichgültig, ob das Gehäuse geerdet ist oder nicht.)

15.2

Die positive Ladung $+Q$ wird ins Innere eines metallischen Gehäuses verlegt. Das Gehäuse muss geerdet werden.

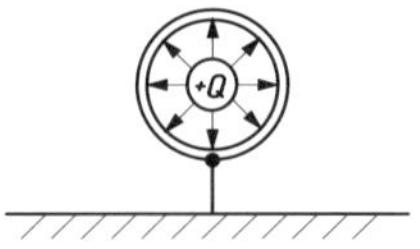

15.3

Die positive Ladung auf der metallenen Gateelektrode influenziert eine negative Gegenladung an der Oberfläche der P-Halbleiterschicht. Es entsteht ein N-Kanal zwischen Drain und Source.

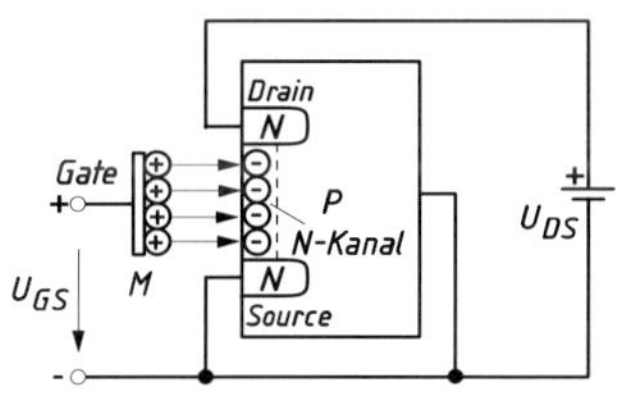

15.4

$$U = E \cdot s = 15\,\frac{\text{kV}}{\text{mm}} \cdot 0{,}5\ \text{mm} = 7{,}5\ \text{kV}$$

15.5

a) $$\frac{R_x}{R_x + R_i} = \frac{U_1 - U_2}{U_1}$$

$$R_x U_1 = R_x U_1 + R_i U_1 - R_x U_2 - R_i U_2$$

$$R_x = R_i\,\frac{U_1 - U_2}{U_2}$$

b) $$R_x = 10\ \text{M}\Omega \cdot \frac{1000\ \text{V} - 50\ \text{V}}{50\ \text{V}} = 190\ \text{M}\Omega$$

c) $$R_x = \frac{s \cdot \rho}{A}$$

$$\varrho = R_x \cdot \frac{A}{s} = 190\ \text{M}\Omega \cdot \frac{20\ \text{cm}^2}{0{,}05\ \text{cm}} = 76 \cdot 10^9\ \Omega\text{cm}$$

15.6

a) $\oint_V \vec{D} \cdot \mathrm{d}\vec{A} = Q$

Legt man eine Hüllfläche um die positiv geladene Elektrode, so erhält man unter Berücksichtigung des homogenen elektrostatischen Feldes:

$D \cdot A = Q$

mit A = Plattenquerschnittsfläche, die von Feldlinien durchsetzt ist.

$$D = \frac{Q}{A} = \frac{5\ \text{nAs}}{20\ \text{cm}^2}$$

$$D = 2{,}5 \cdot 10^{-6}\,\frac{\text{As}}{\text{m}^2}$$

$$D = \varepsilon_r \cdot \varepsilon_0 \cdot E \quad \text{mit } \varepsilon_r \approx 1 \text{ (Luft)}$$

$$E = \frac{D}{\varepsilon_r \varepsilon_0} = \frac{2{,}5 \cdot 10^{-6}\,\frac{\text{As}}{\text{m}^2}}{1 \cdot 8{,}85 \cdot 10^{-12}\,\frac{\text{As}}{\text{Vm}}} = 2{,}82\,\frac{\text{kV}}{\text{cm}}$$

b) $D = \varepsilon_r \cdot \varepsilon_0 \cdot E$ mit $\varepsilon_r = 5$, D unverändert

$$E = 0{,}565\,\frac{\text{kV}}{\text{cm}}$$

c) $U = E \cdot s$

$$U = 2{,}82\,\frac{\text{kV}}{\text{cm}} \cdot 0{,}5\ \text{cm} = 1410\ \text{V (Luft)}$$

$$U = 0{,}565\,\frac{\text{kV}}{\text{cm}} \cdot 0{,}5\ \text{cm} = 282\ \text{V (Hartpapier)}$$

15.7

a) $$E = \frac{U}{s} = \frac{1000\ \text{V}}{1\ \text{cm}} = 1\,\frac{\text{kV}}{\text{cm}}$$

b) $$D = \varepsilon_r \cdot \varepsilon_0 \cdot E = 1 \cdot 8{,}85 \cdot 10^{-12}\,\frac{\text{As}}{\text{Vm}} \cdot 100000\,\frac{\text{V}}{\text{m}}$$

$$D = 8{,}85 \cdot 10^{-7}\,\frac{\text{As}}{\text{m}^2}$$

$$Q = D \cdot A = 8{,}85 \cdot 10^{-7}\,\frac{\text{As}}{\text{m}^2} \cdot 20 \cdot 10^{-4}\ \text{m}^2 = 1{,}77\ \text{nAs}$$

c) Q = konst., da isolierte Ladung auf den Platten

$$D = \text{konst., da } D = \frac{Q}{A}$$

$$E = \text{konst., da } E = \frac{D}{\varepsilon_r \varepsilon_0}$$

$$U = E \cdot s = 1\,\frac{\text{kV}}{\text{cm}} \cdot 2\ \text{cm} = 2000\ \text{V}$$

15.8

a) $\varphi_1 = -\int_0^1 \vec{E} \cdot d\vec{s} = -E \cdot \Delta s_1$ (homogenes Feld)

$$\varphi_1 = -20 \frac{\text{V}}{\text{mm}} \cdot 20 \text{ mm} = -400 \text{ V}$$

$\varphi_2 = -800$ V
$\varphi_3 = -1200$ V
$\varphi_4 = -1600$ V

b) $U_{xy} = \varphi_1 - \varphi_3 = -400 \text{ V} - (1200 \text{ V}) = +800 \text{ V}$
$U_{yz} = \varphi_3 - \varphi_3 = 0 \text{ V}$
$U_{zx} = \varphi_3 - \varphi_1 = -1200 \text{ V} - (-400 \text{ V}) = -800 \text{ V}$

15.9

a)

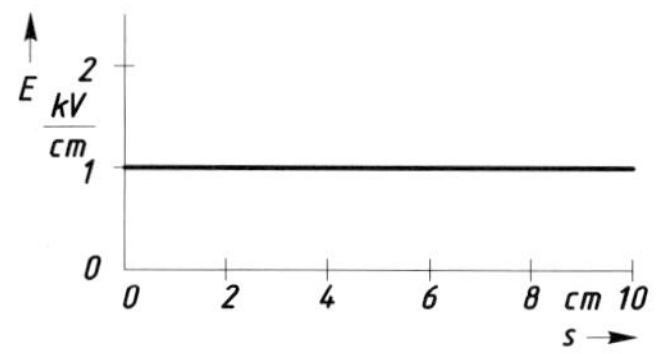

b)

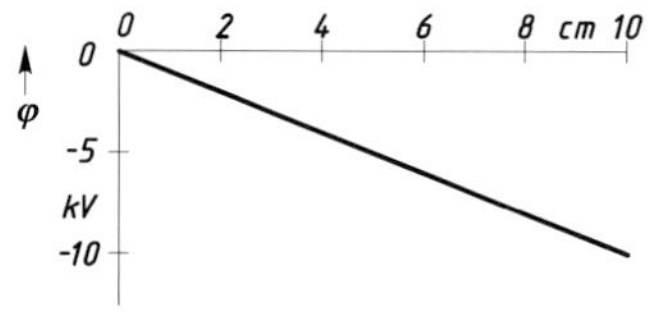

c) $\varphi_1 = -\int_0^1 \vec{E} \cdot d\vec{s} = -E \cdot \Delta s_1 = -1 \frac{\text{kV}}{\text{cm}} \cdot 3 \text{ cm} = -3 \text{ kV}$

(Das Potenzial nimmt in Richtung des Feldstärkevektors ab)

$$\varphi_2 = \varphi_1 - E \cdot s_2 \cdot \sin\alpha = -3 \text{ kV} - 1 \frac{\text{kV}}{\text{cm}} \cdot 2 \text{ cm} = -5 \text{ kV}$$

$$\varphi_3 = \varphi_2 - E \cdot s_3 \cdot \sin\alpha = -5 \text{ kV} - 1 \frac{\text{kV}}{\text{cm}} \cdot 1 \text{ cm} = -6 \text{ kV}$$

$$\varphi_4 = \varphi_3 - E \cdot s_4 \cdot \cos\beta = -6 \text{ kV} - 1 \frac{\text{kV}}{\text{cm}} \cdot 4 \text{ cm} = -10 \text{ kV}$$

d) $U_{02} = \varphi_0 - \varphi_2 = 0 \text{ V} - (-5 \text{ kV}) = +5 \text{ kV}$
$U_{24} = \varphi_2 - \varphi_4 = -5 \text{ kV} - (-10 \text{ kV}) = +5 \text{ kV}$
$U_{31} = \varphi_3 - \varphi_1 = -6 \text{ kV} - (-3 \text{ kV}) = -3 \text{ kV}$
$U_{40} = \varphi_4 - \varphi_0 = -10 \text{ kV} - 0 = -10 \text{ kV}$

15.10

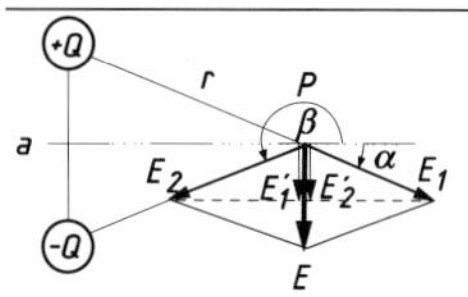

$$E = \frac{D}{\varepsilon_r \cdot \varepsilon_0} = \frac{1}{\varepsilon_r \cdot \varepsilon_0} \cdot \frac{Q}{A}$$

$A = 4\pi \cdot r^2$ (Kugeloberfläche)

$$E = \frac{1}{\varepsilon_r \cdot \varepsilon_0} \cdot \frac{Q}{4\pi \cdot r^2}$$

$$E_1 = \frac{1}{1 \cdot 8{,}85 \cdot 10^{-12}} \frac{\text{V m}}{\text{As}} \cdot \frac{+1 \cdot 10^{-9} \text{ As}}{4\pi (0{,}3 \text{ m})^2} \approx 100 \frac{\text{V}}{\text{m}}$$

$E_2 \approx 100 \frac{\text{V}}{\text{m}}$, da gleich große Ladungen Q

$$\sin\alpha = \frac{\frac{a}{2}}{r} = \frac{12{,}5 \text{ cm}}{30 \text{ cm}} = 0{,}417$$

$\alpha = 24{,}6°$, $\beta = 204{,}6°$

$$E_1' = 100 \frac{\text{V}}{\text{m}} \cdot \sin(24{,}6°) = 41{,}7 \frac{\text{V}}{\text{m}}$$

$$E_2' = 41{,}7 \frac{\text{V}}{\text{m}}$$

$E = E_1' + E_2' = 83{,}4 \frac{\text{V}}{\text{m}}$ (Richtung s. Bild)

15.11

a) $A = 2\pi \cdot r \cdot l$ (Zylinder-Oberfläche)

$$D = \frac{Q}{A} = \frac{Q}{2\pi \cdot l} \cdot \frac{1}{r} \qquad (1)$$

b) $$E = \frac{D}{\varepsilon_r \cdot \varepsilon_0} = \frac{Q}{2\pi \cdot \varepsilon_r \cdot \varepsilon_0 \cdot l} \cdot \frac{1}{r} \qquad (2)$$

c) $$U = \int E \cdot ds = \frac{Q}{2\pi \cdot \varepsilon_r \cdot \varepsilon_0 \cdot l} \cdot \int_{r_i}^{r_a} \frac{1}{r} dr$$

Aus Integraltafel:

$$\int \frac{dx}{x} = \ln x + C$$

$$U = \frac{Q}{2\pi \cdot \varepsilon_r \cdot \varepsilon_0 \cdot l} \cdot \left[\ln r\right]_{r_i}^{r_a}$$

$$U = \frac{Q}{2\pi \cdot \varepsilon_r \cdot \varepsilon_0 \cdot l} \cdot \left[\ln r_a - \ln r_i\right] = \frac{Q}{2\pi \cdot \varepsilon_r \cdot \varepsilon_0 \cdot l} \cdot \ln \frac{r_a}{r_i} \qquad (3)$$

d) Aus Gl.(2) folgt:

$$\frac{Q}{2\pi \cdot \varepsilon_r \cdot \varepsilon_0 \cdot l} = E \cdot r \qquad (4)$$

(4) in (3) ergibt:

$$U = E \cdot r \cdot \ln \frac{r_a}{r_i}$$

$$E = \frac{U}{r} \cdot \frac{1}{\ln \frac{r_a}{r_i}} \qquad r_i < r < r_a$$

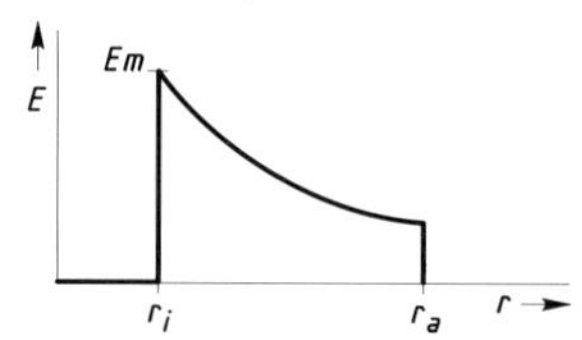

Der größte Betrag E_m der Feldstärke tritt an der Oberfläche des Innenleiters auf ($r = r_i$) und ist vom Radienverhältnis r_a/r_i abhängig.

15.12

a), b)

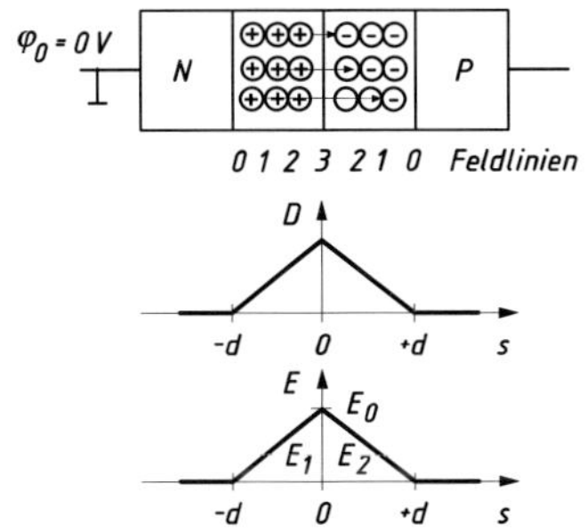

c) $E_1 = +\frac{E_0}{d} \cdot s + E_0$ für $-d \le s \le 0$

$E_2 = -\frac{E_0}{d} \cdot s + E_0$ für $0 \le s \le +d$

d) Für Bereich $-d \le s \le 0$:

$$\varphi = -\int E_1 \cdot \mathrm{d}s \text{ mit } E_1 = \frac{E_0}{d} \cdot s + E_0$$

$$\varphi = -\int \left(\frac{E_0}{d} \cdot s + E_0 \right) \mathrm{d}s$$

$$\varphi = -\frac{E_0}{2d} \cdot s^2 - E_0 \cdot s + \text{const}$$

Zur Bestimmung von const wird laut Aufgabe gesetzt:

$$\varphi(s = -d) = 0\text{ V} \Rightarrow \text{const} = -\frac{E_0 \cdot d}{2}$$

Vollständige Funktion für den Bereich:

$$\varphi = -\frac{E_0}{2d} \cdot s^2 - E_0 \cdot s - \frac{E_0 \cdot d}{2}$$

Potenziale am Ort:

$s = -d \Rightarrow \varphi = 0$

$s = 0 \Rightarrow \varphi = -\frac{E_0 \cdot d}{2}$

Für Bereich $0 \le s \le +d$:

$$\varphi = -\int E_2 \cdot \mathrm{d}s \quad \text{mit } E_2 = -\frac{E_0}{d} \cdot s + E_0$$

$$\varphi = +\int \left(\frac{E_0}{d} \cdot s - E_0 \right) \mathrm{d}s$$

$$\varphi = +\frac{E_0}{2d} \cdot s^2 - E_0 \cdot s + \text{const}$$

Zur Bestimmung von const wird gesetzt:

$$\varphi(s = 0) = -\frac{E_0 \cdot d}{2} \text{ (s. Ergebnis oben)}$$

$$-\frac{E_0 \cdot d}{2} = \frac{E_0}{2d} \cdot 0 - E_0 \cdot 0 + \text{const}, \quad \text{const} = -\frac{E_0 \cdot d}{2}$$

Vollständige Funktion für den Bereich:

$$\varphi = +\frac{E_0}{2d} \cdot s^2 - E_0 \cdot s - \frac{E_0 \cdot d}{2}$$

Potenziale am Ort:

$s = 0 \Rightarrow \varphi = -\frac{E_0 \cdot d}{2}$

$s = +d \Rightarrow \varphi = -E_0 \cdot d$

Setzt man beide Funktionen zusammen, so erhält man den vollständigen Potenzialverlauf über den Weg s, wie im nachfolgenden Bild dargestellt:

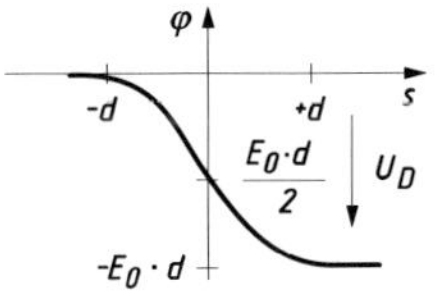

Die Raumladungsdoppelschicht erzeugt also eine Potenzialschwelle, die in der Halbleitertechnik Diffusionsspannung U_D genannt wird:

$$U_D = \varphi(-d) - \varphi(+d)$$

Typische Spannungswerte für Silizium und Germanium sind:

$U_D \approx 0{,}5$ V (Silizium)

$U_D \approx 0{,}2$ V (Germanium)

16 Kondensator, Kapazität, Kapazitätsbestimmung von Elektrodenanordnungen

Bezeichnungen:

Kondensator: Bauelement aus zwei voneinander isolierten Metallelektroden, die als Träger von Ladungen dienen und die prinzipiell beliebig geformt und geometrisch zueinander angeordnet sein können.

Kapazität: Quotient aus gespeicherter Ladungsmenge Q und der zwischen den Elektroden anliegenden Spannung U:

$$C = \frac{Q}{U} \qquad \left[1\,\mathrm{F} = 1\,\frac{\mathrm{A \cdot s}}{\mathrm{V}}\right]$$

Unter Benutzung der Feldgrößen nach Kapitel 15:

$$C = \frac{Q}{U} = \frac{\oint_A \vec{D} \cdot \mathrm{d}\vec{A}}{\int_s \vec{E} \cdot \mathrm{d}\vec{s}}$$

Lösungsstrategie zur Ermittlung der Kapazität des Kondensators

Bei einfacher Geometrie der Elektrodenanordnung: Gelingt es, eine geeignete Hüllfläche A um die Ladung Q so zu legen, dass sie mathematisch einfach zu erfassen ist, kann mit

$$Q = \oint_A \vec{D} \cdot \mathrm{d}\vec{A}$$

die Bestimmung der Kapazität vorgenommen werden.

Lösungsmethodik

Annahme einer Hüllfläche um die (unbekannte) Ladung
$Q = \oint_A \vec{D} \cdot \mathrm{d}\vec{A}$

→ $\vec{D} = f(r)$
Verschiebungsflussdichte $D = f(r)$ im Abstand r

→ Feldstärke
$\vec{E} = \frac{\vec{D}}{\varepsilon}$

→ $U = \int_{r_1}^{r_2} \vec{E} \cdot \mathrm{d}\vec{s}$
Spannung

→ Potenzial
$\varphi = f(r_2)$ [1)]

→ $C = \frac{Q}{U}$
Kapazität

(Bei der Quotientenbildung fällt die anfangs angenommene unbekannte Ladung Q wieder heraus.)

[1)] r_2: Abstand zur Gegenelektrode

Die Anwendung dieser Methodik führt zu den Kapazitätsgleichungen für die geometrisch einfach zu beschreibenden Gebilde. Die in den Formeln vorkommende Dielektrizitätskonstante ε berechnet sich aus der materialabhängigen Dielektrizitätszahl ε_r und der Feldkonstanten des elektrischen Feldes ε_0 : $\varepsilon = \varepsilon_r \cdot \varepsilon_0$, s. Kap. 15.

Plattenkondensator:

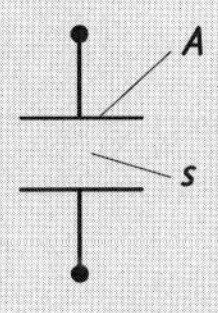

$$C = \varepsilon \frac{A}{s}$$

(für kleinste Abmessung von $A \gg s$)

A: Plattenfläche
s: Plattenabstand

Kugelkondensator:

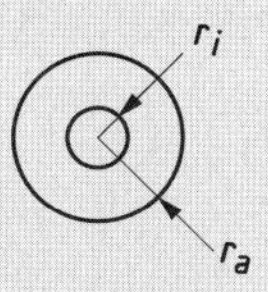

$$C = 4\pi \cdot \varepsilon \frac{r_a \cdot r_i}{r_a - r_i}$$

r_i: Radius der Innenkugel
r_a: Radius der Außenkugel

Koaxialer Zylinderkondensator (Koaxialkabel)

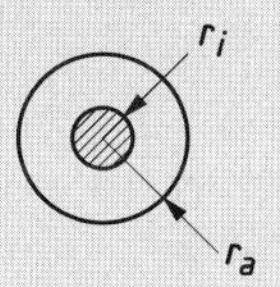

$$C = \frac{2\pi \cdot \varepsilon \cdot l}{\ln \frac{r_a}{r_i}}$$

l: Zylindermantellänge
r_i: Radius der Innenelektrode
r_a: Radius der Außenelektrode

Lange Paralleldrahtleitung

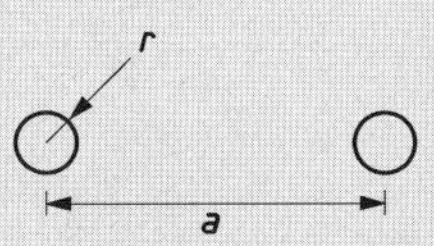

$$C \approx \frac{\pi \cdot \varepsilon \cdot l}{\ln \frac{a}{r}}$$

(für $l \gg a \gg r$)

l: Leitungslänge
a: Leitungsabstand
r: Leitungsradius

Langer Einzelleiter über Erde:

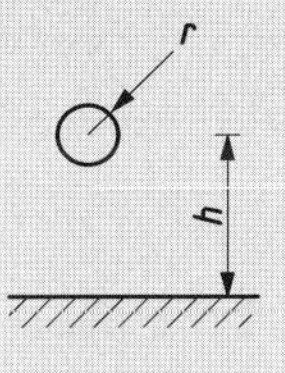

$$C \approx \frac{2\pi \cdot \varepsilon \cdot l}{\ln \frac{2h}{r}}$$

(für $l \gg h \gg r$)

h: Abstand Leiter – Erde

Neben der angegebenen Lösungsmethodik gibt es noch eine Reihe von grafischen und nummerischen Methoden, mit deren Hilfe man unter anderem auch die Kapazität von beliebigen Elektrodenanordnungen bestimmen kann.

16.1 Aufgaben

■ Plattenkondensator-Anordnungen

❶ **16.1** Ein Plattenkondensator zu Demonstrationszwecken für den Physikunterricht hat einen Plattendurchmesser $d_0 = 10$ cm und einen Plattenabstand $s = 5$ mm.

a) Berechnen Sie die Kapazität des beschriebenen Kondensators.

b) Der Abstand zwischen den Platten wird auf $s_1 = 10$ mm verdoppelt. Wie groß ist nun die Kapazität? Skizzieren Sie in einem Diagramm die Abhängigkeit zwischen Kapazität C und Plattenabstand s in allgemeiner Form.

c) An den Kondensator wird anschließend eine Spannung $U = 200$ V angelegt. Welche Ladungsmenge befindet sich auf den Elektroden?

d) Zum Abschluss soll bei angeschlossener Spannungsquelle der ursprüngliche Plattenabstand $s = 5$ mm wieder hergestellt werden. Wie groß ist jetzt die Ladungsmenge auf den Platten? Wie erklären Sie sich die Ladungsmengendifferenz zu c)?

❶ **16.2** Die beiden Zungen eines Reedkontaktes schließen sich, wenn der Körper in ein magnetisches Feld eingebracht wird. Die beiden gegenüberliegenden Schaltflächen kann man als wirksame Flächen eines Plattenkondensators ansehen, die vor dem Schalten einen Abstand von $s = 0{,}35$ mm haben. Im Relais-Datenblatt ist angegeben: Kapazität Kontakt – Kontakt: 4 pF (hierbei entfallen 70 % auf die Zuleitungskapazität).

Wie groß ist näherungsweise die (kapazitäts-) wirksame Plattenfläche A?

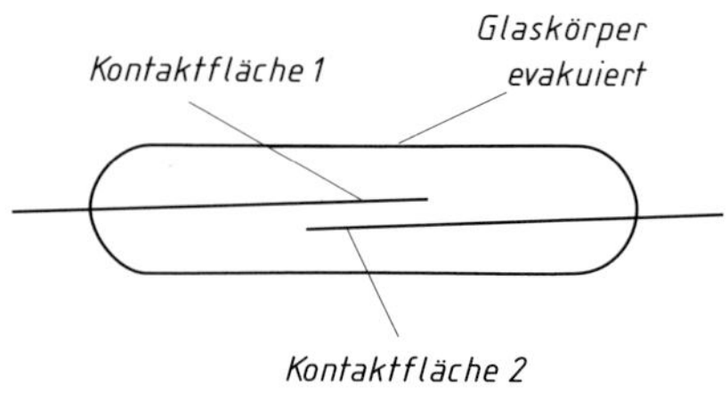

❶ **16.3** Ein Wickelkondensator (siehe Bild rechts) besteht aus 2 Metallfolien mit 15 m Länge und 3 cm Breite. Dazwischen liegende Papierstreifen bilden das Dielektrikum, Dicke 25 µm ($\varepsilon = 2{,}5$). Wie groß ist die Kapazität?

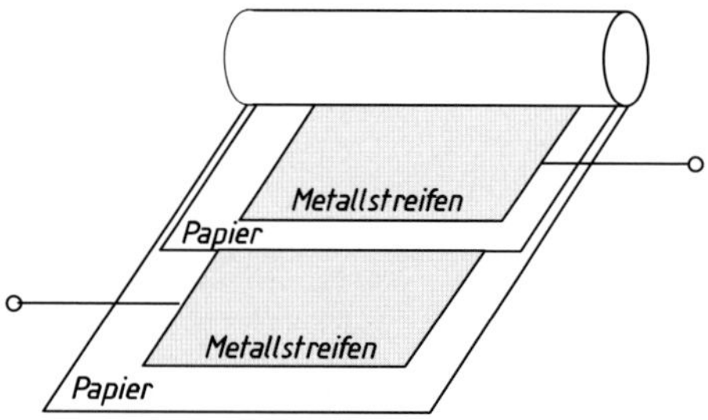

❶ **16.4** Ein Scheibenkondensator mit dem Durchmesser $d = 8$ mm hat den skizzierten Aufbau.

a) Wie groß ist die Kapazität, wenn man als Dielektrikum jeweils eine 0,4 mm dicke Glimmerscheibe ($\varepsilon_r = 8$) benutzt?

b) Der Kondensator wird an eine Spannung von $U = 20$ V angelegt. Welche Ladungsmenge tragen die Elektroden?

c) Wie groß darf die Spannungs U maximal werden, wenn die Durchschlagfeldstärke bei Glimmer 1500 kV/cm beträgt?

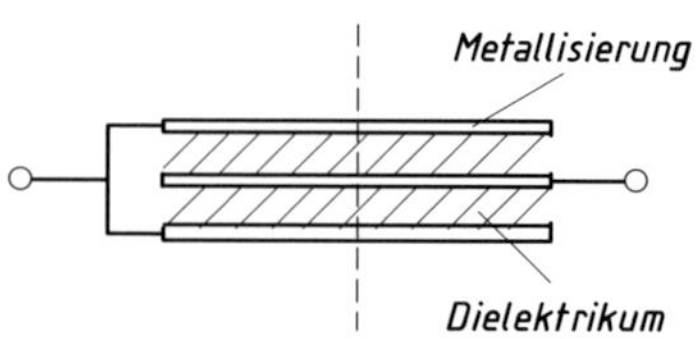

❶ ❷ **16.5** Ein Plattendrehkondensator, der aus einem Stator und einem Rotorblechpaket besteht, kann vereinfacht als mehrfach geschichteter Kondensator betrachtet werden. Alle gleichartigen Platten P_i mit $i = 1, \ldots, n$ haben den gleichen Abstand s zueinander.

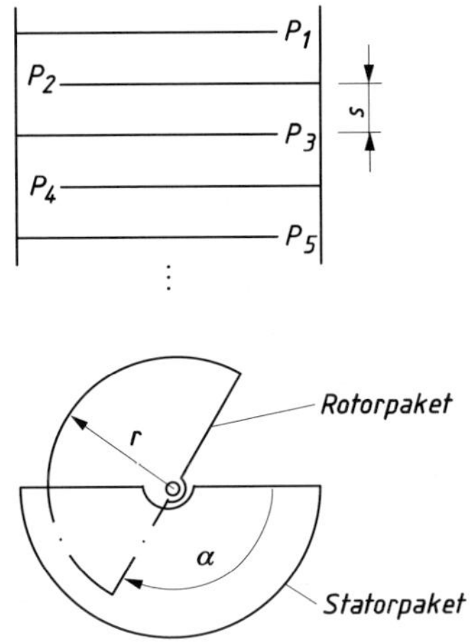

a) Ermitteln Sie die Gesamtkapazität der Anordnung für den Fall, dass das Rotorpaket vollständig in das Statorpaket eingedreht ist ($\alpha = 0$).

b) Wie ändert sich die Kapazität des Kondensators in Abhängigkeit vom Drehwinkel bei einem kreisförmigen Plattenschnitt mit Plattenradius r.
(Die Reduzierung der wirksamen Plattenfläche im Drehachsenbereich soll hier vernachlässigt werden.)

c) Skizzieren Sie den prinzipiellen Verlauf der Funktion $C = f(\alpha)$.

❷ **16.6** Im Dielektrikum eines Plattenkondensators (Plattenfläche $A = 0,01\ \text{m}^2$) befindet sich parallel zu den Platten P_1 und P_2 eine Pertinax-Platte ($\varepsilon_\text{r} = 4{,}8$) mit zweiseitiger, sehr dünner Kupferbeschichtung (beide Schichtseiten voneinander isoliert, Schichtdicke $\ll b$).

Bestimmen Sie allgemein und mit den gegebenen Zahlenwerten die Kapazität der Anordnung zwischen den Klemmen 1 und 2, wenn

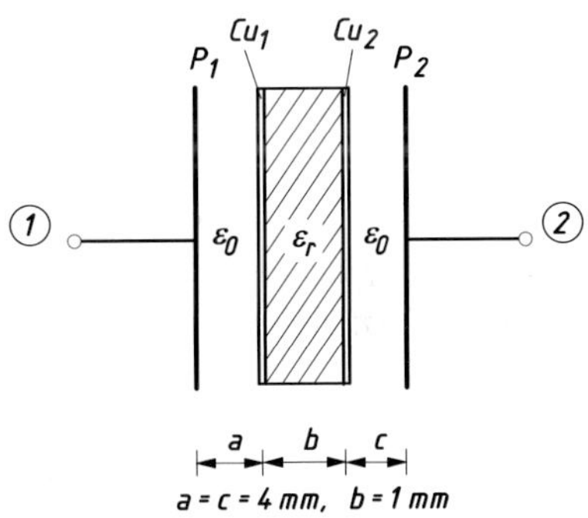

a) die Kupferflächen Cu_1 und Cu_2 mit Platte P_2 verbunden sind,

b) nur Kupferfläche Cu_2 leitend mit Platte P_2 verbunden ist,

c) alle Platten voneinander isoliert stehen.

Lösungshinweis: Derart geschichtete Kondensatoren können als Serienschaltung von Einzelkondensatoren aufgefasst werden, für die gilt:

$$\frac{1}{C_\text{ges}} = \frac{1}{C_1} + \frac{1}{C_2}$$

Anmerkung: Randstreuungen sind zu vernachlässigen.

❷ **16.7** Gegeben sind zwei Plattenkondensatoren mit gleichen Abmessungen A und s, aber unterschiedlichen Dielektrika.

Welche Kapazität der beiden Kondensatoren ist für gegebene $\varepsilon_{\text{r}1}$ und $\varepsilon_{\text{r}2}$ größer? Prüfen Sie dies nach für die Zahlenwerte $\varepsilon_{\text{r}1} = 2 \cdot \varepsilon_{\text{r}2} = 4$.

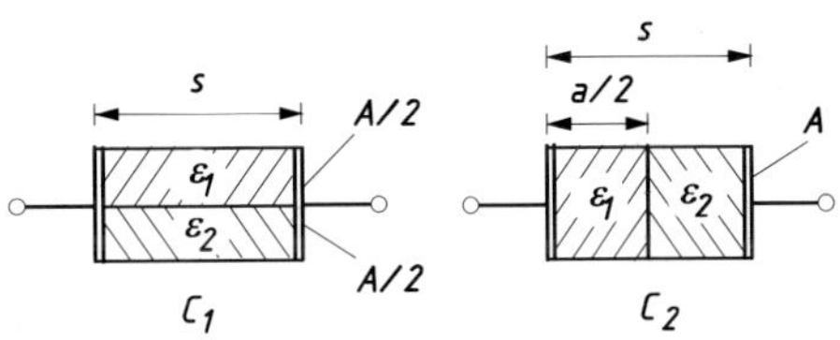

❷ **16.8** Leiten Sie die Gleichung für die Kapazität des Plattenkondensators nach Aufgabe 16.1 $C = f(\varepsilon, d_0, \mathrm{s})$ in allgemeiner Form her.

❸ **16.9** Bei einem Plattenkondensator mit kreisförmigen Elektroden (Radius r_1) ist das Dielektrikum (Dicke s) inhomogen und hängt mit $\varepsilon_\mathrm{r} = f(r)$ vom Radius ab:

$\varepsilon_\mathrm{r} = \varepsilon_{\mathrm{r}0} - k_1 \cdot r + k_2 \cdot r^2$

Bestimmen Sie die Kapazität der Anordnung allgemein und für die Zahlenwerte $\varepsilon_{\mathrm{r}0} = 30$, $r_1 = 10$ mm, $s = 100$ µm, $k_1 = 800\ \mathrm{m}^{-1}$ und $k_2 = 35000\ \mathrm{m}^{-2}$

■ Punktladungen, Kapazität von Leitungen

❷ **16.10** Im Physikunterricht ist eine idealisierte Anordnung mit zwei Metallkugeln (jeweils Radius r_0) aufgebaut, die die Ladung $+Q$ und $-Q$ tragen und voneinander den Abstand a haben. Leiten Sie mit den gegebenen Größen eine Gleichung für die Kapazität der Anordnung unter der Vorgabe her, dass $r_0 \ll a$ sei und sich die Ladungen gleichmäßig auf den Kugeloberflächen verteilen.

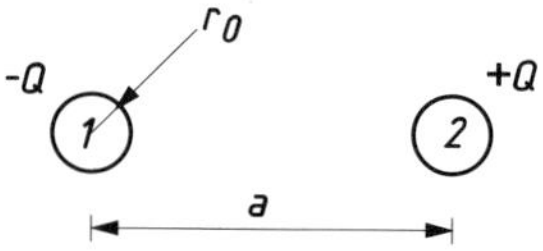

Bestimmen Sie die Kapazität der Anordnung für die Zahlenwerte: $r_0 = 20$ mm, $a = 50$ cm.

❷ ❸ **16.11** Eine Doppelleitung (Drahtradius jeweils r_0) besteht aus zwei parallel verlaufenden Drähten, die durch einen Kunststoffträger auf konstantem Abstand a gehalten werden. Die Leitungen tragen die Ladungen $+Q$ bzw. $-Q$. Gesucht ist die Kapazität der Doppelleitung in allgemeiner Form, wobei eine sehr lange Leitung mit $l \gg a$ sowie ein kleiner Leitungsradius mit $r_0 \ll a$ vorliegen soll.

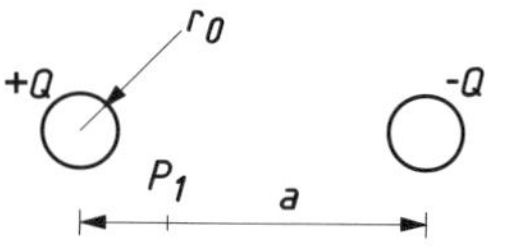

Berechnen Sie die Kapazität für die Zahlenwerte: $r_0 = 0{,}8$ mm, $a = 60$ cm, $l = 500$ m. Randstörungen an den Drahtenden sind zu vernachlässigen.

❷ ❸ **16.12** Leiten Sie die Gleichung für die Kapazität einer Einzelleitung mit Radius r_0 her, wobei die Leitung in der Höhe h über der Erde aufgespannt ist. Dabei soll gelten: $h \gg r_0$, Leitungslänge $l \gg h$.

Lösungshinweis: Zur Lösung gehe man von einer Partnerleitung aus, die spiegelsymmetrisch zur Erdoberfläche in der Erde verlaufen soll.

Wie groß ist die Kapazität pro km Kabellänge, wenn gilt:

$h = 6$ m, $r_0 = 5$ mm, $l = 1$ km?

■ Koaxial- und Zylinderkondensatoren

❶ **16.13** Bei einem Rohrkondensator sind auf einem Keramik-Rohrstückchen ($\varepsilon_r = 45$) innen und außen metallische Flächen als Elektroden aufgedampft, die anschließend kontaktiert werden.

Ermitteln Sie die Kapazität der Anordnung für die Zahlenwerte:

Rohr-Außendurchmesser $d_a = 3$ mm, Rohr-Innendurchmesser $d_i = 2{,}8$ mm,
Rohrlänge $l = 20$ mm.

Vergleichen Sie die Ergebnisse mit einer vereinfachten Rechnung mit Hilfe des Ansatzes für einen Plattenkondensator:

$$C_P = \varepsilon_0 \cdot \varepsilon_r \frac{A_m}{s} \qquad A_m\text{: mittlere Plattenfläche.}$$

❷ ❸ **16.14** Ein koaxiales Sendeantennenkabel besitzt einen Kupfer-Innenleiter (Drahtdurchmesser $d_1 = 1$ mm), darüberliegend eine Isoliermantelhülle ($\varepsilon_r = 2{,}3$) und eine außenliegende Drahtgeflechthülle (Drahtgeflechtdurchmesser $d_2 = 3{,}5$ mm). Der umgebende PVC-Mantel bleibt unberücksichtigt. Man bestimme allgemein:

a) die Verschiebungsflussdichte D und Feldstärke E als Funktion des Abstandes von der Mittelachse: $D, E = f(\text{Radius } r)$,

b) Potenzial φ als Funktion des Abstandes r,

c) die Spannung U zwischen Innen- und Außenleiter,

d) die Kapazität je Längeneinheit allgemein und für die gegebenen Zahlenwerte.
(Randstörungen an den Kabelenden sollen vernachlässigt werden.)

e) Wie muss der Radius r_1 bei gegebenem Radius r_2 ausgelegt werden, damit die Feldstärke am Innenmantel minimal wird?

❷ **16.15** Ein Koaxialkabel besteht aus einem metallischem Innen- und Außenleiter sowie einem dreifach konzentrisch geschichtetem Dielektrikum (s. Bild).

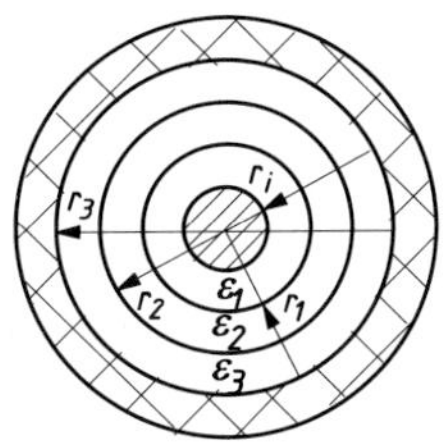

Man bestimme die längenbezogene Kapazität C/l der Anordnung allgemein und für die Zahlenwerte:
$\varepsilon_{r1} = 2{,}5$, $\varepsilon_{r2} = 5$, $\varepsilon_{r3} = 10$ sowie $r_i = 10$ mm, $r_1 = 15$ mm, $r_2 = 20$ mm, $r_3 = 30$ mm.

❷ ❸ **16.16** In einem Zylinderkondensator der Länge l befindet sich ein längsgeschichtetes Dielektrikum (siehe Bild) mit den beiden relativen Dielektrizitätskonstanten ε_{r1} und ε_{r2}.

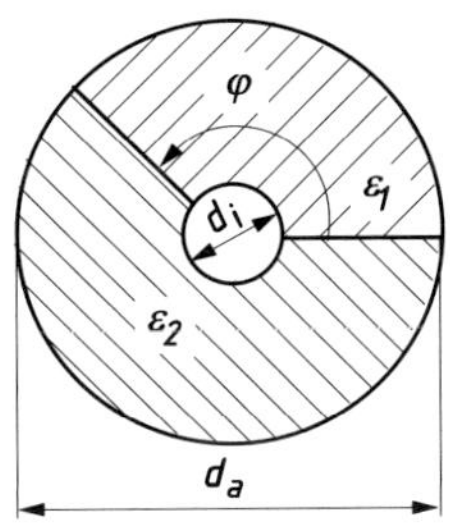

Ermitteln Sie die Kapazität pro Längeneinheit allgemein für $C = f(\varphi)$ sowie für die beiden Sonderfälle $\varphi = 180°$ und $\varphi = 120°$.

16.2 Lösungen

16.1

a) Mit der gegebenen Gleichung $C = \varepsilon \cdot \frac{A}{s}$ sowie $\varepsilon = \varepsilon_0$

und $A = \pi \cdot \frac{d_0^2}{4}$ folgt:

$$C_1 = \varepsilon_0 \cdot \pi \cdot \frac{d_0^2}{4 \cdot s} = 8{,}85 \cdot 10^{-12} \frac{\text{As}}{\text{V m}} \cdot 3{,}14 \cdot \frac{10^{-2}\ \text{m}^2}{4 \cdot 5 \cdot 10^{-2}\ \text{m}}$$

$$= 13{,}9 \cdot 10^{-12} \frac{\text{As}}{\text{V}}$$

$C_1 = 14$ pF

b) Aus $s_1 = 10$ mm $\Rightarrow$

$$C_2 = \varepsilon_0 \cdot \pi \cdot \frac{d_0^2}{4 \cdot s_1} = 8{,}85 \cdot 10^{-12} \frac{\text{As}}{\text{V m}} \cdot 3{,}14 \cdot \frac{10^{-2}\ \text{m}^2}{4 \cdot 10^{-3}\ \text{m}}$$

$= 6{,}95$ pF

Allgemein: $C \sim \frac{1}{s}$

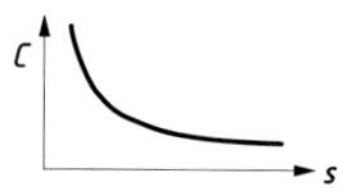

c) $Q_2 = C_2 \cdot U = 6{,}95\ \text{pF} \cdot 200\ \text{V} = 1{,}39\ \text{nC}$

d) Nach dem Zurückschieben der Platten in die Ausgangsposition tragen die Elektroden die Ladung:
$Q_1 = C_1 \cdot U = 13{,}9\ \text{pF} \cdot 200\ \text{V} = 2{,}78\ \text{nC}$
Beim Verschieben der Platten hat der Kondensator Ladungen aufgenommen, die die Spannungsquelle liefert.

16.2

$C = \varepsilon \cdot \frac{A}{s}$, $\varepsilon = \varepsilon_0$,

$$A = \frac{C \cdot s}{\varepsilon_0} = \frac{0{,}3 \cdot 4 \cdot 10^{-12} \frac{\text{As}}{\text{V}} \cdot 0{,}35 \cdot 10^{-3}\ \text{m}}{8{,}85 \cdot 10^{-12} \frac{\text{As}}{\text{V m}}}$$

$A = 4{,}7 \cdot 10^{-5}\ \text{m}^2 = 47\ \text{mm}^2$

16.3

Der Wickelkondensator ist im Prinzip ein Plattenkondensator, wobei – außer an der äußersten Wicklungslage – die beiden Elektrodenflächen sowohl auf der Vorder- als auch auf der Rückseite Ladungen tragen. Mit dieser Verdopplung der wirksamen Plattenfläche ergibt sich gegenüber dem einfachen Plattenkondensatoraufbau auch eine Verdopplung der Kapazität:

$$C = 2 \cdot \varepsilon_0 \cdot \varepsilon_r \cdot \frac{A}{s}$$

$A = 15\ \text{m} \cdot 0{,}03\ \text{m} = 0{,}45\ \text{m}^2$

$$C = 2 \cdot 8{,}85 \cdot 10^{-12} \frac{\text{As}}{\text{V m}} \cdot 2{,}5 \cdot \frac{0{,}45\ \text{m}^2}{25 \cdot 10^{-6}\ \text{m}} = 796{,}5 \cdot 10^{-9}\ \text{F}$$

$C \approx 800$ nF

16.4

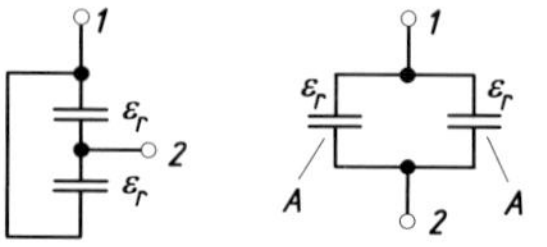

a) Bei dem in Aufgabe 16.4 skizzierten Aufbau bildet die mittlere Elektrode sowohl mit der oberen als auch mit der unteren Elektrode jeweils einen Teilkondensator, sodass sich hier die wirksame Plattenfläche verdoppelt:

$$C = \varepsilon_0 \cdot \varepsilon_r \cdot \frac{2A}{s}$$

Zahlenwerte:

$$C = 8{,}85 \cdot 10^{-12} \frac{\text{As}}{\text{V m}} \cdot 8 \cdot \frac{2\pi \cdot (4 \cdot 10^{-3}\ \text{m})^2}{0{,}4 \cdot 10^{-3}\ \text{m}}$$

$$= 17{,}8 \cdot 10^{-12} \frac{\text{As}}{\text{V}}$$

$C \approx 18$ pF

b) $Q = C \cdot U = 17{,}8 \cdot 10^{-12} \frac{\text{As}}{\text{V}} \cdot 20\ \text{V} = 355{,}9 \cdot 10^{-12}\ \text{As}$

$Q \approx 356$ pC

c) Theoretisch folgt aus $E = \frac{U}{s}$ bzw. $U = E \cdot s$:

$$U = 150 \frac{\text{kV}}{\text{mm}} \cdot 0{,}4\ \text{mm} = 60\ \text{kV}$$

Allerdings ist zu beachten: Die Durchschlagfeldstärke von Luft beträgt ca. 30 kV/cm. Somit darf bei $s = 0{,}4$ die Spannung

$$U_{max} = E_L \cdot s = 3 \frac{\text{kV}}{\text{mm}} \cdot 0{,}4\ \text{mm} = 1{,}2\ \text{kV}$$

nicht überschritten werden, damit kein Überschlag am Rand stattfindet.

16.5

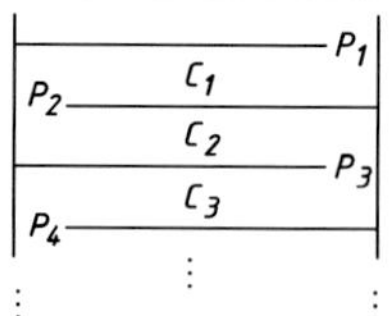

a) Da die Platten jeweils paarweise einen Teilkondensator bilden, also
P_1 und P_2: C_1, P_2 und P_3: C_2, P_3 und P_4: C_3 usw.,
kann man vereinfachend schließen, dass sich bei n gleichen Platten die wirksame Plattenfläche um den Faktor $(n - 1)$ vervielfacht, also

$$C_{ges} = C_{max} = \varepsilon \cdot \frac{(n-1)A}{s}$$

b) Bei Drehung um den Winkel α verringert sich die Kapazität entsprechend der Abnahme der wirksamen Plattenfläche.

Plattenfläche bei voll eingedrehtem Rotorpaket ($\alpha = 0$):

$$A_{\max} = (n-1)\frac{1}{2}\pi \cdot r^2$$

Reduzierung der wirksamen Plattenfläche bei Drehwinkel α:

Flächenänderung bei einem Teilkondensator:

$$\Delta A_i = \pi \cdot r^2 \cdot \frac{\alpha}{360°} \quad \text{mit } \alpha = 0 \ldots 180°.$$

Bei n Platten:

$$\Delta A = (n-1)\pi \cdot r^2 \frac{\alpha}{360°}$$

$\Rightarrow$ Kapazitätsänderung bei n Platten:

$$\Delta C = \varepsilon \cdot \frac{(n-1)\cdot \pi \cdot r^2 \cdot \frac{\alpha}{360°}}{s} \Rightarrow$$

$$C = C_{\max} - \Delta C = \varepsilon \cdot \frac{(n-1)\pi \cdot r^2 \left(\frac{1}{2} - \frac{\alpha}{360°}\right)}{s}$$

Anmerkung:

Auch bei vollständig herausgedrehtem Rotorpaket ist trotzdem eine Restkapazität $C_{\min}$ vorhanden, die durch den mechanischen Aufbau bedingt ist.

c)

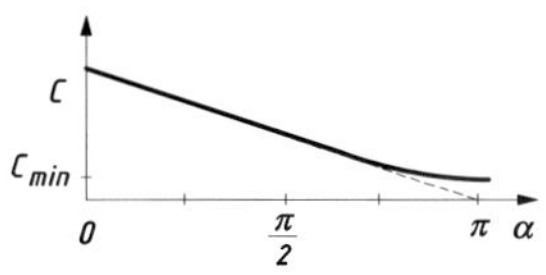

16.6

a) Sind Kupferflächen Cu_1 und Cu_2 leitend mit P_2 verbunden, entsteht zwischen P_1 und Cu_1 ein Plattenkondensator, für den gilt:

$$C_{01} = \varepsilon \cdot \frac{A}{a}, \ \varepsilon = \varepsilon_0, \ A = 0{,}01 \text{ m}^2, \ \alpha = 4 \text{ mm}.$$

Zahlenwerte:

$$C_{01} = 8{,}85 \cdot 10^{-12} \frac{\text{As}}{\text{Vm}} \cdot \frac{10^{-2} \text{ m}^2}{4 \cdot 10^{-3} \text{ m}} = 22{,}1 \text{ pF}$$

b)

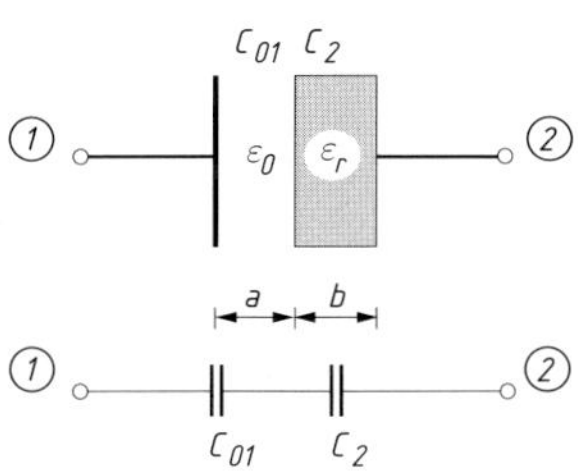

Ist Platte Cu_2 mit P_2 verbunden, liegt ein geschichteter Kondensator vor für den man laut Lösungshinweis ansetzen kann:

$$\frac{1}{C_{\text{ges}}} = \frac{1}{C_{01}} + \frac{1}{C_2} \Rightarrow C_{\text{ges}} = \frac{C_{01} \cdot C_2}{C_{01} + C_2}$$

Hierbei ist C_{01} der in 16.6a berechnete Luftkondensator.

$$C_2 = \varepsilon_0 \cdot \varepsilon_r \cdot \frac{A}{b} = 8{,}85 \cdot 10^{-12} \frac{\text{As}}{\text{Vm}} \cdot 4{,}8 \cdot \frac{10^{-2} \text{ m}^2}{10^{-3} \text{ m}}$$
$$= 424{,}8 \text{ pF}$$

Reihenschaltung:

$$C_{\text{ges}} = C_{02} = \frac{C_{01} \cdot C_2}{C_{01} + C_2} = \frac{22{,}1 \text{ pF} \cdot 424{,}8 \text{ pF}}{22{,}1 \text{ pF} + 424{,}8 \text{ pF}} = 21 \text{ pF}$$

c)

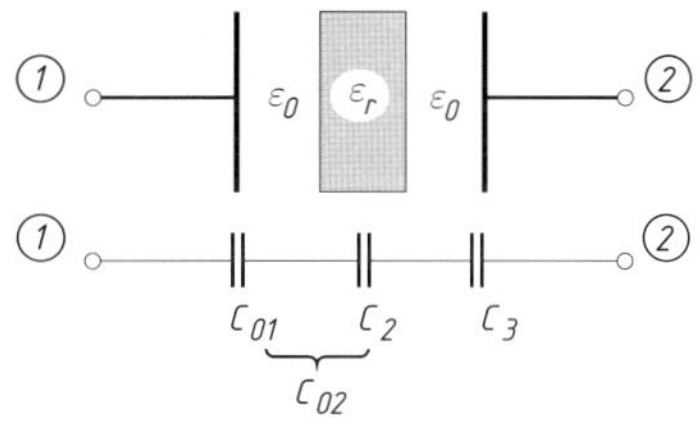

In diesem Fall liegt ein 3fach geschichteter Kondensator vor. Mit der in 16.6b berechneten Serienschaltung aus C_{01} und C_2 (mit C_{02} bezeichnet) und der Erweiterung der Serienschaltung um $C_3 = C_{01}$ erhält man für die Gesamtkapazität der Anordnung:

$$C_{03} = \frac{C_{02} \cdot C_{01}}{C_{02} + C_{01}} = \frac{21 \text{ pF} \cdot 22{,}1 \text{ pF}}{21 \text{ pF} + 22{,}1 \text{ pF}} = 10{,}7 \text{ pF}$$

16.7

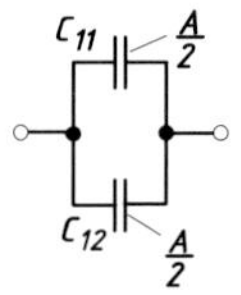

Kapazität C_1 kann zerlegt werden als Parallelschaltung zweier Teilkapazitäten. Da alle Platten die gleiche Teilladung Q_1 tragen, ist somit

$$C_1 = \frac{Q}{U} = \underbrace{\frac{Q_1 + Q_1}{U}}_{C_{11} = C_{12} = \frac{1}{2} C_{\text{ges}}} = C_{11} + C_{12} \Rightarrow$$

$$C_1 = \varepsilon_1 \cdot \frac{A/2}{s} + \varepsilon_2 \cdot \frac{A/2}{s} \Rightarrow C_1 = (\varepsilon_1 + \varepsilon_2) \cdot \frac{A}{2s}$$

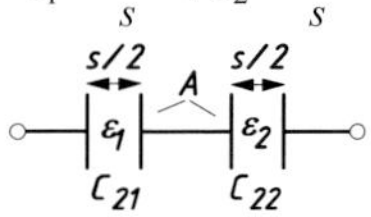

Kapazität C_2 ist ein geschichteter Kondensator, der als Serienschaltung zweier Teilkondensatoren aufgefasst werden kann (vgl. auch Lösungshinweis zu vorangehender Aufgabe) und für den gilt:

$$\frac{1}{C_2} = \frac{1}{C_{21}} + \frac{1}{C_{22}} \text{ bzw. } C_2 = \frac{C_{21} \cdot C_{22}}{C_{21} + C_{22}}$$

mit $C_{21} = \varepsilon_1 \cdot \frac{A}{s/2}$ und $C_{22} = \varepsilon_2 \cdot \frac{A}{s/2}$ $\Rightarrow$

$$C_2 = \frac{\frac{A}{s/2} \cdot \left(\varepsilon_1 \cdot \varepsilon_2 \cdot \frac{A}{s/2}\right)}{\frac{A}{s/2} \cdot (\varepsilon_1 + \varepsilon_2)} = \frac{\varepsilon_1 \cdot \varepsilon_2}{\varepsilon_1 + \varepsilon_2} \cdot \frac{2A}{s}$$

$\varepsilon_1 = \varepsilon_0 \cdot 4$, $\varepsilon_2 = \varepsilon_0 \cdot 2 \Rightarrow$

$$\left.\begin{aligned} C_1 &= \frac{6}{2} \cdot \varepsilon_0 \cdot \frac{A}{s} = 3 \cdot \varepsilon_0 \cdot \frac{A}{s} \\ C_2 &= \frac{4 \cdot 2}{6} \cdot 2 \cdot \varepsilon_0 \cdot \frac{A}{s} = \frac{8}{3} \varepsilon_0 \cdot \frac{A}{s} \end{aligned}\right\} \Rightarrow C_1 > C_2\,!$$

16.8

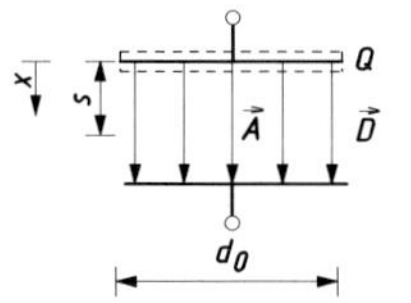

Zur Veranschaulichung der grundsätzlichen Lösungsweise seien hier alle Schritte ausführlich dargestellt:

Schritt 1: Um eine Kondensatorplatte wird eine scheibenförmige Hüllfläche so herumgelegt, dass die Ladung Q vollständig eingeschlossen ist.

Schritt 2: Da die Verschiebungsflussdichte $\vec{D}$ parallel zum Flächenvektor $\vec{A}$ verläuft, folgt einfach:

$$\oint \vec{D}\,\mathrm{d}\vec{A} = D \cdot A = Q \Rightarrow D = \frac{Q}{A}$$

Schritt 3: Der Verlauf der Feldstärke $\vec{E}$ ist ebenfalls parallel zu $\vec{A}$ bzw. $\vec{D}$:

$$\vec{D} = \varepsilon \cdot \vec{E} \Rightarrow D = \varepsilon \cdot E \Rightarrow E = \frac{D}{\varepsilon} = \frac{Q}{\varepsilon \cdot A}$$

Schritt 4: Spannung (bzw. Potenzialdifferenz) zwischen den Platten:

$$U = \varphi_s = \int_0^s \vec{E} \cdot \mathrm{d}\vec{x} = E \cdot s = \frac{Q}{\varepsilon \cdot A} \cdot s$$

Schritt 5: $C = \frac{Q}{U} = \varepsilon \cdot \frac{A}{s}$, $\varepsilon = \varepsilon_0$, $A = \pi \cdot \frac{d_0^2}{4} \Rightarrow$

$$C = \varepsilon_0 \cdot \pi \cdot \frac{d_0^2}{4s}$$

16.9

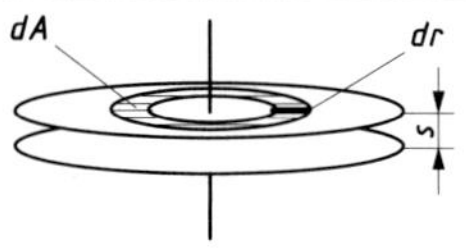

Da die Kapazität hier vom Radius abhängt, bildet man, von der Mittelachse aus radial nach außen gehend, Teilkapazitäten $\mathrm{d}C = \varepsilon \cdot \frac{\mathrm{d}A}{s}$, die anschließend aufsummiert werden:

$$C = \int_0^{r_1} \frac{\varepsilon}{s} \mathrm{d}A\,,\ \mathrm{d}A = 2\pi \cdot r \cdot \mathrm{d}r,\ \varepsilon = \varepsilon_0 \cdot \left(\varepsilon_{r0} - k_1 \cdot r + k_2 \cdot r^2\right)$$

$$C = \frac{\varepsilon_0}{s} \cdot 2\pi \int_0^{r_1} \left(\varepsilon_{r0} \cdot r - k_1 \cdot r^2 + k_2 \cdot r^3\right) \mathrm{d}r$$

$$C = \frac{\varepsilon_0}{s} \cdot 2\pi \left[\int_0^{r_1} \varepsilon_{r0} \cdot r\,\mathrm{d}r - \int_0^{r_1} k_1 \cdot r^2\,\mathrm{d}r + \int_0^{r_1} k_2 \cdot r^3\,\mathrm{d}r\right]$$

$$C = \frac{\varepsilon_0}{s} \cdot 2\pi \left[\varepsilon_{r0} \cdot \frac{1}{2} r_1^2 - k_1 \cdot \frac{1}{3} r_1^3 + k_2 \cdot \frac{1}{4} r_1^4\right]$$

Zahlenwerte:

$$C = 8{,}85 \cdot 10^{-12}\,\frac{\mathrm{As}}{\mathrm{Vm}} \cdot \frac{2\pi}{10^{-4}\,\mathrm{m}} \left[\frac{1}{2} \cdot 30 \cdot 10^{-4}\,\mathrm{m}^2 - 800 \cdot \frac{1}{3} \cdot 10^{-6}\,\mathrm{m}^2 + 35 \cdot 10^3 \cdot \frac{1}{4} \cdot 10^{-8}\,\mathrm{m}^2\right]$$

$C \approx 735$ pF

16.10

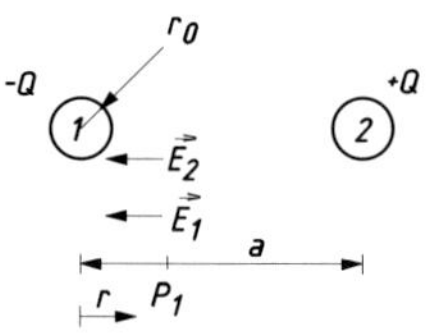

Legt man z.B. um die linke Elektrode eine kugelförmige Hüllfläche im beliebigen Abstand r, folgt aus $Q = \oint \vec{D} \cdot \mathrm{d}\vec{A}$:

Verschiebungsflussdichte $\left|\vec{D}\right| = \frac{Q}{4\pi \cdot r^2} \Rightarrow$

Feldstärke $\left|\vec{E}\right| = \frac{D}{\varepsilon} = \frac{Q}{4\pi \cdot \varepsilon \cdot r^2}$.

Somit erzeugt Kugel 1 im Punkt P_1 den (betragsmäßigen) Feldstärkeanteil $E_1 = \frac{Q}{4\pi \cdot \varepsilon \cdot r^2}$ und Kugel 2 entsprechend

$$E_2 = \frac{Q}{4\pi \cdot \varepsilon (a - r)^2}.$$

Beide Felstärkevektoren haben in P_1 die gleiche Orientierung. Aus der Überlagerung der beiden Feldstärkeanteile erhält man für den Betrag der Gesamtfeldstärke:

$$E = E_1 + E_2 = \frac{Q}{4\pi \cdot \varepsilon} \left(\frac{1}{r^2} + \frac{1}{(a - r)^2}\right).$$

Das Potenzial auf der Verbindungsachse zwischen den beiden Kugeln ergibt sich zu

$$U = \int_s \vec{E} \cdot \mathrm{d}\vec{s} = \int_{r = r_0}^{a - r_0} \frac{Q}{4\pi \cdot \varepsilon} \left(\frac{1}{r^2} + \frac{1}{(a - r)^2}\right) \mathrm{d}r$$

$$U = \frac{Q}{4\pi \cdot \varepsilon}\left[-\frac{1}{r} + \frac{1}{a-r}\right]_{r_0}^{a-r_0}$$

$$U = \frac{Q}{4\pi \cdot \varepsilon}\left[-\frac{1}{a-r_0} + \frac{1}{a-a+r_0} - \left(-\frac{1}{r_0} + \frac{1}{a-r_0}\right)\right]$$

$$U = \frac{Q}{4\pi \cdot \varepsilon}\left[\frac{2}{r_0} - \frac{2}{a-r_0}\right] = \frac{Q}{2\pi \cdot \varepsilon \cdot r_0} \cdot \frac{a-2r_0}{a-r_0} \Rightarrow$$

$$C = \frac{Q}{U} = 2\pi \cdot \varepsilon \cdot r_0 \cdot \frac{a-r_0}{a-2r_0}$$

Da $a >> r_0$ und $\varepsilon = \varepsilon_0 \Rightarrow C \approx 2\pi \cdot \varepsilon_0 \cdot r_0$.

Man erkennt, dass bei $a \gg r_0$ der eigentliche Abstand der Ladung zu der Partnerladung keine Rolle mehr spielt!
Zahlenwerte:

$$C = 2\pi \cdot 8{,}85 \cdot 10^{-12}\,\frac{\text{As}}{\text{V m}} \cdot 20 \cdot 10^{-3}\ \text{m} = 1{,}1\ \text{pF}$$

16.11

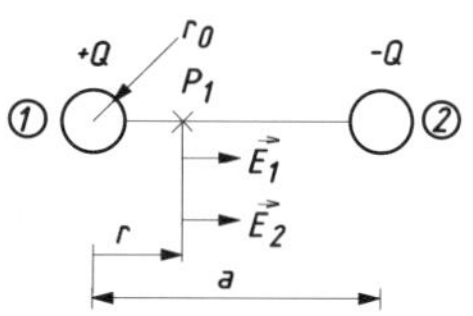

Nimmt man – genauso wie bei der Lösung zu Aufgabe 16.10 – wieder an, dass sich die Ladungen gleichmäßig am Umfang der Leitungen verteilen und legt in Gedanken einen zylinderförmigen Mantel um z.B. die linke Leitung, erhält man für die Größen im beliebigen Punkt P_1 auf der Verbindungsgeraden ①→②:

$Q = \oint \vec{D} \cdot \mathrm{d}\vec{A}$ Hüllfläche $A = 2\pi \cdot r \cdot l$

$$\Rightarrow D = \frac{Q}{2\pi \cdot r \cdot l} \quad E = \frac{D}{\varepsilon} = \frac{D}{\varepsilon_0} = \frac{Q}{2\pi \cdot \varepsilon_0 \cdot r \cdot l}$$

(Hüllfläche $\vec{A}$ ist sehr lange, $\vec{D}$ und $\vec{E}$ stehen senkrecht auf der Hüllfläche und sind parallel)

$\Rightarrow$ Leiter 1 erzeugt im Abstand r die Feldstärke:

$$E_1 = \frac{Q}{2\pi \cdot \varepsilon_0 \cdot r \cdot l};$$

analog Leiter 2 in P_1: $E_2 = \dfrac{Q}{2\pi \cdot \varepsilon_0 (a-r) \cdot l}$

Mit der angegebenen Polarität der beiden Leitungen überlagern sich die Feldstärkeanteile in P_1 zu:

$$E = E_1 + E_2 = \frac{Q}{2\pi \cdot \varepsilon_0 \cdot l}\left(\frac{1}{r} + \frac{1}{a-r}\right)$$

(Orientierungen s. Skizze)

Das Potenzial zwischen den beiden Leitern beträgt:

$$U = \varphi_{12} = \int_s \vec{E} \cdot \mathrm{d}\vec{s} = \frac{Q}{2\pi \cdot \varepsilon_0 \cdot l} \int_{r_0}^{a-r_0} \left(\frac{1}{r} + \frac{1}{a-r}\right) \mathrm{d}r$$

$$U = \frac{Q}{2\pi \cdot \varepsilon_0 \cdot l}\left[\ln r - \ln(a-r)\right]_{r_0}^{a-r_0}$$

$$= \frac{Q}{2\pi \cdot \varepsilon_0 \cdot l}\left[\ln(a-r_0) - \ln r_0 - \ln r_0 + \ln(a-r_0)\right]$$

$$= \frac{Q}{2\pi \cdot \varepsilon_0 \cdot l}\left[2\ln(a-r_0) - 2\ln r_0\right] = \frac{Q}{\pi \cdot \varepsilon_0 \cdot l} \cdot \ln\frac{a-r_0}{r_0} \Rightarrow$$

$$C = \frac{Q}{U} = \frac{\pi \cdot \varepsilon_0 \cdot l}{\ln\dfrac{a-r_0}{r_0}}.$$

Wenn $a >> r_0$, gilt näherungsweise

$$C \approx \frac{\pi \cdot \varepsilon_0 \cdot l}{\ln\dfrac{a}{r_0}}$$

Zahlenwerte:

$$C \approx \frac{\pi \cdot 8{,}85 \cdot 10^{-12}\,\dfrac{\text{As}}{\text{V m}} \cdot 500\ \text{m}}{\ln\dfrac{600}{0{,}8}} = 2{,}1\ \text{nF}$$

16.12

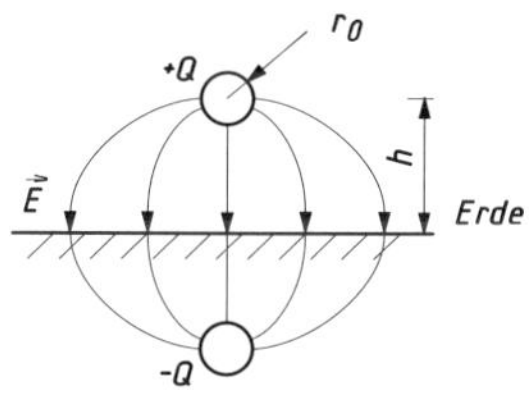

Setzt man wieder voraus, dass sich die Ladungen gleichmäßig am Umfang verteilen und nimmt entsprechend dem Lösungshinweis eine spiegelsymmetrische Ladung in der Erde an (hier nur als Hilfskonstruktion gedacht!), kann man von dem Feldbild und den Gleichungen der Doppelleitung ausgehen:

Das Gesamtpotenzial zwischen den beiden gedachten Leitern ist (vergleiche vorangehende Aufgabe):

$$\varphi_{12} = \frac{Q}{\pi \cdot \varepsilon_0 \cdot l} \cdot \ln\frac{a-r_0}{r_0}$$

In der Mitte zwischen den beiden Leitern ist wegen der symmetrisch gedachten Anordnung das Potenzial halb so groß. Mit $a = 2h$ erhält man somit:

$$\varphi = \frac{Q}{2\pi \cdot \varepsilon_0 \cdot l} \cdot \ln\frac{2h-r_0}{r_0}.$$

Wenn man vorgibt, dass $h >> r_0$ sein soll, kann man näherungsweise ansetzen:

$$C \approx \frac{2\pi \cdot \varepsilon_0 \cdot l}{\ln\dfrac{2h}{r_0}}$$

Zahlenwerte:

$$C \approx \frac{2\pi \cdot 8{,}85 \cdot 10^{-12}\,\dfrac{\mathrm{Vs}}{\mathrm{A\,m}} \cdot 10^{3}\ \mathrm{m}}{\ln \dfrac{12\ \mathrm{m}}{5 \cdot 10^{-3}\ \mathrm{m}}} = 7{,}14\ \mathrm{nF} \Rightarrow$$

$$\frac{C}{l} = 7{,}14\,\frac{\mathrm{nF}}{\mathrm{km}}$$

16.13

Die Kapazität des koaxialen Zylinderkondensators erhält man aus

$$C = \frac{2\pi \cdot \varepsilon \cdot l}{\ln \dfrac{r_a}{r_i}} = 2\pi \cdot \varepsilon \frac{l}{\ln \dfrac{da}{di}}$$

Zahlenwerte:

$$C = 2\pi \cdot 8{,}85 \cdot 10^{-12}\,\frac{\mathrm{As}}{\mathrm{V\,m}} \cdot 45 \cdot \frac{20 \cdot 10^{-3}\ \mathrm{m}}{\ln \dfrac{3}{2{,}8}}$$

$C = 725{,}37$ pF

Vereinfachte Rechnung:

$$\left.\begin{aligned} A_{\text{außen}} &= \pi \cdot d_a \cdot l = \pi \cdot 3 \cdot 10^{-3}\ \mathrm{m} \cdot 20 \cdot 10^{-3}\ \mathrm{m} \\ &= 1{,}885 \cdot 10^{-4}\ \mathrm{m}^2 \\ A_{\text{innen}} &= \pi \cdot d_i \cdot l = \pi \cdot 2{,}8 \cdot 10^{-3}\ \mathrm{m} \cdot 20 \cdot 10^{-3}\ \mathrm{m} \\ &= 1{,}759 \cdot 10^{-4}\ \mathrm{m}^2 \end{aligned}\right\} \Rightarrow$$

$$A_m = \frac{A_{\text{außen}} + A_{\text{innen}}}{2} = 1{,}822 \cdot 10^{-4}\ \mathrm{m}^2\,,$$

$a = r_a - r_i = 0{,}1\ \mathrm{mm} \Rightarrow$

$$C_p \approx 8{,}85 \cdot 10^{-12}\,\frac{\mathrm{As}}{\mathrm{V\,m}} \cdot 45 \cdot \frac{1{,}822 \cdot 10^{-4}\ \mathrm{m}^2}{10^{-4}} = 725{,}6\ \mathrm{pF}$$

Allgemein gilt, dass bei dieser vereinfachten Rechnung der Fehler unter 1 % bleibt, solange der mittlere Durchmesser $d_m > 6 \cdot s$ (s = Dielektrikumsdicke) ist!

16.14

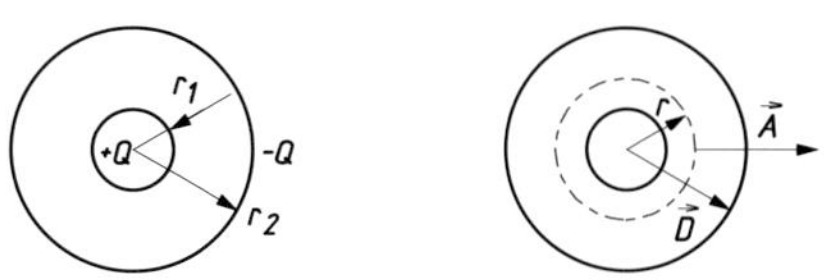

a) Geht man wiederum von der Grundgleichung $\oint \vec{D} \cdot \mathrm{d}\vec{A} = Q$ aus und legt eine zylinderförmige Hüllfläche $\vec{A}$ im Abstand r konzentrisch zwischen Innen- und Außenleiter, dann gilt, da Feldlinien $\vec{E}$ und Verschiebungsflussdichte $\vec{D}$ die Hüllfläche senkrecht durchstoßen und somit parallel zum Flächenvektor $\vec{A}$ verlaufen:

$$\oint \vec{D} \cdot \mathrm{d}\vec{A} = D \cdot A = D \cdot 2\pi \cdot r \cdot l \Rightarrow D = \frac{Q}{2\pi \cdot r \cdot l}$$

$$E = \frac{D}{\varepsilon}\,,\ E = \frac{Q}{2\pi \cdot \varepsilon \cdot r \cdot l}$$

b) $$U_r = \int_s \vec{E} \cdot \mathrm{d}\vec{s} = \int_{r_1}^{r} E_r \cdot \mathrm{d}r = \frac{Q}{2\pi \cdot \varepsilon \cdot l} \int_{r_1}^{r} \frac{1}{r}\,\mathrm{d}r = \frac{Q}{2\pi \cdot \varepsilon \cdot l} \ln \frac{r}{r_1}$$

c) Für betrachtetes $r = r_2$:
Potenzialdifferenz zwischen Innen- und Außenleiter

$$U = \frac{Q}{2\pi \cdot \varepsilon \cdot l} \ln \frac{r_2}{r_1}$$

d) $$C = \frac{Q}{U} = \frac{2\pi \cdot \varepsilon \cdot l}{\ln \dfrac{r_2}{r_1}} \Rightarrow \frac{C}{l} = \frac{2\pi \cdot \varepsilon}{\ln \dfrac{r_2}{r_1}}$$

Zahlenwerte:

$$\frac{C}{l} = \frac{2\pi \cdot 2{,}3 \cdot 8{,}85\ \mathrm{pF/m}}{\ln \dfrac{3{,}5/2}{1/2}} = 102\ \mathrm{pF/m}$$

e) Mit $E = \dfrac{Q}{2\pi \cdot \varepsilon \cdot r \cdot l}$ bzw. $E_{r1} = \dfrac{Q}{2\pi \cdot \varepsilon \cdot r_1 \cdot l}$ und

$$U_{r1} = \frac{Q}{2\pi \cdot \varepsilon \cdot l} \ln \frac{r_2}{r_1} \Rightarrow Q = U_{r1} \cdot \frac{2\pi \cdot \varepsilon \cdot l}{\ln \dfrac{r_2}{r_1}} \Rightarrow$$

$$E_{r1} = U_{r1} \frac{2\pi \cdot \varepsilon \cdot l}{\ln \dfrac{r_2}{r_1} \cdot 2\pi \cdot \varepsilon \cdot r_1 \cdot l} = \frac{U_{r1}}{r_1 \cdot \ln \dfrac{r_2}{r_1}}$$

Die Feldstärke E_{r1} am Innenmantel wird am kleinsten, wenn der Nenner am größten ist. Somit erhält man den Minimalwert von E_{r1} durch Differenzieren des Nenners nach r_1 und anschließendem Nullsetzen:

$$\frac{\mathrm{d}(Nenner)}{\mathrm{d}r_1} = \frac{\mathrm{d}}{\mathrm{d}r_1}\left(r_1 \cdot \ln \frac{r_2}{r_1}\right) = 0$$

Nach z.B. der Kettenregel:

$$\frac{\mathrm{d}(u \cdot v)}{\mathrm{d}x} = u' \cdot v + u \cdot v'$$

erhält man:

$$0 = 1 \cdot \ln \frac{r_2}{r_1} + r_1 \cdot \frac{\mathrm{d}}{\mathrm{d}r_1}(\ln r_2 - \ln r_1)$$

$$= \ln \frac{r_2}{r_1} - r_1 \cdot \frac{1}{r_1} = \ln r_2 - \ln r_1 - 1$$

$\Rightarrow \ln r_2 - \ln r_1 = 1$

Am einfachsten löst man diese Gleichung durch „Entlogarithmieren“

$$\mathrm{e}^{\ln r_2 - \ln r_1} = \mathrm{e}^1 \Rightarrow r_2 \frac{1}{r_1} = \mathrm{e} \Rightarrow r_1 = \frac{r_2}{\mathrm{e}}$$

16.15

Für die elektrische Verschiebungsflussdichte D bzw. Feldstärke E gilt in den einzelnen Bereichen des Dielektrikums:

Bereich 1: $r_i < r \leq r_1$:

$$D = \frac{Q}{2\pi \cdot r \cdot l}\,,\ E = \frac{Q}{2\pi \cdot \varepsilon_0 \cdot \varepsilon_{r1} \cdot r \cdot l}$$

$$U_1 = \varphi_1 = \int_{r_i}^{r_1} \frac{Q}{2\pi \cdot \varepsilon_0 \cdot \varepsilon_{r1} \cdot l} \cdot \frac{1}{r}\,\mathrm{d}r = \frac{Q}{2\pi \cdot \varepsilon_0 \cdot \varepsilon_{r1} \cdot l} \ln \frac{r_1}{r_i}$$

Analog gilt für die anderen Bereiche:

Bereich 2: $r_1 \le r \le r_2$:

$$D=\frac{Q}{2\pi\cdot r\cdot l}\ ,\ E=\frac{Q}{2\pi\cdot\varepsilon_0\cdot\varepsilon_{r2}\cdot r\cdot l}$$

$$U_2=\varphi_2=\frac{Q}{2\pi\cdot\varepsilon_0\cdot\varepsilon_{r2}\cdot l}\ln\frac{r_2}{r_1}$$

Bereich 3: $r_2 \le r < r_3$:

$$D=\frac{Q}{2\pi\cdot r\cdot l}\ ,\ E=\frac{Q}{2\pi\cdot\varepsilon_0\cdot\varepsilon_{r3}\cdot r\cdot l}$$

$$U_3=\varphi_3=\frac{Q}{2\pi\cdot\varepsilon_0\cdot\varepsilon_{r3}\cdot l}\ln\frac{r_3}{r_2}$$

Alle Potenziale addieren sich von innen nach außen zum Gesamtpotenzial $\varphi = U$:

$$U=\frac{Q}{2\pi\cdot\varepsilon_0\cdot l}\left(\frac{\ln\frac{r_1}{r_i}}{\varepsilon_{r1}}+\frac{\ln\frac{r_2}{r_1}}{\varepsilon_{r2}}+\frac{\ln\frac{r_3}{r_2}}{\varepsilon_{r3}}\right)$$

Somit findet man für die Gesamtkapazität des Koaxialkabels:

$$\frac{C}{l}=\frac{Q}{U}\cdot\frac{1}{l}=\frac{2\pi\cdot\varepsilon_0}{\frac{\ln\frac{r_1}{r_i}}{\varepsilon_{r1}}+\frac{\ln\frac{r_2}{r_1}}{\varepsilon_{r2}}+\frac{\ln\frac{r_3}{r_2}}{\varepsilon_{r3}}}$$

Zahlenwerte:

$$\frac{C}{l}=\frac{2\pi\cdot 8{,}85\cdot 10^{-12}\,\frac{\text{As}}{\text{V m}}}{\frac{\ln\frac{15}{10}}{2{,}5}+\frac{\ln\frac{20}{15}}{5}+\frac{\ln\frac{30}{20}}{10}}=213{,}65\text{ pF}$$

Anmerkung:

Man kann die Anordnung auch als eine Reihenschaltung von Einzelkondensatoren betrachten, für die gilt:

$$\frac{l}{C_{ges}}=\frac{l}{C_1}+\frac{l}{C_2}+\frac{l}{C_3}\ .$$

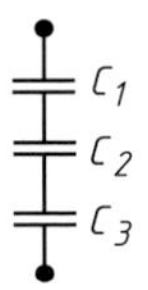

Mit $\dfrac{C_1}{l}=\dfrac{Q}{U_1}\cdot\dfrac{1}{l}=\dfrac{2\pi\cdot\varepsilon_0\cdot\varepsilon_{r1}}{\ln\frac{r_1}{r_i}}=342{,}85\text{ pF}$,

$$\frac{C_2}{l}=\frac{Q}{U_2}\cdot\frac{1}{l}=966{,}45\text{ pF}\ ,\ \frac{C_3}{l}=\frac{Q}{U_3}\cdot\frac{1}{l}=1{,}371\text{ nF}\ \Rightarrow$$

$$\frac{C_{ges}}{l}=\frac{1}{\frac{l}{C_1}+\frac{l}{C_2}+\frac{l}{C_3}}=213{,}65\text{ pF}$$

16.16

Geht man davon aus, dass trotz der unsymmetrischen Unterteilung des Dielektrikums die Feldlinien radial nach außen verlaufen, gilt für die Gesamtladung des Zylinderkondensators:

$$Q=\oint\vec{D}\cdot\mathrm{d}\vec{A}=\int_0^{\alpha}D_1\cdot\mathrm{d}A+\int_{\alpha}^{2\pi}D_2\cdot\mathrm{d}A$$

wobei für die Teilflächen dA z.B. an der Innenleitung

$\mathrm{d}A=l\cdot r_i\cdot\mathrm{d}\varphi$ mit $r_i=\dfrac{d_i}{2}$ und φ im Bogenmaß ist.

Für beliebiges r mit $r_i < r \le r_a$ folgt somit

$$Q=D_1\cdot l\cdot r\cdot\varphi+D_2\cdot l\cdot r(2\pi-\varphi)\ \Rightarrow$$

$$Q=\varepsilon_0\cdot\varepsilon_{r1}\cdot E\cdot l\cdot r\cdot\varphi+\varepsilon_0\cdot\varepsilon_{r2}\cdot E\cdot l\cdot r(2\pi-\varphi)\ \Rightarrow$$

$$E=\frac{Q}{\varepsilon_0\cdot l\cdot r\left[\varepsilon_{r1}\cdot\varphi+\varepsilon_{r2}(2\pi-\varphi)\right]}$$

Zwischen Innen- und Außenleiter herrscht die Spannung

$$U=\int_{r_i}^{r_a}E\cdot\mathrm{d}r=\frac{Q}{\varepsilon_0\cdot l\left[\varepsilon_{r1}\cdot\varphi+\varepsilon_{r2}(2\pi-\varphi)\right]}\cdot\int_{r_i}^{r_a}\frac{1}{r}\,\mathrm{d}r$$

$$U=\frac{Q}{\varepsilon_0\cdot l\left[\varepsilon_{r1}\cdot\varphi+\varepsilon_{r2}(2\pi-\varphi)\right]}\cdot\ln\frac{r_a}{r_i}$$

$$C=\frac{Q}{U}=\frac{\varepsilon_0\cdot l\left[\varepsilon_{r1}\cdot\varphi+\varepsilon_{r2}(2\pi-\varphi)\right]}{\ln\frac{d_a}{d_i}}$$

Mit $\varphi=\pi$

$$\frac{C}{l}=\frac{\varepsilon_0\left[\varepsilon_{r1}\cdot\pi+\varepsilon_{r2}\cdot\pi\right]}{\ln\frac{d_a}{d_i}}=\frac{\pi\cdot\varepsilon_0\cdot\varepsilon_{r1}+\pi\cdot\varepsilon_0\cdot\varepsilon_{r2}}{\ln\frac{d_a}{d_i}}$$

und $\varphi=\dfrac{2}{3}\pi$

$$\frac{C}{l}=\frac{\varepsilon_0\left[\varepsilon_{r1}\cdot\frac{2}{3}\pi+\varepsilon_{r2}\cdot\frac{4}{3}\pi\right]}{\ln\frac{d_a}{d_i}}=\frac{2}{3}\pi\varepsilon_0\frac{\varepsilon_{r1}+2\varepsilon_{r2}}{\ln\frac{d_a}{d_i}}$$

17 Zusammenschaltung von Kondensatoren

- Parallelschaltung
- Reihenschaltung

Lösungsansatz:

Parallelschaltung

Gesamtkapazität C_{ges}:

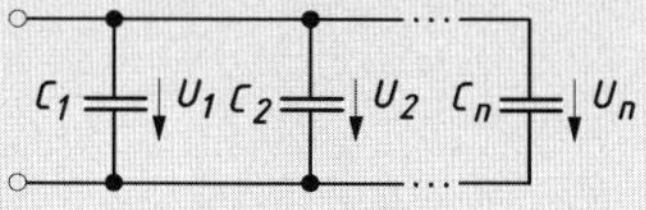

$$C_{ges} = C_1 + C_2 + \cdots + C_n = \sum_{i=1}^{n} C_i$$

Bei n gleichen Kapazitäten C_0:

$$C_{ges} = n \cdot C_0$$

Spannung am Kondensator:

$$U = \frac{Q}{C} = \frac{Q_1}{C_1} = \frac{Q_2}{C_2} = \cdots = \frac{Q_n}{C_n}$$

Reihenschaltung

Gesamtkapazität C_{ges} :

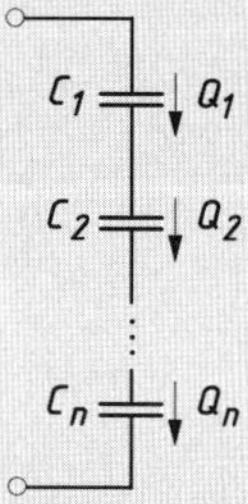

$$\frac{1}{C_{ges}} = \frac{1}{C_1} + \frac{1}{C_2} + \cdots + \frac{1}{C_n}$$

$$\frac{1}{C_{ges}} = \sum_{i=1}^{n} \frac{1}{C_i}$$

Bei m gleichen Kapazitäten C_0:

$$C_{ges} = \frac{1}{m} \cdot C_0$$

Bei zwei Kondensatoren:

$$C_{ges} = \frac{C_1 \cdot C_2}{C_1 + C_2}$$

Spannung am Kondensator:

$$U = \frac{Q}{C} \Rightarrow$$

Insbesondere gilt bei zwei Kondensatoren:

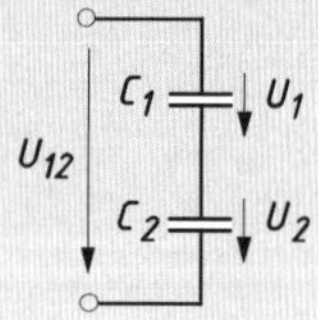

$$\frac{U_1}{U_2} = \frac{C_2}{C_1}$$

$$\frac{U_2}{U_{12}} = \frac{C_1}{C_1 + C_2}$$

17.1 Aufgaben

■ Serien- und Parallelschaltung von Kondensatoren

❶ **17.1** Wie groß ist die Gesamtkapazität C_{AB} der skizzierten Schaltungen zwischen den Anschlüssen A und B, wenn $C_1 = 1$ nF, $C_2 = 2$ nF, $C_3 = 5$ nF sind?

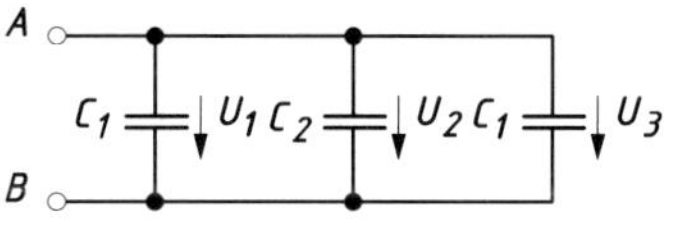

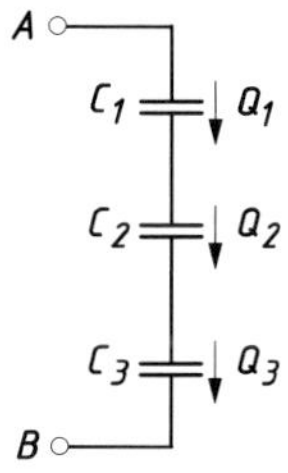

❶ **17.2** Für die abgebildete Schaltung sind die Kondensatorwerte gegeben:
$C_1 = 1$ nF, $C_2 = 5$ nF, $C_3 = 10$ nF.
Ermitteln Sie C_{AB}.

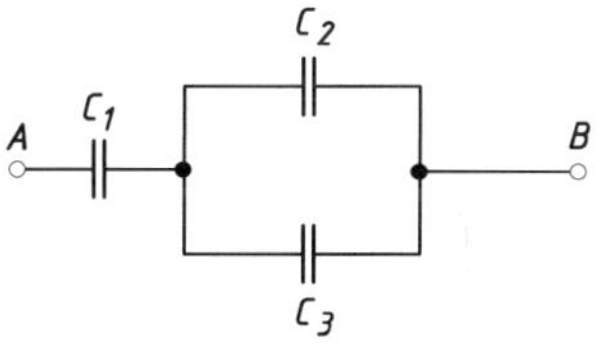

❶ **17.3** Die Schaltungen aus den Aufgaben 17.1 und 17.2 sind parallel bzw. in Reihe geschaltet. Berechnen Sie die Gesamtkapazität C_{AB} zwischen den Anschlüssen A und B.

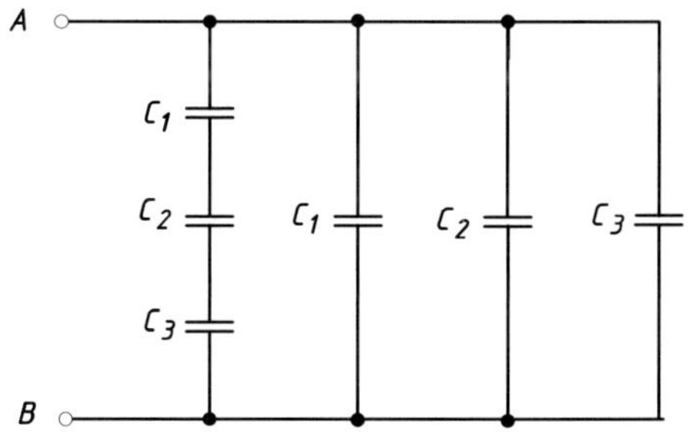

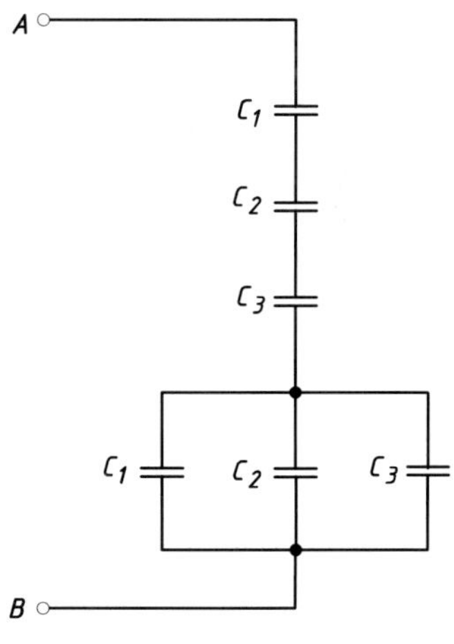

❷ **17.4** Gegeben ist die rechts skizzierte Schaltung mit 8 gleichen Kondensatoren $C = 1$ nF.

Bestimmen Sie allgemein und für den angegebenen Zahlenwert die Gesamtkapazität C_{AB} zwischen den Anschlüssen A und B.

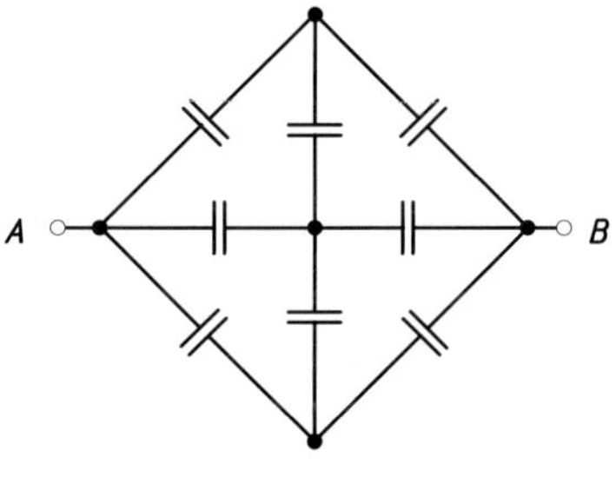

■ Serien- und Parallelschaltung von Kondensatoren, Ersatzkapazitäten

❷ **17.5** In der gegebenen Schaltung sind alle C_i (mit $i = 1, \ldots, 8$) gleich groß und haben den Wert C_0.
Wie groß ist die Gesamtkapazität C_{AB}?

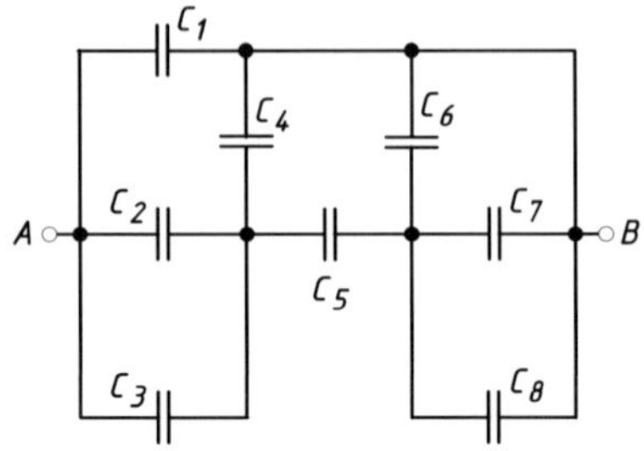

❷ **17.6** Man berechne die Kapazität C_{AB}, wenn alle Kondensatoren den Wert $C_0 = 1$ nF haben.

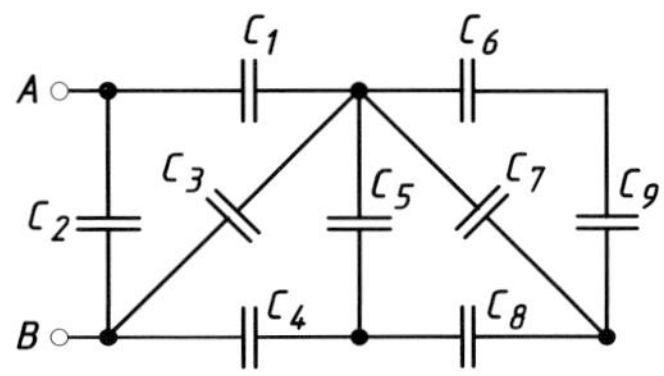

❷ **17.7** Eine Doppelleitung mit Metallumhüllung besitzt eine Teilkapazität C_{12} zwischen den Adern 1 – 2 und zwei gleichgroße Teilkapazitäten C_{10} und C_{20} zwischen den Adern und dem Metallmantel (siehe Bild).

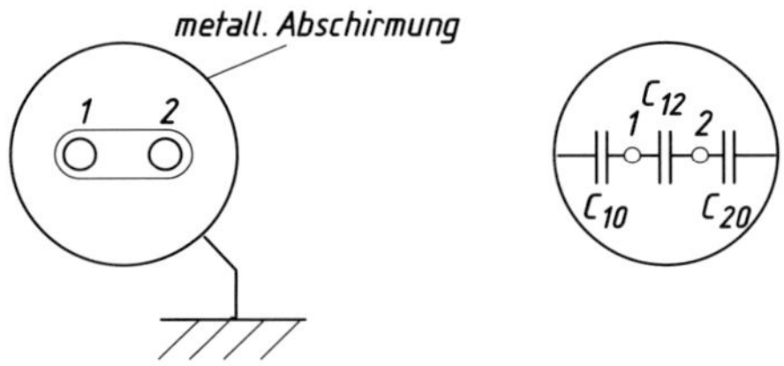

Wie groß ist bei folgenden Betriebsarten der Leitung die Ersatzkapazität

a) C_a zwischen den Leitern 1 und 2, wenn die Abschirmung (s. Bild) geerdet ist?

b) C_{b1} zwischen dem Leiter 1 und der geerdeten Abschirmung, wenn der Leiter 2 ebenfalls an Erde liegt?

c) C_{b2} zwischen Leiter 1 und der geerdeten Abschirmung, wenn Leiter 2 nicht an Erde liegt?

❷ **17.8** Ein 3-Leiterkabel ist von einem Metallrohr umhüllt. Zwischen den Leitern bestehen die Teilkapazitäten C_{12}, C_{23} und C_{31}. Weiterhin ist jeweils eine Teilkapazität C_{10}, C_{20} bzw. C_{30} zwischen jedem Leiter und dem Metallrohr vorhanden. Mit einem Kapazitätsmessgerät sollen die Kapazitäten C_{12} und C_{10} bestimmt werden. Allerdings werden bei einer direkten Messung zwischen z.B. den Adern 1 und 2 andere Kapazitäten mitgemessen.

a) Wie muss eine äußere Beschaltung der Adern vorgenommen werden, damit aus einer Kapazitätsmessung zwischen den Adern bzw. dem Metallmantel die Kapazität C_{10} bestimmt werden kann?

b) Wie muss eine äußere Beschaltung der Adern vorgenommen werden, damit man aus einer zweiten Kapazitätsmessung die Kapazität C_{12} ermitteln kann?

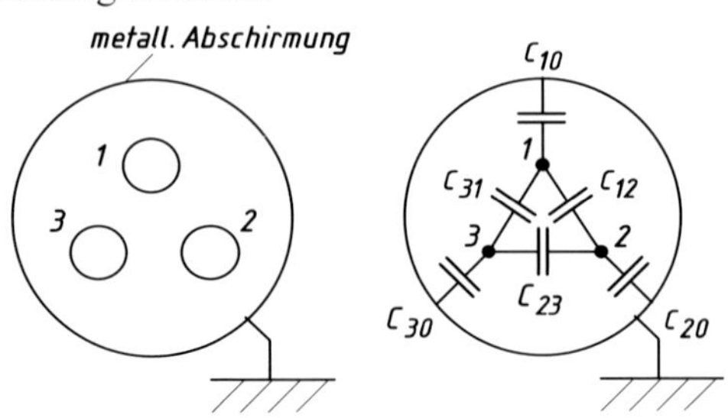

❷ **17.9** Vorgegeben sind ein Plattenkondensator mit Plattenfläche $A = 25\ \text{cm}^2$ und Plattenabstand $s = 5$ mm sowie zwei doppelseitig kupferkaschierte Epoxydharzplatten. Bei Platte P_1 sind Vor- und Rückseite voneinander isoliert, bei Platte P_2 dagegen durch eine Lötbrücke miteinander verbunden. Abmessungen der Platten: $A_1 = A_2 = A$, $s_1 = s_2 = 1{,}5$ mm. In den Kondensator können die Epoxydharzplatten 1 und 2 jeweils einzeln oder zusammen parallel zu den Kondensatorplatten eingebracht werden. Bei welcher Konstellation ergibt sich eine maximale Kapazität?
(Epoxydharzplatte: $\varepsilon_r = 3{,}8$)

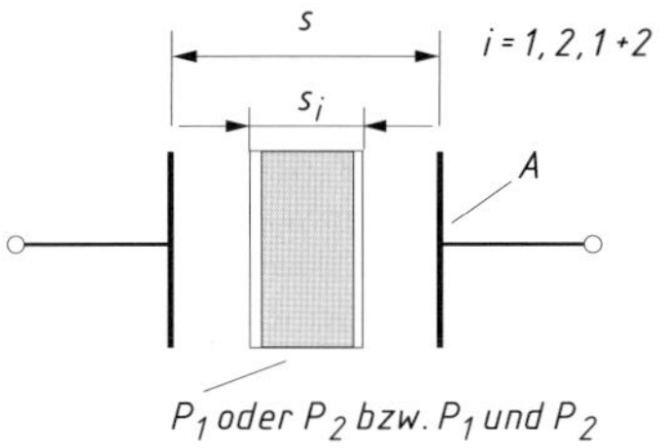

■ Ladungs- und Spannungsverhältnisse an zusammengeschalteten Kondensatoren

❶ **17.10** Die skizzierte Schaltung liegt an einer Gleichspannung $U_q = 100$ V.
Ermitteln Sie die Ladungen Q_1 bis Q_4 sowie die Spannungen U_1 bis U_4, wenn:
$C_1 = 4$ nF, $C_2 = 2$ nF, $C_3 = 5$ nF, $C_4 = 1$ nF sind.

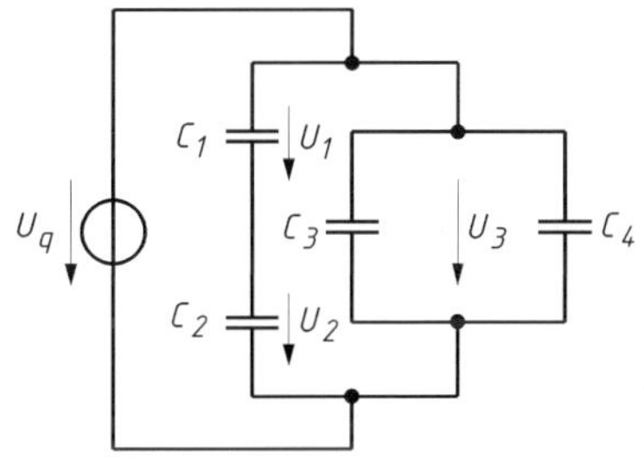

❷ **17.11** Die Schaltung nach Aufgabe 17.2 wird mit dem Schalter an eine Spannungsquelle mit $U_q = 100$ V angelegt.
Welche Spannungen stellen sich an den Kondensatoren ein, wenn die Ausgleichsvorgänge abgeschlossen sind und die Kondensatoren vor Schließen des Schalters entladen waren? Wie groß sind dann die in C_2 und C_3 gespeicherten Ladungen?

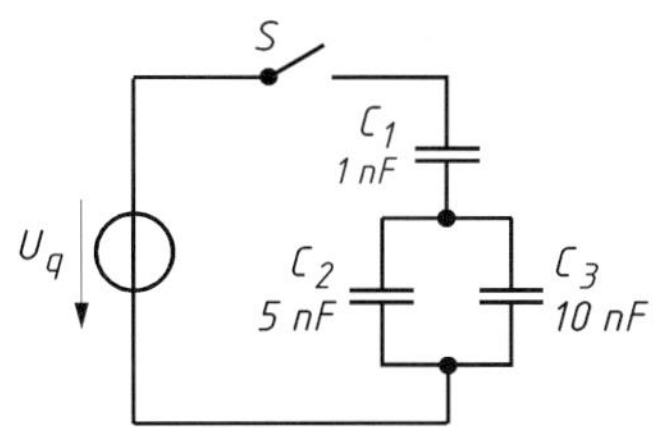

❷ **17.12** In der vorliegenden Schaltung sind die Kondensatoren $C_1 = 3$ nF und $C_2 = 6$ nF vor Schließen des Schalters auf eine Gesamtspannung $U_{12} = 80$ V aufgeladen worden; $C_3 = 1$ nF und $C_4 = 5$ nF seien entladen.
Wie groß sind die Spannungen U_1, U_2 und U_{34} nach Schließen des Schalters, wenn die Umladevorgänge abgeschlossen sind?

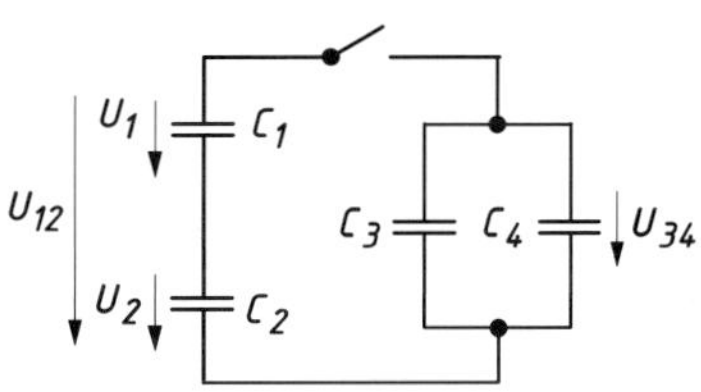

■ Ladungs- und Spannungsverhältnisse an zusammengeschalteten Kondensatoren

☞ *Bei der Lösung der nachfolgenden Aufgaben aus der Sensorik sollen zunächst die Teilkondensatoren und anschließend deren Zusammenkopplung zu einer Parallel- bzw. Serienschaltung betrachtet werden!*

❷ **17.13** Ein einfacher kapazitiver Füllstandssensor taucht in einen Tank ein. Der Sensor besteht aus zwei parallelen Platten der Breite b, die im Abstand s isoliert voneinander fixiert sind. Zwischen den Platten kann das Tankmedium eindringen.

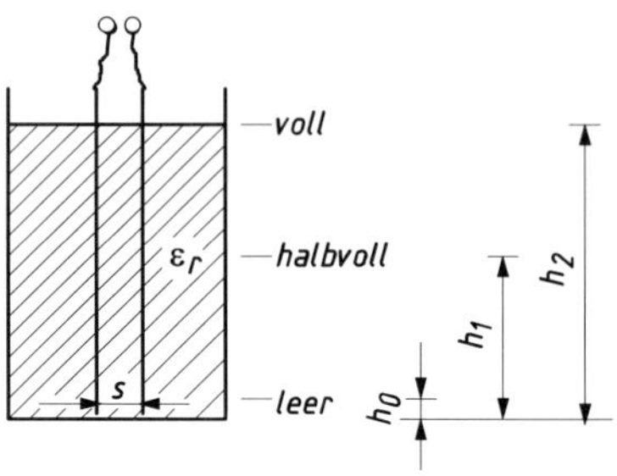

a) Wie groß ist die Kapazität der Anordnung bei vollem und halbvollem Tank?
$h_1 = 81$ cm, $h_2 = 161$ cm, $h_0 = 1$ cm, Elektrodenbreite $l = 5$ cm, Elektrodenabstand $s = 5$ mm, rel. Dielektrizitätszahl des Mediums $\varepsilon_r = 5$.

b) Wie groß ist die maximale Kapazitätsänderung, wenn die Füllstandshöhe nur noch $h_0 = 1$ cm ist?

❷ **17.14** Ein kapazitiver Sensor, der auch zur
❸ Dickenerfassung von z.B. dünnen Platten eingesetzt werden kann, besteht aus zwei gleichgroßen, im Abstand a voneinander parallel montierten Platten mit jeweils der Fläche $A = 4$ cm^2. Zwischen diesen beiden Platten ist entsprechend dem Bild parallel dazu eine 3. Platte mit gleich großer wirksamer Plattenfläche montiert, die sich entsprechend der Taststiftauslenkung Δs frei in x-Richtung bewegen kann. Der Aufnehmer hat eine spezielle, nichtlineare Wandlercharakteristik.

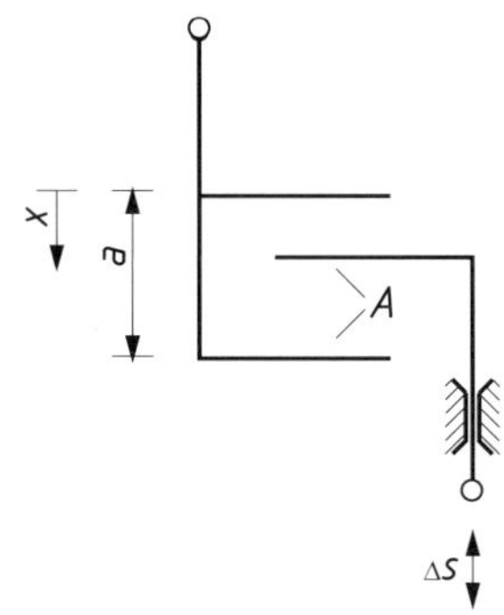

a) Geben Sie die Kapazität als Funktion des Auslenkungsweges x allgemein und für die Zahlenwerte:

$a = 10$ mm und

$0{,}1 \text{ mm} \leq x \leq 9{,}9$ mm an.

b) Skizzieren Sie die Übertragungsfunktion $C = f(x)$ im angegebenen Bereich.

■ Schichtdickenaufnehmer

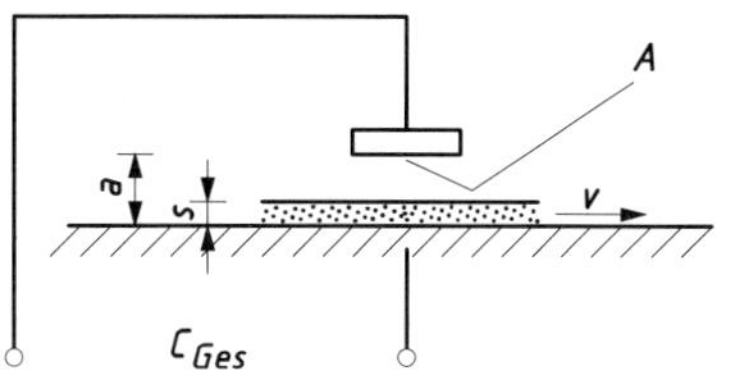

❷ **17.15** Bei der Messung der Dicke von z.B. Kunststoffplatten laufen die Platten zwischen den beiden metallischen Elektroden (jeweils mit der Fläche A) eines Kondensators hindurch.

a) Ermitteln Sie aus den gegebenen Größen die Kapazität $C_{ges} = f(s)$ der Anordnung und die Plattendicke $s = f(C_{ges})$.

b) Bestimmen Sie zahlenmäßig C_{ges} für mindestens 10 Werte der Plattendicke s mit $0{,}1\text{ mm} \leq s \leq 1{,}9\text{ mm}$, wenn folgende Größen vorgegeben sind:

Elektrodenfläche $A = 1\text{ m} \cdot 10\text{ cm}$,
Elektrodenabstand $a = 2\text{ mm}$,
relative Dielektrizitätszahl des Plattenmaterials $\varepsilon_r = 4$.

Vergleichen Sie den Verlauf der Sensorkennlinie $C = f(s)$ mit der Kennlinie des Sensors aus Aufgabe 17.14.

17.2 Lösungen

17.1

Parallelschaltung: $U_1 = U_2 = U_3 = U$,

$$C = \frac{Q}{U} = \frac{1}{U}(Q_1 + Q_2 + Q_3)$$

$$\Rightarrow\ C_{\mathrm{P_{AB}}} = C_1 + C_2 + C_3 = 8\ \mathrm{nF}$$

Reihenschaltung: $Q_1 = Q_2 = Q_3 = Q$,

$$U = U_1 + U_2 + U_3\ \Rightarrow$$

$$\frac{U}{Q} = \frac{1}{C} = \frac{U_1 + U_2 + U_3}{Q}\ \Rightarrow$$

$$\frac{1}{C_\mathrm{S}} = \frac{1}{C_1} + \frac{1}{C_2} + \frac{1}{C_3} = \frac{1}{1\ \mathrm{nF}} + \frac{1}{2\ \mathrm{nF}} + \frac{1}{5\ \mathrm{nF}} = \frac{17}{10\ \mathrm{nF}}$$

$$\Rightarrow\ C_{\mathrm{S_{AB}}} = \frac{10}{17}\ \mathrm{nF} = 588{,}2\ \mathrm{pF}$$

17.2

$$C_{23} = C_2 \,\|\, C_3 \Rightarrow$$

$$C_{23} = C_2 + C_3 = 15\ \mathrm{nF}$$

C_{AB} = Reihenschaltung von C_1 und C_{23}

$$\frac{1}{C_{\mathrm{BA}}} = \frac{1}{C_1} + \frac{1}{C_{23}} = \frac{1}{1\mathrm{nF}} + \frac{1}{15\mathrm{nF}} \Rightarrow$$

$$\Rightarrow C_{\mathrm{AB}} = \frac{15}{16}\mathrm{nF} = 937{,}5\,\mathrm{pF}$$

17.3

Parallelschaltung von Schaltung 1 und 2 aus Aufgabe 17.1:

$$C_{\mathrm{AB}} = \underbrace{C_{\mathrm{P_{AB}}} + C_{\mathrm{S_{AB}}}}_{\text{vgl. Lösung 17.1}} = 8\ \mathrm{nF} + 0{,}588\ \mathrm{nF} = 8{,}588\ \mathrm{nF}$$

Serienschaltung von Schaltung 1 und 2 aus Aufgabe 17.1:

$$\frac{1}{C_{\mathrm{AB}}} = \frac{1}{C_{\mathrm{P_{AB}}}} + \frac{1}{C_{\mathrm{S_{AB}}}} = \frac{1}{8\ \mathrm{nF}} + \frac{1}{0{,}588\ \mathrm{nF}} \Rightarrow C_{\mathrm{AB}} = 547{,}7\ \mathrm{pF}$$

17.4

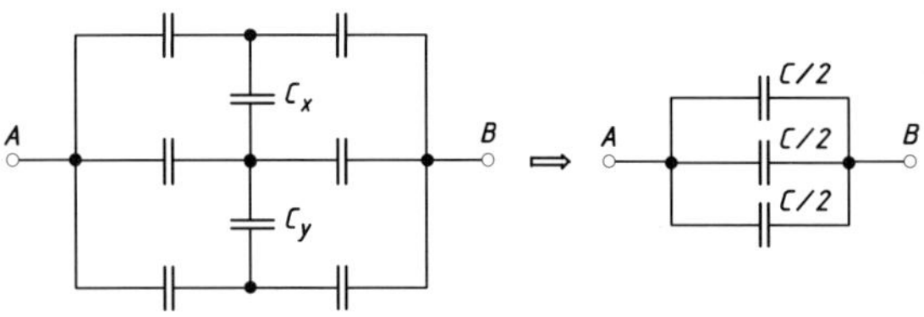

Zeichnet man die Schaltung um, erkennt man, dass an den Kondensatoren C_x und C_y keine Potenzialdifferenz vorhanden ist; die beiden Kondensatoren können also weggelassen werden. Damit liegt eine einfache Parallelschaltung vor, für die gilt:

$$C_{\mathrm{AB}} = 3 \cdot \frac{C}{2} = \frac{3}{2} C$$

17.5

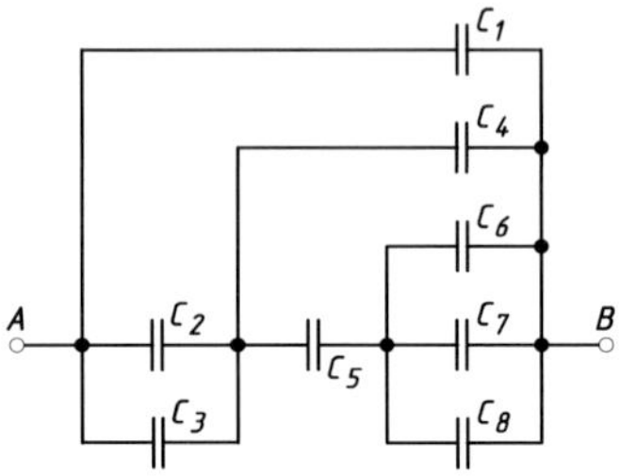

Nach Umzeichnen der Schaltung erkennt man die oben skizzierte Struktur:

Die Parallelschaltung von C_6 , C_7 und C_8 soll

$C_\mathrm{I} = C_6 + C_7 + C_8 = 3 \cdot C_0$ benannt sein.

In Serie dazu liegt C_5, also:

$$\frac{1}{C_\mathrm{II}} = \frac{1}{C_5} + \frac{1}{3C_0} = \frac{1}{C_0} + \frac{1}{3C_0} = \frac{4}{3C_0}$$

$$\Rightarrow\ C_\mathrm{II} = \frac{3}{4} C_0$$

Zu C_II parallel ist C_4 geschaltet:

$$C_\mathrm{III} = C_\mathrm{II} + C_4 = \frac{3}{4} C_0 + C_0$$

$$\Rightarrow\ C_\mathrm{III} = \frac{7}{4} C_0$$

Die Parallelschaltung von C_2 und C_3 sei

$C_\mathrm{IV} = C_2 + C_3 = 2C_0$, die in Reihe mit C_III liegt:

$$\frac{1}{C_\mathrm{V}} = \frac{1}{C_\mathrm{IV}} + \frac{1}{C_\mathrm{III}} = \frac{1}{2C_0} + \frac{4}{7C_0}$$

$$\Rightarrow\ C_\mathrm{V} = \frac{14}{15} C_0$$

C_V wiederum liegt parallel zu C_I und bildet nun:

$$C_{\mathrm{AB}} = C_\mathrm{V} + C_\mathrm{I} = \frac{14}{15} C_0 + C_0 = \frac{29}{15} C_0$$

17.6

Bezeichnet man die Serienschaltung aus C_6 und C_9 als C_{69}, ist

$$\frac{1}{C_{69}} = \frac{1}{C_6} + \frac{1}{C_9} = \frac{2}{C_0}\ \Rightarrow\ C_{69} = \frac{1}{2} C_0$$

C_7 parallel zu C_{69} (in Kurzform: $C_7 \,\|\, C_{69}$) sei C_{679} mit

$$C_{679} = \frac{1}{2} C_0 + C_0 = \frac{3}{2} C_0$$

Die Zusammenschaltung der Kondensatoren aus C_{679} und C_8 sei C_{6-9} mit

$$\frac{1}{C_{6-9}}=\frac{1}{C_{679}}+\frac{1}{C_8}=\frac{2}{3C_0}+\frac{1}{C_0}\ \Rightarrow\ C_{6-9}=\frac{3}{5}C_0$$

$C_{5-9}=C_{6-9}\parallel C_5$:

$$C_{5-9}=C_5+C_{6-9}=C_0+\frac{3}{5}C_0=\frac{8}{5}C_0$$

$$C_{4-9}:\quad \frac{1}{C_{4-9}}=\frac{1}{C_{5-9}}+\frac{1}{C_4}=\frac{5}{8C_0}+\frac{1}{C_0}$$

$$\Rightarrow\ C_{4-9}=\frac{8}{13}C_0$$

$C_{3-9}=C_3\parallel C_{4-9}\Rightarrow$

$$C_{3-9}=C_3+C_{4-9}=C_0+\frac{8}{13}C_0=\frac{21}{13}C_0$$

C_1 in Serie zu C_{3-9} sei $C_{1,3-9}$:

$$\frac{1}{C_{1,3-9}}=\frac{1}{C_1}+\frac{1}{C_{3-9}}=\frac{1}{C_0}+\frac{13}{21C_0}\ \Rightarrow\ C_{1,3-9}=\frac{21}{34}C_0$$

$C_{AB}=C_{1-9}=C_{1,3-9}\parallel C_2$:

$$C_{AB}=\frac{21}{34}C_0+C_0=\frac{55}{34}C_0=\frac{55}{34}\,\text{nF}=1{,}62\,\text{nF}$$

17.7

a) $$C_a=C_{12}+\frac{C_{10}\cdot C_{20}}{C_{10}+C_{20}}$$

$C_{10}=C_{20}\Rightarrow$

$$C_a=C_{12}+\frac{1}{2}C_{10}$$

b) $$C_{b1}=\frac{C_{12}\cdot C_{10}}{C_{12}+C_{10}}$$

c) $$C_{b2}=C_{10}+\frac{C_{10}\cdot C_{12}}{C_{10}+C_{12}}$$

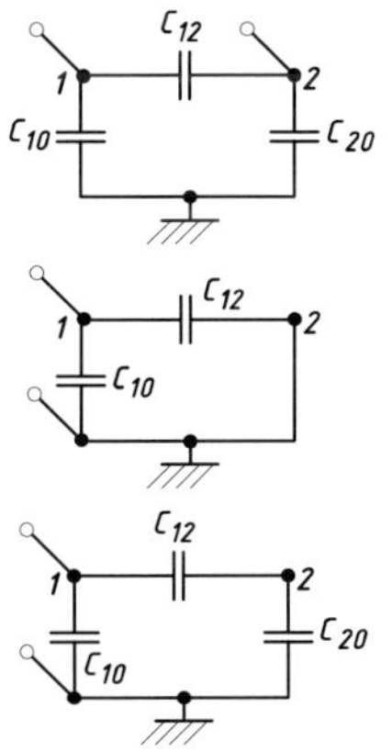

17.8

a)

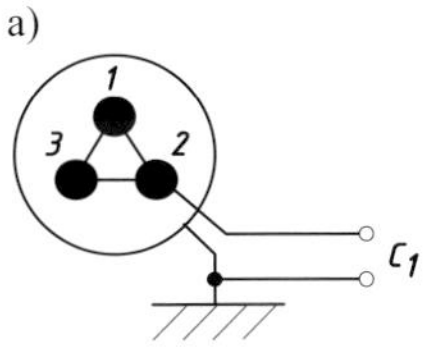

b)

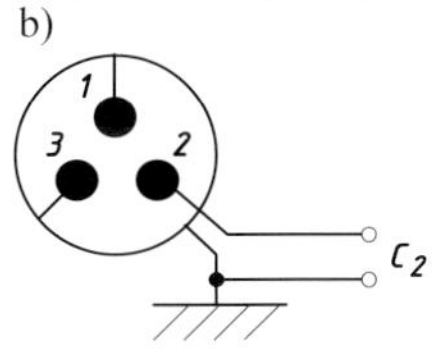

Schaltet man die 3 Adern zusammen (Bild a)) und mist ihre gemeinsame Kapazität gegenüber dem metallischen Abschirmroht, erhält man $C_1=3C_{10}$ und hieraus

$$C_{10}=\frac{1}{3}C_1\,.$$

Verbindet man die Adern 1 und 3 mit dem Metallrohr (Bild b)) und misst die Kapazität zwischen Leiter 2 und Umhüllung, resultiert als Messergebnis

$$C_2=C_{10}+C_{12}+C_{23}\ \Rightarrow$$

$$C_2=C_{10}+2C_{12}\ \Rightarrow\ C_{12}=\frac{1}{2}\left(C_2-C_{10}\right).$$

Mit dem Wert der ersten Kapazitätsmessung nach 17.8a) folgt somit:

$$C_{12}=\frac{1}{2}C_2-\frac{1}{6}C_1$$

17.9

- Luftkondensator:

$$C_0=\varepsilon_0\cdot\frac{A}{s}=8{,}85\cdot10^{-12}\,\frac{\text{As}}{\text{Vm}}\cdot\frac{25\cdot10^{-4}\,\text{m}^2}{5\cdot10^{-3}\,\text{m}}=4{,}425\,\text{pF}$$

- Mit Platte P_1 ergibt sich ein geschichteter Kondensator C_1, wobei eine Serienschaltung aus C_{01} und C_{02} vorliegt:

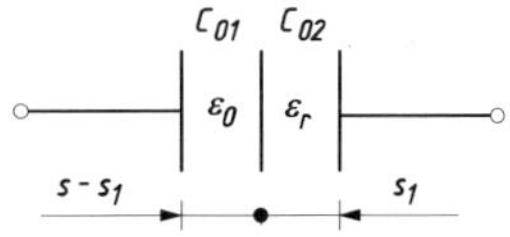

$$C_{01}=\varepsilon_0\cdot\frac{A}{s-s_1}=8{,}85\cdot10^{-12}\,\frac{\text{As}}{\text{Vm}}\cdot\frac{25\cdot10^{-4}\,\text{m}^2}{3{,}5\cdot10^{-3}\,\text{m}}$$
$$=6{,}32\,\text{pF}$$

$$C_{02}=\varepsilon_0\cdot\varepsilon_r\cdot\frac{A}{s_1}=8{,}85\cdot10^{-12}\,\frac{\text{As}}{\text{Vm}}\cdot3{,}8\cdot\frac{25\cdot10^{-4}\,\text{m}^2}{1{,}5\cdot10^{-3}\,\text{m}}$$
$$=56{,}05\,\text{pF}$$

$$\Rightarrow\ C_1=\frac{C_{01}\cdot C_{02}}{C_{01}+C_{02}}=5{,}68\,\text{pF}$$

- Mit Platte P_2 liegt ein Luftkondensator vor, wobei der feldfreie Raum im Bereich des Plattenvolumens (Kupferauflagen sind durch Lötbrücke verbunden!) zu berücksichtigen ist:

$$C_2=\varepsilon_0\cdot\frac{A}{s-s_2}=C_{01}=6{,}32\,\text{pF}\ ,\ \text{da}\ s_1=s_2\ \text{(s.o.)}$$

- Mit Platte P_1 und Platte P_2 liegt wieder ein geschichteter Kondensator vor, bei dem das Luftvolumen durch die Plattenvolumina 1 und 2 reduziert ist.

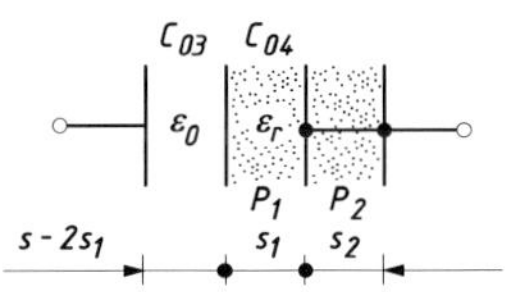

Luftbereich:

$$C_{03}=\varepsilon_0\cdot\frac{A}{s-2s_1}=8{,}85\cdot10^{-12}\,\frac{\text{As}}{\text{Vm}}\cdot\frac{25\cdot10^{-4}\,\text{m}^2}{2\cdot10^{-3}\,\text{m}}$$
$$=11{,}06\,\text{pF}$$

Bereich Platte 1:

$$C_{04}=C_{02}=56{,}05\,\text{pF (s.o.)}.$$

Serienschaltung aus C_{03} und C_{04} :

$$C_{12} = \frac{C_{03} \cdot C_{04}}{C_{03} + C_{04}} = 9,23 \text{ pF} = C_{\max}$$

17.10

Die Kondensatoren C_1 und C_2 sind in Serie geschaltet und tragen die Ladungen $Q_1 = Q_2 = C_{12} \cdot U_{12} = C_{12} \cdot U_q$ (C_{12} : Serienschaltung aus C_1 und C_2, U_{12} : Spannung an C_1 und C_2)

Mit $C_{12} = \frac{C_1 \cdot C_2}{C_1 + C_2} = \frac{8}{6} \text{ nF} = \frac{4}{3} \text{ nF}$

$$Q_{12} = Q_1 = Q_2 = C_{12} \cdot U_{12} \Rightarrow$$

$$Q_{12} = \frac{4}{3} \cdot 10^{-9} \frac{\text{As}}{\text{V}} \cdot 100 \text{ V} = 1,\bar{3} \cdot 10^{-7} C \Rightarrow$$

$$U_1 = \frac{Q_{12}}{C_1} = 33,\bar{3} \text{ V}, \; U_2 = \frac{Q_{12}}{C_2} = 66,\bar{6} \text{ V}.$$

An der Parallelschaltung aus C_3 und C_4 liegt die Spannung $U_3 = U_4 = U_q$. Somit tragen die Kondensatoren die Einzelladungen:

$$Q_3 = C_3 \cdot U_3 = 5 \cdot 10^{-9} \frac{\text{As}}{\text{V}} \cdot 100 \text{ V} = 5 \cdot 10^{-7} \text{ As}$$

$$Q_4 = C_4 \cdot U_4 = 10^{-9} \frac{\text{As}}{\text{V}} \cdot 100 \text{ V} = 10^{-7} \text{ As}$$

17.11

Nach Schließen des Schalters stellt sich an der Gesamtkapazität

$$C = \frac{C_1 \cdot (C_2 + C_3)}{C_1 + C_2 + C_3} = 937,5 \text{ pF}$$

die Spannung $U_q = 100$ V ein.

Somit hat die Gesamtkapazität die Ladung
$Q = C \cdot U_q = 937,5 \text{ pF} \cdot 100 \text{ V} = 9,375 \cdot 10^{-8} \text{As}$,

die sowohl auf C_1 als auch auf C_{23} (der Parallelschaltung aus C_2 und C_3) vorhanden ist: $Q = Q_1 \Rightarrow$

$$U_1 = \frac{Q}{C_1} = \frac{9,375 \cdot 10^{-8} \text{ As}}{10^{-9} \frac{\text{As}}{\text{V}}} = 93,75 \text{ V},$$

$$U_2 = U_3 = \frac{Q}{C_2 + C_3} = \frac{9,375 \cdot 10^{-8} \text{ As}}{15 \cdot 10^{-9} \frac{\text{As}}{\text{V}}} = 6,25 \text{ V}$$

$$Q_2 = U_2 \cdot C_2 = 6,25 \text{ V} \cdot 5 \cdot 10^{-9} \frac{\text{As}}{\text{V}} = 3,125 \cdot 10^{-8} \text{ As}$$

$$Q_3 = U_2 \cdot C_3 = 6,25 \text{ V} \cdot 10 \cdot 10^{-9} \frac{\text{As}}{\text{V}} = 6,25 \cdot 10^{-8} \text{ As}$$

17.12

C_1 und C_2 werden zur Eratzkapazität

$C_{12} = \frac{C_1 \cdot C_2}{C_1 + C_2} = 2 \text{ nF}$ zusammengefasst, ebenso C_3 und C_4

$C_{34} = C_3 + C_4 = 6 \text{ nF}$.

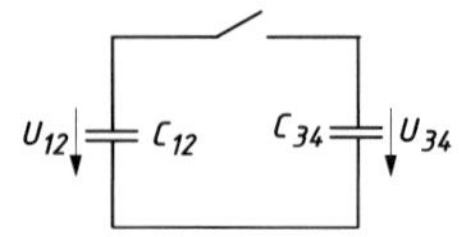

Nach dem Schließen des Schalters lädt C_{12} mit der Ladung

$$Q = C_{12} \cdot U_{12} = 2 \cdot 10^{-9} \frac{\text{As}}{\text{V}} \cdot 80 \text{ V} = 1,6 \cdot 10^{-7} C$$

den Kondensator C_{34} auf. Da sich die konstant bleibende Ladung Q auf die Gesamtkapazität

$C_{ges} = C_{12} + C_{34} = 8 \text{ nF}$

verteilen muss, wird

$$U_{12\text{ neu}} = U_{34} = \frac{Q}{C_{ges}} = \frac{1,6 \cdot 10^{-7} \text{ As}}{8 \cdot 10^{-9} \frac{\text{As}}{\text{V}}} = 20 \text{ V}.$$

Aufgrund der Serienschaltung haben die Kondensatoren C_1 und C_2 gleich große Ladungen

$$Q_1 = Q_2 = C_{12} \cdot U_{12\text{ neu}} = 2 \cdot 10^{-9} \frac{\text{As}}{\text{V}} \cdot 20 \text{ V} = 4 \cdot 10^{-8} \text{ As},$$

woraus auch ihre Einzelspannungen folgen:

$$U_1 = \frac{Q_1}{C_1} = \frac{4 \cdot 10^{-8} \text{ As}}{3 \cdot 10^{-9} \frac{\text{As}}{\text{V}}} = 13,\bar{3} \text{ V}$$

$$U_2 = \frac{Q_2}{C_2} = \frac{4 \cdot 10^{-8} \text{ As}}{6 \cdot 10^{-9} \frac{\text{As}}{\text{V}}} = 6,\bar{6} \text{ V}$$

17.13

a) Voller Tank:

$$C_2 = \varepsilon_0 \cdot \varepsilon_r \cdot \frac{(h_2 - h_0) b}{s}$$

$$= 8,85 \cdot 10^{-12} \frac{\text{As}}{\text{Vm}} \cdot 5 \cdot \frac{1,6 \text{ m} \cdot 5 \cdot 10^{-2} \text{ m}}{5 \cdot 10^{-3} \text{ m}}$$

$C_2 = 708 \text{ pF}$

Ist der Tank halbvoll, entsteht im oberen Teil ein Luftkondensator mit

$$\frac{A}{2} = (h_2 - h_1) \cdot b$$

und entsprechend im unteren Teil ein gefüllter Kondensator mit ε_r .

Die zusammenwirkenden Teilkondensatoren haben die Kapazität

$$C_1 = C_{\varepsilon 0} + C_{\varepsilon 0 \cdot \varepsilon r} = \varepsilon_0 \cdot \frac{b}{a} [(h_2 - h_1) + \varepsilon_r (h_1 - h_0)]$$

Zahlenwerte:

$$C_1 = 8{,}85 \cdot 10^{-12}\,\frac{\text{As}}{\text{V m}} \cdot \frac{5 \cdot 10^{-2}\ \text{m}}{5 \cdot 10^{-3}\ \text{m}}\left[0{,}8\ \text{m} + 5 \cdot 0{,}8\ \text{m}\right]$$

$$= 424{,}8\ \text{pF}$$

b) Bei leerem Tank (d.h. genauer: nahezu leerem Tank, siehe $h_0 = 10\ \text{mm}$) befindet sich zwischen den Elektrodenflächen nur Luft und es gilt einfach:

$$C_0 = \varepsilon_0 \frac{(h_2 - h_0) \cdot b}{a} = 8{,}85 \cdot 10^{-12}\,\frac{\text{As}}{\text{V m}} \cdot 1{,}6\ \text{m} \cdot \frac{5 \cdot 10^{-2}\ \text{m}}{5 \cdot 10^{-3}\ \text{m}}$$

$$= 141{,}6\ \text{pF}$$

Die maximale Kapazitätsänderung liegt vor mit $\Delta C = C_2 - C_0 = 566{,}4\ \text{pF}$

17.14

a) Für beliebige Position x ist

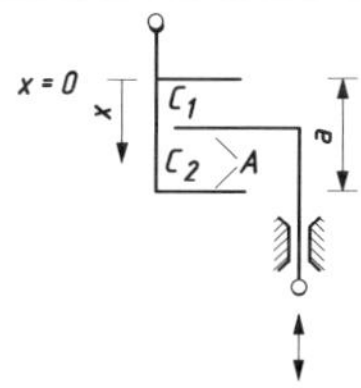

$$C_1 = \varepsilon_0 \cdot \frac{A}{x}\,,\ C_2 = \varepsilon_0 \cdot \frac{A}{a - x}\,,$$

$$C = C_1 + C_2$$

$$\Rightarrow C = \varepsilon_0 \cdot A\left(\frac{1}{x} + \frac{1}{a - x}\right) = \varepsilon_0 \cdot A \cdot \frac{a}{x(a - x)}$$

Zahlenwerte:

$$C = 8{,}85 \cdot 10^{-12}\,\frac{\text{As}}{\text{V m}} \cdot 400\,\text{mm}^2 \cdot \frac{10 \cdot 10^{-3}\ \text{m}}{x[\text{mm}] \cdot (a - x)[\text{mm}]}$$

$$\Rightarrow C = 35{,}4\ \text{pF}\,\frac{\text{mm}^2}{x\,[\text{mm}] \cdot (a - x)\,[\text{mm}]}$$

Wertetabelle:

$\frac{x}{\text{mm}}$	0,1	0,2	0,5	0,8	1	2	4
$\frac{C}{\text{pF}}$	35,76	18,06	7,45	4,81	3,93	2,21	1,475

$\frac{x}{\text{mm}}$	5	6	8	9	9,2	9,8	9,9
$\frac{C}{\text{pF}}$	1,416	1,475	2,21	3,93	4,81	18,06	33,76

b) Man erkennt den spiegelsymmetrischen Verlauf der Wandlerkennlinie zu einer vertikalen Achse durch den Punkt $x = 5$ mm.

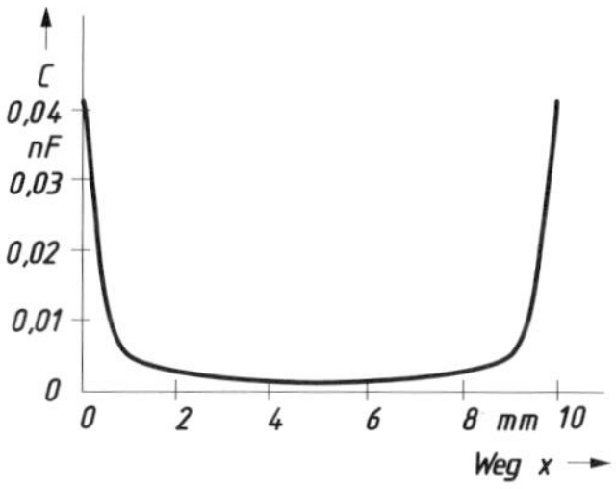

17.15

a) Elektroden und Platten bilden einen geschichteten Kondensator mit

$$\frac{1}{C_{\text{ges}}} = \frac{1}{C_{\text{Luft}}} + \frac{1}{C_{\varepsilon_r}} \Rightarrow$$

$$\frac{1}{C_{\text{ges}}} = \frac{a - s}{A \cdot \varepsilon_0} + \frac{s}{A \cdot \varepsilon_0 \cdot \varepsilon_r} \Rightarrow$$

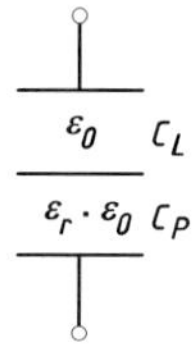

$$C_{\text{ges}} = \frac{A \cdot \varepsilon_0}{a - s\left(1 - \frac{1}{\varepsilon_r}\right)}\,,\quad s = \frac{a - \frac{A \cdot \varepsilon_0}{C_{\text{ges}}}}{1 - \frac{1}{\varepsilon_r}}$$

b) Zahlenwerte:

$$C_{\text{ges}} = \frac{8{,}85 \cdot 10^{-12}\,\frac{\text{As}}{\text{V m}} \cdot 0{,}1\ \text{m}^2}{2 \cdot 10^{-3}\text{m} - s\left(1 - \frac{1}{4}\right)}$$

Wertetabelle:

$\frac{s}{\text{mm}}$	0,1	0,2	0,5	1	1,1	1,2	1,3
$\frac{C}{\text{pF}}$	460	478,4	544,6	708	753	804,5	863

$\frac{s}{\text{mm}}$	1,4	1,5	1,6	1,7	1,8	1,9
$\frac{C}{\text{pF}}$	931,5	1,0 nF	1,1 nF	1,22 nF	1,36 nF	1,54 nF

In der grafischen Darstellung der Wandlerkennlinie erkennt man die nichtlineare Abhängigkeit von $C = f(s)$.

Allerdings ist in einem weiten Bereich (ca. $0{,}1\ \text{mm} \le x \le 1{,}2\ \text{mm}$ Plattendicke) der „Durchhang“ (d.h. die Abweichung vom linearen Verlauf) kleiner 25 pF; dies entspricht einer „Wegungenauigkeit“ von ca. 0,08 mm!

Außerdem ist die Empfindlichkeit des Sensors $\left(\frac{\Delta C}{\Delta s}\right)$ (bzw. in 17.14 a): $\left(\frac{\Delta C}{\Delta x}\right)$ in dem betrachteten Wegbereich wesentlich höher als beim Sensor nach Aufgabe 17.14.

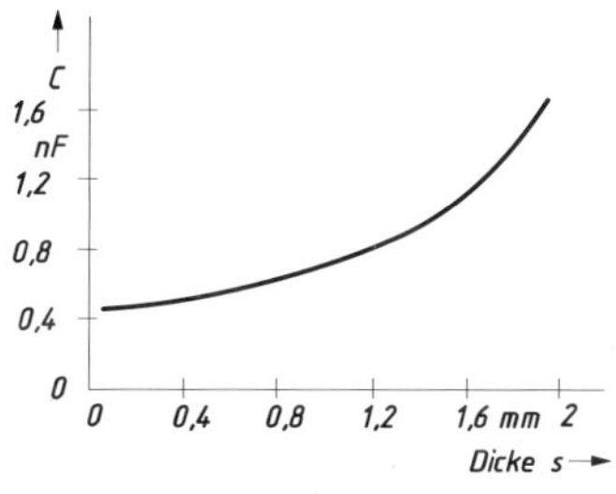

18 Energie und Energiedichte im elektrischen Feld

Lösungsansatz:

Führt man einem Kondensator den Ladungsanteil dQ zu, so ist dabei die Arbeit dW zu verrichten:

$\mathrm{d}W = u \cdot i \cdot \mathrm{d}t = u \cdot C \cdot \mathrm{d}t$ [1)]

War der Kondensator zunächst ungeladen und bringt man die Ladung Q ein bzw. legt die Spannung U an, ist die Gesamtarbeit beim Aufladen gleich der Energie im (idealisiert angenommenen) homogenen Feld

$$W = \int_0^U C \cdot u \cdot \mathrm{d}u = \frac{1}{2} C \cdot U^2 \underset{\uparrow}{=} \frac{1}{2} Q \cdot U \underset{\uparrow}{=} \frac{1}{2} \cdot \frac{Q^2}{C}$$

$$Q = C \cdot U \quad U = Q/C$$

und für die Energiedichte w im felderfüllten Raum gilt:

$$w = \frac{W}{V}, \ V\text{: Volumen des felderfüllten Raumes,}$$

$$w = \frac{1}{2} \cdot \frac{C \cdot U^2}{V} = \frac{1}{2} \cdot \frac{Q \cdot U}{V} = \frac{1}{2} \cdot \frac{Q^2}{C \cdot V}$$

Insbesondere erhält man für den Plattenkondensator mit $V = A \cdot s$:

$$w = \frac{1}{2} \cdot \frac{Q^2}{C} \cdot \frac{1}{A \cdot s} \quad (A\text{: Plattenfläche, } s\text{: Plattenabstand})$$

sodass mit $D = \frac{Q}{A}$, $U = \frac{Q}{C}$ folgt:

$$w = \frac{1}{2} \cdot \frac{U}{s} \cdot D = \frac{1}{2} D \cdot E$$

Da in der letzten Gleichung die spezielle Geometrie des Plattenkondensators nicht mehr eingeht, gilt somit für jedes homogene Feld

$$\boxed{w = \frac{1}{2} D \cdot E = \frac{1}{2} \varepsilon \cdot E^2 = \frac{1}{2} \cdot \frac{D^2}{\varepsilon}}$$

Im inhomogenen Feld gelten diese Bezeichnungen nur für ein kleines Raumelement dV mit annähernd homogenem Feld. Unter Einbeziehung dieses Falles folgt somit *allgemein* für die

Energie: $$\boxed{W = \int_V w \cdot \mathrm{d}V = \frac{1}{2} \int_V \vec{D} \cdot \vec{E} \cdot \mathrm{d}V}$$

Energiedichte: $$\boxed{w = \frac{1}{2} D \cdot E = \frac{1}{2} \varepsilon \cdot E^2 = \frac{1}{2} \cdot \frac{D^2}{\varepsilon}}$$

---

1) Anmerkung: Da die Spannung u und der Strom i hier zeitabhängige Größen sind, verwendet man zur Kennzeichnung Kleinbuchstaben. Während der Aufladung steigt die Kondensatorspannung mit $u(t)$ auf den Endwert U der speisenden Quelle an.

18.1 Aufgaben

❶ **18.1** Welche Energiedichten liegen bei einer Feldstärke von
a) $E = 30$ kV/cm (Durchschlagfeldstärke von Luft bei $p = 1000$ hPa, $s = 10$ mm, $\varepsilon_r = 1{,}0006$)
b) $E = 100$ kV/cm (Vakuum, $s = 10$ mm)
c) $E = 800$ kV/cm (Polyäthylen, hier $\varepsilon_r = 2{,}3$)
d) $E = 1500$ kV/cm (Glimmer, hier $\varepsilon_r = 6$) vor?

❶ **18.2** An einem Werkstoff, der als Isoliermaterial verwendet werden soll, darf laut Datenblatt die mögliche Energiedichte $w = 0{,}01$ Ws/cm³ nicht überschritten werden. Welchen Wert sollte dann die anliegende Spannung U nicht übersteigen, wenn $\varepsilon_r = 5{,}5$ ist und die Isolierplattendicke 5 mm beträgt?

❶ ❷ **18.3** Vorgegeben sind zwei gleichartige Plattenkondensatoren, deren Elektroden die Ladung Q tragen und die sich ansonsten nur durch ihr Dielektrikum mit $\varepsilon_1 > \varepsilon_2$ unterscheiden.
In welchem Kondensator ist die größere Energie gespeichert, wo herrscht die höhere Energiedichte und an welchem Kondensator liegt die höhere Spannung?

❶ ❷ **18.4** Ein MP-Kondensator (Dielektrikum: metallisiertes Papier, Dicke s = 10 µm, $\varepsilon_r = 3{,}3$) besitzt eine Kapazität C = 63 µF und eine Nennspannung $U_{Nenn} = 415$ V.
a) Ermitteln Sie die Zeit, die eine angeschlossene Taschenlampenbirne (3,5 V, 0,2 A) theoretisch bei idealer Ausnutzung der gespeicherten Feldenergie leuchten würde.
b) Vergleichen Sie die spezifische Energiedichte des elektrischen Feldes mit der eines Bleiakkumulators (0,15 Wh/cm³) bzw. eines Lithiumakkumulators (0,2 Wh/cm³).

❶ ❷ **18.5** Zur Erzeugung hoher Spannungen werden bei energietechnischen Versuchen mehrere Kondensatoren in Parallelschaltung auf die Spannung U_0 aufgeladen und anschließend durch besondere Schalter in eine Serienschaltung überführt.
Wie groß ist die Gesamtspannung U an der Reihenschaltung sowie die gespeicherte Energie und Ladung Q vor und nach dem Umschalten? Welche Werte ergeben sich bei 12 gleichen Kondensatoren mit $C_0 = 3$ nF und $U_0 = 5$ kV?

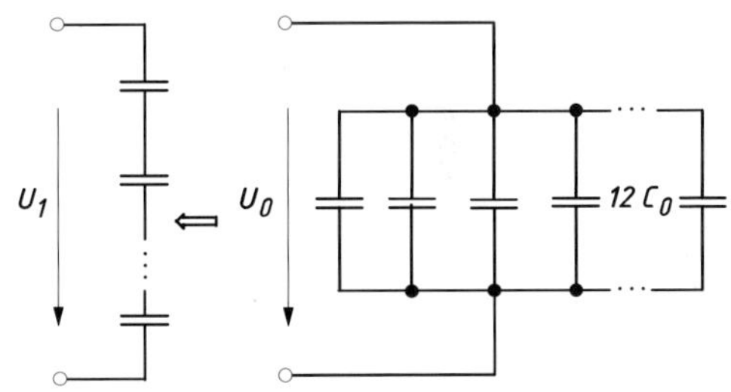

❶ ❷ **18.6** Die skizzierte Kondensatorschaltung wird durch die Spannungsquelle U_q aufgeladen und anschließend der Schalter S geöffnet. Danach misst ein Bastler am Kondensator C_1 die Spannung $U_1 = 40$ V. Er überlegt, ob er die Klemmen a – b sowie c – b gefahrlos berühren kann.
a) Wie groß sind U_{ab} und U_{cd}?
b) Wie groß ist die insgesamt aufgebrachte Ladungsmenge?
c) Welche Energie hat die Kondensatorschaltung aufgenommen?

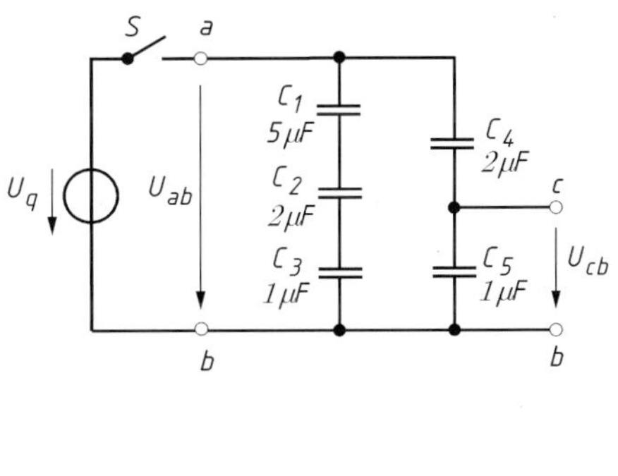

❷ **18.7** Betrachtet werden soll die rechts stehende Schaltung, wobei C_1 auf U_1 aufgeladen, C_2 ungeladen und der Schalter S offen ist.

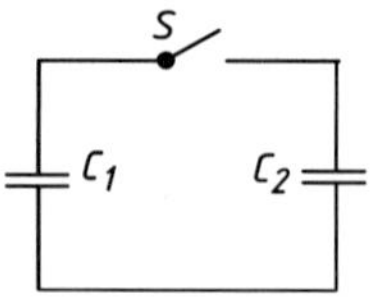

a) Bestimmen Sie in allgemeiner Form die Ladung Q_1 und die Energie W_1 von Kondensator C_1.

b) Der Schalter S wird geschlossen. Welche Gesamtenergie W_{ges} ist in beiden Kondensatoren nach Abklingen des Umladevorganges vorhanden?

❷ **18.8** Gegeben ist die skizzierte Schaltung. Zunächst sei der Schalter S geöffnet, C_1 auf eine Spannung U_1 = 350 V aufgeladen und C_2 ungeladen. Dann wird Schalter S geschlossen.

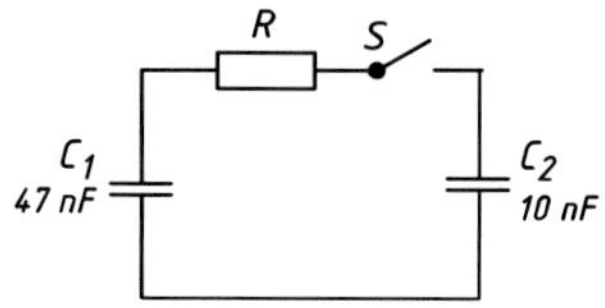

a) Welchen Wert hat die Spannung U an den beiden Kondensatoren nach Abklingen des Umladevorganges?

b) Welche Energie geht im Widerstand R als Wärmeenergie während des Umladevorganges verloren?

❷ **18.9** In welchen der beiden dargestellten geschichteten Plattenkondensatoren kann die größere Energie gespeichert werden, wenn
$\varepsilon_{r1} = 2 \cdot \varepsilon_{r2} = 4$
und beide Kondensatoren die gleichen Abmessungen A und s haben?

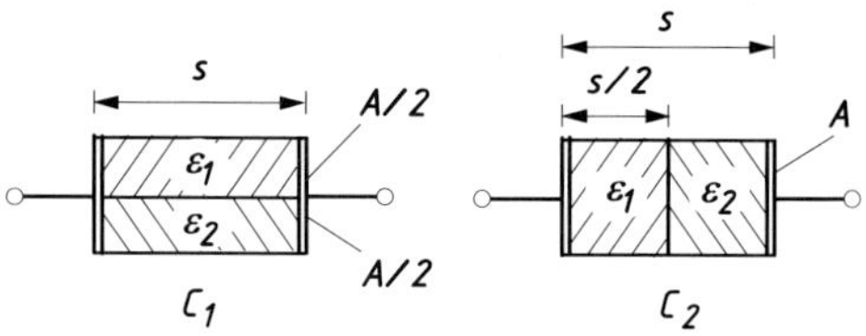

❷ **18.10** Am Plattenkondensator C mit Plattenabstand s liegt die Spannung U_q bei geschlossenem Schalter S seit längerer Zeit an.

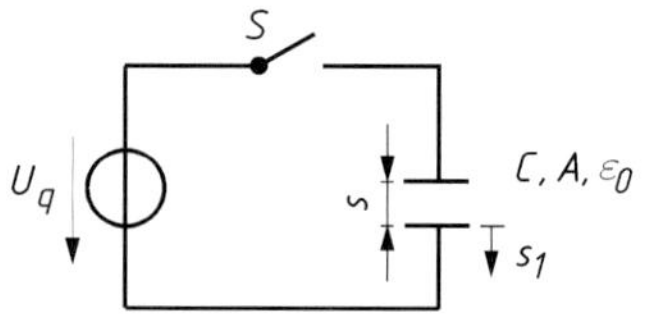

a) Im ersten Schritt soll die untere bewegliche Platte um den Weg s_1 nach unten verschoben werden. Wie ändert sich hierdurch die Energie im Kondensator?

b) Anschließend wird der Schalter S geöffnet und die untere Platte wieder in ihre Ursprungslage zurückgeschoben. Wie ändern sich in diesem Fall die Kapazität C, Energie W und die Spannung U am Kondensator, wenn man eine ideale Ladungsspeicherung voraussetzt ?

❷ **18.11** Zwischen den Elektroden eines Plattenkondensators ist ein Glasbehälter angebracht. Die Wandstärke des Behälters sei überall 3 mm, der Abstand der Glaswände voneinander 4 mm und der verbleibende Luftweg zwischen Elektrode und Glaswand jeweils 1 mm. Außerdem ist die Fläche $A = (100 \times 100)$ mm^2 und die relative Dielektrizitätskonstante des Glases $\varepsilon_{\mathrm{r\,Glass}} = 5$.

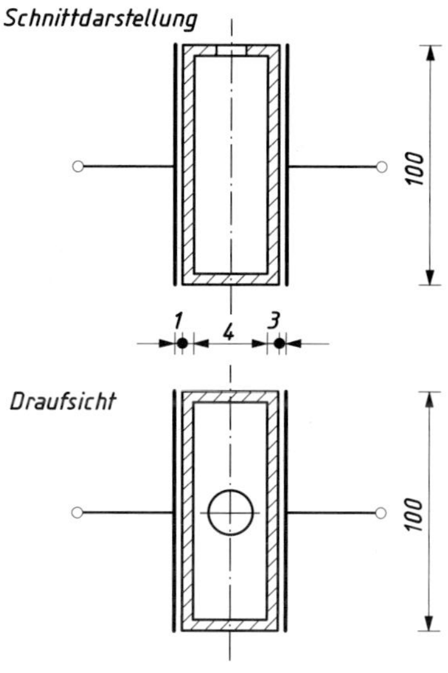

a) Man berechne die Kapazität des Kondensators.

b) Wie groß ist die im Kondensator gespeicherte Energie, wenn der Kondensator an eine Spannungsquelle mit $U_0 = 1$ kV angelegt und aufgeladen ist?

c) Die Spannungsquelle bleibt angelegt, der Kondensator wird mit Öl ($\varepsilon_{\mathrm{r\,Öl}} = 5$) gefüllt. Wie groß sind anschließend die Kapazität und die gespeicherte Energie?

d) Der Glasbehälter wird durch einen Metallbehälter ersetzt. Wie groß sind jetzt die Kapazität und die gespeicherte Energie nach einer Aufladung entsprechend den Vorgaben in b? Begründen Sie die Unterschiede zu a und b.

(Feldstörungen am Rande der Kondensatorplatten sind zu vernachlässigen, der Inhalt des Behälters soll gerade vollständig im Feldbereich liegen.)

❸ **18.12** Leiten Sie die Funktion Energiedichte $w = f(r)$ für einen Zylinder- und für einen Kugelkondensator ab, wenn als Parameter jeweils der Innenradius r_i; bzw. Außenradius r_a (vgl. Einführungsaufgabe zu Kap. 16), Dielektrizitätskonstante ε sowie die angelegte Spannung U vorgegeben sind und die Variable r der radiale Abstand von der Mittelachse bzw. dem Mittelpunkt sein soll.

Lösungshinweis: Beachen Sie auch die Lösung zu Aufgabe 16.14!

18.2 Lösungen

18.1

Mit $w = \frac{1}{2}\varepsilon \cdot E^2 = \frac{1}{2} \cdot 8{,}85 \cdot 10^{-12} \frac{\text{As}}{\text{V m}} \cdot \varepsilon_r \cdot E^2$

$= 4{,}425 \cdot 10^{-12} \frac{\text{As}}{\text{V m}} \cdot \varepsilon_r \cdot E^2$

a) $w_1 = 4{,}425 \cdot 10^{-12} \frac{\text{As}}{\text{V m}} \cdot 1 \cdot 9 \cdot 10^{12} \frac{\text{V}^2}{\text{m}^2} = 39{,}8 \frac{\text{Ws}}{\text{m}^3}$

b) $w_2 = 4{,}425 \cdot 10^{-12} \frac{\text{As}}{\text{V m}} \cdot 1 \cdot 10^{14} \frac{\text{V}^2}{\text{m}^2} = 442{,}5 \frac{\text{Ws}}{\text{m}^3}$

c) $w_3 = 4{,}425 \cdot 10^{-12} \frac{\text{As}}{\text{V m}} \cdot 2{,}3 \cdot 64 \cdot 10^{14} \frac{\text{V}^2}{\text{m}^2}$

$= 65{,}136 \cdot 10^3 \frac{\text{Ws}}{\text{m}^3}$

d) $w_4 = 4{,}425 \cdot 10^{-12} \frac{\text{As}}{\text{V m}} \cdot 6 \cdot 2{,}25 \cdot 10^{16} \frac{\text{V}^2}{\text{m}^2}$

$= 597{,}375 \cdot 10^3 \frac{\text{Ws}}{\text{m}^3}$

Man erkennt die gravierende Zunahme der werkstoffspezifischen Energiedichten. Gleichzeitig wird aber auch deutlich, welche gefährliche Effekte von Luftblasen, Rissen oder abbröselndem Kunststoff in Dielektrika ausgelöst werden können.

18.2

$w = \frac{1}{2}\varepsilon \cdot E^2 = \frac{1}{2}\varepsilon_0 \cdot \varepsilon_r \cdot E^2 \Rightarrow$

$$E = \sqrt{\frac{2 \cdot w}{\varepsilon_0 \cdot \varepsilon_r}} = \sqrt{\frac{2 \cdot 10^4 \frac{\text{Ws}}{\text{m}^3}}{8{,}85 \cdot 10^{-12} \frac{\text{As}}{\text{V m}} \cdot 5{,}5}}$$

$= 20{,}27 \cdot 10^6 \frac{\text{V}}{\text{m}} \mathrel{\hat{=}} 203 \frac{\text{kV}}{\text{cm}}$

(vgl. Angaben zur Aufgabe 18.1)

$E = \frac{U}{d} \Rightarrow$

$U = E \cdot d = 20{,}27 \cdot 10^3 \frac{\text{kV}}{\text{m}} \cdot 5 \cdot 10^{-3}\ \text{m}$

$U \approx 101\ \text{kV}$

18.3

$C_1 = \varepsilon_1 \cdot \frac{A}{a}$, $C_2 = \varepsilon_2 \cdot \frac{A}{a}$ wenn $\varepsilon_1 > \varepsilon_2$, dann ist $C_1 > C_2$!

Tragen beide Kondensatoren die Ladung Q, ist mit

$U_1 = \frac{Q}{C_1}$ und $U_2 = \frac{Q}{C_2}$ sowie $C_1 > C_2$.

die Spannung $U_2 > U_1$.

Weiter folgt mit

$W_1 = \frac{1}{2} Q \cdot U_1$ und $W_2 = \frac{1}{2} Q \cdot U_2$

dass die gespeicherte Energie $W_2 > W_1$ ist und mit

$w = \frac{W}{V} \Rightarrow w_2 = \frac{W_2}{V} > w_1 = \frac{W_1}{V}$

18.4

a) Für den Kondensator gilt:

$W_C = \frac{1}{2} C \cdot U^2$

$W_C = \frac{1}{2} \cdot 63 \cdot 10^{-6} \frac{\text{As}}{\text{V}} \cdot (415\ \text{V})^2 = 5{,}425\ \text{Ws}$.

Und für die Taschenlampenbirne:

$P_L = 3{,}5\ \text{V} \cdot 0{,}2\ \text{A} = 0{,}7\ \text{W} \Rightarrow t = \frac{W_C}{P_L} = 7{,}75\ \text{s}$

b) Energiedichte $w = \frac{1}{2}\varepsilon \cdot E^2$,

$E = \frac{U}{s} = \frac{415\ \text{V}}{10 \cdot 10^{-6}\ \text{m}} = 41{,}5 \cdot 10^6 \frac{\text{V}}{\text{m}} \Rightarrow$

$w = \frac{1}{2} \cdot 8{,}85 \cdot 10^{-12} \frac{\text{As}}{\text{V m}} \cdot 3{,}3 \cdot \left(41{,}5 \frac{\text{V}}{\text{m}}\right)^2$

$= 25\,149{,}16 \frac{\text{V} \cdot \text{As}}{\text{m}^3} = 6{,}986 \frac{\text{Wh}}{\text{m}^3} = 6{,}986 \cdot 10^{-6} \frac{\text{Wh}}{\text{cm}^3}$

Vergleicht man dies mit der Energiedichte des Blei- bzw. eines Lithiumakkumulators, erkennt man, dass ein Kondensator als Energiespeicher denkbar ungeeignet ist. (Hierzu vergleiche man auch die Energiedichte von z.B. Kfz-Benzin mit ca. 10 Wh/cm³.)

18.5

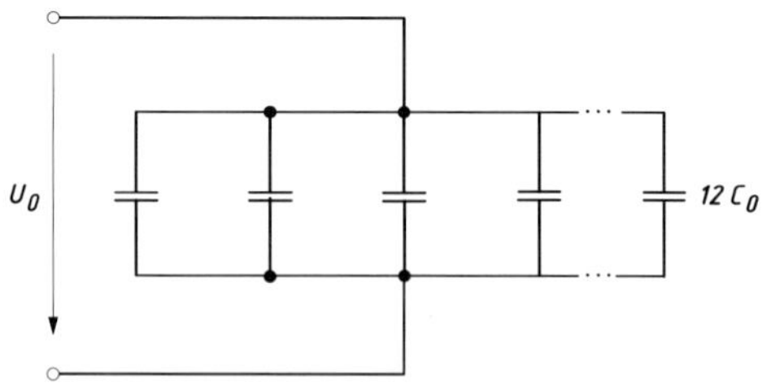

Vor dem Umschalten:

$Q_{ges} = C_{ges} \cdot U_0 = 12 \cdot C_0 \cdot U_0$

$Q_{ges} = 12 \cdot 3 \cdot 10^{-9} \frac{\text{As}}{\text{V}} \cdot 5 \cdot 10^3\ \text{V} = 1{,}8 \cdot 10^{-4}\ \text{C}$

$W_0 = \frac{1}{2} Q \cdot U_0 = \frac{1}{2} \cdot 1{,}8 \cdot 10^{-4}\ \text{As} \cdot 5 \cdot 10^3\ \text{V} = 0{,}45\ \text{Ws}$

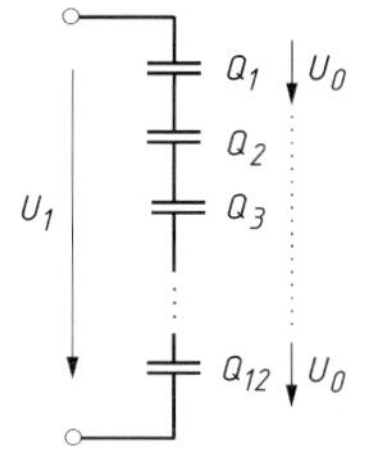

Nach dem Umschalten:
Die Spannung an jedem Einzelkondensator ist U_0.
$\Rightarrow U_1 = 12 \cdot U_0 = 60$ kV;
jetzt ist

$$C_{ges} = \frac{C_0}{12} = \frac{3}{12} \text{ nF} = 250 \text{ pF}$$

außerdem:

$$Q = C \cdot U_1 = 250 \cdot 10^{-12} \frac{\text{As}}{\text{V}} \cdot 60 \text{ kV} = 1{,}5 \cdot 10^{-5} \text{ C},$$

wobei $Q_1 = Q_2 = \ldots = Q_{12} = Q$.
Selbstverständlich muss bei idealen Bedingungen die Energie erhalten bleiben:

$$W_1 = \frac{1}{2} Q \cdot U_1 = \frac{1}{2} \cdot 1{,}5 \cdot 10^{-5} \text{ C} \cdot 60 \text{ kV} = 0{,}45 \text{ Ws} = W_0$$

18.6

a) $Q_1 = C_1 \cdot U_1 = Q_2 = C_2 \cdot U_2 = Q_3 = C_3 \cdot U_3$

$$Q_1 = 5 \cdot 10^{-6} \frac{\text{As}}{\text{V}} \cdot 40 \text{ V} = 2 \cdot 10^{-4} \text{ C}$$

$$Q_2 = Q_1 \Rightarrow U_2 = \frac{Q_2}{C_2} = \frac{2 \cdot 10^{-4} \text{ As}}{2 \cdot 10^{-6} \frac{\text{As}}{\text{V}}} = 100 \text{ V},$$

$$U_3 = \frac{Q_3}{C_3} = 200 \text{ V}$$

$\Rightarrow U_{ab} = U_1 + U_2 + U_3 = 340$ V.

$$\frac{U_{cb}}{U_{ab}} = \frac{\frac{C_4 \cdot C_5}{C_4 + C_5}}{C_5} = \frac{C_4}{C_4 + C_5} = \frac{2 \text{ µF}}{3 \text{ µF}} \Rightarrow$$

$$U_{cb} = \frac{2}{3} U_{ab} = 226{,}\overline{6} \text{ V}$$

b) Mit $C = Q/U$ folgt auch sofort für die Kapazität der Reihenschaltung $C_1 - C_2 - C_3$:

$$C_{123} = \frac{Q_1}{U_{ab}} = \frac{2 \cdot 10^{-4} \text{ As}}{340 \text{ V}} = 588{,}2 \text{ nF}.$$

Kapazität der Reihenschaltung $C_4 - C_5$:

$$C_{45} = \frac{C_4 \cdot C_5}{C_4 + C_5} = \frac{2 \cdot 1}{2+1} \text{ µF} = \frac{2}{3} \text{ µF} = 666{,}\overline{6} \text{ nF}$$

$\Rightarrow$ Ladung $Q_{45} = U_{ab} \cdot C_{45} = 2{,}2\overline{6} \cdot 10^{-4}$ C.

c) Die insgesamt aufgebrachte Ladungsmenge ist
$Q = Q_1 + Q_{45} = 4{,}2\overline{6} \cdot 10^{-4}$ C

$\Rightarrow$ zugeführte Energie $W_{zu} = \frac{1}{2} Q \cdot U_{ab}$

$$W_{zu} = \frac{1}{2} \cdot 4{,}26 \cdot 10^{-4} \text{ As} \cdot 340 \text{ V} = 72{,}53 \text{ mWs}$$

18.7

a) $Q_1 = C_1 \cdot U_1$, $W_1 = \frac{1}{2} \cdot \frac{Q_1^2}{C_1} = \frac{1}{2} C_1 \cdot U_1^2$

b) Nachdem sich die Ladung Q_1 auf die Kondensatoren C_1 und C_2 verteilt hat, stellt sich an den beiden parallelgeschalteten Kondensatoren die Spannung U ein:

$$U = \frac{Q_1}{C_{ges}} = \frac{Q_1}{C_1 + C_2}$$

Somit gilt für die Energiebetrachtung:

$$W_{ges} = \frac{1}{2} \cdot \frac{Q_1^2}{C_{ges}} = \frac{1}{2} \cdot \frac{Q_1^2}{C_1 + C_2} = \underbrace{\frac{1}{2} \cdot \frac{Q_1^2}{C_1}}_{W_1} \cdot \frac{C_1}{C_1 + C_2} \Rightarrow$$

$$W = W_1 \cdot \frac{C_1}{C_1 + C_2}$$

(Wegen des Verbleibs der Energiedifferenz siehe 18.8.)

18.8

a) Vor Schließen des Schalters ist:

$$Q_1 = C_1 \cdot U_1 = 47 \cdot 10^{-9} \frac{\text{As}}{\text{V}} \cdot 350 \text{ V} = 16{,}45 \text{ µC}$$

$$W_1 = \frac{1}{2} Q_1 \cdot U_1$$

$$= \frac{1}{2} \cdot 16{,}45 \cdot 10^{-6} \text{ As} \cdot 350 \text{ V} = 2{,}88 \cdot 10^{-3} \text{ Ws}$$

Nach Schließen des Schalters verteilt sich die Ladung Q_1 auf C_1 und C_2 mit Q_1^* und Q_s^*:

$$Q_1 = Q_1^* + Q_2^* = C_1 \cdot U + C_2 \cdot U = U(C_1 + C_2) \Rightarrow$$

$$U = \frac{Q_1}{C_1 + C_2} = \frac{16{,}45 \cdot 10^{-6} \text{ As}}{57 \cdot 10^{-9} \frac{\text{As}}{\text{V}}} = 288{,}6 \text{ V an } C_1 \text{ und } C_2$$

b) Die in den beiden Kondensatoren gespeicherte Gesamtenergie ist jetzt:

$$W^* = W_1^* + W_2^* = \frac{1}{2} U^2 (C_1 + C_2) = 2{,}37 \cdot 10^{-3} \text{ Ws}$$

Die Energiedifferenz
$\Delta W = W_1 - W^* = 2{,}88 \text{ mWs} - 2{,}37 \text{ mWs} = 0{,}51 \text{ mWs}$
wurde am Widerstand R in Wärmeenergie umgewandelt und ist unabhängig vom Widerstandswert!

18.9

Die gleiche Anordnung wurde schon in Aufgabe 16.7 betrachtet. Dort wird gezeigt, dass Kondensator C_1 als Parallelschaltung zweier Teilkondensatoren betrachtet werden kann. Für C_1 gilt:

$$C_1 = (\varepsilon_1 + \varepsilon_2) \frac{A/2}{s} = (\varepsilon_1 + \varepsilon_2) \frac{A}{2s}$$

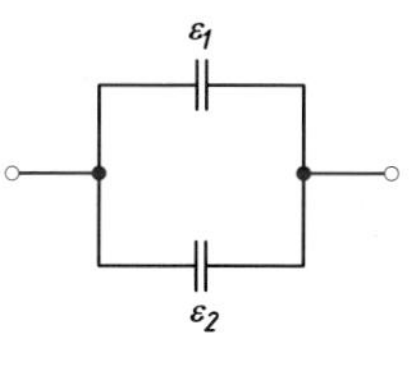

Kondensator C_2 stellt eine Serienschaltung dar:

$$\frac{1}{C_2}=\frac{1}{C_{21}}+\frac{1}{C_{22}}=\frac{1}{\varepsilon_1\cdot\frac{A}{s/2}}+\frac{1}{\varepsilon_2\cdot\frac{A}{s/2}}\Rightarrow$$

$$C_2=\frac{\varepsilon_1\varepsilon_2\cdot\frac{A}{s/2}}{\varepsilon_1+\varepsilon_2}$$

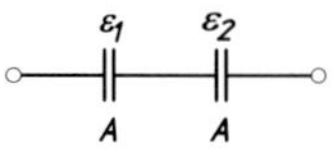

$$=\frac{\varepsilon_1\cdot\varepsilon_2}{\varepsilon_1+\varepsilon_2}\cdot\frac{A}{s/2}$$

Nimmt man an, dass an den Kondensatoren jeweils die Spannung U_0 anliegt, ist die gespeicherte Energie:

$$W_1=\frac{1}{2}C_1\cdot U_0^2=\frac{1}{2}(\varepsilon_1+\varepsilon_2)\cdot\frac{A}{2s}\cdot U_0^2$$

$$W_2=\frac{1}{2}C_2\cdot U_0^2=\frac{1}{2}\frac{\varepsilon_1\cdot\varepsilon_2}{\varepsilon_1+\varepsilon_2}\cdot\frac{2A}{s}\cdot U_0^2$$

$$\frac{W_1}{W_2}=\frac{\frac{1}{2}(\varepsilon_1+\varepsilon_2)\cdot\frac{A}{2s}\cdot U_0^2}{\frac{1}{2}\cdot\frac{\varepsilon_1\cdot\varepsilon_2}{\varepsilon_1+\varepsilon_2}\cdot\frac{2A}{s}\cdot U_0^2}=\frac{(\varepsilon_1+\varepsilon_2)^2}{4\varepsilon_1\cdot\varepsilon_2}$$

Mit den Zahlenwerten:

$$\frac{W_1}{W_2}=\frac{(4+2)^2}{4\cdot4\cdot2}=\frac{36}{32}\Rightarrow W_1=1{,}125\cdot W_2$$

Gleiches hätte man auch sofort aus dem Kapazitätsverhältnis schließen können:

$$\frac{C_1}{C_2}=\frac{(\varepsilon_1+\varepsilon_2)\cdot\frac{A}{2s}}{\frac{\varepsilon_1\cdot\varepsilon_2}{\varepsilon_1+\varepsilon_2}\cdot\frac{2A}{s}}=\frac{(\varepsilon_1+\varepsilon_2)^2}{4\varepsilon_1\cdot\varepsilon_2}$$

Also gilt für die logische Begründungsreihenfolge:
Aus $\varepsilon_{r1}>\varepsilon_{r2}\Rightarrow\varepsilon_1>\varepsilon_2\Rightarrow C_1>C_2\Rightarrow W_1>W_2$

18.10

a) Untere Platte vor der Verschiebung (Plattenabstand s):

$$W_1=\frac{1}{2}C_1\cdot U_q^2=\frac{1}{2}\varepsilon_0\cdot\frac{A}{s}\cdot U_q^2$$

Nach Verschieben der unteren Platte (jetzt Plattenabstand $(s+s_1)$):

$$W_2=\frac{1}{2}C^*\cdot U_q^2=\frac{1}{2}\varepsilon_0\cdot\frac{A}{s+s_1}\cdot U_q^2\text{, d.h. }W_2<W_1$$

$$\Delta W=W_1-W_2=\frac{1}{2}\varepsilon_0\cdot A\cdot U_q^2\left(\frac{1}{s+s_1}-\frac{1}{s}\right)<0!$$

d.h., der Kondensator liefert also bei Vergrößerung des Plattenabstands Energie an die Spannungsquelle zurück.

b) Da die Ladung Q und die Energie W nach Abtrennen der Quelle erhalten bleiben, folgt aus der Vergrößerung der Kapazität durch Verkleinerung des Plattenabstands von

$$C^*=\frac{1}{2}\varepsilon_0\cdot\frac{A}{s+s_1}$$

auf den ursprünglichen Kapazitätswert

$$C_1=\frac{1}{2}\varepsilon_0\cdot\frac{A}{s},$$

dass die Kondensatorspannung U kleiner werden muss:

$Q=C^*\cdot U_q=C_1\cdot U\Rightarrow$ Für $C_1>C^*\Rightarrow U<U_q$!

18.11

a) $$\frac{1}{C_1}=\frac{1}{C_{\text{Luft}}}+\frac{1}{C_{\text{Glas}}}$$

$$C_{\text{Luft}}=\varepsilon_0\cdot\frac{A}{s_1},\quad s_1=6\text{ mm}$$

$$C_{\text{Glas}}=\varepsilon_0\cdot\varepsilon_r\cdot\frac{A}{s_2},\quad s_2=6\text{ mm},\quad A=0{,}01\text{ mm}^2$$

$$C_{\text{Luft}}=8{,}85\cdot10^{-12}\frac{\text{As}}{\text{Vm}}\cdot\frac{10^{-2}\text{ m}^2}{6\cdot10^{-3}\text{ m}}=14{,}75\text{ pF}$$

$$C_{\text{Glas}}=5\cdot C_{\text{Luft}}=73{,}75\text{ pF}$$

Serienschaltung:

$$C_1=\frac{C_{\text{Luft}}\cdot C_{\text{Glas}}}{C_{\text{Luft}}+C_{\text{Glas}}}=12{,}29\text{ pF}$$

b) $$W_1=\frac{1}{2}C\cdot U_0^2$$

$$=\frac{1}{2}\cdot12{,}29\cdot10^{-12}\frac{\text{As}}{\text{V}}\cdot\left(10^3\text{ V}\right)^2=6{,}146\ \mu\text{Ws}$$

c) Jetzt ist $C_{\text{Luft}}=\varepsilon_0\cdot\frac{A}{s_3}$, $s_3=s_{\text{Luft}}=2$ mm.

Da $\varepsilon_{r\text{Glas}}=\varepsilon_{r\text{Öl}}=5=\varepsilon_r\Rightarrow C_{\text{Körper}}=\varepsilon_0\cdot\varepsilon_r\cdot\frac{A}{s_4}$,

$s_4=10$ mm $\Rightarrow$

Für die Reihenschaltung aus C_{Luft} und $C_{\text{Körper}}$ gilt:

$$\frac{1}{C_2}=\frac{1}{C_{\text{Luft}}}+\frac{1}{\underbrace{C_{\text{Glas+Öl}}}_{\text{Körper}}}=\frac{s_3}{\varepsilon_0\cdot A}+\frac{s_4}{\varepsilon_0\cdot\varepsilon_r\cdot A}$$

$$\frac{1}{C_2}=\frac{1}{\varepsilon_0\cdot A}\cdot\left(s_3+\frac{s_4}{\varepsilon_r}\right)=\frac{1}{\varepsilon_0\cdot\varepsilon_r\cdot A}\cdot\left(s_3\cdot\varepsilon_r+s_4\right)$$

$$\Rightarrow C_2=\varepsilon_0\cdot\varepsilon_r\cdot A\cdot\frac{1}{s_3\cdot\varepsilon_r+s_4}$$

Zahlenwerte:

$$C_2=8{,}85\cdot10^{-12}\frac{\text{As}}{\text{Vm}}\cdot0{,}05\text{ m}^2\cdot\frac{1}{0{,}002\text{ m}\cdot5+0{,}01\text{ m}}$$

$C_2=22{,}125$ pF

Die gespeicherte Energie ist nun

$$W_2=\frac{1}{2}C_2\cdot U_0^2$$

$$=\frac{1}{2}\cdot22{,}1\cdot10^{-12}\frac{\text{As}}{\text{V}}\cdot\left(10^3\text{ V}\right)^2=11{,}06\ \mu\text{WS}$$

Beim Befüllen ist eine Energieaufnahme erfolgt:
$\Delta W=11{,}06\ \mu\text{Ws}-6{,}15\ \mu\text{Ws}=4{,}91\ \mu\text{Ws}$
(geliefert von der Quelle!)

d) Der Metallbehälter bildet einen feldfreien Raum. Wirksam ist nur

$$C_{\text{Luft}}=\varepsilon_0\frac{A}{s_{\text{Luft}}}$$

$$C_{\text{Luft}} = 8{,}85 \cdot 10^{-12}\,\frac{\text{As}}{\text{Vm}} \cdot \frac{10^{-2}\,\text{m}^2}{2 \cdot 10^{-3}\,\text{m}} = 44{,}25\,\text{pF}$$

$$W_3 = \frac{1}{2} C \cdot U_0^2$$

$$= \frac{1}{2} \cdot 44{,}25 \cdot 10^{-12}\,\frac{\text{As}}{\text{V}} \cdot 10^6\,\text{V}^2 = 22{,}13\,\mu\text{Ws}$$

Die Kapazität und die gespeicherte Energie haben sich sowohl beim Einbringen des Mediums mit $\varepsilon_r > 1$, besonders aber beim Einbringen eines feldfreien Raumes (der somit die Feldlinienlänge verkürzt) gravierend erhöht.

18.12

Aus $w = \frac{1}{2} \cdot \varepsilon \cdot E^2$ und den Ergebnissen aus der Aufgabenlösung 16.14 folgt für den Zylinderkondensator:

$$U = \frac{Q}{2\pi \cdot \varepsilon \cdot l} \cdot \ln\frac{r_a}{r_i} \Rightarrow \frac{Q}{2\pi \cdot \varepsilon \cdot l} = U \cdot \frac{1}{\ln\frac{r_a}{r_i}}$$

Eingesetzt in $E = \frac{Q}{2\pi \cdot \varepsilon \cdot l \cdot r} \Rightarrow E = \frac{U}{r \cdot \ln\frac{r_a}{r_i}} \Rightarrow$

Energiedichte $w = \frac{1}{2} \cdot \varepsilon \cdot \left(\frac{U}{\ln\frac{r_a}{r_i}}\right)^2 \cdot \frac{1}{r^2}$

Kugelkondensator:
Zunächst soll die Funktion $E = f(r)$ hergeleitet werden:

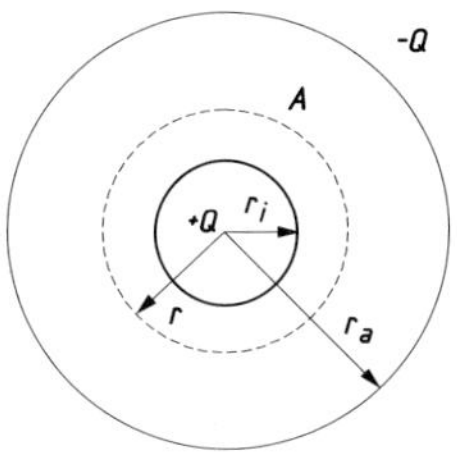

Legt man konzentrisch um die Innenkugel mit Ladung Q eine kugelförmige Hüllfläche $A = 4\pi \cdot r_2$, folgt für die eingeschlossene Ladung aus $D = \frac{Q}{A}$:

$D = \frac{Q}{4\pi \cdot r^2}$ bzw. Feldstärke $\left|\vec{E}\right| = \frac{Q}{4\pi \cdot \varepsilon \cdot r^2}$.

Für die Spannung zwischen den beiden Elektroden erhält man somit:

$$U = \int_{r_i}^{r_a} E \cdot \mathrm{d}r = \frac{Q}{4\pi \cdot \varepsilon} \int_{r_i}^{r_a} \frac{1}{r^2}\,\mathrm{d}r = \frac{Q}{4\pi \cdot \varepsilon} \cdot \left(-\frac{1}{r_a} - \left(-\frac{1}{r_i}\right)\right)$$

$$U = \frac{Q}{4\pi \cdot \varepsilon} \cdot \left(\frac{1}{r_i} - \frac{1}{r_a}\right)$$

Hieraus:

$$\frac{Q}{4\pi \cdot \varepsilon} = U \cdot \frac{1}{\frac{1}{r_i} - \frac{1}{r_a}}$$

Eingesetzt in die Gleichung für die Feldstärke:

$$E = U \cdot \frac{1}{\frac{1}{r_i} - \frac{1}{r_a}} \cdot \frac{1}{r^2}$$

und mit $w = \frac{1}{2} \cdot \varepsilon \cdot E^2$

Energiedichte:

$$w = \frac{1}{2} \cdot \varepsilon \cdot \left(\frac{U}{\frac{1}{r_i} - \frac{1}{r_a}}\right)^2 \cdot \frac{1}{r^4}$$

19 Kräfte im elektrischen Feld

- Berechnung aus Feldgrößen
- Berechnung aus Energieansatz
- Wirkungsrichtung

Lösungsansatz:

Das elektrische Feld übt eine Kraftwirkung auf geladene Körper aus. Hierbei kann durch die Umwandlung von elektrischer Feldenergie in mechanische Energie Arbeit verrichtet werden.

Lösungsstrategien zur Bestimmung der Kraftwirkung im elektrischen Feld

Über die Feldgrößen:

Feldverursachende Ladung Q_1

$$D_1 = \frac{Q_1}{A_H}$$

Von Q_1 ausgehende Verschiebungsflussdichte $\vec{D}_1$ am Ort der Ladung Q_2

A_H: Hüllfläche um Ladung Q_1

Feldstärke am Ort der Ladung Q_2

$$\vec{E}_1 = \frac{\vec{D}_1}{\varepsilon_0 \cdot \varepsilon_r}$$

$$\vec{F} = Q_2 \cdot \vec{E}_1$$

Feldkraft $\vec{F}$ auf Ladung Q_2 im Feld von Q_1

Mit Hilfe des Energieansatzes und bekannter Kapazitätsbeziehungen:

Aufstellen einer Bilanz der Energieänderung: ⇒ Auflösen der Gleichung nach Kraft F führt auf die allgemeine Lösung: ⇒ Einbringen der bekannten Kapazitätsbeziehung und Bildung der 1. Ableitung liefert die Gleichung für Feldkraft F:

- $\mathrm{d}W_{mech} = F \cdot \mathrm{d}s = \mathrm{d}W_{Feld}$
- $\mathrm{d}W_{Feld} = \frac{1}{2} \cdot U^2 \cdot \mathrm{d}C \quad \Rightarrow \quad F = \frac{1}{2} \cdot U^2 , \frac{\mathrm{d}C}{\mathrm{d}s}$

oder   oder

$$\mathrm{d}W_{Feld} = \frac{1}{2} \cdot \frac{Q^2}{C^2} \cdot \mathrm{d}C \quad \Rightarrow \quad F = \frac{1}{2} \cdot \frac{Q^2}{C^2} \cdot \frac{\mathrm{d}C}{\mathrm{d}s}$$

⇓

$F = \ldots$

$C = \ldots$ (bekannte Beziehung)

⇖ ⇙ $\frac{\mathrm{d}C}{\mathrm{d}s} = \ldots$ (1. Ableitung)

Wirkungsrichtung der Kräfte

Im elektrischen Feld eines geschlossenen Systems (also mit Q = konst) sind die Kräfte immer so gerichtet,

- dass sich die elektrischen Feldlinien verkürzen;
- sich die Kapazität der Anordnung vergrößert;
- das System einem geringeren Energieinhalt des elektrischen Feldes zustrebt.

Übersicht über die Kraftwirkungen

- Kraft $\vec{F}$ auf freie Ladung Q in einem elektrischen Feld mit der Feldstärke $\vec{E}$.

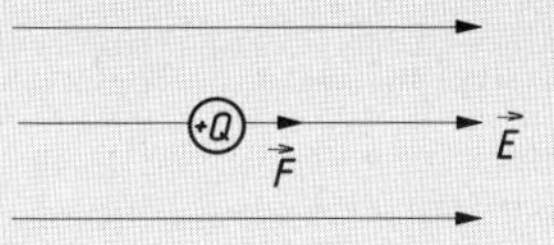

$$\vec{F} = Q \cdot \vec{E}$$

- Kräfte zwischen Punktladungen: Jede Ladung befindet sich im Feld der Partnerladung.

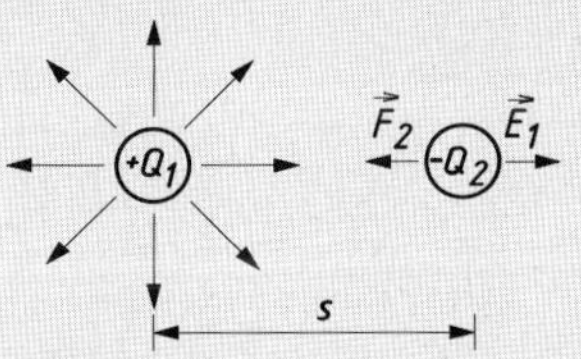

$$\left|\vec{F}\right| = \frac{Q_1 \cdot Q_2}{4\pi \cdot \varepsilon \cdot s^2} \quad ^{1)}$$

(Coloumbsches Gesetz)

- Kräfte zwischen Linienladungen: (parallele elektrische Leiter) Die Ladung Q_1 in Leiter 1 befindet sich im Feld der Ladung Q_2 von Leiter 2 und umgekehrt.

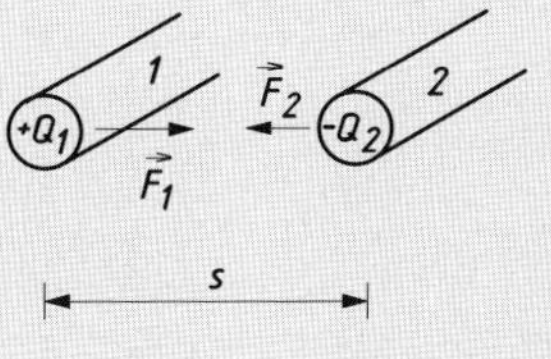

Aus $\vec{F} = Q_1 \cdot \vec{E}_2 \Rightarrow$

Ursache: z.B. Q_2

Kraft auf Leiter mit Q_1

$$\left|\vec{F}\right| = \frac{Q_1 \cdot Q_2}{2\pi \cdot \varepsilon \cdot a \cdot l} \quad ^{1)}$$

(l: Leitungslänge)

---

[1] Abstoßung bei gleichartigen, Anziehung bei ungleichartigen Ladungen

- Kräfte auf Kondensatorplatten:
  - Kondensator aufgeladen, aber von Spannungsquelle abgetrennt.
    Vorgegeben: Q = konst.

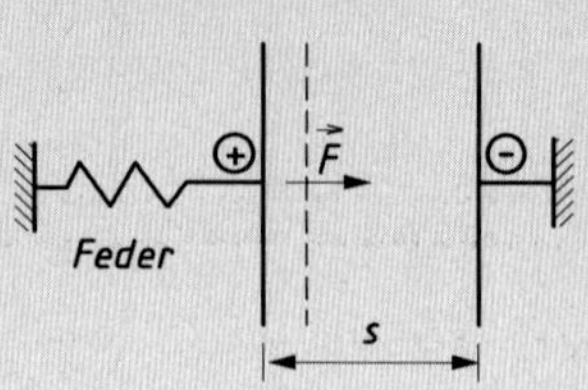

$$\left|\vec{F}\right| = \frac{1}{2} \cdot \frac{Q^2}{\varepsilon \cdot A}$$

  - Kondensator ist an Spannungsquelle angeschlossen.
    Vorgegeben: U = konst.

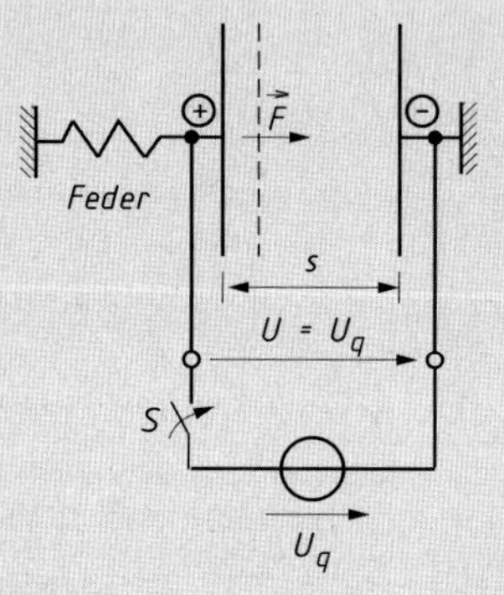

$$\left|\vec{F}\right| = \frac{1}{2} \cdot \frac{\varepsilon \cdot A \cdot U^2}{s^2}$$

- Kräfte auf Trennflächen:
  - Trennflächen senkrecht zur Feldrichtung.
    (im Bild: $\varepsilon_{r1} > \varepsilon_{r2}$)

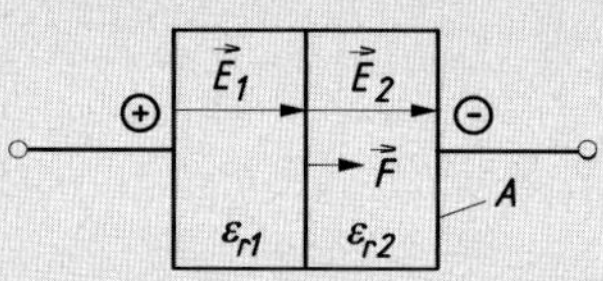

$$\left|\vec{F}\right| = \frac{1}{2} D^2 \cdot A \cdot \left(\frac{1}{\varepsilon_1} - \frac{1}{\varepsilon_2}\right)$$ 1)

$$D = \frac{Q}{A}$$

  - Trennflächen parallel zur Feldrichtung:
    (im Bild: $\varepsilon_{r1} > \varepsilon_{r2}$)

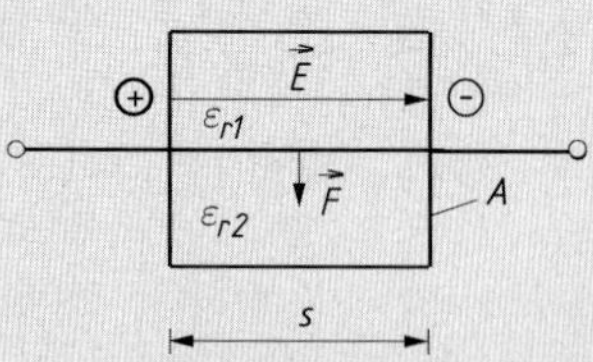

$$\left|\vec{F}\right| = \frac{1}{2} E^2 \cdot A \cdot \left(\varepsilon_1 - \varepsilon_2\right)$$ 1)

$$E = \frac{U}{s}$$

---

1) Das Medium mit dem kleineren ε_r wird zusammengedrückt.

19.1 Aufgaben

■ Kräfte auf Punktladungen

❶ **19.1** Bei der elektrostatischen Beschichtung liege zwischen Spritzpistole und Werkstück (Abstand hier 6 cm) eine Spannung von 60 kV an. Das elektrostatische Feld zwischen Pistole und Werkstück sei vereinfachend als homogen angenommen. Aus der Pistole werden Partikelchen ejiziert, dic man als punktförmige Ladungsträger ansehen kann.

Welche Ladung trägt ein Partikel, das mit einer Kraft von $F = 1$ mN im elektrischen Feld beschleunigt wird?

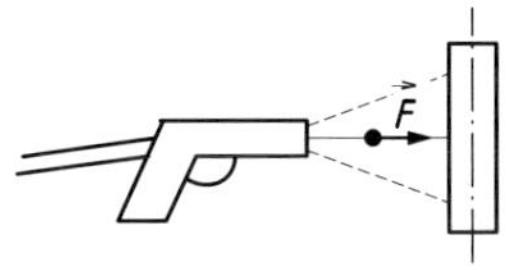

❶ ❷ **19.2** Zwei punktförmige Ladungen mit jeweils $|Q| = 1$ nC, aber entgegengesetzter Ladungspolarität haben in Luft einen Abstand von 10 cm.

a) Leiten Sie das Coulomb'sche Gesetz für die beschriebene Anodnung her.

b) Wie groß ist die Kraftwirkung auf die Ladungen?

c) Wie ändern sich die Verhältnisse bei gleichartigen Ladungen?

❷ **19.3** Drei punktförmige Ladungen $Q_1 = Q_2 = Q_3 = Q$ sind in der skizzierten Weise angeordnet.

a) Wie groß ist die Kraft auf Q_1 allgemein und für die Zahlenwerte $r_1 = 2$ cm $Q = + 0{,}5$ nC?

b) Nun soll eine weitere Ladung $Q_4 = - Q$ so angeordnet werden, dass Q_1 kräftefrei wird. Wo muss Q_4 positioniert werden?

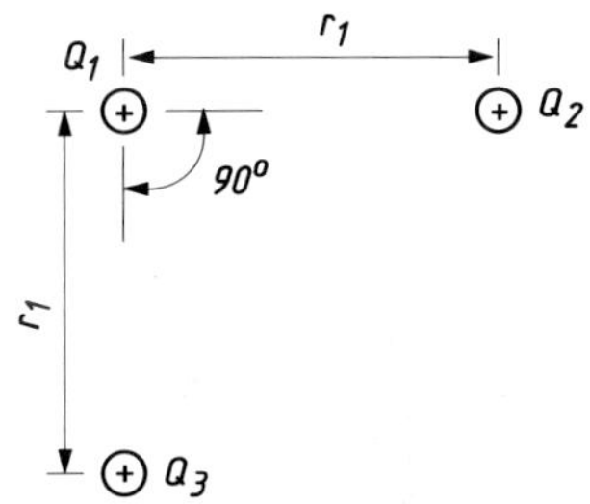

❷ **19.4** Zwischen zwei Metallplatten liegt eine Spannung $U = 100$ kV. Der Abstand der Platten beträgt $s = 8$ cm. Die Querschnittsfläche der Platten sei ausreichend groß, sodass zwischen ihnen ein homogenes Feld bestehe. Zwischen den Platten ist eine kleine Prüfkugel aufgehängt, die negativ geladen sei. Wie groß ist die auf der Kugel vorhandene Ladung $-Q$, wenn sich die elektrische Feldkraft mit dem Gewicht G die Waage hält? (Reibungskraft in der Umlenkrolle vernachlässigen.)

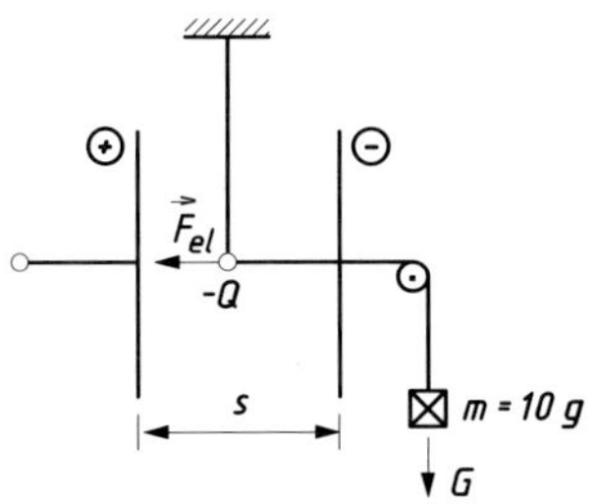

❷ **19.5** Das Kathoden-Anoden-System einer Elektronenröhre (z.B. Oszillografenröhre) sei stark vereinfacht als Plattenkondensator dargestellt (siehe auch 19.6). Zum Zeitpunkt $t = 0$ tritt ein Elektron aus der negativ geladenen Platte mit $v = v_0$ aus. Zwischen den beiden Platten liegt die Anodenspannung $U_A = 2{,}5$ kV an.

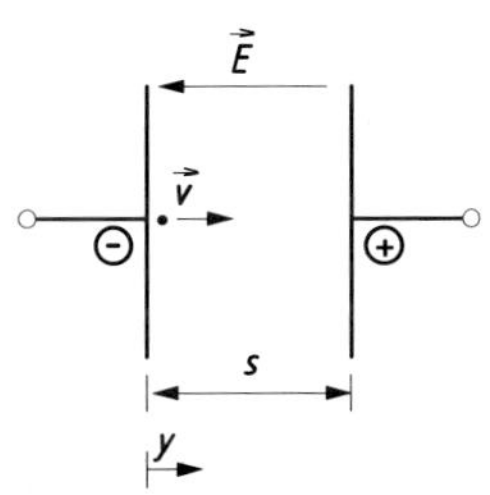

a) Mit welcher Kraft wird das Elektron beschleunigt?

b) Welche Geschwindigkeit erreicht das Elektron?

c) Nach welcher Zeit trifft es auf der Anode auf, wenn der Elektrodenabstand $s = 5$ cm ist?
Zahlenwerte: $m_e = 9{,}11 \cdot 10^{-31}$ kg, $e = 1{,}6 \cdot 10^{-19}$ C.

❷ **19.6** Im Ablenksystem einer Oszilloskopröhre tritt an der Stelle $x = 0$, $y = 0$ ein Elektron mit der Anfangsgeschwindigkeit

$$v_0 = v_x = \sqrt{2U_A \cdot \frac{e}{m_e}}$$ (Herleitung siehe Gl. 7, Lösung 19.5)

(aufgrund der Bewegungsinitialisierung durch die Anodenspannung U_A) senkrecht in ein ideal gedachtes, homogenes Feld $\vec{E}$ zwischen den Ablenkplatten ein. An den Platten liegt die Ablenkspannung U_y an.

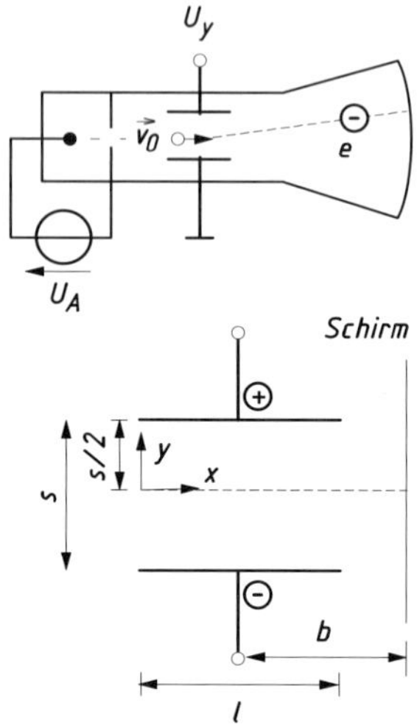

a) Bestimmen Sie die Gleichung für die Flugbahn des Elektrons $y = f(x, v_0, U_y)$.

b) Nach welcher Zeit verlässt das Elektron das Feld, um zum Bildschirm weiter zu fliegen?

c) Unter welchem Winkel verlässt das Elektron das Feld?

d) Wo trifft das Elektron am Bildschirm auf?

■ Kräfte auf Linienladungen (Leiter), Kräfte auf Kondensatorplatten

❶ ❷ **19.7** Zwei in Luft parallel aufgespannte, entgegengesetzt geladene, sehr dünne und lange Leitungsdrähte (Hin- und Rückleitung) mit dem Drahtradius $r_0 = 0{,}5$ mm führen eine Spannung von $U = 1$ kV und haben einen Abstand von $r = 6$ cm.

Leiten Sie die Gleichung für die Kraft auf die beiden Leiter her und bestimmen Sie den Wert der Kraft zwischen den beiden Leitern pro Längeneinheit F/l.

Lösungshinweis: Man forme die angegebene Gleichung für die Kraft so um, dass die Spannung zwischen den Leitern eingesetzt werden kann.

❶ **19.8** Mit welcher Kraft ziehen sich zwei Platten eines Luftkondensators mit der Kapazität von 100 pF an, der an einer Spannung $U = 5$ kV liegt und dessen Plattenfläche 7 dm² beträgt?

❶ **19.9** Ein Luftkondensator mit einer Plattenfläche $A = 550$ cm² liegt an einer Spannung $U = 6$ kV und hat eine Energie von 2,16 mJ gespeichert? Welche Kraft wirkt auf die Platten?

❶ **19.10** Ein elektrostatischer Schallwandler ist im Prinzip ein Kondensator, der aus einer sehr dünnen, schwingungsfähigen Membranelektrode und einer starren Gegenelektrode besteht. Zur Linearisierung des Übertragungsverhaltens spannt man die Kondensatorplatten mit einer möglichst hohen Gleichspannung U_0 vor.

a) Wie groß ist die Anziehungskraft der Membran, wenn die Vorspannung $U_0 = U_q = 280$ V beträgt?

b) Um welchen Weg s (siehe stark vereinfachtes Ersatzschaltbild eines Kondensatorlautsprechers) wird die Membran durch die Vorspannung ausgelenkt, wenn die Federkonstante den Wert $k_1 = F/s = 220$ mN/mm hat?
Weitere Zahlenwerte:
Plattenfläche $A = 120$ cm^2,
Plattenabstand $s = 0{,}2$ mm.

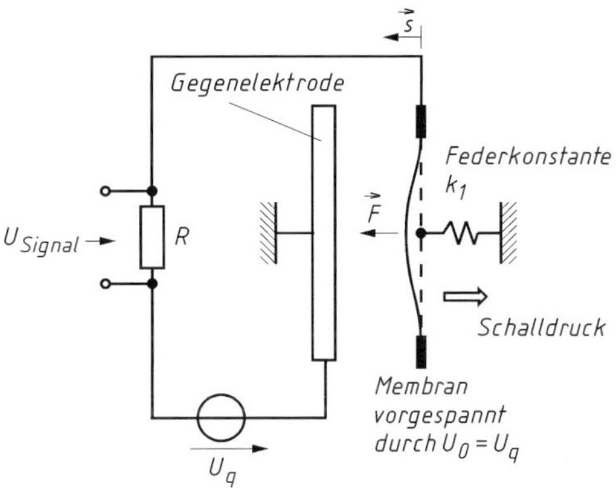

■ **Kräfte auf Kondensatorplatten**

❷ ❸ **19.11** Leiten Sie die Gleichung für die Kraft $\vec{F}$ her, mit der sich geladene Kondensatorplatten anziehen

a) über die Feldgrößen $\vec{D}$ und $\vec{E}$,

b) über eine Betrachtung der Energie am Kondensator und der als bekannt vorausgesetzten Kapazitätsgleichung, wenn zum einen die Ladung Q als konstant bzw. zum anderen die anliegende Spannung U als konstant angesehen werden sollen.

❷ **19.12** Ein Elektret-Mikrofon kann man mit einem Kondensatormikrofon vergleichen, wobei allerdings aufgrund des permanent geladenen Dielektrikums die äußere Vorspannung entfallen kann. Als Dielektrikum wird meist eine einseitig metallisierte und bis zu 25 µm dicke Kunststofffolie (u.a. Teflon) benutzt, in die z.B. durch eine Korona-Entladung eine Flächenladungsdichte von etwa $\sigma = 2 \cdot 10^{-4}$ C/m^2 permanent injiziert wurde. Zur weiteren Betrachtung sollen die Elektretladungen an den Oberflächen angenommen werden, sodass die Ladung einer äquivalenten Polarisationsspannung eines Kondensatormikrofons entspricht.

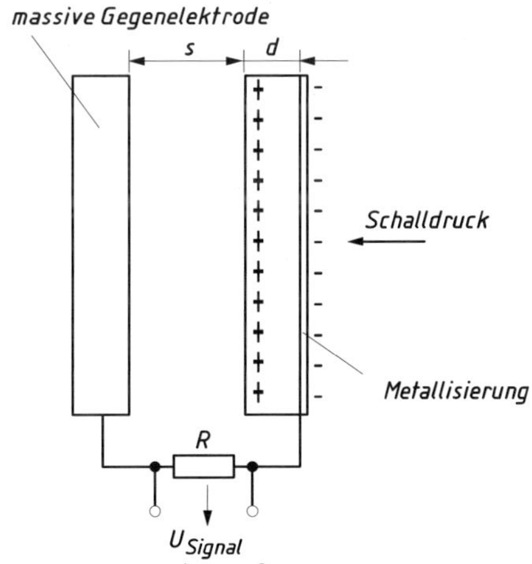

a) Wie groß ist die der Elektretladungsdichte $\sigma = Q/A = 2 \cdot 10^{-4}$ C/m^2 äquivalente Polarisationsspannung U_p, wenn man die positiven Ladungen an der innenliegenden Seite der Folie annimmt? Zahlenwerte: $\varepsilon_r = 2{,}1$, $d = 25$ µm, $s \gg d$.

b) Wie groß ist die Kraft auf die Elektretfolie, die durch die „eingefrorenen" Ladungen initiiert wird, wenn die wirksame Plattenfläche $A = 2$ cm^2 beträgt?
In welcher Richtung wirkt die Kraft?

■ **Kräfte auf Grenzflächen**

❷ **19.13** Ein Plattenkondensators besitzt ein geschichtetes Dielektrikum.

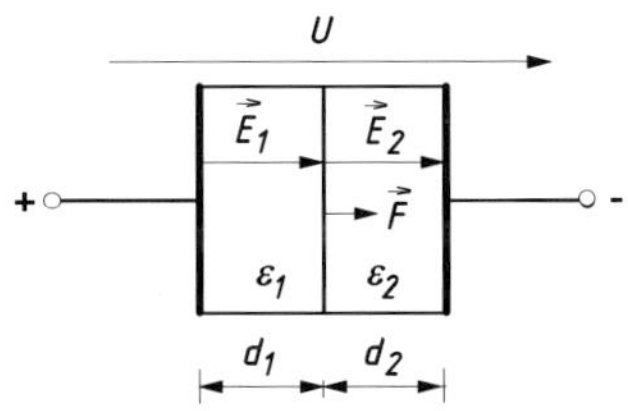

a) Leiten Sie die Gleichung für die Kraft auf die Trennfläche her.

b) Bestimmen Sie die Kraft nach Betrag und Richtung mit den Zahlenwerten $\varepsilon_{r1} = 2$, $\varepsilon_{r2} = 1$, $d_1 = d_2 = 1$ mm, $A = 100$ cm^2, $U = 100$ V. (Randzonen unberücksichtigt lassen!)

19.2 Lösungen

19.1

Auf das Partikelchen mit der Ladung Q wirkt die Kraft $\vec{F} = Q \cdot \vec{E} \Rightarrow F = Q \cdot E$ (homogenes Feld E vorausgesetzt).

$$\Rightarrow Q = \frac{F}{E} = \frac{F}{\frac{U}{s}} = \frac{1 \cdot 10^{-3}\ \text{N}}{\frac{60 \cdot 10^3\ \text{V}}{6 \cdot 10^{-2}\ \text{m}}} = 1 \cdot 10^{-3} \frac{\text{VAs} \cdot \text{m}}{\text{m} \cdot \text{V}}$$

$Q = 1\ \text{nAs}$

19.2

a) Mit $Q = \oint \vec{D} \cdot \mathrm{d}\vec{A}$ und Annahme einer kugelförmigen Hüllfläche um die erste der beiden Ladungen Q_1 im Abstand r wird

$$Q_1 = D_1 \cdot 4\pi \cdot r^2 \text{ bzw. } D_1 = \frac{Q_1}{4\pi \cdot r^2},$$

sodass für die elektrische Feldstärke gilt:

$$E_1 = \frac{D_1}{\varepsilon_0} = \frac{Q_1}{4\pi \cdot \varepsilon_0 \cdot r^2}.$$

Die Kraft auf die Ladung Q_2 ist somit:

$$\vec{F}_2 = Q_2 \cdot \vec{E}_1 \text{ bzw. } F_2 = \frac{Q_1 \cdot Q_2}{4\pi \cdot \varepsilon_0 \cdot r^2}$$

Selbstverständlich wirkt auf Q_1 die gleiche Kraft $F_1 = F_2 = F$, sodass allgemein gilt:

$$F = \frac{Q_1 \cdot Q_2}{4\pi \cdot \varepsilon_0 \cdot r^2}$$

Dabei ziehen sich die ungleichnamigen Ladungen an.

b) Zahlenwerte:

$$F = \frac{1 \cdot 10^{-9}\ \text{As} \cdot 1 \cdot 10^{-9}\ \text{As}}{4\pi \cdot 8{,}85 \cdot 10^{-12}\ \frac{\text{As}}{\text{Vm}} \cdot (0{,}1\ \text{m})^2} = 0{,}899 \cdot 10^{-6}\ \frac{\text{V} \cdot \text{As}}{\text{m}}$$

$F \approx 0{,}9\ \mu\text{N}$

c) Gleichartige Ladungen stoßen sich ab. Hier ist der Betrag der Kräfte auf die Ladungen genauso groß wie bei Lösung 19.2b).

19.3

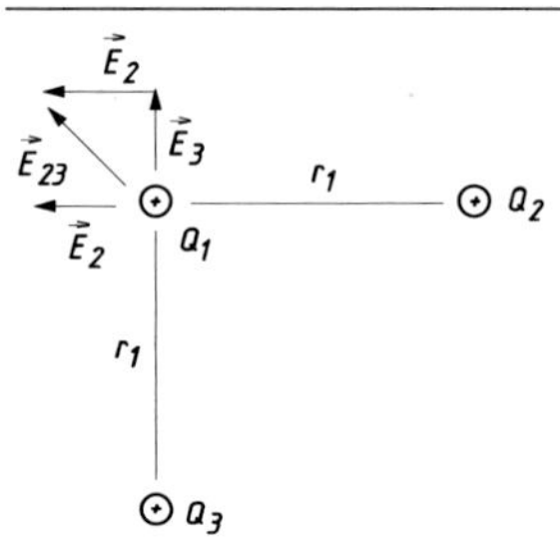

a) Die elektrischen Ladungen Q_2 und Q_3 erzeugen in Q_1 elektrische Feldstärkeanteile, die sich zu $\vec{E}_{23} = \vec{E}_2 + \vec{E}_3$ überlagern. Mit

$$\left|\vec{E}_2\right| = \frac{Q}{4\pi \cdot \varepsilon_0 \cdot r_1^2} \text{ und } \left|\vec{E}_3\right| = \frac{Q}{4\pi \cdot \varepsilon_0 \cdot r_1^2} \text{ wird}$$

$$\left|\vec{E}_{23}\right|^2 = \left|\vec{E}_2\right|^2 + \left|\vec{E}_3\right|^2$$

Da $\vec{F}_{23} = Q \cdot \vec{E}_{23}$ folgt für die Kraft

$$F_{23} = \left|\vec{F}_{23}\right| = \frac{Q^2}{4\pi \cdot \varepsilon_0 \cdot r_1^2}\sqrt{2} \qquad (1)$$

die auf Q_1 in Richtung von $\vec{E}_{23}$ wirkt.

Zahlenwerte:

$$F_{23} = \frac{(0{,}1 \cdot 10^{-6}\ \text{As})^2}{4\pi \cdot 8{,}85 \cdot 10^{-12}\ \frac{\text{As}}{\text{Vm}} \cdot 4 \cdot 10^{-4}\ \text{m}^2} = 0{,}225\ \text{N}$$

b)

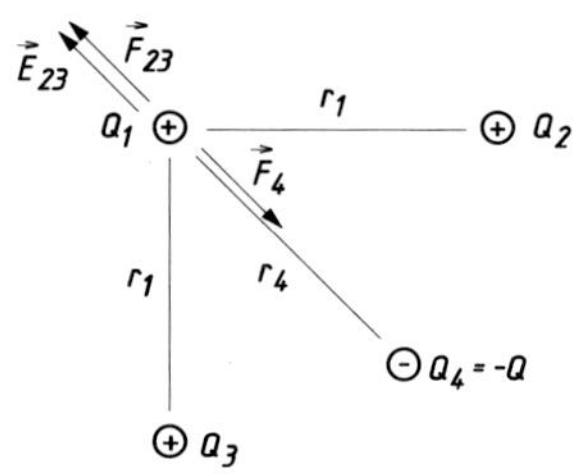

Da Q_4 eine negative Ladung hat und somit Q_1 anzieht, kann die Kraft $\vec{F}_{23}$ in Richtung von $\vec{E}_{23}$ nur durch die Ladung Q_4 kompensiert werden, wenn diese in entgegengesetzter Richtung zu $\vec{F}_{23}$ positioniert ist.

Dabei muss gelten:

$$\left|\vec{F}_{23}\right| = \left|\vec{F}_4\right|.$$

Mithin ist mit

$$F_4 = \frac{Q^2}{4\pi \cdot \varepsilon_0 \cdot r_4^2}, \ r_4\text{: Abstand von } Q_1 \text{ zu } Q_4,$$

und Gleichung (1) (s.o.) sowie $F_{23} = F_4$:

$$\frac{Q^2 \cdot \sqrt{2}}{4\pi \cdot \varepsilon_0 \cdot r_1^2} = \frac{Q^2}{4\pi \cdot \varepsilon_0 \cdot r_4^2} \Rightarrow r_4^2 = \frac{r_1^2}{\sqrt{2}} \Rightarrow r_4 = \frac{r_1}{\sqrt[4]{2}}$$

Zahlenwert:

$$r_4 = \frac{2\ \text{cm}}{\sqrt[4]{2}} = 1{,}68\ \text{cm}$$

19.4

Gewichtskraft:

$$G = m \cdot g = 10\,\text{g} \cdot 9{,}81\,\frac{\text{m}}{\text{s}^2} = 98{,}1\,\frac{\text{m} \cdot \text{g}}{\text{s}^2} = 0{,}0981\,\frac{\text{kg} \cdot \text{m}}{\text{s}^2}$$

Kraftwirkung im elektrischen Feld:

$$F_{\text{Feld}} = G = 0{,}0981\,\text{N}$$

$$E = \frac{U}{s} = \frac{100 \cdot 10^3\,\text{V}}{8 \cdot 10^{-2}\,\text{m}} = 1250 \cdot 10^3\,\frac{\text{V}}{\text{m}}$$

$$Q = \frac{F_{\text{Feld}}}{E}$$

$$= \frac{0{,}0981\,\text{N}}{1250 \cdot 10^3\,\frac{\text{V}}{\text{m}}} = 78{,}48 \cdot 10^{-9}\,\frac{\text{Nm}}{\text{V}} = 78{,}48 \cdot 10^{-9}\,\frac{\text{Ws}}{\text{m}}$$

$$Q \approx 78{,}5\,\text{nC}$$

19.5

a) Das Elektron wird mit der konstanten Kraft

$$\vec{F} = Q \cdot \vec{E} \quad \text{bzw.} \quad F = e \cdot E = e \cdot \frac{U_{\text{A}}}{s}$$

zur Anode hin beschleunigt:

$$F = 1{,}6 \cdot 10^{-19}\,\text{As} \cdot \frac{2500\,\text{V}}{5 \cdot 10^{-2}\,\text{m}}$$

$$= 8 \cdot 10^{-15}\,\frac{\text{VAs}}{\text{m}} = 8 \cdot 10^{-15}\,\text{N}$$

b) Verwendet man die nachfolgenden Definitionen

$$E = \frac{U_{\text{A}}}{s},$$

$$\text{Geschwindigkeit } \dot{y} = \frac{\text{d}y}{\text{d}t} = v,$$

$$\text{Beschleunigung } a = \ddot{y} = \frac{\text{d}^2 y}{\text{d}t^2} = \frac{F}{m},$$

so erhält man für die Beschleunigung

$$a = \frac{e}{m} \cdot \frac{U_{\text{A}}}{s} \qquad (1)$$

und für die Geschwindigkeit

$$v = v_0 + \int_0^t \frac{e}{m} \cdot \frac{U_{\text{A}}}{s}\,\text{d}t = v_0 + \frac{e}{m} \cdot \frac{U_{\text{A}}}{s} \cdot t \qquad (2)$$

Das Elektron hat nach der Zeit t die Wegstrecke y zurückgelegt:

$$y = y_0 + \int_0^t \left(v_0 + \frac{e}{m} \cdot \frac{U_{\text{A}}}{s} \cdot t \right) \text{d}t \Rightarrow$$

$$y = y_0 + v_0 \cdot t + \frac{1}{2} \cdot \frac{e}{m} \cdot \frac{U_{\text{A}}}{s} \cdot t^2 \qquad (3)$$

Insbesondere gilt mit den Anfangsbedingungen $y_0 = 0$, $v_0 = 0$:

$$y = \frac{1}{2} \cdot \frac{e}{m} \cdot \frac{U_{\text{A}}}{s} \cdot t^2 \qquad (4)$$

$$v = \frac{e}{m} \cdot \frac{U_{\text{A}}}{s} \cdot t \qquad (5)$$

c) Beim Auftreffen auf die Anode ist der Weg $y = s$ zurückgelegt:

$$s = \frac{1}{2} \cdot \frac{e}{m} \cdot \frac{U_{\text{A}}}{s} \cdot t^2 \qquad \text{bzw.} \qquad t^2 = \frac{2s^2}{\frac{e}{m} \cdot U_{\text{A}}}.$$

Da man nur positive Zeiten zu berücksichtigen hat, liefert die Lösung der quadratischen Gleichung für die Zeit bis zum Aufprall:

$$t_{\text{s}} = +s \cdot \sqrt{\frac{2}{\frac{e}{m} \cdot U_{\text{A}}}} \qquad (6)$$

Nach Einsetzen von t_{s} in Gl. (5) ergibt sich für die Aufprallgeschwindigkeit:

$$v_{\text{s}} = \frac{e}{m} \cdot \frac{U_{\text{A}}}{s} \cdot s \cdot \sqrt{\frac{2}{\frac{e}{m} \cdot U_{\text{A}}}} = \sqrt{2 \frac{e}{m} \cdot U_{\text{A}}} \qquad (7)$$

Anmerkung:
Selbstverständlich hätte man diese Gleichungen auch genauso aus einer Betrachtung der kinetischen Energie ableiten können:

$$W_{\text{kin}} = W_{\text{el}} : \quad \frac{1}{2} m \cdot v_{\text{s}}^2 = Q \cdot U \quad \text{mit } Q = e$$

Zahlenwerte:

$$v_{\text{s}} = \sqrt{2 \cdot 1{,}76 \cdot 10^{11}\,\frac{\text{m}^2}{\text{V}\,\text{s}^2} \cdot 2{,}5 \cdot 10^3\,\text{V}}$$

$$= 29{,}67 \cdot 10^6\,\frac{\text{m}}{\text{s}} = 29665\,\frac{\text{km}}{\text{s}}\ (!)$$

$$t_{\text{s}} = 5 \cdot 10^{-2}\,\text{m} \cdot \sqrt{\frac{2}{1{,}76 \cdot 10^{11}\,\frac{\text{m}^2}{\text{V}\,\text{s}^2} \cdot 2500\,\text{V}}} = 3{,}37\,\text{ns}\ (!)$$

Randbemerkung:
Die Gleichungen für die Geschwindigkeit v (2), (5) und (7) sind nur gültig, wenn die Elektronengeschwindigkeit klein gegenüber der Lichtgeschwindigkeit c bleibt. Bei größeren Geschwindigkeiten ist entsprechend der Relativitätstheorie die Zunahme der Masse m zu berücksichtigen mit

$$m = \frac{m_0}{\sqrt{1 - \left(\frac{v}{c}\right)^2}}$$

m_0: Ruhemasse des geladenen Teilchens, hier m_{e}

Für die Bewegung eines Elektrons gilt dann unter diesen Voraussetzungen:

$$\text{Masse } m = m_{\text{e}} \left(1 + \frac{e}{m_{\text{e}} \cdot c^2} \cdot U \right)$$

bzw. für die Geschwindigkeit

$$v = \sqrt{1 - \frac{1}{1 + \frac{e}{m_{\text{e}} \cdot c^2} \cdot U}} \qquad (8)$$

Die Abweichung der realen von der mit Gl. (7) berechneten Geschwindigkeit bleibt bei Beschleunigungsspannungen U bis ca. 2,5 kV unter 1 %.

19.6

a) Während das Elektron mit der Masse m_e und der Ladung e mit konstanter Geschwindigkeit v_x in x-Richtung fliegt, wird es durch die Kraft $F_y = e \cdot E_y$ in y-Richtung abgelenkt. Dabei erfährt es die konstante Beschleunigung.

$$a_y = \frac{F_y}{m_e} = \frac{e}{m_e} \cdot E_y = \frac{e}{m_e} \cdot \frac{U_y}{s}$$

U_y: Ablenkspannung zwischen den Platten.

Zur Zeit t_1 soll das Elektron das Feld durchlaufen haben und danach frei weiterfliegen. Zum Zeitpunkt t_1 hat es eine Geschwindigkeit in y-Richtung $v_y = a_y \cdot t_1$ bzw. zum beliebigen Zeitpunkt t:
$v_y = a_y \cdot t$ im Feld erreicht.

Da die Geschwindigkeit in x-Richtung

$$v_x = \frac{l}{t} = v_0$$

konstant bleibt, ergibt sich aus $t = l / v_0$

$$v_y = a_y \cdot \frac{l}{v_0} = \frac{e}{m_e} \cdot \frac{U_y}{s} \cdot \frac{l}{v_0}.$$

Während der Ablenkung in y-Richtung mit

$$y = \int_0^t v_y \, dt = \int_0^t a_y \cdot t \cdot dt = \frac{1}{2} a_y \cdot t^2 = \frac{1}{2} \cdot \frac{e}{m_e} \cdot \frac{U_y}{s} \cdot t^2$$

(da $y(0) = 0$)
bewegt sich das Elektron mit der Geschwindigkeit v_0 in x-Richtung weiter:

$$x = v_0 \cdot t \quad \text{bzw.} \quad t = \frac{x}{v_0} \Rightarrow$$

Flugbahn des Elektrons:

$$y = \frac{1}{2} \cdot \frac{a_y}{v_0^2} \cdot x^2 = \frac{1}{2} \cdot \frac{e}{m_e} \cdot \frac{U_y}{s} \cdot \frac{1}{v_0^2} \cdot x^2$$

Das Elektron beschreibt also innerhalb des Feldes eine parabelförmige Flubahn, außerhalb des Feldes fliegt es geradlinig weiter.

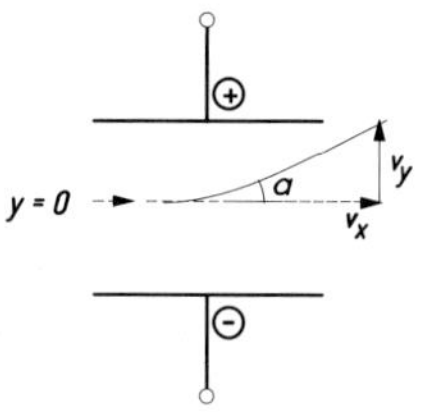

b) Da $v_x = v_0$ konstant bleibt, ergibt sich aus $x = v_0 \cdot t$, dass das Elektron nach der Zeit $t_1 = l / v_0$ das Feld verlässt.

c) Legt man an die parabelförmige Flugbahn eine Tangente an, schneidet diese die x-Koordinatenachse in der Plattenmitte.

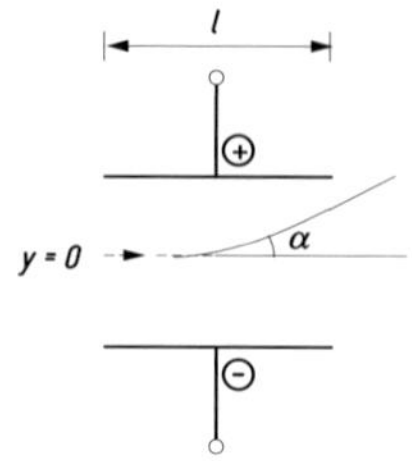

Mit $\tan\alpha = \frac{v_y}{v_x} = \frac{e}{m_e} \cdot \frac{U_y}{s} \cdot \frac{l}{v_0^2}$ und

$$v_x = v_0 = \sqrt{2 \cdot U_A \cdot \frac{e}{m_e}} \quad \text{folgt:}$$

$$\tan\alpha = \frac{e}{m_e} \cdot \frac{U_y}{s} \cdot \frac{l}{2U_A \cdot \frac{e}{m_e}} = \frac{l}{2s} \cdot \frac{U_y}{U_A}$$

bzw. $\alpha = \arctan \frac{l}{2s} \cdot \frac{U_y}{U_A}$.

Bei sehr kleinen Winkel α gilt näherungsweise $\tan\alpha = \alpha$, sodass man auch setzen kann:

$$\alpha \approx \frac{l}{2s} \cdot \frac{U_y}{U_A}$$

Dabei ist der Winkel α (α hier im Bogenmaß!) im Feldmittelpunkt

$$y = 0, x = \frac{l}{2}$$

anzulegen.

d)

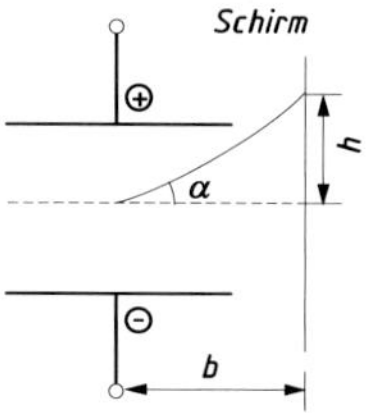

Für die Vertikalablenkung am Bildschirm erhält man analog:

$$\tan\alpha = \frac{h}{b} = \frac{l}{2s} \cdot \frac{U_y}{U_A} \quad \text{(siehe oben)}$$

$$\Rightarrow h = \frac{l \cdot b}{2s} \cdot \frac{U_y}{U_A}$$

19.7

Legt man um einen der beiden Leiter eine zylinderförmige Hüllfläche A mit $A = 2\pi \cdot r \cdot l$ ($l \gg r \gg r_0$), folgt aus

$$Q = \oint \vec{D} \cdot d\vec{A} = D \cdot A = D \cdot 2\pi \cdot r \cdot l$$

$$D = \frac{Q}{2\pi \cdot r \cdot l}, \quad E = \frac{D}{\varepsilon}$$

Die elektrische Feldstärke hat im Abstand r von z.B. Leiter 1 den Betrag

$$E_1 = \frac{Q_1}{2\pi \cdot \varepsilon_0 \cdot r \cdot l}.$$

Auf den zweiten Leiter, der die Ladung Q_2 trägt und im Abstand $r = s$ aufgespannt ist, wirkt somit die Kraft

$$F_2 = Q_2 \cdot E_1 = \frac{Q_1 \cdot Q_2}{2\pi \cdot \varepsilon_0 \cdot s \cdot l}$$

Die Kraft auf den ersten Leiter hat den gleichen Betrag:

$$F_1 = F_2 .$$

Da es sich hier um entgegengesetzt geladene Leitungen handelt, wirken Anziehungskräfte zwischen den Ladungen (analog bei gleichartiger Ladungspolarität: Abstoßungskräfte) $\Rightarrow$

Kraft pro Leitungslänge l:

$$\frac{F}{l} = \frac{Q_1 \cdot Q_2}{2\pi \cdot \varepsilon_0 \cdot s \cdot l^2} .$$

Mit $Q = C \cdot U$, $C = \dfrac{\pi \cdot \varepsilon_0 \cdot l}{\ln \dfrac{s}{r_0}}$,

(vgl. Kap. 16, Kapazität der Paralleldrahtleitung), folgt aus

$$\frac{F}{l} = \frac{C^2 \cdot U^2}{2\pi \cdot \varepsilon_0 \cdot s \cdot l^2} = \frac{\pi^2 \cdot \varepsilon_0^2 \cdot l^2 \cdot U^2}{\left(\ln \dfrac{s}{r_0}\right)^2 \cdot 2\pi \cdot \varepsilon_0 \cdot s \cdot l^2}$$

$$\frac{F}{l} = \frac{1}{2} \pi \cdot \varepsilon_0 \cdot U^2 \frac{1}{s \cdot \left(\ln \dfrac{s}{r_0}\right)^2}$$

Zahlenwerte:

$$\frac{F}{l} = \frac{1}{2} \cdot \pi \cdot 8{,}85 \cdot 10^{-12} \, \frac{\text{As}}{\text{Vm}} \cdot 10^6 \, \text{V}^2 \cdot \frac{1}{0{,}06 \, \text{m} \cdot \left(\ln \dfrac{60}{0{,}5}\right)^2} \Rightarrow$$

$$\frac{F}{l} \approx 1 \cdot 10^{-5} \, \frac{\text{N}}{\text{m}}$$

19.8

$$C = \varepsilon \cdot \frac{A}{s} \Rightarrow s = \frac{\varepsilon \cdot A}{C} , \quad \varepsilon = \varepsilon_0 \Rightarrow$$

$$s = \frac{1 \cdot 8{,}85 \cdot 10^{-12} \, \text{As} \cdot 0{,}07 \, \text{m}^2}{100 \cdot 10^{-12} \, \dfrac{\text{As}}{\text{V}} \cdot \text{V m}} = 6{,}195 \, \text{mm} \approx 6{,}2 \, \text{mm}$$

$$F = \frac{1}{2} \cdot \frac{\varepsilon \cdot A \cdot U^2}{s^2}$$

$$= \frac{1}{2} \cdot \frac{8{,}85 \cdot 10^{-12} \, \text{As} \cdot 0{,}07 \, \text{m}^2 \cdot \left(5 \cdot 10^3\right)^2 \, \text{V}^2}{\left(6{,}2 \cdot 10^{-3}\right)^2 \, \text{m}^2 \, \text{V m}}$$

$$F = 201{,}5 \, \text{mN}$$

19.9

$$W = \frac{1}{2} C \cdot U^2 \Rightarrow$$

$$C = \frac{2W}{U^2} = \frac{2 \cdot 2{,}16 \cdot 10^{-3} \, \text{Ws}}{(6 \cdot 10^3)^2 \, \text{V}^2} = 120 \, \text{pF}$$

$$C = \varepsilon \cdot \frac{A}{s} \Rightarrow$$

$$s = \frac{\varepsilon \cdot A}{C} = \frac{1 \cdot 8{,}85 \cdot 10^{-12} \, \text{As} \cdot 550 \cdot 10^{-4} \, \text{m}^2}{120 \cdot 10^{-12} \, \dfrac{\text{As}}{\text{V}} \cdot \text{V m}}$$

$$= 4{,}056 \, \text{mm} \approx 4{,}1 \, \text{mm}$$

$$F = \frac{1}{2} \cdot \frac{\varepsilon \cdot A \cdot U^2}{s^2}$$

$$= \frac{1}{2} \cdot \frac{8{,}85 \cdot 10^{-12} \, \text{As} \cdot 550 \cdot 10^{-4} \, \text{m}^2 \cdot (5 \cdot 10^3)^2 \, \text{V}^2}{(4{,}056 \cdot 10^{-3})^2 \, \text{m}^2 \cdot \text{V m}}$$

$$= 0{,}37 \, \text{N}$$

19.10

a) $F = \dfrac{1}{2} C \cdot \dfrac{U^2}{s} = \dfrac{1}{2} \varepsilon_0 \cdot \dfrac{A}{s^2} \cdot U^2$ mit $U = U_0 = 280$ V

$$F = \frac{1}{2} \cdot 8{,}85 \cdot 10^{-12} \, \frac{\text{As}}{\text{V m}} \cdot \frac{120 \cdot 10^{-4} \, \text{m}^2}{4 \cdot 10^{-8} \, \text{m}^2} \cdot (280 \, \text{V})^2$$

$$= 0{,}104 \, \frac{\text{VAs}}{\text{m}}$$

$$F = 104 \, \text{mN}$$

b) Membranauslenkung:

$$\Delta s = \frac{F}{k_1} = \frac{0{,}104 \, \text{N}}{220 \, \dfrac{\text{N}}{\text{m}}} = 473 \, \mu\text{m}$$

19.11

a)

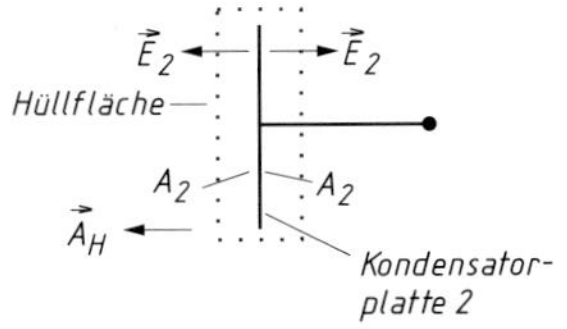

$F_1 = Q_1 \cdot E_2$ (1)

(F_1: Kraft auf Ladung Q_1; E_2: Feldstärke, hervorgerufen durch Ladung Q_2 auf der Partnerplatte)

Aus Gl. (1) und

$$Q = \oint \vec{D} \cdot \mathrm{d}\vec{A}_\text{H}$$

(A_H: Hüllfläche um Kondensatorplatte 2, A_H ist gleich dem zweifachen der Plattenfläche A_2: $A_\text{H} = 2A_2$) folgt:

$$Q_2 = 2 \cdot A_2 \cdot D_2$$

$$\Rightarrow D_2 = \frac{Q_2}{2A_2} \Rightarrow E_2 = \frac{Q_2}{2\varepsilon_0 \cdot \varepsilon_\text{r} \cdot A_2}$$

Eingesetzt in Gl. (1) folgt somit:

$$F_1 \frac{Q_1 \cdot Q_2}{2\varepsilon_0 \cdot \varepsilon_\text{r} \cdot A_2}$$

Da nun bei einem Plattenkondensator die Beträge der Ladungen $Q_1 = Q_2 = Q$ und die Flächen $A_1 = A_2 = A$ und somit auch die Beträge der Kräfte $F_1 = F_2 = F$ gleich sind, folgt damit allgemein für die Kräfte zwicken den Kondensatorplatten:

$$F = \frac{Q^2}{2\varepsilon_0 \cdot \varepsilon_r \cdot A}$$

b) **Fall 1**: Q = konst.

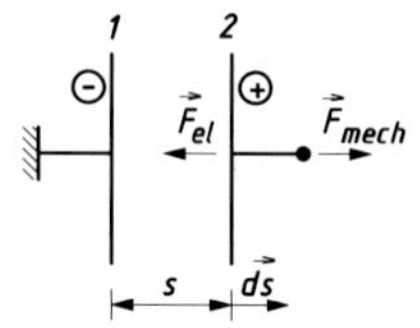

Der skizzierte Kondensator sei auf die Ladung $+Q$ bzw. $-Q$ aufgeladen und von der Spannungsquelle abgetrennt worden. Setzt man idealisierte Verhältnisse voraus, bleibt nun Q = konst.
In dem Kondensator ist nach dem Aufladen die Feldenergie

$$W_{el} = \frac{1}{2} \cdot \frac{Q^2}{C} \tag{2}$$

gespeichert.

Die beiden Platten ① und ② ziehen sich aufgrund des Coulombschen Gesetzes mit der Kraft $\vec{F}_{el}$ an.

Bewegt man nun die rechte Platte ② mit der Kraft $\vec{F}_{mech}$ um einen infinitesimal kleinen Weg $d\vec{s}$ von der Platte ① weg, ist dabei die Arbeit

$$dW_{mech} = \vec{F}_{mech} \cdot d\vec{s} = F_{mech} \cdot ds \tag{3}$$

zu verrichten. Da hierbei dem Kondensator mechanische Energie zugeführt wird, während Q = konst. bleibt, nimmt die elektrische Energie im gleichen Maße zu:

$$dW_{el} = dW_{mech} \tag{4}$$

Mit der Vergrößerung des Plattenabstandes um ds verkleinert sich die Kapazität des Kondensators um dC, sodass sich aus Gl. (2) weiter schließen lässt:

$$\frac{dW_{el}}{dC} = \frac{d}{dC}\left(\frac{1}{2} \cdot \frac{Q^2}{C}\right) = \frac{1}{2} Q^2 \left(-\frac{1}{C^2}\right) = -\frac{1}{2} \cdot \frac{Q^2}{C^2}$$

bzw.: $dW_{el} = -\frac{1}{2} \cdot \frac{Q^2}{C^2} \cdot dC$.

Eingesetzt in Gl. (4) folgt mit Gl. (3):

$$-\frac{1}{2} \cdot \frac{Q^2}{C^2} \cdot dC = F_{mech} \cdot ds \Rightarrow$$

$$F_{mech} = -\frac{1}{2} \cdot \frac{Q^2}{C^2} \cdot \frac{dC}{ds} \tag{5}$$

Aus dem Minuszeichen in Gl. (5) erkennt man, dass beim Auseinanderziehen der Platten um ds mit der Kraft F_{mech} die Kapazität abnimmt, d.h. die Änderung dC/ds negativ ist.

Der Kraft $\vec{F}_{mech}$ wirkt die Feldkraft $\vec{F}_{el}$ entgegen, die sich nur durch das Vorzeichen unterscheidet und der Wegänderung $d\vec{s}$ entgegengerichtet ist:

$$F_{el} = \frac{1}{2} \cdot \frac{Q^2}{C^2} \cdot \frac{dC}{ds} \tag{6}$$

Unter Benutzung der Gleichung für die Kapazität des Plattenkondensators

$$C = \varepsilon \cdot \frac{A}{s}$$

erhält man

$$\frac{dC}{ds} = \frac{d}{dC}\left(\varepsilon \cdot \frac{A}{s}\right) = -\varepsilon \cdot \frac{A}{s^2} \tag{7}$$

bzw. $dC = -\varepsilon \cdot \frac{A}{s^2} \cdot ds$.

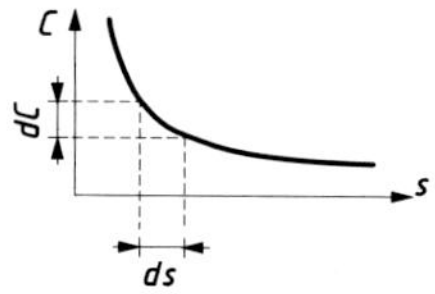

Hier symbolisiert das Minuszeichen, dass bei einer Vergrößerung des Plattenabstandes um ds die Kapazität um dC abnimmt (siehe Skizze!).
Setzt man nun Gl. (7) in Gl. (5) ein, ergibt sich:

$$F_{mech} = -\frac{1}{2} \cdot \frac{Q^2 \cdot s^2}{\varepsilon^2 \cdot A^2} \cdot \left(-\varepsilon \cdot \frac{A}{s^2}\right) \Rightarrow$$

$$F_{mech} = \frac{1}{2} \cdot \frac{Q^2}{\varepsilon \cdot A}$$

Fall 2: U = konst.

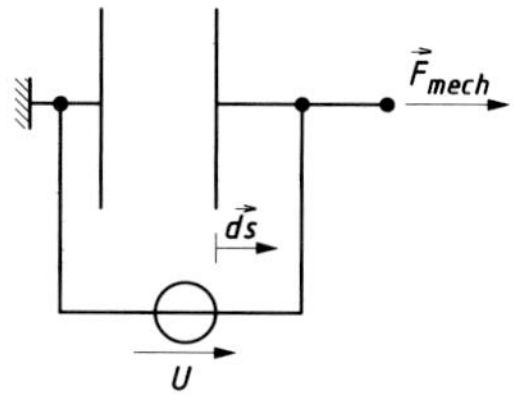

Wir wollen hier an das Experiment aus der Lösung zu Fall 1 anknüpfen, aber jetzt voraussetzen, dass beim Auseinanderziehen der Platten die Spannungsquelle U angeschlossen bleibt (siehe Skizze).

Dann folgt mit Gl. (5) und $Q = C \cdot U$:

$$F_{mech} = -\frac{1}{2} \cdot \frac{C^2 \cdot U^2}{C^2} \cdot \frac{dC}{ds} \Rightarrow$$

$$F_{mech} = -\frac{1}{2} U^2 \cdot \frac{dC}{ds} \tag{8}$$

oder

$$F_{mech} \cdot ds = -\frac{1}{2} U^2 \cdot dC$$

Setzt man $Q = U \cdot C$ bzw. $dQ = U \cdot dC$, wird

$$F_{mech} \cdot ds = -\frac{1}{2} U \cdot dQ$$

In Worten:
Die zugeführte mechnische Energie $F_{\text{mech}} \cdot \mathrm{d}s$ bewirkt beim Auseinanderziehen der Platten bei konstanter Spannung U eine Verringerung der Ladung des Kondensators um $\mathrm{d}Q = U \cdot \mathrm{d}C$, sodass mit einer Verkleinerung der Kapazität um $\mathrm{d}C$ eine Verminderung der elektrischen Energie im Kondensator um

$$\mathrm{d}W_{\text{el}} = \frac{1}{2} U \cdot \mathrm{d}Q$$

einhergeht.
Dieser Energieteil wird frei und mit $\mathrm{d}W_{\text{el}} = U \cdot i \cdot \mathrm{d}t$ als Strom i an die Spannungsquelle zurückgeliefert. Führt man nun wieder genau wie beim Fall 1 die Gleichung für die Kapazität des Plattenkondensators ein

$$C = \varepsilon \cdot \frac{A}{s}, \quad \frac{\mathrm{d}C}{\mathrm{d}s} = -\varepsilon \cdot \frac{A}{s^2}$$

und wendet das Ergebnis auf Gl. (8) an, findet man:

$$F_{\text{mech}} = -\frac{1}{2} U^2 \cdot \frac{\mathrm{d}C}{\mathrm{d}s} = -\frac{1}{2} U^2 \cdot \left(-\varepsilon \cdot \frac{A}{s^2}\right)$$

$$F_{\text{mech}} = \frac{1}{2} \cdot \frac{\varepsilon \cdot A \cdot U^2}{s^2}$$

19.12

a) Aus $Q = C \cdot U$ (C: Kapazität der Elektretfolie) und der Flächenladungsdichte

$$\sigma = \frac{Q}{A} = \frac{C}{A} \cdot U = \varepsilon_1 \cdot \frac{A}{d} \cdot \frac{U}{A} = \varepsilon_0 \cdot \varepsilon_{\text{r}} \cdot \frac{U}{d}$$

⇒ für die Polarisationsspannung

$$U_{\text{P}} = \frac{\sigma \cdot d}{\varepsilon_0 \cdot \varepsilon_{\text{r}}} \text{ (keine unmittelbar messbare Spannung).}$$

Diese Spannung liegt zwischen der Elektretfolie und – aufgrund der Metallisierung an der Oberfläche – der Gegenelektrode an.
Zahlenwerte:

$$U_{\text{P}} = 2 \cdot 10^{-4} \,\frac{\text{C}}{\text{m}^2} \cdot \frac{25 \cdot 10^{-6}\text{ m}}{2{,}1 \cdot 8{,}85 \cdot 10^{-12} \,\frac{\text{As}}{\text{Vm}}} = 269 \text{ V}$$

b) $$F = \frac{1}{2} \cdot \frac{Q^2}{\varepsilon \cdot A} = \frac{1}{2} \cdot \frac{\sigma^2 \cdot A}{\varepsilon_0},$$

da die Kräfte zwischen den Platten des „Luftkondensators“ mit ε_0 wirken.

$$F = \frac{1}{2}\left(2 \cdot 10^{-4} \,\frac{\text{C}}{\text{m}^2}\right)^2 \cdot \frac{2 \cdot 10^{-4}\text{ m}^2}{8{,}85 \cdot 10^{-12} \,\frac{\text{As}}{\text{Vm}}} = 0{,}45 \text{ N}$$

Aufgrund der unterschiedlichen Ladungspolarität bewirkt die Kraft, dass die Elektretfolie zur Gegenelektrode hingezogen wird.

19.13

a) Bei einem Plattenkondensator mit der skizzerten Schichtung des Dielektrikums ($\varepsilon_1 > \varepsilon_2$) muss die Verschiebungsdichte in beiden Medien gleich sein:

$$\vec{D}_1 = \vec{D}_2 = \vec{D} \Rightarrow \varepsilon_1 \cdot \vec{E}_1 = \varepsilon_2 \cdot \vec{E}_2$$

$$\text{Da } \varepsilon_1 > \varepsilon_2 \Rightarrow \left|\vec{E}_1\right| < \left|\vec{E}_2\right|$$

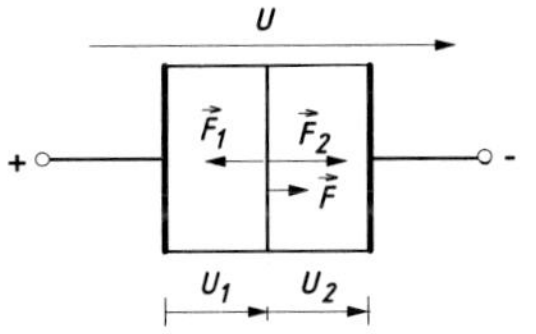

$$\text{Also ist auch } \left|\vec{F}_1\right| = \frac{1}{2} A \cdot D_1 \cdot E_1 < \left|\vec{F}_2\right| = \frac{1}{2} A \cdot D_2 \cdot E_2$$

und die resultierende Kraft

$$\left|\vec{F}\right| = \left|\vec{F}_2\right| - \left|\vec{F}_1\right| = \frac{1}{2} A \cdot (D_2 E_2 - D_1 E_1) = \frac{1}{2} A \cdot D^2 \left(\frac{1}{\varepsilon_2} - \frac{1}{\varepsilon_1}\right)$$

ist so gerichtet, dass das Medium 2 mit dem kleineren $\varepsilon_{\text{r}2}$ zusammengedrückt wird.

$$\text{Mit } E_1 = \frac{U_1}{d_1}, \quad D_1 = \varepsilon_1 \cdot \frac{U_1}{d_1}, \quad E_2 = \frac{U_2}{d_2}, \quad D_2 = \varepsilon_2 \frac{U_2}{d_2},$$

$$U_1 + U_2 = U, \quad D_1 = D_2 = D \Rightarrow$$

$$U_1 + U_2 = U = D \cdot \left(\frac{d_1}{\varepsilon_1} + \frac{d_2}{\varepsilon_2}\right) \text{ bzw. } D = \frac{U}{\frac{d_1}{\varepsilon_1} + \frac{d_2}{\varepsilon_2}} \Rightarrow$$

Kraft auf die Trennfläche:

$$\left|\vec{F}\right| = \frac{1}{2} A \cdot D^2 \left(\frac{\varepsilon_1 - \varepsilon_2}{\varepsilon_1 \cdot \varepsilon_2}\right) = \frac{1}{2} A \cdot U^2 \frac{\varepsilon_1 - \varepsilon_2}{\varepsilon_1 \cdot \varepsilon_2 \left(\frac{d_1}{\varepsilon_1} + \frac{d_2}{\varepsilon_2}\right)^2}$$

$$\left|\vec{F}\right| = \frac{1}{2} A \cdot U^2 \frac{\varepsilon_0 (\varepsilon_{\text{r}1} - \varepsilon_{\text{r}2})}{\varepsilon_0^2 \cdot \varepsilon_{\text{r}1} \cdot \varepsilon_{\text{r}2} \cdot \frac{1}{\varepsilon_0^2} \left(\frac{d_1}{\varepsilon_{\text{r}1}} + \frac{d_2}{\varepsilon_{\text{r}2}}\right)^2}$$

$$= \frac{1}{2} A \cdot U^2 \frac{\varepsilon_0 (\varepsilon_{\text{r}1} - \varepsilon_{\text{r}2})}{\varepsilon_{\text{r}1} \cdot \varepsilon_{\text{r}2} \cdot \left(\frac{d_1}{\varepsilon_{\text{r}1}} + \frac{d_2}{\varepsilon_{\text{r}2}}\right)^2}$$

b) Zahlenwerte:

$$F = \frac{1}{2} \cdot 100 \cdot 10^{-4}\text{m}^2 \cdot 10^4\text{V}^2 \cdot \frac{8{,}85 \cdot 10^{-12} \,\frac{\text{As}}{\text{Vm}}}{2 \cdot \left(\frac{10^{-3}\text{m} + 2 \cdot 10^{-3}\text{m}}{2}\right)^2}$$

$F = 98{,}3\ \mu\text{N}$

Kraftrichtung: s. Bild oben.

20 Auf- und Entladung von Kondensatoren

- Konstantstromladung
- Berechnung von *RC*-Gliedschaltungen

Richtungsvereinbarung

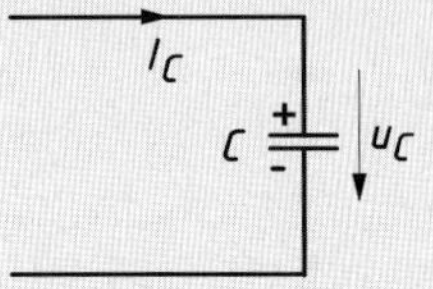

Zufluss positiver Ladungsträger auf die obere Kondensatorplatte erhöht deren positives Potenzial gegenüber der unteren Kondensatorplattte.

Strom-Spannungsgesetz

Differenzialform:

$$i = \frac{\mathrm{d}q}{\mathrm{d}t} \Rightarrow \boxed{i_\mathrm{C} = C \cdot \frac{\mathrm{d}u_\mathrm{C}}{\mathrm{d}t}}$$

In den Zuleitungen zum Kondensator fließt nur dann Strom, wenn sich dessen Spannung (infolge Auf- oder Entladung) ändert. Bei zeitlich konstanter Spannung fließt kein Strom.

Integralform:

$$u = \frac{q}{C} \Rightarrow \boxed{u_\mathrm{C} = \frac{1}{C}\int_0^t i_\mathrm{C}\,\mathrm{d}t + U_{\mathrm{C}(0)}}$$

Die Kondensatorspannung zum Zeitpunkt t setzt sich zusammen aus einer im Zeitpunkt $t = 0$ eventuell vorhandenen Anfangsspannung $U_{C(0)}$ und einem im Zeitraum $0 \rightarrow t$ durch Ladungszufluss oder -abfluss entstandenen Spannungsteil.

Konstantstromquelle lädt Kondensator:

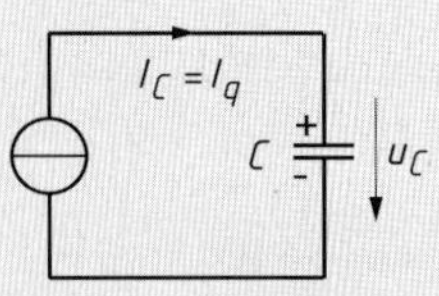

$$\boxed{\Delta U_\mathrm{C} = \frac{I_\mathrm{C}}{C} \cdot \Delta t}$$

Spannungsänderung ΔU_C infolge Konstantstromaufladung während der Zeit Δt.

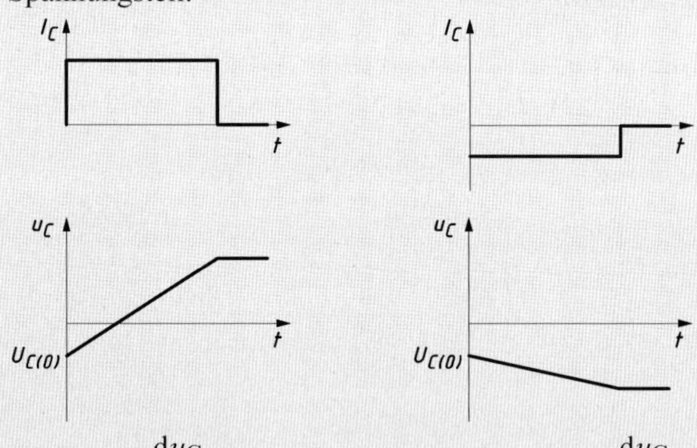

$$I_\mathrm{C} > 0 \Rightarrow \frac{\mathrm{d}u_\mathrm{C}}{\mathrm{d}t} > 0 \qquad I_\mathrm{C} < 0 \Rightarrow \frac{\mathrm{d}u_\mathrm{C}}{\mathrm{d}t} < 0$$

Bei Ladung mit einem eingeprägten Konstantstrom ergibt sich ein zeitproportionaler Spannungsanstieg.

$$\boxed{u_\mathrm{C} = \frac{I}{C} \cdot t + U_{\mathrm{C}(0)}}$$

RC-Glied: Aufladung an konstanter Spannung

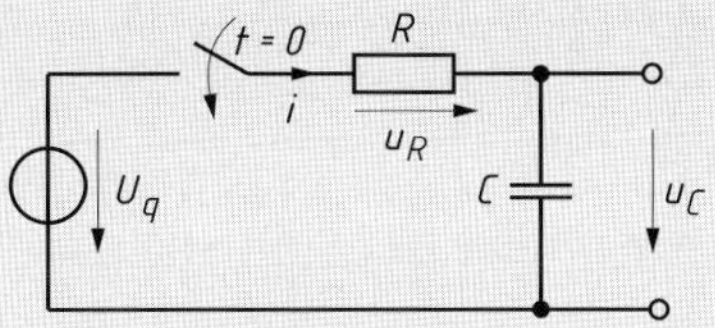

Nach Schließen des Schalters lädt sich der Kondensator nach einer e-Funktion auf. Der Ladestrom klingt nach einer e-Funktion ab.

Die Aufladezeit beträgt ca. 5τ.

Zeitgesetz des Ladestromes:

$$i = \frac{U_q}{R} \cdot e^{-\frac{t}{\tau}}$$

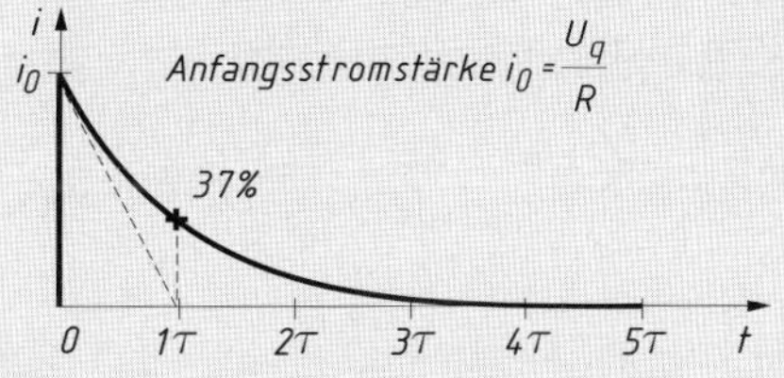

Zeitgesetz der Ladespannung:

$$u_C = U_q \left(1 - e^{-\frac{t}{\tau}}\right)$$

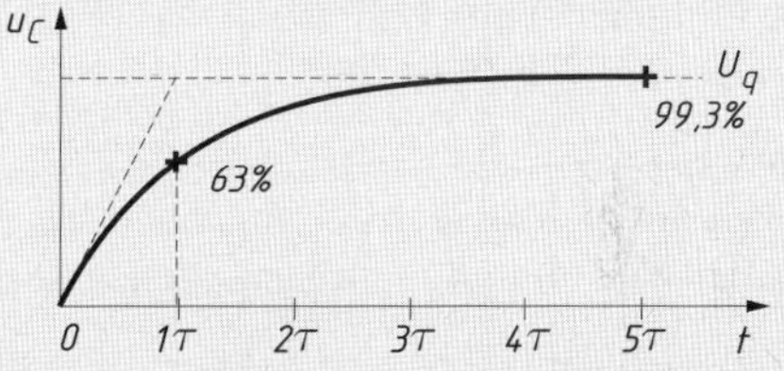

Zeitkonstante:

$$\tau = R \cdot C$$ Einheit $1\ \text{s} = 1\frac{\text{V}}{\text{A}} \cdot 1\frac{\text{As}}{\text{V}}$

Die Spannung am Widerstand *R* ist proportional zum Strom *i*.

$u_R = i \cdot R$

RC-Glied: Entladung

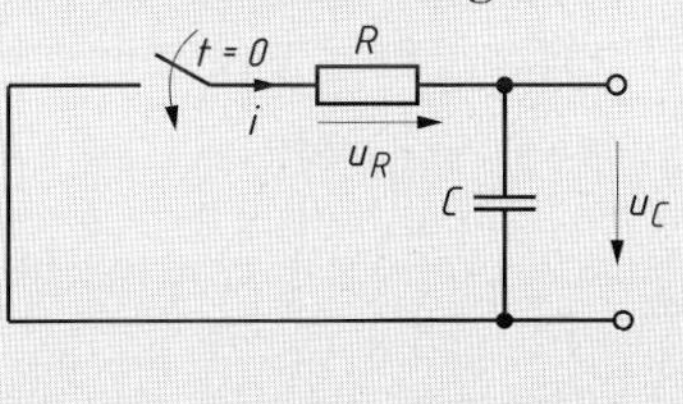

Nach Schließen des Schalters entlädt sich der geladene Kondensator nach einer abklingenden e-Funktion. Die physikalische Stromrichtung ist entgegen der festgelegten Strompfeilrichtung. Die Entladezeit dauert ca. 5 τ.

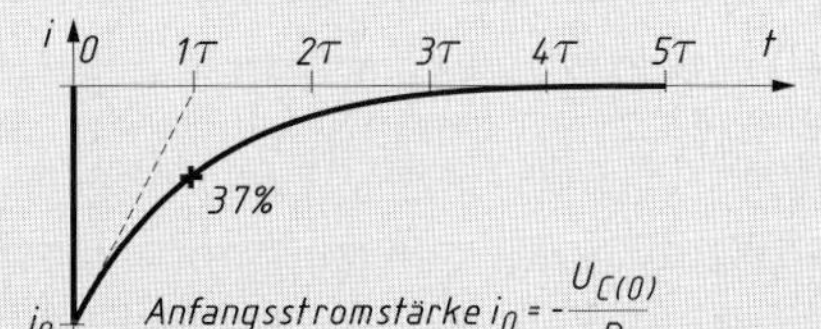

Zeitgesetz des Entladestromes:

$$i_C = -\frac{U_{C(0)}}{R} \cdot e^{-\frac{t}{\tau}}$$

Zeitgesetz der Entladespannung:

$$u_C = U_{C(0)} \cdot e^{-\frac{t}{\tau}}$$

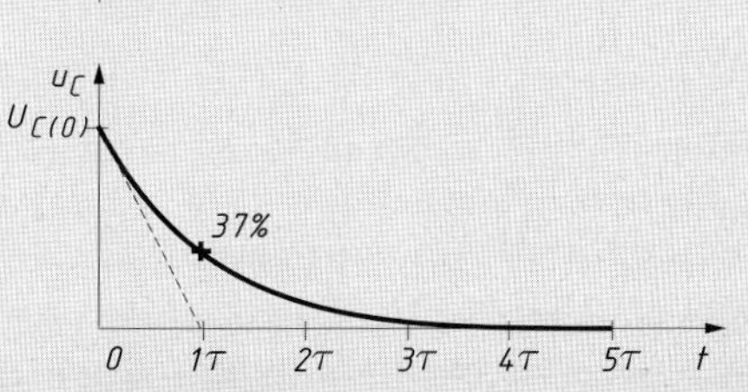

Zeitkonstante:

$$\tau = R \cdot C$$

Halbwertzeit: u_C auf 50 % gesunken

$$t_h \approx 0{,}7 \cdot \tau$$

Die Spannung am Widerstand *R* ist gleich der Kondensatorspannung

$u_R + u_C = 0 \Rightarrow u_R = -u_C$

20.1 Aufgaben

❶ **20.1** Ein Kondensator mit der Kapazität 4 µF liegt seit längerer Zeit an Gleichspannung 30 V.
a) Wie groß ist die gespeicherte Ladungsmenge?
b) Wie groß ist die Stromstärke in den Zuleitungen?

❶ **20.2** Man berechne für die gegebene Schaltung:
a) die Kondensatorspannung U_C,
b) den Kondensatorstrom i_C,
c) die Ladungsmenge Q
des geladenen Kondensators.

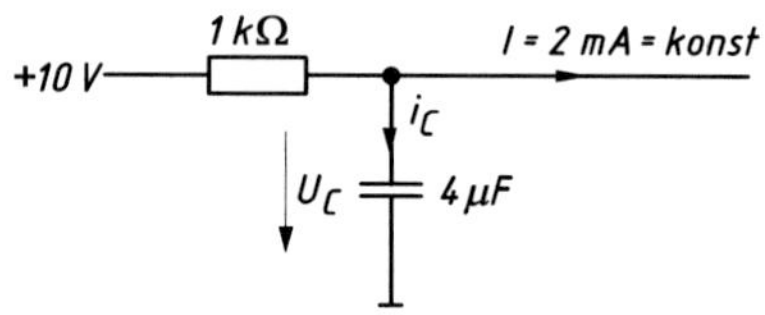

❶ **20.3** An einem Kondensator mit der Kapazität 0,1 µF wird die abgebildete Wechselspannung oszillographiert.
Man bestimme den Kondensatorstrom rechnerisch und zeichne dessen zeitlichen Verlauf.

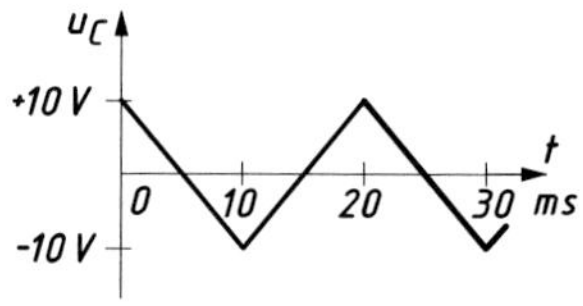

❶ **20.4** Ein auf die Anfangsspannung $U_{C(0)} = +\ 10$ V aufgeladener Kondensator wird mit einem Konstantstrom von $I = -\ 0{,}2$ mA umgeladen.
Welchen Endwert erreicht die Kondensatorspannung nach einer Ladezeit von 10 ms, wenn die Kapazität $C = 100$ nF beträgt?

❶ **20.5** Ein ungeladener Kondensator mit der Kapazität $C = 1$ µF wird über einen Vorwiderstand
❷ $R = 1$ MΩ an die Gleichspannung $U_q = 100$ V geschaltet.
a) Auf welchen Spannungswert ist der Kondensator nach Ablauf der Ladezeit $t = 1\,\tau$ aufgeladen?
b) Wie viel Prozent der Aufladung ist nach einer Ladezeit von $t = 5\,\tau$ erreicht worden?
c) Wie groß ist die anfängliche Ladestromstärke i_0?
d) Wie groß ist die anfängliche Spannungsanstiegsgeschwindigkeit $\mathrm{d}u_C/\mathrm{d}t$?
e) Nach welcher Zeit t ist der Kondensator auf $u_C = 75$ V aufgeladen?

❶ **20.6** Ein auf $U_{C(0)} = -5$ V aufgeladener Kon-
❷ densator mit der Kapazität $C = 10$ nF wird über einen Vorwiderstand $R = 330$ kΩ mit der Spannung $U_q = +\ 10$ V umgeladen.
a) Wie groß ist die Anfangsstromstärke i_0?
b) Wie groß ist die Stromstärke, wenn der Kondensator den momentanen Spannungswert $u_C = +\ 5$ V erreicht hat?
c) Nach welcher Zeit t ist der Kondensator von $U_{C(0)} = -\ 5$ V auf $u_C = +\ 5$ V umgeladen?

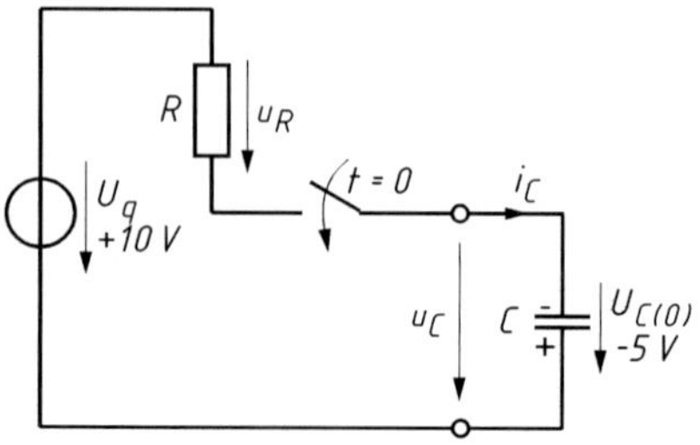

❷ **20.7** Ein Kondensator mit der Kapazität $C = 1\ \mu F$ ist auf $U_{C(0)} = 100$ V aufgeladen und wird über einen Widerstand $R = 1$ MΩ entladen.

a) Auf welchen Betrag ist die Kondensatorspannung nach Ablauf der Entladezeit $t = 1\,\tau$ abgesunken?
b) Auf wie viel Prozent der Anfangsspannung ist die Kondensatorspannung nach Ablauf von $t = 5\,\tau$ entladen?
c) Wie groß ist die anfängliche Entladestromstärke i_0?
d) Wie groß ist die anfängliche Abnahmegeschwindigkeit $\mathrm{d}u_C/\mathrm{d}t$ der Kondensatorspannung?
e) Wie groß ist $\mathrm{d}u_C/\mathrm{d}t$ zum Zeitpunkt $t = 5\,\tau$?
f) Nach welcher Zeit t ist die Entladestromstärke auf 50 % abgesunken?

❷ ❸ **20.8** Man leite für das *RC*-Glied das Zeitgesetz der Ladespannung $u_C = U_q(1 - e^{-t/\tau})$ her.

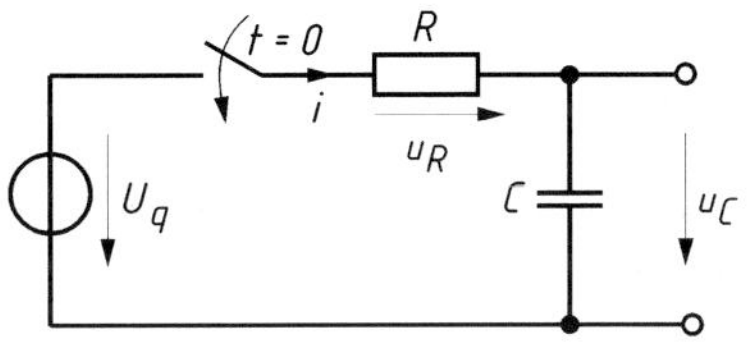

Lösungsleitlinie:
- Gleichung $\Sigma u = 0$ aufstellen.
- Gleichung so umformen, dass eine Trennung der Variablen erfolgt. Alle Spannungen u und du auf eine Seite und die Zeitkonstante τ und dt auf die andere Seite.
- Beide Seiten integrieren.
- Gleichung nach u_C auflösen.
- Integrationskonstante für die Bedingung $u_C = 0$ bei $t = 0$ bestimmen.

❷ ❸ **20.9** Bestimmen Sie das Zeitgesetz der Ladespannung u_C für das *RC*-Glied in Aufgabe 20.8, wenn der Kondensator zu Beginn der Aufladung bereits auf die Anfangsspannung $U_{C(0)}$ aufgeladen ist.
Lösungshinweis:
Die allgemeine Lösung aus Aufgabe 20.8 kann übernommen werden.

❸ **20.10** Bestimmen Sie das Zeitgesetz der Ladespannung für das mit einem Widerstand R_L belastete *RC*-Glied.

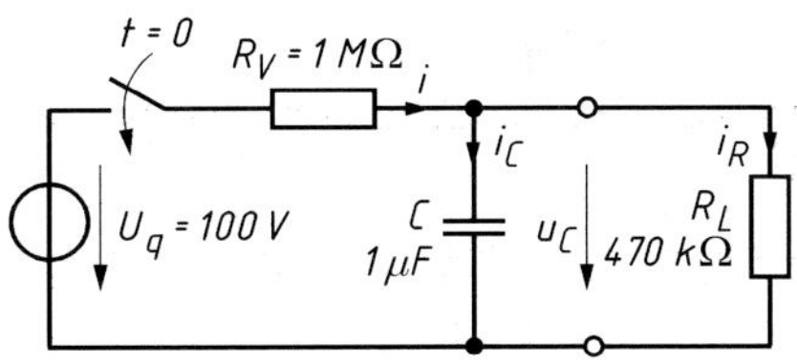

a) Lösungsweg über Ersatzspannungsquelle.
b) Lösungsweg über Ansatz $\Sigma u = 0$ und $\Sigma i = 0$.
c) Man berechne den Endwert der Ladespannung u_C.
d) Nach welcher Zeit ist der Kondensator zu mehr als 99 % aufgeladen?

❸ **20.11** Eine Parallelschaltung von Widerstand R und Kondensator C wird mit Konstantstrom I_q gespeist.

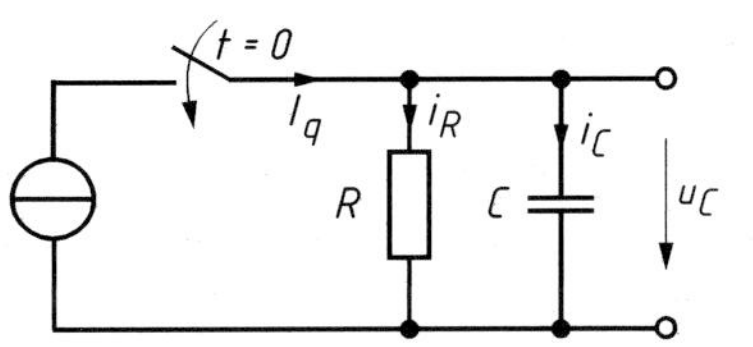

a) Man ermittle das Zeitgesetz der Ladespannung u_C.
b) Auf welchen Spannungswert kann die Spannung u_C ansteigen, wenn $I_q = 0{,}1$ mA, $R = 1$ MΩ, $C = 1\ \mu F$ gegeben sind?

20.2 Lösungen

20.1

a) $Q = C \cdot U_C = 4\ \mu\text{F} \cdot 30\ \text{V} = 120\ \mu\text{C}$

b) $i_C = 0$, da $U_C = \text{konst.} \Rightarrow \dfrac{du_C}{dt} = 0$

20.2

a) $U_C = +10\ \text{V} \cdot 2\ \text{mA} \cdot 1\ \text{k}\Omega = +8\ \text{V}$

b) $i_C = 0$

c) $Q = 4\ \mu\text{F} \cdot 8\ \text{V} = 32\ \mu\text{C}$

20.3

$$I_{C1} = C \cdot \frac{\Delta U_C}{\Delta t} = 0{,}1\ \mu\text{F} \cdot \frac{(-10\ \text{V}) - (+10\ \text{V})}{10\ \text{ms} - 0} = -0{,}2\ \text{mA}$$

$$I_{C2} = 0{,}1\ \mu\text{F} \frac{(+10\ \text{V}) - (-10\ \text{V})}{20\ \text{ms} - 10\ \text{ms}} = +0{,}2\ \text{mA}$$

(Vorzeichen beziehen sich auf die festgelegten Pfeilrichtungen, s. Übersicht)

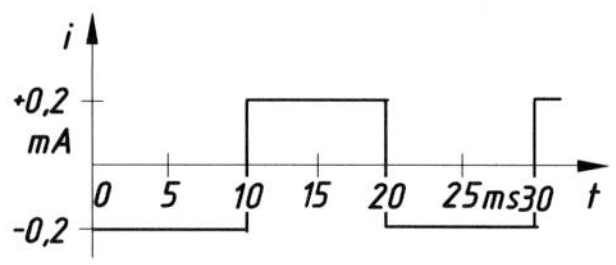

20.4

$$u_C = \frac{I}{C} \cdot t + U_C(0)$$

$$u_C = \frac{-0{,}2\ \text{mA}}{100\ \text{nF}} \cdot 10\ \text{ms} + 10\ \text{V} = -10\ \text{V}$$

20.5

a) $u_C = U_q (1 \cdot e^{-t/\tau}) = 100\ \text{V}\ (1 - e^{-1\,\tau/\tau}) = 63{,}2\ \text{V}$

b) $u_C = 100\ \text{V}\ (1 - e^{-5\,\tau/\tau}) = 99{,}33\ \text{V} \mathrel{\hat=} 99{,}33\ \%$

c) $i_0 = \dfrac{U_q}{R} \cdot e^0 = \dfrac{100\ \text{V}}{1\ \text{M}\Omega} = 100\ \mu\text{A}$

d) $i_0 = C \cdot \dfrac{du_C}{dt} \Rightarrow \dfrac{du_C}{dt} = \dfrac{i_0}{C} = \dfrac{U_q}{RC} = \dfrac{100\ \text{V}}{1\ \text{s}}$

$$\frac{du_C}{dt} = 100\ \frac{\text{V}}{\text{s}} \quad \text{im Zeitpunkt } t = 0$$

e) $u_C = U_q(1 - e^{-t/\tau})$

$$1 - \frac{u_C}{U_q} = e^{-t/\tau} \Rightarrow \ln\left(1 - \frac{u_C}{U_q}\right) = -\frac{t}{\tau} \cdot \ln e$$

$$t = -\tau \cdot \ln\left(1 - \frac{u_C}{U_q}\right) = 1{,}39\ \text{s mit } \tau = R \cdot C = 1\ \text{s}$$

20.6

a) $U_q - u_R - u_C = 0$

$u_R\,(t = 0) = U_q - U_{C(0)} = +10\ \text{V} - (-5\ \text{V}) = +15\ \text{V}$

$$i_0 = \frac{u_R\,(t = 0)}{R} = \frac{15\ \text{V}}{330\ \text{k}\Omega} = 45{,}45\ \mu\text{A}$$

b) $i = \dfrac{u_R}{R} = \dfrac{(+10\ \text{V}) - (+5\ \text{V})}{330\ \text{k}\Omega} = 15{,}15\ \mu\text{A}$

c) $i = i_0 \cdot e^{-t/\tau}$, $t = R \cdot C = 330\ \text{k}\Omega \cdot 10\ \text{nF} = 3{,}3\ \text{ms}$

$15{,}15\ \mu\text{A} = 45{,}45\ \mu\text{A} \cdot e^{-t/\tau}$

$$\frac{1}{3} = e^{-t/\tau} \Rightarrow e^{+t/\tau} = 3$$

$$\frac{t}{\tau} \cdot \ln e = \ln 3$$

$$t = \tau \cdot \ln 3 = 3{,}3\ \text{ms} \cdot 1{,}1$$

$$t = 3{,}63\ \text{ms}$$

20.7

a) $u_C = U_{C(0)} \cdot e^{-t/\tau} = 100\ \text{V} \cdot e^{-1} = 36{,}8\ \text{V}$

b) $u_C = 100\ \text{V} \cdot e^{-5} = 0{,}673 \mathrel{\hat=} 0{,}673\ \%$

c) $i_0 = -\dfrac{U_{C(0)}}{R} \cdot e^0 = -\dfrac{100\ \text{V}}{1\ \text{M}\Omega} = -100\ \mu\text{A}$

d) $i_C = C \cdot \dfrac{du_C}{dt} \Rightarrow \dfrac{du_C}{dt} = \dfrac{i_0}{C} = \dfrac{U_{C(0)}}{\tau} = -100\ \dfrac{\text{V}}{\text{s}}$

(Minuszeichen $\mathrel{\hat=}$ Spannungsabnahme)

e) $u_{R(t = 5\tau)} = u_C = 0{,}673\ \text{V}$

$$i_{R(t=5\tau)} = -\frac{0{,}673\ \text{V}}{1\ \text{M}\Omega} = -0{,}673\ \mu\text{A} = i_{C(t=5\tau)}$$

$$i_C = C \cdot \frac{du_C}{dt} \Rightarrow \frac{du_C}{dt} = \frac{i_{C(t=5\tau)}}{\text{C}} = -0{,}673\ \frac{\text{V}}{\text{s}}$$

f) $i_C = i_0\, e^{-t/\tau} \Rightarrow e^{-t/\tau} = 0{,}5$

$e^{t/\tau} = 2$

$$\frac{t}{\tau} = \ln 2$$

$$t = \tau \cdot \ln 2 = 0{,}693\ \text{s}$$

20.8

$U_q - i \cdot R - u_C = 0$

$$u_C - U_q = -\tau \cdot \frac{du_C}{dt} \quad \text{mit } \tau = R \cdot C$$

$$\frac{du_C}{u_C - U_q} = \frac{dt}{\tau}$$

$$\int \frac{du_C}{u_C - U_q} = \int \frac{dt}{\tau}$$

Zur Lösung des Integrals $\int \dfrac{du_C}{u_C - U_q}$

1. $z = u_C - U_q$
2. $\dfrac{dz}{du_C} = 1 \Rightarrow du_C = dz$
3. $\int \dfrac{du_C}{u_C - U_q} = \int \dfrac{dz}{z}$
4. $\int \dfrac{dz}{z} = \ln z$ (Grundintegral)
5. $\int \dfrac{du_C}{u_C - U_q} = \ln(u_C - U_q)$

Also wird: $\ln(u_C - U_q) = -\dfrac{t}{\tau} + k_2$; sei $k_2 = \ln k_1$

$e^{\ln(u_C - U_q)} = e^{-t/\tau} \cdot e^{\ln k_1}$

$$\boxed{u_C - U_q = k_1 \cdot e^{-t/\tau}} \quad (1)$$

Bestimmung von k_1 aus Anfangsbedingung:

$u_C = 0$ fü $t = 0$

Man erhält aus (1) mit den Anfangsbedingungen:

$0 - U_q = k_1 \cdot e^0 \Rightarrow k_1 = -U_q$

Eingesetzt in (1):

$u_C = U_q - U_q \cdot e^{-t/\tau}$

$$\boxed{u_C = U_q\left(1 - e^{-t/\tau}\right)} \quad (2)$$

20.9

Übernommen aus Aufgabe 20.8:

$u_C = U_q - k \cdot e^{-t/\tau}$

Bestimmung von k aus neuer Anfangsbedingung:

$u_C = U_{C(0)}$ für $t = 0$

$U_{C(0)} = U_q - k \cdot e^0 \Rightarrow k = U_q - U_{C(0)}$

Eingesetzt:

$u_C = U_q - (U_q - U_{C(0)}) \cdot e^{-t/\tau}$

20.10

a) Umzeichnen der Schaltung und Bilden der Ersatzspannungsquelle

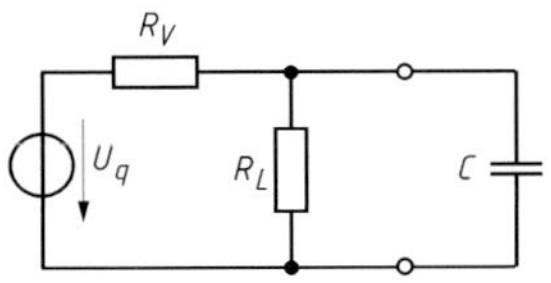

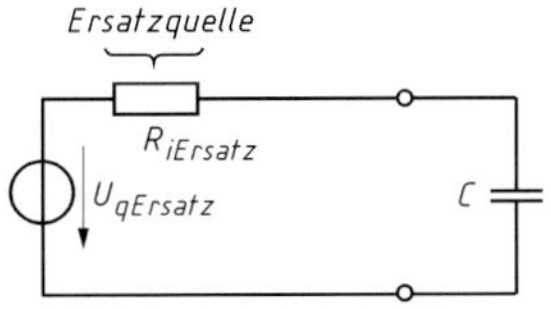

$$U_{qErsatz} = \frac{R_L}{R_V + R_L} \cdot U_q$$

$$R_{iErsatz} = \frac{R_V \cdot R_L}{R_V + R_L}$$

$u_C = U_{qErsatz}(1 - e^{-t/\tau})$ mit $\tau = R_{iErsatz} \cdot C$

b) $U_q - i \cdot R_V - u_C = 0 \Rightarrow i = \dfrac{U_q - u_C}{R_V}$ (1)

$i = i_R + i_C = \dfrac{u_C}{R_L} + C \cdot \dfrac{du_C}{dt}$ (2)

(1) = (2)

$$\frac{u_C}{R_L} + C \cdot \frac{du_C}{dt} = \frac{U_q - u_C}{R_V}$$

$$C\frac{du_C}{dt} + u_C\left(\frac{1}{R_L} + \frac{1}{R_V}\right) - \frac{U_q}{R_V} = 0$$

$$C \cdot u_C' + u_C\frac{1}{R_K} - \frac{U_q}{R_V} = 0 \text{ mit } \frac{1}{R_K} = \frac{1}{R_L} + \frac{1}{R_V}$$

$$\boxed{R_K \cdot C \cdot u_C' + u_C - U_q\frac{R_K}{R_V} = 0} \quad (3)$$

(Standard-DGL 1. Ordnung)

Lösung der DGL durch Trennen der Variablen:

$$-R_K \cdot C\frac{du_C}{dt} = u_C - U_q\frac{R_K}{R_V}$$

$$\frac{du_C}{u_C - U_q\frac{R_K}{R_V}} = -\frac{dt}{R_K \cdot C}$$

$$\int \frac{du_C}{u_C - U_q\frac{R_K}{R_V}} = -\int \frac{1}{R_K \cdot C}dt$$

Lösung des Integrals $\int \dfrac{dx}{x - a} = \ln(x - a)$

Also ergibt sich:

$$\ln\left(u_C - U_q\frac{R_K}{R_V}\right) = -\frac{1}{R_K \cdot C} \cdot t + K_2 \text{ ; sei } K_2 = \ln K_1$$

$$u_C - U_q\frac{R_K}{R_V} = K_1 \cdot e^{-t/\tau} \text{ mit } \tau = R_K \cdot C$$

$$\boxed{u_C = U_q\frac{R_K}{R_V} + K_1 \cdot e^{-t/\tau}} \quad (4)$$

Bestimmung der Integrationskonstanten K_1:

$u_C = 0$ bei $t = 0$

Eingesetzt in (4):

$$0 = U_q\frac{R_K}{R_V} + K_1 \cdot \underbrace{e^{-0}}_{=1}$$

$$K_1 = -U_q\frac{R_K}{R_V} \text{ mit } R_K = \frac{R_L \cdot R_V}{R_L + R_V}$$

Eingesetzt in (4):

$$u_C = U_q\frac{R_L}{R_L + R_V} - U_q\frac{R_L}{R_L + R_V}e^{-t/\tau}$$

$$u_C = U_{qErsatz}(1 - e^{-t/\tau}) \text{ mit } U_{qErsatz} = U_q\frac{R_L}{R_L + R_V}$$

und $\tau = R_K \cdot C = \dfrac{R_L \cdot R_V}{R_L + R_V} \cdot C$ (Übereinstimmung mit Lösung a))

c) $u_{C(t=\infty)} = U_{qErsatz} = \frac{R_L}{R_V + R_L} \cdot U_q = 31{,}97\ \text{V}$

d) $t \approx 5\tau = 5 \cdot \frac{R_L \cdot R_V}{R_L + R_V} \cdot C = 5 \cdot 319{,}7\ \text{k}\Omega \cdot 1\,\mu\text{F}$

$t \approx 1{,}6\ \text{s}$

20.11

a) $I_q - i_R - i_C = 0$

$I_q - \frac{u_C}{R} - C \cdot \frac{du_C}{dt} = 0 \quad |\cdot R$

$I_q \cdot R - u_C - R \cdot C \frac{du_C}{dt} = 0$

$U_q - u_C = R \cdot C \frac{du_C}{dt}$ mit $U_q = I_q \cdot R$

Der weitere Lösungsweg stimmt mit dem von Aufgabe 20.8 überein.
Ergebnis:

$u_C = U_q(1 - e^{-t/\tau})$ mit $U_q = I_q \cdot R$ und $\tau = R \cdot C$

Wird eine Parallelschaltung von Widerstand R und Kondensator C mit einem Konstantstrom I_q geladen, so steigt die Spannung an der Parallelschaltung nach einer e-Funktion.

b) $U_q = I_q \cdot R = 0{,}1\ \text{mA} \cdot 1\ \text{M}\Omega = 100\text{V}$

$\tau = R \cdot C = 1\ \text{s}$

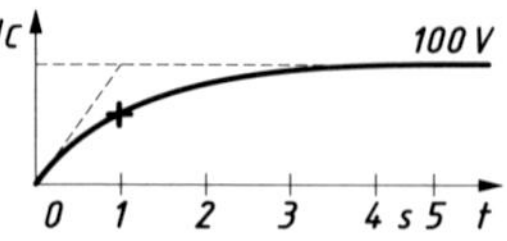

Nach Ablauf der ersten Zeitkonstanten ist die Kondensatorspannung auf $u_C = 63{,}2$ V angestiegen.
Nach Ablauf von fünf Zeitkonstanten ist der Kondensator auf $u_C \approx 100$ V aufgeladen. Ein weiterer Spannungsanstieg ist nicht möglich, da U_q erreicht ist.

Anhang
Mathematische Ergänzungen

Logarithmengesetze

$$\log(u \cdot v) = \log u + \log v$$

$$\log \frac{u}{v} = \log u - \log v$$

$$\log u^n = n \cdot \log u$$

$$\ln y = x \quad \Leftrightarrow \quad y = \mathrm{e}^x$$

$$\mathrm{e}^{\ln x} = x$$

Differenzialrechnung

$f(x)$	$\frac{\mathrm{d}}{\mathrm{d}x}$	$f(x)$	$\frac{\mathrm{d}}{\mathrm{d}x}$
c	0	$\frac{1}{x}$	$-\frac{1}{x^2}$
x^n	$n \cdot x^{n-1}$	$\frac{1}{x^2}$	$-\frac{2}{x^3}$
e^{ax}	$a \cdot \mathrm{e}^{ax}$	e^{-ax}	$-a \cdot \mathrm{e}^{-a \cdot x}$

Sätze

Summenregel: $y = u(x) + v(x) \Rightarrow y' = u' + v'$

Produktregel: $y = u(x) \cdot v(x) \Rightarrow y' = u'v + v'u$

Quotientenregel: $y = \frac{u(x)}{v(x)} \Rightarrow y' = \frac{u'v - v'u}{v^2}$

Integralrechnung

$f(x)$	$\int f(x)\,\mathrm{d}x$	$f(x)$	$\int f(x)\,\mathrm{d}x$
a	$a \cdot x + c$	e^x	e^x
x	$\frac{1}{2}x^2 + c$	a^x	$\frac{a^x}{\ln x}$
x^n	$\frac{x^{n+1}}{n+1} + c$ [1)]	$\frac{1}{a \cdot x + b}$	$\frac{1}{a} \cdot \ln \lvert a \cdot x + b \rvert$
$\frac{1}{x}$	$\ln \lvert x \rvert + c$	$\frac{1}{x-a}$	$\ln \lvert x - a \rvert$
$\frac{1}{x^2}$	$-\frac{1}{x} + c$	$\frac{1}{a-x}$	$-\ln \lvert x - a \rvert$

Sätze

Summenregel: $\int (u \pm v)\,\mathrm{d}x = \int u \cdot \mathrm{d}x \pm \int v \cdot \mathrm{d}x$

Produktregel: $\int u \cdot v' \cdot \mathrm{d}x = u \cdot v - \int v \cdot u' \cdot \mathrm{d}x$

Quotientenregel: $\int \frac{f'(x)}{f(x)}\,\mathrm{d}x = \ln \lvert f(x) \rvert$

[1)] für $n \neq -1$

Lösung linearer Gleichungssysteme

Ausgangspunkt:

Anwendung des Ohm'schen Gesetzes und der Kirchhoff'schen Gleichungen liefert bei konstanten Widerständen ein System linearer Gleichungen für die Ströme und Spannungen eines Netzwerkes.

Aufgabe:

Auflösung des Gleichungssystems zur Ermittlung der unbekannten Ströme und Spannungen.

Wichtigster Spezialfall:

Die Anzahl der Gleichungen stimmt mit der Anzahl der unbekannten Größen überein und die Gleichungen sind voneinander unabhängig (eine Gleichung lässt sich nicht durch Addition, Subtraktion, Multiplikation usw. aus einer anderen Gleichung ableiten).

Normalform in mathematischer Schreibweise:

$$\begin{array}{ccccccccc} a_{11}\cdot x_1 & + & a_{12}\cdot x_2 & + & \cdots & + & a_{1n}\cdot x_n & = & b_1 \\ a_{21}\cdot x_1 & + & a_{22}\cdot x_2 & + & \cdots & + & a_{2n}\cdot x_n & = & b_2 \\ \vdots & & & & & & & & \vdots \\ a_{n1}\cdot x_1 & + & a_{n2}\cdot x_2 & + & \cdots & + & a_{nn}\cdot x_n & = & b_n \end{array}$$

Beispiele für Lösungsmethoden:

1. Methode: Schrittweise Reduzierung der Unbekannten durch Einsetzen (Ausdrücken einer Unbekannten durch eine andere),

Beispiel 1:

$2x + y + 3z = 9$ (1)

$x - 2y + z = -2$ (2)

$3x + 2y + 2z = 7$ (3)

Aus (2) $\Rightarrow x = 2y - z - 2$ (2a)

Eingesetzt in (1) und (3):

$4y - 2z - 4 + 1y + 3z = 9 \Rightarrow 5y + z = 13$ (1a)

$6y - 3z - 6 + 2y + 2z = 7 \Rightarrow 8y - z = 13$ (3a)

Aus (1a) $\Rightarrow z = -5y + 13$ (1b)

Eingesetzt in (3a):

$8y + 5y - 13 = 13 \Rightarrow 13y = 26$, $\boxed{y = 2}$

Eingesetzt in (1b): $z = -10 + 13$ $\boxed{z = 3}$

Eingesetzt in (2a): $x = 4 - 3 - 2$ $\boxed{x = -1}$

2. Methode: Schrittweise Reduzierung der Unbekannten durch Addition bzw. Subtraktion der Gleichungen nach passender Umformung.

Beispiel 2: Gleiches Gleichungssystem wie in Beispiel 1. Dann folgt:

Aus (1): $4x + 2y + 6z = 18$ (1c)

(1c) + (2): $4x + x + 2y - 2y + 6z + z = 18 - 2$

oder: $5x + 7z = 16$ (4)

ebenso aus (2) + (3):

$x + 3x - 2y + 2y + z + 2z = -2 + 7$

oder: $4x + 3z = 5$ (5)

Aus (4) · 4: $20x + 28z = 64$ (6)

Aus (5) · (– 5): $-20x - 15z = -25$ (7)

(6) + (7): $13z = 39 \Rightarrow$ $\boxed{z = 3}$

Eingesetzt in (5): $4x + 9 = 5$, $\boxed{x = -1}$

Eingesetzt in (1): $-2 + y + 9 = 9$ $\boxed{y = 2}$

Im Allgemeinen führt eine Kombination der Methoden 1 und 2 am schnellsten zum Ziel.
Dazu ein Beispiel aus der Elektrotechnik:

Kombination der Methoden 1 und 2:

Beispiel 3: Spannungsteiler

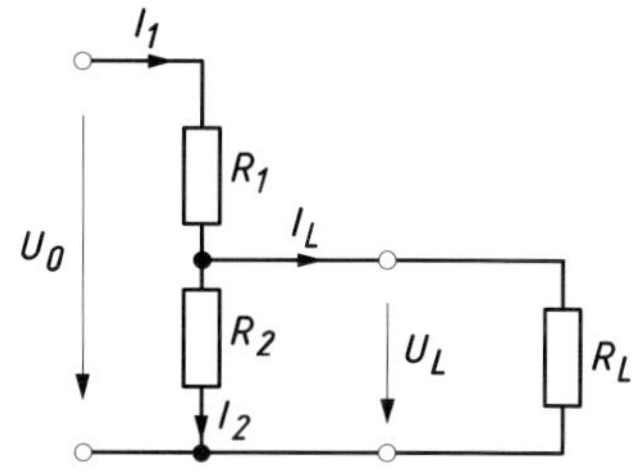

Knotenregel: $I_1 - I_2 - I_L = 0$ (1)

Maschenregel: $R_1 I_1 + R_2 I_2 = U_0$ (2)

Ohm'sches Gesetz: $R_2 I_2 = U_L$ (3)

$R_L I_L = U_L$ (4)

Gesucht: $U_L = f(U_0, R_L)$

Eliminieren von I_1:

$(1)\cdot R_1 :\ R_1 I_1 - R_1 I_2 - R_1 I_L = 0$ (1a)

$(2)-(1a):\ R_2 I_2 + R_1 I_2 + R_1 I_L = U_0$ (2a)

Mit (3): $I_2 = U_L / R_2$ und

(4): $I_L = U_L / R_L$

eingesetzt in (2a):

$$\frac{R_1 + R_2}{R_2}\cdot U_L + \frac{R_1}{R_L}\cdot U_L = U_0 \qquad (2b)$$

$$\Rightarrow \frac{R_L(R_1 + R_2) + R_1 R_2}{R_2 R_L} U_L = U_0 \text{ oder}$$

$$\boxed{U_L = \frac{R_2 R_L}{R_L(R_1 + R_2) + R_1 R_2} U_0} \qquad (5)$$

Gesucht: $U_L = f(U_0, I_L)$

Mit $R_L = U_L / I_L$ und (2b)$\Rightarrow$

$$\frac{R_1 + R_2}{R_2}\cdot U_L + R_1 I_L = U_0 \text{, oder}$$

$$U_L = \frac{R_2}{R_1 + R_2}\cdot (U_0 - R_1 I_L)$$

$$\boxed{U_L = \frac{R_2}{R_1 + R_2} U_0 - \frac{R_1 R_2}{R_1 + R_2}\cdot I_L} \qquad (6)$$

Gleichung (6) beschreibt formal eine Spannungsquelle mit Lastwiderstand R_L, wenn

$$\frac{R_2}{R_1 + R_2}\cdot U_0 = U_{01},\quad \frac{R_1 R_2}{R_1 + R_2} = R_{i1}$$

also $U_L = U_{01} - R_{i1} I_L$ bzw. $U_{01} = R_{i1} I_L + U_L$

Ersatzschaltbild des Spannunsgteilers:

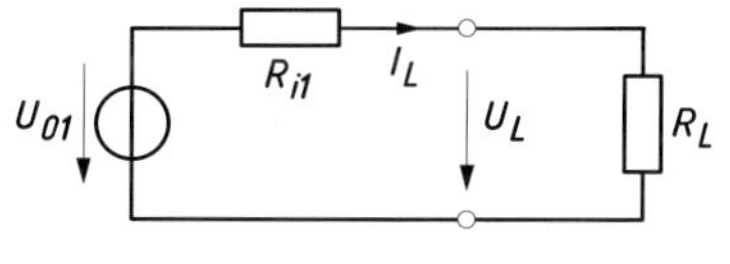

Vorteil der kombinierten Methode 1 und 2 gegenüber Methode 3:
Auch bei Gleichungssystemen mit 4 und mehr Unbekannten führt diese Methode ohne Einsatz von elektronischen Hilfmitteln (also per „Hand") zum Ziel.

3. Methode: Lösung des Gleichungssystems unter Benutzung von Determinanten.
Ein lineares Gleichungssystem z.B. der Normalform wird charakterisiert durch das Schema seiner Koeffizienten a_{ij}, mit $i = 1 \ldots n$, $j = 1 \ldots n$.

Dieses Schema wird auch als Matrix des Gleichungssystems bezeichnet. Dann gilt:

$$\begin{pmatrix} a_{11} & a_{12} & \cdots & a_{1n} \\ a_{21} & a_{22} & \cdots & a_{2n} \\ \vdots & & & \vdots \\ a_{n1} & a_{n2} & \cdots & a_{nn} \end{pmatrix} \cdot \begin{pmatrix} x_1 \\ x_2 \\ \vdots \\ x_n \end{pmatrix} = \begin{pmatrix} b_1 \\ b_2 \\ \vdots \\ b_n \end{pmatrix} \quad \text{oder allgemein:}$$

$$\mathbf{A} \cdot \mathbf{X} = \mathbf{B}$$

Beispiel:

$$R_{11}I_1 + R_{12}I_2 = U_1$$
$$R_{21}I_1 + R_{22}I_2 = U_2$$

oder als Matrizengleichung:

$$\begin{pmatrix} R_{11} & R_{12} \\ R_{21} & R_{22} \end{pmatrix} \cdot \begin{pmatrix} I_1 \\ I_2 \end{pmatrix} = \begin{pmatrix} U_1 \\ U_2 \end{pmatrix}$$

Man bezeichnet nun als Koeffizientendeterminante des Gleichungssystems die Determinante **D** mit:

$$\mathbf{D} = \begin{vmatrix} a_{11} & a_{12} & \ldots & a_{1n} \\ a_{21} & a_{22} & \ldots & a_{2n} \\ \vdots & & & \vdots \\ a_{n1} & a_{n2} & \ldots & a_{nn} \end{vmatrix}$$

Beispiel:

$$\mathbf{D} = \begin{vmatrix} R_{11} & R_{12} \\ R_{21} & R_{22} \end{vmatrix} = R_{11}R_{22} - R_{12}R_{21}$$

Dann ergeben sich die Determinanten $\mathbf{D_j}$ aus der Koeffizientendeterminanten **D**, wenn man in dieser die Spalte mit den Koeffizienten a_{kj} durch die Spalte der Absolutglieder b_k ersetzt:

$$\mathbf{D}_1 = \begin{vmatrix} b_1 & a_{12} & a_{13} & \ldots & a_{1n} \\ b_2 & a_{22} & a_{23} & \ldots & a_{2n} \\ \vdots & & & & \vdots \\ b_n & a_{n2} & a_{n3} & \ldots & a_{nn} \end{vmatrix}, \mathbf{D}_2 = \begin{vmatrix} a_{11} & b_1 & a_{13} & \ldots & a_{1n} \\ a_{21} & b_2 & a_{23} & \ldots & a_{2n} \\ \vdots & & & & \vdots \\ a_{n1} & b_n & a_{n3} & \ldots & a_{nn} \end{vmatrix}$$

Beispiel:

$$\mathbf{D}_1 = \begin{vmatrix} U_1 & R_{12} \\ U_2 & R_{22} \end{vmatrix}, \mathbf{D}_2 = \begin{vmatrix} R_{11} & U_1 \\ R_{21} & U_2 \end{vmatrix}$$

Ist die Koeffizientendeterminante des Systems $\mathbf{D} \neq 0$, so besitzt das System nach der Kramer'schen Regel eine und nur eine Lösung für die Unbekannten x_i und zwar:

$$x_1 = \frac{\mathbf{D}_1}{\mathbf{D}}, \; x_2 = \frac{\mathbf{D_2}}{\mathbf{D}}, \ldots x_n = \frac{\mathbf{D_n}}{\mathbf{D}}$$

Beispiel 4: Lineares Gleichungsystem mit 2 Unbekannten

$$2y+3z=18 \qquad\qquad \text{in Matrixform} \begin{pmatrix}2 & 3\\ 9 & -1\end{pmatrix}\cdot\begin{pmatrix}y\\ z\end{pmatrix}=\begin{pmatrix}18\\ 23\end{pmatrix}$$

$$9y-z=23 \qquad\qquad a_{kj} \cdot x_j = b_k$$

Koeffizientendeterminante:

$$\mathbf{D}=\begin{vmatrix}2 & 3\\ 9 & -1\end{vmatrix}=2\cdot(-1)-3\cdot 9=-29$$

außerdem Kramer'sche Regel:

$$x_1=\frac{\mathbf{D_1}}{\mathbf{D}},\ \mathbf{D_1}=\begin{vmatrix}b_1 & a_{12}\\ b_2 & a_{22}\end{vmatrix}, \text{ also hier: } \mathbf{D_1}=\begin{vmatrix}18 & 3\\ 23 & -1\end{vmatrix}=18\cdot(-1)-3\cdot 23 \Rightarrow \mathbf{D_1}=-87$$

x_1 ist hier : $y=\dfrac{\mathbf{D_1}}{\mathbf{D}}=\dfrac{-87}{-29}=3$, also $\boxed{y=3}$

$$x_2=\frac{\mathbf{D_2}}{\mathbf{D}},\ \mathbf{D_2}=\begin{vmatrix}a_{11} & b_1\\ a_{21} & b_2\end{vmatrix}, \text{ also hier: } \mathbf{D_2}=\begin{vmatrix}2 & 18\\ 9 & 23\end{vmatrix}=2\cdot 23-18\cdot 9 \Rightarrow \mathbf{D_2}=-116$$

x_2 ist hier : $z=\dfrac{\mathbf{D_2}}{\mathbf{D}}=\dfrac{-116}{-29}=4$, also $\boxed{z=4}$

Beispiel 5: Lineares Gleichungssystem mit 3 Unbekannten (s. auch Beispiel 1)

$$\begin{aligned}2x &+ y + 3z = 9\\ x &- 2y + z = -2\\ 3x &+ 2y + 2z = 7\end{aligned}$$

Beim Ermitteln der Koeffizientendeterminante gilt für dreireihige Determinanten die Regel von *Sarrus*: Die ersten beiden Spalten anschließend noch einmal hinschreiben:

$$\mathbf{D}=\left|\begin{array}{ccc|cc}a_{11} & a_{12} & a_{13} & a_{11} & a_{12}\\ a_{21} & a_{22} & a_{23} & a_{21} & a_{22}\\ a_{31} & a_{32} & a_{33} & a_{31} & a_{32}\end{array}\right|$$

$$\mathbf{D}=a_{11}\cdot a_{22}\cdot a_{33}+a_{12}\cdot a_{23}\cdot a_{31}+a_{13}\cdot a_{21}\cdot a_{32}-a_{13}\cdot a_{22}\cdot a_{31}-a_{11}\cdot a_{23}\cdot a_{32}-a_{12}\cdot a_{21}\cdot a_{33}$$

hier also:

$$\mathbf{D}=\left|\begin{array}{ccc|cc}2 & 1 & 3 & 2 & 1\\ 1 & -2 & 1 & 1 & -2\\ 3 & 2 & 2 & 3 & 2\end{array}\right|$$

$$\mathbf{D}=2\cdot(-2)\cdot 2+1\cdot 1\cdot 3+3\cdot 1\cdot 2-3\cdot(-2)\cdot 3-2\cdot 1\cdot 2-1\cdot 1\cdot 2=-8+3+6+18-4-2=13$$

Mit

$$\mathbf{D_1} = \left|\begin{array}{ccc|cc} 9 & 1 & 3 & 9 & 1 \\ -2 & -2 & 1 & -2 & -2 \\ 7 & 2 & 2 & 7 & 2 \end{array}\right| = -36+7-12-(-42)-18-(-4) = -13$$

$$\mathbf{D_2} = \left|\begin{array}{ccc|cc} 2 & 9 & 3 & 2 & 9 \\ 1 & -2 & 1 & 1 & -2 \\ 3 & 7 & 2 & 3 & 7 \end{array}\right| = -8+27+21-(-18)-14-18 = 26$$

$$\mathbf{D_3} = \left|\begin{array}{ccc|cc} 2 & 1 & 9 & 2 & 1 \\ 1 & -2 & -2 & 1 & -2 \\ 3 & 2 & 7 & 3 & 2 \end{array}\right| = -28-6+18-(-54)-(-8)-7 = 39$$

$$x = \frac{\mathbf{D_1}}{\mathbf{D}} = \frac{-13}{13} = -1\,,\ y = \frac{\mathbf{D_2}}{\mathbf{D}} = \frac{26}{13} = 2\,,\ z = \frac{\mathbf{D_3}}{\mathbf{D}} = \frac{39}{13} = 3$$

Beispiel 6: Spannungsteiler (s. Beispiel 3)
Gesucht: $U_L = f(U_0, R_1, R_2, R_L)$

$$\begin{array}{ccccccc} I_1 & - & I_2 & - & I_L & = & 0 \\ R_1 I_1 & + & R_2 I_2 & & & = & U_0 \\ & & R_2 I_2 & & & = & U_L \end{array} \qquad \begin{array}{c} (1) \\ (2) \\ (3) \end{array}$$

Betrachtet werden nur die Gleichungen (1) – (3), denn aus I_L folgt sofort U_L.
I_L ist die Unbekannte in der 3. Spalte, also gilt:

$$I_L = \frac{\mathbf{D_3}}{\mathbf{D}}\,.$$

$$\text{Mit } \mathbf{D} = \left|\begin{array}{ccc|cc} 1 & -1 & -1 & 1 & -1 \\ R_1 & R_2 & 0 & R_1 & R_2 \\ 0 & R_2 & 0 & 0 & R_2 \end{array}\right| = 0+0-R_1\cdot R_2-0-0-0 = -R_1\cdot R_2$$

$$\text{und } \mathbf{D_3} = \left|\begin{array}{ccc|cc} 1 & -1 & 0 & 1 & -1 \\ R_1 & R_2 & U_0 & R_1 & R_2 \\ 0 & R_2 & U_L & 0 & R_2 \end{array}\right| = R_2\cdot U_L+0+0-0-R_2\cdot U_0-(-R_1\cdot U_L)$$

$$\mathbf{D_3} = U_L(R_1+R_2)-R_2\cdot U_0$$

$$\Rightarrow\ I_L = \frac{\mathbf{D_3}}{\mathbf{D}} = \frac{U_L(R_1+R_2)-R_2\cdot U_0}{-R_1\cdot R_2} = \frac{1}{R_1}U_0 - \frac{R_1+R_2}{R_1\cdot R_2}U_L \qquad (4)$$

$$\text{Mit } I_L = \frac{U_L}{R_L}\ \Rightarrow\ \frac{U_L}{R_L}+\frac{R_1+R_2}{R_1\cdot R_2}U_L = \frac{1}{R_1}U_0\ \Rightarrow\ U_L\frac{R_1\cdot R_2+R_L(R_1+R_2)}{R_L\cdot R_1\cdot R_2} = \frac{1}{R_1}U_0$$

$$U_L = \frac{R_L\cdot R_2}{R_1\cdot R_2+R_L(R_1+R_2)}U_0$$

bzw. für $U_L = f(U_0, I_L)$:

Mit (4) $\Rightarrow U_L\dfrac{R_1+R_2}{R_1\cdot R_2} = \dfrac{1}{R_1}U_0 - I_L \Rightarrow U_L = \dfrac{R_2}{R_1+R_2}U_0 - I_L\dfrac{R_1\cdot R_2}{R_1+R_2}$, vgl. Lösung Beispiel 3.

Lineare Gleichungssysteme mit 4 und mehr Unbekannten

Dazu die wichtigsten Determinantenregeln:

1. Eine Determinante ändert ihren Wert nicht, wenn man Zeilen mit Spalten vertauscht.
2. Eine Determinante ändert ihr Vorzeichen, wenn man zwei Zeilen (Spalten) vertauscht.
3. Eine Determinante hat den Wert 0, wenn 2 Zeilen (Spalten) gleich sind oder eine Zeile (Spalte) eine Linearkombination einer anderen Zeile (Spalte) ist.
4. Ein Faktor, der allen Elementen einer Zeile (Spalte) gemeinsam ist, kann vor die Determinante gezogen werden.
5. Addiert (subtrahiert) man zu einer Zeile (Spalte) die Elemente einer anderen Zeile (Spalte) die Elemente einer anderen Zeile (Spalte) oder deren Linearkombination, so bleibt der Wert der Determinanten unverändert.
6. Als Unterdeterminante des Elementes a_{ij} bezeichnet man die Determinante $(n-1)$-ter Ordnung, die sich aus der gegebenen Determinante durch Streichung der i-ten Zeile und j-ten Spalte ergibt mit

$$\mathbf{A_{ij}} = (-1)^{(i+j)} \cdot \left| \begin{array}{cc|c|cc} a_{11} & \cdots & a_{1j} & \cdots & a_{1n} \\ \vdots & & \vdots & & \vdots \\ \hline a_{i1} & \cdots & a_{ij} & \cdots & a_{in} \\ \hline \vdots & & \vdots & & \vdots \\ a_{n1} & \cdots & a_{nj} & \cdots & a_{nn} \end{array} \right|$$

Dann gilt:
Eine Determinante n-ten Grades lässt sich nach den Elementen einer beliebigen i-ten Zeile (Spalte) mit Hilfe von Unterdeterminanten $(n-1)$-ten Grades entwickeln:

$$\mathbf{D} = a_{i1} \cdot \mathbf{A_{i1}} + a_{i2} \cdot \mathbf{A_{i2}} + \cdots + a_{in} \cdot \mathbf{A_{in}}$$

Beispiel:

$$\begin{vmatrix} a_1 & b_1 & c_1 & d_1 \\ a_2 & b_2 & c_2 & d_2 \\ a_3 & b_3 & c_3 & d_3 \\ a_4 & b_4 & c_4 & d_4 \end{vmatrix} = a_1 \cdot \begin{vmatrix} b_2 & c_2 & d_2 \\ b_3 & c_3 & d_3 \\ b_4 & c_4 & d_4 \end{vmatrix} - a_2 \cdot \begin{vmatrix} b_1 & c_1 & d_1 \\ b_3 & c_3 & d_3 \\ b_4 & c_4 & d_4 \end{vmatrix} + a_3 \cdot \begin{vmatrix} b_1 & c_1 & d_1 \\ b_2 & c_2 & d_2 \\ b_4 & c_4 & d_4 \end{vmatrix} - a_4 \cdot \begin{vmatrix} b_1 & c_1 & d_1 \\ b_2 & c_2 & d_2 \\ b_3 & c_3 & d_3 \end{vmatrix}$$

Man erkennt:
Bei der Betrachtung von Gleichungssystemen mit mehr als 3 Unbekannten ist die Anwendung dieser Lösungsmethode sehr arbeitsaufwendig und fehleranfällig, sodass man hier dann zweckmäßigerweise auf eines der vielfältig vorhandenen Rechner- bzw. Taschenrechnerprogramme zur Lösung von Gleichungssystemen oder gleich auf eines der in der Literatur beschriebenen Netzwerkanalyseprogramme zurückgreift.

Grundlagenwerke der Elektrotechnik

Weißgerber, Wilfried
Elektrotechnik für Ingenieure 1
Gleichstromtechnik und Elektromagnetisches Feld. Ein Lehr- und Arbeitsbuch für das Grundstudium
8., überarb. Aufl. 2009. XII, 439 S. mit 469 Abb., zahlr. Beispielen u. 121 Übungsaufg. mit Lös. Br. EUR 32,90
ISBN 978-3-8348-0473-0

Böge, Wolfgang / Plaßmann, Wilfried (Hrsg.)
Formeln und Tabellen Elektrotechnik
Arbeitshilfen für das technische Studium
2007. XVI, 350 S. mit über 1700 Sachworten Br. EUR 24,90
ISBN 978-3-528-03973-8

Weißgerber, Wilfried
Elektrotechnik für Ingenieure 2
Wechselstromtechnik, Ortskurven, Transformator, Mehrphasensysteme. Ein Lehr- und Arbeitsbuch für das Grundstudium
7., überarb. Aufl. 2009. XII, 372 S. mit 420 Abb. zahlr. Beisp. und 68 Übungsaufg. mit Lös. Br. EUR 32,90
ISBN 978-3-8348-0474-7

Plaßmann, Wilfried / Schulz Detlef (Hrsg.)
Handbuch Elektrotechnik
Grundlagen und Anwendungen für Elektrotechniker
5., korr. Aufl. 2009. XXXVIII, 1143 S. mit 1726 Abb. u. 281 Tab. Geb. EUR 79,90
ISBN 978-3-8348-0470-9

Weißgerber, Wilfried
Elektrotechnik für Ingenieure 3
Ausgleichsvorgänge, Fourieranalyse, Vierpoltheorie. Ein Lehr- und Arbeitsbuch für das Grundstudium
7. Aufl. 2009. ca. XII, 320 S. mit 261 Abb. zahlr. Beispielen und 40 Übungsaufg. mit Lös. Br. ca. EUR 34,90
ISBN 978-3-8348-0614-7

Weißgerber, Wilfried
Elektrotechnik für Ingenieure - Klausurenrechnen
Aufgaben mit ausführlichen Lösungen
4., korr. Aufl. 2008. X, 200 S. mit 331 Abb. und 160 Klausuraufg. Br. EUR 24,90
ISBN 978-3-8348-0502-7